化学工业出版社出版基金 资助出版

现代光谱分析中的

化学计量学方法

Chemometric Methods
in Modern Spectral Analysis

褚小立 编著

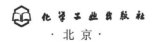

化学工业出版社

·北京·

内 容 简 介

近年来,随着人工智能、大数据和云计算等科技的飞速发展,用于光谱分析的新型化学计量学方法如雨后春笋般涌现出来,成为光谱分析技术中发展最为迅速的分支之一,是国内外本领域专家学者重点和热点的研究方向。本书主要论述用于光谱分析的化学计量学方法,包括光谱预处理算法、变量选择算法、数据降维算法、线性和非线性多元定量校正算法、模式识别算法、校正样本选择算法、界外样本识别算法、模型更新与维护算法、多光谱融合算法、模型传递算法和深度学习算法等。本书在保证全面性和系统性的基础上,对国内外的最新研究进展进行归纳述评,尤其是将这些方法与科研开发和实际应用紧密结合起来,对许多算法的改进和策略的延伸做了重点评述,为本领域科研和应用工作者提供值得借鉴的新观点和新思路。

本书可作为从事光谱分析、化学计量学、分析仪器、现场快速或在线分析、过程控制等领域的研究和应用人员的参考书,也可作为相关专业的本科生和研究生的选修教材或教学参考书,以及企事业单位专业人员技术技能的培训教材。

图书在版编目 (CIP) 数据

现代光谱分析中的化学计量学方法/褚小立编著. —北京:化学工业出版社,2022.3(2023.4 重印)
ISBN 978-7-122-40506-7

Ⅰ. ①现… Ⅱ. ①褚… Ⅲ. ①光谱分析-化学计量学
Ⅳ. ①O433.4

中国版本图书馆 CIP 数据核字 (2021) 第 273027 号

责任编辑:傅聪智　　　　　　　　　文字编辑:张　欣
责任校对:宋　玮　　　　　　　　　装帧设计:刘丽华

出版发行:化学工业出版社 (北京市东城区青年湖南街 13 号　邮政编码 100011)
印　　装:北京虎彩文化传播有限公司
787mm×1092mm　1/16　印张 28　彩插 1　字数 711 千字　2023 年 4 月北京第 1 版第 3 次印刷

购书咨询:010-64518888　　　　　　售后服务:010-64518899
网　　址:http://www.cip.com.cn
凡购买本书,如有缺损质量问题,本社销售中心负责调换。

定　　价:198.00 元

序

20世纪70年代兴起的化学计量学为光谱分析技术的发展带来了崭新的思路和方法，它协助唤醒了近红外光谱技术这个沉睡百年的"分析巨人"，在融入包括荧光光谱、拉曼光谱、太赫兹光谱和激光诱导击穿光谱等各种光谱技术的过程中，化学计量学对提高这些光谱技术的稳健性和准确度、构建现代光谱分析核心技术库方面发挥了关键作用。

化学计量学内涵丰富，其应用涵盖了化学量测的整个过程。化学计量学所有的研究内容，在光谱分析中几乎都有所涉及，但光谱分析又有其差异性和特殊性，相关研究和应用已形成了独有的完整体系。近年来，化学计量学方法在人工智能大背景下发展迅猛，褚小立教授勤奋深耕，积极投身于这一领域的研究和应用工作，紧跟发展的最前沿，取得了丰硕的研究成果。他将自己的研读笔记进行系统整理，并结合自身对化学计量学方法的理解和感悟，历经数年撰写了《现代光谱分析中的化学计量学方法》一书，系统总结了用于光谱分析的化学计量学方法，既有经典的算法又有算法的最新进展。第18章还专门论述了目前深受关注的深度学习算法及其在光谱分析中的应用。作者设计的深度学习一章极具前瞻性。和化学计量学有深厚渊源的人工神经网络在经历发展挫折后，艰难发展，终于形成深度学习这一崭新领域。深度学习的新兴起，引领人工智能在图像识别及自然语言处理等领域的全新发展。在这些领域特别是自然语言处理方面的突破，启示了在药物设计与材料设计等领域的诸多全新成功尝试，掀起化学计量学的姊妹学科分支——化学信息学领域的研究热潮。在化学与分析化学领域，组学研究等引发的数据海啸，呼唤化学计量学协助化学家转换研究范式，实现数据密集型知识发现的新型研究范式。开展这种范式的研究探索，深度学习算法将起到不可或缺的主导作用。本书作者为这一重要发展前景作了前瞻铺垫。

本书的一个主要特点是立足于实用光谱分析技术，书中没有大段的数学原理推导，而是从实用性角度阐述每种算法及其特点，能够让读者在具体的实际工作中理解好、选好、用好这些方法。本书浑然一体，章节安排紧凑合理，内容新颖完整，语言贴近读者，图文并茂，观点清晰明确，对光谱分析领域的科研与教学工作者来说是一部非常有价值的参考书，也对相关领域科技工作者了解化学计量学有较大帮助。正如作者强调的，本书是对其研读笔记的整理，有较好的可读性。像有关 K. Norris 团队近红外光谱的研究、S. Wold 和 B. R. Kowalski 创建化学计量学学会、B. R. Kowalski 创建过程分析化学中心（CPAC）、近红外光谱技术引入工业分析如汽油辛烷值测定等。阅读作者有关这些掌故的叙述，使笔者回想起当年访问陆婉珍先生实验室听她介绍近红外光谱研究的情景。作者显然继承与发扬了陆先生树立的优良传统与风格。

当前现代光谱分析技术正在我国许多领域普及应用，让这一领域的研究和应用人员理解和掌握化学计量学方法成为其中关键的一环，因此，本书的出版将会对该技术的进一步深入应用产生积极的推动作用。

是为序。

俞汝勤

中国科学院院士

2020 年 12 月 24 日于湖南大学

前 言

近些年，现代光谱分析技术得到了迅猛发展，该技术的一个关键特征是采用化学计量学方法对光谱数据进行处理，从而尽可能多地获得定量和定性信息，显著提高光谱分析技术的稳健性和准确性。现代光谱分析技术可直接对气体、液体和固体等各种复杂混合物进行定性和定量分析，具有分析速度快、效率高、可实现无损和在线分析等优势，目前已被广泛应用于许多领域，例如农产品、食品、药物、石油、化工、烟草、环保和医学等领域，在科研和工农业生产中发挥着越来越重要的作用。

十年前，作者曾撰写《化学计量学方法与分子光谱分析技术》（化学工业出版社，2011）一书，其中扼要地介绍了用于分子光谱分析技术的常用化学计量学方法。近十年来，随着人工智能（机器学习和深度学习）、大数据和云计算等新兴科技的飞速发展，为化学计量学注入了新思路、新途径和新方法，用于光谱分析的新型化学计量学方法如雨后春笋般涌现出来，成为现代光谱分析技术中的重要研究前沿和关键技术支撑点，是国内外本领域专家学者重点和热点的研究方向，集聚着理论创新和应用创新的巨大潜能和机会。

本书是《化学计量学方法与分子光谱分析技术》的续篇，主要介绍用于光谱分析的化学计量学方法，主要包括光谱预处理算法、变量选择算法、数据降维算法、线性和非线性多元定量校正算法、模式识别算法、校正样本选择算法、界外样本识别算法、模型更新与维护算法、多光谱融合算法、模型传递算法及用于三维光谱阵的多维数据分析算法。书中尤其对近些年兴起的深度学习算法做了重点与深入的讲解。本书涉及的光谱分析不仅包括分子光谱（例如近红外光谱、中红外光谱、紫外-可见光谱、分子荧光光谱、拉曼光谱、太赫兹光谱等），还包括近些年兴起的一些原子光谱（例如激光诱导击穿光谱等）。

本书不是机器学习和多元统计分析方面的专业书籍，而是从实用光谱分析技术的出发点进行编写的，其目的是使读者了解用于光谱分析的化学计量学方法及其新进展，力求将这些方法与科研开发和实际应用结合起来，提供值得借鉴的新观点和新思路。本书力求实用性和完整性，简化甚至略去繁琐的数学原理推导等理论性太强的内容，尽可能提供算法的完整框架知识，让读者掌握化学计量学算法主流知识点和完整脉络，以期在具体的实际工作中理解好、选好、用好这些方法。在遇到具体问题时，本书分门别类的专业内容非常方便读者进行查询和巩固。本书引用的参考文献扎实而厚重，如果读者对某些算法的推导细节感兴趣，可根据相应的参考文献按图索骥。

本书的出版承蒙刘文清院士和李培武院士的大力推荐，我国化学计量学奠基人俞汝勤院士欣然为本书作序。科学大家提携后进的精神，令作者备受鼓舞，在此一并表示最诚挚的感谢。

本书在力求全面性和系统性的同时，也尽可能对国内外这一领域的最新研究进展进行归纳评述，并将同行们在实践中获得的经验和体会融入其中。但鉴于化学计量学方法和现代光谱分析技术的快速发展，加之作者知识结构的欠缺和编写时间所限，书中难免存在疏漏和理解不到位的地方，敬请读者不吝批评和指正。

作者

2021 年 1 月 30 日

目 录

绪论

化学计量学诞生于 20 世纪 70 年代初期，其定义为："化学计量学是一门化学分支学科，它应用数学和统计学方法（借助计算机技术），设计和选择最优的测量程序和实验方法，并且通过解释化学数据而获得最大限度的信息。在分析化学领域中，化学计量学通过应用数学和统计学方法，用最佳的方式获取关于物质系统的有关信息"。随着发展，化学计量学的定义也有多种表达，但其目标却是十分明确的，即从化学量测数据中最大可能地提取有用信息。康德曾说"在自然科学的各门分支中，只有那些能以数学表述的分支才是真正的科学。"化学计量学的主要特征就是将化学量测问题构建为可以通过数学关系表达的数学模型。与其他理论数学计算的化学分支不同的是，化学计量学是以化学实验数据为基础的学科，其一切理论和方法都是建立在实验数据的基础上的[1-3]。

光谱分析技术，包括分子光谱和原子光谱，例如中红外光谱、紫外-可见光谱、分子荧光光谱、拉曼光谱、太赫兹光谱、激光诱导击穿光谱（Laser-induced Breakdown Spectroscopy，LIBS）和核磁共振谱等，具有样品处理简单、无损、快速且实时监测和现场在线分析等优点，备受人们的青睐[4]。但是对于复杂样品（例如石油、谷物、中药、烟草、食品、土壤等）的定量和定性分析，传统的数据处理方法无法从带有严重基体效应的谱图中提取有用的信息，获得定量定性分析结果。计算机的普及和化学计量学的兴起为光谱分析技术的发展带来了新的思路和方法，其直接显著的贡献之一是唤醒了近红外光谱（NIR）技术这个沉睡的"分析巨人"[5-7]。随后，化学计量学也逐渐与其他光谱技术相结合，尤其是近些年与 LIBS 的结合，很大程度上提高了光谱数据分析的准确性和稳健性，成为现代光谱分析技术的关键特征之一。迄今，化学计量学成为复杂混合体系光谱辨析和多组分同时测定的一种常用数据处理手段，也成为过程分析技术交叉学科中一个重要的组成部分[8]。

本书主要介绍现代光谱分析技术中常用的化学计量学方法、建模策略及其最新进展。

1.1 化学计量学概述

1.1.1 化学计量学起源、定义和发展历程

化学计量学诞生于 20 世纪 70 年代初期。1971 年，瑞典化学家 S. Wold 在为一项基金项目定名时，从"化学数据分析"（Chemical Data Analysis），"化学中的计算机"（Computer in Chemistry）和"化学计量学"（Chemometrics）三者中选定后者而正式宣布了化学计量学这门新兴学科的诞生。1974 年，他与美国华盛顿大学的 B. R. Kowalski 教授在美国西雅图成立了国际化学计量学学会（ICS）。早期的化学计量学方法实际上大都是经典的统计学的方法，例如主成分分析（PCA）的概念早在 1901 年就被英国统计学家 K. Pearson 提出来

了，后被美国统计学家 H. Hotelling 于 1933 年再加以发展推广，1972 年 PCA 才被用于色谱重叠峰的去卷积。偏最小二乘法（PLS）是瑞典著名的计量经济统计学家 H. Wold 在 20 世纪 60 年代为处理经济学数据提出的，后来他的儿子 S. Wold 在 1983 年将其发展，用于解决较难处理的化学数据回归问题，获得了非常满意的结果。目前 PLS 已成为一种标准的多元建模方法。再如，早在 1953 年 V. J. Hammond 等就提出导数分光光度法（Derivative Spectrophotometry），即现在光谱分析中广泛使用的导数光谱，用于提高分辨率和降低光谱干扰等。

化学计量学的兴盛时期是在 20 世纪 80 年代，计算机的普及、工业利益的驱动（如药物研发和过程分析技术）和分析仪器的升级，及它们之间的交互影响等因素，使得化学计量学的研究达到了空前的深度和广度，现在广泛使用的一些核心方法大都是在这一时间创建或完善的。化学计量学的发展历程大致可划分为四个阶段[9]。

① 学科成立前期：是指"化学计量学"名词出现之前的时期。这一阶段的特征是一般数理统计方法在化学特别是在分析化学的应用。分析工作者讨论分析结果的标准差、置信区间、最小二乘回归等问题。有机化学家研究了线性自由能的构效关系，这可认为是化学定量构效关系（QSAR）的前身。总体来说，化学尤其是分析化学工作者在这一时期应用的数理统计方法基本上是描述型的，用于分析量测结果的统计表述。但是在其他一些学科如工程科学、心理学等行为科学，这一时期已开始应用因子分析、模式识别等方法进行较高层次的数据处理。早在 1920 年，西方一些经济学家就试图引入数学和统计学的方法研究和分析经济现象，以期避免经济的剧烈周期性波动。他们引入了数学中的主成分分析、因子分析和典型相关分析等方法，对经济走势、股票价位等海量信息进行处理，获得了空前的成功，并产生了经济计量学（Econometrics）。

② 20 世纪 70 年代：这是"化学计量学"名词诞生时期。化学尤其是分析化学工作者，已不局限于搬用现成的数理统计方法，而是根据化学的特定要求，发展并创造了一系列数据处理、分类、预测和解析方法，化学计量学成为化学与分析化学的一个主要分支领域。这一发展的背景，包括两方面的因素：一是计算机的逐步普及，包括分析化学的仪器化，分析仪器能迅速、准确地为化学工作者提供大量可靠的测量数据。如何将这些谱学仪器的数据有效快速地转化为有用的特征信息，就很自然地成了化学计量学得以发展的原始驱动力；二是各种强有力的数学方法借助计算机得以在化学、分析化学中实际应用。化学计量学的兴起可以认为是以计算机应用为标志的现代科学技术变革在化学、分析化学中的主要体现。

③ 20 世纪 80 年代：化学计量学特有的多元校正、多元分辨及化学模式识别等方法，如偏最小二乘法、SIMCA 分类法、秩消失因子分析法、渐近因子分析方法等，在理论和算法研究与应用上也得到了长足发展，日趋成熟，为解决化学特别是分析化学领域的难点问题和基础理论开辟了崭新的道路，为化学计量学从学术研究进入到实际应用打下了坚实的基础。这期间还创建了专业期刊"*Journal of Chemometrics*"（1987，Wiley）和"*Chemometrics and Intelligence Laboratory Systems*"（1988，Elsevier），并出版了多本经典的化学计量学专著，在传播化学计量学知识、介绍发展趋势和指导科研选题等方面发挥了重要的作用。1984 年美国 Mathwork 公司正式推出了 Matlab 软件，很多广泛应用于化学计量学的复杂数学计算仅用一条语句便可实现，使其几乎成为进行化学计量学研究的特定计算机编程语言，一些新算法在发表时，还附上了 Matlab 程序，对该学科的发展起到了较大的促进作用。

④ 20 世纪 90 年代以后：化学计量学真正进入到了实际应用阶段，如在近红外光谱、传感器、医学和药学中的应用等。现代分析仪器几乎无一不带有计算机或微处理机，其中包括

日益增多的化学计量学软件，化学计量学正成为化学和分析化学日常工作中不可缺少的工具。同时，现代数学与计算机科学的新方法正在被分析化学家所选用，如人工神经网络、小波变换、遗传算法和支持向量机等，为解决问题提供了新的手段。

1.1.2 化学计量学研究的内容

化学计量学是一门内涵相当丰富的化学学科分支，它的发展为化学各分支学科、其中特别是分析化学、食品化学、环境化学、药物化学、有机化学、化学工程等，提供了不少解决问题的新思路、新途径和新方法。其研究内容几乎涵盖了化学量测的整个过程（图 1-1），主要包括以下几个部分[10-12]。

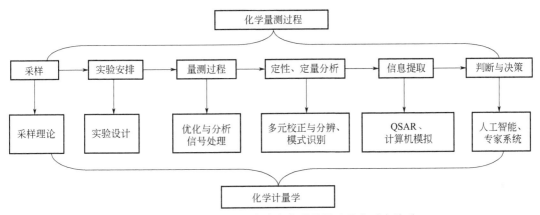

图 1-1　化学计量学研究内容与化学量测过程的对应关系

（1）采样理论与方法（Sampling Theory and Method）

采样是分析测试工作的第一步，分析测试结果的可靠性与采样是否正确直接相关。分析测试的目的就是要根据从局部试样（样本）测得的数据来获取有关对象全体（总体）的无偏信息。采样理论是指如何进行试样采集的数学统计理论，常用的采样方法则涉及到非均匀的固体物质、动态过程和质量检验等内容。

（2）实验设计和优化方法（Experimental Design and Optimization）

实验设计和优化是运用科学的方法设计和安排实验，优化测量条件，以提高工作效率，更有效地获取所需要的信息。正交试验设计和单纯形优化法目前仍然是试验设计和优化的主要方法，其目的是用尽可能少的试验次数取得关于目标与因素之间关系的尽可能多的信息。近年来，一些全局优化方法如模拟退火算法、遗传算法和粒子群算法等也得到了应用。

（3）化学信号处理（Signal Processing）

分析信号中常混有干扰信号和噪声，通过信号平滑、滤波、变换、分峰、曲线拟合、求导和积分等技术，可从干扰信号中可靠地分辨与检测有用的分析信号，提高信噪比。

（4）分析信号的分辨与校正（Resolution and Calibration）

多元分辨和多元校正是化学计量学的核心内容，也是最具特色的部分。校正是一个从仪器信号中提取有用信息的数学和统计过程，其目的是建立分析信号和浓度之间的关系从而用于分析物的定量。多元校正是一类用于提高分析的选择性和可靠性的方法，适合于多种仪器信号，如光谱、波谱、质谱和色谱等数据。它基于多元线性回归（MLR）、主成分回归（PCR）和偏最小二乘（PLS）等多元统计方法，将训练集的自变量（量测信息）与因变量（研究者感兴趣的性质，如复杂体系中某分析物浓度或其他物理化学性质等）关联起来，建立多元校正模型（Multivariate Calibration Models）。对于未知样本，当获得其量测信息时，即可根据已建的模型预测得到浓度或性质参数。这些浓度或性质数据以往都需要用费力、费时、成本高的标准方法测量得到。

多元分辨（Multivariate Resolution）能够从未知混合物的各种演进过程的分析数据中提取出纯物质的各种响应曲线（如光谱曲线、pH曲线、时间曲线、洗脱曲线和浓度曲线等），而不需要预先知道未知样本的种类及组成信息。包括用于二维数据分辨的自模式曲线分辨法（SMCR）、渐进因子分析法（EFA）、窗口因子分析法（WFA）、直观推导式演进特征投影法（HELP），以及多维数据分辨的投影旋转因子分析法（PRFA）、广义秩消因子分析法（GRAM）、Tucker3、平行因子分析（PARAFAC）和交替三线性分解（ALTD）等。可解决传统分析化学不能解决的问题，如复杂多组分平衡与动力学体系的解析、色谱及其联用方法中复杂体系的峰纯度检测、重叠谱峰的分辨等问题。

（5）化学模式识别（Pattern Recognition）

化学模式识别是对样本进行特征选择，寻找分类的规律，再根据分类规律对未知样本集进行分类和识别。若样本的类别已知，则将样本进行归类；若样本的类别未知，则完全依靠样本自然特性进行分类。化学模式识别可以用来解释光谱数据、研究构效关系、进行药物分类、确定污染源、早期诊断癌症、识别真伪商品等。化学模式识别提供的是对决策和过程优化很有实用价值的信息。

（6）化学过程和化学量测过程的计算机模拟（Computer Simulation）

模拟是用计算机方法研究化学反应、测量方法及解析数据的重要手段，可以解决用常规化学方法难以解决的问题，蒙特卡罗模拟是最常用的模拟方法之一。

（7）化学定量构效关系（Quantitative Structure Activity Relationships）

定量构效关系（QSAR）是采用统计回归（多元校正）和模式识别等方法，从一系列已知活性的化合物中找出结构、性质与生物活性之间的定量关系，进而预报新化合物活性，并指导新化合物设计。目前，QSAR已经成为药物设计和开发中不可缺少的工具。

（8）化学数据库和库检索（Chemical Database and Library Searching）

随着图谱资料的迅速增加，出现了各种各样的数据库，如化合物结构数据库、各种谱图数据库、物性数据库等，数据资料的快速检索与有效利用成为计算机处理信息的一个重要研究内容。

（9）人工智能与化学专家系统等（Artificial Intelligence and Chemical Expert System）

化学专家系统是一种应用化学知识与逻辑推理解决化学问题的智能计算机程序系统，是普遍使用的一种人工智能方法，其内容包括分子结构解析、选择各类仪器（色谱和光谱等）的最佳量测和分离条件等。

上述化学计量学研究内容在光谱分析中几乎都有所涉及，但又有其重点和特殊性。针对光谱的特点还出现了一些新型方法，如用于光谱预处理的乘性散射校正（MSC）和模型传递等方法。此外，还有校正样品的选择方法、模型界外样本的识别以及模型评价方法等。应用于现代光谱分析技术的化学计量学方法主要包括以下五个方面[13-15]。

① 光谱预处理和变量选择与压缩方法，如微分、傅里叶变换、小波变换、遗传算法等。其目的是针对特定的样品体系，通过对光谱的适当处理或变换，减弱甚至消除各种非目标因素对光谱的影响，尽可能地去除无关信息变量，提高分辨率和灵敏度，从而提高校正模型的预测能力和稳健性。

② 建立定量模型的多元校正方法，如多元线性回归（MLR）、主成分回归（PCR）、偏

最小二乘（PLS）、人工神经网络（ANN）和支持向量机回归（SVR）等。目的是建立用于预测未知样品性质或组成的分析模型。

③ 模式识别方法和模型界外点检测方法，如用于模式识别的最小距离判别法、SIMCA方法和 KNN 方法等，以及用于界外点检测的光谱残差均方根方法和最邻近距离方法等。目的是对不同类型的样本进行聚类或识别，以及判别待测样品是否在定量模型的覆盖范围之内，确保预测结果的准确性。

④ 多维分辨和校正方法，对于联用分析手段（例如激发-发射三维荧光光谱）和光谱成像（例如近红外、红外和拉曼化学成像等）得到的分析信号，则采用多维分辨和校正方法，如 Tucker3、平行因子分析（Parallel Factor Analysis，PARAFAC）、交替三线性分解（ATLD）和多维偏最小二乘（Multi-PLS）等方法。这类方法分辨分析能力较强，可以在未知干扰物存在的情况下，同时分辨出多个性质相似分析物的响应信号，并直接对感兴趣的分析物组分进行定量测定。

⑤ 模型传递方法，如直接校正算法（DS）、分段直接校正算法（PDS）和 Shenk's 算法等，目的是将在一台仪器上建立的定性或定量校正模型可靠地移植到其他相同或类似的仪器上使用，或将在某一条件建立的模型用于同一台仪器另一条件采集的光谱，从而减少建模所需的时间和费用。

1.1.3 化学计量学方法的必要性

将化学计量学方法应用于光谱的定量和定性分析，在很多情况下都是必需的，使分析结果产生质的飞跃。其主要作用可归纳为以下几个方面。

（1）采用多元校正技术

如图 1-2 所示，可以提高分析测试的准确性和重复性，尤其是因子分析方法如主成分回归和偏最小二乘等，既能充分利用全谱信息，又可显著降低共存组分及背景的干扰，不经化学分离便可直接测定多组分的浓度。

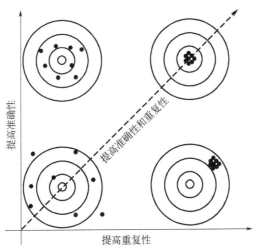

图 1-2 提高分析测试准确性和重复性的示意图

光谱定量的依据是朗伯-比尔定律，该线性关系是以单色光和稀溶液为假设前提的，且不考虑吸光溶质分子与邻近分子间的作用。实际样品尤其是复杂的天然产物（如农产品和石油等）的吸光度和浓度之间往往不是简单的线性关系，通过传统的单波长校正曲线的方法已不能得到满意的结果。例如，采用近红外光谱测定肉中的脂肪含量，仅用 940nm（亚甲基三级倍频的特征吸收峰）的吸光度已无法建立准确的校正曲线（如图 1-3 所示），相关系数 R 仅为 0.23。若用短波近红外全谱（850～1050nm）结合 PLS 的方法建立多元校正模型，则可得到准确的预测结果（如图 1-4 所示），在相同的浓度范围内，相关系数 R 达到 0.97[16]。

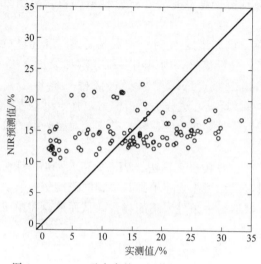

图 1-3　940nm 吸光度的一元线性回归校正结果

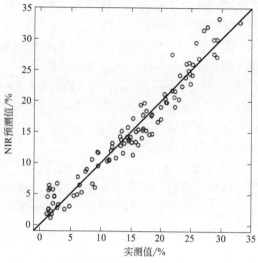

图 1-4　短波近红外全谱-PLS 方法的校正结果

（2）采用信号处理技术

可以提高仪器的信噪比、增加灵敏度、消除干扰提取隐藏在光谱内的有用信息、分离重叠峰提高光谱的分辨能力等。例如傅里叶变换和小波分析等方法可对光谱进行平滑、去噪和压缩，并可从干扰信号中可靠地分辨与检测出有用分析信号，为多元定量校正和定性分析提供高质量的特征变量。

图 1-5 为国际 RRUFF 矿物数据库中不同产地同一矿物的拉曼光谱图，由于荧光等干扰，样本之间的光谱差异较大；但经过非对称最小二乘算法对基线校正后，相同矿物的拉曼光谱具有很好的相似性（如图 1-6 所示）[17]。

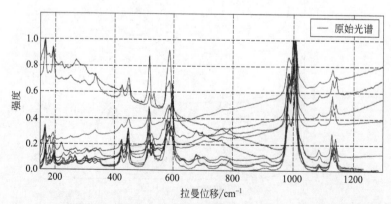

图 1-5　RRUFF 矿物数据库中不同产地同一矿物的 10 个原始拉曼光谱图

图 1-7 是面粉的近红外漫反射原始光谱图，受颗粒度和装样均匀度等的影响，基线漂移严重，使得光谱的变化并不与其组成浓度呈线性关系。图 1-8 为其二阶导数光谱图，可以看出不仅基线漂移得到了校正，还提取出了许多特征谱峰，有助于后面的定量和定性分析。

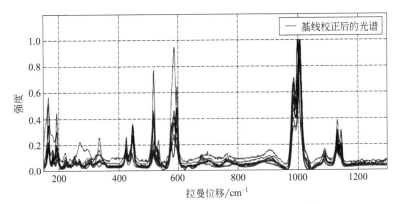

图 1-6　图 1-5 中的光谱经基线校正后的光谱

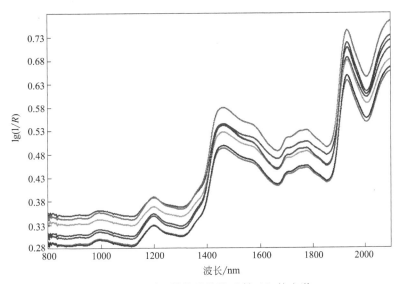

图 1-7　不同面粉样品的漫反射近红外光谱

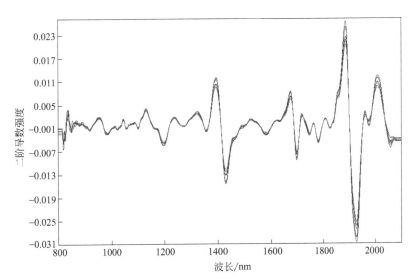

图 1-8　图 1-7 中的光谱经过二阶导数处理后的光谱

图 1-9 是我国玉兔二号巡视器驶抵月背表面，其上携带的近红外成像光谱仪获取的着陆区探测点的原始光谱图。图 1-10 是通过连续统去除法（包络线去除法）处理后的谱图，可以看出，该方法有效增强了光谱曲线的反射特征，为进一步解析月幔的化学成分提供了可能[18]。

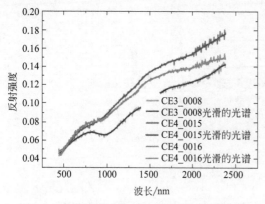

图 1-9　月球表面矿物质的漫反射近红外光谱

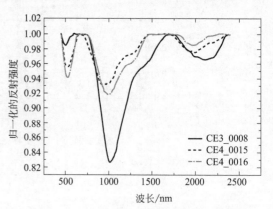

图 1-10　经过连续统去除法处理后的谱图

（3）采用模式识别的方法

可使光谱分析不再是单纯的分析数据提供者，而成为既是化学信息的提供者又是化学问题的直接参与者和解决者。例如，光谱结合模式识别方法可快速准确地识别真伪商品（如药品、食品和化妆品等），可早期诊断癌症，还可确认污染源（如溢油源等）。

图 1-11 是不同性别鸟羽毛根端物质的中红外光谱图，雄性和雌性的光谱用传统的特征峰方法无法进行识别，都反映的是蛋白质、核酸、磷脂、碳水化合物和核糖中的官能团特征吸收。但将雄性和雌性的光谱经过主成分分析后，提取第一和第三主成分作图（图 1-12），便能够清晰地对鸟的性别进行判别。

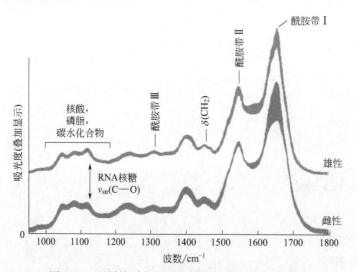

图 1-11　不同性别鸟羽毛根端物质的中红外光谱图

在实际工业生产过程中，一些控制变量之间往往相互关联，单独对这些变量进行统计控制，时常会导致异常状况不容易被确认。例如，如图 1-13 所示，生产过程中单独的温度和 pH 值变量均在可控范围之内，但通过多变量统计技术就很容易将异常点识别出来。

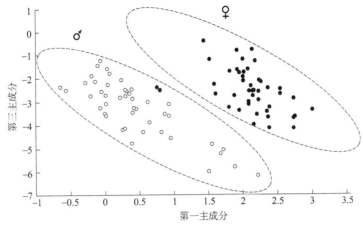

图 1-12　光谱经主成分分析处理后第一主成分与第三主成分作图

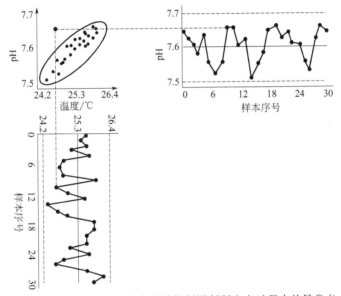

图 1-13　单变量控制图与多变量控制图判断生产过程中的异常点

1.1.4　应用化学计量学方法需注意的问题

化学计量学是统计学、数学和计算机技术在化学中的应用，化学问题是其应用的基础，任何脱离化学知识的应用都是不可靠的。采用化学计量学方法解决任何一个问题，都应深入了解和掌握该问题所涉及的领域及相关化学背景知识（见图 1-14）。例如，将近红外光谱用于石化产品的分析，就必须先掌握一定的炼油和化工工艺知识，掌握石化产品的常规分析技术以及近红外光谱的基本原理，然后再应用化学计量学的方法才可能建立合理的分析模型。否则，将会得到非常危险的结果。

因此，以化学计量学和光谱分析为核心的现代过程分析技术被认为是高度交叉的综合性学科，也是一个融合前沿科学与高新技术于一体的完整体系。它不仅包含以分析化学和化学计量学等为主线的基础研究学科，同时还包括以分析仪器、光学和电子工程等为主线的工程技术学科，以及石油化学、食品化学、药物化学和土壤化学等为主线的应用基础学科，此外还涉及系统学和管理学等社会学学科。

图 1-14　利用光谱结合化学计量学方法解决问题的知识构架

在解决实际问题时，要根据具体情况来选择合适的化学计量学方法，并非要用最新或最复杂的方法。实际上，一些基本的化学计量学概念或方法便可解决很多应用问题[20]。例如，在用光谱判断粉末混合物的均匀程度时，通过简单的标准偏差概念便可很好地解决，而不必选择烦琐复杂的其他算法。用最简洁的方法获得领域专家认可的满意结果是选择化学计量学方法所遵循的一个主要原则，当然这需要熟练掌握化学计量学的一些基本概念和算法原理。

1.2　光谱结合化学计量学的分析方法

1.2.1　校正模型的建立

近些年，随着仪器性能的不断提高和测量附件的不断完善，分子光谱结合化学计量学方法的分析技术正以惊人的速度应用于多个领域。

如图 1-15 所示，光谱结合化学计量学方法用于定量和定性分析大都是采用同样一种模

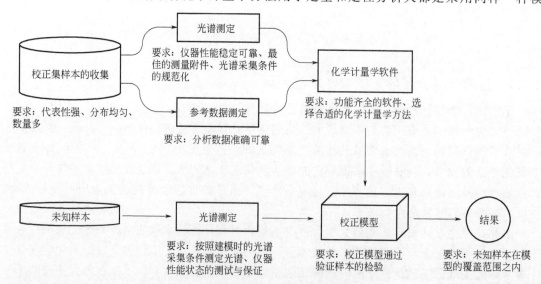

图 1-15　校正模型建立和未知样本预测的过程

式，即基于一组已知样本建立校正模型（Calibration Model）。这一组已知样本称为校正集样本（Calibration Samples）或训练集样本（Training Samples），通过这组样本的光谱及其对应基础数据，利用多元校正或模式识别方法建立校正或识别模型。对于待测样本，只需测定其光谱，根据已建的模型便可快速给出定量或定性结果。

建立定量校正模型的基本步骤如下：

（1）校正样本的收集

对校正样本的要求主要有两个：一是样品应具代表性，其组成应包含以后待测样品所包含的所有化学组分，其变化范围应大于待测样品对应性质的变化范围，通常变化范围要大于参考测量方法再现性的 5 倍，且在整个变化范围内是均匀分布的。例如标准方法测定汽油研究法辛烷值的再现性为 0.7 个单位，则校正样本的变化范围至少为 3.5 个单位。二是数量应足够多，以能有效提取出光谱与待测组分之间的定量数学关系，对于简单的测量体系，至少需要 60 个有代表性的样品，对于复杂的测量体系，至少需要上百个有代表性的样品。

对于天然样品的收集，应考虑多种影响因素，如在收集农作物样本时，应包含不同生长气候、生长条件、品种、质地和收获季节的样本；再如对化工在线检测的样本，要包括各个工艺条件（如原料、温度、压力和催化剂等）下的样品。

此外，在样品收集时，还应注意以下问题：①样品的存放。在未测量光谱和进行基础数据测量之前，应保证所收集样本的组成不发生任何变化。②样品信息的记录。收集样本时，应注意相关信息的收集，例如对于汽油样本，应尽量得到原油性质、装置工艺条件、是否含有微量添加剂（如抗爆剂）等，这对以后异常样品的分析十分重要。③样品的分类收集。例如汽油，根据加工工艺不同，有重整、催化裂化、异构化和烷基化等类型，由于不同类型汽油的组成差异很大，在测量辛烷值等性质时，很难通过线性的校正算法（如偏最小二乘）得到光谱与性质之间精确的数学关系，须对同类样本单独建立校正模型。

（2）光谱的采集

光谱的采集方式有多种，例如对于近红外光谱，根据测量对象的不同可选择透射、漫反射和漫透射方式，即使是相同的漫反射方式，也有多种测量附件，如积分球和漫反射探头等。因此，采集条件的优化选择和规范化测量是光谱采集的核心内容。需要优化的光谱采集条件主要包括测量方式和附件、样品温度、光程、光谱仪的分辨率、光谱累加次数、光谱波长范围，以及样品的预处理方法（如固态样品的粉碎、液态样品的萃取或果品切片等）。但在大多数情况下，用于近红外光谱测量的样品不需要任何处理。

为得到测量一致性的光谱，光谱的规范化采集十分重要。同一校正模型中的所有样品的光谱测量条件应尽可能保持一致。此外，在取样（如样品均匀性问题）和装样（如固体颗粒的密实度、液体比色皿的方向、单籽粒或果品放置朝向等）等方面也应规范化操作。在校正样品收集时，最好收集一个样品便立即进行光谱采集，而尽可能不集中时间来测量光谱，以把仪器和环境的变动等因素都包含其中，提高模型的稳健性（动态适应性）。

（3）校正样本的选择

现代光谱分析方法遇到的大多数分析对象是复杂的样品体系，如测量汽油的辛烷值、小麦的蛋白质或烟草中的尼古丁等，对于这些不可能通过人工配制获得的校正样品，必须收集实际样本。利用实验室日常分析的样本，通常几个月就会得到上千个样本，但这些样本有可能 80% 以上是重复样本。因此，有必要从中选择代表性强的样本建立校正模型。这样可以提高模型建立速度、减少模型库的储存空间。更为重要的是，当遇到模型界外样品时，通过较少的样品，便可提高模型的适用范围，便于模型更新和维护。此外，如果收集的样本没有对应的基础数据，若不进行筛选，而将所有样本都进行测试，其费用也将是巨大的。

通常都基于光谱来选择校正样本，对所有校正样品的光谱进行主成分分析（PCA），然后根据它们在主成分空间的分布来选择一定数量的代表性强的样本，如常用的 K-S 方法等。在选取校正样本时，应注意异常样品的剔除，即在主成分空间分布中，这些异常样本与其他样本存在显著差异，这些样本可能含有其他化学组分或组分浓度较为极端。若这些样本参与模型的建立，会影响校正模型的准确性。

（4）基础数据的测定

基础数据的准确性对定量校正模型的预测精度有较大的影响，因此，对于建模所用的基础数据大都采用标准方法或经典的分析方法进行测定。如果必要，需要对这些常规方法的准确性和重复性进行评估。为得到准确性高的基础数据，有时需要多次测量取平均值，且尽可能采用同一台仪器、用熟练的操作人员来测量校正样本的基础数据。此外，用于基础数据测量的样品必须和光谱采集所用的样品一致，且尽可能在取样后及时测定基础数据和样品的光谱，以免样品组成变化影响校正模型的准确性。

（5）定量校正模型的建立

校正模型的建立需要化学计量学软件，商品化的光谱仪都会配备相应的软件。模型建立的顺序大致是：①光谱和对应基础数据组成校正数据阵。②对光谱进行数学变换（也称光谱预处理），如导数、小波变换、乘性散射和均值化等。③光谱变量（区间）的选择，如相关系数、遗传算法等。④定量校正（交互验证过程），将处理后的光谱数据和性质数据通过主成分回归、偏最小二乘或人工神经网络进行回归运算，得到定量校正模型。在定量校正过程中，需确定多种参数如导数点数和最佳主因子数等。建模过程实际是这些方法和参数的筛选过程，筛选的依据是模型的精度和验证结果。⑤异常样品的剔除，异常样品是指交互验证过程得到的预测值与其实际值有显著性差别的样品。可能的产生原因主要是：这些样品的基础数据测量或光谱测量有误；或光谱方法不能用于该样品的测定，例如在建立汽油辛烷值模型时，由于微量的抗爆剂（如甲基环戊二烯三羰基锰）在近红外光谱中没有响应，使得含抗爆剂汽油的预测值要明显低于实际值；或这些样品与校正集中其他样本不属于一类样本等。⑥模型重新建立，将异常样品从校正集中剔除，采用相同的校正参数重新进行回归运算，如此反复，直至得到满意的定量模型。

（6）定量模型的验证

在模型建立完成后，需要用一组已知样本（验证集样本）对模型的准确性、重复性、稳健性和传递性等性能进行验证。验证集样本应包含待测样品所包含的所有化学组分，验证集样本的浓度或性质范围要至少覆盖校正集样品的浓度或性质范围的 95%，且分布是均匀的。此外，验证集样本的样品数量应足够多以便进行统计检验，通常要求不少于 28 个样本。

模型的稳健性是指其抗外界干扰因素的性能，这些影响因素主要包括同类型测样器件（如比色皿、光纤探头和积分球等）的更换、光纤弯曲程度的变化、光源的更换、参比物质（如陶瓷片或硫酸钡粉末等）的更换、装样条件的变化、温度（环境温度和样品温度）变化、以及颗粒物理状态（如谷物的含水量、聚合物粒度的变化以及残余溶剂等）的变化等。可用考察重复性的样本来对模型的稳健性进行评价，如在考察比色皿的影响时，可以选用多个同一规格的比色皿（材质和光程），如不同生产厂家的比色皿、以及同一厂家相同批次和不同批次的比色皿等，通过平均值、极差和标准偏差来评价其稳健性。

分析模型的传递性主要取决于仪器系统间的硬件差异，其实质是考核光谱仪及其关键部件（光学系统如干涉仪）的可更换性。分析模型的传递性直接影响着光谱分析方法的推广能力。这也是与用户密不可分的，如果同一厂家的光谱仪不具有模型传递性，则用户很难共享丰富的模型资源。可以用考察重复性的样本来对模型的传递性进行评价，如选取多台同一型号的光谱仪，对以上样品分别进行光谱采集，用一台仪器上建立的模型分别对同一样本在不同仪器上测量的光谱进行预测分析，通过平均值、极差和标准偏差来评价传递性。通常，都会存在显著的系统偏差，需要对光谱进行校正，称为模型传递技术（Calibration Transfer），才能得到一致的结果。但也已有生产厂家能实现仪器之间的一致性，其校正模型不用进行任何修正便可以直接用于同一类型的光谱仪，即模型数据直接拷贝传输（Calibration Transport）。

（7）校正模型适用性判据的建立

由于不可能建立一个覆盖所有未知样品的校正模型，因此，建立模型的适用性判据尤为重要和必要。在对未知样本进行预测分析时，只有待测样品在模型覆盖的范围之内，才能保证分析结果的有效性和准确性。

通常可通过三个判据来保证模型的适用性，一是马氏距离，如果待测样品的马氏距离大于校正集样品的最大马氏距离，则说明待测样品中的一些组分浓度超出了校正集样品组分浓度的范围；二是光谱残差，如果待测样品的光谱残差大于了规定的阈值，则说明待测样品中的含有校正集样品中所没有的组分；三是最邻近距离，如果待测样品与所有校正集样本之间距离的最小值（最邻近距离）大于了规定的阈值，则说明待测样品落入了校正集分布比较稀疏的地方，预测结果的准确性将受到质疑。

这类方法实际上是一种间接的分析技术，建立稳健可靠、准确性高的校正模型是这类分析方法成功应用的关键技术之一。如图 1-16 所示，建立模型过程这涉及到的各个环节都会影响分析结果的准确性，主要影响因素包括：

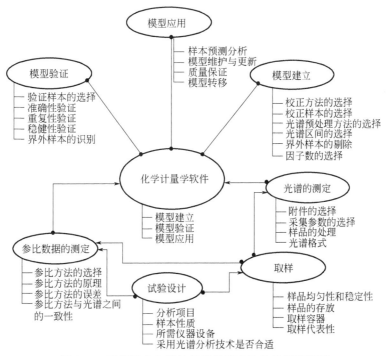

图 1-16 光谱结合化学计量学分析方法的执行流程图

① 校正样本的影响。包括校正样本的代表性、数量、范围和分布等；校正样本的存放；校正样本的均匀性（如农产品样品的粒度、芽粒率、瘪粒率、水含量、颜色和杂质等）；校

正样本的预处理（如粉碎、切片和萃取等）；校正样本基础数据的准确性等。

② 光谱采集条件的影响。包括光谱范围、分辨率、采集方式（如漫反射附件是积分球还是光纤探头、背景物质的选择、透射方式中的光程选择等）、温度、取样和装样的均匀性和一致性等。值得注意的是，每一类样品（清晰液体、混浊悬浮液、细粉末或粗颗粒）都有其最适合的测量附件，若附件选择不当，所测得的光谱质量不高，得不到样品的完整光谱信息，其最终的分析结果也将不是最优的。

③ 化学计量学方法的影响。包括光谱预处理方法及其参数，波长变量的选取，校正方法及其参数（线性/非线性方法，欠拟合/过拟合判断，以及异常样本的剔除等）。

④ 光谱仪器性能（尤其是仪器的重复性和长期稳定性）的影响。包括仪器的有效波长范围、分辨率、信噪比、基线稳定性、波长的准确性和重复性、吸光度的准确性和重复性、温度适用范围和抗电压波动性能等。

1.2.2 常规分析

校正模型经过验证后，便可对待测样品进行常规分析了。应完全按照校正集样本的光谱测量方式采集待测样本的光谱，如分辨率、背景采集方式、样品和环境温度、装样方式和样品预处理方式（如粉碎程度）等。采集光谱时，应先对光谱仪的状态如光源能量、波长准确性和吸光度准确性等指标进行测试，确保仪器是在正常的工作状态。在对待测样品进行定量预测分析前，应对模型的适用性进行判断，如果模型适用性判据超出了设定的阈值范围，说明所建模型不适用于该样品的定量分析。

在日常分析时，定期对模型和仪器进行检测，称之为分析质量的保证和控制，是非常重要的工作。可以采用以下方式进行检验：①采用实际分析样品定期验证，如每周2～3次，与建立模型所用的参考方法进行对比，其绝对偏差不应超过再现性范围。另外，若引起待测样品组分发生变化的工艺条件发生较大变动时，如温度、溶剂或催化剂改变时，不论模型是否适合，都应及时加样进行对比分析。②如果待测样品可以密封保存，选取3～5个代表性强的实际样品，进行密封保存，定期进行测量，如2天一次，通过质量控制图进行评估。③如果待测样本的组成体系简单，可通过配制标样，定期进行准确性验证。

如果检验出现不一致结果时，首先应重新多次采集光谱，进行预测分析，以确保光谱采集的正确，然后再对基础数据的准确性进行核对。若仍存在显著性差异，则需要对光谱仪的硬件进行全面的测试检查，直到找出出错原因。

1.2.3 方法的特点

与传统的分析方法相比，光谱结合化学计量学的这类分析方法具有以下显著优势：

① 可对多种形态的复杂混合物进行无损分析，通常不需样品处理，直接测定样品的光谱，不破坏样品，不需要化学试剂，属环境友好型分析技术。

② 分析速度快速，分析效率高，可在几秒内通过一张光谱测定出样品的多种组成和性质数据。

③ 分析结果的重复性和再现性通常优于传统的常规分析方法。

④ 易实现现场快速分析。

⑤ 仪器易损件和消耗品少，维护量小。

⑥ 大多数光谱类在线分析仪可采用光纤传输技术，适用于环境较为苛刻的场合。

任何一种分析手段都有其应用优势和局限性，只有充分知晓其优劣势，才能做到扬长避短。这对于用户决定是否采用这项技术，以及如何使用这项技术是很有帮助的。这类方法的局限性主要有以下几个方面：

① 定量和定性分析几乎完全依赖于校正模型，校正模型往往需要针对不同的样品类型单独建立，需花费大量的人力和物力。因此，这类方法不适合于零散样本的分析，更不适合于通过常规简单方法就能快速完成的分析项目。

② 校正模型的建立不是一劳永逸的，在实际应用中，遇到模型界外样本，需要根据待测样本的组成和性质变动，不断对校正模型进行扩充维护。

③ 校正模型要求光谱仪器具有长期的稳定性，仪器的各项性能指标不能发生显著改变，而且光谱仪光路中任何一个光学部件的更换，都可能会使模型失效。尽管模型传递技术可以在一定程度上解决这一问题，但要求使用者具有相当的专用技术知识。

上述特点使得这类技术尤其适合以下场合：

① 对天然复杂体系样品的高效无损分析，如石油及其产品、农产品的多种物化指标的同时分析等。

② 适合高度频繁重复测量的快速分析场合，即分析对象的组成具有相对强的稳定性、一致性和重复性，如炼油厂、食品厂或制药厂的化验室。通过网络化管理，可实现大型集团企业的校正模型共享。

③ 适用于大型工业装置如石化和制药的在线实时过程分析，与过程控制和优化系统结合可带来可观的经济效益。图 1-17 给出了传统取样离线分析与现代在线过程分析结果对比示意图，可以看出在线分析由于可以进行实时分析，更能准确地反映工业装置物料组分浓度的变化。图 1-18 给出了过程分析技术（PAT）与过程控制系统结合带来效益的示意图。

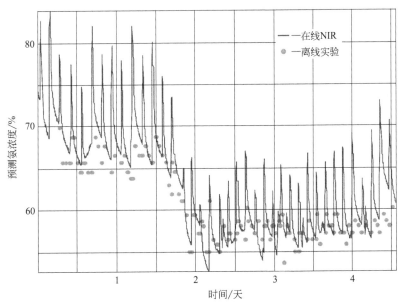

图 1-17 现代在线过程分析与传统取样离线分析结果对比示意图

与其他分析技术相比，这类方法具有硬件、软件和模型互为一体的特点，其准确性是与模型建立的质量及其使用合理性密切相关。因此，使用者必须对分析对象和领域、常规分析方法、仪器分析（光谱学）、分析仪器（光谱仪）、化学计量学方法和模型建立策略等有足够的认识和熟练程度，才能最大可能地发挥这类分析技术的潜在优势。

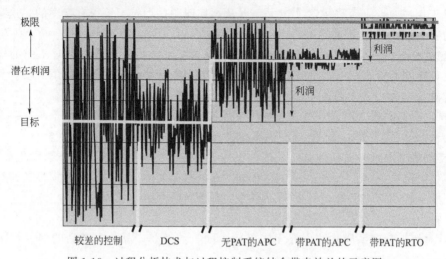

图 1-18　过程分析技术与过程控制系统结合带来效益的示意图

DCS—集散控制系统；PAT—过程分析技术；APC—先进过程控制；RTO—实时优化

1.3　现代光谱分析技术的开端——Karl Norris 的贡献

现代光谱分析技术的开端是从近红外光谱的研究和应用开始的，其原始性的创新工作大都是美国农业部工程师 Karl Norris 博士带领的团队完成的[21]。

近红外光是人们发现的第一个非可见光区域，由英国物理学家赫歇耳（F. W. Herschel，1739—1822 年）发现。赫歇耳是一位天文学家，他通过自己磨制镜片制作的天文望远镜发现了天王星。赫歇耳制作了 400 多个望远镜提供给天文爱好者使用，其中有些人抱怨通过望远镜观测星体会灼痛眼睛。于是，他设计了一个实验来研究太阳光线的热效应。赫歇耳利用 1666 年牛顿发现的三棱镜分光现象将太阳光色散成不同颜色的光，然后用温度计逐一测量不同颜色光的热量，在偶然情况下他发现在红色光之外仍存在更大强度的热量，他断定在红光之外仍存在不可见的光，他用拉丁文称之"红外"（Infra-red）。由于赫歇耳用的棱镜是玻璃制成的，其吸收了中红外区域的辐射，实际上该波段是近红外（Near Infrared，NIR），波长范围大致位于 700～1100nm 范围内，因此，在一些文献中常把这段短波近红外区域称为 Herschel 区。

巧合的是，第一次测量近红外吸收谱带的人是赫歇耳的儿子 John Herschel，1840 年他设计了一个巧妙的实验，将经玻璃棱镜色散后的太阳光照射到乙醇上，用黑色多孔纸吸收乙醇蒸气，然后通过称重方法来测定乙醇的蒸发速度。1881 年英国天文学家阿布尼（W. Abney）和 Festing 用 Hilger 光谱仪以照相的方法拍摄下了 48 个有机液体的近红外吸收光谱（700～1200nm），发现近红外光谱区的吸收谱带均与含氢基团有关（例如 C—H、N—H 和 O—H 等），并指认出了乙基和芳烃的 C—H 特征吸收位置。1889 年瑞典科学家 K. Angstrem 采用 NaCl 材料的棱镜和辐射热测量计作检测器，首次证实尽管 CO 和 CO_2 都是由碳原子和氧原子组成，但因为是不同的气体分子而具有不同的红外光谱。这个试验最根本的意义在于它表明了红外光谱吸收产生的根源是分子而不是原子，整个分子光谱学科就是建立在这个基础上的[22,23]。

直到 20 世纪 60 年代，近红外光谱都没有得到较好的应用，主要是它的吸收非常弱，且谱带宽而交叠严重，依靠传统的光谱定量（单波长的朗伯-比尔定律）和定性分析（官能团的特征吸收峰）方法很难对其进行应用，一度被称为光谱中的"垃圾箱"（The Garbage Bin of Spectroscopy）。相比较而言，近红外光谱两端的外延区域（紫外-可见光谱和中红外光谱），在这段时间内却得到了快速发展。

20 世纪 40～50 年代，也有将近红外光谱用于定量分析的报道，包括测定环氧化合物官能度、聚合物和酚醛塑料不饱和度、化合物的羟基、药物的水分等[25-27]。例如，英国化学工业公司（ICI）的 Willis 等不仅采用近红外光谱表征聚合物的结构，还采用近红外光谱测量聚合物薄膜的厚度[28]。但上述这些研究和应用从严格意义上讲都不属于现代近红外光谱分析技术，都是沿用传统的中红外光谱官能团解析和朗伯-比尔定律的定性和定量分析路线。

现代近红外光谱分析技术是从 Karl Norris 博士的工作开始的[29-31]。

Karl Norris 是美国农业部研究中心（马里兰州贝茨维尔市）的一位工程师。1949 年他曾用自己改造的 Beckmam DU 紫外光谱仪通过透射测量方式对鸡蛋的新鲜度进行研究，发现 750nm 处的吸收峰为水中 OH 基团的倍频吸收[32-34]。这或许是第一张复杂混合物（天然产物）的近红外光谱，所以很多介绍近红外光谱发展史的文章中都会引用这张图。遗憾的是因当时条件和技术所限，没有建立光谱与鸡蛋品质之间的关系，只能靠蛋壳的颜色开发出了鸡蛋自动筛选设备，这项工作得到了时任美国总统艾森豪威尔（Dwight D. Eisenhower）的关注（图 1-19）。Karl Norris 通过这项研究还发现水果和蔬菜在 700～800nm 有明显的吸收谱带，这对 Karl Norris 之后开发近红外无损果品品质分析仪（例如苹果的水心病等）埋下了伏笔[35-36]。

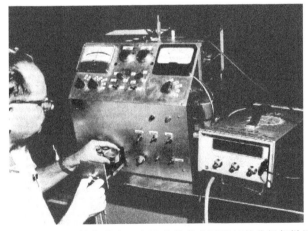

图 1-19　1968 年 Karl Norris 操作首台 4 个滤光片的大豆近红外分析仪样机（最初是基于粉碎大豆与四氯化碳混合成浆的透射测量方式，后来改为漫反射测量方式）

Karl Norris 真正开始近红外光谱技术的研究是 1960 年从测定种子中的水分开始的，早期的思路也是基于朗伯-比尔定律的，例如测定种子甲醇提取物中的水分，后来又将粉碎的谷物与四氯化碳混合成浆，以减少光的散射，他们找到了透射光谱中两个波长（1.94μm 和 2.08μm）吸光度之间差值与水含量之间的一元二次多项式定量关系，获得了满意的结果[37,38]。这个差值光谱的感念对 Karl Norris 影响很深，之后滤光片仪器波长的筛选和导数光谱消除颗粒等影响都源于此。但是，当实际应用推广时，发现四氯化碳有毒，且这种方法操作起来也相对烦琐，用户不接纳。没有四氯化碳作稀释剂，无法实现光谱的透射测量，Karl Norris 开始尝试采用反射方式，他们买来了当时最好的 Cary 14 光谱仪。但这台仪器的性能并不能满足他们的需求，例如测量速度慢（20min 才能得到一张光谱），没有合适的反射测量附件（尽管也有积分球，但信噪比很差），样品仓太小无法适合样品的无损分析等。在随后的多年中，随着电子技术的进步，Karl Norris 与他的合作者不断对其进行了改造，包括样品仓、光路系统（将双光路变为单光路）、电子器件、A/D 转换板、检测器和计算机等。正是在这台被称为 "The Norris Machine" 的光谱仪上，Karl Norris 开启了现代近红外光谱分析技术的大门[39-41]。

首先，Karl Norris 创造性地将传统光谱分析中的吸光度 $[A = \lg(1/T)]$ 用 $\lg(1/R)$ 代替，这明显不符合朗伯-比尔定律，没有任何理论基础，受到当时大多数光谱学家的一致反对。值得庆幸的是 Karl Norris 不是光谱学家，他是一位农业工程师，以解决实际应用问题为研究导向。Karl Norris 的结果非常积极，$\lg(1/R)$ 与水分存在较强的相关关系[42]。随着研究的深入，他们发现两波长测量谷物水分时会受样品中其他成分的干扰，例如小麦中的蛋白质，大豆中的油脂等。Karl Norris 又创新性地将多个波长的吸光度通过多元线性回归（MLR）方法建立预测方程，显著提高了预测谷物水分的准确度。之后很短的时间内，Karl Norris 意识到近红外光谱还可以测量这些干扰物的含量，例如蛋白质、油分等。经过 Norris 的努力，筛选出了 6 个关键波长（1680nm、1940nm、2100nm、2180nm、2230nm、2310nm），为随后开发商品化的滤光片仪器奠定了坚实的基础（图 1-22）。为降低颗粒粒度对漫反射光谱的影响，Karl Norris 采用导数方法对光谱进行处理，并提出了 "Karl Norris 求导" 方法[43]。

Karl Norris 所做的上述工作被认为是现代近红外光谱技术的开端，其已具备了现代近红外光谱技术的显著特征：整粒谷物无损分析、分析速度快、基于光谱预处理和多元校正的多物性参数同时分析，建标样本为实际样本等[45-48]。值得注意的是，与传统分析技术相比，近红外光谱从创始起就存在着两个显著特点：①推崇不对样品进行处理，以附件的形式解决不同形态样品的测量问题；②推崇不将样品带到仪器旁边，而将仪器带到样品旁边（即现场分析和在线分析）。这两个特点对现代光谱分析技术的发展影响是深远的。

Karl Norris 的另一项贡献是在他的指导下，DICKEY-john 和 Neotec 两家公司于 20 世纪 70 年代初，基于滤光片技术首次开发出了商品化的近红外光谱谷物专用分析仪，这是近红外光谱技术发展过程的一个重要里程碑[49-52]。之后，滤光片型的仪器也进行了较多改进，针对不同的测量对象（例如草料和烟草等）选取不同波长的滤光片，增加滤光片的数量，温度控制，光学系统密封以适应恶劣的现场环境等[53-55]，但 Karl Norris 提出的仪器本质的特征没有改变。DICKEY-john 公司生产的 GAC Model 2.5AF 和 Neotec 公司生产的 GQA Model 31 成为 20 世纪 70 年代中期主力的近红外谷物快速分析仪器。

这些仪器在实际应用中，发挥了很大的作用，在很大程度上推动了近红外光谱技术的发展。例如，在加拿大，Phil Williams 通过必要的改进，将这类近红外谷物分析仪（起初是 Neotec Model Ⅰ 仪器）用于小麦出口区快速测定蛋白质的需求[56,57]。因为贸易商愿意为高蛋白质含量的小麦付更多的钱，这样交易量大的贸易商，通过近红外分析仪经几次交易赚的钱，就能够购买一台近红外分析仪。因此，数百台这样的仪器进入大型粮仓和出口区，同时一些面粉厂、大豆加工厂和食品生产厂等也开始使用近红外分析仪。进入 70 年代末期，光栅扫描型近红外光谱分析仪开始出现，其关键技术都是以 "The Norris Machine" 为原型样机（雏形）研制的，例如 Neotec Model 6100 和 Tchnicon InfraAlyzer 500 等。图 1-20 给出了由 DICKEY-john 和 Neotec 两家仪器厂商演变出的众多近红外光谱仪器公司。

1975 年，加拿大谷物委员会（Canadian Grain Commission，CGC）将近红外方法规定

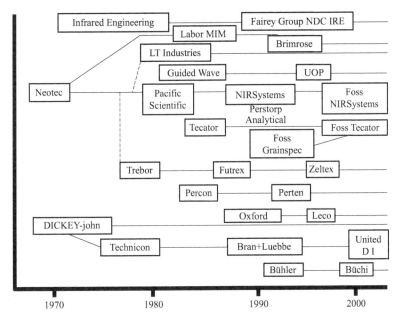

图 1-20　由 DICKEY-john 和 Neotec 两家厂商演变出的众多仪器公司

为蛋白质检测的官方方法。1978 年，美国农业部联邦谷物检验服务中心（USDA，FGIS-Federal Grain Inspection Service）也为其所有的小麦出口基地购置了近红外分析仪，1980 年 FGIS 采纳该方法作为官方指定的测定小麦蛋白质的标准方法。1982 年美国谷物化学家协会（American Association of Cereal Chemists，AACC）正式批准了该方法（AACC No. 39-00）。2009 年 Phil Williams 在匹兹堡沃特斯论坛上讲到，全球约 90％小麦的贸易是基于整粒谷物近红外分析仪检测蛋白质含量进行的。有文献报道，澳大利亚采用近红外光谱技术后（主要是对农作物的管理），稻米的产量每公顷提高约 0.6t，小麦的产量提高约 1.1t，小麦蛋白质含量提高约 1％[58-61]。

Karl Norris 的工作，尤其是"The Norris Machine"迅速得到农业领域的关注，在 20 世纪 70 年代，一些美国本土和国际同行纷至沓来，Karl Norris 以无私、大度、开放的科学家精神，将他的研究成果毫无保留地传授给每位来访的学者，并与他们进行深入合作[62-68]。毋庸置疑，Karl Norris 的实验室成了培养现代近红外光谱分析大师的摇篮，"The Norris Machine"也成为名副其实的"Master Instrument"。这期间在 Karl Norris 实验室进行访问的学者有：美国宾州的 John Shenk，美国北卡州的 W. Fred McClure，加拿大的 Phil Williams，日本的 Mutsuo Iwamoto，匈牙利的 Karoly Kaffka，等等。这些学者后来都成为近红外光谱分析技术的卓越践行者和强有力推动者，他们参照 Karl Norris 的模式纷纷研发仪器、开发软件和推广应用。例如 John Shenk 在美国建立了第一个近红外光谱草料分析网络，并开发了著名的化学计量学软件 DOSISI 和 WinISI；Mutsuo Iwamoto 回到日本后，在他的带领和影响下，近红外光谱技术在日本得到了广泛的应用，日本在 20 世纪 80 年代末期就基于近红外光谱开发出果品品质自动分选装置，并得到了广泛推广应用。20 世纪 90 年代 Karl Norris 在日本静冈参观了 Mitsui 公司研制的果品近红外在线分选装置（图 1-21），曾感叹说："My dream has come true in Japan"。可见，Karl Norris 在培育国际近红外大师这一方面的贡献无疑是巨大的。

在 Karl Norris 的带领下，开创现代近红外光谱技术并取得成功应用的是农业工程师、

图 1-21　Karl Norris 在日本参观过的 Mitsui 公司研制的果品近红外在线分选装置

农学家和动物营养家等，而不是物理学家、化学家和光谱学家，这与其他光谱技术的发展历程是截然不同的。

　　Karl Norris 的工作也对我国产生了间接影响，我国的近红外光谱技术也是从农业应用开始的。20 世纪 70 年代后期我国科研人员通过 Karl Norris 等的学术论文、仪器厂商的宣传以及到日本等国家的考察学习开始认识近红外光谱技术（图 1-22）。早在 80 年代初期中国农科院吴秀琴研究员和长春光机所陈星旦院士就开始合作研制滤光片型的近红外光谱分析仪，并取得了成功。这之后，严衍禄教授组建了中国农业大学近红外光谱分析实验室，开始了近红外光谱在农业领域的系统研究，他们的研究成果集中发表在 1990 年《北京农业大学学报》增刊上。

图 1-22　我国早期开始关注近红外光谱技术的文献

　　在 20 世纪 60～70 年代，Karl Norris 等的近红外光谱分析研究工作并未获得光谱界的认可。一度被光谱学家和化学家认为是"Black Magic"。Karl Norris 为促进近红外光谱获得当时一些光谱学家的支持做了很多工作。Karl Norris 在从事近红外光谱分析谷物研究初始，就找到美国著名的光谱学家 Tomas Hirschfeld 寻求帮助，但当时 Karl Norris 的研究工作被未得到 Tomas Hirschfeld 的支持，因为从传统光谱学来看，近红外光谱没有任何优势。但是，Karl Norris 与 Tomas Hirschfeld 的交往并没有因此而终止，Karl Norris 取得一些进展后，都会与 Tomas Hirschfeld 进行沟通交流，最终使他从近红外光谱的强烈反对者变为近红外光谱的强烈支持者[69]。这一时期开始支持近红外光谱技术的光谱学家还有 Peter Griffiths 和 Bill Fateley 等。这些光谱学家的加入，对近红外光谱技术理论体系的形成起到了重要的作用。例如，1985 年 Tomas Hirschfeld 通过巧妙的实验设计，找到了近红外光谱可以预测水中氯化钠含量的光谱信息依据（图 1-23）[70]。1984 年，在 Tomas Hirschfeld 的倡导下，美国材料与试验协会（ASTM）成立了近红外光谱工作组（E13.03.03），研究近红外光谱技术的标准方法问题。

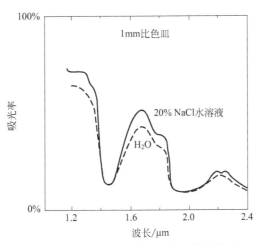

图 1-23　NaCl 浓度对水近红外光谱的影响

　　1974 年瑞典化学家 S. Wold 和美国华盛顿大学的 B. R. Kowalski 教授创建了化学计量学学科（Chemometrics）。化学计量学是将数学、统计学、计算机科学与化学结合而形成的化学分支学科，其产生的基础是计算机技术的快速发展和分析仪器的现代化[71,72]。据报道，1981 年 PC 机全球销量为三十万台，但到 1982 年就激增至三百万台。计算机使仪器的控制实现了自动化，且更加精密准确，同时使数据矩阵计算变得相对简单了，可以用来处理更为复杂的定量或定性程序。遗憾的是，化学计量学产生初期并没有与近红外光谱在农业中的应用结合起来。是 Karl Norris 的不懈努力使化学计量学家逐渐重视这一技术，为近红外光谱技术的崛起起到了巨大的作用[73,74]。一些基于主成分分析的化学计量学方法开始被大家所采用，如主成分回归和偏最小二乘等，这显著提高了近红外光谱分析结果的准确性和可靠性，这也是近红外分析理论体系的重要组成部分，使其基本达到了理论与实践的统一。在20 世纪 90 年代中期，人工神经网络方法已经出现在用于近红外光谱分析的化学计量学商品化软件中。至此之后，近红外光谱和化学计量学在相互依存、相互影响、相互促进中不断发展和进步[75,76]。

　　1984 年，T. Hirschfeld 与 B. R. Kowalski 在美国 *Science* 杂志上发表了题为 "Chemical Sensing in Process Analysis" 的文章[77]，文中多次提到近红外光谱技术。同年，Math-Works 公司成立，正式把 Matlab 软件推向市场。也是在 1984 年，B. R. Kowalski 受美国国家科学基金会（NSF）和 21 家企业共同资助，在美国华盛顿大学建立了过程分析化学中心（Center for Process Analytical Chemistry，CPAC），后更名为过程分析与控制中心（Center for Process Analysis and Control，CPAC）。该研究中心的核心任务是研究和开发以化学计

量学为基础的先进过程分析仪器及分析技术，使之成为生产过程自动控制的组成部分，为生产过程提供定量和定性的信息，这些信息不仅用于对生产过程的控制和调整，而且还用于能源、生产时间和原材料等的有效利用和最优化，近红外光谱是其中一项关键的技术。与CPAC 合作的这些企业都是当时化工和石化等领域知名的大企业，这意味着近红外光谱技术已开始从农业应用领域转向工业过程分析领域。其中一项划时代的创新技术是利用近红外光谱测定汽油的辛烷值，可以在很多场合替代传统大型的马达机测试仪器（图 1-24）。与此同时，一些知名的仪器制造商也开始研制新型的近红外光谱仪器，近红外光谱仪器市场和应用研究从此开始呈现出百花齐放的局面[80,81]。

图 1-24　传统测定汽油辛烷值的马达机与 CPAC 研制的近红外辛烷值分析仪

参考文献

[1]　俞汝勤.化学计量学导论 [M].长沙：湖南教育出版社，1991.

[2]　梁逸曾，俞汝勤.分析化学手册：第十分册　化学计量学 [M].北京：化学工业出版社，2000.

[3]　Brereton R G. Chemometrics：Data Driven Extraction for Science [M]. 2nd ed. Roseland：Wiley, 2018.

[4]　Bakeev K A. Process Analytical Technology：Spectroscopic Tools and Implementation Strategies for the Chemical and Pharmaceutical Industries [M]. Oxford UK：Blackwell Publishing, 2005.

[5]　McClure F W. Near-Infrared Spectroscopy the Giant is Running Strong [J]. Analytical Chemistry, 1994, 66 (1)：42a-53a.

[6]　中国农业科学院畜牧研究所.近红外光谱分析技术 [M].北京：中国农业科技出版社，1993.

[7]　Williams P, Antoniszyn J, Manley M. Near infrared technology：Getting the Best out of Light [M]. Stellenbosch：Sun Press, 2019.

[8]　褚小立，李淑慧，张彤.现代过程分析技术新进展 [M].北京：化学工业出版社，2021.

[9]　Lavine B K, Brown S D, Booksh K S. 40 Years of Chemometrics：from Bruce Kowalski to the Future [M]. Oxford：Oxford University Press, 2015.

[10]　Brown S D, Tauler R, Walczak B. Comprehensive Chemometrics [M]. 2nd ed. Amsterdam：Elsevier, 2020.

[11]　Otto M. Chemometrics：Statistics and Computer Application in Analytical Chemistry [M]. 3rd ed. Zurich：Wiley-Vch, 2017.

[12]　梁逸曾，吴海龙，俞汝勤.分析化学手册：10　化学计量学 [M].3 版.北京：化学工业出版社，2016.

[13]　Saeys W, Trong N N D, Beers V R, et al. Multivariate Calibration of Spectroscopic Sensors for Postharvest Quality Evaluation：A Review [J]. Postharvest Biology and Technology, 2019, 158：110981.

[14]　Mark H, Workman J. Statistics in Spectroscopy [M]. 2nd ed. Salt Lake City. Academic Press, 2003.

[15] Lindon J. Encyclopedia of Spectroscopy and Spectrometry [M]. 2nd ed. Salt Lake City. Academic Press，2020.

[16] Næs T，Isaksson T，Fearn T，et al. A User-Friendly Guide to Multivariate Calibration and Classification [M]. London：NIR Publications，2002.

[17] Liu J C，Osadchy M，Ashton L，et al. Deep Convolutional Neural Networks for Raman Spectrum Recognition：A Unified Solution [J]. Analyst，2017，142：4067-4074.

[18] Li C L，Liu D W，Liu B，et al. Chang'E-4 Initial Spectroscopic Identification of Lunar Far-Side Mantle-Derived Materials [J]. Nature，2019，569：378-382.

[19] Steiner G，Bartels T，Stelling A，et al. Bird Sexing by Infrared Spectroscopy [J]. Spectroscopy Europe，2011，23 (1)：16-19.

[20] 陈艳华，陆峰，尹利辉. 局部直线筛选法的建立及其改进研究 [J]. 中国科学：化学，2010，40 (8)：1142-1148.

[21] Mcclure W F. 204 Years of Near Infrared Technology：1800-2003 [J]. Journal of Near Infrared Spectroscopy，2003，11 (6)：487-518.

[22] Miller F R. the History of Spectroscopy as Illustrated on Stamps [J]. Applied Spectroscopy，1983，37 (3)：219-225.

[23] Chalmers J，Griffiths P. Handbook of Vibrational Spectroscopy [M]. Roseland：Wiley，2002.

[24] Goddu R F. Determination of Unsaturation by Near-Infrared Spectrophotometry [J]. Analytical Chemistry，1957，29 (12)：1790-1794.

[25] Meeker R L，Critchfield F E，Bishop E T. Water Determination by Near Infrared Spectrophotometry [J]. Analytical Chemistry，1962，34 (11)：1510-1511.

[26] O'Connor R T. Near-Infrared Absorption Spectroscopy：A New Tool for Lipid Analysis [J]. Journal of the American Oil Chemists' Society，1961，38 (11)：641-648.

[27] Patterson W A. Non-Dispersive Types of Infrared Analyzers for Process Control [J]. Applied Spectroscopy，1952，6 (5)：17-23.

[28] Miller R. Professor Harry Willis and the History of NIR Spectroscopy [J]. NIR News，1991，2 (4)：12-13.

[29] Burns DA，Ciurczak E W. Handbook of Near-Infrared Analysis [M]. 3rd ed. New York：Marcel Dekker，2007.

[30] Davies T. Happy 90th Birthday to Karl Norris，Father of NIR Technology [J]. NIR News，2011，22 (4)：3-16.

[31] Davies T. The History of Near Infrared Spectroscopic Analysis：Past，Present and Future- "From Sleeping Technique to the Morning Star of Spectroscopy" [J]. Analusis，1998，26 (4)：17-19.

[32] Norris K H. Early History of Near Infrared for Agricultural Applications [J]. NIR News，1992，3 (1)：12-13.

[33] Norris K H. History of NIR [J]. Journal of Near Infrared Spectroscopy，1996，4 (1)：31-37.

[34] Davies A M C. The History of Near Infrared Spectroscopy 1：the First NIR Spectrum [J]. NIR News，1991，2 (2)：12.

[35] Rosenthal R D，Webster D R. On-Line System Sorts Fruit on Basis of Internal Quality [J]. Food Technology，1973，27 (1)：52-56，60.

[36] Kawano S. Past，Present and Future Near Infrared Spectroscopy Applications for Fruit and Vegetables [J]. NIR News，2016，27 (1)：7-9.

[37] Hart J R，Golumbic C，Norris K H. Determination of Moisture Content if Seeds by Near-Infrared Spectrophotometry of their Methanol Extracts [J]. Cereal Chemistry，1962，39 (2)：94-99.

[38] Whetsel K B. Near-Infrared Spectrophotometry [J]. Applied Spectroscopy Reviews，1968，2 (1)：1-67.

[39] Barton Ii F E. Progress in Near Infrared Spectroscopy：The People，the Instrumentation，the Applications [J]. NIR News，2003，14 (2)：10-18.

[40] Reeves Iii J，Delwiche S R. Near Infrared Research at the Beltsville Agricultural Research Center：Part 1：Instrumentation and Sensing Laboratory [J]. NIR News，2005，16 (6)：9-12.

[41] Reeves Iii J. Near Infrared Research at the Beltsville Agricultural Research Center：Part 2 [J]. NIR News，2005，16 (8)：12-13.

[42] Norris K H. When Diffuse Reflectance Became the Choice for Compositional Analysis [J]. NIR News，1993，4 (5)：10-11.

[43] Hopkins D W. What is a Norris Derivative? [J]. NIR News，2001，12 (3)：3-5.

[44] Norris K H. NIR-Spectroscopy from a Small Beginning to a Major Performer [J]. Cereal Foods World，1996，41 (7)：588.

[45] Workman J J. A Review of Process Near Infrared Spectroscopy: 1980-1994 [J]. Journal of Near Infrared Spectroscopy, 1993, 1 (4): 221-245.

[46] Wetzel D L. Near-Infrared Reflectance Analysis Sleeper among Spectroscopic Techniques [J]. Analytical Chemistry, 1983, 55 (12): 1165a-1176a.

[47] Williams P. Twenty-Five Years of Near Infrared Technology-What Were the Milestones? [J]. NIR News, 1997, 8 (1): 5-6.

[48] Mcclure W F. Breakthroughs in NIR Spectroscopy: Celebrating the Milestones to a Viable Analytical Technology [J]. NIR News, 2006, 17 (2): 10-11.

[49] Barton Iif E. Near Infrared Equipment Through the Ages and into the Future [J]. NIR News, 2016, 27 (1): 41-44.

[50] Davies T. NIR Instrumentation Companies: The Story So Far [J]. NIR News, 1999, 10 (6): 14-15.

[51] Whetsel K B. The First Fifty Years of Near-Infrared Spectroscopy in America [J]. NIR News, 1991, 2 (3): 4-5.

[52] Whetsel K B. American Developments in Near Infrared Spectroscopy (1952-70) [J]. NIR News, 1991, 2 (5): 12-13.

[53] Shenk J S. Early History of Forage and Feed Analysis by NIR 1972-1983 [J]. NIR News, 1993, 4 (1): 12-13.

[54] Williams P. John Shenk's Retirement: Some Tributes from His Friends, Colleagues and Students [J]. NIR News, 2005, 16 (2): 6-12.

[55] Flinn P. A Giant of a Man: In Memory of John Stoner Shenk Ii, 1933-2011 [J]. NIR News, 2011, 22 (7): 4-5.

[56] Williams P. Near Infrared Technology in Canada [J]. NIR News, 1995, 6 (4): 12-13.

[57] Williams P. The Phil William's Episode [J]. NIR News, 1992, 3 (2): 3-4.

[58] Batten G. An Appreciation of the Contribution of NIR to Agriculture [J]. Journal of Near Infrared Spectroscopy, 1998, 6 (1): 105-114.

[59] Bosco G L, James I. Waters Symposium 2009 on Near-Infrared Spectroscopy [J]. Trends in Analytical Chemistry, 2010, 29 (3): 197-208.

[60] Paula C, Montesb J M, Williams P. Near Infrared Spectroscopy on Agricultural Harvesters: The Background to Commercial Developments [J]. NIR News, 2008, 19 (8): 8-11.

[61] Battena G D, Blakeneyb A B, Ciavarellaca S, et al. NIR Helps Raise Crop Yields and Grain Quality [J]. NIR News, 2000, 11 (6): 7-9.

[62] Kaffka K J. Near Infrared Technology in Hungary and the Influence of Karl H. Norris on Our Success [J]. Journal of Near Infrared Spectroscopy, 1996, 4 (1): 63-67.

[63] Iwamoto M, Kawano S, Ozaki Y. An Overview of Research and Development of Near Infrared Spectroscopy in Japan [J]. Journal of Near Infrared Spectroscopy, 1995, 3 (4): 179-189.

[64] Miskelly D, Ronalds J, Miskellya D M, et al. Twenty-One Years of NIR in Australia: A Retrospective Account with Emphasis on Cereals [J]. NIR News, 1994, 5 (2): 10-12.

[65] Osborne B. Twenty Years of NIR Research at Chorleywood 1974-1993 [J]. NIR News, 1993, 4 (2): 10-11.

[66] Hildrum K I, Isaksson T. Research on Near Infrared Spectroscopy at Matforsk 1979-1992 [J]. NIR News, 1992, 3 (3): 14.

[67] Davies T. Karl's London Marathon [J]. NIR News, 2002, 13 (3): 3.

[68] Gonczy J L. Developments in Hungary 1970-1990 [J]. NIR News, 1993, 4 (3): 3-4.

[69] Donaldson P E K. In Herschel's Footsteps [J]. NIR News, 2000, 11 (3): 7-8.

[70] Hirschfeld T. Salinity Determination Using NIRA [J]. Applied Spectroscopy, 1985, 39 (4): 740-741.

[71] Kvalheim O M, 梁逸曾, 谢玉珑, 等. 从斯堪的纳维亚的化学计量学看大学与工业界的合作道路 [J]. 大学化学, 1993, 8 (1): 56-61.

[72] Geladi P, Esbensen K. The Start and Early History of Chemometrics: Selected Intrviews [J]. Journal of Chemometrics, 1990 (4): 337-354.

[73] Ritchie G E. Investigating NIR Transmittance Measurements through the Use of the Norris Regression (Nr) Algorithm: Part 1: How Do We Come to "Norris Regression"? [J]. NIR News, 2002, 13 (1): 4-6.

[74] Norris K H, Williams P C. Optimization of Mathematical Treatments of Raw Near-Infrared Signal in the Measurement of Protein in Hard Red Spring Wheat: I: Influence of Particle Size [J]. Cereal Chemistry, 1984, 61 (2): 158-165.

[75] Geladi P, Dabakk E. An Overview of Chemometrics Applications in Near Infrared Spectrometry [J]. Journal of Near

Infrared Spectroscopy, 1995, 3 (3): 119-132.

[76] Fearn T. Chemometrics for NIR Spectroscopy: Past Present and Future [J]. NIR News, 2001, 12 (2): 10-12.

[77] Hirschfeld T, Callis J B, Kowalski B R. Chemical Sensing in Process Analysis [J]. Science, 1984, 226 (4672): 312-318.

[78] Mclennan F, Kowalski B R. Process Analytical Chemistry [M]. Germany: Springer, 1995.

[79] Koch K H. Process Analytical Chemistry: Control, Optimization, Quality, Economy [M]. Germany: Springer, 1999.

[80] Norris K H. NIR is Alive and Growing [J]. NIR News, 2005, 16 (7): 12.

[81] Davies T. Looking Back... Looking Forward: My Hopes for 2020 [J]. NIR News, 2006, 17 (7): 3-4.

2

现代光谱分析技术

2.1 引言

光是一种电磁波，它在电场和磁场两个正交面内波动前进。两个波峰或波谷之间的距离为波长，以 λ 表示。电磁辐射是高速通过空间传播的光子流，具有波动性和微粒性。量子论认为，辐射能的发射或吸收不是连续的，而是量子化的。这种能量的最小单位为"光子"，每个光子具有的能量 E 与其频率 ν 及波长 λ 之间的关系为：

$$E = h\nu = hc/\lambda = hc\bar{\nu}$$

式中，E 为光子的能量，单位为电子伏（eV）或焦耳（J），$1\text{eV} = 1.602 \times 10^{-19}\text{J}$；$h$ 为普朗克常数，$h = 6.626 \times 10^{-34}$ 焦耳·秒（J·s）；ν 为频率，单位为赫兹（Hz）或秒$^{-1}$（s^{-1}），表示电磁波每秒振动的次数；c 为光速，$c = 2.998 \times 10^{10}$ 厘米·秒$^{-1}$（cm·s^{-1}）；λ 为波长，单位为米（m）、厘米（cm）、微米（μm）或纳米（nm），$1\text{m} = 10^2\text{cm} = 10^6\text{μm} = 10^9\text{nm}$；$\bar{\nu}$ 为波数，单位为厘米$^{-1}$（cm^{-1}），表示电磁波单位距离（cm）中振动的数目，和波长 λ（cm）互为倒数关系。

将各种电磁辐射按照波长或频率的大小顺序排列起来即称为电磁波谱。表 2-1 列出了用于光谱分析的电磁波的有关参数。γ 射线的波长最短，能量最高；无线电波区波长最长，其能量最低。若波长或频率已知，可以计算出在各电磁波区产生不同类型跃迁所需的能量，反之亦然。例如，使分子或原子的价电子激发所需的能量为 $1 \sim 20\text{eV}$，可以算出该能量范围相应电磁波的波长为 $1240 \sim 62\text{nm}$。

$$\lambda = \frac{hc}{E} = \frac{6.626 \times 10^{-34} \times 3.0 \times 10^{10}}{1 \times 1.602 \times 10^{-19}} \times 10^7 \text{nm} = 1240\text{nm}$$

$$\lambda = \frac{6.626 \times 10^{-34} \times 3.0 \times 10^{10}}{20 \times 1.602 \times 10^{-19}} \times 10^7 \text{nm} = 62\text{nm}$$

表 2-1　电磁波的有关参数

E/eV	v/Hz	λ	电磁波	跃迁类型
$> 2.5 \times 10^5$	$> 6.0 \times 10^{19}$	$< 0.005\text{nm}$	γ 射线区	核能级
$2.5 \times 10^5 \sim 1.2 \times 10^2$	$6.0 \times 10^{19} \sim 3.0 \times 10^{16}$	$0.005 \sim 10\text{nm}$	X 射线区	K，L 层电子能级
$1.2 \times 10^2 \sim 6.2$	$3.0 \times 10^{16} \sim 1.5 \times 10^{15}$	$10 \sim 200\text{nm}$	真空紫外光区	
$6.2 \sim 3.1$	$1.5 \times 10^{15} \sim 7.5 \times 10^{14}$	$200 \sim 400\text{nm}$	近紫外光区	外层电子能级
$3.1 \sim 1.6$	$7.5 \times 10^{14} \sim 3.8 \times 10^{14}$	$400 \sim 800\text{nm}$	可见光区	

E/eV	v/Hz	λ	电磁波	跃迁类型
$1.6 \sim 0.50$	$3.8 \times 10^{14} \sim 1.2 \times 10^{14}$	$0.8 \sim 2.5\,\mu\mathrm{m}$	近红外光区	分子振动能级
$0.50 \sim 2.5 \times 10^{-2}$	$1.2 \times 10^{14} \sim 6.0 \times 10^{12}$	$2.5 \sim 50\,\mu\mathrm{m}$	中红外光区	
$2.5 \times 10^{-2} \sim 1.2 \times 10^{-3}$	$6.0 \times 10^{12} \sim 3.0 \times 10^{11}$	$50 \sim 1000\,\mu\mathrm{m}$	远红外光区	分子转动能级
$1.2 \times 10^{-3} \sim 4.1 \times 10^{-6}$	$3.0 \times 10^{11} \sim 1.0 \times 10^{9}$	$1 \sim 300\,\mathrm{mm}$	微波区	
$< 4.1 \times 10^{-6}$	$< 1.0 \times 10^{9}$	$> 300\,\mathrm{mm}$	无线电波区	电子和核的自旋

对于波长很短（小于 10nm），能量大于 $10^2\,\mathrm{eV}$（如 γ 射线和 X 射线）的电磁波谱，粒子性比较明显，称为能谱，由此建立起来的分析方法，称为能谱分析法。波长大于 1mm、能量小于 $10^{-3}\,\mathrm{eV}$（如微波和无线电波）的电磁波谱，波动性比较明显，称为波谱，由此建立起来的分析方法，称为波谱分析法。波长及能量介于两者之间的电磁波谱，通常借助于光学仪器获得，称为光学光谱，由此建立起来的分析方法，称为光学光谱分析法，简称为光谱分析法[1-3]。

光谱分析法是基于物质与辐射能作用时，测量由物质内部发生量子化的能级之间的跃迁而产生的发射、吸收或散射辐射的波长和强度进行分析的方法。光谱可分为原子光谱和分子光谱。

原子光谱是由原子外层或内层电子能级的变化产生的，没有叠加分子振动和转动能级跃迁，发射或吸收的是一些频率（或波长）不连续的辐射，它的表现形式为线光谱，如原子发射光谱法、原子吸收光谱法、原子荧光光谱法、以及 X 射线荧光光谱法等。分子光谱是由分子中电子能级、振动和转动能级的变化产生的，表现形式为带光谱。属于这类分析方法的有紫外-可见分光光度法、近红外光谱、红外光谱法、分子荧光光谱法和分子磷光光谱法等。

通常，物质发出的光，是包含多种频率成分的光，称为复合光。光谱分析中，常常采用一定的方法获得只包含一种频率成分的光（即单色光）来作为分析手段。实际上，普通分析方法所获得的单色光往往不只包含一种频率成分。单色光的单色性通常用光谱线的宽度（或半宽度）来表示。谱线的宽度越窄，光谱线所包含的频率（或波长）范围越窄，表示光的单色性越好。

分析化学中常用的光学分析法是光谱法，它是一种从物质光谱中提取有用信息来确定物质的组成、含量和结构的仪器分析方法。如图 2-1 所示，电磁辐射与物质相互作用可产生发射、吸收和散射三种类型的光谱。

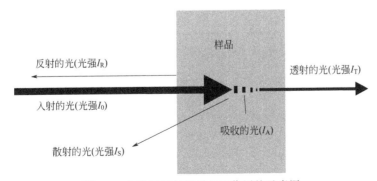

图 2-1　电磁辐射与物质相互作用的示意图

（1）发射光谱

物质通过电致激发、热致激发或光致激发等激发过程获得能量，变为激发态原子或分子，当从激发态过渡到低能态或基态时产生发射光谱，多余的能量以光的形式发射出来：

$$M^* \longrightarrow M + h\upsilon$$

通过测量物质的发射光谱的波长和强度来进行定性和定量分析的方法叫作发射光谱分析法。根据发射光谱所在的光谱区和激发方法不同，发射光谱法分为 γ 射线光谱法、X 射线荧光分析法、原子发射光谱法、原子荧光光谱法、分子荧光光谱法、分子磷光光谱法和化学发光法等。

（2）吸收光谱

当物质所吸收的电磁辐射能与该物质的原子核、原子或分子的两个或多个能级间跃迁所需的能量满足 $\Delta E = h\upsilon$ 的关系时，将产生吸收光谱。

$$M + h\upsilon \longrightarrow M^*$$

吸收光谱法包括穆斯堡尔光谱法、原子吸收光谱法、紫外-可见光谱法、近红外光谱法和红外光谱法等。

（3）拉曼（Raman）散射

频率为 υ_0 的单色光照射到透明物质上，物质分子会发生散射现象。如果这种散射是光子与物质分子发生能量交换的，即不仅光子的运动方向发生变化，它的能量也发生变化，则称为拉曼散射。这种散射光的频率与入射光的频率不同，称为拉曼位移。拉曼位移的大小与分子的振动和转动的能级有关，利用拉曼位移研究物质结构和组成的方法称为拉曼光谱法[4,5]。

由以上光谱为基础建立起来的光分析法，称为光谱分析方法[6,7]。将光谱结合化学计量学方法的光谱分析技术称为现代光谱分析技术。手持式或便携式现场快速分析、工业过程在线分析以及光谱成像分析等实际应用是现代光谱分析技术最具魅力的地方[8-11]，也成为了现代过程分析技术的核心内容（图 2-2）[12-14]，这些方面都与化学计量学方法有着密切的联系[15-17]。

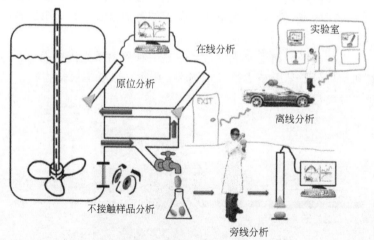

图 2-2　几种过程分析实现方式的示意图

2.2　近红外光谱

近红外光（NIR）是介于紫外-可见光（UV-Vis）和中红外光（MIR）之间的电磁波，

其波长范围为 $700\sim2500nm$（$14286\sim4000cm^{-1}$），又分为短波（$700\sim1100nm$）近红外和长波（$1100\sim2500nm$）近红外两个区域。为纪念赫歇耳（Herschel）在 1800 年发现了红外区（实际上是近红外区），短波区也称为赫歇耳区。由紫外-可见光谱延伸来的仪器，光谱常以波长（nm 或 μm）为横坐标单位；而由红外光谱延伸来的仪器尤其是傅里叶型的仪器，光谱则多以波数（cm^{-1}）为横坐标单位。

近红外光谱主要是由于分子振动的非谐振性使分子振动从基态向高能级跃迁时产生的，主要反映的是含氢基团 X—H（如 C—H、N—H、O—H 等）振动的倍频和合频吸收。不同基团（如甲基、亚甲基、苯环等）或同一基团在不同化学环境中的近红外吸收波长与强度都有明显差别，近红外光谱具有丰富的结构和组成信息，非常适合用于含氢有机物质如农产品、石化产品和药品等的物化参数测量。

近红外光谱的另一个特点是吸收强度弱，与中红外光谱（基频）相比，产生近红外光谱（倍频或组合频跃迁）的概率要低 $1\sim3$ 个数量级，所以，近红外光谱吸光度系数比红外光谱的低 $1\sim3$ 个数量级。这一方面要求仪器要具有极高的信噪比，另一方面却带来测量的极大便利，例如可以使毫米级的比色皿测量液体的近红外光谱。因为物质在近红外区的吸收系数较小，其检测限通常在 $\mu g/g$，对痕量分析并不适用。为了克服其局限性，可采用样品预处理的方法（如固相微萃取等富集方法）提高灵敏度，但这时将近红外光谱作为检测技术可能不是最佳的选择。

近红外光谱分析技术也存在着局限性，近红外光谱分析几乎都是基于化学计量学方法建立模型的间接方法，建立一个稳健可靠的模型需要投入一定的人力、财力和时间。对于经常性的质量控制十分经济且快速，但并不适用于偶然做一次的分析工作。

2.2.1　微型近红外分析技术

由于近红外光谱区处于紫外可见光谱与中红外光谱之间，因此光谱仪有很多的分光方式，这为近红外光谱仪器的小型化和微型化带来极大的便利。近红外光谱仪从车载台式（Benchtop）、便携式（Portable）、手持式（Hand-held），发展到袖珍式（Pocket-sized）和微型（Miniature），用了不到 10 年的时间[18]。近些年，一些公司致力于开发微型近红外光谱仪芯片，例如已有公司研制出外观尺寸为 $18mm\times18mm$，厚度为 4mm，质量小于 10g，波长范围为 $1100\sim2500nm$ 的微型光谱仪，其大小足以集成于智能手机和可穿戴设备中，而且将来的光谱仪会越来越小。杨宗银等用一种带隙渐变的特殊纳米线替代传统光谱仪中的分光和探测元件，并在纳米线上加工出了光探测器阵列，将传统光学器件的尺寸缩小到纳米尺度[19]。

近几年，便携式、微型光谱仪器在人们日常生活中的应用研究已初显端倪[20-22]，多款概念产品纷纷亮相市场，例如智能洗衣机、红酒智能鉴别扫描仪、脱水监测智能手环、衣料鉴别仪等。三星电子申请专利并在网站上展示了一种具有近红外光谱仪功能的智能手机，该手机的后部摄像系统顶部提供了一系列光源，照射物品后，手机镜头会接收反射信号，生成光谱数据。这种智能手机有望实现生鲜产品新鲜度和味道的测量，还可以探测其营养价值，例如脂肪、蛋白质和碳水化合物含量；也可用于测量皮肤的水油平衡状态、一杯饮料的含糖量，甚至有望直接参与医疗诊断过程。

微型近红外光谱仪芯片与机器人和无人机的结合越来越紧密。例如，目前已有商品化的塑料分选设备，将机器人手臂与光谱仪结合用于废塑料种类的快速鉴别，以便更有效地对废塑料进行再利用。近红外光谱微型仪器与机器人的结合甚至可以实现完全无人的智能化分析实验室：从取样到数据的报出完全由机器人操作，并可以全天候工作，显著提高分析效率。

2.2.2 在线近红外分析技术

近红外光比紫外光长，较中红外光短，所用光学材料为石英或玻璃，仪器和测量附件的价格都较低。近红外光还可通过相对便宜的低羟基石英光纤进行传输，适合于有毒材料或恶劣环境的远程在线分析，也使光谱仪和测量附件的设计更灵活和小型化。例如，目前有各式各样商品化光纤探头，可以测定多种形态的样品。采用多路光切换技术，可以实现一台近红外光谱仪对多路物料（3~15 路）测量，具有分析速度快和测量效率高的优点[23]。

近红外光谱分析技术已正在以产业链的方式应用于多个领域，如农业、石化、制药和食品等，它可以快速高效地测定样品中的化学组成和物化性质。近十年来，随着过程分析技术在制药等领域中的兴起，近红外光谱技术尤其是在线分析的应用有了显著的提升。

目前，流程工业正处于从传统生产模式向精确数字化、智能化的现代生产模式转变时期。信息深度"自感知"、智慧优化"自决策"和精准控制"自执行"是智能工厂的三个关键特征，其中信息深度"自感知"是智能炼厂的基础。原料、中间物料和产品的分子组成和物性分析数据是信息感知的重要组成部分，以近红外光谱为核心之一的现代过程分析技术为化学信息感知提供了非常有效的手段。

在石化企业，仅以汽油管道自动调和技术为例，目前在线近红外光谱分析仪已成为这项技术的标配[24,25]。经过十余年的积累，我国已经建立了较为完善的汽油近红外光谱数据库，它能够在 10min 之内预测出近十种组分汽油和成品汽油的多个关键物性（研究法辛烷值，抗爆指数，烯烃、芳烃、苯、MTBE 含量，蒸气压等），调和优化控制系统利用各种汽油组分之间的调和效应，实时优化计算出调和组分之间的相对比例，即调和配方，保证调和后的汽油产品满足质量规格要求，并使调和成本和质量过剩降低到最小。这项技术每年可为炼油企业带来了上千万元的经济效益。

在饲料生产企业，随着市场竞争的日趋激烈，低成本的原料投入，稳定的产品质量，低的加工消耗成为市场中稳定生存的关键。采用在线近红外光谱分析技术可以实时检测的原料、过程产品及成品的品质参数（例如水分、蛋白、粗纤维、含油量、灰分、颜色等），通过优化控制系统根据实时产品质量及目标产品的质量进行生产过程的精细闭环调整，保证成品饲料质量的稳定性，实现产品收率和质量最优化，凭借规模生产的特点，为企业带来更多的经济效益。

在食品工业领域，例如在小麦制粉环节，在线近红外光谱分析仪可实时测定面粉的灰分，及时调整磨粉工艺，在保证面粉品质的前提下，尽可能得到较高的出粉率。在配粉时，可按照用户需求根据近红外光谱的快速分析结果调和出符合质量要求的高附加值专用粉，保证产品中不会出现不合格或质量（蛋白质含量）过剩现象，使面粉的产品质量长期稳定，结合反馈控制系统，通过调节面筋的添加量，可使面粉中蛋白质含量的波动（标准偏差）降低到 0.1%。在一些大型肉制品生产厂，在线近红外光谱被用来准确地测定原料肉中主要成分的含量，使操作人员能够及时调节生产过程，优化原料配比（如肥瘦肉比例），降低生产成本，增加企业利润。在奶制品生产企业，在线近红外已被用来监测雾化干燥器中奶粉的湿度和颗粒度等指标，进而优化干燥工艺，如温度、进料速度和气流速度等工艺参数。

如图 2-3 所示，在中药提取生产过程中，在线近红外光谱能实时检测提取液中目标成分的变化，进而判断提取时间以及提取终点（图 2-4）[26,27]。在纯化过程，在线近红外光谱能实时检测流出液中目标成分的浓度变化情况，以控制流动相和洗脱液的切换以及判断洗脱过程的终止点，可最大量地采集目标成分，又减少产品中杂质的引入量。既可保证产品质量，又可以避免能源浪费，降低生产成本。在浓缩过程，可以通过检测水分（溶剂）或目标成分浓度对浓缩过程进行控制，并对浓缩终点做出即时判断。

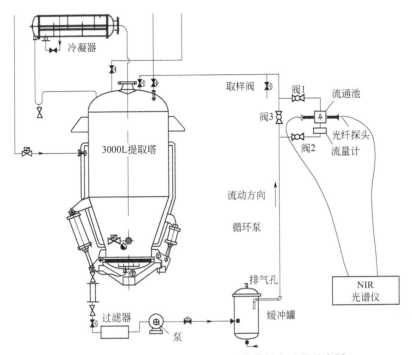

图 2-3 　在线近红外光谱用于监测中药提取过程示意图

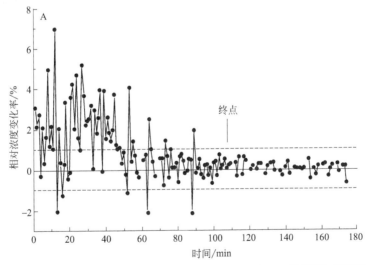

图 2-4 　基于相对浓度变化率（Relative Concentration Changing Rate，RCCR）判断提取过程的终点

在线近红外光谱技术在食品、制药和化工等领域的应用大幕在我国刚刚拉开，这是顺应精细化管理和智能化加工的大趋势，将会给流程工业带来变革[28,29]。在今后的很长一段时间内，在线近红外光谱技术在流程工业领域应用稳定向好的基本面不会发生改变。此外，在废塑料在线筛选、纺织物在线筛选、果品在线筛选等领域，在线近红外光谱技术的应用也将

越来越广泛。

在线近红外光谱技术的实施是一项多学科交叉的系统工程[30,31]，需要多部门的协同合作，后续的运维也需要专业的团队执行。在该技术的推广方面，本土定制化的设计、制造、实施和运维具有较强的优势。

2.2.3 近红外光谱标准方法

近红外光谱分析技术在实际应用中取得丰硕成果，该技术被越来越多的应用企业所认可和接受，在工农业生产过程以及商业中发挥着重要作用。迄今国内外颁布的近红外光谱标准方法已有近百项，这将在一定程度上加快近红外光谱分析技术普及的步伐。

其中国际上相关的标准方法有：

1　ASTM E1655　Standard Practices for Infrared Multivariate Quantitative Analysis（红外光谱多元定量分析规范）

2　ASTM E1790　Standard Practice for Near Infrared Qualitative Analysis（近红外光谱定性分析规范）

3　ASTM D6122　Standard Practice for Validation of the Performance of Multivariate Online，At-Line，and Laboratory Infrared Spectrophotometer Based Analyzer Systems（多变量在线、旁线、实验室红外光谱分析仪系统性能验证的指南）

4　ASTM D3764　Standard Practice for Validation of the Performance of Process Stream Analyzer Systems（流程分析仪系统性能验证的指南）

5　ASTM D6342　Standard Practice for Polyurethane Raw Materials Determining Hydroxyl Number of Polyols by NIR Spectroscopy（近红外光谱测定聚氨酯原材料多元醇中的羟值）

6　ASTM D5845　Standard Test Method for Determination of MTBE，ETBE，TAME，DIPE，Methanol，Ethanol and tert-Butanol in Gasoline by Infrared Spectroscopy（红外光谱测定汽油中 MTBE、ETBE、TAME、DIPE、甲醇、乙醇和叔丁醇）

7　ASTM D6277　Standard Test Method for Determination of Benzene in Spark-Ignition Engine Fuels Using Mid Infrared Spectroscopy（中红外光谱测定火花点火式发动机燃料中的苯含量）

8　ASTM D6299　Standard Practice for Applying Statistical Quality Assurance and Control Charting Techniques to Evaluate Analytical Measurement System Performance（应用统计质量保证和控制图表技术评价分析测量系统性能的指南）

9　ASTM D7371　Determination of Biodiesel（Fatty Acid Methyl Esters）Content in Diesel Fuel Oil Using Mid Infrared Spectroscopy（FTIR-ATR-PLS Method）［FTIR-ATR-PLS 方法测定柴油中生物柴油（脂肪酸甲酯）的含量］

10　ASTM E2617　Standard Practice for Validation of Empirically Derived Multivariate Calibrations（源于经验的多元校正模型的验证规范）

11　ASTM E2891　Standard Guide for Multivariate Data Analysis in Pharmaceutical Development and Manufacturing Applications（药物开发和生产应用中多元数据分析的指南）

12　ASTM D8321　Standard Practice for Development and Validation of Multivariate Analyses for Use in Predicting Properties of Petroleum Products，Liquid Fuels，and Lubricants based on Spectroscopic Measurements（基于光谱测量的用于预测石油产品、液体燃料和润滑油性质的多元分析方法开发和验证规范）

13　ASTM D8340　Standard Practice for Performance-Based Qualification of Spectroscopic Analyzer Systems（光谱分析仪系统性能评定的标准实施规程）

14　ASTM E2898　Standard Guide for Risk-Based Validation of Analytical Methods for PAT Applications（PAT 应用中基于风险的分析方法验证指南）

15　ASTM E2056　Standard Practice for Qualifying Spectrometers and Spectrophotometers for Use in Multivariate Analyses，Calibrated Using Surrogate Mixtures（用替代混合物校准的用于多元分析的分光计和分光光度计的鉴定指南）

16　ISO 15063　Plastics-Polyols for use in the production of polyurethanes Determination of hydroxyl number by NIR spectroscopy（近红外光谱测定聚氨酯原材料多元醇中的羟值）

17　ISO 21543　Milk products. Guidelines for the application of near infrared spectrometry（乳制品. 近红外光谱方法应用通则）

18　ISO 12099　Animal feeding stuffs，cereals and milled cereal products. Guidelines for the application of near infrared spectrometry（动物饲料原料，谷类和研磨谷类制品. 近红外光谱方法通则）

19　ISO 17184　Soil quality-Determination of carbon and nitrogen by near-infrared spectrometry（NIRS）［土质. 采用近红

外光谱法（NIRS）对碳和氮的测定〕

20　AACC 39-00　Near-Infrared Methods：Guidelines for Model Development and Maintenance（近红外光谱方法：模型建立与维护通则）

21　AACC 39-10　Near-infrared reflectance method for protein determination（近红外反射光谱测定蛋白质含量）

22　AACC 39-11　Near-infrared reflectance method for protein-wheat flour（近红外反射光谱测定面粉中的蛋白质含量）

23　AACC 39-20　Near-infrared reflectance method for protein and oil determination-soybeans（近红外反射光谱测定大豆中的蛋白质和油分）

24　AACC 39-21　Near-infrared method for whole-grain analysis（近红外光谱用于谷物整粒分析）

25　AACC 39-25　Near-infrared method for protein content in whole-grain wheat（近红外光谱测定整粒小麦中的蛋白质含量）

26　AACC 39-70　Wheat hardness as determined by near infrared reflectance（近红外反射光谱测定小麦的硬度）

27　AACC 08-21　Prediction of Ash Content in Wheat Flour—Near-Infrared Method（近红外光谱法测定面粉的灰分）

28　AOAC 2007.04　Fat，Moisture，and Protein in Meat and Meat Products（肉及肉制品中脂肪、水分和蛋白质含量的测定）

29　AOAC 989.03　Fiber（acid detergent）and protein（crude）in forages：Near-infrared reflectance spectroscopic method（草料中粗蛋白和酸性洗涤纤维含量：近红外反射光谱方法）

30　AOAC 991.01　Moisture in forage，near infrared reflectance spectroscopy（草料中水分的测定——近红外反射光谱方法）

31　AOAC 997.06　Protein（crude）in wheat. Whole grain analysis，Near-infrared spectroscopic method.（小麦中粗蛋白质的测定——近红外光谱方法）

32　ICC 159　Determination of Protein by Near Infrared Reflectance（NIR）Spectroscopy（近红外反射光谱测定蛋白质含量）

33　ICC 202　Procedure for Near Infrared（NIR）Reflectance Analysis of Ground Wheat and Milled Wheat Products（近红外反射光谱分析面粉和粉碎小麦制品的规程）

34　RACI 11.01　Determination of protein and moisture in whole wheat and barley by NIR（近红外光谱测定小麦和大麦中的蛋白质和水分含量）

35　USP 856　Near-Infrared Spectroscopy（近红外光谱法）

36　USP 1856　Near-Infrared Spectroscopy—Theory and Practice（近红外光谱法——理论和实践）

37　USP 1039　Chemometrics（化学计量学方法）

38　EP 2.2.40　Near-Infrared Spectroscopy（近红外光谱法）

39　PSAG Guidelines for the development and validation of near infrared（NIR）spectroscopy methods（近红外光谱方法建立和验证准则）

40　CPMP&CVMP Note for guidance on the use of near infrared spectroscopy by the pharmaceutical industry and the data requirements for new submissions and variations（制药企业使用近红外光谱的指导原则以及申报与变更时所需呈递的资料）

41　RIVM Verification of the identity of pharmaceutical substances with near-infrared spectroscopy（使用近红外进行药物鉴别的方法验证）

42　EMA Guideline on the use of near infrared spectroscopy by the pharmaceutical industry and the data requirements for new submissions and variations（制药工业近红外光谱技术应用、申报和变更资料要求指南）

43　FDA Development and submission of near infrared analytical procedures，Guidance for industry，Draft guidance（工业界开发和申报近红外分析方法指导原则草案）

44　AOCS Cd 1e Determination of Iodine Value by Pre-calibrated FT-NIR with Disposable Vials（预校正近红外光谱结合一次性小瓶测定碘值）

45　AOCS Am 1a-09 Near Infrared Spectroscopy Instrument Management and Prediction Model Development（近红外光谱仪器管理和预测模型的建立）

46　GOST 33441　Vegetable oils. Determination of quality and safety by near infrared spectrometry（植物油. 使用近红外光谱法测定质量和安全性）

47　GOST 32041　Compound feeds，feed raw materials. Method for determination of crude ash，calcium and phosphorus content by means of NIR-spectroscopy〔配合饲料，饲料原料. 利用近红外（NIR）光谱法进行粗灰分、钙和磷含量的测定〕

48　GOST 31795　Fish，marine products and products of them. Method of determining the fraction of total mass of protein，fat，water，phosphorus，calcium and ash by the near-infra-red spectrometry（鱼类，海产品及其制品. 利用近红

外光谱法进行蛋白质、脂肪、水分、磷、钙和灰分总质量分数测定)

49 GOST 32040 Fodder, mixed and animal feed raw stuff. Spectroscopy in near infra-red region method for determination of crude protein, crude fibre, crude fat and moisture (饲料, 混合的和动物饲料原料. 利用近红外区光谱法进行粗蛋白、粗纤维和水分测定)

50 GOST R 51038 Fodder and mixed fodder. Spectroscopia in near infra-red region method for determination of metabolizable energy (饲料与混合饲料. 采用近红外区域光谱法测定代谢能量)

51 GOST 30131 Oil-cake and ground oil-cake. Determination of moisture, oil and protein by infrared reflectance (豆饼与豆粕用近红外领域的光谱仪法测定水分、脂肪及蛋白质)

52 GOST R 54039 Soil quality. Quick method for the determination of oil products by NIR spectroscopy (土壤质量. 近红外光谱测定石油产品的快速方法)

53 DGF C-VI 21a (13) FT-near infrared (NIR) spectroscopy-Screening analysis of used frying fats and oils for rapid determination of polar compounds, polymerized triacylglycerols, acid value and anisidine value (FT-NIR 光谱法: 煎炸油的筛选方法, 以确定极性化合物、聚合甘油三酯、酸值和茴香胺值)

注: ASTM—美国材料与试验协会; ISO—国际标准化组织; AACC—美国谷物化学家协会; AOAC—美国分析化学家协会; ICC—国际谷物科技协会; AOCS—美国油类化学家学会; RACI—澳大利亚皇家化学会; USP—美国药典; EP—欧洲药典; PASG—英国药物分析学组; CPMP&CVMP—欧盟专利药品委员会 & 兽药产品委员会; RIVM—荷兰公共卫生与环境国家研究院; EMA—欧洲药品管理局; FDA—美国食品药品监督管理局; JIS—日本工业标准; GOST—俄罗斯国家标准; DGF—德国油脂科学学会

　　我国颁布的国家标准、行业标准和地方标准多达 50 余项, 涉及化工、食品、农业、纺织等领域, 包括:

1 GB/T 18868—2002 饲料中水分、粗蛋白质、粗纤维、粗脂肪、赖氨酸、蛋氨酸快速测定 近红外光谱法

2 GB/T 12008.3—2009 塑料 聚醚多元醇 第 3 部分: 羟值的测定

3 GB/T 24895—2010 粮油检验 近红外分析定标模型验证和网络管理与维护通用规则

4 GB/T 25219—2010 粮油检验 玉米淀粉含量测定 近红外法

5 GB/T 24900—2010 粮油检验 玉米水分含量测定 近红外法

6 GB/T 24901—2010 粮油检验 玉米粗蛋白含量测定 近红外法

7 GB/T 24902—2010 粮油检验 玉米粗脂肪含量测定 近红外法

8 GB/T 24896—2010 粮油检验 稻谷水分含量测定 近红外法

9 GB/T 24897—2010 粮油检验 稻谷粗蛋白质含量测定 近红外法

10 GB/T 24898—2010 粮油检验 小麦水分含量测定 近红外法

11 GB/T 24899—2010 粮油检验 小麦粗蛋白质含量测定 近红外法

12 GB/T 24871—2010 粮油检验 小麦粉粗蛋白质含量测定 近红外法

13 GB/T 24872—2010 粮油检验 小麦粉灰分含量测定 近红外法

14 GB/T 24870—2010 粮油检验 大豆粗蛋白质、粗脂肪含量的测定 近红外法

15 GB/T 29858—2013 分子光谱多元校正定量分析通则

16 GB/T 34406—2017 珍珠粉鉴别方法 近红外光谱法

17 GB/T 36691—2018 甲基乙烯基硅橡胶 乙烯基含量的测定 近红外法

18 GB/T 37969—2019 近红外光谱定性分析通则

19 GB/T 7383—2020 非离子表面活性剂 羟值的测定

20 GB/T 13892—2020 表面活性剂 碘值的测定

21 《中国药典》(2020 年版) 9104 近红外分光光度法指导原则

22 NY/T 1423—2007 鱼粉和反刍动物精料补充料中肉骨粉快速定性检测 近红外反射光谱法

23 NY/T 1841—2010 苹果中可溶性固形物、可滴定酸无损伤快速测定 近红外光谱法

24 NY/T 2797—2015 肉中脂肪无损检测方法 近红外法

25 NY/T 2794—2015 花生仁中氨基酸含量测定 近红外法

26 NY/T 3105—2017 植物油料含油量测定 近红外光谱法

27 NY/T 3299—2018 植物油料中油酸、亚油酸的测定 近红外光谱法

28 NY/T 3298—2018 植物油料中粗蛋白质的测定 近红外光谱法

29	NY/T 3297—2018	油菜籽中总酚、生育酚的测定 近红外光谱法
30	NY/T 3295—2018	油菜籽中芥酸、硫代葡萄糖苷的测定 近红外光谱法
31	NY/T 3512—2019	肉中蛋白无损检测法 近红外法
32	NY/T 3679—2020	高油酸花生筛查技术规程 近红外法
33	SN/T 3896.1—2014	进出口纺织品 纤维定量分析 近红外法 第1部分：聚酯纤维与棉的混合物
34	SN/T 3896.2—2015	进出口纺织品 纤维定量分析 近红外法 第2部分：聚酯纤维与聚氨酯弹性纤维的混合物
35	SN/T 3896.3—2015	进出口纺织品 纤维定量分析 近红外法 第3部分：聚酰胺纤维与聚氨酯弹性纤维的混合物
36	SN/T 3896.4—2015	进出口纺织品 纤维定量分析 近红外法 第4部分：棉与聚氨酯弹性纤维的混合物
37	SN/T 3896.5—2015	进出口纺织品 纤维定量分析 近红外法 第5部分：聚酯纤维与粘胶纤维的混合物
38	SN/T 3896.6—2017	进出口纺织品 纤维定量分析 近红外法 第6部分：聚酯纤维与羊毛的混合物
39	SN/T 3896.7—2020	进出口纺织品 纤维定量分析 近红外法 第7部分：聚酯纤维与聚酰胺纤维的混合物
40	SN/T 3896.8—2020	进出口纺织品 纤维定量分析 近红外法 第8部分：棉与聚酰胺的混合物
41	SN/T 5233—2020	进出口纺织原料 原棉回潮率测定 近红外光谱法
42	SB/T 11149—2015	废塑料回收分选技术规范
43	FZ/T 01144—2018	纺织品 纤维定量分析 近红外光谱法
44	FZ/T 01150—2019	纺织品 竹纤维和竹浆粘胶纤维定性鉴别试验方法 近红外光谱法
45	LY/T 2151—2013	木材综纤维素和酸不溶木质素含量测定 近红外光谱法
46	LY/T 2053—2012	木材的近红外光谱定性分析方法
47	GH/T 1260—2019	固态速溶茶中水分、茶多酚、咖啡碱含量的近红外光谱测定法
48	GH/T 1259—2019	茶多酚制品中水分、茶多酚、咖啡碱含量的近红外光谱测定法
49	QB/T 2812—2006	纸张定量、水分的在线测定（近红外法）
50	HG/T 3505—2020	表面活性剂 皂化值的测定
51	DB12/T 347—2007	小麦、玉米粗蛋白质含量近红外快速检测方法（天津市质量技术监督局）
52	DB22/T 1605—2012	人参中灰分、水分、水不溶性固形物、水饱和丁醇提取物的无损快速测定 近红外光谱法（吉林省质量技术监督局）
53	DB32/T 2269—2012	棉籽油油分含量无损测定近红外光谱检验法（江苏省质量技术监督局）
54	DB21/T 2048—2012	饲料中粗蛋白、粗脂肪、粗纤维、水分、钙、总磷、粗灰分、水溶性氯化物、氨基酸的测定 近红外光谱法（辽宁省质量技术监督局）
55	DB22/T 1812—2013	人参中人参多糖的无损快速测定 近红外光谱法（吉林省质量技术监督局）
56	DB53/T 497—2013	烟草及烟草制品主要化学成分指标近红外校正模型建立与验证导则（云南省质量技术监督局）
57	DB53/T 498—2013	烟草及烟草制品主要化学成分指标的测定近红外漫反射光谱法（云南省质量技术监督局）
58	DB53/T 512—2013	二次复切微波膨胀梗丝 掺配均匀性的测定 近红外光谱法
59	DB34/T 2561—2015	固态发酵酒醅常规指标的快速测定 近红外法（安徽省质量技术监督局）
60	DB43/T 1065—2015	饲料中氨基酸的测定近红外法（湖南省质量技术监督局）
61	DB34/T 3054—2017	浓香型基酒主要香味成分的快速测定方法 近红外法（安徽省质量技术监督局）
62	DB15/T 1229—2017	山羊绒净绒率试验方法 近红外光谱法（内蒙古自治区质量技术监督局）
63	DB34/T 2890—2017	茶叶中主要品质成分快速测定-近红外光谱法（安徽省质量技术监督局）
	DB64/T 1554—2018	棉与聚酯纤维混纺产品 纤维定量分析 近红外法（宁夏回族自治区质量技术监督局）
64	DB37/T 3635—2019	车用汽油快速筛查技术规范（山东省质量技术监督局）
65	DB37/T 3636—2019	车用汽油快速检测方法 近红外光谱法（山东省质量技术监督局）
66	DB37/T 3637—2019	车用柴油快速筛查技术规范（山东省质量技术监督局）
67	DB37/T 3638—2019	车用柴油快速检测方法 近红外光谱法（山东省质量技术监督局）
68	DB37/T 3639—2019	车用乙醇汽油（E10）快速筛查技术规范（山东省质量技术监督局）
69	DB37/T 3640—2019	车用乙醇汽油（E10）快速检测方法 近红外光谱法（山东省质量技术监督局）
70	DB37/T 4118—2020	柴油发动机氮氧化物还原剂-尿素水溶液（AUS 32）的快速检测方法 近红外光谱法
71	DB36/T 1127—2019	饲料中粗灰分、钙、总磷和氯化钠快速测定 近红外光谱法（江西省市场监督管理局）
72	DB34/T 3561—2019	酿酒原料常规指标的快速测定方法 近红外法（安徽省质量技术监督局）
73	DB12/T 955—2020	奶牛场粪水氮磷的测定 近红外漫反射光谱法（天津市市场监督管理委员会）
74	DB32/T 3881—2020	中药智能工厂 中药水提醇沉提取过程质量监控（江苏省市场监督管理局）

75 T/AHFIA 008—2018 酿酒用大曲常规理化指标的快速测定方法 近红外法（安徽省食品行业协会）

76 T/GZTPA 0001—2020 贵州绿茶主要化学成分的测定 近红外漫反射光谱法（贵州省绿茶品牌发展促进会）

77 GH/T 1337—2021 籽棉杂质含量快速测定 近红外光谱法（中华全国供销合作总社）

78 T/CIS 11001—2020 中药生产过程粉体混合均匀度在线检测 近红外光谱法（中国仪器仪表学会）

79 T/CBJ 004—2018 固态发酵酒醅通用分析方法（中国酒业协会）

80 GB/T 40467—2021 畜禽肉品质检测 近红外法通则

注：GB/T—中华人民共和国国家标准（推荐）；NY/T—中华人民共和国农业行业标准（推荐）；SN/T—中华人民共和国进出口商品检验行业标准（推荐）；SB/T—中华人民共和国商业行业标准（推荐）；FZ/T—中华人民共和国纺织行业标准（推荐）；LY/T—中华人民共和国林业行业标准（推荐）；GH/T—中华人民共和国供销合作行业标准（推荐）；QB/T—中华人民共和国轻工行业标准（推荐）；HG/T—中华人民共和国化工行业标准（推荐）；DB/T—中华人民共和国地方标准（推荐）

2.3 中红外光谱

中红外光谱习惯上称为红外光谱（MIR 或 IR），光谱范围为 $400\sim4000\text{cm}^{-1}$，反映的是物质分子振动和转动的光谱信息，绝大多数有机化合物和无机离子的基频吸收带出现在该区域。与近红外光谱（NIR）区域相比，中红外光谱区域的吸收强，信息相对丰富，基团分辨能力也较强，能区别结构极为接近的物质，这也是红外光谱长期以来主要用于物质分子结构解析的原因。近些年，随着仪器制造技术、化学计量学方法以及计算机的发展，红外光谱也已越来越多地被用于现场应急分析和在线过程分析等领域。

2.3.1 便携式中红外分析技术

随着仪器制造水平的提高以及社会发展带来的新需求，便携式红外光谱仪已被越来越多地应用于多个领域，如产品质量检测、环境监测、有害物质泄漏应急监测等。从仪器类型来看，多数便携式仪器仍采用傅里叶变换型，但也有其他类型，如阵列检测器型等。从测量对象来看，有适合多种形态样品（如气体、黏稠液体、固体粉末等）的专用便携式仪器。这些便携式仪器在结构上都做了改进，可适应于非常苛刻的现场环境，如有些仪器可以在 $0\sim100\%$ 湿度、$-10\sim50℃$ 的环境条件下使用。

在测定轻质油品（汽油和柴油）方面，已有多款专用的便携红外分析仪，多采用透射式测量方式，自动进样和清洗，内置有多种化学计量学校正模型，可以快速测定汽油、柴油和航煤等多种常规的物化性质和化学组成数据，用于工厂的中间控制分析和流通过程中的质量检查等领域。

也有多款专门用来测定润滑油或生物柴油的便携式红外仪器，多采用衰减全反射（Attenuated Total Reflection，ATR）测量方式，也可采用透射方式，用于润滑油使用过程中的质量衰变监测、生物柴油生产过程的控制分析和流通领域中生物燃料的混兑比例测定等。在润滑油质量监测方面，红外光谱结合化学计量学方法可以测定润滑油酸值、碱值和水含量等多种物化指标。在生物柴油分析方面，红外光谱可以测定生物柴油及其原料的多种组成含量，如甲酯和甘油等，以及石化柴油和生物柴油的混兑比例。这类仪器稍加改动，便可用于其他分析，如乙醇汽油中的乙醇含量、饮料中的乙醇含量以及水中重水（D_2O）的含量等。

便携式红外光谱仪可用于液体、黏稠和凝胶物质的现场鉴别分析。这类仪器通常内置有上千种物质的标准光谱库，包括普通实验室化学品谱库、有毒工业化学品谱库、化学战剂谱库、爆炸品谱库、刑侦药物谱库、管制药物及前体谱库、常见白色粉末谱库等。通过谱图检索，能够快速识别待测样品的物质成分。可应用于军队、消防、海关进出口、环保和卫生执法等部门，如鉴定商业区发现的未知粉末、鉴定交通意外事故中泄漏的未知液体、运输过程中的化学品现场检查等[32]。

便携式红外光谱仪可用于现场气体分析，其气体池内壁涂有金或铑等贵金属，抗腐蚀性强。根据待测气体的浓度，其光程范围从几厘米至几米。为检测微量浓度的气体，有些仪器还配有气体富集装置。这类仪器内置有上千张气体的标准红外光谱，可以用于环境污染事故应急监测分析、反恐怖活动中化学武器毒剂的识别与监测、劳动卫生现场监测等。

2.3.2 在线中红外分析技术

从光谱理论和分析原理来讲，近红外光谱可以分析的项目，如果配备合适的测量附件，红外光谱方法都能测量，而且红外光谱的灵敏度要比近红外高一个数量级，一般能测量含量在 0.01% 以上的组分。但目前由于在线红外光谱分析仪的价格较为昂贵以及测量附件等原因的限制，因此，其在流程工业（例如石化和制药）领域中的应用远不及在线近红外光谱广泛。在线红外光谱的大多数应用也集中于实验反应过程的研究，如有机合成反应、聚合反应和生化反应等。

对于流动性好的酒和牛奶等液体，可采用透射方式进行红外光谱的测量（光程为 $20\sim200\mu m$），因为透射光谱要比 ATR 光谱提供更强的结构信息，在测定低含量物质时具有优势[33-35]。在原料奶检测方面，红外光谱已是国际乳业普遍认同的一种快速检测方法，通过建立化学计量学校正模型，可分析的项目有乳脂、乳蛋白、乳糖、非脂固形物、总干物质、密度以及掺水率等。在乳品生产企业，红外光谱被用于原料奶品质的控制和监督管理，以及生产过程的标准化监控，使每批产品的各项理化成分指标保持均衡，以便保证最终产品质量的连续性及其风味（口味）的一致性等。红外光谱还可测量牛奶中低浓度尿素（$0.01\%\sim0.08\%$）、丙酮（$0.00\sim0.02\%$）和微生物的含量。

近几年来，采用红外全谱测量和化学计量学相结合的在线气体测量技术正在悄然兴起[36-38]。例如，傅里叶变换红外气体分析仪已被安装在垃圾焚烧线脱硫塔（喷雾器）的出口处。垃圾焚烧气体主要含有气态污染物（如 SO_2、NO、NO_2、CO、CO_2、HCl、HF、NH_3 等）和 H_2O 等，其中有些气体组分的浓度有时很高，如 H_2O 的浓度高达 40%（体积分数），CO_2 浓度达 20%（体积分数），但 HCl 和 HF 的浓度一般只有 $10\sim30mg/m^3$，其量程比例超过 10^4，其他分析方法没有像红外光谱定量分析这么宽的动态测量范围，很难满足这种要求。利用傅里叶变换红外气体分析仪监测的数据可以调整和控制脱硫塔的运行（如参与控制喷雾塔加注石灰浆的数量），同时还可作为环评的依据。

2.4 拉曼光谱

拉曼（Raman）光谱和红外光谱均属分子振动光谱，但产生原理有很大差别。红外光谱是吸收光谱，拉曼光谱是散射光谱。1928 年，印度物理学家 Raman 研究苯的光散射时发现，在散射光中除了与入射光频率相同的散射光（即瑞利散射光）外，还存在与入射光频率不同的散射光，即拉曼散射。拉曼散射光的强度极其微弱，只有瑞利散射强度的 $10^{-3}\sim10^{-6}$。

拉曼散射是光与物质分子发生非弹性碰撞的结果，散射光与入射光频率的差值反映了分子振动能级差所对应光子的频率，称为拉曼位移，它与入射光频率无关，波数范围约为 $0\sim4000cm^{-1}$。对于非极性基团如 $C=C$、$C-C$ 和 $S-S$ 等红外吸收较弱的官能团，在拉曼光谱中可以得到吸收强烈的谱带。各种物质的化学官能团具有尖锐的特征性强的拉曼振动谱带，因此，通过拉曼光谱可以很容易区分出不同的物质。而且，振动谱带对化学基团所处的物理化学环境也很敏感，因此谱带的位置和强弱还可以灵敏地反映出有关物质的结构及构象变化过程的信息。水分子的拉曼光谱信号很弱，可以较容易地得到含水样品的拉曼光谱。此外，拉曼光谱不要求样品具有良好的透光性，可以很容易地得到浑浊样品的拉曼光谱。

2.4.1 傅里叶拉曼光谱

根据分光原理不同，拉曼光谱仪可分为色散型拉曼和傅里叶型拉曼（FT-Raman）两类。色散型拉曼是利用光栅色散的原理得到光谱，从紫外、可见到近红外波长范围内的激光器都可以用作激发光源。FT-Raman 利用迈克尔逊干涉仪通过傅里叶变换得到拉曼光谱，大多采用 1064nm 的半导体激光器作为激发光源。相对于色散型拉曼光谱仪，FT-Raman 具有扫描速度快、光谱重现性好、频率准确度高、测量频率范围宽、信噪比高、热效应小、能克服荧光干扰且采用近红外光可直接穿过生物组织获得组织内分子的有用信息等优点。

FT-Raman 在药物分析和食品等方面有较多的应用。Okumura 等采用傅里叶变换拉曼光谱结合偏最小二乘法建立了快速测定药物吲哚美辛微晶含量的方法，能准确预测吲哚美辛片剂中的药物含量[39]。Szostak 等基于傅里叶拉曼光谱建立了预测商品栓剂中有效成分乙酰氨基酚和双氯芬酸钠含量的 PLS 模型[40]，这种方法可推广用于栓剂的快速定量分析。FT-Raman 可用于不饱和植物油的品质鉴定，如不饱和度、碘值、游离脂肪酸、氧化稳定性和掺假鉴别等[41,42]。

2.4.2 表面增强拉曼光谱

当一些分子被吸附到某些粗糙金属，如金、银或铜的表面时，它们的拉曼信号的强度会增加 $10^4 \sim 10^6$ 倍，而谱带位置与正常的拉曼光谱差别不大。这种不寻常的拉曼散射增强现象被称为表面增强拉曼散射（Surface Enhanced Raman Scattering，SERS）效应。近些年，受益于激光技术和纳米科技的迅猛发展，SERS 已经在界面和表面科学、材料分析、生物、医学、环境和安全等领域得到了广泛应用[43]。对于具有表面增强共振拉曼散射效应（SERRS）的分子，若把激发波长调到吸附分子的吸收波长附近，其强度还可以增加 $2 \sim 3$ 个数量级，检测下限可低到 $10^{-9}\,\mathrm{mol/L}$。

表面增强拉曼光谱克服了常规拉曼光谱灵敏度低的缺点，可以获得更多物质结构信息，在现场快速筛查、检测和鉴别农药残留、兽药残留、限用或禁用添加剂分析检测中具有广阔的应用前景。Mamian-Lopez 等以 Klarite 作为拉曼增强基底，通过标准加入法和多元曲线分辨-交替最小二乘法（MCR-ALS）消除基体效应，建立了氟喹诺酮类抗生素莫西沙星的 SERS 分析方法，检出限为 0.085mg/L，定量限为 0.6mg/L[44]。Zhang 等采用商用 Klarite 和 Q-SERS 基底，结合主成分分析和偏最小二乘法建立了鱼肉中恩诺沙星、呋喃唑酮和孔雀石绿的 SERS 分析方法，可检出罗非鱼鱼片中 $1.0\mu g/g$ 的呋喃唑酮、200ng/g 的孔雀石绿[45]。黄双根等采用表面增强拉曼光谱结合偏最小二乘建立了大白菜中马拉硫磷残留的定量模型，对大白菜中马拉硫磷的检测浓度达到 1.08mg/L[46]。刘燕德等以团絮状银胶为增强基底，结合化学计量学方法实现了脐橙中亚胺硫磷农药残留的无损检测，其检测限达到 4.13mg/L[47]。聂新明等以银纳米棒阵列为基底，通过 SERS 和 PLS 建立了预测蜂蜜中微量双甲脒的定量模型，与传统的基于 SERS 单峰强度的单变量定量模型相比，该多元预测模型综合了双甲脒的所有特征峰，提高了检测精度和抗干扰能力[48]。

表面增强拉曼光谱技术具有非侵入性、灵敏度高、选择性好和水干扰小等独特优势，使其在生命科学、临床检验等方面具有良好的应用前景，成为了一种极具潜力的生物检测技术[49]。Liu 等利用基于银纳米薄膜固体装置的人血清表面增强拉曼散射光谱技术在分子水平上对肝癌进行无标记、无创检测，结合主成分分析和独立数据 t 检验等统计方法对拉曼谱图进行分析，诊断灵敏度约为 95.0%，特异性约为 97.6%[50]。这种无标签、无创的检测方法在临床上检测癌症有很大的潜力。

利用 SERS 进行细菌分类鉴定成为微生物检测领域的热点之一[51]。SERS 在细菌分类中的应用，主要是区分不同种类的细菌以及同种细菌的不同菌型。拉曼光谱具有相对较高的信息含量，该信息来自样品中分子的振动和旋转频率。细菌中的核酸、蛋白质、脂类和碳水化合物的分子振动频率不同，在拉曼图谱上表现为各自独特的谱峰，从而生成"全生物指纹图谱"，结合模式识别方法可区分细菌。例如，尿路感染是一种常见的病症，目前对于感染病菌检测的金标准是传统的培养法，但这种方法耗时较长。Jarvis 等使用 SERS 对尿路感染病原菌进行研究，结合主成分分析与判别函数分析，成功鉴别五个不同种属的主要致病菌类群[52]。

在应对和处置涉及化学恐怖物质（例如化学战剂、生物毒素及其他高毒性化学物质）的突发公共安全事件中，实行实时快速、准确可靠、高灵敏的现场侦检非常关键。表面增强拉曼光谱技术因其灵敏、快速、便携等特性，在化学恐怖物质的侦检安全领域逐渐受到重视，在国防安全、公共安全以及突发化学事件现场检测等领域可望得到普遍应用[53,54]。表面增强拉曼光谱技术可以利用便携式拉曼光谱仪对痕量甚至超痕量毒品进行现场检测和实时、快速分析，应用前景广阔[55]。Dong 等采用动态 SERS 基底，利用主成分分析对光谱进行降维，然后由支持向量机（SVM）建立判别模型，识别甲基苯丙胺（MAMP）吸食者的真实尿液的准确率达到了 90%[56]。

增强拉曼信号的方式除了 SERS 外，还有共振拉曼光谱（Resonance Raman Spectroscopy，RRS）、相干反斯托克斯拉曼光谱（Coherent Anti-Stokes Raman Spectroscopy，CARS）和受激拉曼光谱（Stimulated Raman Scattering，SRS），以及这些技术与 SERS 的结合（例如 CARS-SERS）等[57-59]。

2.4.3 共聚焦拉曼光谱

共聚焦显微拉曼光谱是将拉曼光谱与显微分析结合起来的一种技术，又称显微拉曼。在光谱本质上，显微拉曼与普通的激光拉曼没有区别，只是在激光拉曼的光路中引进了共焦显微镜，从而可消除来自样品离焦区域的杂散光，形成空间滤波，保证探测器能捕获到待测样品。通过调节焦点的位置可以将激光聚焦于样品的不同深度，实现微量样品的原位、无损分析。由于共聚焦显微拉曼光谱技术在微量分析测定中具有分离效果好、灵敏度高、设备简单、易于操作等诸多优势，因此，显微拉曼光谱技术已经在肿瘤检测、文物考古、公安法学等领域得到广泛应用。

显微拉曼光谱是一种能够提供 $0.5 \sim 1.0 \mu m$ 空间分辨率的单个微生物细胞内化学结构信息的研究技术。近几年来，显微拉曼光谱被越来越多地应用于微生物单细胞的研究中，可以在空间上分辨单个微生物细胞的化学组成。由于微生物细胞内蛋白质、DNA、RNA、脂质和碳水化合物等基本组分的差异，不同物种的拉曼光谱会有一定的差异。因此，可以通过提取和研究这些较小的光谱变化，并结合化学计量学技术区分微生物的种类。

激光光镊拉曼光谱是一种将激光光镊与共聚焦拉曼光谱技术相结合的技术。该技术能够保证在生理条件下捕获、操控、测量在悬浮状态下单个活性细胞并对其进行生物学分析研究。光镊（Laser Tweezers）技术是以激光的力学效应为基础的一种物理工具，利用强汇聚的光场与微粒相互作用时形成的光学势阱来俘获粒子。光镊已成为捕获和操纵生物颗粒（包括细胞、细菌、病毒和电介质颗粒）有用工具，拉曼光谱与光学镊子相结合可以表征单个有机微滴或微胶囊中包含的分子。光镊的显著优势是能够限制水溶液中布朗运动的颗粒在一个小区域内，从而能够长时间观察单个颗粒。拉曼单细胞精准分选技术是一种非侵入性和无标记无损伤单细胞技术，也是一种能够快速鉴定细胞内分子成分的有效分析工具，所分选出来的单细胞生物无需标记且保持完整，能够有效鉴定其生物化学成分，最真实地反应细胞原位状态下的活性与功能[60]。

Kusic 等使用单细胞拉曼结合支持向量机来分类和鉴定与人类疾病和其他常见水生病原体相关的军团菌种，建立了该属的 22 种物种以及大肠杆菌、肺炎克雷伯氏菌和铜绿假单胞菌的拉曼光谱数据库，研究表明，拉曼显微光谱可以作为一种快速可靠的方法来辨别人类病原体军团菌种类[61]。Klob 等针对尿道感染的患者样本进行了拉曼共聚焦显微镜与支持向量机结合的检测，实验结果表明拉曼技术可在 2h 内不需要培养基的情况下对患者体内的尿液样本进行准确检测，并且可以确定感染的主要菌群，准确度可以达到 92% 以上[62]。Yoge-sha 等也采用显微拉曼光谱结合支持向量机对 5 种常见的尿路感染病原菌进行识别，识别准确率接近 90%[63]。Stockel 等利用共聚焦拉曼光谱检测了 26 种分枝杆菌，包括结核分枝杆菌、脓肿分枝杆菌和鸟分枝杆菌等，共 8845 株菌株，建立了分枝杆菌的拉曼光谱数据库，通过支持向量机能够将未知分枝杆菌鉴定至种水平，准确率达到了 94.3%[64]。

Li 等采用共聚焦拉曼对鼻咽癌离体组织进行检测，利用 PLS-DA 建立识别模型，其诊断灵敏度和特异性分别为 85% 和 88%[65]。Lee 等利用共聚焦显微拉曼光谱仪采集的胞外囊泡的拉曼光谱，结合卷积神经网络对前列腺癌进行诊断，准确率在 93% 以上[66]。Pablo 等通过活单细胞的拉曼光谱得到了结直肠癌的化学指纹图谱，采用主成分分析和线性判别分析将细胞分类，准确度高达 98.7%。拉曼光谱可以揭示肿瘤细胞糖类、磷酸盐、核酸含量以及蛋白质 α 螺旋、β 折叠或 α+β 二级结构，以区分不同的细胞类型和不同的结肠直肠癌细胞系，进而可区分疾病的不同阶段，在临床上可以作为细胞表型分析诊断的重要工具[67]。Pilát 等开发了一个微流控芯片，结合光镊技术分离出单细胞大肠埃希菌，比较了有无抗生素压力下单细胞大肠埃希菌共振拉曼光谱的变化情况，发现了多个明显变化的峰，主成分分析（PCA）结果也表明它们之间存在明显的统计学意义上的差异，对于单个细菌的耐药性研究能够更好地理解异质性耐药的问题[68]。

2.4.4　空间偏移拉曼光谱

共聚焦方式只能测定几百微米深度以内固体样品的拉曼光谱，空间偏移拉曼光谱（Spatially Offset Raman Spectroscopy，SORS）可以测定样品更深层的拉曼光谱。如图 2-5 所示，其原理是激光光源的入射焦点与光谱系统中收集透镜的焦点在待测样品表层空间上偏移一定的距离。SORS 可以明确区分物料和容器的拉曼光谱，实现物料和容器的同时鉴别，从而分析不透明样品内部的化学信息。容器类型包括透明塑料袋、不透明或有颜色的高密度聚乙烯塑料容器、有颜色或透明的玻璃容器、麻袋、多层纸质袋等。空间位移拉曼技术能够有效地消除来自表面层的荧光，真正实现非侵入无损快检[69]。

利用 SORS 测量方式可以隔着药瓶或者塑料泡罩包装检测药品真伪，也可以侦测非金属容器内的粉末或液体炸药[70]。如图 2-6 所示，SORS 方式可以隔着 1.5mm 白色塑料瓶获

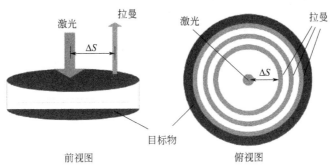

图 2-5 SORS 光学示意图

得浓度为 30％的双氧水的拉曼特征光谱信息，而传统的测量方式却只能得到塑料瓶的光谱特征。Cobalt Light Systems 公司已经基于 SORS 开发出商品化的 RapID 便携式拉曼光谱仪，能够透过不透明包装或容器获得原材料的特征拉曼光谱，并在 10s 内完成对原材料的直接无损鉴别，该产品符合现行药品生产管理规范（cGMP）。该公司还开发出了商品化的 Insight 便携式拉曼光谱仪，该仪器通过了欧洲民用航空安全监管委员会的批准，已应用在欧洲部分机场，可透过彩色、不透明或透明塑料、玻璃和纸张包装侦测粉末或液体爆炸物。

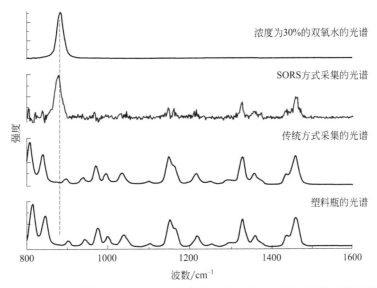

图 2-6 SORS 方式测量 1.5mm 白色塑料瓶中浓度为 30％的双氧水的拉曼光谱

SORS 测量方式还被用于医学领域，如皮下骨骼病变和癌症的非侵入性诊断等[71]。Ding 等采用 SORS 测量方式分析了老鼠大腿骨折后 2 周和 4 周的愈合情况，发现骨折后 4 周胶原矿化和矿物质碳酸化明显比与第 2 周增加，SORS 的测试结果与射线学和材料测试一致，表明 SORS 具有评估体内骨折愈合方面的潜力[72]。

除了 SORS 测量方式外，如图 2-7 所示，还有逆 SORS 和倾斜 SORS 测量方式[73]。

2.4.5 透射拉曼光谱

传统拉曼光谱都采用背散射测量方式，但采用透射式测量方式可获得样品整体的信息，并能有效消除样品表面产生的荧光干扰[74]。图 2-8 为采用传统背散射方式（a）和透射式方

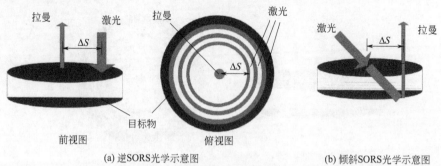

(a) 逆SORS光学示意图 (b) 倾斜SORS光学示意图

图 2-7 其他测试方式示意图

式（b）测定的 3.9mm 扑热息痛药片正、反面的拉曼光谱，该药片的一面被 2mm 的反-1,2-二苯乙烯覆盖。可以看出，传统背散射方式所测药片反、正面的拉曼光谱差异很大，而采用透射方式可以得到反、正面一致的拉曼光谱[75]。在测定药物组成含量方面，较多的应用实例表明，结合多元校正方法，透射式拉曼测量方式可给出比传统背散射测量方式更优的定量结果[76,77]。

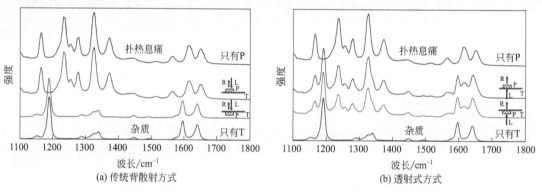

(a) 传统背散射方式 (b) 透射式方式

图 2-8 测定一面受反-1,2-二苯乙烯污染的扑热息痛药片正、反面的拉曼光谱
L—入射激光；R—拉曼散射光；P—扑热息痛；T—反-1,2—二苯乙烯

Cobalt Light Systems 公司开发出了商品化的 TRS100 型透射式拉曼分析系统，可测量完整片剂或胶囊中多个活性成分的含量。必达泰克公司开发的 QTRam 拉曼光谱仪器也是采用透射测试方式，能够穿透药物固体制剂收集拉曼信息，可用于制药企业药物成分的含量和均匀性的快速无损检测。

2.4.6　便携式拉曼分析技术

在实际使用过程中，很多场合并不需要共聚焦的超高分辨率和灵敏度，便携式拉曼即可完成绝大部分相关应用。目前，便携/手持式拉曼光谱结合化学计量学方法已广泛应用于许多领域，例如食品安全，药物、毒品筛选和包材检测等[78-80]。

感官属性是食品品质的重要指标，便携式拉曼光谱成功应用于预测食品的感官特性和基于感官属性的质量分级[81]。例如，Wang 等通过 PLS 成功建立了便携式拉曼光谱预测猪腰肉多汁性、嫩度、咀嚼性三个感官属性，准确度达 80% 以上，并用 SVM 根据嫩度和咀嚼性将猪腰肉的感官评价及对应拉曼光谱数据分为三个等级，预测等级为好的猪肉准确率达 100%[82]。

近年来，便携式拉曼光谱仪已用于珍贵艺术品、手稿、颜料、古陶瓷和壁画等领域的考古现场研究，为许多大尺寸考古样品的原位无损检测提供了诸多便利。古生物、古陶瓷、玻璃、宝石、古代手稿、壁画、纺织品、木乃伊等古代文物的拉曼光谱研究已有许多报道，这些结果对于文物年代与归属的判别以及文物的保存和修复提供了科学依据[83]。

便携式拉曼光谱通常采用 785nm 的单波长激光器，在检测荧光背景小的样品时，比 1064nm 激光器的信噪比高 10～70 倍，但在检测荧光背景较强的样品时，会受到严重干扰。为此，Christesen 等开发了一种 785nm/1064nm 双波长手持拉曼光谱仪，前者主要用来检测无荧光背景以及有荧光背景但光谱受其影响较小的样品，后者主要用来检测荧光背景强的样品[84]。

常用的拉曼光谱仪照射到样本上的光斑直径范围为 $50～500\mu m$，对于混合的不均匀固体样本（如药片），很难保证光谱采样区域的均一性。现已有商品化的便携式拉曼光谱仪采用动态可调点采样技术（Variable Dynamic Point Sampling，VDPS）获取代表性的光谱。该测量方式保持样品静止，而让激光束以数十赫兹高频按照预先设定的网格轨迹（如图 2-9 所示）扫描样品，可在极短时间内获得空间平均的拉曼光谱，从而可从不均匀样品中得到代表性的光谱。荧光干扰是一直是困扰用户和仪器厂商的关键问题，已有商品化的便携式拉曼光谱仪采用移频激发（Shifted Excitation Raman Difference Spectroscopy，SERDS）技术来消除荧光干扰[85-87]。它采用两个波长相近的激发光源分别激发样品得到两张拉曼光谱，对这两张光谱作差分，从而可有效地消除荧光的影响。

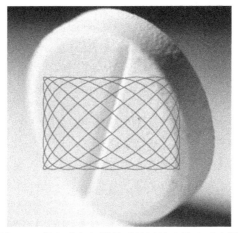

图 2-9　激光动态扫描样品的网格式轨迹示意图

2.4.7　光纤拉曼分析技术

由于拉曼光谱仪的激发光源及其拉曼散射都在可见或近红外区，因此，可以采用石英光纤进行激发光的传输和散射光的收集与传送，光谱仪则被放置在远离环境恶劣的分析现场。用于在线分析的拉曼光纤探头一般都采用背散射 180°光学结构，为有效收集拉曼散射光和消除其他干扰散射光，有多种商品化的光纤探头形式。由于 Raman 收集的是被测物质的散射光谱，通常不需要特别的取样装置，其对象可以是各种状态的物质如液体、固体和气体，尤其适合于多相高分子聚合反应的在线监测。

在线拉曼光谱可跟踪聚合反应过程，实时测量反应物、中间和最终产物的含量，用于反应动力学的研究以及生产过程的控制分析，例如，判断恰当的反应终点等[88,89]。拉曼光谱除采用插入式光纤探头外，还可使用非接触式光纤探头通过反应器壁上的光学窗口监测整个反应过程。较多的应用实例表明，拉曼光谱非常适合含高浓度固体悬浊液的乳液聚合反应过程的在线分析，如丙烯酸丁酯/甲基丙烯酸甲酯的乳液共聚反应等。拉曼光谱还被用于实时监测微流装置中的微滴乳液聚合过程。

在石油化工领域，拉曼光谱非常适合测定芳烃族化合物的含量，例如，芳烃抽提中的BTEX（苯、甲苯、乙苯和二甲苯）含量，以及C8芳烃异构体，即对二甲苯（PX）、间二甲苯（MX）、邻二甲苯（OX）和乙苯（EB）分离过程中各异构体的含量[90]。在对二甲苯的模拟移动床吸附分离工艺和结晶分离工艺过程中，拉曼光谱已被用于实时测量各成分的含量，从而及时调整工艺参数，实现优化控制操作，提高生产过程的稳定性和产品的纯度[91,92]。

拉曼光谱与光纤探针的有效结合，使其成为活体疾病诊断的一种有用工具[93,94]。Yan等采用光纤拉曼光谱仪结合卷积神经网络对舌鳞状癌细胞进行识别，识别结果的敏感性（Sensitivity）和特异性（Specificity）分别为99.07%和95.37%[95]。拉曼光谱因具有识别骨组织中细微分子变化的能力，已用于骨关节炎、骨质疏松等疾病的早期诊断以及骨折风险的评估[96]。拉曼光谱可用于评估与骨质量相关的骨组成参数，例如矿物质与基质的比例，碳酸盐与磷酸盐的比例，矿物结晶度和胶原的成熟度。Buckley等使用目标波带熵最小化（BTEM）、多元曲线分辨（MCR）和并行因子分析（PARAFAC）三种不同的多元分辨方法处理骨骼的光纤拉曼光谱数据，结果表明这三种技术均能准确地重建磷酸盐与碳酸盐的比值，每种分析的误差均小于2%，但PARAFAC方法的结果最接近测定的矿物与胶原的比值，并且有足够的准确性来检测与骨关节炎、骨质疏松和成骨不全相关的成分差异[97]。

2.5 紫外-可见光谱

紫外-可见吸收光谱（UV-Vis）是物质吸收紫外或可见光后，分子外层电子跃迁产生的，又称分子的电子跃迁光谱，其光谱范围为190~800nm。由于分子中电子能级要大于振动和转动能级，当分子吸光实现电子跃迁时，必然伴随着分子的振动和转动光谱，而且相互重叠，因此，与红外光谱相比，紫外光谱的吸收带相对较宽。紫外光谱仪与分子中的生色团和助色团有关，主要涉及电子结构中与π电子有关的那一部分，在结构分析中紫外光谱的作用主要是提供有机物共轭体系大小及与共轭体系有关的骨架信息。紫外-可见光谱吸收带的数目不多，不少化合物结构相差悬殊，但只要具有相同的发色团和助色团，它们的紫外-可见吸收光谱就会非常相近。

紫外-可见光谱仪依据分光方式不同主要有三种类型：滤光片、扫描光栅色散和固定光路阵列检测器（CCD、PDA）。由于传统扫描光栅色散型光谱仪有转动光栅，且光学部件较多，较少应用于在线分析。滤光片型仪器具有耐用、价格便宜以及分辨率低等特点，多用于组成较为简单的测量体系。现代紫外-可见光谱在线分析技术的应用得益于光纤、阵列检测器和化学计量学的发展。普通光谱学使用的石英光纤在氘灯或氙灯的照射下，吸收214nm波段的深紫外光会形成"色心"而被损坏，其光传输性能在短时间内迅速衰减。因此，对于深紫外光的传输必须选择抗紫外曝光的特殊光纤。光纤可使光谱仪远离危险的测量点进行原位在线测量，PDA和CCD阵列检测器的出现使得快速、连续全波段在线紫外光谱仪的制造成为现实。由于这类仪器没有可移动的光学部件，非常适合在线分析。化学计量学方法的应用可以解析复杂混合物的重叠光谱，同时直接测定多种组分的浓度含量。

紫外-可见光谱在石化领域是一种较为经典的分析方法，大多数无机物质如含硫化合物及具有共轭双键的有机化合物如芳香族化合物在紫外-可见区有特征吸收。但由于饱和碳氢化合物和简单的直链醇等在该光谱范围内没有吸收，限制了它的应用范围。另一方面，紫外-可见光谱的摩尔吸光系数较高，对于芳烃含量高的样品，必须进行稀释才能测量，这也在一定程度上限制了它在油品在线分析方面的应用。紫外-可见方法的优点在于它具有较高的灵敏度，一般物质可测到 $10^{-3} \sim 10^{-6}$ mol/L，所以较适用于微量组分的在线测定。

在石化企业，硫黄回收装置尾气中 H_2S 和 SO_2 的比值在线检测方法主要有气相色谱法和紫外光谱法两种，由于紫外光谱法具有简单、高效、响应时间短（几秒钟）、维护费用低等优点而被广泛应用[98]。传统的在线紫外光谱仪（如 Ametek 公司的 880-NSL 型气体在线分析仪）多采用非色散的滤光片方式，4 个紫外滤光片为 232nm、280nm、254nm 和 400nm，分别用于测量 H_2S、SO_2、S 蒸气的浓度和参比基准；参比基准主要用于补偿和修正由于石英窗不干净、光强变化和其他干扰对测量精度的影响。由于尾气中还存有 COS 和 CS_2 等气体，会干扰 H_2S 和 SO_2 的测量。现代的紫外气体在线分析仪大都采用分光型光谱仪（如加拿大 Galvanic 公司的 942-TG 型分析仪），以较高的分辨率（小于 1nm）测量全波段的紫外光谱，结合化学计量学方法（如 PLS）能在很大程度上消除这些干扰气的影响，显著提高硫比值测量的准确性。目前，硫比值在线分析仪已较为广泛地应用于克劳斯法硫黄回收装置中，在提高硫的转化率和回收率以及保护环境和节能减排等方面都发挥着积极的作用。

这类在线仪器稍加改动可用于天然气中 H_2S 浓度、氯碱工业中 HCl 纯度和残余氯气浓度以及烟气排放连续监测系统（CEMS）中 SO_2 和 NO_x 浓度的在线分析；还可用于监测微量的易爆芳香族有机化合物，如生产车间中的甲苯气体含量等。此外，在炼油领域，在线紫外光谱还被用于油品中芳烃含量的在线测量，如芳烃抽提过程中残余 BTX 的在线测量，以及油品色度的在线测量，如润滑油、溶剂等。

在环境水质在线分析领域，对特定水系来说，其所含物质组成一般变化不大，可采用水样紫外吸光度与 COD 等水质参数之间的关系建立回归模型，间接计算水质参数。这类仪器具有结构简单、实时响应快、无二次污染、维护量小等特点，正逐渐被人们所认可和选用。用于水质 COD 测定的紫外光谱仪发展可分为单波长、多波长、连续全光谱三个阶段。单波长方法利用水样 254nm 处的吸光度值与 COD 值建立回归曲线，由于水体组分的多样性和复杂性，尤其是不同水系中有机物的组分不同，它们的紫外全波段吸收光谱有显著差异，最大的吸收波长并非都出现在 254nm。所以，单波长方法的适用性较差，不能得到满意的结果。多波长分析通常采用双波长，除 254nm 外，再选择一个波长如 550nm 或 546nm 用于浊度补偿，目前一些商品化的在线水质分析仪就采用双波长的测量方式。采用全谱（200~750nm）结合化学计量学的方法（如 PLS 或 ANN）会更加全面地反映水体 COD 的内部信息，针对特定测量水系建立多元校正模型，能够更加准确地估算出水体的 COD 值[99,100]。

在造纸企业，利用 ATR 探头，紫外光谱已应用于在线检测硫酸盐法制浆苛化过程的主要成分[101]。制浆黑液碱回收的目的就是将含高浓度 Na_2CO_3 的绿液进行苛化，转变为含高浓度 NaOH 和 Na_2S 的白液。采用化学计量学的方法可以对苛化过程的 Na_2S、Na_2CO_3、NaOH 浓度进行定量分析。另外，紫外 ATR 方式还可测定蒸煮过程中碱液的成分、黑液中溶解固形物的总含量、以及黑液蒸发浓缩过程中溶解固形物的含量等。

在制药企业，采用 CCD 阵列检测器紫外光谱仪结合插入式光纤探头的测量方式，利用化学计量学多元校正方法如 PCR 或 PLS 等可以实时测定药物溶出过程中有效成分的浓度，可对药物的动态溶出过程进行详尽、准确的监测[102-104]。通过光纤多通道切换装置或面阵CCD检测器，一台光谱仪可以同时监测多个药物的溶出过程，或同一药物不同条件下的溶出情况。在线紫外光谱技术的另外一项重要的应用是监测间歇反应容器（制药、食品、饮料）清洗过程中的清洗溶剂浓度，以判断反应容器是否清洗完全。

在药物合成过程中，对反应体系进行紫外光谱在线测量，采用化学计量学方法（多用三维数据辨析方法）研究整个化学反应过程（如反应动力学和反应机理等）以及物理溶解、吸附过程等，提供其他手段较难得到的有用信息[105-107]。

2.6 分子荧光光谱

荧光是发射光，它是一种光致发光现象。分子吸收光辐射被激发，接着再发射出与吸收波长相同或波长更长的光，这一现象称为光致发光。当物质处于基态时，吸收光后电子可跃迁到激发态，再返回基态时，所发射的光称为荧光；但当激发态电子转入亚稳的三线态能级，停留一段时间，返回至基态时所发出的光称为磷光。荧光分析法是利用待测化合物本身经激发光照射后，根据发射出来的能够反映该化合物特性的荧光进行定性或定量分析的一种方法。

荧光通常发生于具有刚性结构和平面结构 π 电子共轭体系的分子中，随着 π 电子共轭度和分子平面度的增大，荧光强度随之增大，光谱相应红移；芳烃苯环数目的增加，其荧光光谱的形状和强度也相应发生变化。因此，荧光光谱是提供芳烃类组分分布与浓度大小的一种特效测试手段之一。

分子荧光分析法的最大特点是具有很高的灵敏度，其最低检出限在 $(1 \sim 100) \times 10^{-9}$ 之间，对荧光效率高的物质甚至可达到 0.01×10^{-9} 级。荧光分析法的灵敏度比分光光度法高约两个数量级，例如对 3,4-苯并芘的测定，荧光法可达 10^{-9} 数量级，而紫外-可见光分光光度法只能达到 10^{-6} 数量级。

20 世纪 80 年代以来，随着电子学、微处理机、激光、光纤等技术的引入，推动了荧光分析法在理论和应用方面的进展，出现了同步荧光、三维荧光、时间分辨荧光、激光诱导荧光、动力学荧光、荧光成像等新技术和新方法，使荧光分析法不断向实时、痕量、高效、微观、原位和自动化的方向发展，应用范围涉及农业、工业、环境、材料科学、生命科学、公安以及食品工程等诸多领域[108]。尤为值得一提的是，荧光分析法的高灵敏度和高选择性使其与生命科学密切联系在一起，生命科学新的需求不断推动着荧光分析法在仪器、方法及数据处理等方面的不断发展和完善；新的荧光分析方法不断涌现，在生命科学中的应用亦越来越广泛和深入[109]。

2.6.1 三维荧光光谱

传统的荧光分析法比较重视用二维荧光光谱对物质进行定量和定性分析，但荧光强度是激发波长和发射波长的函数，这种仅在某一激发或发射波长下扫描的结果，并不能完整地描述物质的荧光特征，难以提供完整的信息。因而，近年来人们越来越重视对三维荧光光谱的研究。三维荧光光谱能够获得激发波长和发射波长同时变化时的荧光强度信息，能够获得比常规荧光光谱更完整的光谱信息，利用这些光谱信息结合化学计量学方法可完成多组分混合物体系中较为复杂的定量与定性分析任务。

石油以碳氢化合生成的烃类为主要成分（95%～99%），同时还有一些非烃类组分，其中芳烃族尤其是多环芳烃具有很高的荧光效率。因此，荧光很早就被应用于油气的勘探开发过程中，最早的传统荧光录井方式还没有利用到成形的荧光光谱图，仅仅只是停留在肉眼观察荧光光强的阶段，就是将岩屑样品适当处理之后置于铁皮暗箱中用紫外灯照射，通过发光颜色来判断油气组分，并且通过发光强度来判断油气含量。随后，经过一维（激发和接收均为单波长）、二维（单波长激发、接收波长变化）和三维（激发和接收波长均可变化）的变革，迄今三维荧光已开始在录井现场得到应用。三维荧光光谱不仅能给出样品的含油浓度、荧光对比级、油性指数等参数，通过化学计量学方法还可用于钻井液添加剂及原油的精确识别分析。

对于海上和陆地溢油的现场监测，分子荧光光谱也有重要的应用，结合化学计量学中的模式识别方法可以迅速判别溢洒油品的种类（包括原油、柴油、燃油、润滑油、汽油、食用油）[110,111]。

近些年，三维荧光光谱结合多维校正方法的这类分析策略正被越来越广泛地应用于医学、药物、食品和环境等领域，它可对复杂测试对象中的多组分目标物进行直接、快速、同时的定量分析[112-115]。

在医学应用研究方面，Gu 等采用激发发射矩阵荧光结合 PARAFAC 等算法对血浆中的美托洛尔及其代谢产物——羟基美托洛尔进行定量分析。在有血浆背景干扰且两种目标分析物光谱相互重叠的情况下，该方法实现了两种成分的同时定量分析，而且该方法不需要对血浆进行复杂预处理，只需简单稀释，是一种简单快速的方法[116]。欧阳洋子等采用三维荧光光谱结合自加权交替三线性分解（SWATLD）算法对人血清样中的两种抗精神病药舒必利（SPD）和氨磺必利（ASPD）同时进行测定，结果表明即使目标分析物之间、分析物与背景之间、以及分析物与其他未知干扰之间的光谱存在严重重叠，该方法仍能得到满意的定量预测结果[117]。

在环境分析应用研究方面，Qing 等采用基于 SWATLD 算法和三维荧光光谱同时测定土壤和污水中的植物生长调节剂 2-萘氧乙酸和 1-萘乙酸甲酯[118]。Manuel 等则采用三维荧光光谱和 MCR-ALS 二阶校正方法实现了对水中有毒物质三丁基锡的痕量检测[119]。

在药物应用研究方面，Wang 等基于交替三线性分解算法（ATLD）和三维荧光光谱定量分析了中药独活、藏药锦头雪莲中的伞形花内酯与东莨菪亭含量，表明这类分析策略可准确定量分析中药复杂体系中有效成分的含量[120]。

在食品应用研究方面，钟秀娣等将三维荧光光谱与交替三线性分解算法（ATLD）用于定量分析红葡萄酒中噻菌灵和麦穗宁的残留含量[121]。噻菌灵和麦穗宁是高效、广谱的杀菌剂，被广泛应用于蔬菜水果等农作物的生产、存储及保鲜过程，若使用不当会导致其在葡萄及葡萄制品中残留，并通过食物链进入到人体内，对人体健康造成一定的危害。传统测定葡萄及葡萄酒中农药残留的方法为高效液相色谱法或高效液相色谱-质谱法，其前处理烦琐，分析过程耗时长。由于三维荧光光谱方便快捷，因此可用于大量红葡萄酒样品中噻菌灵和麦穗宁的同时筛查。朱焯炜等将三维荧光光谱技术与平行因子分析方法（PARAFAC）和 BP 神经网络结合，建立清香型白酒年份鉴别模型，识别平均准确率达到 95%[122]。

2.6.2　激光诱导荧光光谱

与普通荧光分析方法不同的是，激光诱导荧光（Laser Induced Fluorescence，LIF）的激发光源采用激光，但是 LIF 过程不是一个散射过程，而是一个波长的吸收和转化过程。由于激光亮度高、单色性好、没有杂散光，因此 LIF 技术具有检测限低、灵敏度高等优点。

激光光源和微弱信号探测技术使激光诱导荧光光谱达到光谱分析的灵敏度极限，使其在生命科学、环境科学等领域中具有重要的应用。

与普通的荧光光谱技术相比，LIF 是目前基于荧光技术的原位在线分析的最佳选择[123,124]。在目前众多的海洋溢油探测手段中，激光荧光雷达是最有发展前途的技术手段之一。加拿大环境技术中心研制的 SLEAF 系统，美国 NASA 与 NOAA 联合研制的 AOL 系统是目前成熟的面向海洋溢油检测的系统，都是基于激光诱导荧光光谱技术开发的。通过激光诱导荧光对芳香烃及其衍生物、农药中有机磷等基团的测定，可实现水或土壤中油类污染物、多环芳烃污染物、有机农药污染物的识别及定量分析方法，而无需采样和样品分离[125,126]。采用激光诱导荧光光谱技术可以实时动态遥测大面积水域的污染状况，例如水体溶解有机物（DOM）、浊度和叶绿素 a 浓度等参数，与 GPS 定位系统信息融合后，还可直接绘制出水域的污染状况分布图。在农业领域，利用激光诱导荧光光谱对大田作物的遥测，可判断作物的生长状态及养分情况，进而指导农业生产。

Hu 等将激光诱导荧光光谱与卷积神经网络结合，用于矿井突水水源中的快速识别，矿井突水的迅速识别与分类对于井下水灾防治工作有着重要的意义[127]。此外，激光诱导荧光光谱与化学计量学方法结合还被用于塑料的分类、食用油的种类鉴别、假酒识别和疾病的诊断等[128-131]。

近些年，激光诱导荧光与激光诱导击穿光谱（LIBS）联用技术越来越受到重视，例如该联用技术可实现对水环境中痕量铅元素的高灵敏检测[132-133]。

2.7　低场核磁共振谱

核磁共振（NMR）研究的对象是磁矩不等于零的原子核，当这类原子核处于外磁场中时，会发生能级裂分，若再用某一特定频率的射频源来照射样品，使其能量等于该能级差时，原子核即可进行能级间的跃迁，这种现象称为核磁共振。根据量子力学，原子核的质量数或电荷数为奇数时，其磁矩不等于零，即存在核磁共振现象。有机分子中质子氢^{1}H 是普遍存在的元素，质量数和电荷数均为奇数，在自然界的丰度很大，因此，质子的核磁共振（^{1}H-NMR）是研究最多、灵敏度最高、应用最广的核磁共振谱。此外，还有^{13}C、^{19}F 和^{31}P 等核磁共振谱。

核磁共振仪主要由磁体、射频源、探头、接收机等部分组成。磁体的作用是提供一个稳定的高强度磁场。射频源用于供给固定频率的电磁辐射。试样探头可使试样管固定在磁场中某一确定的位置，接受线圈和传送线圈也安装在试样探头中，以保证试样相对于这些组件的位置不变。从 20 世纪 70 年代后生产的新型谱仪基本都采用射频脉冲来测核磁共振，射频脉冲相当于一个多道发射机，同时发射多种频率，使不同基团上的核同时共振，得到核的多条谱线混合的自由感应衰减信号（FID），FID 是一个时域函数，通过傅里叶变换把它转换成频域函数，其测量速度、灵敏度和信噪比等方面有了显著提高。

工业化的在线核磁共振仪是 20 世纪 90 年代中期用于石化聚丙烯和聚乙烯装置的时域（TD）核磁共振分析仪。这类时域或者低分辨率核磁共振仪器的结构相对简单，操作频率只有 20MHz，只能给出总的质子强度、弛豫时间和它们的分布，可在线分析聚合物粉料（如聚丙烯）的熔体流动速率、乙烯含量、等规度、结晶性、密度等物化指标。核磁信号的初始幅度与被测样品中被测原子核（氢核）的多少成正比，信号的衰减速度与样品的弛豫时间有关，即与被测原子核在样品中所处的基团和环境有关。例如，在等规聚丙烯、间规聚丙烯中，信号衰减很快（T_2 时间短），而在无规聚丙烯中，信号衰减就慢得多（T_2 时间较长）。目前约有百余套这种分析仪在世界各处的工业装置运行。

油田录井是这类仪器的另一个重要用途，目前核磁共振技术被越来越多地用于石油开采录井中，多维核磁和成像核磁等也开始进入录井领域[134]。在线核磁共振仪能够提供地层有效孔隙度、可动流体含量、含油饱和度等与储集层物性和储集层流体性质相关的地质参数，为钻井过程中及时、有效评价储集层创造了条件，从而实现现场及时解释评价。

台式低场核磁共振仪器在质量控制和实验室研发中也有广泛的应用[135]。这种时域核磁共振仪得到的是随时间衰减的核磁共振信号，其强度与氢的含量成正比，由于不同相态的氢原子具有不同的弛豫时间，因此可以根据要求采用不同的脉冲序列，将不同相态中氢的信号区分开来，以得到不同相态中的氢的含量，由此与化学计量学方法结合可以得到相关的物化性质数据。例如，测定油料种子的油和水、奶粉中的脂肪和水含量、注水猪肉的水含量、聚丙烯中二甲苯可溶物和等规度、水果品质以及活体老鼠的瘦肉、脂肪以及流体含量等[136-138]。

将化学计量学方法与在线核磁共振结合用于大型流程工业出现在 20 世纪 90 年代中期，以色列一家公司开发出了能产生 1.4T 均匀磁场的永磁技术，并研制出了适合工业在线分析的核磁共振仪，该仪器能得到 60MHz 的 ^{1}H 核磁共振谱图，可给出样品中氢的化学位移的信息。目前，这项技术在石化领域得到了一定程度上的应用，其中大多数的应用都是以可行性试验为目的。

理论上讲，近红外等分子光谱方法可以测量的油品物化性质，核磁共振方法也能够测量[139-141]。然而，由于样品必须进入位于磁场中的探头内，核磁共振不能像分子光谱那样可以采用光纤将仪器与测样器件分离，不论是对工业大型装置还是实验室反应釜，只能通过旁路的方式将样品引入探头中，无法实现真正意义上的原位在线分析。通过样品自动切换和清洗系统，在线核磁也能实现多物流的测量，但这会在一定程度上影响测量速度，物流之间较大的温度差会导致磁场波动，这会显著降低分析数据的重复性。重质油品中的蜡和沥青等固态分子以及铁等顺磁性物质也会显著影响核磁共振谱的测量。尽管核磁共振谱的分辨率相对近红外光谱较高，但对于复杂的混合物体系的定量和定性分析，仍然需要化学计量学多元校正方法和模式识别方法，建模工作依然繁重。

此外，与近红外光谱仪器相比，核磁共振谱仪的价格、使用及维护费用均颇为可观，且对使用及维护人员的技术水平要求也较高，这对核磁共振技术在工业中的实际应用带来一定的困难。因此，在线核磁技术在石化中的分析对象还仅限于轻质油品，如石脑油、汽油和柴油等，测量指标包括辛烷值、十六烷值、馏程和族组成等常规物化性质。

2.8 太赫兹光谱

太赫兹（Terahertz，$1THz = 10^{12}Hz$）泛指频率在 $0.1 \sim 10THz(3.3 \sim 333cm^{-1})$ 波段内的电磁波，位于红外和微波之间，处于宏观电子学向微观光子学的过渡阶段。早期太赫兹在不同的领域有不同的名称，在光学领域被称为远红外，而在电子学领域，则被称为亚毫米波、超微波等。光子学中，激光依据其释放能量的方式，可分为连续、半连续和脉冲激光。电子学中，根据信号的形状，可分为连续波和脉冲波；其中除了正弦波和若干个正弦分量合成的连续波，其余的统称为脉冲波。

太赫兹波介于微波与红外之间，从光学方法、电子学方法出发都可以获得太赫兹波源，也可以借鉴光子学和电子学的方法，将其分为连续太赫兹波和脉冲太赫兹波两种。当前对太赫兹波技术的研究以脉冲形式为主，对连续太赫兹源的研究相对较少。在 20 世纪 80 年代中期之前，太赫兹波段两侧的红外和微波技术发展相对比较成熟，但是人们对太赫兹波段的认识仍然非常有限，形成了所谓的"太赫兹空隙（THz Gap）"[142]。

THz 时域光谱（Terahertz Time-domain Spectroscopy，THz-TDS）和 THz 成像是该技术在实际应用中的重要方法和手段。THz-TDS 技术是利用飞秒激光脉冲产生并探测时间分辨的 THz 电场，通过傅里叶变换获得被测物品的光谱信息。由于 THz 辐射的功率在 pW 量级，比热背景辐射的功率还要小，样品中的热应变可以忽略。THz 光谱技术主要有透射光谱、镜面反射光谱、漫反射光谱、衰减全反射光谱和光抽运-THz 技术等。

物质的 THz 光谱包含有丰富的物理和化学信息，如气体转动、凝聚态的声子振动以及生物大分子的低频振动和转动，都在 THz 波段有所响应。每种分子都有特定的振动和转动能级，通常物质的分子内振动主要在中红外波段。但分子之间弱的相互作用（如氢键）、大分子的骨架振动（构型弯曲）、偶极子的旋转和振动跃迁以及晶体中晶格的低频振动吸收频率则位于 THz 波段，这些振动所反映的分子结构及相关环境信息在 THz 波段具有不同吸收峰，有机分子的这些光谱特征使得利用 THz 时域光谱技术鉴别化合物结构、构型及环境对其状态的影响成为可能。研究物质在这一波段的光谱性质，对于探测和全面理解物质结构、性质及分子间的相互作用有着重要的科学意义和实际应用价值。

近几年，随着过程分析技术在国外制药企业的不断推行，THz 结合化学计量学方法在生物医药领域的应用受到越来越多的关注[143,144]。THz-TDS 技术和 THz 成像技术在药物成分的探测、异构体的区分、药物的多晶型和假多晶型的鉴别以及混合物的定性与定量分析等方面取得了诸多研究成果和进展。在药物相互作用、反应机理、反应动力学研究等方面也取得了一定的成果。例如，THz-TDS 对化合物晶型具有高的灵敏度，能够体现晶体中的声子振动模式，有效地反映晶体的长程有序结构信息。与 X 射线粉末衍射相比，THz-TDS 无择优取向的问题。与红外光谱和拉曼光谱不同，THz-TDS 主要反映分子整体低频振动、晶体的声子振动及氢键等分子间的弱相互作用。不同晶型的分子结构虽相同，但分子间的相互作用导致了晶体内部的局部环境不同，从而使 THz 吸收峰的强度和位置发生变化，这一特点将在药物合成、生产及存储过程中发挥作用。

THz 波的独特优势（水吸收强、无损、速度快等）使其在食品品质和农产品质检方面也有广泛的用途[145,146]。例如 THz 测量食品中的水含量就是利用了 THz 波的强吸水特性；利用瘦肉和脂肪对 THz 不同的波吸收特性可以对肉制品的品质进行分析。此外，还可基于成像技术利用 THz 的低干涉、非电离特性对农产品实施快速分析，例如可实时检测植物和食品中的水分含量。THz 谱在气体光谱学的研究中也有一席之地，因为气体分子的全部或部分转动光谱都位于远红外区。据此，可利用宽带的 THz-TDS 脉冲测定混合气体中的化学组成和浓度。在石化领域，也有人将 THz 波与化学计量学方法结合用于油品的定量和定性分析，取得了一定成果，但与近红外、中红外和拉曼光谱相比，目前的优势尚不明显，缺少具有显著竞争优势的应用实例。

太赫兹光谱从最初的探索性研究，目前已逐渐成为一种过程分析检测手段，并开始逐步走向工业应用。然而，作为一种新型的分析技术，还存在一些问题和制约因素。现有的 THz 辐射源、探测器和相关元器件结构复杂、体积较大，并且价格昂贵，难以普及和实用。因此，仪器的小型化、低成本和实用性是该技术应用于实践亟待解决的问题。由于水对 THz 辐射的强烈吸收，该技术在水溶液体系药物分析方面的应用受到限制。对于 THz 光谱

解析和理论解释仍处于起步探索阶段，有待于相关理论模型的建立和模拟计算的进一步
发展。

2.9　激光诱导击穿光谱

激光诱导击穿光谱（Laser Induced Breakdown Spectroscopy，LIBS）是一种基于原子
发射光谱而建立起来的元素分析技术，也被称为激光诱导等离子体光谱（Laser Induced
Plasma Spectroscopy，LIPS）。LIBS 技术具有快速、多元素同时分析、远程分析、在线分
析和适用于极端环境等诸多优势，被称为"化学分析新星"。迄今，LIBS 技术被成功地应用
于工业、医学、军事、考古、材料、太空探测等诸多领域[147-149]。

LIBS 技术通过超短脉冲激光聚焦样品表面（或样品内部）形成等离子体，进而对等离
子体发射光谱进行分析以确定样品的物质成分及含量。其基本原理为：激光器产生的脉冲激
光聚焦至待测样品表面；激光的高能量使样品表面熔化并产生大量等离子体；在等离子体冷
却过程中，其覆盖范围会随着温度的降低不断地膨胀；处于激发态的各种粒子包括原子和离
子会向稳定的低能级或基态跃迁，在跃迁过程中产生特定频率的发射谱线。不同的元素具有
不同的特征发射谱线，因此可根据不同频率的发射谱线来分析元素的种类，根据谱线强度来
分析元素的含量。

传统的单变量校正曲线方法只利用待测元素对应的单条特征谱线来进行定量分析，但是
因自吸收效应、元素互干扰和等离子体物理参数以及复杂样品基体效应等因素的变化，特征
谱线的位置和强度往往会偏离其理论值，从而显著降低单变量曲线所建立的浓度与特征谱线
强度之间关系式的准确性。将 LIBS 与化学计量学方法相结合，可有效解决光谱基体效应的
扣除、重叠峰的分辨以及自吸收效应校正等问题，在很大程度上提高 LIBS 技术定性定量分
析的重复性和准确性[150,151]。

元素作为中药有效成分的重要组成部分，是中药质量控制不可或缺的特征参数，近些
年，LIBS 技术被越来越多地应用于中药领域，除了对中药中元素含量测定之外，还被用于
中药产地、真伪、品种的鉴别。Wang 等[152] 采用 LIBS 技术结合主成分分析（PCA）和人
工神经网络（ANN）技术，对不同产地白芷、党参、川芎三种药材进行鉴定，证实 LIBS 技
术是一种有效的中药鉴别工具。赵懿滢等[153] 采用 LIBS 技术结合特征波段提取和化学计量
学方法鉴别不同程度的硫熏浙贝母，为硫熏中药材鉴别提供依据，有助于中药材质量检测与
分级评定系统的建立。

在农产品和食品分析领域，LIBS 技术被广泛地应用于食品中微量元素的检测、生产加
工环节产品的质量检控和食品的安全性评估等方面[154,155]。Bilge 等根据牛肉、猪肉和鸡肉
中 Zn、Mg、Ca、Na 和 K 元素的含量差异，采用 LIBS 技术结合主成分分析（PCA）判别
肉的种类，并利用偏最小二乘（PLS）方法对牛肉样品中掺假猪肉和鸡肉进行定性鉴
别[156]。Wang 等利用 LIBS 结合判别分析对龙井绿茶、蒙顶黄芽、白茶、铁观音、武夷红
茶和普洱茶 6 种茶叶进行鉴定，选择 Mg、Mn、Ca、Al、Fe、K 等作为分析指标，验证集
样本的识别正确率为 95.3%[157]。

LIBS 技术非常适合于在线分析物质中的元素含量及其相关的物化参数[158-160]。对于熔
态金属成分，工业现场主要实现了高炉铁水沟铁液中 C、S、P、Si 和 Mn 等元素的 LIBS 连
续在线分析；转炉或 AOD 炉钢液中 C、Si、Mn、Cr、Ni 等元素的在线分析；磷矿浮选过
程中原矿、精矿和尾矿中 P、Mg、Fe、Al、Si 等元素的在线分析；过滤池铝液中 Al、Cu、

Fe、Mg、Mn、Si、Cr 等元素的在线分析；以及废金属的在线分选回收[71-73]。LIBS 技术可对煤炭中有机物元素 C、H、S、O 和无机元素 Si、Ca、Mg、Fe、Al 等，以及煤炭的灰分、热值、挥发分等参数进行在线分析，煤质在线分析对火电厂等大型锅炉的安全、高效、经济运行至关重要[161,162]。LIBS 技术还可对水泥和钾肥等工业生产过程进行在线分析，分析的元素包括 Ca、K、P、Al、Si、Fe、Mg 等[163]。

　　癌症的快速准确诊断是临床医学面临的重要课题，LIBS 技术具有装置简单、无需前处理、微损、能够实时在线检测等优点，凭借正常细胞和癌变细胞中痕量元素浓度的差别，LIBS 技术结合化学计量学方法有望成为活体内癌症诊断和分类的有力技术手段[164-167]。

2.10　光谱成像

　　成像信息以波居多。波分纵、横，可由波长统一表述。如图 2-10 所示，纵波有超声波等，常用于 B 超、彩超和光声成像等。横波有电磁波、物质波等，电磁波包括射频、微波、红外线、可见光（含荧光、磷光等）、紫外线、X 射线等；物质波包括 α 射线、β 射线或电子等，其波短，可分辨到埃级。

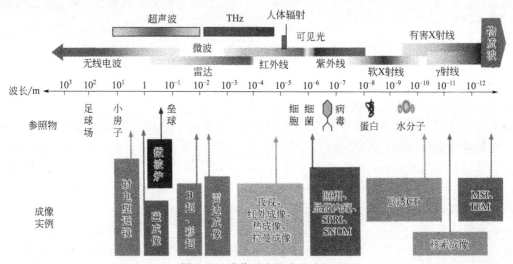

图 2-10　成像对应的波及波长

　　光谱技术（如近红外、红外、拉曼、太赫兹、荧光和 LIBS 等）测量的是样品某一点（或很小区域）的平均光谱，因而得到的是样品组成或性质的平均结果，非常适合于均匀物质的分析。若想得到不同组分在不均匀混合样品中的空间及浓度分布，则需要采用光谱成像技术，如红外、近红外、拉曼、荧光、太赫兹、LIBS 光谱成像等[4,15,168-171]。光谱成像技术将传统的光学成像和光谱方法相结合，可以同时获得样品空间各点的光谱，从而进一步得到空间各点的组成和结构信息（图 2-11）。

　　光谱成像技术先前多应用于遥感领域，它将成像技术和光谱技术结合在一起，在探测物体空间特征的同时，对每个空间像元色散形成几十个到上百个波段带宽为 10nm 左右的连续光谱，光谱范围位于紫外-可见-近红外区域（0.4～2.5μm），以达到从空间直接识别地球表面物质的目的。依据光谱分辨能力的不同分为多光谱成像（Multispectral Imaging）和高光谱成像（Hyperspectral Imaging）[172]。

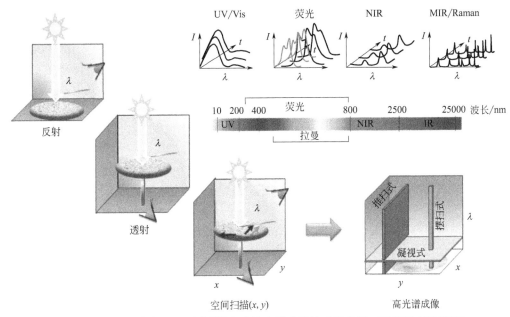

图 2-11　不同光谱范围和不同测量方式的光谱成像技术示意图（彩图见文后插页）

如图 2-12 所示，光谱成像大致有三种实现方式：①将样品放到可动载物台上，使其顺次沿着横纵两个方向移动，逐点测量光谱，最后组成三维光谱图像，称为摆扫式成像方式，多用于光谱显微成像。这种方式大都使用单点检测器，这种测量方式空间分辨率高，但测量时间较长，测试一个样品有时需要数小时之久。②对于传送带移动的样品，多使用线阵列检测器，称为推扫式成像方式。③近几年随着液晶可调谐滤光器（LCTF）和声光可调谐滤光器（AOTF）技术的出现和应用，以及红外焦平面阵列（FPA）检测器逐渐由军用转向民用，凝视光谱成像方式（Staring）被越来越多地用于过程分析技术。

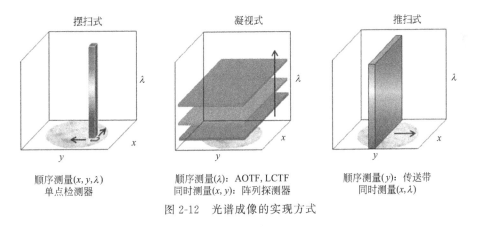

图 2-12　光谱成像的实现方式

遥感光谱成像是通过飞行平台（如飞机、卫星）的平动，结合放置于飞行平台上的成像光谱仪以一定的工作模式来实现的，常用的工作模式为摆扫式（Whiskbroom）和推扫式（Pushbroom）。摆扫式成像光谱仪由电机旋转扫描镜和飞行平台向前运动完成二维空间成像，由线阵列探测器获取每个瞬时视场像元的光谱。推扫式成像光谱仪采用一个垂直于运动方向的面阵探测器，在飞行平台向前运动中完成二维空间扫描，它的空间扫描方向就是遥感平台运动方向。光谱分辨率和空间分辨率是遥感光谱成像仪的两个关键技术指标，为得到高精度的遥感监测结果，可选用车载型的光谱成像系统。

遥感光谱成像技术已广泛应用于地质、农业、海洋、大气以及军事等领域，在地质找矿和制图、大气和环境监测、农业和森林调查、海洋生物研究等领域发挥着越来越重要的作用。近些年，光谱成像技术逐渐走进了实验室和生产现场，成为分析检测中的一种平台技术，光谱成像也越来越多地被化学成像（Chemical Imaging，CI）一词所替代。光谱化学成像技术目前正在成为传统光谱的互补技术，在制药、农业和食品等领域正在获得广泛关注，并得到了实际应用[173]。

光谱成像得到的数据阵是由样品的每一个空间点在多个离散或连续波长下扫描得到的，它实际上是三维数据阵，由两维空间和一维波长组成，称为超立方阵（Hypercube）。如图 2-13 所示，这个超立方阵可看作是由一系列空间分辨光谱（称为像元，Pixels），或一系列光谱分辨图像（称为像平面，Image Planes）组成。选择一个独立像元就会得到样品某一特定空间点的连续光谱，同样，选择一个像平面就会得到样品所有空间点在某一特定波长下的强度响应（吸光度），即光谱图像。通过谱图库检索或现代模式识别技术，就可辨识出样品空间的组成分布信息，可用彩色的视图直观清晰地表示出来，即化学图像。

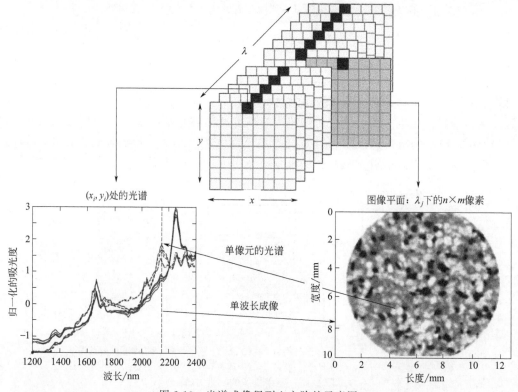

图 2-13　光谱成像得到立方阵的示意图

光谱成像的数据量很大，例如由 150 个波长点、256×256 像元阵列得到的数据阵包含65536 张光谱，每张光谱包含 150 个波长，一个样品的光谱图像总共有近百万个数据点。从这样一个信息密集的数据阵中挖掘出有用信息，即由光谱成像转变为真正意义上的化学成像，需要用到一些现代的化学计量学方法，如数据预处理和模式识别方法等。

光谱图像数据处理通常由以下三部分组成：①数据预处理；②聚类和识别；③数据化学

可视化和统计分析。光谱图像数据预处理与近红外光谱的预处理方法类似，目的是消除非化学信息的影响（如散射、噪音、漂移等），涉及到的方法有平滑、微分、SNV、乘性散射校正等。通常，光谱还需要进行暗响应的扣除校正，所谓暗响应即关闭光源并屏蔽镜头后的检测器响应值。

聚类和识别的目的是识别出具有相似光谱特征的图像区域，常用的方法包括无监督和有监督的模式识别方法两类[173]。无监督方法不需要训练集，如主成分分析（PCA）、K-均值聚类和模糊聚类方法等。有监督方法事先需要一组训练集，如线性判别分析（LDA）、偏最小二乘（PLS-DA）、神经网络（ANN）和支持向量机（SVM）等。训练集数据可以凭借事先对样品组成的了解从图像数据阵中获得，也可以通过无监督方法确认的某一组分的成像区域获取，当然也可以使用纯物质样本的光谱成像数据。立体阵在聚类和识别前，首先需要按光谱方向展开成二维光谱矩阵，即每一个像元对应一张光谱，聚类识别完成后，再复原成原来的三维数据阵（图 2-14）。此外，多维分析方法如平行因子分析法（PARAFAC）和多维偏最小二乘（N-PLS）等也被用来处理光谱图像数据。

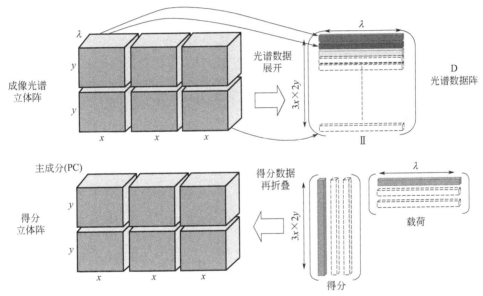

图 2-14　通过展开方式提取立体阵信息的过程

化学可视化和统计分析是将以上的分类和识别结果转化为可视的化学组成分布图，通常使用带有强度标度的灰色或彩色制图来描述图像像元间化学组成的对比。直方图可用来统计化学组分所在像元的分布数量，以得到定量的信息。商品化的光谱成像仪器大都配有图像数据处理软件，包含了以上提到的所有功能，用户可以方便地进行操作。

光谱化学成像技术已在农业、食品、药品和临床医学等领域得到了一定的研究和应用[174-176]。在制药领域，采用近红外化学成像可以实现药品的高通量分析。例如，采用近红外光谱成像光谱结合化学计量学方法可方便直观地用于假药、劣药的识别，还可用于混合均匀性、药品上的微量污染物及少量有效成分降解物的鉴别分析等。近些年，基于激光诱导击穿光谱技术的元素成像技术备受关注，该技术能够实现样品元素空间分布成像。在生物医学、工业生产、环境检测等领域有着广阔的应用前景，尤其是药物代谢及生物组织的病理分析等方面[177]。

在农业和食品领域，光谱成像结合化学计量学方法可准确测量单籽粒谷物中的组成（如水分、蛋白质和淀粉等），克服传统光谱方法因样品的不均匀性带来的测量误差，还可用于谷物内部虫害的检测[4]。在水果应用方面，可检测水果的损伤、压伤和虫孔等缺陷，及微量的表面污染物如粪便和有机残留物，也可用于品质分析，如桃的硬度、草莓的总可溶性固形物含量等。此外，还可用于烟草、配合饲料中各成分，食品中的细菌和寄生虫等，以及猪肉的大理石花纹等级的鉴别分析。

核磁共振成像和太赫兹成像技术不仅可以得到样品的表面特征，而且可以对样品的内部结构、物质组成和其空间分布进行探测，实现功能性成像。例如，利用核磁共振成像可检测果蔬在储藏过程中水分的分布及其质子的流动性，观测果蔬各个组织结构之间的变化，用于判断果蔬的成熟度，以及损伤程度和腐烂程度，从而为果蔬的保藏提供理论依据。

太赫兹成像技术包括太赫兹扫描成像、太赫兹实时成像、太赫兹层析成像、太赫兹近场成像等，可应用于生物医学、材料质量检测和安全检查等领域。药片包衣膜是影响药物生物利用度的重要因素，衣膜的厚度、结构、完整性和一致性对药物的品质至关重要，利用太赫兹成像对薄膜衣片、糖衣片、多层膜控释药片和明胶软胶囊进行三维成像，可获得药片外层衣膜和内层衣膜的厚度统计学分布图。在生物医学领域，由于癌变区域的细胞代谢旺盛，生物组织含水量增加，因水对太赫兹波吸收非常强，太赫兹成像可明显区分癌变区域和正常区域[178]。

此外，太赫兹波具有强穿透性，大部分非极性材料不会明显地吸收太赫兹波，太赫兹波能够以很小的衰减穿透陶瓷、脂肪、布料及塑料等物质，因此，太赫兹波对于这些常用的覆盖材料有非常强的穿透能力，使得太赫兹技术在公共场所进行安全检查方面具有非常好的应用前景[179]。

除医药、农业和食品领域，光谱成像技术还在物证鉴定、文物、材料、地质、化学合成以及生物医学等领域得到了应用。例如废弃塑料和纸张的在线识别、钻井岩芯土壤成分的鉴别、化学反应过程如环氧树脂固化过程的动力学研究、临床医学研究（如能提供与脑功能活动相关的血液动力学信息）和疾病诊断（如心血管疾病和乳腺肿瘤）等[180-183]。

参考文献

［1］ 李民赞.光谱分析技术及其应用［M］.北京：科学出版社，2006.

［2］ Meyers R A. Encyclopedia of Analytical Chemistry：Applications，theory，and Instrumentation［M］. Hoboken：John Wiley，2020.

［3］ 何勇，刘飞，李晓丽，等.光谱及成像技术在农业中的应用［M］.北京：科学出版社，2016.

［4］ 彭彦昆.食用农产品品质拉曼光谱无损快速检测技术［M］.北京：科学出版社，2019.

［5］ 吴淑焕，聂凤明，杨欣卉.拉曼光谱在纺织品纤维成分快速分析中的应用［M］.北京：电子工业出版社，2015.

［6］ 刘翠玲，孙晓荣，吴静姝，等.多光谱食品品质检测技术与信息处理研究［M］.北京：机械工业出版社，2019.

［7］ 武彦文.油料油脂的分子光谱分析［M］.北京：化学工业出版社，2019.

［8］ Chen Z P，Lovett D，Morris J. Process Analytical Technologies and Real Time Process Control A Review of Some Spectroscopic Issues and Challenges［J］. Journal of Process Control，2011，21：1467-1482.

［9］ Rolinger L，Rudt M，Hubbuch J. A critical review of recent trends，and a future perspective of optical spectroscopy as PAT in biopharmaceutical downstream processing［J］. Analytical and Bioanalytical Chemistry，2020，412：2047-2064.

［10］ Gendrin C，Roggo Y，Collet C. Pharmaceutical Applications of Vibrational Chemical Imaging and Chemometrics：A Review［J］. Journal of Pharmaceutical and Biomedical Analysis，2008，48（3）：533-553.

［11］ Rateni G，Dario P，Cavallo F. Smartphone-Based Food Diagnostic Technologies：A Review［J］. Sensors，2017，17（6）：1453.

［12］ 褚小立，张莉，燕泽程.现代过程分析技术交叉学科发展前沿与展望［M］.北京：机械工业出版社，2016.

[13] 褚小立，李淑慧，张彤.现代过程分析技术新进展［M］.北京：化学工业出版社，2021.

[14] Ozaki Y，Huck C，Tsuchikawa S，et al. Near-Infrared Spectroscopy：Theory，Spectral Analysis，Instrumentation，and Applications［M］.Singapore：Springer，2020.

[15] 王巧云，单鹏.分子光谱检测及数据处理技术［M］.北京：科学出版社，2019.

[16] 李志刚.光谱数据处理与定量分析技术［M］.北京：北京邮电大学，2017.

[17] 吴静珠，毛文华，刘翠玲.分子光谱及光谱成像技术：基于农作物种子质量检测与应用［M］.北京：电子工业出版社，2020.

[18] Celio P. Near Infrared Spectroscopy：A Mature Analytical Technique with New Perspectives：A Review［J］. Analytica Chimica Acta，2018，1026：8-36.

[19] Yang Z Y，Albrow-Owen T，Cui H X，et al. Single-Nanowire Spectrometers［J］. Science，2019，365：1017-1020.

[20] Tang Y J，Jones E，Minasny B. Evaluating Low-Cost Portable Near Infrared Sensors for Rapid Analysis of Soils from South Eastern Australia［J］. Geoderma Regional，2020，20：E00240.

[21] Kartakoullis A，Comaposada J，Cruz A，et al. Feasibility Study of Smartphone-Based Near Infrared Spectroscopy (NIRs) for Salted Minced Meat Composition Diagnostics at Different Temperatures［J］. Food Chemistry，2019，278：314-321.

[22] 简讯，张立福，杨杭，等.智能手机的主要叶类蔬菜品质和新鲜度指标的光谱检测［J］.光谱学与光谱分析，2019，39 (5)：202-207.

[23] 陆婉珍，袁洪福，褚小立.近红外光谱仪器［M］.北京：化学工业出版社，2010.

[24] Silva N C D，Massa A R C D G，Domingos D，et al. NIR-Based Octane Rating Simulator for Use in Gasoline Compounding Processes［J］. Fuel，2019，243：381-389.

[25] 王雁君，张蕾，房鞯，等.Ripp 汽油精准调和技术［J］.计算机与应用化学，2019，36 (1)：84-93.

[26] Wu Y J，Jin Y，Li Y R，et al. NIR Spectroscopy as a Process Analytical Technology (PAT) Tool for On-Line and Real-Time Monitoring of an Extraction Process［J］. Vibrational Spectroscopy，2012，58：109-118.

[27] 张清娜，臧恒昌.近红外光谱技术在中药领域的研究进展［J］.食品与药品，2017，19 (4)：302-305.

[28] Pu Y Y，O'donnell C，Tobin J T，et al. Review of Near-Infrared Spectroscopy as a Process Analytical Technology for Real-Time Product Monitoring in Dairy Processing［J］. International Dairy Journal，2020，103：104623.

[29] Grassi S，Alamprese C. Advances in NIR Spectroscopy Applied to Process Analytical Technology in Food Industries［J］. Current Opinion in Food Science，2018，22：17-21.

[30] Mrk J，Karner M，Andre M，et al. Online Process Control of a Pharmaceutical Intermediate in a Fluidized-Bed Drier Environment Using Near-Infrared Spectroscopy［J］. Analytical Chemistry，2010，82 (10)：4209-4215.

[31] Ruangratanakorn J，Suwonsichon T，Kasemsumran S，et al. Installation Design of On-Line Near Infrared Spectroscopy for the Production of Compound Fertilizer［J］. Vibrational Spectroscopy，2020，106：103008.

[32] 白燕平，闵顺耕，刘翠梅.红外光谱对毒品定性鉴定的特色优势和应用前景［J］.刑事技术，2019，44 (1)：48-52.

[33] 阮健，陈焱森，万平民，等.中红外光谱预测牛奶及奶产品成分含量的回归模型及其特点［J］.中国奶牛，2019，349 (5)：9-12.

[34] 刘石雪，王秀菊，李静，等.中红外光谱技术在白酒检测中的应用［J］.酿酒科技，2020 (3)：41-46.

[35] 葛向阳，李晓欢，刘俊，等.一种采用中红外测定白酒主要化学指标的方法［J］.酿酒，2018，45 (4)：100-102.

[36] 张晓春，宋庆利，曹永，等.国产傅里叶变换红外光谱温室气体在线监测仪及其在大气本底监测中的初步应用［J］.大气与环境光学学报，2019，14 (4)：279-288.

[37] 朱余，曹永，张付海，等.基于傅里叶变换红外光谱技术的烟气超低排放监测系统应用研究［J］.大气与环境光学学报，2019，14 (2)：129-135.

[38] 吕世龙，赵会杰，任利兵，等.FTIR 固定污染源 VOCs 在线监测系统［J］.光谱学与光谱分析，2018，38 (10)：124-129.

[39] Okumura T，Otsuka M. Evaluation of the Microcrystallinity of a Drug Substance，Indomethacin，in a Pharmaceutical Model Tablet by Chemometric FT-Raman Spectroscopy［J］. Pharmaceutical Research，2005，22 (8)：1350-1357.

[40] Szostak R，Mazurek S. Quantification of Active Ingredients in Suppositories by FT-Raman Spectroscopy［J］. Drug Test Anal，2013，5 (2)：126-129.

[41] Dyminska L，Calik M，Albegar A M M，et al. Quantitative Determination of the Iodine Values of Unsaturated Plant Oils Using Infrared and Raman Spectroscopy Methods［J］. International Journal of Food Properties，2017，20 (9)：2003-2015.

[42] 黄帅，王强，应瑞峰，等.拉曼光谱技术在橄榄油掺伪及品质鉴定中的应用研究进展［J］.食品工业科技，2019，40 (11)：334-341.

[43] Lussier F，Thibault V，Charron B，et al. Deep Learning and Artificial Intelligence Methods for Raman and Surface-Enhanced Raman Scattering [J]. Trends in Analytical Chemistry，2020，124：115796.

[44] Mamian-Lopez M B，Poppi R J. Quantification of Moxifloxacin in Urine Using Surface-Enhanced Raman Spectroscopy (SERS) and Multivariate Curve Resolution on a Nanostructured Gold Surface [J]. Analytical and Bioanalytical Chemistry，2013，405：7671-7677.

[45] Zhang Y Y，Huang Y Q，Zhai F L，et al. Analyses of Enrofloxacin，Furazolidone and Malachite Green in Fish Products with Surface-Enhanced Raman Spectroscopy [J]. Food Chemistry，2012，135 (2)：845-850.

[46] 黄双根，吴燕，胡建平，等.大白菜中马拉硫磷农药的表面增强拉曼光谱快速检测 [J].农业工程学报，2016，32 (6)：296-301.

[47] 刘燕德，谢庆华，王海阳，等.表面增强拉曼光谱研究脐橙中亚胺硫磷农药残留 [J].激光技术，2017，41 (4)：545-548.

[48] 聂新明，王静，王勋，等.表面增强拉曼散射光谱结合化学计量学方法对蜂蜜中双甲脒的高效检测 [J].化学物理学报，2019，32 (4)：444-450.

[49] 刘厦，霍亚鹏，康维钧，等.表面增强拉曼光谱技术在肿瘤标志物检测中的研究进展 [J].科学通报，2020，65 (15)：1448-1462.

[50] Liu R M，Xiong Y，Guo Y，et al. Label-Free and Non-Invasive BS-SERS Detection of Liver Cancer Based on the Solid Device of Silver Nanofilm [J]. Journal of Raman Spectroscopy，2018，49：1426-1434.

[51] 刘定斌，武国瑞，李文帅，等.基于拉曼光谱的细菌检测研究进展 [J].高等学校化学学报，2020，41 (5)：872-833.

[52] Jarvis R M，Goodacre R. Discrimination of Bacteria Using Surface-Enhanced Raman Spectroscopy [J]. Analytical Chemistry，2004，76 (1)：40-47.

[53] 卢树华，王引书.表面增强拉曼光谱检测爆炸物研究进展 [J].光谱学与光谱分析，2018，38 (5)：1412-1419.

[54] 高敬，郭磊，李春正，等.表面增强拉曼光谱在化学恐怖物质检测中的应用进展 [J].军事医学，2012，36 (6)：476-479.

[55] 卢树华，王照明，田方.表面增强拉曼光谱技术在毒品检测中的应用 [J].激光与光电子学进展.2018，55：030004.

[56] Dong R L，Weng S Z，Yang L B，et al. Detection and Direct Readout of Drugs in Human Urine Using Dynamic Surface-Enhanced Raman Spectroscopy and Support Vector Machines [J]. Analytical Chemistry，2015，87 (5)：2937-2944.

[57] 满奕，李昂，曹德昌，等.受激拉曼散射显微技术在生物科学中的应用 [J].电子显微学报，2015，34 (2)：154-162.

[58] 徐冰冰，金尚忠，姜丽，等.共振拉曼光谱技术应用综述 [J].光谱学与光谱分析，2019，39 (7)：2119-2127.

[59] 周前，袁景和，周卫，等.相干反斯托克斯拉曼散射显微成像技术及其在生物医学领域的应用 [J].电子显微学报，2015，34 (3)：261-271.

[60] 刘聪，谢伟，何林，等.单细胞拉曼光谱在微生物研究中的应用 [J].微生物学报，2020，60 (6)：1051-1062.

[61] Kusic D，Kampe B，Rosch P，et al. Identification of Water Pathogens by Raman Microspectroscopy [J]. Water Research，2014，48：179-189.

[62] Klob S Klob，Kampe B，Sachse S，et al. Culture Independent Raman Spectroscopic Identification of Urinary Tract Infection Pathogens：A Proof of Principle Study [J]. Analytical Chemistry，2013，85 (20)：9610-9616.

[63] Yogesha M，Chawla K，Bankapur A，et al. A Micro-Raman and Chemometric Study of Urinary Tract Infection-Causing Bacterial Pathogens in Mixed Cultures [J]. Analytical and Bioanalytical Chemistry，2019，411 (14)：3165-3177.

[64] Stockel S，Lorenz S B，Klob S，et al. Raman Spectroscopic Identification of Mycobacterium Tuberculosis [J]. Journal of Biophotonics，2016，10 (5)：727-734.

[65] Li Y Z，Huang W，Pan J J，et al. Rapid Detection of Nasopharyngeal Cancer Using Raman Spectroscopy and Multivariate Statistical Analysis [J]. Molecular and Clinical Oncology，2015，3 (2)：375-380.

[66] Lee W，Lenferink A T M，Otto C，et al. Classifying Raman Spectra of Extracellular Vesicles Based on Convolutional Neural Networks for Prostate Cancer Detection [J]. Journal of Raman Spectroscopy，2019，51 (2)：293-300.

[67] Pablo J G D，Armistead F J，Peyman S A，et al. Biochemical Fingerprint of Colorectal Cancer Cell Lines Using Label-Free Live Single-Cell Raman Spectroscopy [J]. Journal of Raman Spectroscopy，2018，49：1323-1332ss.

[68] Pilát Z，Bernatova S，Jezek J，et al. Microfluidic Cultivation and Laser Tweezers Raman Spectroscopy of E. Coli Under Antibiotic Stress [J]. Sensors，2018，18 (5)：1623.

[69] 李扬裕，马建光，李大成，等. 空间偏移拉曼光谱技术及数据处理方法研究 [J]. 光谱学与光谱分析，2020，40 (1)：71-74.

[70] Eliasson C，Macleod N A，Matousek P. Noninvasive Detection of Concealed Liquid Explosives Using Raman Spectroscopy [J]. Analytical Chemistry，2007，79 (21)：8185-8189.

[71] Stone N，Baker R，Rogers K，et al. Subsurface Probing of Calcifications with Spatially Offset Raman Spectroscopy (SORS)：Future Possibilities for the Diagnosis of Breast Cancer [J]. Analyst，2007，132 (7)：899-905.

[72] Ding H，Lu G J，West C，et al. Noninvasive Assessment of Fracture Healing Using Spatially Offset Raman Spectroscopy [J]. SPIE，2016，9689：96894.

[73] 朱婷，刘洋，吴军，等. 空间偏移拉曼光谱技术的发展及应用 [J]. 光谱学与光谱分析，2019，39 (04)：997-1004.

[74] Eliasson C，Macleod N A，Jayes L C，et al. Non-Invasive Quantitative Assessment of the Content of Pharmaceutical Capsules Using Transmission Raman Spectroscopy [J]. J Pharm Biomed Anal，2008，47 (2)：221-229.

[75] Matousek P，Parker A W. Bulk Raman Analysis of Pharmaceutical Tablets [J]. Applied Spectroscopy，2006，60 (12)：1353-1357.

[76] Johansson J，Sparen A，Svensson O，et al. Quantitative Transmission Raman Spectroscopy of Pharmaceutical Tablets and Capsules [J]. Applied Spectroscopy，2007，61 (11)：1211-1218.

[77] Anders SparÉN，Johansson J，Svensson O，et al. Transmission Raman Spectroscopy for Quantitative Analysis of Pharmaceutical Solids [J]. American Pharmaceutical Review，2009，12 (1)：62-71.

[78] Crocombe R A. Portable Spectroscopy [J]. Applied Spectroscopy，2018，72 (12)：1701-1751.

[79] Jehlička J，Culka A，Bersani D，et al. Comparison of Seven Portable Raman Spectrometers：Beryl as a Case Study [J]. Journal of Raman Spectroscopy，2017，48 (10)：1289-1299.

[80] Chandler L L，Huang B，Mu T T. A Smart Handheld Raman Spectrometer with Cloud and AI Deep Learning Algorithm for Mixture Analysis [C]. Next-Generation Spectroscopic Technologies XII. 2019.

[81] Fowler S M，Schmidt H，Hopkins D L，et al. Preliminary Investigation of the Use of Raman Spectroscopy to Predict Meat and Eating Quality Traits of Beef Loins [J]. Meat Science，2018，138：53-58.

[82] Wang Q，Lonergan S M，Yu C. Rapid Determination of Pork Sensory Quality Using Raman Spectroscopy [J]. Meat Science，2012，91：232-239.

[83] 冯泽阳，张卫红，郑颖，等. 2000 年以来拉曼光谱在考古中的应用 [J]. 光散射学报，2016，28 (1)：27-41.

[84] Christesen S D，Guicheteau J A，Curtiss J M，et al. Handheld Dual-Wavelength Raman Instrument for the Detection of Chemical Agents and Explosives [J]. Optical Engineering，2016，55 (7)：074103.

[85] 王欢，王永志，赵瑜，等. 拉曼光谱中荧光抑制技术的研究新进展综述 [J]. 光谱学与光谱分析，2017，37 (7)：2050-2056.

[86] Gou W L，Cai Z J，Wu J H. Fluorescence Rejection by Shifted Excitation Raman Difference Spectroscopy [J]. Spie，2010，7855：78551.

[87] 王昕，吴景林，范贤光，等. 双波长激光移频激发拉曼光谱测试系统设计 [J]. 红外与激光工程，2016，45 (1)：52-57.

[88] 晋刚，黄曦，陈如黄. 拉曼光谱在线测量技术在聚合物合成与加工中的应用研究进展 [J]. 光谱学与光谱分析，2016，36 (7)：2124-2127.

[89] 陈怡帆，戴连奎，朱欢银，等. 基于拉曼光谱的聚酯过程酯化反应中清晰点的在线检测 [J]. 分析测试学报，2020，39 (4)：434-440.

[90] Marteau P，Zanier-Szydlowski N，Aoufi A，et al. Remote Raman Spectroscopy for Process Control [J]. Vibrational Spectroscopy，1995，9 (1)：101-109.

[91] Cansell F，Hotier G，Marteau P. Method for Regulating A Process for the Separation of Isomers of Aromatic Hydrocarbons Having from 8 to 10 Carbon Atoms：US 5569808 [P]. 1994.

[92] 苏为群，潘刚，罗新，等. 国产在线拉曼分析仪在芳烃装置中的应用 [J]. 石油化工自动化，2020，56 (1)：48-54.

[93] Kong K，Kendall C，Stone N，et al. Raman Spectroscopy for Medical Diagnostics-from in-Vitro Biofluid Assays to in-Vivo Cancer Detection [J]. Advanced Drug Delivery Reviews，2015，89：121-134.

[94] Cordero E，Latka I，Matthaus C，et al. In-Vivo Raman Spectroscopy：from Basics to Applications [J]. Journal of Biomedical Optics，2018，23 (7)：071210.

[95] Yan H，Yu M X，Xia J B，et al. Tongue Squamous Cell Carcinoma Discrimination with Raman Spectroscopy and Convolution Neural Networks [J]. Vibrational Spectroscopy，2019，103 (1)：102938.

[96] 黄雯雅，金晖，刘璇，等. 拉曼光谱技术在医学诊断中的研究进展 [J]. 东南大学学报（医学版），2017，36 (6)：

1031-1035.

[97] Buckley K, Kerns J G, Parker A W, et al. Decomposition of in Vivo Spatially Offset Raman Spectroscopy Data Using Multivariate Analysis Techniques [J]. Journal of Raman Spectroscopy, 2014, 45 (2): 188-192.

[98] 佟新宇. 硫磺装置硫比值分析仪的在线分析及应用控制 [J]. 自动化仪表, 2009, 30 (1): 23-30.

[99] Langergraber G, Fleischmann N, Hofstaedter F, et al. Monitoring of a Paper Mill Wastewater Treatment Plant Using UV/Vis Spectroscopy [J]. Water Science and Technology, 2004, 49 (1): 9-14.

[100] Broeke J Van Den, Langergraber G, Weingartner A. On-Line and in Situ UV/Vis Spectroscopy for Multi-Parameter Measurements: A Brief Review [J]. Spectroscopy Europe, 2006, 18 (4): 15-18.

[101] 朱红祥, 柴欣生, 王双飞, 等. 衰减全反射-紫外-可见光谱技术应用 [J]. 化学进展, 2007, 19 (3): 414-419.

[102] Johansson J, Cauchi M, Sundgren M. Multiple Fiber-Optic Dual-Beam UV/Vis System with Application to Dissolution Testing [J]. Journal of Pharmaceutical and Biomedical Analysis, 2002, 29 (3): 469-476.

[103] Inman G, Wethington E, Baughman E, et al. System Optimization for in Situ Fiber-Optic Dissolution Testing [J]. Pharmaceutical Technology, 2001 (10): 92-100.

[104] Florence A J, Johnston A. Applications of Atr UV/Vis Spectroscopy in Physical Form Characterisation of Pharmaceuticals [J]. Spectroscopy Europe, 2004, 16 (6): 24-27.

[105] Levia M A B, Scarminio I S, Poppi R J, et al. Three-Way Chemometric Method Study and UV-Vis Absorbance for the Study of Simultaneous Degradation of Anthocyanins in Flowers of the Hibiscus Rosa-Sinensys Species [J]. Talanta, 2004, 62 (2): 299-305.

[106] Atole D M, Rajput H H. Ultraviolet Spectroscopy and its Pharmaceutical Applications——a Brief Review [J]. Asian Journal of Pharmaceutical and Clinical Research. 2018, 11 (2): 59-66.

[107] Dai X, Song H, Liu W, et al. On-Line UV-NIR Spectroscopy as a Process Analytical Technology (PAT) Tool for on-Line and Real-Time Monitoring of the Extraction Process of Coptis Rhizome [J]. RSC Advances, 2016, 6 (12): 10078-10085.

[108] 许金钩, 王尊本. 荧光分析法 (第三版) [M]. 北京: 科学出版社, 2006.

[109] 张慧, 钟华, 许海平, 等. 荧光成像技术及其在生命科学中的应用 [J]. 氨基酸和生物资源, 2014, 36 (2): 32-34.

[110] 陈瀑, 褚小立, 田松柏. 分子荧光光谱在原油分析中的应用概述 [J]. 现代科学仪器, 2012 (1): 129-133.

[111] 黄冬兰, 曹佳佳, 徐永群, 等. 三维荧光指纹技术的应用研究进展 [J]. 韶关学院学报, 2008, 29 (9): 65-69.

[112] 易莹, 周艳伟, 孔伟, 等. 三维荧光光谱及现场荧光测试技术在水处理中的研究进展 [J]. 环境工程, 2017, 35 (增刊2): 74-78.

[113] 汪之睿, 于静洁, 王少坡, 等. 三维荧光技术在水环境监测中的应用研究进展 [J]. 化工环保, 2020, 40 (2): 125-130.

[114] 吴海龙, 肖蓉, 胡勇, 等. 化学多维校正方法在药物分析中的应用 [J]. 药物分析杂志, 2019, 39 (4): 565-579.

[115] 温馨, 张淑荣, 白乙娟, 等. 荧光光谱技术在废水溶解有机物研究中的应用进展 [J]. 南水北调与水利科技, 2018, 16 (2): 29-37.

[116] Gu H W, Wu H L, Liu Y J, et al. Simultaneous Determination of Metoprolol and A-Hydroxymetoprolol in Human Plasma Using Excitation-Emission Matrix Fluorescence Coupled with Second-Order Calibration Methods [J]. Bioanalysis, 2012, 4 (23): 2781-2793.

[117] 欧阳洋子, 吴海龙, 方焕, 等. 三维荧光光谱法结合二阶校正测定人体血清中的两种抗精神病药舒必利和氨磺必利 [J]. 精细化工中间体, 2019, 49 (3): 63-68.

[118] Qing X D, Wu H L, Nie C C, et al. Simultaneous Determination of Plant Growth Regulators in Environmental Samples Using Chemometrics-Assisted Excitation-Emission Matrix Fluorescence: Experimental Study on the Prediction Quality of Second-Order Calibration Method [J]. Talanta, 2013, 103 (2): 86-94.

[119] Manuel B M, Aguilar L F, Waldo Q V, et al. Determination of Tributyltin at Parts-Per-Trillion Levels in Natural Waters by Second-Order Multivariate Calibration and Fluorescence Spectroscopy [J]. Microchemical Journal, 2013, 106 (1): 95-101.

[120] Wang L, Wu H L, Yin X L, et al. Simultaneous Determination of Umbelliferone and Scopoletin in Tibetan Medicine Saussurea Laniceps and Traditional Chinese Medicine Radix Angelicae Pubescentis Using Excitation-Emission Matrix Fluorescence Coupled with Second-Order Calibration Method [J]. Spectrochimica Acta Part A: Molecular and Biomolecular Spectroscopy, 2016, 170: 104-110.

[121] 钟秀娣, 刘怡虹, 李勇, 等. 三维荧光技术结合化学计量学二阶校正方法定量分析红葡萄酒中噻菌灵和麦穗宁 [J]. 生命科学仪器, 2015, 13 (3): 38-41.

[122] 朱焯炜，阙立志，陈国庆，等.三维荧光光谱结合平行因子及神经网络对清香型白酒的年份鉴别 [J].光谱学与光谱分析，2015，35（9）：2573-2577.

[123] 韩晓爽，刘德庆，栾晓宁，等.基于激光诱导时间分辨荧光的原油识别方法研究 [J].光谱学与光谱分析，2016，36（2）：445-448.

[124] 黄真理.激光诱导荧光技术-在水体标量场测量中的应用 [M].北京：科学出版社，2014.

[125] 王翔，赵南京，俞志敏，等.土壤有机污染物激光诱导荧光光谱检测方法研究进展 [J].光谱学与光谱分析，2018，38（3）：857-863.

[126] 黄尧，赵南京，孟德硕，等.持久性有机污染物荧光光谱检测技术研究进展 [J].光谱学与光谱分析，2019，39（7）：2107-2113.

[127] Hu F，Zhou M R，Yan P C，et al. Identification of Mine Water Inrush Using Laser-Induced Fluorescence Spectroscopy Combined with One-Dimensional Convolutional Neural Network [J].RSC Advances，2019，9（14）：7673-7679.

[128] 王翔，赵南京，殷高方，等.基于反向传播神经网络的激光诱导荧光光谱塑料分类识别方法研究 [J].光谱学与光谱分析，2019，39（10）：3136-3143.

[129] 范苑，吴瑞梅，艾施荣，等.基于液芯光纤的激光诱导荧光食用油种类鉴别研究 [J].光谱学与光谱分析，2016，36（10）：3202-3206.

[130] 武桂芬，高志娥，强彦.激光诱导荧光技术在疾病诊断中的应用研究 [J].激光杂志，2018，39（5）：96-101.

[131] 来文豪，周孟然，王亚，等.深度学习与激光诱导荧光在假酒识别中的应用 [J].激光与光电子学进展，2018，55（4）：388-394.

[132] Li J M，Xu M L，Ma Q X，et al. Sensitive Determination of Silicon Contents in Low-Alloy Steels Using Micro Laser-Induced Breakdown Spectroscopy Assisted with Laser-Induced Fluorescence [J].Talanta，2019，194：697-702.

[133] 杨宇翔.水中痕量有害重金属的 LIBS-LIF 超灵敏检测 [D].广州：华南理工大学，2018.

[134] 王志战.核磁共振录井技术进展与展望 [J].录井工程，2011，22（4）：12-15.

[135] Mitchell J，Gladden L F，Chandrasekera T C，et al. Low-Field Permanent Magnets for Industrial Process and Quality Control [J].Progress in Nuclear Magnetic Resonance Spectroscopy 2014，76：1-60.

[136] 盖圣美，张中会，游佳伟，等.低场核磁共振技术结合化学计量学方法定性、定量检测注水猪肉 [J].食品科学，2020，41（4）：243-247.

[137] 汤梅，罗洁莹，高杨文，等.低场核磁共振技术在水果采后品质检测中的研究进展 [J].保鲜与加工，2019，19（6）：225-231.

[138] Zang X，Lin Z，Zhang T，et al. Non-Destructive Measurement of Water and Fat Contents，Water Dynamics During Drying and Adulteration Detection of Intact Small Yellow Croaker by Low Field NMR [J].Journal of Food Measurement and Characterization，2017，11（4）：1-9.

[139] Nordon A，Mcgill C A，Littlejohn D. Process NMR Spectrometry [J].Analyst，2001，126：260-272.

[140] 林立敏，陈建，金加剑.核磁共振在线分析技术及其在炼油和化工装置中的应用 [J].石油化工自动化，2004（3）：55-59.

[141] Bakeev K A. Process Analytical Technology Spectroscopic Tools and Implementation Strategies for the Chemical and Pharmaceutical Industries [M].Roseland：Wiley，2010.

[142] Song H J，Nagatsuma T. Handbook of Terahertz Technologies：Devices and Applications [M].Singapore：Pan Stanford，2015.

[143] 朱亦鸣，施辰君，吴旭，等.生物医学检测中太赫兹光谱技术的算法研究 [J].光学学报，2021，41（1）：0130001.

[144] 李斌，赵旭婷，张永珍，等.主要抗生素的太赫兹光谱检测与分析研究进展 [J].光谱学与光谱分析，2019，39（12）：3659-3666.

[145] 李斌，龙园，刘欢，等.太赫兹技术及其在农业领域的应用研究进展 [J].农业工程学报，2018，34（2）：1-9.

[146] 李天莹，蒋玲，章龙，等.太赫兹光谱技术在食品添加安全领域的研究进展 [J].食品工业科技，2019，40（12）：359-363.

[147] Winefordner J D，Gornushkin I B，Correll T，et al. Comparing Several Atomic Spectrometric Methods to the Super Stars：Special Emphasis on Laser Induced Breakdown Spectrometry，LIBS，A Future Super Star [J].Journal of Analytical Atomic Spectrometry，2004，19（9）：1061-1083.

[148] AragÓN C，Aguilera J A. Characterization of Laser Induced Plasmas by Optical Emission Spectroscopy：a Review of Experiments and Methods [J].Spectrochimica Acta Part B：Atomic Spectroscopy，2008，63（9）：893-916.

[149] 段忆翔，林庆宇.激光诱导击穿光谱分析技术及其应用 [M].北京：科学出版社，2016.

[150] Zhang T L，Tang H S，Li H. Chemometrics in Laser-induced Breakdown Spectroscopy [J]. Journal of Chemometrics，2018，32（11）：e2983.

[151] Unnikrishnan V K，Nayak R，Aithal K，et al. Analysis of Trace Elements in Complex Matrices （Soil） by Laser Induced Breakdown Spectroscopy （LIBS） [J]. Analytical Methods，2013，5（5）：1294-1300.

[152] Wang J M，Liao X Y，Zheng P C，et al. Classification of Chinese Herbal Medicine by Laser-Induced Breakdown Spectroscopy with Principal Component Analysis and Artificial Neural Network [J]. Analytical Letters，2018，51（4）：575-586.

[153] 赵懿滢，朱素素，何娟，等.激光诱导击穿光谱鉴别硫熏浙贝母 [J].光谱学与光谱分析，2018，31（11）：3558-3562.

[154] Markiewicz-Keszycka M，Cama-Moncunill X，Casado-Gavalda M P，et al. Laser-Induced Breakdown Spectroscopy （LIBS） for Food Analysis：a Review [J]. Trends in Food Science and Technology，2017，65：80-93.

[155] Yu K Q，Ren J，Zhao Y R. Principles，Developments and Applications of Laser-Induced Breakdown Spectroscopy in Agriculture：a Review [J]. Artificial Intelligence in Agriculture，2020，4：127-139.

[156] Bilge G，Velioglu H M，Sezer B，et al. Identification of Meat Species by Using Laser-Induced Breakdown Spectroscopy [J]. Meat Science，2016，119：118-122.

[157] Wang J M，Zheng P C，Liu H D，et al. Classification of Chinese Tea Leaves Using Laser-Induced Breakdown Spectroscopy Combined with the Discriminant Analysis Method [J]. Analytical Methods，2016，8：3204-3209.

[158] 吴少波，张云贵，于立业，等.基于 LIBS 的熔态金属成分在线分析技术的现状及发展趋势 [J].冶金自动化，2013，37（3）：1-6.

[159] Sun L X，Yu H B，Cong Z B，et al. Applications of Laser-Induced Breakdown Spectroscopy in the Aluminum Electrolysis Industry [J]. Spectrochimica Acta Part B：Atomic Spectroscopy，2018，142：29-36.

[160] 辛勇，李洋，李伟，等.基于 LIBS 技术在线监测熔融铝水中的元素成分 [J].光子学报，2018，47（8）：1-8.

[161] Lu Z M，Mo J H，Yao S C，et al. Rapid Determination of Gross Calorific Value of Coal Using LIBS Coupled with Artificial Neural Networks （ANN） and Genetic Algorithm （GA） [J]. Energy and Fuels，2017，31（4）：3849-3855.

[162] 邢涛.基于激光诱导击穿光谱技术的电厂入炉煤煤质在线检测技术研究 [J].发电与空调，2017，48（5）：14-18.

[163] 郭志卫，孙兰香，张鹏，等.基于 LIBS 技术的水泥粉末在线成分分析 [J].光谱学与光谱分析，2019，39（1）：278-285.

[164] Wang Q，Xiangli W，Teng G，et al. A Brief Review of Laser-Induced Breakdown Spectroscopy for Human and Animal Soft Tissues：Pathological Diagnosis and Physiological Detection [J]. Applied Spectroscopy Reviews，2020：1-21.

[165] Gaudiuso R，Melikechi N，Abdel-Salam Z A，et al. Laser-Induced Breakdown Spectroscopy for Human and Animal Health：a Review [J]. Spectrochimica Acta Part B：Atomic Spectroscopy，2019，152：123-148.

[166] Chen X，Li X H，Yu X，et al. Diagnosis of Human Malignancies Using Laser-Induced Breakdown Spectroscopy in Combination with Chemometric Methods [J]. Spectrochimica Acta Part B：Atomic Spectroscopy，2018，139：63-69.

[167] Jing W，Liang L，Ping Y，et al. Identification of Cervical Cancer Using Laser-Induced Breakdown Spectroscopy Coupled with Principal Component Analysis and Support Vector Machine [J]. Lasers in Medical Science，2018，33：1381-1386.

[168] Gimenez Y，Busser B，Trichard F，et al. 3D Imaging of Nanoparticle Distribution in Biological Tissue by Laser-Induced Breakdown Spectroscopy [J]. Scientific Reports，2016（6）：29936.

[169] Qin J，Kim M S，Chao K，et al. Detection and Quantification of Adulterants in Milk Powder Using a High-Throughput Raman Chemical Imaging Technique [J]. Food Additives and Contaminants，2017，34（2）：152-161.

[170] 王迎旭，孙晔，李玉花，等.基于叶绿素荧光成像的温室黄瓜植株病害分类与病情监测 [J].南京农业大学学报，2020，43（4）：770-780.

[171] Jolivet L，Leprince M，Moncayo S，et al. Review of the Recent Advances and Applications of LIBS-Based Imaging [J]. Spectrochimica Acta Part B：Atomic Spectroscopy，2019，151：41-53.

[172] Maldonado A I L，Fuentes H R，Contreras J A V. Hyperspectral Imaging in Agriculture，Food and Environment [M]. London：Intech Open，2018.

[173] 白雪冰，余建树，傅泽田，等.光谱成像技术在作物病害检测中的应用进展与趋势 [J].光谱学与光谱分析，2020，40（2）：350-355.

[174] Boiret M，Rutledge D N，Gorretta N，et al. Application of Independent Component Analysis on Raman Images of a

Pharmaceutical Drug Product：Pure Spectra Determination and Spatial Distribution of Constituents ［J］. Journal of Pharmaceutical and Biomedical Analysis，2014，90：78-84.

[175]　何鸿举，莫海珍. 可见/近红外高光谱成像技术快速评估鱼肉品质 ［M］. 北京：中国轻工业出版社，2018.

[176]　卢娜，韩平，王纪华. 高光谱成像技术在果蔬品质安全无损检测中的应用 ［J］. 食品安全质量检测学报，2017，8 （12）：4594-4601.

[177]　白文明，王来兵，成日青，等. 近红外高光谱成像技术在药物分析中的研究进展 ［J］. 药物分析杂志，2018，38 （10）：9-15.

[178]　吴静珠，刘翠玲. 太赫兹技术及其在农产品检测中的应用 ［M］. 北京：化学工业出版社，2020.

[179]　曹恩达，于勇，宋长波，等. 太赫兹光谱探测技术发展现状与趋势 ［J］. 遥测遥控，2020，41 （3）：1-10.

[180]　张倩，陈维娜，郝红光. 高光谱成像技术在文件检验应用的研究综述 ［J］. 应用化工，2020，49 （1）：165-170.

[181]　易伟松. 高光谱成像诊断胃癌组织研究进展 ［J］. 中国医学物理学杂志，2016，33 （8）：788-792.

[182]　黎珊珊，谢志茹，黄燕秋，等. 高光谱成像技术用于医学诊疗的研究进展 ［J］. 广东医学，2018，39 （13）：1921-1925.

[183]　Manley M. Near-infrared Spectroscopy and Hyperspectral Imaging：Non-destructive Analysis of Biological Materials ［J］. Chemical Society reviews，2014，43 （24）：8200-8214.

矩阵和数理统计基础

3.1 矩阵基础

分析化学中用到的数据可以分为标量、矢量、矩阵和张量。标量为一个简单的数量，如滴定分析中的终点体积，用这一个数量就可以计算出被测样品的浓度。仪器分析的量测数据往往不只是一个标量，如光谱仪测量的一条光谱（紫外光谱、红外光谱等）。虽然它一般是以一条曲线的形式出现，但实际上，这条曲线对应着一组离散数值。在数学上，一组数可用矢量（或称向量）表示。所以，一个矢量能表示一条谱图（如红外、紫外、色谱或核磁共振谱等）。如果在测量中得到的不只是一条谱，就可以用多个矢量组成一个矩阵来表示量测结果，联用仪器往往就能产生用矩阵表示的数据。例如，用 LC-UV 联用仪分析一个样品，保留时间从 0 到 30min，测量波长从 200 到 400nm；采样间隔若为 1 秒，则要测量 1801 个点；如果紫外测量的波长间隔为 2nm，那么每一条光谱将包含 101 个测量点，即得到一个 1801×101 维的矩阵，这需使用三维图形进行表示（如图 3-1 所示）。此矩阵的一行对应某一个色谱测量点的光谱，而一列对应某个波长下测量的色谱。用矩阵描述这种测量数据可完全表达测量结果，而且非常便于数据处理，这种矩阵数据在化学计量学中应用非常广泛。用联用仪器测量一个样品可产生一个矩阵数据，如果测量多个样品，将得到数个矩阵，它们就可以组成一个张量了，张量数据往往包含更多的信息[1,2]。

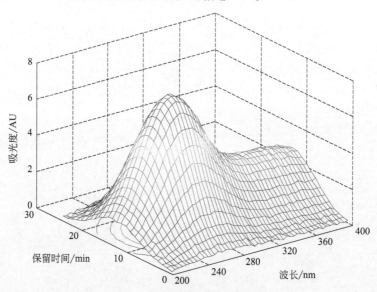

图 3-1 矩阵数据的三维图表示

光谱数据的处理过程也是如此,通常将一组样本的光谱组成一个 $n \times m$ 维(n 为样本数,m 为波长变量)的自变量矩阵(常称为 $\boldsymbol{X}$ 矩阵,见图 3-2),将对应的一组浓度(性质或组成)数据(如小麦的蛋白质、淀粉和水分等)也组成 $n \times p$ 维(n 为样本数,p 为浓度数)的因变量矩阵(常称为 $\boldsymbol{Y}$ 矩阵,见图 3-2)。建立校正模型实际上就是建立 $\boldsymbol{X}$ 矩阵与 $\boldsymbol{Y}$ 矩阵的关系。除浓度外,$\boldsymbol{Y}$ 矩阵也可以是信息阵(如类别等)。

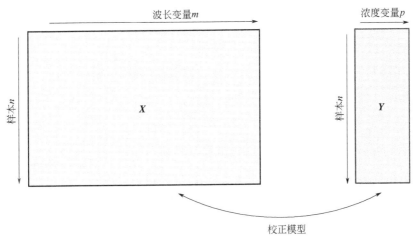

图 3-2 自变量 $\boldsymbol{X}$ 矩阵和因变量 $\boldsymbol{Y}$ 矩阵

在化学计量学中,常把标量称为零维数据(或零阶张量),常用小写字母表示,如 $a = [0.05]$;矢量称为一维数据(或一阶张量),常用小写的黑体字母表示,如 $\boldsymbol{a} = \begin{bmatrix} 0.1 & 0.5 & 0.8 & 0.7 \end{bmatrix}$;矩阵称为二维数据(或二阶张量),常用大写的黑体字母表示,如 $\boldsymbol{A} = \begin{bmatrix} 1 & 8 & 5 & 6 \\ 9 & 2 & 3 & 4 \\ 5 & 1 & 8 & 7 \\ 8 & 7 & 6 & 4 \end{bmatrix}$;张量称为三维数据(或三阶张量)。

此外,在向量和矩阵表达和运算上还有一些相对固定的表示方式,下面做一简单介绍[3,4]。

a_{ij} 表示矩阵 $\boldsymbol{A}$ 第 i 行第 j 列的一个元素,称为矩阵 $\boldsymbol{A}$ 的 (i, j) 元。

$\boldsymbol{AB}$ 表示矩阵 $\boldsymbol{A}$ 和矩阵 $\boldsymbol{B}$ 的乘积,其中矩阵 $\boldsymbol{A}$ 的列数一定要等于矩阵 $\boldsymbol{B}$ 的行数。若 $\boldsymbol{A}$ 是一个 $m \times s$ 矩阵,$\boldsymbol{B}$ 是一个 $s \times n$ 矩阵,则矩阵 $\boldsymbol{A}$ 与 $\boldsymbol{B}$ 的乘积为 $\boldsymbol{AB} = \boldsymbol{C} = (c_{ij})$,乘积 $\boldsymbol{C}$ 是一个 $m \times n$ 矩阵,$c_{ij} = a_{i1}b_{1j} + a_{i2}b_{2j} + \cdots + a_{is}b_{sj} = \sum_{k=1}^{s} a_{ik}b_{kj}$ $(i=1,2,\cdots,m; j=1,2,\cdots,n)$。矩阵乘法一般不满足交换律,即 $\boldsymbol{AB} \neq \boldsymbol{BA}$。但满足结合律,即 $(\boldsymbol{AB})\boldsymbol{C} = \boldsymbol{A}(\boldsymbol{BC})$。

$\boldsymbol{A}^{\mathrm{T}}$ 表示矩阵 $\boldsymbol{A}$ 的转置矩阵,即把 $n \times m$ 矩阵 $\boldsymbol{A}$ 的行、列按原顺序互换得到的 $m \times n$ 矩阵。

$\boldsymbol{I}$ 表示单位矩阵,即主对角线上的元素都是 1,其余的元素都是零的 $n \times n$ 阶方阵。

$|\boldsymbol{A}|$ 表示方阵 $\boldsymbol{A}$ 的行列式,若 $|\boldsymbol{A}| \neq 0$,则 $\boldsymbol{A}$ 为非奇异矩阵。

对于一个 $n \times n$ 阶方阵 $\boldsymbol{A}$,如果存在一个数和一个非零向量,满足 $\boldsymbol{Ax} = \lambda \boldsymbol{x}$,则称 λ 为方阵 $\boldsymbol{A}$ 的特征值,$\boldsymbol{x}$ 为该特征值对应的特征向量。矩阵特征值的求解方法有 QR(正交三角)分解法和雅可比方法。

$\text{tr}(\boldsymbol{A})$ 表示方阵 $\boldsymbol{A}$ 的迹，其值等于方阵 $\boldsymbol{A}$ 的对角线元素之和。根据韦达定理，矩阵所有特征值之和为矩阵的迹；矩阵所有特征值之积为矩阵的行列式。

$\text{Rank}(\boldsymbol{A})$ 表示矩阵 $\boldsymbol{A}$ 的秩，即 $\boldsymbol{A}$ 中最大线性无关的行数或列数。

$\boldsymbol{A}^{-1}$ 表示矩阵 $\boldsymbol{A}$ 的逆矩阵，其意义是 $\boldsymbol{A}\boldsymbol{A}^{-1}=\boldsymbol{A}^{-1}\boldsymbol{A}=\boldsymbol{I}$。如果 $\boldsymbol{A}^{-1}$ 存在，则称 $\boldsymbol{A}$ 是非奇异阵，或称 $\boldsymbol{A}$ 是满秩矩阵，否则称其为奇异矩阵。

如果 $n\times n$ 阶方阵 $\boldsymbol{A}$ 满足 $\boldsymbol{A}^{-1}=\boldsymbol{A}^{\mathrm{T}}$，则称 $\boldsymbol{A}$ 为正交矩阵。正交矩阵的行、列向量之间相互正交，即不同行或列的内积为零。

$\boldsymbol{A}^{+}$ 表示矩阵 $\boldsymbol{A}$ 的广义逆矩阵，其意义是 $\boldsymbol{A}\boldsymbol{A}^{+}\boldsymbol{A}=\boldsymbol{A}$。

$\|\boldsymbol{a}\|$ 表示向量 $\boldsymbol{a}=[a_1 \quad a_2 \quad a_3 \quad \cdots \quad a_n]$ 的模或范数，$\|\boldsymbol{a}\|=\sqrt{a_1{}^2+a_1{}^2+\cdots+a_n{}^2}$，即 $\|\boldsymbol{a}\|=\sqrt{(\boldsymbol{a}\boldsymbol{a}^{\mathrm{T}})}=\sqrt{\text{tr}(\boldsymbol{a}^{\mathrm{T}}\boldsymbol{a})}$。

3.2 朗伯-比尔定律的矩阵表示

多组分体系的朗伯-比尔定律可以用矩阵的运算进行表示[5,6]。若一混合物由三种组分组成，这三种组分的纯光谱用向量表示为 s_1、s_2 和 s_3，某一混合物中三种组分的相对浓度分别为 c_1、c_2 和 c_3，则根据朗伯-比尔定律和加和定律，该混合物的光谱 $\boldsymbol{x}$ 应等于三种组分的纯光谱与对应浓度乘积之和，即 $\boldsymbol{x}=c_1 s_1+c_2 s_2+c_3 s_3+\boldsymbol{e}$，其中 $\boldsymbol{e}$ 为仪器的测量误差。即：

$$x_1=c_1 s_{11}+c_2 s_{12}+c_3 s_{13}+e_1$$
$$x_2=c_1 s_{21}+c_2 s_{22}+c_3 s_{23}+e_2$$
$$\cdots$$
$$x_{\mathrm{m}}=c_1 s_{m1}+c_2 s_{m2}+c_3 s_{m3}+e_{\mathrm{m}}$$

其中 m 为波长点数，x_{m} 表示混合物在波长 m 处的吸光度，$s_{\mathrm{m}3}$ 表示第三种纯组分在波长 m 处的吸光度。

令 $\boldsymbol{x}=[x_1 \quad x_2 \quad \cdots \quad x_{\mathrm{m}}]^{\mathrm{T}}$，$\boldsymbol{S}=[s_1^{\mathrm{T}} \quad s_2^{\mathrm{T}} \quad s_3^{\mathrm{T}}]$，$\boldsymbol{c}=[c_1 \quad c_2 \quad c_3]^{\mathrm{T}}$，$\boldsymbol{e}=[e_1 \quad e_2 \quad e_3]^{\mathrm{T}}$，则上式可表示为矩阵的乘积形式：$\boldsymbol{x}=c\boldsymbol{S}+\boldsymbol{e}$。

如果有 n 个这样的混合物样本，根据矩阵乘法规则，可将其表示为：

$$
\begin{bmatrix} x_{11} & x_{12} & \cdots & x_{1m} \\ x_{21} & x_{22} & \cdots & x_{2m} \\ \cdots & \cdots & \cdots & \cdots \\ x_{n1} & x_{n2} & \cdots & x_{nm} \end{bmatrix}
=
\begin{bmatrix} c_{11} & c_{12} & c_{13} \\ c_{21} & c_{22} & c_{23} \\ \cdots & \cdots & \cdots \\ c_{n1} & c_{n2} & c_{n3} \end{bmatrix}
\begin{bmatrix} s_{11} & s_{12} & \cdots & s_{1m} \\ s_{21} & s_{22} & \cdots & s_{2m} \\ s_{31} & s_{32} & \cdots & s_{3m} \end{bmatrix}
+
\begin{bmatrix} e_{11} & e_{12} & \cdots & e_{1m} \\ e_{21} & e_{22} & \cdots & e_{2m} \\ \cdots & \cdots & \cdots & \cdots \\ e_{n1} & e_{n2} & \cdots & e_{nm} \end{bmatrix}
$$

对于含有 p 个组分的 n 个样本在 m 个波长下的数据则可用矩阵表示为：

$$\boldsymbol{X}_{n\times m}=\boldsymbol{C}_{n\times p}\boldsymbol{S}_{p\times m}+\boldsymbol{E}_{n\times m}$$

3.3 方差和正态分布

在分析化学中，为消除偶然误差的影响，往往需要进行多次测量。对一组 n 次测量数据 $(x_1,x_2,\cdots,x_n)$ 的比较，通常用均值和标准偏差两个统计量来描述[7,8]。

均值 $\bar{x}$：$\bar{x}=\dfrac{1}{n}\sum_{i=1}^{n}x_i$

标准偏差 s：$s = \sqrt{\dfrac{\sum\limits_{i=1}^{n}(x_i - \overline{x})}{n-1}}$

标准偏差 s 和标准偏差的平方 s^2（方差）是较重要的统计量，用来描述一组数据的离散程度。例如，在近红外光谱分析中，对于一个样本的多次光谱测量，希望光谱重复测量的变动越小越好，即每一个波长下的吸光度的方差越小越好。但对于一组校正集样本的近红外光谱，则希望找出对应吸光度方差较大的波长，因为信息越多其吸光度的变动也应较大。因此，在近红外光谱分析中常用标准偏差或方差来评价光谱的重复性，同时也可用其来选择参与建立校正模型的波长范围。

标准偏差可以表示测定结果对于均值的离散程度，但却不能表达这些数据的分布情况。表达数据的分布情况要用直方图（或频谱图），如用近红外光谱方法对某一汽油样本的研究法辛烷值进行 200 次测定，其均值为 93.0，其中 93.10 出现 37 次、93.05 出现 35 次等，将每一测定值出现的频率对测定值作图即为直方图（或频谱图），见图 3-3。

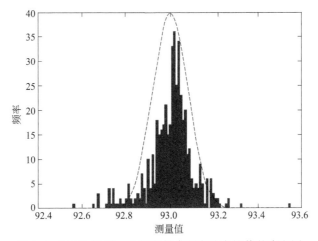

图 3-3　200 次测量一个汽油样本研究法辛烷值的直方图

由图 3-3 可以看出，其分布关于中心对称，而且测量结果有向中心值聚集的趋势。总体的平均值可写作 μ，而样本的平均值 $\overline{x}$ 实际上就是总体平均值 μ 的一个估计。同样，总体也有标准偏差，常用 σ 表示，而样本的标准偏差 s，则给出了总体标准偏差 σ 的一个估计。理论上常用正态分布曲线，也可称为高斯分布来研究此类问题，并由下述公式作出描述：

$$f(x) = \left(\frac{1}{\sigma\sqrt{2\pi}}\right)e^{\frac{-(x-\mu)^2}{2\sigma^2}}$$

正态分布曲线由图 3-4 给出，其关于 μ 对称，而且 σ 值越大，数据的离散程度越大，曲线变宽，但曲线下包含的总面积不变。如图 3-5 所示，大约 68% 总体测量值在 $\pm 1\sigma$ 范围内，大约 95% 的总体测量值在 $\pm 2\sigma$ 范围内，大约 99.7% 的总体测量值在 $\pm 3\sigma$ 范围内。在分析化学中，大部分情况下所得到的测量数据都符合正态分布。

将正态分布曲线的横坐标用 $u = (x - \mu)/\sigma$ 代替，称为标准正态分布曲线，以 $N(0, 1)$ 表示，即均值为 0，方差为 1，用来表征随机误差的分布情况。

$$f(u) = \frac{1}{\sqrt{2\pi}}e^{-\frac{u^2}{2}}$$

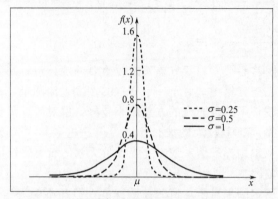

图 3-4　均值相同、标准偏差不同的正态分布图

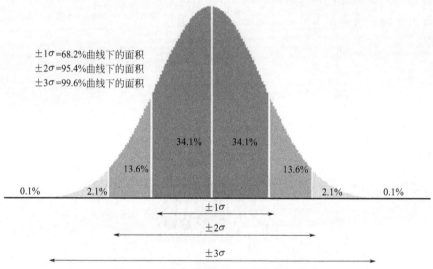

图 3-5　正态分布面积与标准偏差的关系

可以用一定区间的积分面积表示该范围内测量值出现的概率（称为置信度），显然从 $-\infty\sim+\infty$，所有测量值出现的总概率 P 为 1，即正态分布曲线下所包含的面积是所有测量数据出现概率的总和。

$$P=\int_{-\infty}^{+\infty}f(u)du=\int_{-\infty}^{+\infty}\frac{1}{\sqrt{2\pi}}e^{\frac{-u^2}{2}}du=1$$

经积分计算得到的随机误差的区间概率表见表 3-1。

表 3-1　随机误差的区间概率表

随机误差 u 出现的区间	测量值出现的区间（置信区间宽度）	概率 P（置信度）
$-1\sigma\sim+1\sigma$	$\mu-1\sigma\sim\mu+1\sigma$	68.3%
$-1.96\sigma\sim+1.96\sigma$	$\mu-1.96\sigma\sim\mu+1.96\sigma$	95.0%
$-2\sigma\sim+2\sigma$	$\mu-2\sigma\sim\mu+2\sigma$	95.5%
$-2.58\sigma\sim+2.58\sigma$	$\mu-2.58\sigma\sim\mu+2.58\sigma$	99.0%
$-3\sigma\sim+3\sigma$	$\mu-3\sigma\sim\mu+3\sigma$	99.7%

对于有限次测量（n 次测量），用统计量 t 来处理，t 定义为：$t = \dfrac{x - \mu}{s}\sqrt{n}$。

t 值不仅与置信度 P 有关，还与自由度 f 有关，以 $t_{\alpha, f}$ 表示，$\alpha = 1 - P$（α 称为显著性水平），自由度 $f = n - 1$。例如：$t_{0.05, 10}$ 是 $P = 95\%$、$f = 10$ 时的 t 值。当 $f \to \infty$ 时，t 分布就变成了正态分布。t 分布也称学生分布，可通过查表 3-2 得到。

对于少量实验数据，平均值的置信区间可表示为：

$$\mu = \overline{x} \pm \frac{ts}{\sqrt{n}}$$

表 3-2　不同测定次数及不同置信度的 t 值

测定次数	置信度			
n	90%	95%	99%	99.5%
2	6.314	12.706	63.657	127.32
3	2.920	4.303	9.925	14.089
4	2.353	3.182	5.841	7.453
5	2.132	2.776	4.604	5.598
6	2.015	2.571	4.032	4.773
7	1.943	2.447	3.707	4.317
8	1.895	2.365	3.500	4.029
9	1.860	2.306	3.355	3.832
10	1.833	2.262	3.250	3.690
11	1.812	2.228	3.169	3.581
21	1.725	2.086	2.845	3.153
∞	1.645	1.960	2.576	2.807

3.4　显著性检验

在实际测定中样本平均值 $\overline{x}$ 未必等于真值，这种差异可能完全是偶然误差，也可能包含系统误差，为区别这两种情况需引入显著性检验。通过显著性检验，若发现分析结果存在显著性差异，则可判断此分析结果存在系统误差；若无显著性差异，则表明此分析结果的差异来自偶然误差。在光谱分析中，最常用的检验方法是 t 检验法和 F 检验法。

t 检验用来判断均值 $\overline{x}$ 是否与真值 μ 存在显著性差异，t 值按下式计算：

$$t = (\overline{x} - \mu)\frac{\sqrt{n}}{s}$$

在光谱分析中，最常遇到的是采用光谱方法和常规方法对一组被测组分含量不同的样本所得测量值之间的对比检验，称作成对 t 检验。其实质是判断两种方法之间偏差的均值（应接近零）是否与期望值（零）存在显著性差异，即判断光谱方法与常规方法之间是否存在系统误差。成对 t 值按下式计算：

$$t = \overline{d}\frac{\sqrt{n}}{s}$$

其中，$\overline{d}$ 为两种方法所测样本之间对应差值的平均值，s 为两种方法所测样本之间对应差值的标准偏差，n 为样本数目。

表 3-3 给出了一组采用荧光指示剂法和近红外光谱法测定汽油中烯烃含量的对比结果，

用成对 t 检验判断这两种方法是否存在显著性差异。计算可以得出：$\overline{d}=-0.49$，$s=1.56$，t 值为 1.26。给定显著性水平 $\alpha=0.05$，查表得临界值 $t_{(15,0.05)}=2.13$。可以看出，$|t|$ 小于临界值 2.13，说明这两种方法无显著性差异。

表 3-3　荧光指示剂法和近红外光谱法测定汽油中烯烃含量的对比结果

样品	烯烃含量/%		
	荧光指示剂法	近红外光谱法	两种方法之间的偏差
01	33.08	30.90	-2.18
02	32.64	30.71	-1.93
03	28.99	31.49	2.50
04	28.06	29.75	1.69
05	26.95	27.87	0.92
06	26.59	23.66	-2.93
07	25.63	25.67	0.04
08	24.00	23.51	-0.49
09	23.70	22.60	-1.10
10	22.63	22.27	-0.36
11	27.24	26.52	-0.72
12	25.32	22.71	-2.61
13	23.71	22.97	-0.74
14	25.69	25.15	-0.54
15	21.23	23.06	1.83
16	25.00	23.81	-1.19
			$\overline{d}=-0.49$
			$s=1.56$

此外，在光谱分析中，还用 t 检验来判别校正集中的离群样本。

F 检验主要用于两套数据方差的比较。有两种情况：一是检验方法 A 是否比方法 B 更精密，用单尾检验；二是判断检验方法 A 与方法 B 的精密度是否有显著性差别，用双尾检验。

F 检验的表达式为：$F=\dfrac{s_1^2}{s_2^2}$

在上式中，应使大者为分子，小者为分母，即保证 $F \geqslant 1$。

需要指出的是，在进行双尾检验时，若使用的是单尾 F 分布表，则显著性水平 α 应为双尾 α 的 $1/2$。

3.5　相关系数

在光谱分析中，遇到的数学问题大都是变量之间的关系问题，如不同波长处吸光度之间的关系、吸光度和浓度之间的关系、性质与组成之间的关系以及不同性质之间的关系等。变量之间的关系在数学上可分为两类：函数关系和相关关系[9,10]。函数关系是确定性关系，如圆周长和半径之间的关系，只要半径确定了，其圆周长就是确定的。相关关系则为非确定性关系，如身高和体重之间的关系、师资力量和升学率之间的关系等；变量之间确实存在一定关系，但不是——对应的确定关系；这种关系可用相关性（相关系数 R 或决定系数 R^2）进行描述，通过数理统计方法（如回归分析）找出内在关系，因此这类变量间的关系也称为统计关系。

两个变量的线性相互关系表现为以下三种变化：①正相关：一个变量增加或减少时，另一个变量也相应增加或减少；②负相关：一个变量增加或减少时，另一个变量却减少或增加；③无相关：说明两个变量是独立的不具备线性相关性。统计学中，常用相关系数 R 或决定系数 R^2 来描述两个变量之间的线性相关程度。相关系数 R 的计算公式为：

$$R = \frac{\sum_{i=1}^{n}(x_i - \overline{x})(y_i - \overline{y})}{\sqrt{\sum_{i=1}^{n}(x_i - \overline{x})^2}\sqrt{\sum_{i=1}^{n}(y_i - \overline{y})^2}}$$

式中，x_i、$y_i (i=1,2,\cdots,n)$ 为两个变量 x 与 y 的样本值；$\overline{x}$、$\overline{y}$ 为两个变量的样本值的平均值；n 为两个变量的样本值的个数。

R 或 R^2 的取值范围为：$-1 \leqslant R \leqslant +1$。当变量之间呈现全相关（相关系数为 1）时，即变为函数关系。若变量间不存在任何关系时，相关系数（接近）为零。

在光谱分析中，相关系数主要有两种应用：一是计算一组样本的光谱方法预测值（x_i）与常规方法测定值（y_i）之间的相关性，二是计算一组样本的某一波长吸光度（x_i）与待测浓度（y_i）之间的相关性。

3.6 协方差与协方差矩阵

化学计量学中经常用到协方差和协方差矩阵的概念和运算[11-13]。对于两个变量 x 和 y 进行 n 次测量，得到 n 组数据（x_i，y_i），则两个变量的协方差 $\mathrm{cov}(\boldsymbol{x},\boldsymbol{y})$ 定义为：

$$\mathrm{cov}(\boldsymbol{x},\boldsymbol{y}) = \frac{1}{n-1}\sum_{i=1}^{n}(x_i - \overline{x})(y_i - \overline{y})$$

若变量 x 和 y 相关性较差时，则协方差的绝对值将会很小，但协方差的大小常依赖于变量的标尺。将协方差除以 x 和 y 标准偏差的乘积就得到相关系数。

$$R = \frac{\mathrm{cov}(\boldsymbol{x},\boldsymbol{y})}{s_x s_y} = \frac{\sum_{i=1}^{n}(x_i - \overline{x})(y_i - \overline{y})}{\sqrt{\sum_{i=1}^{n}(x_i - \overline{x})^2} \times \sqrt{\sum_{i=1}^{n}(y_i - \overline{y})^2}}$$

假定对 m 个变量进行 n 次观测的数据如表 3-4 所示：

表 3-4　假定对 m 个变量进行 n 次观测的数据

观测次数	变量				
	x_1	x_2	x_3	$\cdots$	x_m
1	x_{11}	x_{12}	x_{13}	$\cdots$	x_{1m}
2	x_{21}	x_{22}	x_{23}	$\cdots$	x_{2m}
$\cdots$	$\cdots$	$\cdots$	$\cdots$	$\cdots$	$\cdots$
n	x_{n1}	x_{n2}	x_{n3}	$\cdots$	x_{nm}

变量 x_j 的方差：

$$s_j^2 = \frac{1}{n-1}(x_{ij} - \overline{x_j})^2,$$

$$i=1,2,\cdots,n;j=1,2,\cdots,m$$

变量 x_j 和 x_k 的协方差为：

$$\text{cov}(x_j,x_k) = \frac{1}{n-1}\sum_{i=1}^{n}(x_{ij} - \overline{x_j})(x_{ik} - \overline{x_k})$$

$$i=1,2,\cdots,n;j,k=1,2,\cdots,m$$

由这些方差和协方差组成的矩阵，称之为方差-协方差矩阵，又称协方差阵：

$$C = \begin{bmatrix} s_1^2 & \text{cov}(1,2) & \cdots & \text{cov}(1,m) \\ \text{cov}(2,1) & s_2^2 & \cdots & \text{cov}(2,m) \\ \cdots & \cdots & & \cdots \\ \text{cov}(m,1) & \text{cov}(m,2) & \cdots & s_m^2 \end{bmatrix}$$

其中，$\text{cov}(x,x) = S_x^2$，即在矩阵的对角线上的元素为变量的方差。由于 $\text{cov}(j,k) = \text{cov}(k,j)$，所以协方差矩阵为对角矩阵。

将上表中数据用矩阵表示：

$$X = \begin{bmatrix} x_{11} & x_{12} & \cdots & x_{1m} \\ x_{21} & x_{22} & \cdots & x_{2m} \\ \cdots & \cdots & \cdots & \cdots \\ x_{n1} & x_{n2} & \cdots & x_{nm} \end{bmatrix}$$

将矩阵的每一列元素减去相应的列均值，得到 H 矩阵：

$$\begin{bmatrix} x_{11}-\overline{x_1} & x_{12}-\overline{x_2} & \cdots & x_{1m}-\overline{x_m} \\ x_{21}-\overline{x_1} & x_{22}-\overline{x_2} & \cdots & x_{2m}-\overline{x_m} \\ \cdots & \cdots & & \cdots \\ x_{n1}-\overline{x_1} & x_{n2}-\overline{x_2} & \cdots & x_{nm}-\overline{x_m} \end{bmatrix} = \begin{bmatrix} h_{11} & h_{12} & \cdots & h_{1m} \\ h_{21} & h_{22} & \cdots & h_{2m} \\ \cdots & \cdots & \cdots & \cdots \\ h_{n1} & h_{n2} & \cdots & h_{nm} \end{bmatrix} = H$$

H 矩阵的每一列的均值都为零。H 矩阵经数学处理可以得到协方差矩阵 C：

$$\text{cov}(X) = \frac{1}{n-1}H^{\text{T}}H = \frac{1}{n-1}\begin{bmatrix} h_{11} & h_{21} & \cdots & h_{n1} \\ h_{12} & h_{22} & \cdots & h_{n2} \\ \cdots & \cdots & \cdots & \cdots \\ h_{1m} & h_{2m} & \cdots & h_{nm} \end{bmatrix}\begin{bmatrix} h_{11} & h_{12} & \cdots & h_{1m} \\ h_{21} & h_{22} & \cdots & h_{2m} \\ \cdots & \cdots & \cdots & \cdots \\ h_{n1} & h_{n2} & \cdots & h_{nm} \end{bmatrix}$$

$$= \frac{1}{n-1}\begin{bmatrix} \sum_{i=1}^{n}h_{i1}^2 & & \\ \sum h_{i1}h_{i2} & \sum_{i=1}^{n}h_{i2}^2 & \\ \cdots & \cdots & \cdots \\ & & \sum_{i=1}^{n}h_{in}^2 \end{bmatrix}$$

$$
= \begin{bmatrix}
s_1^2 & \mathrm{cov}(1,2) & \cdots & \mathrm{cov}(1,m) \\
\mathrm{cov}(2,1) & s_2^2 & \cdots & \mathrm{cov}(2,m) \\
\cdots & \cdots & & \cdots \\
\mathrm{cov}(m,1) & \mathrm{cov}(m,2) & \cdots & s_m^2
\end{bmatrix} = \mathbf{C}
$$

光谱模式识别中常用的马氏距离（Mahalanobis Distance）就是基于协方差的一种距离计算方法，用于表示未知样本与某类样本之间的相似度[14]。与欧氏距离不同的是，它考虑到各种特征变量之间的相互关系（如一条关于身高的信息会带来有关体重的信息，因为两者是有关联的），而且马氏距离与测量尺度无关的（Scale-invariant），即独立于测量尺度。在光谱分析中，马氏距离常用于界外样本的识别、聚类分析和判别分析等。

3.7 多变量的图表示法

3.7.1 样本的空间表示

将样本进行空间作图有助于研究样本之间存在的关系。通常以样本的光谱吸光度为原始特征变量，利用二维或三维图表征一组样本的空间分布情况。因光谱变量常为上百甚至上千维，因此，需要对光谱变量进行选取或压缩降维（如主成分分析等）后再作图。例如，图 3-6 为四种不同品牌 210 个香烟样本的二维空间分布，其特征为 $5058 \mathrm{cm}^{-1}$ 和 $4903 \mathrm{cm}^{-1}$ 下的二阶导数吸光度[15]。

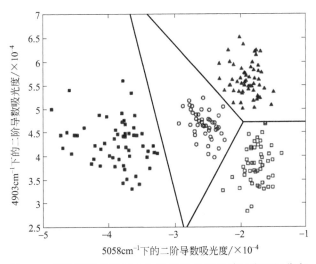

图 3-6　四种不同品牌 210 个香烟样本的光谱二维空间分布

图 3-7 是利用偏最小二乘对四种不同产地木耳的近红外光谱降维得到的三维空间分布图，可以清晰看出不同产地的木耳各自聚为一类[16]。图 3-8 是采用近红外光谱结合主成分分析对不同品牌方便面进行分类的三维空间分布图[17]。

3.7.2 箱须图

箱须图（Box-whisker Plot），又称箱形图或箱线图等，是用一组数据中的第一四分位

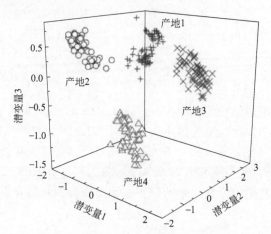

图 3-7 四种不同产地木耳的近红外光谱经 PLS 降维后的三维空间分布

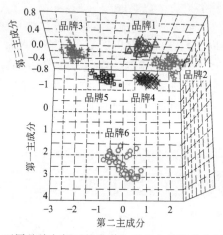

图 3-8 不同品牌方便面的光谱主成分分析得分空间分布图

数、中位数、第三四分位数、上 1.5 倍的和下 1.5 倍的四分位距（IQR）来反映数据分布的
中心位置和散布范围（图 3-9）[18]。通过箱须图可以粗略地看出数据是否具有对称性（偏态
和尾重），以及判断异常样本等。通过将多组数据的箱线图画在同一坐标上，则可以清晰地
显示各组数据的分布差异[19]。

四分位数是通过三个点将一组数据等分为四部分，其中每部分包含 25% 的数据。通常
所说的四分位数据是指在 25% 位置上的值和 75% 位置上的值，分别称为下四分位数（Q_1）
和上四分位数（Q_3）。对未分组的数据计算四分位数时，先要对全部数据进行排序，然后确
定四位数所在的位置。四分位距 IQR 则定义为，IQR＝Q_3－Q_1。

在 Q_3＋1.5 IQR 和 Q_1－1.5IQR 处画两条与中位线一样的线段，这两条线段为异常值截断
点，称其为内上限和内下限，处于内限以外位置的点表示的数据都是异常值。有时，在 Q_3＋
3IQR 和 Q_1－3IQR 处也画两条线段，称其为外上限和外下限。其中在内限与外限之间的异常
值为温和的异常值（Mild Outliers），在外限以外的为极端的异常值（Extreme Outliers）。

图 3-10 为两种算法所建模型对一组验证集样本预测得到的偏差箱线图，可以清晰地看
出 HMLR 算法优于 PLSR 算法[20]。图 3-11 是一实验室六台分析仪器的周转时间（Turn-
around Time，TAT）箱须图，从中可直观看出不同时间段，每台仪器的运行情况，这有助

于实验室管理者掌握仪器的使用情况，以便针对性地采取提高仪器效率的措施，增强设备管理的可视性和可控性[21]。

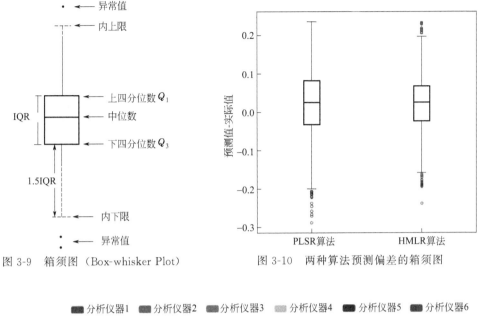

图 3-9　箱须图（Box-whisker Plot）　　　　图 3-10　两种算法预测偏差的箱须图

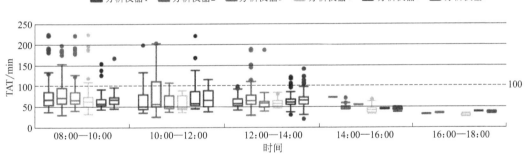

图 3-11　化验室中不同分析仪器在不同时间段内的周转时间（TAT）箱须图

3.7.3　雷达图

雷达图是目前应用较为广泛的对多元数据进行作图的方法，利用雷达图可以很直观地研究各样本之间的关系和规律[22]。假设一个样本的数据有 m 个变量，雷达图的标准画法如下：先画一个圆，将圆 m 等分并由圆心连接各分点，将所得的 m 条线段作为坐标轴，根据各变量的取值对各坐标轴作适当刻度，这样对每个变量的取值，在相应坐标轴上都有一个刻度。对任意一个样本，分别在 m 个轴上确定其坐标，在各坐标轴上点出其坐标并依次连接 m 个点，得到一个 m 边形。这样，每一个样本都可用一个 m 边形表示出来，通过观察各个 m 边形的形状，就可以对样本之间的相似性或内在规律进行分析。当样本数较少时，可以在一个圆中画出所有的样本点；当样本数较多时，可以一个样本画一个 m 边形进行分析。

如图 3-12 所示，秦玉华等将雷达图用于烟叶近红外光谱特征的提取，该方法首先进行主成分分析，然后选取的多个主成分构成可视化的多边形雷达图，并定义了重心矢量幅重心值和角度两个特征，进而建立质量一致性判别模型，实现对产品质量的监控[23]。

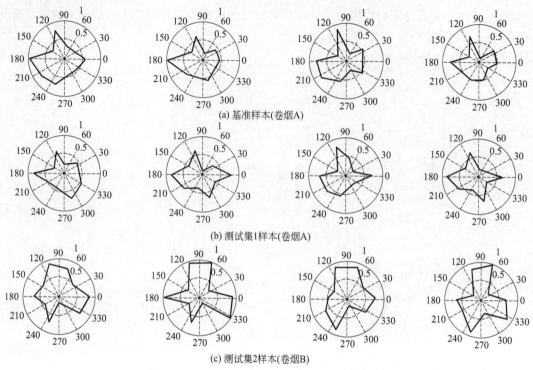

(a) 基准样本(卷烟A)

(b) 测试集1样本(卷烟A)

(c) 测试集2样本(卷烟B)

图 3-12　不同样品集光谱获得的主成分雷达图

　　如图 3-13 所示，雷达图在水光谱组学（Aquaphotomics）中的应用较多，可以获得较多的水分子化学结构变化的信息[24,25]。如图 3-14 所示，李丹阳等根据不同低含量的甲醇-YPD 培养基溶液在 12 个活化的水吸收峰（WAMACS）下的吸光度制作成雷达图[26]。从图 3-14 中可以看出，当往 YPD 培养基中加入甲醇时，即使增加量为 0.1%，吸光度仍会发生改变，说明甲醇的加入会扰动溶液中水分子的共价键和氢键，从而使水的光谱发生变化。

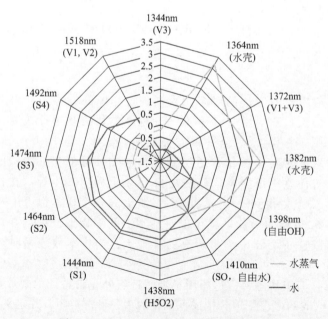

图 3-13　水与水蒸气的近红外光谱雷达图

由雷达图可以观察到，7149～6954cm^{-1} 这一波段对于区分低浓度甲醇-YPD 培养基溶液贡献较大，这可能是由于甲醇含量较低，培养基中大量水的存在，使溶液中的弱氢键、对称OH 的伸缩振动比较丰富，从而这一波段在水光谱中占主导地位。

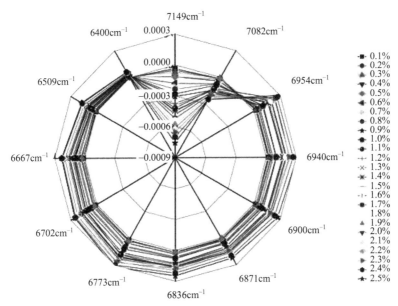

图 3-14　甲醇-YPD 培养基溶液（不同甲醇浓度）的近红外光谱雷达图

参考文献

［1］ 梁逸曾. 白灰黑复杂多组份分析体系及其化学计量学算法 ［M］. 长沙：湖南科学技术出版社，1996.
［2］ 许禄. 化学计量学：一些重要方法的原理及应用 ［M］. 北京：科学出版社，2004.
［3］ 倪永年. 化学计量学在分析化学中的应用 ［M］. 北京：科学出版社，2004.
［4］ 许禄，邵学广. 化学计量学方法（第二版）［M］. 北京：科学出版社，2004.
［5］ Mark H，Workman J. Chemometrics in Spectroscopy ［M］. 2nd ed. Amsterdam：Elsevier，2018.
［6］ Mark H，Workman J. Statistics in Spectroscopy ［M］. 2nd ed. Salt Lake City：Academic Press，2003.
［7］ Adams M J. Chemometrics in Analytical Spectroscopy ［M］. 2nd ed. Cambridge：RSC，2004.
［8］ Miller J N，Miller J C. Statistics and Chemometrics for Analytical Chemistry ［M］. 6th ed. Gosport：Pearson，2010.
［9］ Varmuza K，Filzmoser P. Introduction to Multivariate Statistical Analysis in Chemometrics ［M］. Boca Raton：CRC Press，2009.
［10］ Gemperline P. Practical Guide to Chemometrics ［M］. 2nd ed. Boca Raton：CRC Press，2006.
［11］ Brown S D，Tauler R，Walczak B. Comprehensive Chemometrics ［M］. 2nd ed. Amsterdam：Elsevier，2020.
［12］ 梁逸曾，吴海龙，俞汝勤. 分析化学手册：10-化学计量学 ［M］. 3 版. 北京：化学工业出版社，2016.
［13］ Meyers R A. Encyclopedia of Analytical Chemistry ［J］. Hoboken：John Wiley and Sons，2000.
［14］ Mark H L，Tunnell D. Qualitative Near-Infrared Reflectance Analysis Using Mahalanobis Distances ［J］. Analytical Chemistry，1985，57（7）：1449-1456.
［15］ Moreira E D T，Pontes M J C，Galvao R K H，et al. Near Infrared Reflectance Spectrometry Classification of Cigarettes Using the Successive Projections Algorithm for Variable Selection ［J］. Talanta，2009，79（5）：1260-1264.
［16］ Liu F，He Y. Discrimination of Producing Areas of Auricularia Auricula Using Visible/Near Infrared Spectroscopy ［J］. Food and Bioprocess Technology，2011，4：387-394.
［17］ Liu F，He Y. Classification of Brands of Instant Noodles Using Vis/NIR Spectroscopy and Chemometrics ［J］. Food Research International，2008，41（5）：562-567.

［18］ Otto M. Chemometrics：Statistics and Computer Application in Analytical Chemistry［M］. 3rd ed. Weinheim：Wiley-Vch，2017.

［19］ 代斌. 基于箱线图法的 Pso-Svm 在小麦种子分类中的应用研究［J］.河西学院学报，2018，34（5）：25-31.

［20］ Cui C H，Fearn T. Hierarchical Mixture of Linear Regressions for Multivariate Spectroscopic Calibration an Application for NIR Calibration［J］. Chemometrics and Intelligent Laboratory Systems，2018，174：1-14.

［21］ 卢兰芬，温冬梅，郑耀文.自动化流水线上质量指标智能监控系统的开发与应用［J］.临床检验杂志，2020，38（4）：302-305.

［22］ 崔建新，高海波，洪文学.基于雷达图特征提取和近红外光谱技术的葛根粉鉴别方法研究［J］.高技术通讯，2015，25（7）：719-724.

［23］ 秦玉华，张海涛，高锐，等.基于近红外光谱及主成分雷达图特征提取的产品质量稳定性研究［J］.发光学报，2018，39（11）：1627-1632.

［24］ Muncan J，Tsenkova R. Aquaphotomics-from Innovative Knowledge to Integrative Platform in Science and Technology［J］. Molecules，2019，24：2742.

［25］ Kaur H，Kunnemeyer R，Mcglone A. Investigating Aquaphotomics for Temperature-Independent Prediction of Soluble Solids Content of Pure Apple Juice［J］. Journal of Near Infrared Spectroscopy，2020，28（2）：103-112.

［26］ 李丹阳.近红外水光谱组学用于发酵过程生物量、甘油、甲醇含量的测定［D］.济南：山东大学，2019.

光谱预处理方法

光谱除含有样品自身的化学信息外，还包含其他无关信息和噪声，如电噪声、样品背景和杂散光等。因此，在用化学计量学方法建立模型时，旨在消除光谱数据无关信息和噪声的预处理方法变得十分关键和必要[1-3]。常用的谱图处理方法有均值中心化、标准化、归一化、平滑、导数、标准正态变量变换、乘性散射校正、傅里叶变换、小波变换、正交信号校正和净分析信号等[4,5]。

4.1 均值中心化

光谱均值中心化变换（Mean Centering）是将样品光谱减去校正集的平均光谱。经过变换的校正集光谱阵 X（样品数 n×波长点数 m）的列平均值为零。在使用多元校正方法建立光谱分析模型时，这种方法将光谱的变动而非光谱的绝对量与待测性质或组成的变动进行关联。因此，在建立光谱定量或定性模型前，往往采用均值中心化来增加样品光谱之间的差异，从而提高模型的稳健性和预测能力[6]。在用这种方法对光谱数据进行变换处理的同时，往往对性质或组成数据也进行同样的处理。在建立定量和定性模型时，均值中心化是最常用的数据预处理方法之一。

首先计算校正集样品的平均光谱$\overline{x}$：

$$\overline{x}_k = \frac{\sum_{i=1}^{n} x_{i,k}}{n}$$

式中，n 为校正集样品数，$k = 1, 2, \cdots, m$，m 为波长点数。

对未知样品光谱 x（$1 \times m$），通过下式得到均值中心化处理后的光谱 $x_{均值中心化}$：

$$x_{均值中心化} = x - \overline{x}$$

图 4-1 是 100 个玉米样本的原始近红外光谱图，图 4-2 是经均值化处理后的光谱图。

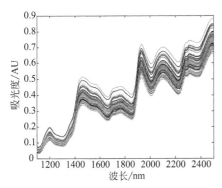

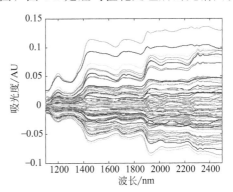

图 4-1　100 个玉米样本的原始近红外光谱图　　图 4-2　100 个玉米近红外光谱经均值化处理后的光谱

4.2　标准化

标准化（Autoscaling）又称均值方差化，光谱标准化变换是将均值中心化处理后的光谱再除校正集光谱阵的标准偏差光谱。

首先计算校正集样品的平均光谱 $\overline{x}$。然后计算校正集样品的标准偏差光谱 s：

$$s_k = \sqrt{\dfrac{\sum\limits_{i=1}^{n}(x_{i,k}-\overline{x}_k)^2}{n-1}}$$

式中，n 为校正集样品数，$k=1, 2, \cdots, m$，m 为波长点数。

对未知光谱 $x(1 \times m)$ 首先进行均值中心化，然后再除以标准偏差光谱 s，就得到了标准化处理后的光谱：

$$x_{标准化} = \dfrac{x - \overline{x}}{s}$$

经过标准化处理后的光谱，其列均值为零，方差为 1。由于该方法给光谱中所有波长变量以相同的权重，所以，在对低浓度成分建立模型时，该方法特别适用，也是经常用到的一种光谱数据变换方法。图 4-3 是 100 个玉米样本近红外光谱经标准化处理后的光谱图。

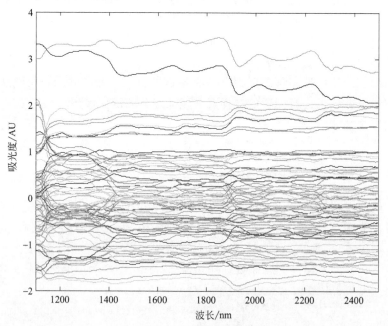

图 4-3　100 个玉米近红外光谱经标准化处理后的光谱

4.3　归一化

归一化（Normalization）的算法方法较多，有面积归一化法、最大归一化法和平均归一化法等。在光谱分析中，最常用的归一化是矢量归一化方法。对一光谱 $x(1 \times m)$，其矢量归一化算法如下：

$$x_{归一化} = \frac{x - \overline{x}}{\sqrt{\sum\limits_{k=1}^{m} x_k^2}}$$

其中，$\overline{x} = \dfrac{\sum\limits_{k=1}^{m} x_k}{m}$，$m$ 为波长点数，$k=1，2，\cdots，m$。这种方法常被用来校正由微小光程差异引起的光谱变化。图 4-4 是 100 个玉米样本近红外光谱经矢量归一化处理后的光谱图。

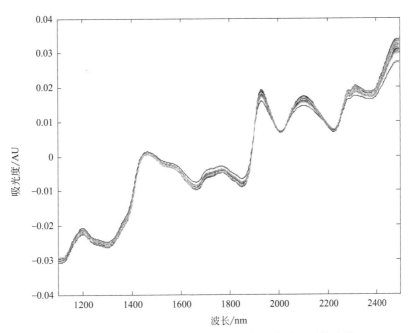

图 4-4　100 个玉米近红外光谱经矢量归一化处理后的光谱

4.4　平滑去噪

　　由光谱仪得到的光谱信号中既含有有用信息，同时也叠加着随机误差，即噪声。信号平滑是消除噪声最常用的一种方法，其基本假设是光谱含有的噪声为零均随机白噪声，若多次测量取平均值可降低噪声提高信噪比。常用的信号平滑方法有移动平均平滑法和 Savitzky-Golay 卷积平滑法。傅里叶变换和小波变换也可用于光谱的去噪。

4.4.1　移动平均平滑

　　如图 4-5 所示，移动平均平滑法选择一个具有一定宽度的平滑窗口（$2w+1$），每窗口内有奇数个波长点，用窗口内中心波长点 k 以及前后 w 点处测量值的平均值 $\overline{x}_k$ 代替 k 波长点的测量值，自左至右依次移动 k，完成对所有点的平滑。

$$x_{k,\text{smooth}} = \overline{x}_k = \frac{1}{2w+1} \sum_{i=-w}^{+w} x_{k+i}$$

采用移动平均平滑法时，平滑窗口宽度是一个重要参数，若窗口宽度太小，平滑去噪效

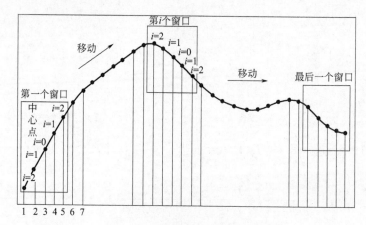

图 4-5　移动平均平滑法示意图

果将不佳，若窗口宽度太大，进行简单求均值运算，会在对噪声进行平滑的同时也平滑掉有用信息，造成光谱信号的失真（图 4-6 和图 4-7）。

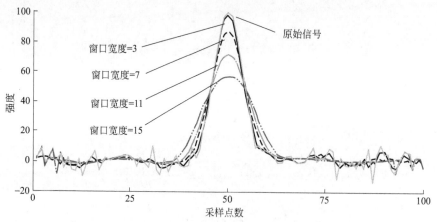

图 4-6　移动平均平滑法不同窗口宽度对平滑效果的影响

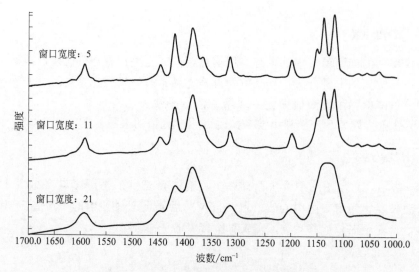

图 4-7　平滑过度导致光谱信息丢失的示例

4.4.2 Savitzky-Golay 卷积平滑

Savitzky-Golay 卷积平滑（S-G 平滑）又称多项式平滑[7]，波长 k 处经平滑后的平均值为：

$$x_{k,\mathrm{smooth}}=\overline{x}_k=\frac{1}{H}\sum_{i=-w}^{+w}x_{k+i}h_i$$

式中，h_i 为平滑系数，H 为归一化因子，$H=\sum\limits_{i=-w}^{+w}h_i$，每一测量值乘以平滑系数 h_i 的目的是尽可能减小平滑对有用信息的影响。h_k 可基于最小二乘原理，用多项式拟合求得。表 4-1 给出了三次多项式 Savitzky-Golay 平滑系数表。

表 4-1　三次多项式不同移动窗口宽度的 Savitzky-Golay 平滑系数表

点数	25	23	21	19	17	15	13	11	7	5
−12	−253									
−11	−138	−42								
−10	−33	−21	−171							
−9	62	−2	−76	−136						
−8	147	15	9	−51	−21					
−7	222	30	84	24	−6	−78				
−6	287	43	149	89	7	−13	−11			
−5	343	54	204	144	18	42	0	−36		
−4	387	63	249	189	27	87	9	9	−21	
−3	422	70	284	224	34	122	16	44	14	−2
−2	447	75	309	249	39	147	21	69	39	3	−3
−1	462	78	324	264	42	162	24	84	54	6	12
0	467	79	329	269	43	167	25	89	59	7	17
1	462	78	324	264	42	162	24	84	54	6	12
2	447	75	309	249	39	147	21	69	39	3	−3
3	422	70	284	224	34	122	16	44	14	−2
4	387	63	249	189	27	87	9	9	−21	
5	343	54	204	144	18	42	0	−36		
6	287	43	149	89	7	−13	−11			
7	222	30	84	24	−6	−78				
8	147	15	9	−51	−21					
9	62	−2	−76	−136						
10	−33	−21	−171							
11	−138	−42								
12	−253									
	5175	805	3059	2261	323	1105	143	429	231	21	35

Savitzky-Golay 卷积平滑法与移动平均平滑法的基本思想是类似的，只是该方法没有使用简单的平均，而是通过多项式来对移动窗口内的数据进行多项式最小二乘拟合，其实质是一种加权平均法，更强调中心点的中心作用。Savitzky-Golay 卷积平滑法是目前应用较广泛的去噪方法，移动窗口宽度（常称平滑点数）的影响要明显低于移动平均平滑法（图 4-8）。

图 4-9 给出了一含噪声近红外光谱经过三次多项式不同移动窗口宽度平滑得到的光谱图。可以看出，随着平滑点数的增加，平滑效果明显改善。

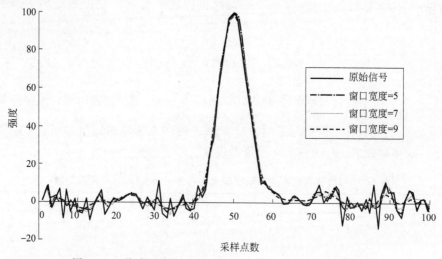

图 4-8　二次多项式 S-G 法不同窗口宽度对平滑效果的影响

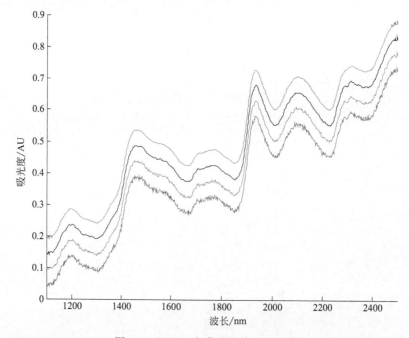

图 4-9　经 S-G 去噪平滑前后的光谱

（自下至上依次为带噪声的光谱、S-G 三次多项式 5 点平滑后的光谱、S-G 三次多项式 11 点平滑后的光谱和 S-G 三次多项式 23 点平滑后的光谱。为对比清晰，吸光度添加了位移。）

4.4.3　傅里叶变换和小波变换

对光谱进行傅里叶变换处理就是把光谱分解成不同频率正弦波的叠加和。仪器噪声相对于有用信号，其振幅较小，频率很高，故舍弃较高频率的信号，利用低频率的信号，通过反傅里叶变换对原始光谱进行重构，会消除大部分的光谱噪声，使光谱更加平滑。

小波变换对光谱进行平滑去噪的基本思想与傅里叶变换类似，主要是将小波变换后得到的高频尺度对应的小波系数去除，然后重构得到平滑去噪后的光谱。

傅里叶变换和小波变换对光谱进行平滑去噪的原理详见本书的 4.11 和 4.12 节。

4.5 连续统去除法

连续统去除法（Continuum Removed）也称包络线去除法，是一种有效增强感兴趣吸收特征的光谱处理方法[8,9]。它可以有效突出光谱曲线的吸收和反射特征，并将反射率归一化为 0～1 之间，这有利于与其他光谱曲线进行特征数值的比较，从而提取特征波段以供定量和定性分析。"连续统"或"包络线"通常定义为逐点直线连接光谱曲线上那些凸出的峰值点，并使折线在峰值点上的外角大于 180°，以原始光谱曲线上的值除以包络线上对应的值，即为光谱去包络。从直观上看，包络线相当于光谱曲线的"外壳"。

连续统去除法被广泛应用于反射光谱的处理上。例如，韩兆迎等在对土壤样品高光谱反射率进行连续统去除处理的基础上，筛选出与土壤有机质含量相关的特征变量，建立了预测土壤有机质含量的校正模型[10]。李粉玲等利用连续统去除法对小麦叶片的光谱进行处理，改善了原始冠层光谱与叶片氮含量之间的相关性[11]。

连续统去除法在算法上有多种方法，其中常用的是 Clark 等提出的外壳系数法[12,13]，实现步骤如下：

① 通过求导得到光谱曲线上所有极大值点，即凸出的包络线"峰"值点，然后比较大小，得到这些极大值点中的最大值点。

② 以最大值点作为包络线的一个端点，计算该点与长波方向（波长增加的方向）各个极大值连线的斜率，以斜率最大点作为包络线的下一个端点，再以此点为起点循环，直到最后一点。

③ 以最大值点作为包络线的一个端点，向短波方向（波长减少的方向）进行类似计算，以斜率最小点为下一个端点，再以此点为起点循环，直到曲线上的开始点。

④ 沿波长增加方向连接所有端点，形成包络线。用实际光谱反射率去除包络线上相应波段的反射率值，即得到包络线消除法归一化后的值。

连续统去除法也可采用下列公式对选择的光谱区间进行计算[14]：

$$R'_j = \frac{R_j}{R_{start} + k(\lambda_j - \lambda_{start})}$$

$$k = \frac{R_{end} - R_{start}}{\lambda_{end} - \lambda_{start}}$$

式中，R_j 为波长 j 处的反射率；R'_j 为 R_j 经处理后的反射率；λ_j 为 j 处波长，λ_{start} 和 λ_{end} 分别为选择光谱区间的起始波长和终止波长；R_{start} 和 R_{end} 分别为选择光谱区间的起始波长和终止波长处的反射率；k 为光谱起始波长和终止波长之间的斜率。

4.6 自适应迭代重加权惩罚最小二乘

自适应迭代重加权惩罚最小二乘（Adaptive Iteratively Reweighted Penalized Least Squares，airPLS）是一种逐步逼近的背景拟合算法[15]。它通过引入调节曲线平滑度和保真度的参数，得到减去背景的光谱，达到背景扣除的目的。该算法主要包括两方面：惩罚最小二乘算法对信号的平滑和自适应迭代将惩罚过程转变成一个基线估计的惩罚最小二乘算法。

（1）惩罚最小二乘算法

若 x 是光谱分析信号，z 是拟合向量，其波长点数均为 m。x 和 z 的精确度可以用它们误差的平方和来表示：

$$F = \sum_{i=1}^{m} (x_i - z_i)^2$$

向量 z 的粗糙度可用其相邻的两项差的平方和来表示：

$$R = \sum_{i=2}^{m} (z_i - z_{i-1})^2 = \sum_{i=1}^{m-1} (\Delta z_i)^2$$

保真度和粗糙度之间的平衡可用保真度加上惩罚的粗糙度来表示：

$$Q = F + \lambda R = \left\| x - z \right\|^2 + \lambda \left\| Dz \right\|^2$$

λ 是一个可以调节的参数，λ 越大，拟合出的 z 越平滑。D 是与差分矩阵对应的，如 $Dz = \Delta z$。通过求向量 z 的偏导数，并令其等于 0（$\partial Q / \partial z = 0$），可得到一个易求解的线性系统方程：

$$(I + \lambda D^T D)z = x$$

上式是一个使用惩罚最小二乘算法的平滑方法。为使用惩罚最小二乘算法进行基线校准，特引入保真度的权重向量 w，并将其在有峰段处的相应位置置于 0，则 z 对 m 的保真度变为：

$$F = \sum_{i=1}^{m} w_i (x_i - z_i)^2 = (x - z)' W (x - z)$$

其中，W 是 w_i 在对角线上的对角矩阵。上式变为：

$$(W + \lambda D^T D)z = Wx$$

解上述线性方程组，得到拟合向量 z：

$$z = (W + \lambda D^T D)^{-1} Wx$$

（2）自适应迭代重加权

自适应迭代重加权方法与加权最小二乘法和迭代惩罚最小二乘算法相似，但使用不同的方法计算权重，并增加一个惩罚项来控制拟合基线的平滑。自适应迭代重加权的过程每一步都涉及解决如下加权最小二乘问题：

$$Q^t = \sum_{i=1}^{m} w_i^t \left| x_i - z_i^t \right|^2 + \lambda \sum_{j=2}^{m} \left| z_j^t - z_{j-1}^t \right|^2$$

其中权重向量 w 是利用自适应迭代方法获得的，开始时给定一个初始值 $w_0 = 1$，赋值后每步迭代的 w 可按如下式子获得：

$$w_i^t = \begin{cases} 0 & x_i \geqslant z_i^{t-1} \\ e^{\frac{t(x_i - z_i^{t-1})}{|d^t|}} & x_i < z_i^{t-1} \end{cases}$$

其中，向量 d^t 是在 t 次迭代过程中向量 x 与上次拟合背景 z^{t-1} 之差的负值部分。

拟合值 z^{t-1} 是前一次迭代的基线值。如果第 i 个点的值大于选出的基线值，它被视为是峰的一部分。因此，它的权重设置为零，忽略它在下一次的迭代拟合中的作用。在该算法过程中，迭代和重加权不断地自动执行，就可以自动地、逐渐地消除处于峰的位置之中的数据点，将背景点在权重矢量 w 中保留下来。

迭代的终止条件通常为：

$$|d^t| < 0.001 \times |x|$$

airPLS 算法已被广泛用于消除因荧光引起的拉曼光谱基线漂移，成为了一种常用的基线校正方法。该方法还被用于近红外光谱、LIBS 等谱图的基线校正，均取得了较好的应用效果[16,17]。

用于光谱基线校正的方法还有：多项式拟合方法（ModPoly）[18]、迭代多项式平滑（IPSA）[19]、自适应极小极大基线拟合方法（AdaptMinmax）[20]、非对称加权惩罚最小二乘法（AsLS）[21]、非对称重加权惩罚最小二乘法（ArPLS）[22] 和局部对称重加权惩罚最小二乘法（LSRPLS）[23] 等。上述基线校正方法都属于单原始光谱输入单校正光谱输出的方法（Single Raw Spectrum Input and Single Corrected Output，SISO），还有一类是多原始光谱输入单校正光谱输出的方法（Multiple raw spectral Inputs and Single corrected Output，MISO），例如 Yao 等基于独立成分分析（ICA）和混合熵准则提出的 BRACK 方法[24]。

4.7　导数

光谱的一阶（1st Derivative）和二阶导数（2nd Derivative）是光谱分析中常用的基线校正和光谱分辨预处理方法。对光谱求导一般有两种方法：直接差分法和 Savitzky-Golay 求导法。

4.7.1　Norris 方法

直接差分法是一种最简单的离散波谱求导方法，对于一离散光谱 x_k，分别按下式计算波长 k 处、差分宽度为 g 的一阶导数和二阶导数光谱。

一阶导数：$x_{k,1st} = \dfrac{x_{k+g} - x_{k-g}}{g}$

二阶导数：$x_{k,2nd} = \dfrac{x_{k+g} - 2x_k + x_{k-g}}{g^2}$

为消除光谱变换带来的噪声，常在求导前对原始光谱进行平滑。这种方法最早是由 Norris 等提出的，常称其为 Norris 求导法[25]。如图 4-10 所示，对光谱进行 7 点平滑、3 点差分宽度（Gap Size）的 Norris 求导，即首先用窗口宽度为 7 点的移动平均平滑法对光谱进行去噪，再用宽度为 3 点的直接差分法求导。

对于分辨率高、波长采样点多的光谱，直接差分法求取的导数光谱与实际相差不大，但对于稀疏波长采样点的光谱，该方法所求的导数则存有较大误差。这时可采用 Savitzky-Golay 卷积求导法计算。

4.7.2　Savitzky-Golay 卷积求导

Savitzky-Golay 卷积平滑也可用于求取导数光谱，通过最小二乘可计算得到与平滑系数相似的导数系数。表 4-2 和表 4-3 分别给出了三次多项式 Savitzky-Golay 一阶和二阶导数系数表。

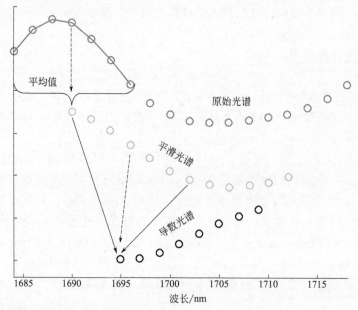

图 4-10　Norris 求导法示意图（7 点平滑、3 点差分宽度的一阶导数）

表 4-2　三次多项式不同移动窗口宽度的 Savitzky-Golay 一阶导数系数表

点数	25	23	21	19	17	15	13	11	9	7	5
−12	30866										
−11	8602	3938									
−10	−8525	815	84075								
−9	−20982	−1518	10032	6936							
−8	−29236	−3140	−43284	68	748						
−7	−33754	−4130	−78176	−4648	−98	12922					
−6	−35003	−4567	−96947	−7481	−643	−4121	1133				
−5	−33450	−4530	−101900	−8700	−930	−14150	−660	300			
−4	−29562	−4098	−95338	−8574	−1002	−18334	−1578	−294	86		
−3	−23806	−3350	−79564	−7372	−902	−17842	−1796	−532	−142	22	
−2	−16649	−2365	−56881	−5363	−673	−13843	−1489	−503	−193	−67	1
−1	−8558	−1222	−29592	−2816	−358	−7506	−832	−296	−126	−58	−8
0	0	0	0	0	0	0	0	0	0	0	0
1	8558	1222	29592	2816	358	7506	832	296	126	58	8
2	16649	2365	56881	5363	673	13843	1489	503	193	67	−1
3	23806	3350	79564	7372	902	17842	1796	532	142	−22	
4	29562	4098	95338	8574	1002	18334	1578	294	−86		
5	33450	4530	101900	8700	930	14150	660	−300			
6	35003	4567	96947	7481	643	4121	−1133				
7	33754	4130	78176	4648	98	−12922					
8	29236	3140	43284	−68	−748						
9	20982	1518	−10032	−6936							
10	8525	−815	−84075								
11	−8602	−3938									
12	−30866										
	1776060	197340	3634092	255816	23256	334152	24024	5148	1188	252	12

表 4-3 三次多项式不同移动窗口宽度的 Savitzky-Golay 二阶导数系数表

点数	25	23	21	19	17	15	13	11	9	7	5
−12	92										
−11	69	77									
−10	48	56	190								
−9	29	37	133	51							
−8	12	20	82	34	40						
−7	−3	5	37	19	25	91					
−6	−16	−8	−2	6	12	52	22				
−5	−27	−19	−35	−5	1	19	11	15			
−4	−36	−28	−62	−14	−8	−8	2	6	28		
−3	−43	−35	−83	−21	−15	−29	−5	−1	7	5	
−2	−48	−40	−98	−26	−20	−44	−10	−6	−8	0	2
−1	−51	−43	−107	−29	−23	−53	−13	−9	−17	−3	−1
0	−52	−44	−110	−30	−24	−56	−14	−10	−20	−4	−2
1	−51	−43	−107	−29	−23	−53	−13	−9	−17	−3	−1
2	−48	−40	−98	−26	−20	−44	−10	−6	−8	0	2
3	−43	−35	−83	−21	−15	−29	−5	−1	7	5	
4	−36	−28	−62	−14	−8	−8	2	6	28		
5	−27	−19	−35	−5	1	19	11	15			
6	−16	−8	−2	6	12	52	22				
7	−3	5	37	19	25	91					
8	12	20	82	34	40						
9	29	37	133	51							
10	48	56	190								
11	69	77									
12	92										
	26910	17710	33649	6783	3876	6188	1001	429	462	42	7

导数光谱可有效地消除基线和其他背景的干扰，分辨重叠峰，提高分辨率和灵敏度。但它同时会引入噪声，降低信噪比。在使用时，差分宽度（常称为导数或微分点数）的选择是十分重要的，如果差分宽度太小，噪声会很大，影响所建分析模型的预测能力；如果差分宽度过大，平滑过度，会失去大量的细节信息。可通过差分宽度与交互验证校正标准偏差（RMSEC）或预测标准偏差（RMSEP）作图来选取最佳值，一般认为差分宽度不应超过曲线峰半峰宽的 1.5 倍。图 4-11 和图 4-12 分别为 100 个玉米近红外光谱经 S-G 一阶导数和二阶导数处理后的光谱图。

4.7.3 小波变换求导

小波变换用于光谱导数的计算，主要是利用小波基函数的特殊性质，通过连续小波变换和离散小波变换来实现[26,27]。

（1）连续小波变换

利用连续小波变换和特定的小波函数，能够逼近光谱的导数。例如，Haar 小波为阶梯函数，与光谱卷积后为光谱的一阶导数，继续卷积则可得到二阶导数。由于小波变换具有平滑滤噪功能，该求导方法可以解决高阶导数计算时的噪声问题。图 4-13 给出了 sym2 小波函数（尺度 12）与常用的 S-G 二阶导数（13 点）求得的二阶导数光谱图，可以看出小波变换得到的二阶导数光谱图的特征更显著，信号的强度也更强。图 4-14 给出了乙醇-水混合物的近红外光谱及其小波变换获得的四阶导数光谱图，可以看出，四阶导数的光谱仍具有很好的信噪比[28]。

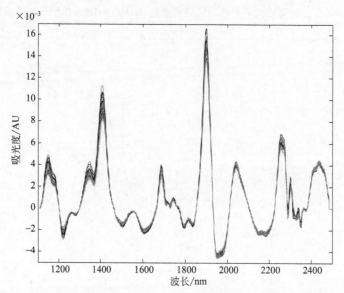

图 4-11　100 个玉米近红外光谱的 S-G 一阶导数光谱（三次多项式 11 点）

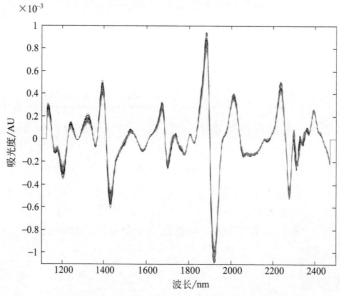

图 4-12　100 个玉米近红外光谱的 S-G 二阶导数光谱（三次多项式 21 点）

（2）离散小波变换

Alexander 等采用 Daubechies 族小波函数（用 D_{2m} 表示）用于分析信号的导数计算[29]，光谱向量 $\boldsymbol{x}$ 的一阶导数可表示为：

$$\boldsymbol{x}^{(1)} = \boldsymbol{C}_{1,D_{2m}} - \boldsymbol{C}_{1,D_{2\widetilde{m}}} \qquad m \neq \widetilde{m}$$

式中，m 为 $1 \sim 10$ 范围内的正整数，$\boldsymbol{C}_{1,D_{2m}}$ 和 $\boldsymbol{C}_{1,D_{2\widetilde{m}}}$ 分别为 $\boldsymbol{x}$ 进行 D_{2m} 和 $D_{2\widetilde{m}}$ 离散小波变换得到的近似（Approximation）信号。

光谱的高阶导数可以通过将比其低一阶的导数光谱作为离散小波变换的输入来计算得到。小波变换对光谱进行分解的原理详见本书的 4.12 节。

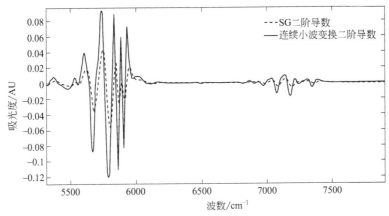

图 4-13　连续小波变换（sym2 小波函数、尺度 12）二阶导数光谱与 S-G 二阶导数光谱（13 点）

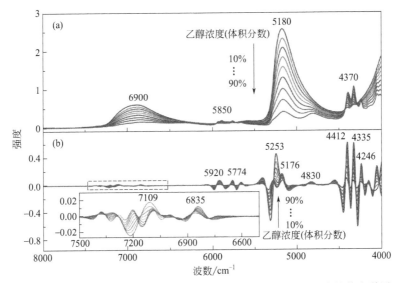

图 4-14　乙醇-水混合物的近红外光谱及其小波变换获得的四阶导数光谱图

　　用于一阶导数计算的小波基函数有 Daubechies 1、bior 1.1、bior 1.3、Gaussian 1，用于二阶导数计算的小波基函数有 Daubechies 2、Symlets 2、Coiflet 1、bior 2.2、bior 2.6、Gaussian 2、Mexican Hat，用于三阶导数计算的小波基函数有 Daubechies 3、Symlets 3、bior 3.1、bior 3.5、Gaussian 3，用于四阶导数计算的小波基函数有 Daubechies 4、Symlets 4、bior 4.4、Coiflet 2、Gaussian 4。

　　计算高阶导数光谱，为提高信噪比，还可采用 Li 等提出的基于奇异摄动（Singular Perturbation）和泰勒级数的求导方法[30]。

4.7.4　分数阶导数

　　传统的光谱导数使用的都是整数阶（常用的是一阶和二阶），但是有文献报道光谱导数的最优结果并不都在整数导数处，而是在零阶和一阶导数之间或一阶和二阶导数之间[31]。与整数阶导数相比，分数阶导数（Fractional Order Derivative）能够更准确地揭示光谱细节信息随求导阶数变化的变化，故能够更好地表征光谱的细节信息，还可平衡光谱分辨率和信号强度之间的矛盾。

分数阶导数有多种算法，其中分数阶 Savitzky-Golay 导数法（Fractional Order Savitz-ky-Golay Derivation，FOSGD）较为常用，其具体算法参见相关文献[32]。

4.8 SNV 和去趋势

标准正态变量变换（Standard Normal Variate Transformation，SNV）主要是用来消除固体颗粒大小、表面散射以及光程变化对 NIR 漫反射光谱的影响[33]。图 4-15 给出了颗粒度大小对漫反射光谱的影响，图 4-16 给出了颗粒度对小麦籽粒和小麦面粉近红外光谱的影响。SNV 与标准化算法的计算公式相同，不同之处在于标准化算法对一组光谱进行处理（基于光谱阵的列），而 SNV 算法是对一条光谱进行处理（基于光谱阵的行）。

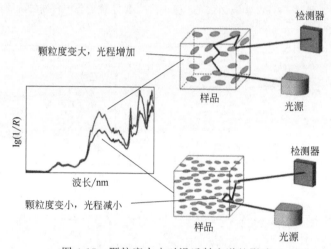

图 4-15　颗粒度大小对漫反射光谱的影响

按下式对光谱进行 SNV 变换：

$$x_{\mathrm{SNV}} = \frac{x - \overline{x}}{\sqrt{\dfrac{\sum\limits_{k=1}^{m}(x_k - \overline{x})^2}{(m-1)}}}$$

其中，$\overline{x} = \dfrac{\sum\limits_{k=1}^{m} x_k}{m}$，$m$ 为波长点数，$k = 1, 2, \cdots, m$。

为了提高 SNV 方法的校正效果，Bi 等将光谱进行分段后，对每个区间分别进行局部 SNV 处理，优于全谱进行 SNV 的效果[34]。Rabatel 等基于颗粒大小等物理因素对光谱影响权重大的思想，提出了加权的正态变量变换方法（Variable Sorting for Normalization，VSN），在进行 SNV 前对不同的波长变量赋予不同的权重[35,36]。除此之外，还有概率商正态变换方法（Probabilistic Quotient Normalisation，PQN）和稳健的正态变量变换方法（Robust Normal Variate，RNV）等[37]。

去趋势算法（Detrending）通常用于 SNV 处理后的光谱，用来消除漫反射光谱的基线漂移。其算法非常直接，首先按多项式将光谱 x 和波长 λ 拟合出一趋势线 d，然后从 x 中减掉 d 即可。该算法除了和 SNV 联合使用外，也可以单独使用。在使用 SNV 前通常将反射

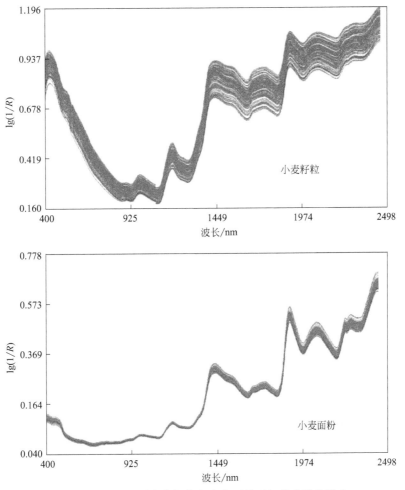

图 4-16　颗粒度对小麦籽粒和小麦面粉近红外光谱的影响

光谱单位转换成 lg(1/R) 的形式。图 4-17 和图 4-18 分别为 100 个玉米近红外光谱经 SNV 和 SNV＋Detrending 处理后的光谱图。

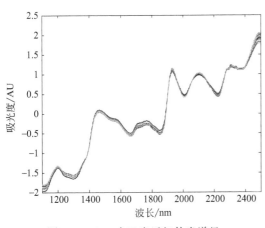

图 4-17　100 个玉米近红外光谱经
SNV 处理后的光谱

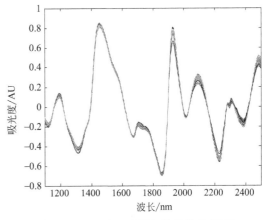

图 4-18　100 个玉米近红外光谱经 SNV
和二次多项式去趋势算法处理后的光谱

4.9 乘性散射校正

乘性散射校正（Multiplicative Scatter Correction，MSC）的目的与 SNV 基本相同，主要是消除颗粒分布不均匀及颗粒大小产生的散射影响，在固体漫反射和浆状物透（反）射光谱中应用较为广泛[38]。MSC 算法的属性与标准化相同，是基于一组样品的光谱阵进行运算的。

对一光谱 x（$1 \times m$），MSC 的具体算法如下：

① 计算校正集样品的平均光谱 $\bar{x}$（即"理想光谱"）。

② 将 x 与 $\bar{x}$ 进行线性回归，$x = b_0 + \bar{x}b$，用最小二乘法求取 b_0 和 b。

③ $x_{MSC} = (x - b_0)/b$。

对于校正集外的光谱进行 MSC 处理时则需要用到校正集样品的平均光谱 $\bar{x}$，即首先求取该光谱的 b_0 和 b，再进行 MSC 变换。MSC 算法假定散射与波长及样品的浓度变化无关，所以，对组分性质变化较宽的样品光谱进行处理时，效果可能较差。有文献证明 MSC 与 SNV 是线性相关的，两种方法的处理结果也应是相似的[39]。图 4-19 为 100 个玉米近红外光谱经 MSC 处理后的光谱图。可以看出，其处理效果与 SNV 方法的结果相似。

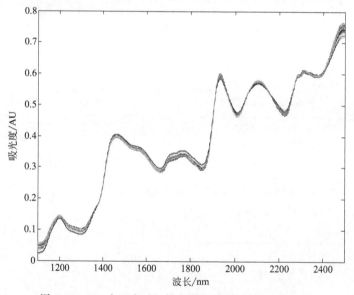

图 4-19　100 个玉米近红外光谱经 MSC 处理后的光谱

在 MSC 算法的基础上，还有一些改进的 MSC 方法[40-43]，例如分段乘性散射校正方法（Piecewise Mutiplicative Scatter Correction，PMSC）、多次 MSC 方法（Loopy MSC，LMSC）、扩展 MSC 方法（Extended MSC，EMSC）、逆信号校正方法（Inverse Signal Correction，ISC）以及扩展逆信号校正方法（Extended ISC，EISC）等。

分段乘性散射校正方法（PMSC）是在移动窗口宽度 w 的波长范围内，将 x_i 与平均光谱 $\bar{x_i}$ 进行一元线性回归，由最小二乘法依次求出每段移动窗口的斜率 b_i 和截距 a_i。

多次 MSC 方法（LMSC）是将校正集光谱经 MSC 变换后得到的平均光谱代替原始光谱的 $\bar{x}$，再反复进行 MSC 处理。

扩展 MSC 方法（EMSC）是将 x 与平均光谱 $\bar{x}$ 进行多项式回归，即 $x = b_0 + \bar{x}b_1 +$

$\overline{x}^2 b_2$。或者将 x 与平均光谱 $\overline{x}$、波长向量 λ 进行多项式回归，即 $x=b_0+\overline{x}b_1+\lambda d_1+\lambda^2 d_2$，$x_{MSC}=(x-b_0-\lambda d_1-\lambda^2 d_2)/b_1$。

逆信号校正方法（ISC）是将一元线性回归方程中的 x 与 $\overline{x}$ 对换，即 $\overline{x}=b_0+xb_1$。扩展逆信号校正方法（EISC）则是将 $\overline{x}$ 与平均光谱 x、波长向量 λ 进行多项式回归，即 $\overline{x}=b_0+xb_1+\lambda d_1+\lambda^2 d_2$。

在 EMSC 基础上，还有一些改进的算法，例如光谱干扰差减方法（Spectral Interference Subtraction，SIS）和融合正交投影的消除内部重复性差异方法等[44-46]。

为消除界外样本和高杠杆点样本对校正结果的影响，Silalahi 等提出了稳健广义的 MSC 方法[47]。

4.10　向量角转换

向量角转换是用来消除光谱因散射和折射引起的乘性干扰的一种方法。一条光谱可视为数据空间内的向量，其中向量模（长度）表示测量强度，而向量方向决定于体系的构成，表达为空间中与确定坐标的夹角。乘性因子 b 导致强度变化，即改变了向量模，但体系构成未改变，故而向量方向不变，即向量角不随模改变。因此，可通过向量角转换消除乘性因子 b[48]。

如图 4-20 所示，混合物的光谱 S 由两个组分（光谱 a 和光谱 b）构成，即向量 a 和向量 b 共同构成向量 S，当 a 和 b 等比例缩小时，S 与 S' 在方向上不发生改变；而只有在 a 和 b 的比例发生变化时，其共同构成的向量才会发生方向变化，向量角与体系构成比例具有函数关系，该函数与向量模无关。

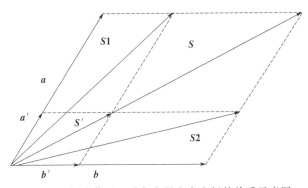

图 4-20　样本体系组成与向量方向之间的关系示意图

空间中的固定向量 a 与随组成变化的向量 S 存在夹角 θ，可用点积计算：

$$\cos\theta=\frac{a \cdot S}{|a||S|}$$

如果 S 受到乘性因子 b 影响变为 S'，即 $S'=bS$，代入计算夹角公式可得：

$$\frac{a \cdot S'}{|a||S'|}=\frac{a \cdot bS}{|a||bS|}=\frac{a \cdot S}{|a||S|}=\cos\theta$$

上式说明向量角描述不受乘性因子 b 影响。而且，可以证明，与组成浓度之间存在线性关系，可用向量角替代光谱建立定量校正模型。

向量角转换方法的基本步骤[49]：

（1）选取合适的参比向量 a，用于计算量测向量 S 与其夹角。参比向量应该与背景正交，但与被测组分不正交或相近。通常对校正集光谱阵进行奇异值分解（SVD）或主成分分解（PCA），其第一主成分载荷可近似满足这一要求。

（2）将量测信号 S 及参比向量 a 分别对应划分为 m 个区间（或者采用移动窗口的方式），计算每个区间向量对之间的夹角余弦，形成夹角余弦向量 $[\cos\theta_1 \ \cos\theta_2 \ \cdots \ \cos\theta_m]$，将校正集中所有样本的光谱都转换为对应的夹角余弦向量，构成余弦向量矩阵。

通过多元线性回归或 PLS 等方法建立余弦向量矩阵与浓度向量之间的定量模型，对于待测样本的光谱 x，首先分成 m 个区间，然后计算与参比向量 a 对应区间的夹角余弦向量，最后由所建立的校正模型预测出其浓度值。

该方法对光谱进行乘性校正后除了用于定量分析外，还被用于类别的判别分析[50]。

4.11　傅里叶变换

傅里叶变换（Fourier Transform，FT）是一种十分重要的信号处理技术，如图 4-21 所示[51]，它能够实现频域函数与时域函数之间的转换。在采用迈克尔逊干涉原理的光谱仪中，通过傅里叶变换可将干涉图（时域谱）转换成光谱（频域谱）。

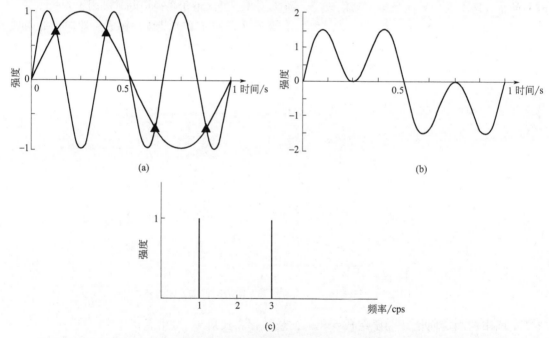

图 4-21　FT 将时域函数转换成频域函数的示意图
（a）时域中周期分别为 1s 和（1/3）s 的两个正弦函数；（b）时域中两个正弦函数之和；
（c）对（b）进行 FT 变换得到的频域表示图

对光谱进行 FT 处理，是把光谱分解成许多不同频率的正弦波的叠加和。通过这种变换可实现光谱的平滑去噪、数据压缩以及信息的提取。

对于等波长间隔的 m 个离散光谱数据点 $x_0, x_1, \cdots, x_{m-1}$，其离散傅里叶变换为：

$$x_{k,\mathrm{FT}} = \frac{1}{m}\sum_{j=0}^{m-1} x_j \exp\left(\frac{-2i\pi kj}{m}\right) \quad k=0,1,\cdots,m-1; i=\sqrt{-1}\,。$$

傅里叶反变换公式如下：

$$x_j = \sum_{k=0}^{m-1} x_k \exp\left(\frac{-2i\pi j}{m}\right) \quad j=0,1,\cdots,m-1; i=\sqrt{-1}。$$

原始数据 x_j 的虚部为零，其傅里叶变换频率谱 $x_{k,\mathrm{FT}}$ 是由实部和虚部组成 $x_{k,\mathrm{FT}}=R_k+iL_k$，其中：

$$R_k = \frac{1}{m} \sum_{j=0}^{m-1} x_j \cos\left(\frac{2\pi kj}{m}\right)$$

$$L_k = -\frac{1}{m} \sum_{j=1}^{m-1} x_j \sin\left(\frac{2\pi kj}{m}\right)$$

傅里叶变换的功率谱（Power Spectrum，PS）为 $PS_k = R_k^2 + L_k^2$。

仪器噪声相对于信息信号而言，其振幅较小，频率高，故舍去较高频率的信号可消除大部分的光谱噪声，使信号更加平滑。利用低频率信号，通过傅里叶反变换对原始光谱数据重构，达到去除噪声的目的（见图 4-22）。

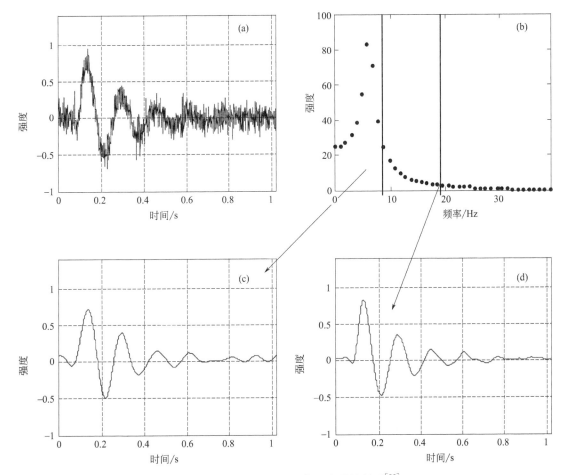

图 4-22　傅里叶变换用于信号去噪的例子[52]

（a）带噪声的原始信号；（b）傅里叶变换后的频率信号；（c）截取频率小于 10Hz 后的重构信号；（d）截取频率小于 20Hz 后的重构信号

基于傅里叶变换，还可对原始光谱数据进行导数和卷积等运算，以提高分辨率[53]。或用傅里叶变换得到的傅里叶系数或功率谱作为特征变量直接参与建立定量校正模型或模式识别模型，可在不牺牲准确度的前提下，大大缩小运算时间。

4.12　小波变换

傅里叶变换将信号分解成一系列不同频率的正弦波的叠加，由于正弦波在时间上没有限制，它虽能较好地刻划信号的频率特性，但它在时空域上无任何分辨，不能作局部分析。小波变换（Wavelet Transform，WT）的基本思想类似于傅里叶变换，就是将信号分解成一系列小波函数的叠加，这些小波函数都是由一个母小波函数经过平移和尺度伸缩得到的。小波分析在时域和频域同时具有良好的局部化性质，它可以对高频成分采用逐渐精细的时域或空间域取代步长，从而可以聚焦到对象的任意细节。因此，小波变换被誉为分析信号的"数学显微镜"，在分析化学的信号处理中有着较为广泛的应用。

小波变换的实质是将信号 $x(t)$ 投影到小波 $\Psi_{a,b}(t)$ 上，即 $x(t)$ 与 $\Psi_{a,b}(t)$ 的内积，得到便于处理的小波系数，按照分析的需要对小波系数进行处理，然后对处理后的小波系数进行反变换得到处理后的信号。

小波为满足一定条件的函数通过 $\Psi(t)$ 伸缩和平移产生的一个函数族 $\Psi_{a,b}(t)$：

$$\Psi_{a,b}(t) = \frac{1}{\sqrt{|a|}} \Psi\left[\frac{t-b}{a}\right] \qquad a,b \in R, a \neq 0$$

其中 a 用于控制伸缩（Dilation），称为尺度参数（Scale Parameter）；b 用于控制位置（Position），称为平移参数（Translation Parameter）；$\Psi(t)$ 称为小波基或小波母函数。

$\Psi(t)$ 必须满足两个条件：

① 小（small）：$\Psi(t)$ 迅速趋向于零或迅速衰减为零。

② 波（wave）：$\int_{-\infty}^{+\infty} \Psi(t) = 0$。

在分析信号的小波变换处理中，一般使用的是离散小波变换。

离散小波定义：$a = a_0^m (a_0 > 1, m \in Z), b = nb_0 a_0^m (b_0 \in R, n \in Z)$，

则 $\Psi_{m,n}(t) = a_0^{-\frac{m}{2}} \Psi(a_0^{-m}t - nb_0)$。一般取 $a_0 = 2$，$b_0 = 1$，称为二进小波（Dyadic Wavelet）。

对于等波长间隔的 k 个离散光谱数据点 $x_1, x_2, \cdots, x_k$，其离散二进小波变换为：

$$\mathrm{WT}_x(m,n) \leqslant x_i, \quad 2^{-\frac{m}{2}} \Psi(2^{-m}t_i - n) \geqslant \sum_{i=1}^{k} 2^{-\frac{m}{2}} \Psi(2^{-m}t_i - n)x_i$$

上式说明了小波变换实际上是将离散信号在小波基函数上的投影，不同的 m 和 n 代表不同的分辨率（尺度）和不同的时域（平移），小波函数正是通过不同的 m 和 n 来调节不同的局部时域和不同的分辨率。

与 FT 所用的基本函数（只有三角函数）相比，小波变换中用到的小波函数不具有唯一性，即 $\Psi(t)$ 具有多样性，同一问题用不同的小波函数进行分析有时结果相差甚远。因此，小波函数的选用是小波变换实际应用中的一个难点，目前通常采用经验或不断尝试的方法，

对比结果来选择最佳的小波函数。

在众多的小波基函数家族中，有些小波函数被实践证明是十分有效的，其中在光谱分析中最常用的主要有 Haar 小波、Daubechies（dbN）小波、Coiflet 小波和 Symlets 小波等。

$\Psi_{m,n}(t)$ 一般不具有解析表达式，为实现有限离散小波变换，数值计算常采用 Mallat 提出的多分辨信号分解（Multiresolution Signal Decomposition，MRSD）法或塔式（Pyramid）算法来实现，又称为 Mallat 算法。

将 $\Psi_{m,n}(t)$ 离散地表示成一对低通滤波器 $\boldsymbol{H}=\{\boldsymbol{h}_p\}$ 和高通滤波器 $\boldsymbol{G}=\{\boldsymbol{g}_p\}$,$(p\in Z)$，$\{\boldsymbol{h}_p^*\}$ 和 $\{\boldsymbol{g}_p^*\}$ 为对应的镜像滤波器。将一等波长间隔的 k 个离散光谱数据点 x_1，x_2，$\cdots$，x_k，表示成 $\boldsymbol{C}(p)$，则正交离散二进小波分解可以写成：

$$\boldsymbol{C}^j(i)=\sum_{p\in Z}\boldsymbol{h}^*(p-2i)\boldsymbol{C}^{j-1}(p)$$
$$\boldsymbol{D}^j(i)=\sum_{p\in Z}\boldsymbol{g}^*(p-2i)\boldsymbol{C}^{j-1}(p)$$

式中，$j=0,1,\cdots,J$，J 为最高分解级次。由于分解正交性，通过 $\boldsymbol{C}^j$ 和 $\boldsymbol{D}^j$ 可以重构得到原始信号 $\boldsymbol{C}^0$：

$$\boldsymbol{C}^{j-1}(i)=\sum_{p\in Z}\boldsymbol{h}(i-2p)\boldsymbol{C}^j(p)+\sum_{p\in Z}\boldsymbol{g}(i-2p)\boldsymbol{C}^{j-1}(p)$$

尺度参数 a 与 j 的关系为 $a=2^j$，分辨率定义为 $1/a$，随着 j 的增加，分解的尺度二进扩展，细节分辨率随之降低。$\boldsymbol{C}^j$ 和 $\boldsymbol{D}^j$ 分别称为 2^{-j} 分辨率下的离散近似（Approximation）和离散细节（Detail），即 $\boldsymbol{C}^j$ 表示频率低于 2^{-j} 的低频分量，而 $\boldsymbol{D}^j$ 表示频率介于 $2^{-j}\sim 2^{-j+1}$ 的高频分量。

低通滤波器 $\boldsymbol{H}=\{\boldsymbol{h}_p\}$ 和高通滤波器 $\boldsymbol{G}=\{\boldsymbol{g}_p\}$ 存在以下关系：

$$\boldsymbol{g}_p=(-1)^p\boldsymbol{h}_{p-1}\text{ 且 }\sum_{p\in Z}\boldsymbol{h}_p=\sqrt{2},\sum_{p\in Z}\boldsymbol{g}_p=0$$

小波基（尺度函数和小波函数）可以通过给定滤波系数生成，小波的近似系数和细节系数可由滤波系数直接导出，而不需要确切知道小波基函数，使计算大为简化。

对于一条光谱 $\boldsymbol{x}(1\times k)$，以上基于 Mallat 算法的离散小波变换可用矩阵的形式表示为：$\boldsymbol{x}_{\mathrm{WT}}=\boldsymbol{W}\boldsymbol{x}^{\mathrm{T}}$，其中 $\boldsymbol{x}_{\mathrm{WT}}$ 称为小波系数，$\boldsymbol{W}$ 为含有与指定小波相关的近似和细节系数的 $k\times k$ 阶矩阵，即 $\boldsymbol{W}=\begin{bmatrix}\boldsymbol{G}\\\boldsymbol{H}\end{bmatrix}$，其作用是分别采用低通滤波器 $\boldsymbol{H}$ 和高通滤波器 $\boldsymbol{G}$ 对 $\boldsymbol{x}$ 进行两个相关的卷积计算。

图 4-23 给出了采用 MRSD 算法对一光谱向量进行三次小波变换分解的示意图，最终得到的小波系数的维数与原始光谱的维数相同。图 4-24 和图 4-25 分别给出了小波分解和重构的计算实例。

图 4-27 是用 db4 母小波函数对聚丙烯粉料漫反射近红外光谱（图 4-26）进行 9 次分解得到的离散细节高频信号 cd2、cd4 以及低频逼近信号 ca9 谱图。可以清楚地看出，低频逼近信号 ca9 主要包含了光谱的强背景信息，细节信号 cd2 主要是高频噪声，cd4 则明显分辨出了原始光谱中的有效特征信息。与傅里叶变换相同，在光谱分析中，小波变换可用于光谱去噪平滑、光谱数据压缩以及特征信息的提取等[55]。

小波变换用于平滑和滤噪的一般步骤为：

① 对原始光谱进行小波变换分解得到高频和低频小波系数。

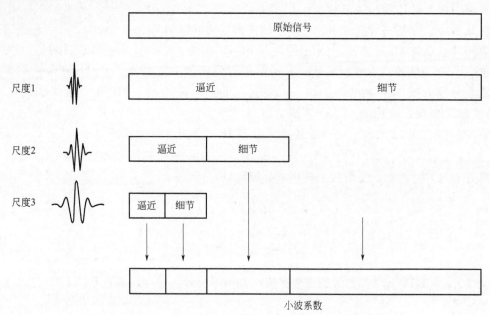

图 4-23　原始光谱经 MRSD 算法 3 次分解的示意图

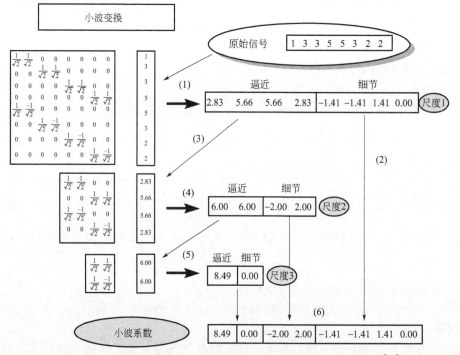

图 4-24　采用滤波系数矩阵对原始信号进行小波分解的计算实例[54]

② 通过阈值法去除小波系数中被认为是表示噪声的元素（称为滤噪），或去除小波系数中的高频（低尺度）元素（称为平滑）。

③ 用经过处理的进行反变换即可得到滤噪后的光谱信号。阈值法通常有两种形式：硬阈值法，即把所有低于阈值的小波系数全部置零；软阈值法，即将小于阈值的小波系数置零并从大于阈值的小波系数的绝对值中扣除该阈值。关于阈值的估测方法也有不少报道，如简

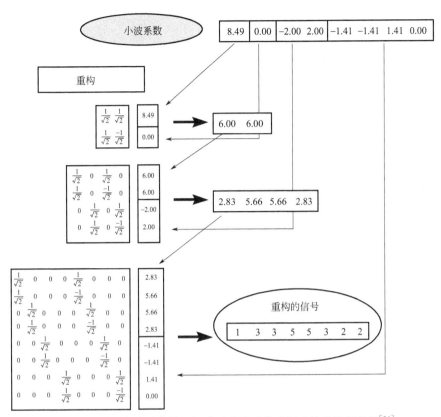

图 4-25 采用滤波系数转置矩阵对小波系数进行重构的计算实例[54]

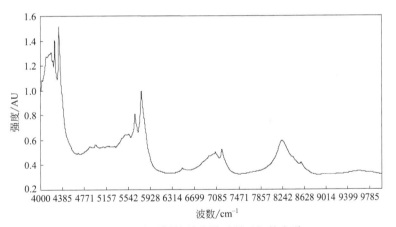

图 4-26 聚丙烯粉料的漫反射近红外光谱

单的软、硬阈值法，Sure 方法，Visu 方法，Hybrid 方法和 Minmax 方法等。

通过 WT 对数据进行压缩的基本原理类似于去噪，一般采取如下步骤：

① 对原始数据进行 WT 得到小波系数。

② 用阈值法删除小波系数中足够小而被认为不代表有用信息的系数，并保存处理后的系数。需要时，将其反变换即可得到原始数据。阈值的确定一般采用经验值或通过尝试得到。例如，采用小波变换可以对红外光谱数据库进行压缩，减少谱图库的储存空间。

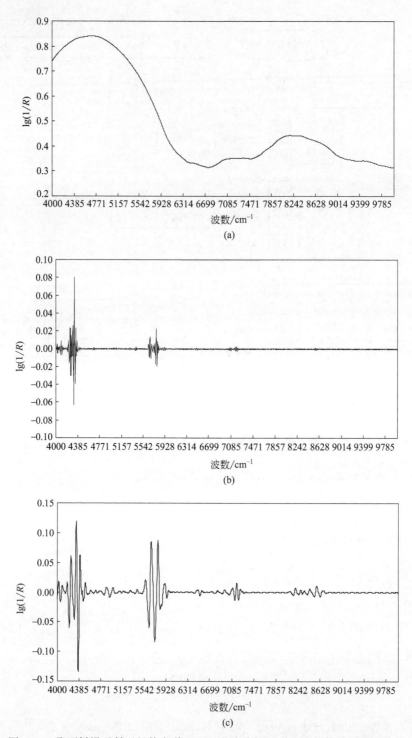

图 4-27 聚丙烯漫反射近红外光谱经 db4 小波分解得到的细节信号和逼近信号
(a) 逼近信号 ca9；(b) 高频信号 cd2；(c) 高频信号 cd4

　　小波变换还可用于特征信息的提取，原始光谱经小波变换分解后可得到反映不同信息的
小波系数，根据先验知识或尝试方法，确定与待测组分有关的小波系数，可以直接利用这些
小波系数为特征变量建立多元定量或定性校正模型。

此外，小波变换还可用于光谱导数的计算，参见本书的 4.7.3 节。

4.13 图像矩方法

矩不变量是图像描述的重要特征之一，主要用来表示图像几何特征。因其具有强大的多分辨能力及固有的不变性，所以即使图像发生了旋转、缩放和平移等变化，计算得到的矩值基本保持不变。Tchebichef 矩和 Krawtchouk 矩是常用的性能较好的两种离散正交矩。图像矩作为图像处理的方法已在计算机视觉等领域得到广泛应用。近年来，因其具有多分辨率及固有不变性等优点，图像矩已经应用于利用光谱技术对物质进行定量或定性分析中[56-58]。

由于 Tchebichef 矩是一种以离散的正交多项式为基函数的正交矩，不包括任何数值上的近似，不需要坐标空间的转化，在图像信息的表征上也没有信息冗余，因而性能更优。利用 Tchebichef 图像矩可以将目标分析物的特征信息从图谱中有效地提取出来去建立模型，无需任何复杂的前处理就能得到比较满意的结果，而且通过图像矩的多分辨能力可以解决诸如重叠峰、噪声和散射等干扰问题[59,60]。

对于一个波长点数为 N 的光谱 $f(x)$，在阶数为 n 时的 Tchebichef 曲线矩（T_n）定义为：

$$T_n = \frac{1}{\rho(n,N)}\sum_{x=0}^{N-1} t_n(x)f(x) \quad n=0,1,2,\cdots,N-1$$

$$\rho(n,N) = \frac{N}{2n+1}(N^2-1)(N^2-2^2)\cdots(N^2-n^2)$$

其中，$t_n(x)$ 为 Tchebichef 曲线矩在阶数为 n 的离散多项式，$\rho(n,N)$ 为范数的平方，$f(x)$ 为波长点 x 处的吸光度。

其递推关系为：

$$\rho(n,N) = \frac{2n-1}{2n+1}(N^2-n^2)\rho(n-1,N)$$

$$(n+1)t_{n+1}(x)-(2n+1)(2x-N+1)t_n(x)+n(N^2-n^2)t_{n-1}(x)=0$$

为了使结果更稳定，波动范围更小，对 $t_n(x)$ 和 $\rho(n,N)$ 进行标准化处理：

$$\widetilde{t}_n(x) = \frac{t_n(x)}{\beta^2(n,N)}$$

$$\widetilde{\rho}(n,N) = \frac{\rho(n,N)}{\beta^2(n,N)}$$

其中，$\beta(n,N)$ 为尺度因子，为 N 的函数，通常定义为：$\beta(n,N)=N^2$。

标准化的 Tchebichef 曲线矩（T_n）定义为：

$$T_n = \frac{1}{\widetilde{\rho}(n,N)}\sum_{x=0}^{N-1}\widetilde{t}_n(x)f(x) \quad n=0,1,2,\cdots,N-1$$

$$\widetilde{\rho}(n,N) = \frac{N}{2n+1}\left(1-\frac{1}{N^2}\right)\left(1-\frac{2^2}{N^2}\right)\cdots\left(1-\frac{n^2}{N^2}\right)$$

标准化 Tchebichef 曲线矩的递推关系为：

$$\widetilde{t}_0(x)=1$$

$$\widetilde{t}_1(x)=(2x-N+1)/N$$

$$n\tilde{t}_n(x)-(2n-1)\tilde{t}_1(x)\tilde{t}_{n-1}(x)+(n-1)\left(1-\frac{(n-1)^2}{N^2}\right)\tilde{t}_{n-2}(x)=0$$

$$\tilde{\rho}(0,N)=N$$

$$\tilde{\rho}(n,N)=\frac{2n-1}{2n+1}\left(1-\frac{n^2}{N^2}\right)\tilde{\rho}(n-1,N)$$

重构光谱由下式计算：

$$\hat{f}(x)=\sum_{n=0}^{nN}T_n\tilde{t}_n(x)$$

其中，nN 为重构过程中 Tchebichef 曲线矩的最大阶数，$nN \leqslant N$。

可通过重构误差选取 nN，重构误差 ε 定义为：

$$\varepsilon=\sum_{x=0}^{N-1}|f(x)-\hat{f}(x)|$$

Liu 等将 Tchebichef 图像矩应用于红外光谱对混合物的定量分析中，解决了红外光谱由于光谱重叠和移位等原因造成的定量分析结果不准确的问题[56]。潘钊等将 Krawtchouk 图像矩与荧光光谱、广义回归神经网络相结合，建立了预测多环芳烃含量的定量模型，得到了准确的分析结果[57]。Xue 等利用 Zernike 矩对三维荧光光谱灰度图提取特征值，建立了腐殖酸的定量模型，得到了比多维偏最小二乘和交替三线性分解方法更加可靠和准确的结果[58]。殷贤华等在太赫兹光谱定量分析中引入 Tchebichef 图像矩和 PLS 相结合的建模方法，对橡胶添加剂混合物中的氧化锌含量进行预测，提高了分析的准确性和稳定性[59]。Li 等采用 Tchebichef 图像矩对紫外-可见光谱进行处理，建立了预测化妆品中皮肤美白剂的含量的校正模型[60]。Zhu 等采用 Tchebichef 图像矩对石脑油的近红外光谱进行处理，建立了预测详细族组成的校正模型，其预测结果均优于常规多元校正方法[61]。

4.14 外部参数正交化

外部参数正交化（External Parameter Orthogonalization，EPO）是建立在主成分分析基础上的光谱预处理方法[62]。假设光谱中外部干扰变量和浓度变量是独立的，EPO 的目的是把光谱投影到与干扰变量（如样品温度和样品中水含量等）正交的空间中达到滤除干扰的作用。把光谱矩阵分解为：$X=XP+XQ+E$，P 和 Q 分别为浓度子空间和干扰子空间上的投影算子矩阵，E 为残差矩阵。

下面以样品中水分含量作为干扰变量，介绍 EPO 方法的主要步骤[63,64]。X_{dry} 为无水的校正集光谱矩阵（$n \times m$），X_{M1}、X_{M2}、$\cdots$、X_{Mk} 分别为 k 个不同含水量的对应于 X_{dry} 校正集样本的含水样品光谱矩阵，每个矩阵也都是 $n \times m$，其中 n 为样本数，m 为波长变量数。

① 分别计算 X_{dry}、X_{M1}、X_{M2}、$\cdots$、X_{Mk} 矩阵的平均光谱向量 $\overline{x}_{dry}$、$\overline{x}_{M1}$、$\overline{x}_{M2}$、$\cdots$、$\overline{x}_{Mk}$。

② 分别计算 $\overline{x}_{M1}$、$\overline{x}_{M2}$、$\cdots$、$\overline{x}_{Mk}$ 与 $\overline{x}_{dry}$ 的差谱，并组成差谱矩阵 D，其维数为 $k \times m$。

③ 对矩阵 D 的协方差矩阵进行奇异值分解：$[U, S, V]=\text{svd}(D^T D)$。

④ 设定 EPO 方法的维度 f，取矩阵 V 前 f 个因子的子矩阵 V_f。

⑤ 计算 Q 矩阵，$Q=V_f V_f^T$。

⑥ 计算投影矩阵 $P=I-Q$，I 为单位矩阵。

对于任意水含量样本的光谱 x_M，其校正后得到的无水光谱 x_{EPO} 为：$x_{EPO} = x_M P$。

EPO 方法主要用来消除样品温度和样品中水含量对光谱的影响[65,66]。图 4-28 是不同含水量土壤的漫反射近红外光谱图，图 4-29 为经过 EPO 方法处理后的结果，可以看出该方法很好地消除了水分对光谱的影响。

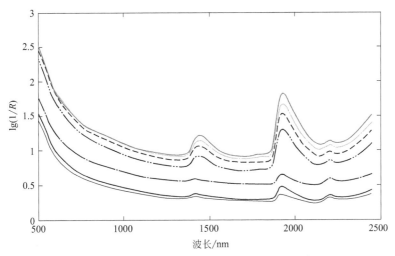

图 4-28　不同含水量土壤的漫反射近红外光谱图

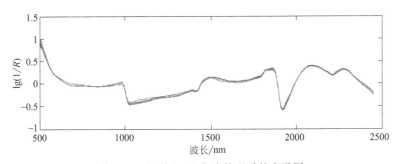

图 4-29　经过 EPO 方法处理后的光谱图

4.15　广义最小二乘加权

广义最小二乘加权方法（Generalized Least Squares Weighting，GLSW）类似于 EPO 方法，主要是通过构造滤波器消除外界干扰（如温度）对光谱的影响[67-69]。

下面以样品温度作为干扰变量，介绍 GLSW 方法的主要步骤。

① X_{T1} 和 X_{T2} 分别是校正集样本在 T_1 和 T_2 两个温度下的光谱阵，首先对 X_{T1} 和 X_{T2} 分别进行均值中心化处理，然后计算两个矩阵的差谱矩阵 X_d。

② 计算协方差矩阵 $C = X_d^T X_d$。

③ 对 C 进行分解，得到左特征向量 V 和奇异值的对角矩阵 S：$C = V S^2 V^T$。

④ 计算矩阵 D，$D = \sqrt{\dfrac{S^2}{\alpha} + I}$，$I$ 为单位矩阵，α 为权值参数，取值一般在 $0.0001 \sim 1$ 之间，α 越小滤波能力越强。

⑤ 计算滤波矩阵 P，$P = VD^{-1}V^{T}$。

对于在一个温度下得到的光谱 x_T，其校正后得到的基准温度下的光谱 x_{GLSW} 为：$x_{GLSW} = x_T P$。

4.16　载荷空间标准化

载荷空间标准化（Loading Space Standardization，LSS）方法主要是消除样本温度对光谱的影响[70,71]。若 X_{T_1}、X_{T_2}、$\cdots$、X_{T_K} 分别代表 n 个校正集样本在温度 T_1、T_2、$\cdots$、T_K 下得到的光谱阵，LSS 方法的主要步骤为：

① 将 X_{T_1}、X_{T_2}、$\cdots$、X_{T_k} 进行组合，得到组合的光谱阵 $X_{comb} = \begin{bmatrix} X_{T_1} & X_{T_2} & \cdots & X_{T_k} \end{bmatrix}$。

② 对 X_{comb} 进行奇异值分解：$[U, S, V] = svd(X_{comb})$。

③ 设定主成分数 f，取前 f 个因子的 U_f 和 S_f，计算 $T = U_f S_f$。

④ 计算 X_{T_k} 的载荷矩阵 $V_{T_k}^{T} = T^{+}X_{T_k}$，$k = 1,2,\cdots,K$。

⑤ 建立载荷矩阵 V_{T_k} 的对应元素与温度之间的关系模型：

$v_{T_k,i,j} = a_{i,j} + b_{i,j}T_k + c_{i,j}T_k^2$，其中 $v_{T_k,i,j}$ 为 V_{T_k} 的第（i，j）个元素。

获得模型参数 $a_{i,j}$、$b_{i,j}$ 和 $c_{i,j}$ 后，对于在温度 t 得到的光谱 x_{test}，则可按下式将 x_{test} 标准化到任意参考温度 t_{ref} 对应的光谱 x_{stand}。

$$v_{t,i,j} = a_{i,j} + b_{i,j}t + c_{i,j}t^2, \quad v_{t_{ref},i,j} = a_{i,j} + b_{i,j}t_{ref} + c_{i,j}t_{ref}^2$$

$$x_{stand} = x_{test}(V_t^{T})^{+}(V_{t_{ref}} - V_t)^{T} + x_{test}$$

其中，$v_{t,i,j}$ 为 V_t 的第（i，j）个元素，$v_{t_{ref},i,j}$ 为 $V_{t_{ref}}$ 的第（i，j）个元素。

4.17　斜投影

斜投影（Oblique Projection）是从复杂混合物光谱中提取纯化合物光谱的一种数学处理方法[72,73]。斜投影算法将光谱数据空间 X 分为两部分，一部分为待测组分的向量子空间 S，另一部分是样品中除待测组分之外的其他成分构成的相邻子空间 H。斜投影算法就是建立纯物质光谱信号模型即斜投影算子，将待测纯物质的光谱信号 S 从混合物光谱 X 中分离出来。

采用已知的建模样本中待测组分向量 S 和背景信号 H 建立分离模型，即斜投影算子。斜投影算子 $E_{S|H}$ 为：

$$E_{S|H} = S(S^{T}P_H S)^{-1}S^{T}P_H$$

其中，$P_H = I - H(H^{T}H)^{-1}H^{T}$。

利用斜投影算子即可将混合样本光谱 x 中待测组分纯信号 c 分离出来：$c = xE_{S|H}$。

利用斜投影算子将被测组分的纯信号 c 分离出来，该信号最大值 c_{max} 与被测组分纯光谱信号 s_{max} 的比值作为被测组分纯信号强度。强度与混合物中待测组分的浓度成正比，可建立标准工作曲线[74,75]。

4.18　正交信号校正

以上提到的光谱预处理方法，只是对谱图本身数据进行处理，并未考虑浓度阵的影响，因此，在进行预处理时，可能损失了部分对建立校正模型有用的化学信息，又可能对噪声剔除得不完全，影响了模型的质量。正交信号校正（Orthgonal Signal Correction，OSC）和净分析信号（Net Analyte Signal，NAS）处理方法都是基于浓度阵参与的光谱预处理方法。这类预处理方法的基本原理是在建立定量校正模型前，通过正交投影除去光谱阵中与待测组分无关的信息，再进行多元校正运算，期望达到简化模型及提高模型预测能力的目的。

正交信号校正光谱预处理方法有三种实现方式：正交信号校正（Orthogonal Signal Correction，OSC）[76]、直接正交信号校正（Direct Orthogonal Signal Correction，DOSC）[77] 和直接正交（Direct Orthogonalization，DO）[78,79]，其中 OSC 存有多种算法。

一般当光谱阵与浓度阵相关性不大，或光谱阵背景噪声太大时，用 PLS 或 PCR 方法建立校正模型，前几个主因子对应的光谱往往不是浓度阵信息，而是那部分与浓度阵无关的光谱信号。因此，在建立定量校正模型前，通过正交的数学手段将与浓度阵无关的光谱信号滤除，可减少建立模型所用的主因子数，进一步提高校正模型的预测能力。此外，正交信号校正方法还可用于解决多元校正中的模型传递，以及奇异点的检测等问题。以下主要介绍用于正交信号校正的几种常见的算法。

4.18.1 Wold 算法

Wold 等[76] 首次提出了正交信号校正思想，其具体算法如下：

① 将原始校正集光谱阵 $X(n \times k)$ 和浓度阵 $Y(n \times 1)$ 进行均值化、中心化或标准化处理。

② 计算光谱阵 X 的第一主成分得分向量 t。

③ 将 t 对 Y 作正交处理：$t_{\text{new}} = (I - Y(Y^TY)^{-1}Y^T) \, t$。

④ 计算权重向量 w，w 为 X 与 t_{new} 进行 PLS 或 PCR 运算得到的回归系数。

⑤ 计算新的 t，$t = Xw$。

⑥ 判断是否 $\| t - t_{\text{old}} \| / \| t \| < 10^{-6}$，如果满足进行下一步，否则返回步骤③。

⑦ 计算载荷向量 $p^T = t^T X / (t^T t_{\text{new}})$。

⑧ 在 X 中将正交信号减去，$X = X - tp^T$。

⑨ 返回步骤②，直至循环完所需的主因子数 f（f 为需正交处理的主因子数）。

⑩ 对于预测向量 x_{new}，由权重 w 和载荷 p 求出校正后的光谱：

$$t = x_{\text{new}}^T w$$
$$x_{\text{OSC}}^T = x_{\text{new}}^T - tp^T$$

4.18.2 Fearn 算法

Fearn 在 Wold 算法的基础上提出了一种简单快速的 OSC 算法[80]：

① 原始校正集光谱阵 $X(n \times k)$ 和浓度阵 $Y(n \times 1)$ 进行均值化、中心化或标准化处理。

② 计算 $M = I - X^TY(Y^TXX^TY)^{-1}Y^TX$。$I$ 为单位阵。

③ 计算 $Z = XM$。

④ 对 Z 进行奇异值分解，$[U, S, V] = \text{svd}(Z^T)$。

⑤ 取前 f 个需正交处理的特征值 $g = \text{diag}(S_f)$ 及对应的载荷矩阵 $C = V_f$。

⑥ 计算权重向量 $w_i = MX^TC_i / g_i^T$，$i = 1, 2, \cdots, f$。

⑦ 计算得分向量 $t_i = C_i g_i^T$。

⑧ 计算载荷向量 $\boldsymbol{p}_i = \boldsymbol{X}^{\mathrm{T}} \boldsymbol{t}_i / (\boldsymbol{t}_i^{\mathrm{T}} \boldsymbol{t}_i)$。

⑨ 在 $\boldsymbol{X}$ 中将正交信号减去，$\boldsymbol{X}_{\mathrm{OSC}} = \boldsymbol{X} - \sum_{i=1}^{f} \boldsymbol{t}_i \boldsymbol{p}_i^{\mathrm{T}}$。

⑩ 对于预测向量 $\boldsymbol{x}_{\mathrm{new}}$，由权重 $\boldsymbol{w}$ 和载荷 $\boldsymbol{p}$ 求出校正后的光谱：

$$t = \boldsymbol{x}_{\mathrm{new}}^{\mathrm{T}} \boldsymbol{w}$$

$$\boldsymbol{x}_{\mathrm{OSC}}^{\mathrm{T}} = \boldsymbol{x}_{\mathrm{new}}^{\mathrm{T}} - t\boldsymbol{p}^{\mathrm{T}}$$

Feudale 基于 Fearn 算法提出了分段正交信号校正算法（Piecewise Orthogonal Signal Correction，POSC）[81]，用来解决正交无关的局部性特点，对两组近红外光谱数据的处理结果表明，其性能略优于 OSC 算法，但同时带来了选择窗口大小的问题。Wold 算法与 Fearn 算法的比较可以看出，Wold 算法求取 t 和 p 有数学基础，求 w 却没有，而 Fearn 算法求 w 有理论基础，而求取 t 和 p 却没有。Li 将这两种方法结合提出了一种新的 OSC 算法[82]。

4.18.3 DOSC 算法

与 Wold 算法不同，Westerhuis 提出的 DOSC 算法[77] 首先将光谱阵 $\boldsymbol{X}$ 与 $\boldsymbol{Y}$ 正交，然后再对正交后的 $\boldsymbol{X}$ 进行主成分分析，求取 $\boldsymbol{T}$ 和 $\boldsymbol{P}$。具体算法如下：

① 将原始校正集光谱阵 $\boldsymbol{X}(n \times k)$ 和浓度阵 $\boldsymbol{Y}(n \times 1)$ 进行均值化、中心化或标准化处理。

② 计算 $\boldsymbol{M} = \boldsymbol{X}^{\mathrm{T}} ((\boldsymbol{X}^{\mathrm{T}})^{-1})^{\mathrm{T}} \boldsymbol{Y}$。

③ 计算 $\boldsymbol{Z} = \boldsymbol{X} - \boldsymbol{M} \boldsymbol{M}^{-1} \boldsymbol{X}$。

④ 对 $\boldsymbol{Z} \boldsymbol{Z}^{\mathrm{t}}$ 进行主成分分析，取前 f 个需正交处理的主成分得分矩阵 $\boldsymbol{T}_f$。

⑤ 计算权重矩阵 $\boldsymbol{W}_f = \boldsymbol{X}^{-1} \boldsymbol{T}_f$，广义逆 $\boldsymbol{X}^{-1}$ 通过偏最小二乘回归（PLS）得到。

⑥ 计算新的 $\boldsymbol{T}_f$，$\boldsymbol{T}_f = \boldsymbol{X} \boldsymbol{W}_f$。

⑦ 计算载荷矩阵 $\boldsymbol{P}_f = \boldsymbol{X}^{\mathrm{T}} \boldsymbol{T}_f / (\boldsymbol{T}_f^{\mathrm{T}} \boldsymbol{T}_f)$。

⑧ $\boldsymbol{X}_{\mathrm{DOSC}} = \boldsymbol{X} - \boldsymbol{T}_f \boldsymbol{P}_f^{\mathrm{T}}$。

⑨ 对于预测向量 $\boldsymbol{x}_{\mathrm{new}}$，由权重 $\boldsymbol{w}$ 和载荷 $\boldsymbol{p}$ 求出校正后的光谱：

$$\boldsymbol{T} = \boldsymbol{x}_{\mathrm{new}}^{\mathrm{T}} \boldsymbol{W}$$

$$\boldsymbol{x}_{\mathrm{OSC}}^{\mathrm{T}} = \boldsymbol{x}_{\mathrm{new}}^{\mathrm{T}} - \boldsymbol{T} \boldsymbol{P}^{\mathrm{T}}$$

4.18.4 DO 算法

DO 算法与 OSC 算法的差异在于 OSC 算法是用逆偏最小二乘回归的方法滤除与浓度阵无关的信号，而 DO 算法是直接将光谱阵与浓度阵正交来滤除无关的信号[78,79]。因此，DO 算法比 OSC 算法简单，运行速度快。两种算法对光谱实际预处理的结果有一定的差异。DO 运算步骤如下：

① 将原始校正集光谱阵 $\boldsymbol{X}(n \times k)$ 和浓度阵 $\boldsymbol{Y}(n \times 1)$ 进行均值化、中心化或标准化处理。

② 计算 $\boldsymbol{M} = \boldsymbol{X}^{\mathrm{T}} \boldsymbol{Y} (\boldsymbol{Y}^{\mathrm{T}} \boldsymbol{Y})^{-1}$。

③ 计算 $\boldsymbol{Z} = \boldsymbol{X} - \boldsymbol{Y} \boldsymbol{M}^{\mathrm{T}}$。

④ 对 $\boldsymbol{Z}$ 进行主成分分析，取前 f 个需正交处理的得分矩阵 $\boldsymbol{T}_f$ 和载荷矩阵 $\boldsymbol{P}_f$。

⑤ 计算新的 $\boldsymbol{T}_f$，$\boldsymbol{T}_f = \boldsymbol{X} \boldsymbol{P}$。

⑥ $\boldsymbol{X}_{\mathrm{OD}}=\boldsymbol{X}-\boldsymbol{T}_f\boldsymbol{P}_f^{\mathrm{T}}$。

⑦ 对于预测向量 $\boldsymbol{x}_{\mathrm{new}}$，由载荷 $\boldsymbol{P}$ 求出校正后的光谱：

$$T=x_{\mathrm{new}}P$$
$$\boldsymbol{X}_{\mathrm{OD}}^{\mathrm{T}}=x_{\mathrm{new}}^{\mathrm{T}}-TP^{\mathrm{T}}$$

4.18.5　正交信号校正算法的应用研究

在用正交信号校正算法对光谱进行预处理时，应注意以下两个问题：①对光谱阵正交处理所用主因子数的选取。用正交方法对光谱预处理都存在主因子的选取，一般选 1～5 个主因子数，但最终确定主因子数还依靠未知样品的预测结果，因此可用主因子数对验证集的预测标准偏差（SEP）作图来选取。②浓度阵准确性对光谱正交处理结果的影响。浓度参考阵数据的准确性对光谱正交处理的影响至关重要，若参考方法的测定结果不准确，在用该数据对光谱正交处理时，会将滤除与浓度阵相关的部分信息，而保留与之无关的信号，从而使校正模型的预测能力变差。因此，在用正交光谱预处理方法时，一定要保证浓度参考阵数据的准确性。

正交信号校正算法提出不久就被用于解决近红外分析模型传递问题[83]，随后几乎涉及模型传递问题都将 OSC 算法作为对比方法[84,85]。其中 Geladi 等比较了几种模型传递方法（FIR、WT、PDS 和 S-G 平滑），对利用湖底沉淀物近红外光谱建立的预测湖水 pH 值分析模型在不同仪器间进行传递，证明 OSC 预处理方法的传递结果最佳[86]。Blanco 等使用 OSC 方法有效消除了两类近红外光谱数据（在线和实验室固体药物）的差异，并取得了比一阶导数、SNC 和 MSC 预处理方法好的校正和预测结果[87]。

由于校正过程中单独 PLS 方法在一定程度上也可以消除非线性和其他的不相关变量，因此，在大多数情况下，OSC 算法并未显著提高模型的预测能力，在本质上也未简化模型所用的主因子数（OSC 正交主因子数与 OSC-PLS 主因子数之和与单独使用 PLS 所用的主因子数基本一致）[88]。Bertran 等试图采用 OSC 算法提高近红外分析模型预测低浓度含量的能力，结果并不理想，但 OSC 算法能够较直观地解释光谱特征[89]。Trygg 等还将 OSC 融入 PLS 回归步骤中，提出了一些新的多元校正方法[90-92]。

张娴等的研究结果表明，将 OSC 用于 PLS 建模不能有效改善模型预测能力的原因是存在过拟合情况，为此他们将 OSC 与 MLR 联用建模，可得到优于 PLS 模型的结果[93]。

4.19　净分析信号

净分析信号（Net Analyte Signal，NAS）[94-96] 也是有浓度阵参与的一种预处理算法，最早由 A. Lorber 提出[97]。它的基本思想与 OSC 基本相同，都是通过正交投影除去光谱阵中与待测组分无关的信息。其具体算法如下：

① 将原始校正集光谱阵 $\boldsymbol{X}(n\times k)$ 和浓度阵 $\boldsymbol{Y}(n\times 1)$ 进行均值化、中心化或标准化处理。

② 计算 $\boldsymbol{X}$ 中与 $\boldsymbol{Y}$ 正交的部分 $\boldsymbol{Z}$，$\boldsymbol{Z}=(\boldsymbol{I}-\boldsymbol{Y}\boldsymbol{Y}^{\mathrm{T}}/(\boldsymbol{Y}^{\mathrm{T}}\boldsymbol{Y}))\boldsymbol{X}$。（$\boldsymbol{I}$ 为单位阵，$n\times n$）。

③ 对 $\boldsymbol{Z}$ 进行主成分分析，取前 f 个需正交处理的载荷矩阵 $\boldsymbol{P}=\boldsymbol{P}_f$。

④ 计算正交投影矩阵 $\boldsymbol{R}=\boldsymbol{I}-\boldsymbol{P}_f\boldsymbol{P}_f^{\mathrm{T}}$（$\boldsymbol{I}$ 为单位阵，$k\times k$）。

⑤ 计算经 NAS 处理后的 $\boldsymbol{X}_{\mathrm{nas}}=\boldsymbol{X}\boldsymbol{R}$。

⑥ 对于预测向量 x_{new}，$x_{nas} = x_{new}R$。

经过 NAS 处理后的校正集光谱阵，一般通过 CLS 建立校正模型，也可使用 PLS 或 PCR 建立。此外，NAS 还用来计算多元校正模型的品质因数（Figure of Merit），如灵敏度、选择性、检测限和置信区间，也可用来检测奇异点以及选择波长[98-101]。

Boschettia 等使用 NAS/CLS 建立了近红外光谱测定橡胶中两种添加剂含量的校正模型，其结果与单独使用 PLS、PCR 的结果相当[102]。Hector 等比较了 NAS 和 OSC 算法的差异，并对两组样品集分别用 OSC/CLS、OSC/PLS、NAS/CLS 和 NAS/PLS 建立了模型，但 NAS 和 OSC 模型的预测能力均未得到显著提高[103]。Berger 等基于 NAS 提出了一种新的多元校正方法-混合线性分析法（Hybrid Linear Analysis，HLA）[104-106]。Xu 等也基于 NAS 提出了一种不需要选择最佳主因子数的校正方法[107]。Faber 等则使用 NAS 评价了光谱预处理方法 MSC、一阶导数和二阶导数对近红外校正模型预测能力的影响[108]。

在涉及浓度阵参与的光谱预处理方法中，除了 OSC 和 NAS 算法外，还有独立干扰消除算法（Independent Interference Reduction，IIR）[109] 和 Ferre 等提出的正交化算法[110]，其中 IIR 方法主要用来解决近红外或红外光谱测量低浓度物质的问题。

4.20　光程估计与校正

光程估计与校正方法（Optical Path-Length Estimation and Correction，OPLEC）是一种将光谱校正与回归融合在一起的算法[111-113]。该方法首先利用校正样本集光谱矩阵和相应的浓度矢量来估计出校正样本集中由于各样本的物理性质的不同而导致的光散射乘子效应参数，随后采用"双校正策略"来消除未知待测样本的光谱散射乘子效应。该方法能够有效地将样本物理性质差异所引起的乘子效应与化学组分含量变化所引起的光谱贡献分离开来。

固体粒度或混浊液体中固含量等对样本光谱的影响可用以下模型表述：

$$x = b\sum_{i=1}^{g} c_i s_i + d + e$$

式中，x 为光谱，c_i 为第 i 组分的浓度，s_i 为第 i 组分的纯光谱，d 为模型的偏差，e 为光谱的测量误差，b 为因样本的物理性质变化导致的光在样本中传输光程的变化，从而产生的乘子效应。b 依不同样本因物理性质不同而不同，OPLEC 方法的主要思想之一就是根据校正样本集的光谱数据中估计出每个校正样本的乘子效应 b。

OPLEC 方法估计乘子效应 b 也是基于主成分分析，若校正集光谱阵 $X(n \times m)$ 和浓度向量 $y(n \times 1)$，n 为校正样本数，m 为光谱波长变量数，则 OPLEC 方法的主要步骤如下：

① 对光谱阵 X 进行 SVD 分解，$[U, S, V] = svd(X)$。

② 设定主成分数 g（g 为样本中抽象的活性化学组分数），取前 g 个因子的 U_g。

③ 经推导可以得出，所有校正样本的乘子效应矢量 b 可通过求解如下约束最小化问题得到：

$$\min_b f(b) = \frac{1}{2} b^T ((I - U_g U_g^T) + diag(y/w)(I - U_g U_g^T) diag(y/w)) b$$

约束条件为：$-b \leqslant -1$

式中，$diag(y/w)$ 为 y/w 的对角矩阵；w 为权值参数，可设置为浓度矢量 y 中的最大值。

可通过二次规划方法求解上式中的乘子效应矢量 b。

④ 分别建立以下两个校正模型：

$$diag(\boldsymbol{b})\boldsymbol{y}=\alpha_1\boldsymbol{1}+\boldsymbol{X}\boldsymbol{\beta}_1$$

$$\boldsymbol{b}=\alpha_2\boldsymbol{1}+\boldsymbol{X}\boldsymbol{\beta}_2$$

式中，$\boldsymbol{1}$ 为元素为 1 的矢量；$diag(\boldsymbol{b})$ 为对角矩阵，其对角元素为矢量 $\boldsymbol{b}$ 的对应元素。上述两个校正模型中的参数 α_1、$\boldsymbol{\beta}_1$、α_2、$\boldsymbol{\beta}_2$ 可通过 PLS 获得。

对于待测样本的光谱 $\boldsymbol{x}_{un}$，其乘性效应可通过两个校正模型预测值的比值消除，从而预测出待测样本的浓度值 y_{un}：

$$y_{un}=\frac{\alpha_1\boldsymbol{1}+\boldsymbol{x}\boldsymbol{\beta}_1}{\alpha_2\boldsymbol{1}+\boldsymbol{x}\boldsymbol{\beta}_2}$$

表面增强拉曼散射技术（Surface-enhanced Raman Scattering，SERS）具有灵敏度高、光谱特征性强、检测快捷等特点。但是，复杂体系样本的 SERS 信号强度不但取决于待测样本中待测物质的浓度，而且与 SERS 基底物理性质有关，例如纳米颗粒的形状、粒径以及聚集度等。而常用 SERS 基底制作的重现性和稳定性均较差，使得 SERS 定量分析结果的精确度达不到理想的要求。胡敏和金竟文等基于光程估计与校正方法，并与内标法相结合，提出了系列适用于表面增强拉曼光谱定量分析的乘子效应模型（Multiplicative Effects Model for SERS，MEMSERS），可有效消除 SERS 基底非均匀性物理性质变化对定量分析结果精确度的影响[114-116]。

4.21 二维相关光谱方法

严格来说，二维相关光谱（Two Dimensional Correlation Spectroscopy，2DCOS）不是预处理方法，而是光谱实验方法与数据处理方法的结合。

1986 年 Isao Noda 首先提出获得二维相关光谱的实验方案，即将一定形式的微扰（最初为正弦波形的低频扰动）作用在样品体系上使样品的吸收光谱发生动态变化。然后对随时间变化的光谱进行数学上的相关分析，产生二维相关红外光谱[117]。随后，Noda 于 1993 年提出广义二维相关谱的概念，将外部微扰从正弦波形的振荡应力、电场作用等固定形式，拓展到能导致光谱信号变化的任何形式，如温度、浓度、压力、样品成分、反应时间、磁场等。进而也将二维相关光谱学由红外光谱推广到近红外、拉曼、荧光、电子自旋共振谱等技术领域[118]。

微扰诱发产生的区域性分子环境的变化，可以由相应的各种谱图对时间的变化来表示。通常将这种光谱的瞬间波动称为系统的动态谱（Dynamic Spectra）。在红外光谱中，观察到的动态谱的典型变化包括吸收强度的变化、吸收峰的位移、方向性吸收的变化（二向性现象）等。不同类型的干扰会引起系统的不同响应，从而使光谱的变化也不一样。对这些动态谱进行一些简单的数学处理，主要是数学上的互相关分析（Cross Correlation Analysis），就可以获得二维相关谱图。

假设外部扰动作用于待研究的样品体系上，在外扰变量最大值（T_{max}）和最小值（T_{min}）之间得到系列动态光谱为 $\boldsymbol{x}(\upsilon,t)$，其中 υ 为光谱坐标（如波数、波长和位移等），外扰变量 t 可以为温度、压力或浓度等无物理性质变量。

首先将动态谱进行傅里叶变换从时间域转换为频率域光谱：

$$\boldsymbol{X}_1(\omega)=\int_{-\infty}^{+\infty}\boldsymbol{x}(\upsilon_1,t)\mathrm{e}^{-i\omega t}\mathrm{d}t=\boldsymbol{X}_1^{\mathrm{Re}}(\omega)+i\boldsymbol{X}_1^{\mathrm{Im}}(\omega)$$

其中$X_1^{\mathrm{Re}}(\omega)$和$X_1^{\mathrm{Im}}(\omega)$分别为$x(v_1,t)$经傅里叶变换后的实部和虚部，$\omega$代表随时间变化的独立频率分量。类似地，动态光谱傅里叶变换的共轭函数为：

$$X_2(\omega) = \int_{-\infty}^{+\infty} x(v_2,t) e^{+i\omega t} \, \mathrm{d}t = X_2^{\mathrm{Re}}(\omega) - i X_2^{\mathrm{Im}}(\omega)$$

将一对在不同光谱变量v_1和v_2处测得的经傅里叶变换的动态光谱信号进行数学互相关分析便可得到二维相关强度：

$$X(v_1,v_2) = \frac{1}{\pi(T_{\max} - T_{\min})} \int_0^{+\infty} X_1(\omega) X_2(\omega) \, \mathrm{d}\omega = \phi(v_1,v_2) + i\psi(v_1,v_2)$$

$\phi(v_1,v_2)$和$\psi(v_1,v_2)$分别为$X(v_1,v_2)$的实部和虚部，对应着动态光谱变化的同步（Synchronous）和异步（Asynchronous）相关光谱强度。

在实际计算时多采用希尔伯特变换矩阵（Hilbert transform matrix）方法[118]，对于n个实验条件得到的动态光谱矩阵$X(n \times m)$，m为光谱的波长点数，其同步相关光谱可按下式计算：

$$\phi(i,j) = \frac{1}{n-1} \sum_{k=1}^{n} x_{k,i} x_{k,j}$$，其中，$x_{k,i}$为第k个实验条件得到的光谱中第i波长下的吸光度，$i,j = 1, \cdots, m$。以矩阵形式可表达为：$\varphi = \frac{1}{n-1} X^{\mathrm{T}} X$。

异步相关光谱的计算公式为：$\psi = \frac{1}{n-1} X^{\mathrm{T}} H X$，其中$H$为希尔伯特变换矩阵（$n \times n$），其元素$h_{i,j} = \frac{1}{\pi(j-i)}$，$(i \neq j)$；$h_{i,j} = 0$，$(i = j)$；$i,j = 1, \cdots, n$。

二维相关光谱可用三维立体图或二维等高线图进行可视化显示，便于直观地对二维信息解析。在二维相关光谱的等高线图中，z坐标轴值用x-y平面中的等高线表示。二维相关光谱方法强调由外界扰动引起的光谱变化的细微特征，提高了光谱分辨率，还可解析分子内部与分子之间的相互作用，是一种灵活、有效的光谱分析技术。

二维红外相关光谱是目前应用较多的一种分析手段，在聚合物、蛋白质、液晶材料、生物学等研究领域取得成功的应用。国内已编辑出《中药二维相关红外光谱鉴定图集》，利用二维相关红外图谱来区分不同级别的复杂中药。二维相关光谱在近红外光谱分析方面也取得了很多研究成果[119,120]，例如Wu等将其研究聚酰胺和聚氨酯中氨基基团上氢键作用，揭示了样品中不同氢键状态的存在[121]。Ozaki等证明了二维相关近红外光谱在研究蛋白质的二维结构方面有其独特的优势[122]。刘浩等通过二维相关近红外光谱研究了抗坏血酸的分子结构和稳定性，以及对中药材的真伪进行鉴别[123]。Barton等采用二维相关光谱技术对近红外光谱仪之间的差异进行解析[124]。Sasic等将传统的波长-波长二维相关光谱推广到样品-样品二维相关光谱，并对温敏性油酸和不同蛋白质含量牛奶的近红外光谱进行分析，得到了有效的定量和定性信息[125]。

参考文献

[1] Rinnan A, Berg F Van Den, Engelsen S B. Review of the Most Common Pre-Processing Techniques for Near-Infrared Spectra [J]. Trends in Analytical Chemistry, 2009, 28: 1201-1222.

[2] Engel J, Gerretzen J, Szymanska E, et al. Breaking with Trends in Pre-Processing? [J]. Trends in Analytical Chemistry, 2013, 50: 96-106.

[3] Rinnan A. Pre-Processing in Vibrational Spectroscopy: When, Why and How [J]. Analytical Methods, 2014, 6:

7124-7129.

[4] Lee L C, Liong C Y, Jemain A A. A Contemporary Review on Data Preprocessing (DP) Practice Strategy in Atr-Ftir Spectrum [J]. Chemometrics and Intelligent Laboratory Systems, 2017, 163: 64-75.

[5] Wan X H, Li G, Zhang M Q, et al. A Review on the Strategies for Reducing the Non-Linearity Caused by Scattering on Spectrochemical Quantitative Analysis of Complex Solutions [J]. Applied Spectroscopy Reviews, 2020, 55 (5): 351-377.

[6] Seasholtz M B, Kowalski B R. The Effect of Mean Centering on Prediction in Multivariate Calibration [J]. Journal of Chemometrics, 1992, 6 (2): 103-111.

[7] Savitzky A, Golay M J E. Smoothing and Differentiation of Data by Simplified Least Squares Procedures [J]. Analytical Chemistry, 1964, 36: 1627-1639.

[8] DottoA C, Dalmolin R S D, Grunwald S, et al. Two Preprocessing Techniques to Reduce Model Covariables in Soil Property Predictions by Vis-NIR Spectroscopy [J]. Soil and Tillage Research, 2017, 172: 59-68.

[9] Vasat R, Kodesova, Klement R, et al. Simple but Efficient Signal Pre-Processing in Soil Organic Carbon Spectroscopic Estimation [J]. Geofisica Internacional, 2017, 298: 46-53.

[10] 韩兆迎, 朱西存, 刘庆, 等. 黄河三角洲土壤有机质含量的高光谱反演 [J]. 植物营养与肥料学报, 2014, 20 (6): 1545-1552.

[11] 李粉玲, 常庆瑞. 基于连续统去除法的冬小麦叶片全氮含量估算 [J]. 农业机械学报, 2017, 48 (7): 174-179.

[12] Clark R N, Roush T L. Reflectance Spectroscopy: Quantitative Analysis Techniques for Remote Sensing Applications [J]. Journal of Geophysical Research, 1984, 89 (B7): 6329-6340.

[13] 徐元进, 胡水道, 张振飞. 包络线消除法及其在野外光谱分类中的应用 [J]. 地理与地理信息科学, 2005, 21 (6): 11-14.

[14] 曹卫星, 程涛, 朱艳, 等. 作物生长光谱监测 [M]. 北京: 科学出版社, 2020.

[15] Zhang Z M, Chen S, Liang Y Z. Baseline Correction Using Adaptive Iteratively Reweighted Penalized Least Squares [J]. Analyst, 2010, 135 (5): 1138-1146.

[16] Chen Z G, Shen T T, Yao J D, et al. Signal Enhancement of Cadmium in Lettuce Using Laser-Induced Breakdown Spectroscopy Combined with Pyrolysis Process [J]. Molecules, 2019, 24 (13): 2517.

[17] Li Y Q, Pan T H, Li H R, et al. Non-Invasive Quality Analysis of Thawed Tuna Using Near Infrared Spectroscopy with Baseline Correction [J]. Journal of Food Process Engineering, 2020, 43 (8): 13445.

[18] Licbcr C A, Mahadevan-Jansen A. Automated Method for Subtraction of Fluorescence from Biological Raman Spectra [J]. Applied Spectroscopy, 2003, 57 (11): 1363-1367.

[19] Wang T, Dai L K. Background Subtraction of Raman Spectra Based on Iterative Polynomial Smoothing [J]. Applied Spectroscopy, 2017, 71 (6): 1169-1179.

[20] Cao A, Pandya A K, Serhatkulu G K, et al. A Robust Method for Automated Background Subtraction of Tissue Fluorescence [J]. Journal of Raman Spectroscopy, 2007, 38 (9): 1199-1205.

[21] Baek S J, Park A, Ahn Y J, et al. Baseline Correction Using Asymmetrically Reweighted Penalized Least Squares Smoothing [J]. Analyst, 2015, 140 (1): 250-257.

[22] He S X, Zhang W, Liu L J, et al. Baseline Correction for Raman Spectra Using an Improved Asymmetric Least Squares Method [J]. Analytical Methods, 2014, 6 (12): 4402-4407.

[23] 赵恒, 陈娱欣, 续小丁, 等. 基于局部对称重加权惩罚最小二乘的拉曼基线校正 [J]. 中国激光, 2018, 45 (12): 274-285.

[24] Yao J, Su H, Yao Z X. Blind Source Separation of Coexisting Background in Raman Spectra [J]. Spectrochimica Acta Part A: Molecular and Biomolecular Spectroscopy, 2020, 238: 118417.

[25] Hopkins D W. What is a Norris Derivative? [J]. NIR News, 2001, 12 (3): 3-5.

[26] 邵学广, 庞春艳. 连续小波变换用于化学信号的近似导数计算 [J]. 计算机与应用化学, 2000, 17 (3): 57-60.

[27] Elzanfaly E S, Hassan S A, Salem M Y, et al. Continuous Wavelet Transform, a Powerful Alternative to Derivative Spectrophotometry in Analysis of Binary and Ternary Mixtures: A Comparative Study [J]. Spectrochimica Acta Part A: Molecular and Biomolecular Spectroscopy, 2015, 151: 945-955.

[28] Shao X G, Cui X Y, Wang M, et al. High Order Derivative to Investigate the Complexity of the Near Infrared Spectra of Aqueous Solutions [J]. Spectrochimica Acta Part A: Molecular and Biomolecular Spectroscopy, 2019, 213: 83-89.

[29] Alexander K M L, Chau F T, Gao J B. Wavelet Transform: A Method for Derivative Calculation in Analytical Chemistry [J]. Analytical Chemistry, 1998, 70 (24): 5222-5229.

［30］ Li Z G，Wang Q Y，Lv J T，et al. Improved Quantitative Analysis of Spectra Using a New Method of Obtaining Derivative Spectra Based on a Singular Perturbation Technique［J］. Applied Spectroscopy，2015，10（6）：39-41.

［31］ 徐继刚，冯新泸，管亮，等.分数阶微分在红外光谱数据预处理中的应用［J］.化工自动化及仪表，2012，39（3）：347-351.

［32］ 郑用逸.近红外光谱分析模型优化和模型转移算法研究［D］.上海：华东理工大学，2013.

［33］ Barnes R J，Dhanoa M S. Standard Normal Variate Transformation and De-Trending of Near-Infrared Diffuse Reflectance Spectra［J］. Applied Spectroscopy，1989，43（5）：772-777.

［34］ Bi Y M，Yuan K L，Xiao W Q，et al. A Local Pre-Processing Method for Near-Infrared Spectra，Combined with Spectral Segmentation and Standard Normal Variate Transformation［J］. Analytica Chimica Acta，2016，909：30-40.

［35］ Rabatel G，Marini F，Walczak B，et al. VSN：Variable Sorting for Normalization［J］. Journal of Chemometrics，2020，34（2）：e3164.

［36］ Sun X D，Subedi P，Walker R，et al. NIRS prediction of Dry Matter Content of Single Olive Fruit with Consideration of Variable Sorting for Normalisation Pre-treatment［J］. Postharvest Biology and Technology，2020，163：111140.

［37］ Mishra P，Roger J M，Rutledge D N，et al. MBA-GUI：A Chemometric Graphical User Interface for Multi-block Data Visualisation，Regression，Classification，Variable Selection and Automated Pre-processing［J］. Chemometrics and Intelligent Laboratory Systems，2020，205：104139.

［38］ Isaksson T，Naes T. The Effect of Multiplicative Scatter Correction and Linearity Improvement in NIR Spectroscopy［J］. Applied Spectroscopy，1988，42（7）：1273-1248.

［39］ Dhanoa M S，Lister S J，Sandersona R，et al. The Link Between Multiplicative Scatter Correction（MSC）and Standard Normal Variate（SNV）Transformations of NIR Spectra［J］. Journal of Near Infrared Spectroscopy，1994（2）：43-47.

［40］ Afseth N K，Kohler A. Extended Multiplicative Signal Correction in Vibrational Spectroscopy，a Tutorial［J］. Chemometrics and Intelligent Laboratory Systems，2012，117：92-99.

［41］ Windig W，Shaver J，Bro R. Loopy Msc：A Simple Way to Improve Multiplicative Scatter Correction［J］. Applied Spectroscopy，2008，62（10）：1153-1159.

［42］ Pedersen D K，Martens H，Nielsen J P，et al. Near-Infrared Absorption and Scattering Separated by Extended Inverted Signal Correction（EISC）：Analysis of Near-Infrared Transmittance Spectra of Single Wheat Seeds［J］. Applied Spectroscopy，2002，56（9）：1206-1214.

［43］ Helland I S，Naes T，Isaksson T. Related Versions of the Multiplicative Scatter Correction Method for Preprocessing Spectroscopic Data［J］. Chemometrics and Intelligent Laboratory Systems，1995，29：233-241.

［44］ Martens H，Stark E. Extended Multiplicative Signal Correction and Spectral Interference Subtraction：New Preprocessing Methods for Near Infrared Spectroscopy［J］. Journal of Pharmaceutical and Biomedical Analysis，1991，9（8）：625-635.

［45］ Liland K H，Kohler A，Afseth N K. Model-Based Pre-Processing in Raman Spectroscopy of Biological Samples［J］. Journal of Raman Spectroscopy，2016，47：643-650.

［46］ Kohler A，Böcker U，Warringer J，et al. Reducing Inter-Replicate Variation in Fourier Transform Infrared Spectroscopy by Extended Multiplicative Signal Correction［J］. Applied Spectroscopy，2009，63（3）：296-305.

［47］ Silalahi D D，Midi H，Arasan J，et al. Robust Generalized Multiplicative Scatter Correction Algorithm on Pretreatment of Near Infrared Spectral Data［J］. Vibrational Spectroscopy，2018，97：55-65.

［48］ 姚志湘，孙增强，袁洪福，等.通过向量角转换校正拉曼光谱中乘性干扰［J］.光谱学与光谱分析，2016，36（2）：419-423.

［49］ Xie J C，Yuan H F，Song C F，et al. Online Determination of Chemical and Physical Properties of Ploy（Ethylene Vinyl Acetate）Pellets Using a Novel Method of Near-Infrared Spectroscopy Combined with Angle Transform［J］. Analytical Methods，2019，11：2435-2442.

［50］ Zhu Z Q，Yuan H F，Song C F，et al. High-Speed Sex Identification and Sorting of Living Silkworm Pupae Using Near-Infrared Spectroscopy Combined with Chemometrics［J］. Sensors and Actuators B：Chemical，2018，268：299-309

［51］ Deming S N，Michotte Y，Massart D L，et al. Chemometrics：A Textbook［M］. Amsterdam：Elsevier Science，1988.

［52］ Chau F T，Liang Y Z，Gao J B，et al. Chemometrics：From Basics to Wavelet Transform Chemometrics-from Basics to Wavelet Transform［M］. Hoboken：Wiley-Interscience，2004.

［53］ Hassan S A，Abdel-Gawad S A. Application of Wavelet and Fourier Transforms as Powerful Alternatives for Derivative Spectrophotometry in Analysis of Binary Mixtures：A Comparative Study［J］. Spectrochimica Acta Part A：

Molecular and Biomolecular Spectroscopy，2018，191：365-371.

[54] Trygg J，Wold S. PLS Regression on Wavelet Compressed NIR Spectra [J]. Chemometrics and Intelligent Laboratory Systems，1998，42 (1-2)：209-220.

[55] 田高友，褚小立，袁洪福.小波变换-偏最小二乘法用于柴油近红外光谱分析 [J].计算机与应用化学，2006，23 (10)：971-974.

[56] Liu J J，Li B Q，Wang X，et al. Applying Tchebichef Image Moments to the Simultaneous Quantitative Analysis of the Four Componentsin Corn Based on Raw NIR Spectra [J]. Chemometrics and Intelligent Laboratory Systems，2018 (173)：14-20.

[57] 潘钊，崔耀耀，吴希军，等.基于三维荧光光谱的 Krawtchouk 图像矩算法在多环芳烃定量分析中的应用 [J]. 光谱学与光谱分析，2018，38 (12)：139-143.

[58] Xue W，Bao Q，Li H，et al. An Efficient Approach to the Quantitative Analysis of Humic Acid in Water [J]. Food Chemistry，2016，190：1033-1039.

[59] 殷贤华，郭超，奉慕霖，等.基于 Tchebichef 图像矩的氧化锌太赫兹光谱定量研究 [J].激光技术，2019，43 (6)：747-752.

[60] Li S S，Yin B，Zhai H L，et al. An Effective Approach to the Quantitative Analysis of Skin-Whitening Agents in Cosmetics with Different Substrates Based on Conventional UV-Vis Determination [J]. Analytical Methods，2019，11 (11)：1500-1507.

[61] Zhu L，Lu S H，Zhang Y H，et al. An Effective and Rapid Approach to Predict Molecular Composition of Naphtha Based on Raw NIR Spectra [J]. Vibrational Spectroscopy，2020，109：103071.

[62] Roger J M，Chauchard F，Bellon-Maurel V. EPO-PLS External Parameter Orthogonalisation of PLS Application to Temperature-Independent Measurement of Sugar Content of Intact Fruits [J].Chemometrics and Intelligent Laboratory Systems，2003，66 (2)：191-204.

[63] Minasny B，Mcbratney A B，Bellon-Maurel V. Removing the Effect of Soil Moisture from NIR Diffuse Reflectance Spectra for the Prediction of Soil Organic Carbon [J]. Geoderma，2011，167-168：118-124.

[64] 盛伟楠，孙翠迎，韩同帅，等.基于外部参数正交的葡萄糖近红外漫射光谱温度校正 [J].纳米技术与精密工程，2017，15 (5)：425-429.

[65] 葛晴，韩同帅，刘蓉，等.基于外部参数正交的无创血糖测量温度校正 [J].光谱学与光谱分析，2020，40 (5)：1483-1488.

[66] 于雷，洪永胜，朱亚星，等.去除土壤水分对高光谱估算土壤有机质含量的影响 [J].光谱学与光谱分析，2017，37 (7)：2146-2151.

[67] Martens H，Høy M，Wise B M，et al. Pre-Whitening of Data by Covariance-Weighted Pre-Processing [J].Journal of Chemometrics，2003，17 (3)：153-165.

[68] 付庆波，索辉，贺馨平，等.温度影响下短波近红外酒精度检测的传递校正 [J].光谱学与光谱分析，2012，32 (8)：2080-2084.

[69] 孙翠迎，韩同帅，郭超，等.温度干扰下的葡萄糖水溶液近红外光谱修正方法与比较 [J].光谱学与光谱分析，2017，37 (11)：3391-3398.

[70] Chen Z P，Morris J，Martin E. Correction of Temperature-Induced Spectral Variations by Loading Space Standardization [J]. Analytical Chemistry，2005，77：1376-1384.

[71] 王淑霞，李丽梅，仲利静，等.复杂过程光谱数据分析的化学计量学方法研究进展 [J].分析科学学报，2011，27 (6)：104-109.

[72] 杨向妮，姚志湘，孙粟晖，等.斜投影和空间夹角判据结合紫外光谱分析滴眼液中苯扎氯铵 [J].分析测试学报，2016，35 (3)：337-341.

[73] 胡爱琴，袁洪福，姚志湘，等.多组分复杂体系光谱多元定量分析方法研究 [J].光谱学与光谱分析，2014，34 (11)：3040-3044.

[74] 朱志强，袁洪福，胡爱琴，等.液化石油气中二甲醚含量快速测定方法研究 [J].光谱学与光谱分析，2016，36 (4)：978-980.

[75] 荣海腾，宋春风，袁洪福，等.近红外光谱法快速测定车用汽油中多种添加剂含量 [J].光谱学与光谱分析，2015，35 (10)：2757-2760.

[76] Wold S，Antti H，Lindgren F. Orthogonal Signal Correction of Near-Infrared Spectra [J]. Chemometrics and Intelligent Laboratory System，1998，44：175-185.

[77] Westerhuis J A，Jong S D，Smilde A K. Direct Orthogonal Signal Correction [J]. Chemometrics and Intelligent Laboratory System，2001，56：13-25.

[78] Andersson C A. Direct Orthogonalization [J]. Chemometrics and Intelligent Laboratory System，1999，47：51-63.

[79] Pierna J A F，Massart D L，Ricoux P，et al. Direct Orthogonalization：Some Case Studies [J]. Chemometrics and Intelligent Laboratory System，2001，55：101-108.

[80] Fearn T. On Orthogonal Signal Correction [J]. Chemometrics and Intelligent Laboratory System，2000，50：47-52.

[81] Feudale R N，Tan H W，Brown S D. Piecewise Orthogonal Signal Correction [J]. Chemometrics and Intelligent Laboratory System，2002，63：129-138.

[82] Li B B，MorrisA J，Martin E B. Orthogonal Signal Correction：Algorithmic Aspects and Properties [J]. Journal of Chemometrics，2002，16（11）：556-561.

[83] Sjoblom J，Svensson O，Josefson M. An Evaluation of Orthogonal Signal Correction Applied to Calibration Transfer of Near Infrared Spectra [J]. Chemometrics and Intelligent Laboratory System，1998，44：229-244.

[84] Fearn T. Review：Standardisation and Calibration Transfer for Near Infrared Instruments：A Review [J]. Journal of Near Infrared Spectroscopy，2001，9（1）：229-244.

[85] Tan A，Myles J，Brown S D，et al. Transfer of Multivariate Calibration Models：A Review [J]. Chemometrics and Intelligent Laboratory Systems，2002，64：181-192.

[86] Geladi P，Barring H，Dabakk E. Calibration Transfers for Predictig Lake-Water Ph from Near Infrared Spectra of Lake Sediments [J]. Journal of Near Infrared Spectroscopy，1999，7（2）：251-264.

[87] Blanco M，Coello J，Montoliu I. Orthogonal Signal Correction in Near Infrared Calibration [J]. Analytica Chimica Acta，2001，434（1）：125-132.

[88] Svensson O，Kourti T，Macgregor J F. An Investigation of Orthogonal Signal Correction Algorithms and their Characteristics [J]. Journal of Chemometrics，2002，16：176-188.

[89] Bertran E，Iturriaga H，Maspoch S，et al. Effect of Orthogonal Signal Correction on the Determination of Compounds with Very Similar Near Infrared Spectra [J]. Analytica Chimica Acta，2001，431：303-311.

[90] Trygg J，Wold S. Orthogonal Projections to Latent Structures（O-PLS）[J]. Journal of Chemometrics，2002，16（3）：119-128.

[91] Trygg J. O2-PLS for Qualitative and Quantitative Analysis in Multivariate Calibration [J]. Journal of Chemometrics，2002，16（6）：283-293.

[92] Trygg J，Wold S. O2-PLS，A Two-Block（X-Y）Latent Variable Regression（LVR）Method with an Integral Osc Filter [J]. Journal of Chemometrics，2003，17（1）：53-64.

[93] 张娴，袁洪福，郭峥，等. 正交信号校正应用于多元线性回归建模的研究 [J]. 光谱学与光谱分析，2011，31（12）：3228-3231.

[94] Lorber A. Net Analyte Signal Calculation in Multivariate Calibration [J]. Analytical Chemistry，1997，69（8）：1620-1626.

[95] Faber N M. Efficient Computation of Net Analyte Signal Vector in Inverse Multivariate Calibration Models [J]. Analytical Chemistry，1998，70（23）：5108-5110.

[96] Joan F，Brown S D，Rius F X. Improved Calculation of the Net Analyte Signal in Inverse Multivariate Calibration [J]. Journal of Chemometrics，2001，15：537-553.

[97] Lorber A. Error Propagation and Figures of Merit for Quantification by Solving Matrix Equations [J]. Analytical Chemistry，1986，58（6）：1167-1172.

[98] Faber N M. Characterizing the Uncertainty in Near-Infrared Spectroscopic Prediction of Mixed-Oxygenate Concentrations in Gasoline：Sample-Specific Prediction Intervals [J]. Analytical Chemistry，1998，70（14），2972-2982.

[99] Ferre J，Rius F X. Detectionand Correction of Biased Results of Individual Analytes in Multicomponent Spectroscopic Analysis [J]. Analytical Chemistry，1998，70（9）：1999-2007.

[100] Goicoechea H C，Olivieri A C. Wavelength Selection by Net Analyte Signals Calculated with Multivariate Factor-Based Hybrid Linear Analysis（HLA）. A theoretical and Experimental Comparison with Partial Least-Squares（PLS）[J]. Analyst，1999，124（5）：1999-2007.

[101] Boque R，Rius F X. Multivariate Detection Limits Estimators [J]. Chemometrics and Intelligent Laboratory Systems，1996，32（1）：11-23.

[102] Boschettia C E，Olivieri A C. Net Analyte Preprocessing：A New and Versatile Multivariate Calibration Technique. Analysis of Mixtures of Rubber Antioxidants by NIR Spectroscopy [J]. Journal of Near Infrared Spectroscopy，2001，9：245-254.

[103] Goicoechea H C，Olivieri A C. A Comparison of Orthogonal Signal Correction and Net Analyte Preprocessing Methods. Theoretical and Experimental Study [J]. Chemometrics and Intelligent Laboratory Systems，2002，63：129-138.

[104] Berger A J, Koo T W, Itzkan I, et al. An Enhanced Algorithm for Linear Multivariate Calibration [J]. Analytical Chemistry, 1998, 70 (3): 623-627.

[105] 亓云鹏, 吴玉田, 李通化, 等. 混合线性分析法的原理及应用 [J]. 分析化学, 2002, 30 (4): 401-405.

[106] Goicoechea H C, Olivieri A C. Enhanced Synchronous Spectrofluorometric Determination of Tetracycline in Blood Serum by Chemometric Analysis. Comparison of Partial Least-Squares and Hybrid Linear Analysis Calibrations [J]. Analytical Chemistry, 1999, 71 (19): 4361-4368.

[107] Xu L, Schechter I. A Calibration Method Free of Optimum Factor Number Selection for Automated Multivariate Analysis. Experimental and Theoretical Study [J]. Analytical Chemistry, 1997, 69 (18): 3722-3730.

[108] Faber N M. Multivariate Sensitivity for the Interpretation of the Effect of Spectral Pretreatment Methods on Near-Infrared Calibration Model Predictions [J]. Analytical Chemistry, 1999, 71 (3): 557-565.

[109] Hansen P W. Pre-Processing Method Minimizing the Need for Reference Analyses [J]. Journal of Chemometrics, 2001, 15: 123-131.

[110] Ferre J, Brown S D. Reductionof Model Complexity by Orthogonalization with Respect to Non-Relevant Spectral Changes [J]. Applied Spectroscopy, 2001, 55 (6): 708-704.

[111] Chen Z P, Morris J, Martin E. Extracting Chemical Information from Spectral Data with Multiplicative Light Scattering Effects by Optical Path-Length Estimation and Correction [J]. Analytical Chemistry, 2006, 78: 7674-7681.

[112] Jin J W, Chen Z P, Li L M, et al. Quantitative Spectroscopic Analysis of Heterogeneous Mixtures: The Correction of Multiplicative Effects Caused by Variations in Physical Properties of Samples [J]. Analytical Chemistry, 2011, 84 (1): 320-326.

[113] Chen Z P, Lovett D, Morris J. Process Analytical Technologies and Real Time Process Control a Review of Some Spectroscopic Issues and Challenges [J]. Journal of Process Control, 2011, 21: 1467-1482.

[114] 胡敏, 陈增萍, 陈瑶, 等. 表面增强拉曼光谱结合乘子效应模型对血浆和药片中甲巯咪唑的定量检测 [J]. 分析化学, 2015, 43 (5): 759-764.

[115] 金竞文. 复杂体系光谱定量分析的新型化学计量学模型与方法研究 [D]. 长沙: 湖南大学, 2015.

[116] Xia T H, Chen Z P, Chen Y, et al. Improving the Quantitative Accuracy of Surface Enhanced Raman Spectroscopy by the Combination of Microfluidics with a Multiplicative Effects Model [J]. Analytical Methods, 2014, 6: 2363-2370.

[117] 沈怡, 彭云, 武培怡, 等. 二维相关振动光谱技术 [J]. 化学进展, 2005, 17 (3): 499-513.

[118] Noda I. Determination of Two-Dimensional Correlation Spectra Using the Hilbert Transform [J]. Applied Spectroscopy, 2000, 54 (7): 994-999.

[119] Ozaki Y. Two-dimensional Near Infrared Correlation Spectroscopy: Principle and its Applications [J]. Journal of Near Infrared Spectroscopy, 1998, 6 (1): 19-31.

[120] 陆珺, 相秉仁, 刘浩. 二维相关近红外光谱及其应用 [J]. 药学进展, 2007, 31 (7): 303-308.

[121] Wu P, Yang Y, Siesler H W. Two-dimensional Near-infrared Correlation Temperature Studies of an Amorphous Polyamide [J]. Polymer, 2001, 42 (26): 10181-10186.

[122] Ozaki Y, Murayama K, Wang Y. Application of Two-dimensional Near-infrared Correlation Spectroscopy to Protein Research [J]. Vibrational Spectroscopy, 1999, 20 (2): 127-132.

[123] Liu H, Xiang B R, Qu L B. Structure Analysis of Ascorbic Acid Using Near-infrared Spectroscopy and Generalized Two-dimensional Correlation Spectroscopy [J]. Journal of Molecular Structure, 2006, 794 (1-3): 12-17.

[124] Barton II F E, de Haseth J A, Himmelsbach D S. The Use of Two-dimensional Correlation Spectroscopy to Characterise the Differences in Research Grade Instruments [J]. Journal of Near Infrared Spectroscopy, 2006, 14 (6): 357-362.

[125] Sasic S, Ozaki Y. Wavelength-Wavelength and Sample-Sample Two-Dimensional Correlation Analyses of Short-Wave Near-Infrared Spectra of Raw Milk [J]. Applied Spectroscopy, 2001, 55 (2): 163-172.

波长变量选择方法

在光谱结合多元校正的方法中，传统观点认为多元校正方法（如 PLS）具有较强的抗干扰能力，可全波长参与多元校正模型的建立。随着对 PLS 等方法的深入研究和应用，通过特定方法筛选特征波长或波长区间有可能得到更好的定量校正模型。波长选择一方面可以简化模型，提高模型的运行效率并提高模型的可解释性，更重要的是由于不相关或非线性变量的剔除，可以得到预测能力强、稳健性好的校正模型[1-3]。因此，波长变量的选择成为校正模型建立过程中的关键步骤之一，也成为化学计量学和光谱分析领域的研究热点[4,5]。

2012 年 Mehmood 等综述了基于偏最小二乘算法的波长选择算法，并对算法进行了分类（图 5-1）[6]。按照机器学习中的特征选取分类方式，将这些波长选择算法大致分为过滤法（Filter Method）、包裹法（Wrappe Method）和嵌入法（Embedded Method）三类[7]。过滤法在选择变量时，对变量进行独立评价，不考虑变量之间的依赖性或协同性，常用的方法有相关系数法和方差分析方法等。包裹法考虑到了变量之间的相关性，通过评价变量的组合对模型性能的影响，选取性能最好的组合，常用的方法有间隔 PLS 方法和遗传算法等。嵌入法是在建立模型的同时，对变量进行选取，最常用的策略是通过增加正则项来约束模型的复杂度，例如 Lasso 方法等，随机森林对变量的选取也属于嵌入法。本章主要介绍过滤法和包裹法中的一些常见波长变量选取方法，嵌入法中的一些方法在第 7 章线性校正方法中相应章节进行介绍。

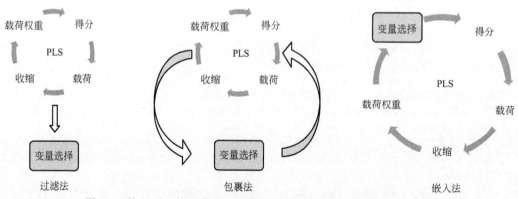

图 5-1 基于 PLS 的过滤法、包裹法和嵌入法选取变量过程的示意图

5.1 相关系数和方差分析方法

相关系数法是将校正集光谱阵中的每个波长对应的吸光度向量 x 与浓度阵中的待测

组分浓度向量 y 进行相关性计算，得到波长-相关系数 R 图（见图 5-2），或决定系数 R^2 图，对应相关系数绝对值（或决定系数）越大的波长，其信息应越多。因此，可结合已知的化学知识给定阈值，选取相关系数大于该阈值的波长参与模型建立。相关系数 R 由下式计算：

$$R = \frac{\sum\limits_{i=1}^{n}(x_i - \overline{x})(y_i - \overline{y})}{\sqrt{\sum\limits_{i=1}^{n}(x_i - \overline{x})^2 \sum\limits_{i=1}^{n}(y_i - \overline{y})^2}}$$

其中，$\overline{x} = (\sum\limits_{i=1}^{n} x_i)/n$，$\overline{y} = (\sum\limits_{i=1}^{n} y_i)/n$，$n$ 为校正集的样品数。

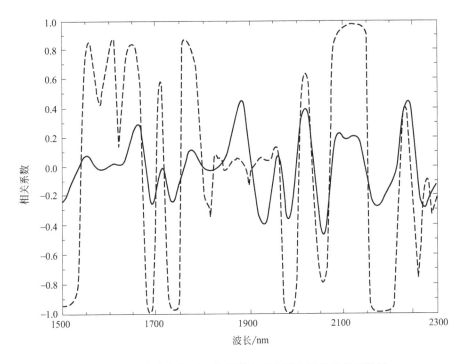

图 5-2　100 个小麦的近红外光谱与蛋白质含量的相关系数图
（实线为 1 个小麦的近红外光谱；虚线为相关系数）

　　由于相关系数法是基于线性统计方法建立的，对于非线性相关及校正集样本分布不均匀的情况，通过该方法选取的结果往往不可靠。

　　若波长变量之间的数学运算数据（例如波长之间的差或波长之间的比值）与浓度值之间呈线性关系，则可通过波长间的差或比值与浓度值的相关系数二维图来选择波长变量（图 5-3）[8-10]。

　　方差分析法是通过对校正集光谱阵在各波长下的方差分析，得到波长-标准偏差 s 图，标准偏差越大的波长说明其光谱变动越显著，与相关系数法相似，可给定一阈值来选择波长区间。由于方差分析法不是针对待测组分优化选取波长，较少用于定量模型，多用于定性模型中的波长选取。

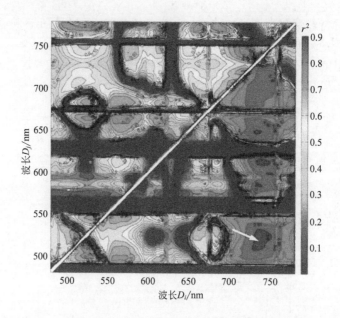

图 5-3   波长间的差或比值与浓度值的相关系数二维图

（箭头所指的 $D740nm$ 与 $D522nm$ 为所选变量）（彩图见文后插页）

5.2   交互式自模型混合物分析方法

交互式自模型混合物分析（Simple-to-use Interactive Self-modeling Mixture Analysis，SIMPLISMA）是用于从混合物光谱阵中分辨纯组分光谱的方法，其中的一个关键步骤是辨析出纯组分的波长变量（纯波长变量），选择的原则是方差最大且互不相关[11,12]。

设光谱矩阵 $\boldsymbol{X}(n \times m)$，其中 n 为样本数，m 为波长点数，则 SIMPLISMA 算法的步骤：

（1）选择第 1 个变量

计算纯度值 $p_{i,1}$：

$$p_{i,1} = \frac{\sigma_i}{\mu_i + \alpha}$$

式中，σ_i 为第 i 波长变量的标准差；μ_i 为第 i 波长变量的均值；α 为补偿项；作为低吸收强度（噪声水平）变量的校正因子，$i = 1, 2, \cdots, m$。

（2）选择第 j 个变量（$j \geqslant 2$）

首先计算关系矩阵 $\boldsymbol{C}$：

$$\boldsymbol{C} = \boldsymbol{X}_u \boldsymbol{X}_u^T / n$$

式中，$\boldsymbol{X}_u$ 为行面积归一化后的光谱矩阵。

相关权系数 $\omega_{i,j}$ 为：

$$\omega_{i,j} = \begin{vmatrix} c_{i,i} & c_{i,p_1} & \cdots & c_{i,p_{j-1}} \\ c_{p_1,i} & c_{p_1,p_1} & \cdots & c_{p_1,p_{j-1}} \\ \cdots & \cdots & \cdots & \cdots \\ \cdots & \cdots & \cdots & \cdots \\ c_{p_{j-1},i} & \cdots & \cdots & c_{p_{j-1},p_{j-1}} \end{vmatrix}$$

式中，j 表示待选的第 j 个变量；p_{j-1} 表示已选中的第 $(j-1)$ 个变量；p_1 表示已选的第 1 个变量。

当第 j 个变量与选中的第 $(j-1)$ 个变量高度相关时，$\omega_{i,j}$ 接近为零，若不相关时，$\omega_{i,j}$ 值较大。波长变量的纯度值一般计算式为：

$$p_{i,j} = \frac{\sigma_i}{(\mu_i + \alpha)} \omega_{i,j}$$

其中，已选的第 1 个变量的 $\omega_{i,1}$ 为：

$$\omega_{i,1} = \frac{\mu_i{}^2 + \sigma_i{}^2}{\mu_i{}^2 + (\sigma_i + \alpha)^2}$$

依次选取纯度值最大的波长作为选中的第 j 个变量，直至选择完成所需的变量数。

利用 SIMPLISMA 算法可辨析出混合物光谱矩阵 $X(n \times m)$ 中纯化合物的光谱阵 $S(r \times m)$，r 为混合物中纯组分数，矩阵分解式为：

$$X = CS$$

式中，C 为纯化合物的浓度阵 $(n \times r)$。

用解析出的纯波长的吸光度作为 C 矩阵的值，所选的波长个数为混合物中纯组分数 r（r 值可通过 SVD 分解确定），则：

$$S = (C^{\mathrm{T}}C)^{-1} C^{\mathrm{T}} X^{\mathrm{T}}$$

通过对 S 阵的归一化处理后，则可计算出纯化合物的实际浓度值。由于拉曼光谱的特征峰信息较强，SIMPLISMA 算法在拉曼光谱尤其是表面增强拉曼用于果蔬农药残留检测方面应用效果较好[13,14]。Qin 等利用空间偏移拉曼光谱结合 SIMPLISMA 算法获得了番茄红素在不同成熟度番茄中的可视化分布图[15]。Khodabakhshian 等采用 SIMPLISMA 算法从石榴果实样品中提取单宁酸纯组分光谱，然后进行光谱信息散度（Spectral Information Divergence，SID）以区分石榴果实的四个不同的成熟阶段：未成熟阶段（S1），半熟阶段（S2），半熟阶段（S3）和完全成熟阶段（S4）[16]。

5.3 连续投影方法

连续投影算法（Successive Projections Algorithm，SPA）是一种前向循环选择方法[17-19]，它从一个波长开始，每次循环都计算它在未选入波长上的投影，将投影向量最大的波长引入到波长组合。每一个新选入的波长，都与前一个线性关系最小。

对于校正集光谱阵 $X(n \times m)$，给定需要选择的波长个数 h，SPA 的算法如下：

① 第 1 次迭代（$p=1$）开始前，在光谱矩阵中任选一列向量 x_j，记为 $x_{k(0)}$，即 $k(0)=j$，$j \in 1, \cdots, m$。

② 把还没被选入的列向量位置的集合记为 s，$s = \{j, 1 \leqslant j \leqslant m, j \notin \{k(0), \cdots, k(p-1)\}\}$。

③ 分别计算剩余列向量 x_j（$j \in s$）与当前所选向量 $x_{k(p-1)}$ 的投影：

$$Px_j = x_j - (x_j^{\mathrm{T}} x_{k(p-1)}) x_{k(p-1)} (x_{k(p-1)}^{\mathrm{T}} x_{k(p-1)})^{-1}, j \in s$$

④ 提取最大投影值的波长变量序号：$k(p) = \arg(\max(\| Px_j \|))$，$j \in s$。

⑤ 令 $x_j = Px_j$，$j \in s$。

⑥ $p = p+1$，如果 $p < h$，返回到第②步循环计算。

最终选取的波长变量为 $\{k(p), p = 0, \cdots, h-1\}$。

对应于每一个初始 $k(0)$，循环一次后进行 MLR 或 PLS 等交互验证分析，最小

RMSECV 所对应的 $k(p)$ 即为最终的选择结果。

SPA 方法在多种光谱的多元定量和定性分析中得到应用，均取得了较好的效果[20-22]。

5.4　变量投影重要性方法

对于 PLS 回归，除了利用回归系数选取波长变量外，也可以通过回归过程得到的权重向量 w、得分向量 t 和载荷向量 q 来筛选重要的变量。变量投影重要性方法（Variable Importance in Projection，VIP）就是基于 PLS 回归变量的一种波长选择方法，它通过自变量对因变量的解释能力大小来判断变量的重要性[23,24]。

波长变量 VIP 值由以下公式计算：

$$\mathrm{VIP}_j = \sqrt{\dfrac{m\displaystyle\sum_{k=1}^{h}\left(q_k^2 t_k^{\mathrm{T}} t_k\left(\dfrac{w_{jk}}{\|w_k\|}\right)^2\right)}{\displaystyle\sum_{k=1}^{h} q_k^2 t_k^{\mathrm{T}} t_k}}$$

式中，$j=1,2,\cdots,m$；m 为波长变量个数；h 为 PLS 最佳主因子数。

VIP 综合考虑了光谱对构造 PLS 得分的贡献和 PLS 得分对浓度变量的解释能力，代表着波长变量对模型拟合的重要程度。波长变量对浓度的解释能力是通过得分传递的，如果得分对浓度的解释能力强，且该变量在构造这个得分时又起重要的作用，则该变量的 VIP 值会很大，表示该波长变量对浓度有很强的解释能力[25,26]。通常选取 VIP 大于 1 的波长点为特征变量。

除了 VIP 方法外，Kvalheim 等还提出选择性比（Selectivity Ratio，SR）参数用来评价变量的重要性[27]。

5.5　无信息变量消除方法

无信息变量消除方法（Elimination of Uninformative Variables，UVE）[28,29] 是基于 PLS 回归系数 b 建立的一种波长选取方法，这种方法的基本思想是将回归系数作为波长重要性的衡量指标。其具体算法如下：

① 将校正集光谱阵 $X(n\times m)$ 和浓度阵 $Y(n\times 1)$ 进行 PLS 回归，并选取最佳主因子数 f。

② 人为产生一噪声矩阵 $R(n\times m)$，将 X 与 R 组合形成矩阵 $XR(n\times 2m)$，该矩阵前 m 列为 X，后 m 列为 R。

③ 对矩阵 XR 和 Y 进行 PLS 每次剔除一个样品的交互验证，得到 n 个 PLS 回归系数组成矩阵 $B(n\times 2m)$。

④ 按列计算矩阵 $B(n\times 2m)$ 的标准偏差 $s(1\times 2m)$ 和平均值向量 $me(1\times 2m)$，然后计算稳定性：$h(i)=me(i)/s(i)$，$i=1,2,\cdots,2m$。

⑤ 在 $[m+1, 2m]$ 区间取 h 的最大绝对值 $h_{\max}=\max(\mathrm{abs}(h))$。

⑥ 在 $[1, m]$ 区间去除矩阵 X 对应 $h<h_{\max}$ 的变量，并将剩余变量组成经 UVE 方法选取的新矩阵 X_{UVE}。

UVE 方法在选取波长时集噪声和浓度信息于一体，也较直观实用（图 5-4）。已有文献表明，UVE 的结果优于相关系数等波长选择方法。利用 PLS 回归系数 b 或权重 w 的波长选择方法还有交互变量选择（Interactive Variable Selection，IVS）方法和有序预测器选择方法（Ordered Predictors Selection，OPS）等[30,31]。

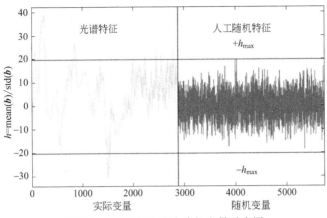

图 5-4 UVE 方法选取波长变量示意图

将蒙特卡罗采样（Monte-Carlo Sampling）方法与 PLS 回归系数 **b** 结合用于波长变量的筛选是近期较受关注的一类方法。这类方法通过蒙特卡罗采样或称为随机采样（Random Sampling）的方式，从校正集随机抽取一部分样本进行 PLS 建模，如此反复进行上百次取样建模，然后按照一定规则选取影响显著的回归系数 **b** 所对应的波长变量[32,33]。

蒙特卡罗（MC）与 UVE 方法结合组成的 MC-UVE 方法受到广泛的关注[34-37]。该方法中，将蒙特卡罗策略引入 UVE-PLS 中，代替了传统的留一交互策略。每次从样本集中随机选取一定比例的样本作为训练样本，建立 PLS 回归模型，得到回归系数 **b**，如此重复 N 次。得到由 N 个 PLS 模型回归系组成的回归系数矩阵 $\boldsymbol{B}(N\times m)$，则第 i 个变量（$i=1$，2，$\cdots$，m）的稳定性值，由下式计算得到：

$$h_i = \mathrm{mean}(\boldsymbol{b}_i)/\mathrm{std}(\boldsymbol{b}_i)$$

其中，$i=1$，2，$\cdots$，m；$\mathrm{mean}(\boldsymbol{b}_i)$ 和 $\mathrm{std}(\boldsymbol{b}_i)$ 分别代表第 i 个变量回归系数的均值和标准偏差。

h_i 绝对值越大，所对应的变量越重要，根据 h_i 绝对值的大小决定是否将第 i 个变量剔除。如图 5-5 所示，由于其变量直接由稳定性来确定，这比 UVE 方法中在原始数据矩阵中加入随机噪声变量来估计截止阈值更方便。

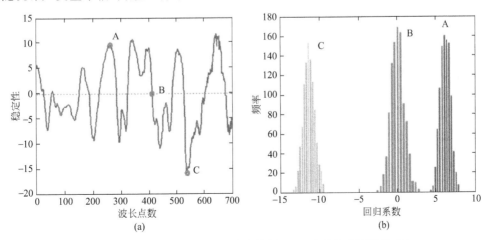

图 5-5 MC-UVE 方法得到的稳定性图（a）以及出现的频率（b）

Han 等采用集成策略提高 MC-UVE 算法的稳定性，结果表明，MC-UVE 多次重复运行后各波长被选中的累积频率有高有低，通过设置阈值的方式剔除被选频率较低的波长后，MC-UVE 算法的可靠性和预测能力均得以明显提高[38]。

5.6   竞争性自适应重加权采样方法

竞争性自适应重加权采样方法（Competitive Adaptive Reweighted Sampling，CARS）算法也基于蒙特卡罗采样的方法[39,40]，该方法将每个变量看成一个体，对变量实施逐步淘汰的选择过程。同时，引入指数衰减函数控制变量的保留率，具有很高的计算效率，能够在一定程度上克服变量选择中的组合爆炸问题，并筛选出优化的变量子集。该算法的实施步骤如下：

① 采用蒙特卡罗采样法采样 N 次，每次从样品集中随机抽取 80% 的样品作为校正集，利用抽取的光谱阵 $X(n \times m)$ 和浓度阵 $Y(n \times 1)$，分别建立 PLS 回归模型。

② 采用指数衰减函数（Exponentially Decreasing Function，EDF）强行去掉回归系数 $|b_i|$ 值相对较小的波长点。第 i 次采样时，波长点的保留率 r_i 根据下面的 EDF 公式得到：

$$r_i = ae^{-ki}$$

这里 a 与 k 为常数，a 和 k 的计算公式如下：

$$a = \left(\frac{m}{2}\right)^{\frac{1}{N-1}}$$

$$k = \frac{\ln\left(\frac{m}{2}\right)}{N-1}$$

可以看出，第 1 次采样时，所有的 m 个变量都被用于建模，故 $r_1 = 1$；运行第 N 次采样时，仅两个波长被使用，故 $r_N = 2/m$。

③ 通过 N 次采样筛选出 PLS 模型中回归系数绝对值大的波长点，用每次产生的新变量子集建立 PLS 回归模型，计算每个模型的交互验证均方差（RMSECV），选择 RMSECV 值最小的变量子集，即为最优变量子集。

目前，CARS 算法已广泛应用于近红外光谱、紫外-可见光谱、拉曼光谱和激光诱导击穿光谱的波长变量的选取[41-43]，多数情况下其效果优于 SPA 和 UVE 等方法。

5.7   间隔 PLS 方法

间隔偏最小二乘方法（Interval PLS，iPLS）[44,45] 是一种波长区间选择方法，其原理是将整个光谱等分为若干个等宽的子区间，在每个子区间上进行 PLS 回归，找出最小 RMSECV 对应的区间，然后再以该区间为中心单向或双向扩充（或消减）波长变量，得到最佳的波长区间。

如图 5-6 所示，随后为了寻找更优的区间组合，基于逐步回归的概念又提出了向后删除搜索最优区间组合的 BiPLS（Backward iPLS），向前增加最优区间组合的 FiPLS（Forward iPLS），以及基于贪婪算法的 SiPLS（Synergy iPLS）、基于遗传算法的 GA-iPLS 方法、等间隔组合偏最小二乘（EC-PLS）以及重复率优先组合偏最小二乘法（RRPC-PLS）等[46-48]。

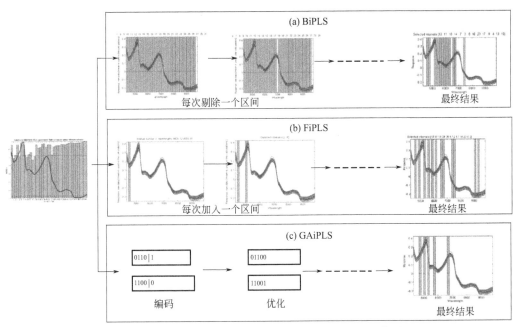

图 5-6 BiPLS、FiPLS 和 GA-iPLS 选取波长区间示意图

5.8 移动窗口 PLS 方法

间隔偏最小二乘方法（iPLS）固定划分等宽的区间，区间之间不能重叠，有可能丢失一些变量信息，使得变量组合的优化空间变小。移动窗口偏最小二乘方法（Moving Window PLS，MWPLS）的基本思想是将一个窗口沿着光谱轴连续移动，每移动一个波长点，采用交互验证方式建立一个模型，得到系列不同窗口（移动波长点）和主因子数对应的残差平方和（PRESS或 SSR），将其作图（见图 5-7）便可选择出与待测组分相关的高信息量的光谱区间[49]。从图 5-7 可以看出，$700\sim800\text{cm}^{-1}$ 光谱范围的信息明显优于 $2400\sim3000\text{cm}^{-1}$。

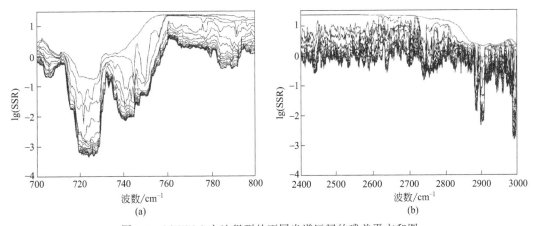

图 5-7 MWPLS 方法得到的不同光谱区间的残差平方和图

无论是间隔 PLS 方法还是移动窗口 PLS 方法，窗口宽度的选择都是非常重要的。在 MWPLS 基础上，又有人提出了搜索组合移动窗口偏最小二乘（Searching Combination

Moving Window Partial Least Squares，SMWPLS）和可变窗宽移动窗口偏最小二乘法（Changeable Size Moving Window Partial Least Squares，CSMWPLS）等方法，可进行更精确波长范围的选取，并与其他预处理方法如 OSC 方法等结合，用于近红外光谱的定量和定性分析[50,51]。

5.9　递归加权 PLS 方法

递归加权 PLS 方法（Recursive Weighted PLS，rPLS）是由 Rinnan 等提出的一种变量选择方法[52]。其基本思想是将 PLS 回归模型中的回归系数作为相应变量的权重，递归地作用于原始数据矩阵，达到增大重要变量和降低次要变量贡献程度的目的。回归系数可以反映变量的重要程度，回归系数接近于 0 表示次要变量，绝对值较大的回归系数则表示重要变量。

递归加权 PLS 方法通过递归地使用估计的回归系数 b 来重估自变量 X，进而确定出变量的简约子集，基于该子集进行 PLS 回归，递推关系如下：

$$X_i = X_{i-1} \cdot \mathrm{diag}(b_{i-1})$$

其中，X_i 表示更新了权重的新变量 X，X_{i-1} 表示之前更新了权重的变量 X，b_{i-1} 为上一个模型的回归系数。

该算法首先建立 X_1（初始自变量 X）和 y 之间的标准 PLS 模型，得到回归系数 b_1。然后根据上述递推关系重复建立 PLS 模型，直到回归系数不再发生变化为止，即在最终的回归系数向量 b_{end} 中仅包含元素 0 和 1。

该方法通常能够收敛于有限的波长变量（通常与 PLS 模型的因子数相当），这非常有利于模型的可解释性。此外，递归加权 PLS 方法仅需要确定因子数，无需设置诸如阈值或置信区间等参数，自动化运行程度较高。

5.10　全局优化的方法

随机搜索、全局优化算法，也称为集群智能算法（Swarm Intelligence），如遗传算法（Genetic Algorithm，GA）、模拟退火算法（Simulated Annealing Algorithm，SAA）、禁忌搜索算法（Tabu Search，TS）、蚁群优化算法（Ant Colony Optimization，ACO）、粒子群优化算法（Particle Swarm Optimization，PSO）、布谷鸟搜索（Cuckoo Search，CS）、萤火虫算法（Firefly）、蝙蝠算法（Bat Algorithm，BA）、引力搜索算法（Gravitational Search Algorithm，GSA）、随机青蛙算法（Random Frog，RF）、灰狼优化器（Grey Wolf Optimizer，GWO）、鲸鱼优化算法（Whale Optimization Algorithm，WOA）和猫群算法（Cat Swarm Optimization，CSO）等在解决现实问题中显示了强大的搜索能力，它们可在合理的时间内逼近问题的最优解，这些算法涉及人工智能、统计热力学、生物进化论以及仿生学，大都是以一定的自然现象作为基础构造的算法，所以又被称为智能优化算法[53]。这些方法容易引入启发式逻辑规则，算法原理直观易于编码实现，且能以较大概率找到全局最优解，其最大的一个特点是可以较好地保留变量间的组合优势。这些优点已使随机优化算法成功应用于许多优化问题，如人工神经网络或支持向量机参数的优化以及变量筛选等。

5.10.1　遗传算法

遗传算法（GA）最初是由 Holland 于 1975 年提出，它借鉴生物界自然选择和遗传机制，利用选择、交换和突变等算子的操作，随着不断的遗传迭代，使目标函数值较优的变量被保留，较差的变量被淘汰，最终达到最优结果。目前，遗传算法已在分析化学领域得到了较多应用，其中在特征变量筛选方面获得了较好的结果[54-56]。

遗传算法的实现主要包括 5 个基本要素：参数编码；群体的初始化；适应度函数的设计；遗传操作设计；收敛判据和变量的选取等。具体的遗传算法实现流程框图参见图 5-8。

（1）参数编码

由于遗传算法不便直接处理空间数据，需通过编码将它们表示成遗传空间的基因型串结构数据，一般采用基于 0/1 字符的二进制串形式。对于包含 m 个参数（如波长）的问题，可用一串含有 $m \times p$ 个字符（对应于基因）的向量（对应于染色体）表示，p 表示每个参数需要的基因位数。对于波长选择来说，通常 p 选取 1，即一条染色体中的每个基因对应一个实际参数，若基因为 1 表示其代表的参数被选中，基因为 0 则未被选中。

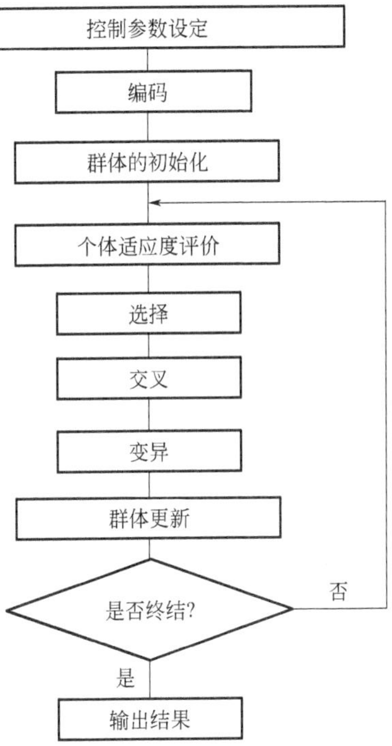

（2）群体的初始化

随机或根据一定的限制条件产生一个给定大小的初始群体，群体的大小即个体（染色体）的数目可根据参数（基因）的多少选定，一般选 30～100。

（3）适应度函数的设计

遗传算法根据适应度函数来评价个体的优劣，作为以后遗传操作的依据。由于在整个搜索进化过程中，只有适应度函数与所解决的具体问题相联系，因此，适应度函数的确定至关重要。对于波长选择，适应度函数可采用交互验证或预测过程中因变量的预测值和实际值的相关系数（R）、RMSECV 或 RMSEP 等作为参数。

图 5-8　遗传算法实现流程框图

（4）遗传操作设计

选择：选择算子又称复制算子，通过选择把适应度高的个体直接遗传到下一代或通过交叉或变异产生新的个体再遗传到下一代。选择操作是建立在群体中个体的适应度评估基础上的。选择的目的是为了避免基因缺陷、提高全局收敛性和计算效率。选择方法包括适应度比例、最优保存、确定式采样及排序选择等方法，其中最常用的选择方法为适应度比例方法，也称转轮法，各个个体的选择概率与其适应度成比例。

交叉：交叉运算是指两个相互配对的染色体按某种方式相互交换其部分基因，从而形成两个新的个体。它是遗传算法中最主要的算子，是产生新个体的主要方法，寻优的搜索过程主要是通过它来实现的，因此，它决定了遗传算法的全局搜索能力。交叉算子有随机一点交叉、两点与多点交叉、均匀交叉和算术交叉等，交叉概率一般选择 0.5～0.8。在交叉运算前必须对群体中的个体进行配对，目前常用随机配对策略，即将群体中的 N 个个体随机组成 $N/2$ 对配对个体组，交叉运算在这些配对个体组中的两个个体之间进行。

变异：变异是将个体染色体编码串中的某些基因进行补运算，即 0 变为 1，或 1 变为 0。引入变异算子的目的是维持群体的多样性，防止出现未成熟收敛现象，此外还改善遗传算法的局部搜索能力。交叉算子和变异算子相结合，共同完成对搜索空间的全局搜索和局部搜索，从而使遗传算法能够以良好的搜索性能完成最优化问题的寻优过程。最简单的变异算子为基本位变异算子，即在个体中随机挑选一个或多个基因以变异概率做变动，变异概率为 0.01～0.1。此外还有均匀变异、非均匀变异、边界变异和高斯变异等变异算子。

（5）收敛判据

常规的数学规划方法在数学上都有比较严格的收敛判据，但遗传算法的收敛判据基本是启发式的。因此，遗传算法的判据较多，如计算时间、计算机变量或从解的质量方面等确定判据。选取遗传迭代次数是常用的收敛终止条件，其取值范围一般为 100～1000。

（6）变量选取

在遗传迭代终止后，所有变量按选取频率重新排列，再由选取变量数与适应度函数作图选定最佳变量数，便得到所选的变量。

因遗传算法具有全局最优、易实现等特点，成为目前较为常用且非常有效的一种波长选择方法。通过波长变量的选取不仅可以优化分析模型，提高其预测能力，还可建立抗外界因素如环境温度影响小的稳健分析模型。此外，通过选取的特征波长还能更好地解释待测组分对应的光谱区域。GA 可用于各种定量校正方法的变量选取，如图 5-9 所示，GA 与 MLR 相结合用于近红外光谱测定聚醚多元醇的羟值，基于 GA 所选 7 个波长变量的 MLR 方法与全谱 PLS 的结果相当。

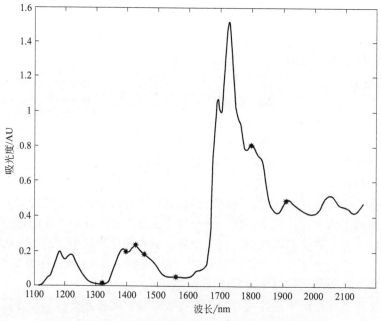

图 5-9　星号标注的波长为 GA 选取的变量

但在实际使用时应注意以下问题：①由于遗传算法的初始群体是随机选取的，选择、交叉和变异也带有较强的随机性，所以不能保证每次波长选取结果的一致性。②在使用遗传算法时，根据经验校正集中波长变量与样品数的比值一般要小于 4，否则得到的结果是不可靠的。③选择合适的适应度函数对遗传算法尤其重要，不同的适应度函数得到的结果将大相径庭。

5.10.2 模拟退火算法

模拟退火算法（SAA）是 Kirkpatrick 等在 1983 年提出的，其基本思想来源于金属退火原理。退火是将材料加热后再经特定速率冷却，目的是增大晶粒的体积，并且减少晶格中的缺陷。材料中的原子最初会停留在使内能有局部最小值的位置；通过加热使能量变大，原子会离开原来的位置，而随机在其他位置中移动。退火冷却时速度较慢，使得原子有较多可能可以找到内能比原先更低的位置。根据 Metropolis 准则，粒子在温度 T 时趋于平衡的概率为 $e^{-\Delta E/(kT)}$，其中 E 为温度 T 时的内能，ΔE 为其改变量，k 为 Boltzmann 常数。SAA 解决组合优化问题的步骤是，将内能 E 模拟为目标函数值 f，温度 T 演化成控制参数 T，由初始解和控制参数初值 T_0 开始，对当前解重复"产生新解→计算目标函数差→判断是否接受→接受或舍弃"的迭代，并逐步衰减 T 值，算法终止时的当前解即为所得近似最优解[57]。SAA 的步骤如下：

① 设置终止温度 T_e，初始温度 T_0，降温系数 β，总迭代次数 L，随机产生一个初始解 x_0，令 $x_{best} = x_0$，并计算目标函数值 $E(x_0)$。

② 设置迭代次数 $i = 1$。

③ 对当前最优解 x_{best} 按照某一邻域函数，产生一新的解 x_{new}。计算新的目标函数值 $E(x_{new})$，并计算目标函数值的增量 $\Delta E = E(x_{new}) - E(x_{best})$。如果 $\Delta E < 0$，则 $x_{best} = x_{new}$；如果 $\Delta E > 0$，计算概率 $p = \exp(-\Delta E/T_i)$，同时在 $[0,1]$ 区间产生一均匀分布的随机数 s，若 $p > s$，$x_{best} = x_{new}$，否则 x_{best} 不改变。

④ $i = i + 1$，如果 i 达到最大迭代次数 L，则停止迭代，否则返回步骤③。

⑤ 对当前目标函数值与历史目标函数值进行比较，如果更小，则用当前状态的参数更新历史值。随后，令 $T_{k+1} = T_k \cdot \beta$，进行降温。

⑥ 如果 $T_{k+1} > T_e$，初始化迭代次数（令 $i = 1$）后，返回步骤③；否则，结束计算，输出目标函数值最小时所对应的波长索引值。

5.10.3 粒子群算法

粒子群算法（PSO）最早是由 Eberhart 和 Kennedy 于 1995 年提出，它的基本概念源于对鸟群觅食行为的研究，是一种源于对鸟群捕食行为研究的进化计算技术，通过粒子间相互作用发现复杂搜索空间中的最优区域[58,59]。

粒子群算法类似于遗传算法，它是一种基于种群的全局优化技术，系统初始化一组随机解，通过迭代找到最优值，但没有遗传算法的交叉和变异过程，而是在解空间中追随最优的粒子进行搜索。与遗传算法相比，粒子群算法的优势在于简单、易实现，且没有更多的参数需要调整。

在 PSO 算法中，每个优化问题的解都是空间搜索中的一只鸟，被抽象为没有质量和体积的微粒，并将其延到多维空间。粒子在多维空间中的位置和飞行速度分别表示为一个矢量。所有粒子都有一个评价函数决定的适应值，粒子们除了知道自己到目前为止发现的最好位置和现在的位置，还知道目前为止整个群体中所有粒子发现的最好位置。粒子就是通过自己的经验和同伴中最好的经验来决定下一步的运动。粒子群算法的步骤如下：

① 初始化一群随机粒子。粒子数的多少根据问题的复杂程度决定，对于一般的优化问题取 20～40 个粒子通常就可以得到很好的结果。随机初始化群体中每个粒子的位置和速度，使它们分散在整个空间中。第 i 个粒子表示为一个 m 维向量（光谱）$x_i = (x_{i1}, x_{i2}, \cdots, x_{im})$；第 i

个粒子的"飞翔"速度，即第 i 个粒子位置变化的速率表示为 $v_i=(v_{i1},v_{i2},\cdots,v_{im})$。

② 评价每个粒子的适应度，将当前各粒子的位置和适应值存储在各微粒的 pbest 中，将所有 pbest 中适应值最优个体的位置和适应值存储于 gbest 中。记第 i 个粒子迄今搜索到的最优位置，即个体最优位置为 $p_i=(p_{i1},p_{i2},\cdots,p_{im})$，整个粒子群迄今搜索到的最优位置为全局最优位置 $p=(p_{g1},p_{g2},\cdots,p_{gm})$，算法假定所有的粒子都朝着个体最优位置和全局最优位置移动。

③ 用下式更新粒子的速度和位置：

$$v_{id}(new)=w^*v_{id}(old)+c_1r_1^*(p_{id}-x_{id})+c_2r_2(p_{gd}-x_{id})$$

$$x_{id}(new)=x_{id}(old)+\mu^*v_{id}(new)$$

式中，$d=1,2,\cdots,m$；w 是非负常数，称为惯性因子，用以平衡全局搜索与局部搜索，取值 $0\sim1$ 之间；学习因子 c_1 和 c_2 是非负常数，通常取 $0\sim4$ 之间的整数值；r_1 和 r_2 为介于 $0\sim1$ 之间的随机数；μ 称为约束因子，用于控制速度的权重。

④ 对于每个粒子，将其适应值与其经历过的最好位置作比较，如果优于以前的位置，则将其作为当前的最好位置。

⑤ 比较当前所有 pbest 和 gbest 的值，更新 gbest。

⑥ 若满足停止条件（规定最小误差标准或迭代达到了规定次数），搜索停止，输出结果，否则返回步骤③继续搜索。

为了避免 PSO 算法收敛于局部最优，增强算法克服局部最优的能力，可迫使一定比例的粒子随机飞行（例如 10%），不追随两个最优值。粒子群算法发展到现在已有多种变形及改进的算法，如带压缩因子的粒子群算法、权重改进的粒子群算法、变学习因子的粒子群算法以及二阶粒子群算法等。

5.10.4 蚁群算法

蚁群算法（ACO）由 Marco Dorigo 于 1992 年提出，其灵感来源于蚂蚁在寻找食物过程中发现路径的行为。蚂蚁属于群居昆虫，相互协作的一群蚂蚁很容易找到从蚁巢到食物源的最短路径。人们通过大量的研究发现，蚂蚁个体之间是通过在其所经过路上留下的信息素来传递信息，蚂蚁可根据信息素的浓度来指导自己对前进方向的选择。因此，某一路径上走过的蚂蚁越多，则后来者选择该路径的概率就越大。这就构成了蚂蚁群体行为表现出的一种信息正反馈现象。

在蚁群优化算法中，一个有限规模的人工蚁群体，可以相互协作地搜索用于解决优化问题的较优解。每只蚂蚁根据问题所给出的准则，从被选的初始状态出发建立一个可行解。每只蚂蚁都搜集关于问题特征和其自身行为的信息，并使用这些信息来修改问题的表现形式。蚂蚁之间不使用直接通讯，而是用信息素指引着蚂蚁之间的信息交换。每只蚂蚁都能够找出一个解，但很可能是较差解。通过群体中所有个体之间的全局相互协作，可以找出高质量的解[60,61]。基本蚁群算法的流程见图 5-10。

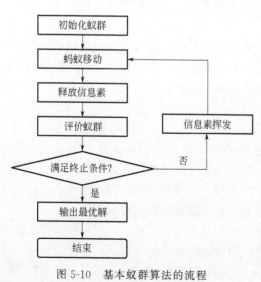

图 5-10　基本蚁群算法的流程

利用蚁群算法进行变量选择的策略有多种[62,63]，下面介绍其中的一种方法。

① 构建信息素向量 τ，其维数为 $1 \times m$，m 为波长变量数。对其进行初始化，所有元素均赋值为 1。并确定蚁群中蚂蚁个数 φ，所要选择的波长变量个数 l，以及迭代次数等。

② 计算概率向量 p 和累计概率向量 cp：

$$p_k = \frac{\tau_k}{\sum\limits_{k=1}^{m} \tau_k}, k = 1, 2, 3, \cdots, m$$

$$cp_k = \sum\limits_{k=1}^{k} p_k, k = 1, 2, 3, \cdots, m$$

③ 由累计概率向量 cp 根据均匀分布产生的随机变量初始化蚁群 φ，使得信息素浓度高的变量选择概率大。

④ 按照下式计算每只蚂蚁的适应度：

适应度函数 $G_f = \dfrac{1}{PRESS_f \times l_f}, f = 1, 2, 3, \cdots, \varphi$

对 G_f 进行归一化：$Gn_f = 0.8 \times \dfrac{G_f}{\sum\limits_{f=1}^{\varphi} G_f}, f = 1, 2, 3, \cdots, \varphi$

⑤ 利用适应度最高的前 50% 个蚂蚁（φ_{best}）根据适应度按下式更新信息素向量 τ，适应度越高，所释放的信息素越多。

$$\tau_k(t+1) = \tau_k(t) + [\tau_k(t) \times Gn_f]$$

式中，$f = 1, 2, 3, \cdots, \varphi_{\text{best}}$；$k \in \beta_f$，其中 β_f 为第 f 个蚂蚁选中的变量。

⑥ 信息素的挥发，即信息素会随时间不断消散，防止信息素量无限累加。

$$\tau_k = \tau_k \times \rho$$

其中 ρ 为常数，$0 \leqslant \rho \leqslant 1$。

⑦ 判断是否满足终止条件，否则返回步骤②继续迭代运算。

5.11 迭代保留信息变量方法

迭代保留信息变量算法（Iteratively Retaining Informative Variables，IRIV）是基于模型集群分析（Model population analysis，MPA）框架提出的一种代表性变量选取方法。模型集群分析策略打破传统一次性建模思路，力求最大限度地利用已有样本集的信息，利用随机采样，从给定一个数据集的样本或变量空间中获取 N 个子数据集，采用选定的建模方法建立模型，对得到的 N 个子模型构成的集群模型中感兴趣的参数进行统计分析，最终获取对解决实际问题有价值的信息[64]。模型集群分析中常用的随机采样方法有蒙特卡洛采样（Monte Carlo Sampling）、自助法采样（Bootstrap Sampling）、二进制采样（Binary Matrix Sampling）和重排技术（Permutation）等。实际上，上面介绍的 MC-UVE 和 CARS 都是基于模型集群分析思路提出的变量选取方法。

迭代保留信息变量算法（IRIV）是一种基于二进制采样提出的特征变量选择算法，将所有变量分为强信息变量、弱信息变量、无信息变量、干扰变量，它通过迭代的方式不断地去除无信息变量和干扰变量等对模型无用的变量，保留对模型有用的信息变量，最后反向消除获得最佳变量集[65-67]。对于 m 个样本 p 维变量的原始光谱数据，该方法通过以下四个步骤筛选变量：

① 生成一个 m 行 p 列只包含 1 和 0 的矩阵 A，1 和 0 分别表示变量是否用于建模，矩阵 A 中 1 和 0 的个数相同。根据矩阵 A 的每一行选取的样本建立 PLS 模型，以 5 折交叉所得 RMSECV 值作为评价标准，得到 $m \times 1$ 大小的向量记为 $\mathbf{RMSECV}_0$。将矩阵 A 中第 i 列（$i=1$，2，$\cdots$，p）中的 1 换为 0、0 换成 1，得到矩阵 B，同样基于矩阵 B 每一行选取的样本建立 PLS 模型，得到 $m \times 1$ 大小的向量记为 $\mathbf{RMSECV}_i$。

② 定义 $\boldsymbol{\varphi}_0$ 和 $\boldsymbol{\varphi}_i$ 评估每个变量的重要性

$$\boldsymbol{\varphi}_{0k} = \begin{cases} k^{th}\,\mathbf{RMSECV}_0 & \text{if } A_{ki}=1 \\ k^{th}\,\mathbf{RMSECV}_i & \text{if } B_{ki}=1 \end{cases} \qquad \boldsymbol{\varphi}_{ik} = \begin{cases} k^{th}\,\mathbf{RMSECV}_0 & \text{if } A_{ki}=0 \\ k^{th}\,\mathbf{RMSECV}_i & \text{if } B_{ki}=0 \end{cases}$$

式中，k^{th} 表示向量中的第 k 行；$k^{th}\mathbf{RMSECV}_0$ 和 $k^{th}\mathbf{RMSECV}_i$ 分别表示向量 $\mathbf{RMSECV}_0$ 和 $\mathbf{RMSECV}_i$ 中第 k 行的值。

$\boldsymbol{\varphi}_0$ 和 $\boldsymbol{\varphi}_i$ 的均值分别记为 $M_{i,\text{in}}$ 和 $M_{i,\text{out}}$，将两均值相减得到 DM_i。定义 $P=0.05$ 为阈值进行 Mann-Whitney U 检验，最终将变量分为 4 类：如果 $DM_i<0$、$P_i<0.05$，则为强信息变量；如果 $DM_i<0$、$P_i>0.05$，则为弱信息变量；如果 $DM_i>0$、$P_i>0.05$，则为无信息变量；如果 $DM_i>0$、$P_i<0.05$，则为干扰变量。

③ 每次迭代均保留强信息变量和弱信息变量，剔除无信息变量和干扰变量。返回步骤①进行下一轮迭代，直到只剩下强信息变量和弱信息变量。

④ 对 t 个保留变量进行反向消除。首先，对 t 变量建立 PLS 模型得到 RMSECV_t。然后，通过剔除第 j 个变量（$j=1,2,\cdots,t$），对 $t-1$ 个变量建立 PLS 模型得到 RMSECV_{-j}，若 RMSECV_{-j} 小于 RMSECV_t 则剔除第 j 个变量，否则保留。循环此过程，剩下的变量为最终选取的特征变量。

图 5-11 为 IRIV 方法筛选出来的四类变量，1236nm 为强信息变量，模型中删除该变量后，RMSECV 显著变大；1050nm 为弱信息变量，模型中删除该变量后，RMSECV 略有变

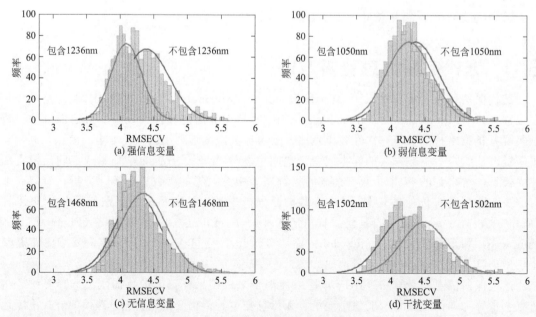

图 5-11 IRIV 方法筛选出来的四类变量

大；1468nm 为无信息变量，模型中删除该变量后，RMSECV 略有变小；1502nm 为干扰变量，模型中删除该变量后，RMSECV 显著变小。

基于模型集群分析框架下的变量选择方法还有迭代变量子集优化（IVSO）、变量组合集群分析（VCPA）、Fisher 最优子空间收缩（FOSS）、自举柔性收缩（BOSS）、变量空间迭代收缩（VISSA）、自加权变量组合集群分析（AWVCPA）等方法[68,69]。

5.12　其他方法

除了上述介绍的在光谱分析中常用的波长选择方法外，还有许多变量选择方法。例如基于随机森林的 Boruta 算法[70,71]，最小二乘 L2 正则化的岭回归方法[72]，L1 正则化的 Lasso 方法[73,74]，最小角回归方法[75,76]，使用 L1、L2 正则化的弹性网络（Elastic Net）方法[77,78] 以及正则化偏最小二乘方法（Regularization Partial Least Squares，RPLS）或稀疏偏最小二乘回归（Sparse Partial Least Squares Regression，SPLS）等[79-81]。其中，正则偏最小二乘方法同时引入 L1 和 L2 范数罚正则项，使模型产生稀疏性，通过交替迭代算法求解主成分载荷系数的稀疏解，实现光谱数据降维和重要波长变量的选择。

机器学习算法中往往存在样本维数较高的问题，在预测或分类时，众多特征显然难以选择，但是如果代入这些特征得到的模型是一个稀疏模型，表示只有少数特征对这个模型有贡献，绝大部分特征是没有贡献的，或者贡献微小，此时就可以只关注系数是非零值的特征，这就是通过稀疏模型进行特征选择的方法。

5.13　波长选择算法的联合与融合

随着变量选择方法的不断发展，各式各样的不同算法的联合使用也逐渐受到重视。这些联用组合方法利用不同算法之间的互补性，先粗选出波长变量或波长区间，然后再精选、优选出更少更有效的变量，在此基础上所建模型的预测能力往往比单一变量选择方法好。

例如，于雷等比较了多种变量筛选方法，发现 CARS-SPA 方法从高光谱全波段 2001 个波长中筛选出 37 个特征波长，建立的土壤有机质含量的 PLSR 模型效果最好[82]。刘国海等将 siPLS-IRIV 联合方法选取波长变量，用于近红外光谱对橄榄油品质的鉴别，结果优于单独使用 siPLS 方法[83]。梁琨等利用 CARS-IRIV 算法筛选高光谱特征变量，建立了预测库尔勒香梨可溶性固形物含量的 LS-SVM 模型，在提高预测精度的同时简化了模型的运算[84]。蔡德玲等则采用 MC-UVE-SPA 算法从原始近红外光谱 4254 个变量中提取了 27 个有效变量，并融合颜色特征构建了预测草莓可溶性固形物含量的分析模型[85]。周婷等将 UVE-CARS 进行组合对近红外光谱波长变量进行筛选，通过 PLS 模型对蜜橘可溶性固形物含量进行预测分析[86]。

在多种变量选择算法融合方面，陈晓辉等将区间偏最小二乘（iPLS）算法与竞争自适应加权重采样（CARS）算法进行融合，提出了区间竞争自适应加权波长选择方法（iCARS）[87]。刘彤将投影变量重要系数（VIP）加入蚁群算法（ACO）中的信息素更新操作，并根据 PLS 回归系数判别波长贡献率，提出了 PLS-VIP-ACO 波长筛选方法[88]。

除了算法融合外，Shen 等还将多种光谱选择方法得到的变量进行交集融合。如图 5-12 所示，采用 VIP 方法、Boruta 算法、GA-RF 算法和 GA-SVM 算法分别选取特征波长，然后再通过 Venn 图获得交集的波长变量[89]。

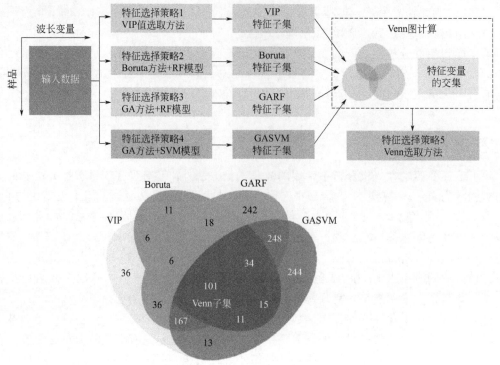

图 5-12　多种算法结合 Venn 图对波长选择的框架示意图

5.14　光谱预处理和波长选取方法的选择

光谱预处理和波长选取方法在建立光谱分析多元定量和定性模型中关键的步骤，直接决定着所建模型的预测能力和长期可靠性。目前，文献涉及的光谱预处理和波长选取方法多达几十种，且每种方法如小波变换又有不同的函数和参数。所以，在实际应用时，就会遇到如何选取最优方法及最优顺序的问题，同时还需要考虑界外样本和线性、非线性建模方法的影响等。

表 5-1 列出了一些预处理和波长选取在解决光谱分析中不同问题的对比结果。

表 5-1　不同预处理和波长选择方法在光谱分析中的应用对比结果

应用解决的问题	预处理方法	波长选择	最优方法	文献
漫反射近红外光谱对废弃物分类	SNV、SNV＋去趋势变换、一阶导数、均值中心化、正规化、平均归一化和范围标度化	SA	SA＋SNV 或 SA＋正规化	[90]
漫反射近红外光谱预测药物中的活性成分含量	平均归一化、SNV、MSC、去趋势变换、一阶导数、二阶导数、平均归一化＋一阶导数、SNV＋去趋势变换、去趋势变换＋一阶导数、SNV＋一阶导数、MSC＋一阶导数	无	二阶导数＋标准化	[91]
解决漫反射近红外光谱内在的非线性问题	一阶导数、二阶导数、SNV	GA	非线性校正方法如 ANN	[92]
近红外光谱预测牛奶中的体细胞数量	一阶导数、二阶导数、SNV、MSC	UVE	SNV＋UVE	[93]

应用解决的问题	预处理方法	波长选择	最优方法	文献
透射近红外光谱预测单粒小麦中的蛋白质	ISC、EISC、MSC、二阶导数＋MSC、MSC＋二阶导数	无	二阶导数＋MSC	[94]
消除近红外光谱非恒量背景	一阶导数、MSC、OSC、小波变换	无	小波变换	[95]
消除近似两类近红外光谱间差异	一阶导数、SNV、MSC、OSC	无	OSC	[96]
在线近红外光谱监测制药过程	标准归一化、一阶导数、标准归一化＋一阶导数、一阶导数＋标准归一化、二阶导数、标准归一化＋二阶导数、二阶导数＋标准归一化、OS-2、一阶导数＋OS-2、二阶导数＋OS-2、MSC、二阶导数＋MSC、OSC	iPLS、主变量方法[98]	OS-2[99,100]（Optimized Scaling-2）	[97]
样品温度稳健模型的建立	一阶导数、二阶导数、PMSC、OSC、FIR	GA	GA	[101]
近红外光谱分析模型传递	一阶导数、二阶导数、MSC	GA	二阶导数、GA	[102]
过程荧光光谱测定白糖中灰分含量	OSC、MSC、SNV、小波变换、OSC＋小波变换	无	OSC＋小波变换	[103]
X射线衍射测定二元药物混合物中的结晶相浓度	S-G平滑、OSC、傅里叶变换、傅里叶变换＋OSC、小波变换＋OSC、SNV、均值中心化	无	小波变换＋OSC＋SNV或WT＋OSC＋均值中心化	[104]
近红外预测土壤有机质含量	S-G平滑、MSC、SNV、SNV＋去趋势变换、一阶导数、二阶导数、包络线去除、克里克滤波	相关系数	包络线去除＋相关系数	[105]
X射线荧光光谱预测土壤重金属含量	去趋势变换、SNV、MSC、小波变换、SNV＋去趋势变换、SG＋一阶导数、SG＋二阶导数	向前间隔偏最小二乘	MSC（PLS改进）	[106]
太赫兹光谱预测猪肉K值	MSC、SNV、一阶导数、二阶导数	无	一阶导数	[107]
激光诱导击穿光谱预测猪肉中铅含量	SNV、MSC、均值中心化、一阶导数、二阶导数	无	MSC	[108]
近红外光谱预测土壤中的全氮含量	一阶导数、S-G平滑、小波变换、SNV、MSC	无	MSC	[109]
近红外光谱预处理方法的优劣比较	归一化、MSC、SNV、去趋势变换、OSC、EMSC、光谱干扰差减、GLSW、EPO	无	SIS	[110]
样品温度对水溶液近红外光谱的影响	OSC、GLSW、EPO		GLSW	[111,112]
建立近红外光谱预测药品中有效成分含量的稳健模型	OSC、EPO、NAS	无	NAS	[113]

由表可以看出，不同的分析体系以及所解决问题的不同，最佳预处理方法不尽相同。尽管有一定的规律可循，如导数方法一般用于基线校正，MSC、SNV和二阶导数方法用于漫反射光谱，以消除颗粒分布不均匀引起的光散射，小波变换可以有效消除光谱背景，提高模型的稳健性。如果使用得当，波长选择方法总能简化模型、提高预测能力等。在预处理运算顺序上，通常先进行基线校正，然后消除噪声，再进行散射校正和归一化处理。但在具体应

用时，仍需要对一些可能方法或它们的组合进行比较，以获得最佳的结果[114]。第五鹏瑶等也尝试了 120 种预处理方法组合对近红外光谱模型的影响，结果表明不同的样本集，最优的光谱预处理方法也不同[115]。

若分析体系相对复杂，仅用一种光谱预处理方法往往不能得到较好的结果。这时可将不同预处理和波长选取方法结合使用，以获得预期的结果，但不同预处理方法、波长选取方法的相互组合以及它们的执行顺序仍需要尝试优化。

早期，有文献提出采用因子设计方法来解决预处理方法的组合问题[116]，Gerretzen 等也采用实验设计的方法对波长变量筛选和预处理方法同时进行选择[117,118]。Zhao 等则采用系统跟踪图（Systematic Tracking Mapping）同时对预处理方法、波长选取方法和定量校正方法的最佳组合进行选择（图 5-13）[119]。Laxalde 等采用遗传算法对预处理方法和波长变量筛选的组合进行优化选取，获得了较好的效果（图 5-14）[120]。Stefansson 等也采用遗传算法对预处理方法进行优选[121]。Gabrielsson 等将潜变量正交投影（Orthogonal Projection to Latent Structures，OPLS）用于评价预处理方法的性能[122]。Rato 等采用穷举配对统计比较的方法来选择最优的光谱预处理方法及其组合[123]。Torniainen 和 Martyna 等则将网格搜索（Grid Search）方法用于光谱预处理方法的选择[124,125]。高瑞琳等基于系统建模思想，采用 D-最优试验设计对光谱预处理方法和变量筛选方法等建模参数进行了全局优化，提升了模型的稳健性和预测能力[126]。

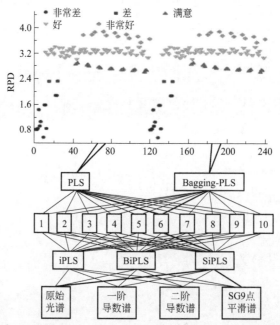

图 5-13　利用系统跟踪图（Systematic Tracking Mapping）选择最优模型示意图

将预处理和波长选取方法融入到多元校正步骤中形成新的校正和预处理方法，而非在校正之前单独使用，也是未来的一个重要发展方向。例如，如图 5-15 所示，借鉴多光谱融合算法序贯正交偏最小二乘（SO-PLS）的思想（详见本书 15.3 节），Roger 等提出了基于正交运算的序贯预处理方法（SPORT）[127-131]。此外，通过并行正交偏最小二乘方法（Parallel and Orthogonalized Partial Least Squares，PO-PLS），Mishra 等提出了基于正交运算的并行预处理方法（PORTO）[132-137]。

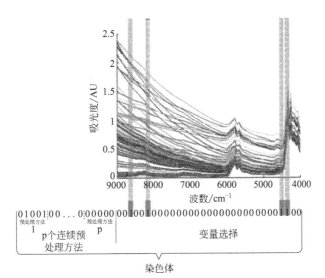

图 5-14　遗传算法用于光谱预处理方法和波长变量筛选最优组合的选取示意图

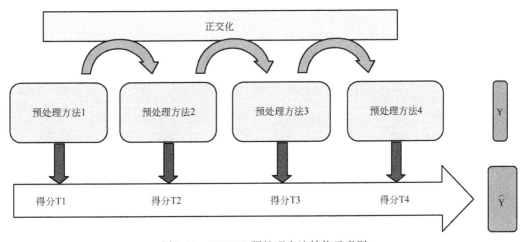

图 5-15　SPORT 预处理方法结构示意图

参考文献

［1］ Frenich A G，Jouan-Rimbaud D，Massart D L，et al. Wavelength Selection Method for Multicomponent Spectrophotometric Determinations Using Partial Least Squares ［J］. Analyst，1995，120(2)：2787-2792.

［2］ 宋相中，唐果，张录达，等. 近红外光谱分析中的变量选择算法研究进展 ［J］. 光谱学与光谱分析，2017，37（4）：1048-1052.

［3］ 张进，胡芸，周罗雄，等. 近红外光谱分析中的化学计量学算法研究新进展 ［J］. 分析测试学报，2020，39（10）：1196-1203.

［4］ Yun Y H，Li H D，Deng B C，et al. An Overview of Variable Selection Methods in Multivariate Analysis of Near-Infrared Spectra ［J］. Trends in Analytical Chemistry，2019，113：102-115.

［5］ Li H D，Liang Y Z，Cao D S，et al. Model-Population Analysis and its Applications in Chemical and Biological Modeling ［J］. Trends in Analytical Chemistry，2012，38：154-162.

［6］ Mehmood T，Liland K H，Snipen L，et al. A Review of Variable Selection Methods in Partial Least Squares Regression ［J］. Chemometrics and Intelligent Laboratory Systems，2012，118：62-69.

［7］ 周志华. 机器学习 ［M］. 北京：清华大学出版社，2016.

［8］ Inoue Y，Sakaiya E，Zhu Y，et al. Diagnostic Mapping of Canopy Nitrogen Content in Rice Based on Hyperspectral

Measurements [J]. Remote Sensing of Environment, 2012, 126: 210-221.

[9] Hong Y S, Chen S S, Zhang Y, et al. Rapid Identification of Soil Organic Matter Level via Visible and Near-Infrared Spectroscopy: Effects of Two-Dimensional Correlation Coefficient and Extreme Learning Machine [J]. Science of the Total Environment, 2018, 644: 1232-1243.

[10] Li L, Peng Y K, Yang C, et al. Optical Sensing System for Detection of the Internal and External Quality Attributes of Apples [J]. Postharvest Biology and Technology, 2020, 162: 111101.

[11] Windig W, Guilment J. Interactive Self-Modeling Mixture Analysis [J]. Analytical Chemistry, 1991, 63 (14): 1425-1432.

[12] 李丽娜, 李庆波, 张广军. 基于交互式自模型混合物分析的近红外光谱波长变量优选方法 [J]. 分析化学, 2009, 37 (6): 823-827.

[13] Hu B X, Sun D W, Pu H B, et al. Rapid Nondestructive Detection of Mixed Pesticides Residues on Fruit Surface Using SERS Combined with Self-Modeling Mixture Analysis Method [J]. Talanta, 2020, 217: 120998.

[14] Zhai C, Peng Y K, Li Y Y, et al. Extraction and Identification of Mixed Pesticides' Raman Signal and Establishment of their Prediction Models [J]. Journal of Raman Spectroscopy, 2017, 48 (3): 494-500.

[15] Qin J W, Chao K L, Kim M S. Nondestructive Evaluation of Internal Maturity of Tomatoes Using Spatially Offset Raman Spectroscopy [J]. Postharvest Biology and Technology, 2012, 71 (2): 21-31.

[16] Khodabakhshian R. Feasibility of Using Raman Spectroscopy for Detection of Tannin Changes in Pomegranate Fruits During Maturity [J]. Scientia Horticulturae, 2019, 257: 108670.

[17] Araujo M C U, Saldanha T C B, Galvao R K H, et al. The Successive Projections Algorithm for Variable Selection in Spectroscopic Multicomponent Analysis [J]. Chemometrics and Intelligent Laboratory Systems, 2001, 57 (2): 65-73.

[18] Moreira E D T, Pontes M J C, Galvao R K H, et al. Near Infrared Reflectance Spectrometry Classification of Cigarettes Using the Successive Projections Algorithm for Variable Selection [J]. Talanta, 2009, 79 (5): 1260-1264.

[19] Soares S F C, Gomes A A, Araujo M C U, et al. The Successive Projections Algorithm [J]. Trends in Analytical Chemistry, 2013 (42): 84-98.

[20] Khanmohammadi M, Garmarudi A B, Ghasemi K, et al. Artificial Neural Network for Quantitative Determination of Total Protein in Yogurt by Infrared Spectrometry [J]. Microchemical Journal, 2009, 91 (1): 47-52.

[21] 陈斌, 孟祥龙, 王豪. 连续投影算法在近红外光谱校正模型优化中的应用 [J]. 分析测试学报, 2007, 26 (1): 166-169.

[22] 高洪智, 卢启鹏, 丁海泉, 等. 基于连续投影算法的土壤总氮近红外特征 [J]. 光谱学与光谱分析, 2009, 29 (11): 2951-2954.

[23] Chong I G, Jun C H. Performance of Some Variable Selection Methods When Multicollinearity is Present [J]. Chemometrics and Intelligent Laboratory Systems, 2005, 78: 103-112.

[24] 贺文钦, 严文娟, 贺国权, 等. 无创血液成分检测中基于 VIP 分析的波长筛选 [J]. 光谱学与光谱分析, 2016, 36 (4): 1080-1084.

[25] Favilla S, Durante C, Vigni M L, et al. Assessing Feature Relevance in NPLS Models by VIP [J]. Chemometrics and Intelligent Laboratory Systems, 2013, 129: 76-86.

[26] 杜晨朝, 赵安邦, 吴志生, 等. 近红外光谱结合不同变量筛选方法用于金银花提取过程中绿原酸量的在线监测 [J]. 中草药, 2017, 48 (16): 3317-3321.

[27] Kvalheim O M. Interpretation of Partial Least Squares Regression Models by Means of Target Projection and Selectivity Ratio Plots [J]. Journal of Chemometrics, 2010, 24 (7-8): 496-504.

[28] Centner V, Massart D L, B M Vandeginste, et al. Elimination of Uninformative Variables for Multivariate Calibration [J]. Analytical Chemistry, 1996, 68 (21): 3851-3858.

[29] Koshoubu J, Iwata T, Minami S. Application of the Modified UVE-PLS Method for a Mid-Infrared Absorption Spectral Data Set of Water-Ethanol Mixtures [J]. Applied Spectroscopy, 2000, 54 (1): 148-152.

[30] Roque J V, Cardoso W, Peternelli L A, et al. Comprehensive New Approaches for Variable Selection Using Ordered Predictors Selection [J]. Analytica Chimica Acta, 2019, 1075: 57-70.

[31] Lindgren F, Geladi P, Rännar S, et al. Interactive Variable Selection (IVS) for PLS. Part 1: Theory and Algorithms [J]. Journal of Chemometrics, 1994, 8 (5): 349-363.

[32] Xu H, Liu Z C, Cai W S, et al. A Wavelength Selection Method Based on Randomization Test for Near-Infrared Spectral Analysis [J]. Chemometrics and Intelligent Laboratory Systems, 2009, 97 (2): 189-193.

[33] 洪明，温志渝.一种多模型融合的近红外波长选择算法 [J].光谱学与光谱分析，2010，30（8）：2088-2092.

[34] Cai W S，Li Y K，Shao X G. A Variable Selection Method Based on Uninformative Variable Elimination for Multivariate Calibration of Near-Infrared Spectra [J].Chemometrics and Intelligent Laboratory Systems，2008，90（2）：188-194.

[35] Niu X Y，Zhao Z L，Jia K J，et al. A Feasibility Study on Quantitative Analysis of Glucose and Fructose in Lotus Root Powder by FT-NIR Spectroscopy and Chemometrics [J].Food Chemistry，2012，133（2）：592-597.

[36] 赵艳丽，张霁，王元忠.MC-UVE 波长选择法在近红外光谱鉴别茯苓产地中的应用研究 [J].菌物学报，2017，36（1）：112-125.

[37] 王怡淼，朱金林，张慧，等.基于 MC-UVE、GA 算法及因子分析对葡萄酒酒精度近红外定量模型的优化研究 [J].发光学报，2018，39（9）：1310-1316.

[38] Han Q J，Wu H L，Cai C B，et al. An Ensemble of Monte Carlo Uninformative Variable Elimination for Wavelength Selection [J].Anal Chim Acta，2008，612（2）：121-125.

[39] Li H，Liang Y，Xu Q，et al. Key Wavelengths Screening Using Competitive Adaptive Reweighted Sampling Method for Multivariate Calibration [J].Analytica Chimica Acta，2009，648（1）：77-84.

[40] 张华秀，李晓宁，范伟，等.近红外光谱结合 CARS 变量筛选方法用于液态奶中蛋白质与脂肪含量的测定 [J].分析测试学报，2010，29（5）：430-434.

[41] 王乃啸，王希林，覃歆然，等.激光诱导击穿光谱结合 CARS-PLSR 法快速定量检测绝缘子污秽 [J].中国电机工程学报，2020，40（4）：1378-1387.

[42] 蒋雪松，莫欣欣，孙通，等.食用植物油中反式脂肪酸含量的激光拉曼光谱检测 [J].光谱学与光谱分析，2019，39（12）：3821-3825.

[43] 甄欢仪，马瑞峻，陈瑜，等.基于 CARS 和 K-S 的马拉硫磷农药浓度吸收光谱预测模型研究 [J].光谱学与光谱分析，2020，40（5）：1601-1606.

[44] Norgaard L，Saudland A，Wagner J，et al. Interval Partial Least-Squares Regression（IPLS）：A Comparative Chemometric Study with an Example from Near-Infrared Spectroscopy [J].Applied Spectroscopy，2000，54（3）：413-419.

[45] Leardi R，Norgaard L. Sequential Application of Backward Interval Partial Least Squares and Genetic Algorithms for the Selection of Relevant Spectral Regions [J].Journal of Chemometrics，2004，18（11）：486-497.

[46] Zou X B，Zhao J M， Povey J W，et al. Variables Selection Methods in Near-Infrared Spectroscopy [J].Analytica Chimica Acta，2010，667（1-2）：14-32.

[47] 邹小波，赵杰文.用遗传算法快速提取近红外光谱特征区域和特征波长 [J].光学学报，2007，27（7）：1316-1321.

[48] 凌亚东.多种类土壤有机质的近红外分析模型及其共性研究 [D].广州：暨南大学，2016.

[49] Jiang J H，Berry R J，Siesler H W，et al. Wavelength Interval Selection in Multicomponent Spectral Analysis by Moving Window Partial Least-Squares Regression with Applications to Mid Infrared and Near Infrared Spectroscopic Data [J].Analytical Chemistry，2002，74（14）：3555-3565.

[50] Kasemsumran S，Du Y P，Maruo K，et al. Improvement of Partial Least Squares Models for in Vitro and in Vivo Glucose Quantifications by Using Near-Infrared Spectroscopy and Searching Combination Moving Window Partial Least Squares [J].Chemometrics and Intelligent Laboratory Systems，2006，82（1-2）：97-103.

[51] Du Y P，Liang Y Z，Jiang J H，et al. Spectral Regions Selection to Improve Prediction Ability of PLS Models by Changeable Size Moving Window Partial Least Squares and Searching Combination Moving Window Partial Least Squares [J].Analytica Chimica Acta，2004，501（2）：183-191.

[52] Rinnan A，Andersson M，Ridder C，et al. Recursive Weighted Partial Least Squares（rPLS）：an Efficient Variable Selection Method Using PLS [J].Journal of Chemometrics，2014，28（5）：439-447.

[53] 宾俊，范伟，周冀衡，等.智能优化算法应用于近红外光谱波长选择的比较研究 [J].光谱学与光谱分析，2017，37（1）：95-102.

[54] Rimbaud D J，Massart D L，Leardi R，et al. Genetic Algorithms as a Tool for Wavelength Selection in Multivariate Calibration [J].Analytical Chemistry，1995，67（23）：4295-4301.

[55] Leardi R. Application of Genetic Algorithm-PLS for Feature Selection in Spectral Data Sets [J].Journal of Chemometrics，2000，14（5）：643-655.

[56] 褚小立，袁洪福，王艳斌，等.遗传算法用于偏最小二乘方法建模中的变量筛选 [J].分析化学，2001，29（4）：437-442.

[57] 王动民，张军，赵滨.基于模拟退火算法的近红外光谱定标模型的简化 [J].光谱实验室.2006，23（5）：921-925.

[58] 陶丘博，申琦，张小亚，等.基于粒子群优化的波段选择方法在多组分同时测定中的应用 [J].分析化学，2009，

37（8）：1197-1200.

[59] 熊宇虹，温志渝.基于粒子群算法的分段波长选择方法 [J].半导体光电，2008，29（6）：956-959.

[60] Shamsipur M，Zare-Shahabadi V，Hemmateenejad B，et al. Ant Colony Optimisation：A Powerful Tool for Wavelength Selection [J]. Journal of Chemometrics，2006，20（3-4）：146-157.

[61] Shen Q，Jiang J H，Tao J C，et al. Modified Ant Colony Optimization Algorithm for Variable Selection in QSAR Modeling：QSAR Studies of Cyclooxygenase Inhibitors [J]. Cheminform，2005，36（4）：1024.

[62] Shamsipur M，Zare-Shahabadi V，Hemmateenejad B，et al. An Efficient Variable Selection Method Based on the Use of External Memory in Ant Colony Optimization. Application to QSAR/QSPR Studies [J]. Analytica Chimica Acta，2009，646（1-2）：39-46.

[63] Goodarzi M，Freitas M P，Jensen R. Ant Colony Optimization as A Feature Selection Method in the QSAR Modeling of Anti-Hiv-1 Activities of 3-（3, 5-Dimethylbenzyl）Uracil Derivatives Using MLR，PLS and SVM Regressions [J]. Chemometrics and Intelligent Laboratory Systems，2009，98（2）：123-129.

[64] 云永欢，邓百川，梁逸曾.化学建模与模型集群分析 [J].分析化学，2015，43（11）：1638-1647.

[65] Yun Y H，Wang W T，Tan M L，et al. A Strategy that Iteratively Retains Informative Variables for Selecting Optimal Variable Subset in Multivariate Calibration [J]. Analytica Chimica Acta，2014，807（1）：36-43.

[66] 于雷，章涛，朱亚星，等.基于IRIV算法优选大豆叶片高光谱特征波长变量估测Spad值 [J].农业工程学报，2018，34（16）：148-154.

[67] 梁琨，刘全祥，潘磊庆，等.基于高光谱和CARS-IRIV算法的'库尔勒香梨'可溶性固形物含量检测 [J].南京农业大学学报，2018，41（4）：760-766.

[68] 梁逸曾，许青松.复杂体系仪器分析：白、灰、黑分析体系及其多变量解析方法 [M].北京：化学工业出版社，2012.

[69] 赵环，宦克为，石晓光，等.基于自加权变量组合集群分析法的近红外光谱变量选择方法研究 [J].分析化学，2018，46（1）：136-142.

[70] Kursa M B，Rudnicki W R. Feature Selection with the Boruta Package [J]. Journal of Statal Software，2010，36（11）：1-13.

[71] 邵琦，陈云浩，杨淑婷，等.基于随机森林算法的玉米品种高光谱图像鉴别 [J].地理与地理信息科学，2019，35（5）：34-39.

[72] 张曼，刘旭华，何雄奎，等.岭回归在近红外光谱定量分析及最优波长选择中的应用研究 [J].光谱学与光谱分析，2010，30（5）：1214-1217.

[73] 梅从立，陈瑶，尹梁，等.SIPLS-LASSO的近红外特征波长选择及其应用 [J].光谱学与光谱分析，2018，38（2）：436-440.

[74] 李鱼强，潘天红，李浩然，等.近红外光谱Lasso特征选择方法及其聚类分析应用研究 [J].光谱学与光谱分析，2019，39（12）：3809-3815.

[75] 颜胜科，杨辉华，胡百超，等.基于最小角回归与GA-PLS的NIR光谱变量选择方法 [J].光谱学与光谱分析，2017，37（6）：1733-1738.

[76] 熊芩，张若秋，李辉，等.最小角回归算法（LAR）结合采样误差分布分析（SEPA）建立稳健的近红外光谱分析模型 [J].分析测试学报，2018，37（7）：778-783.

[77] Huang X，Luo Y P，Xu Q S，et al. Elastic Net Wavelength Interval Selection Based on Iterative Rank PLS Regression Coefficient Screening [J]. Analytical Methods，2016，9（4）：672-679.

[78] 赵安新，汤晓君，宋娅，等.光谱分析中Elastic Net变量选择与降维方法 [J].红外与激光工程，2014，43（6）：1977-1981.

[79] 任真，李四海.基于L1-L2联合范数约束的中药近红外光谱波长选择 [J].计算机应用与软件，2018，35（12）：105-109.

[80] Chun H，Keles S. Sparse Partial Least Square Regression for Simultaneous Dimension Reduction and Variable Selection [J]. Journal of the Royal Statistical Society，2010，72（1）：3-25.

[81] 陈月东.稀疏偏最小二乘方法用于光谱波长选择及定量分析 [J].计算机与应用化学，2014，31（2）：239-243.

[82] 于雷，洪永胜，周勇，等.高光谱估算土壤有机质含量的波长变量筛选方法 [J].农业工程学报，2016，32（13）：95-102.

[83] 刘国海，韩蔚强，江辉.基于近红外光谱的橄榄油品质鉴别方法研究 [J].光谱学与光谱分析，2016，36（9）：2798-2801.

[84] 梁琨，刘全祥，潘磊庆，等.基于高光谱和CARS-IRIV算法的'库尔勒香梨'可溶性固形物含量检测 [J].南京农业大学学报，2018，41（4）：760-766.

［85］ 蔡德玲，唐春华，梁玉英，等.融合近红外光谱和颜色参数的草莓可溶性固形物含量定量分析模型构建［J］.食品与发酵工业，2020，46（7）：218-224.

［86］ 周婷，刘苗苗，毛飞，等.基于变量筛选的温州蜜桔品质的光谱快速检测［J］.食品安全质量检测学报，2020，011（011）：3460-3464.

［87］ 陈晓辉，黄剑，付云侠，等.基于 IPLS 和 CARS 数据融合技术的波长选择算法［J］.计算机工程与应用，2016，52（16）：229-232.

［88］ 刘彤.基于蚁群算法的分子光谱波长选择新方法与应用基础研究［D］.杭州：浙江大学，2017.

［89］ Shen T，Yu H，Wang Y Z. Discrimination of Gentiana and its Related Species Using IR Spectroscopy Combined with Feature Selection and Stacked Generalization ［J］. Molecules，2020，25（6）：1442.

［90］ Groot P J De，Postma G J，Melssen W J. Influence of Wavelength Selection and Data Preprocessing on Near-Infrared-Based Classification of Demolition Waste ［J］. Applied Spectroscopy，2001，55（2）：173-181.

［91］ Blanco M，Coello J，Iturriaga H，et al. Effect of Data Preprocessing Methods in Near-Infrared Diffuse Reflectance Spectroscopy for the Determination of the Active Compound in a Pharmaceutical Preparation ［J］. Applied Spectroscopy，1997，51（2）：240-246.

［92］ Bertran E，Blanco M，Maspoch S，et al. Handling Intrinsic Non-Linearity in Near-Infrared Reflectance Spectroscopy ［J］. Chemometrics and Intelligent Laboratory Systems，1999，49（2）：215-224.

［93］ Pravdova V，Walczak B，Massart D L，et al. Calibration of Somatic Cell Count in Milk Based on Near-Infrared Spectroscopy ［J］. Analytica Chimica Acta，2001，450：131-141.

［94］ Pedersen D K，Martens H，Nielsen J P. Near-Infrared Absorption and Scattering Separated by Extended Inverted Signal Correction（EISC）：Analysis of Near-Infrared Transmittance Spectra of Single Wheat Seeds ［J］. Applied Spectroscopy 2002，56（9）：1206-1214.

［95］ Tan Hu-Wei，Brown Steven D. Wavelet Analysis Applied to Removing Non-Constant Varying Spectroscopic Background in Multivariate Calibration ［J］. Chemometrics，2002，16：228-240.

［96］ Blanco M，Coello J，Montoliu I. Orthogonal Signal Correction in Near Infrared Calibration ［J］. Analytica Chimica Acta，2001，434（1）：125-132.

［97］ Stordrange L，Libnau F O，Malthe-Sørenssen D，et al. Feasibility Study of NIR for Surveillance of a Pharmaceutical Process，Including Different Preprocessing Technique ［J］. Journal of Chemometrics，2002（16）：529-541.

［98］ Horgaard A. the H-Principle：New Ideas，Algorithms and Methods in Applied Mathematics and Statistics ［J］. Chemometrics and Intelligent Laboratory Systems，1994，23：1-28.

［99］ Karstang Tv，Manne R. Optimized Scaling：A Novel Approach to Linear Calibration with Closed Data Sets ［J］. Chemometrics and Intelligent Laboratory Systems，1992，14：165-173.

［100］ Isaksson T，Wang Z Y，Kowalski B. Optimised Scaling（OS-2）Regression Applied to Near Infrared Diffuse Spectroscopy Data from Food Products ［J］. Journal of Near Infrared Spectroscopy，1993，1（2）：85-97.

［101］ 褚小立，袁洪福，王艳斌，等.近红外稳健分析校正模型的建立（Ⅰ）：样品温度的影响［J］.光谱学与光谱分析，2004，24（6）：666-671.

［102］ Swierenga H，Haanstra W G，Weijer A P De. Comparison of Two Different Approaches Toward Model Transferability in NIR Spectroscopy ［J］. Applied Pectroscopy，1998，52（1）：7-16.

［103］ Artursson T，Hagman A，Bjork S，et al. Study of Preprocessing Methods for the Determination of Crystalline Phases in Binary Mixtures of Drug Substances by X-Ray Powder Diffraction and Multivariate Calibration ［J］. Applied Spectroscopy，2000，54（8）：1222-1230.

［104］ Eriksson L，Trygg J，Johansson E. Orthogonal Signal Correction，Wavelet Analysis，and Multivariate Calibration of Complicated Process Fluorescence Data ［J］. Analytica Chimica Acta，2000，420：181-195.

［105］ 徐丽华，谢德体.土壤有机质含量预测精度对光谱预处理和特征波段的响应［J］.江苏农业学报，2019，5（6）：1340-1345.

［106］ 任东，沈俊，任顺，等.一种面向土壤重金属含量检测的 X 射线荧光光谱预处理方法研究［J］.光谱学与光谱分析，2018，38（12）：288-294.

［107］ 齐亮，赵茂程，赵婕，等.光谱预处理对太赫兹光谱预测猪肉 K 值的影响［J］.食品科学，2018，39（12）：319-325.

［108］ 陈添兵，刘木华，黄林，等.不同光谱预处理对激光诱导击穿光谱检测猪肉中铅含量的影响［J］.分析化学，2016，44（7）：1029-1034.

［109］ 陈奕云，赵瑞瑛，齐天赐，等.结合光谱变换和 Kennard-Stone 算法的水稻土全氮光谱估算模型校正集构建策略研究［J］.光谱学与光谱分析，2017，37（7）：2133-2139.

[110] Sharma S, Goodarzi M, Ramon H, et al. Performance Evaluation of Preprocessing Techniques Utilizing Expert Information in Multivariate Calibration [J]. Talanta, 2014, 121: 105-112.

[111] Acharya U, Walsh K, Subedi P. Robustness of Partial Least-Squares Models to Change in Sample Temperature: Ⅰ. A Comparison of Methods for Sucrose in Aqueous Solution [J]. Journal of Near Infrared Spectroscopy, 2014, 22 (4): 279-286.

[112] Acharya U, Walsh K, Subedi P. Robustness of Partial Least-Squares Models to Change in Sample Temperature: Ⅱ. Application to Fruit Attributes [J]. Journal of Near Infrared Spectroscopy, 2014, 22 (4): 287-295.

[113] Pieters S, Saeys W, Goodarzi M, et al. Robust Calibrations on Reduced Sample Sets for API Content Prediction in Tablets: Definition of A Cost-Effective NIR Model [J]. Analytica Chimica Acta, 2013, 761: 62-70.

[114] Lee L C, Liong C Y, Jemain A A. A Contemporary Review on Data Preprocessing (DP) Practice Strategy in Atr-FTIR Spectrum [J]. Chemometrics and Intelligent Laboratory Systems, 2017, 163: 64-75.

[115] 第五鹏瑶, 卞希慧, 王姿方, 等. 光谱预处理方法选择研究 [J]. 光谱学与光谱分析, 2019, 39 (9): 2800-2806.

[116] Olsson R J O. Optimizing Data-Pretreatment by a Factorial Design Approach [J]. Near Infra-Red Spectroscopy, 1992: 103-107.

[117] Gerretzen J, Szymanska E, Jansen J J, et al. Simple and Effective Way for Data Preprocessing Selection Based on Design of Experiments [J]. Analytical Chemistry, 2015, 87: 12096-12103.

[118] Gerretzen J, Szymanska E, Bart J, et al. Boosting Model Performance and Interpretation by Entangling Preprocessing Selection and Variable Selection [J]. Analytica Chimica Acta, 2016, 938: 44-52.

[119] Zhao N, Ma L J, Huang X G, et al. Pharmaceutical Analysis Model Robustness from Bagging-PLS and PLS Using Systematic Tracking Mapping [J]. Frontiers in Chemistry, 2018, 6: 262.

[120] Laxalde J, Ruckebusch C, Devos O, et al. Characterisation of Heavy Oils Using Near-Infrared Spectroscopy: Optimisation of Pre-Processing Methods and Variable Selection [J]. Analytica Chimica Acta, 2011, 705: 227-234.

[121] Stefansson P, Liland K H, Thiis T, et al. Fast Method for GA-PLS with Simultaneous Feature Selection and Identification of Optimal Preprocessing Technique for Datasets with Many Observations [J]. Journal of Chemometrics, 2020, 34: e3195.

[122] Gabrielsson J, Jonsson H, Airiau C, et al. OPLS methodology for Analysis of Pre-processing Effects on Spectroscopic Data [J]. Chemometrics and Intelligent Laboratory Systems, 2006, 84 (1-2): 153-158.

[123] Rato T J, Reis M S. SS-DAC: A systematic framework for selecting the best modeling approach and pre-processing for spectroscopic data [J]. Computers and Chemical Engineering, 2019, 128: 437-449.

[124] Torniainen J, Afara I O, Prakash M, et al. Open-source Python Module for Automated Preprocessing of Near Infrared Spectroscopic Data [J]. Analytica Chimica Acta, 2020, 1108: 1-9.

[125] Martyna A, Menzyk A, Damin A, et al. Improving Discrimination of Raman Spectra by Optimising Preprocessing Strategies on the Basis of the Ability to Refine the Relationship Between Variance Components [J]. Chemometrics and Intelligent Laboratory Systems, 2020, 202: 104029.

[126] 高瑞琳, 杨鹏硕, 许刚, 等. 基于系统建模思想的脑心通胶囊中丹酚酸 B 近红外定量建模 [J]. 光谱学与光谱分析, 2020, 40 (11): 3573-3578.

[127] Roger J M, Biancolillo A, Marini F. Sequential Preprocessing through Orthogonalization (SPORT) and its Application to Near Infrared Spectroscopy [J]. Chemometrics and Intelligent Laboratory Systems, 2020, 199: 103975.

[128] Mishra P, Roger J M, Rutledge D N, et al. SPORT Pre-processing Can Improve Near Infrared Quality Prediction Models for Fresh Fruits and Agro Materials [J]. Postharvest Biology and Technology, 2020, 168: 111271.

[129] Mishra P, Biancolillo A, Roger J M, et al. New Data Preprocessing Trends Based on Ensemble of Multiple Preprocessing Techniques [J]. Trends in Analytical Chemistry, 2020, 132: 116045.

[130] Mishra P, Roger J M, Rutledge D N, et al. MBA-GUI: A Chemometric Graphical User Interface for Multi-block Data Visualisation, Regression, Classification, Variable Selection and Automated Pre-processing [J]. Chemometrics and Intelligent Laboratory Systems, 2020, 205: 104139.

[131] Mishra P, Marini F, Biancolillo A, et al. Improved Prediction of Fuel Properties with Near-infrared Spectroscopy Using a Complementary Sequential Fusion of Scatter Correction Techniques [J]. Talanta, 2020, 223: 121693.

[132] Mage I, Mevik B H, Naes T. Regression Models with Process Variables and Parallel Blocks of Raw Material Measurements [J]. Journal of Chemometrics, 2008, 22 (8): 443-456.

[133] Næs T, Tomic O, Afseth N K, et al. Multi-block Regression Based on Combinations of Orthogonalisation, PLS-regression and Canonical Correlation Analysis [J]. Chemometrics and Intelligent Laboratory Systems, 2013, 124: 32-42.

[134] Mage I, Menichelli E, Næs T. Preference Mapping by PO-PLS: Separating Common and Unique Information in Several Data Blocks [J]. Food Quality and Preference, 2012, 24 (1): 8-16.

[135] Mishra P, Nordon A, Roger J M. Improved Prediction of Tablet Properties with Near-infrared Spectroscopy by a Fusion of Scatter Correction Techniques [J]. Journal of Pharmaceutical and Biomedical Analysis, 2021, 192: 113684.

[136] Mishra P, Roger J M, Marini F, et al. Parallel Preprocessing through Orthogonalization (PORTO) and its Application to Near-infrared Spectroscopy [J]. Chemometrics and Intelligent Laboratory Systems, 2020, 212 (2021): 104190.

[137] Mishra P, Nordon A, Roger J M. Improved Prediction of Tablet Properties with Near-infrared Spectroscopy by a Fusion of Scatter Correction Techniques [J]. Journal of Pharmaceutical and Biomedical Analysis, 2021, 192: 113684.

6 光谱降维方法

6.1 多重共线性问题

多元线性回归（MLR）的前提是自变量必须是相互独立的，但光谱变量之间常会存在一定程度的相关关系，出现统计学上的多重共线性（Multicollinearity）。多重共线性是指线性回归模型中的自变量之间由于存在高度的相关关系，求得的回归系数值 $\hat{\boldsymbol{b}}$ 不稳定且难于解释，即回归系数可能对样本数据的微小变化变得非常敏感，使回归系数的值很难精确估计，甚至可能出现回归系数的正负号与理论研究或经验相反的现象[1]。

例如，若 $\boldsymbol{X} = \begin{bmatrix} 1 & 2 \\ 1 & 2.00001 \end{bmatrix}$，$\boldsymbol{y} = \begin{bmatrix} 3 \\ 3.00001 \end{bmatrix}$，则 $\hat{\boldsymbol{b}} = (\boldsymbol{X}^{\mathrm{T}}\boldsymbol{X})^{-1}\boldsymbol{X}^{\mathrm{T}}\boldsymbol{y} = \begin{bmatrix} 1 \\ 1 \end{bmatrix}$；但若因测试误差，$\boldsymbol{y} = \begin{bmatrix} 3.00011 \\ 2.99990 \end{bmatrix}$ 时，$\hat{\boldsymbol{b}} = \begin{bmatrix} 44.9985 \\ -20.9992 \end{bmatrix}$。

可以看出，当 $\boldsymbol{y}$ 值发生微小的变动时，回归系数却发生了极大的变化，甚至正负号都发生了改变。产生上述结果的原因是 $\boldsymbol{X}$ 阵存在严重的共线性，即 $\boldsymbol{X}$ 是病态矩阵，在对 $\boldsymbol{X}^{\mathrm{T}}\boldsymbol{X}$ 求逆时会带来严重误差。

但是，若 $\boldsymbol{X} = \begin{bmatrix} 1 & 2 \\ 3 & 0.00001 \end{bmatrix}$，$\boldsymbol{y}$ 分别等于 $\begin{bmatrix} 3 \\ 3.00001 \end{bmatrix}$ 和 $\begin{bmatrix} 3.00011 \\ 2.99990 \end{bmatrix}$ 时，计算得到的回归系数值 $\hat{\boldsymbol{b}}$ 分别为 $\begin{bmatrix} 1 \\ 1 \end{bmatrix}$ 和 $\begin{bmatrix} 0.99996 \\ 1.00007 \end{bmatrix}$。可以看出，若 $\boldsymbol{X}$ 阵各变量相互独立，MLR 计算得到的回归系数是很稳健的。

目前有以下几种常用的多重共线性诊断方法。

（1）自变量的相关系数诊断法

计算变量的两两相关系数，如果自变量间的二元相关系数值很大，表明相应的两个自变量之间有较强的线性关系。但其只限于判断两个变量之间的线性相关关系，对于多个变量之间的共线性关系则无能为力。

（2）方差膨胀因子（Variance Inflation Factor，VIF）诊断法

$$VIF_i = \frac{1}{1-R_i^2}, (i=1,2,3,\cdots,k,\ k\ \text{为变量数})$$

其中，R_i^2 是把第 i 个自变量看作因变量，用其余 $(k-1)$ 个变量作多元线性回归所得的决定系数。R_i^2 越接近 1，VIF_i 越大，说明了第 i 个变量与其他自变量间共线性越强，可以用于诊断每个变量受多重共线性影响的大小。

（3）条件数诊断法

对 $\boldsymbol{X}$ 阵进行奇异值分解，计算最大奇异值和最小奇异值的比值，即为条件值。条件值的范围为 $1\sim\infty$，条件值越大，其共线性存在的可能性也越大。例如，$\boldsymbol{X}=\begin{bmatrix}1 & 2 \\ 1 & 2.00001\end{bmatrix}$ 的条件值为 1×10^6，$\boldsymbol{X}=\begin{bmatrix}1 & 2 \\ 3 & 0.00001\end{bmatrix}$ 的条件值为 1.77。

以模式识别分类为例，Hughes 等给出了测量数据复杂度、平均识别精度和校正样本个数三者之间的关系[2]。这里的测量数据复杂度是指测量装置获取的数据细节程度，即特征数据的维数（光谱的波长点数）。如图 6-1 所示，随着特征数据维度的不断增加，如果校正样本个数较少，不能满足特征空间维数增加的要求，较高维数特征会使分类精度出现先增加后减少的情况，这被称为 Hughes 现象。因此，对于在实际应用中的有限样本，存在一个最佳的特征数据维度，使得分类精度达到最优。所以，对光谱数据进行降维处理也是降低 Hughes 现象的有效方法。

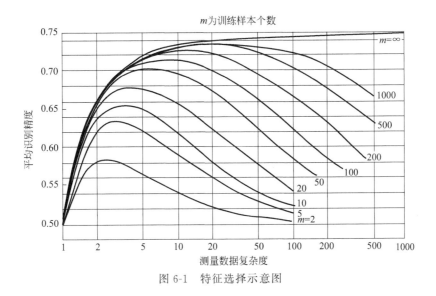

图 6-1 特征选择示意图

如图 6-2 所示，光谱数据降维的实现方式主要包括特征选择（Feature Selection）和特

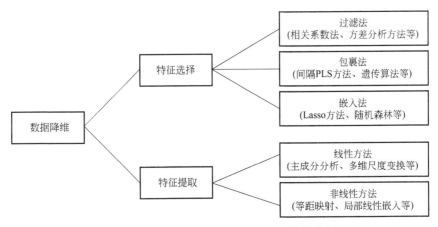

图 6-2 光谱数据降维方法的实现方式分类图

征提取（Feature Extraction）两类方法。如图 6-3 所示，特征选择是从特征集中选择一个特征子集。特征选择不改变原始特征空间的性质，只是从原始空间中选择一部分重要特征，组成一个新的低维空间。常用的特征选择方法在第 5 章波长变量选择方法中进行了介绍。如图 6-4 所示，特征提取（特征变换）是指通过将原始特征空间进行变换，重新生成一个维数更低，各维之间相互独立的特征空间。本章主要介绍光谱特征提取方法。

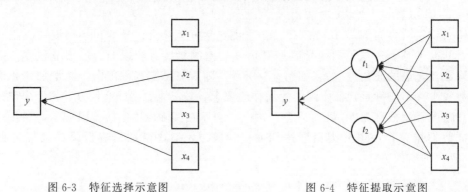

图 6-3　特征选择示意图　　　　　　　图 6-4　特征提取示意图

特征提取分为线性和非线性方法。线性方法有主成分分析法（PCA）、独立成分分析法（ICA）和多维尺度变换（MDS）等；非线性方法有等距映射法（ISOMAP）、局部线性嵌入法（LLE）和 t-分布式随机邻域嵌入算法（t-SNE）等。目前的这些非线性方法大都是基于流形学习（Manifold Learning）策略提出的，流形学习是模式识别和机器学习研究中的热点，它能够对高维数据空间进行非线性降维，并且揭示其流形分布，从中找出隐藏在高维光谱数据中有特定的低维结构，从而从中提取易于识别的特征，近年来流形学习已被较为广泛地用于光谱数据的降维与特征提取。

6.2　主成分分析

6.2.1　主成分分析基本原理

主成分分析（Principal Component Analysis，PCA）在化学计量学中的地位举足轻重，实际上它是一种古老的多元统计分析技术，由 Hotelling 于 1933 年提出。

PCA 的中心目的是将数据降维，将原变量进行转换，使少数几个新变量是原变量的线性组合，同时，这些变量要尽可能多地表达原变量的数据特征而不丢失信息[3,4]。PCA 把数据变换到一个新的坐标系统中（图 6-5），使得任何数据投影的最大方差在第一个坐标（称为第一主成分 PC1）上，第二大方差在第二个坐标（第二主成分 PC2）上，依次类推。经转换得到的新变量相互正交，互不相关，消除了众多共存信息中相互重叠的部分，即消除变量之间可能存在的多重共线性。

PCA 将光谱阵 $X(n \times m)$ 分解为 m 个向量的外积之和，即：$X = t_1 p_1^T + t_2 p_2^T + t_3 p_3^T + \cdots + t_n p_m^T$，其中，$t$ 称为得分向量（Score Vector），p 称为载荷向量（Loading Vector），或称为主成分或主因子（PC，Principal Component）。也可写成下列矩阵形式：$X = TP^T$，其中，$T = [t_1 \quad t_2 \quad \cdots \quad t_n]$ 称为得分矩阵，$P = [p_1 \quad p_2 \quad \cdots \quad p_m]$ 称为载荷矩阵，如图 6-6 所示。

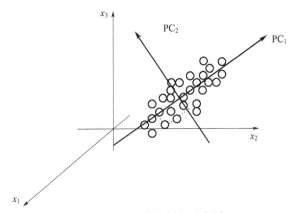

图 6-5　主成分分析的示意图

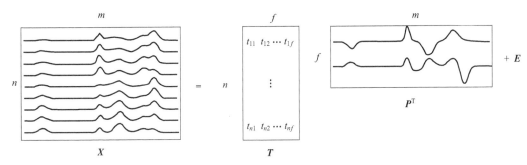

图 6-6　PCA 分解矩阵示意图

各个得分向量之间是正交的，即对任何 i 和 j，当 $i \neq j$ 时，$t_i^T t_j = 0$。各个载荷向量之间也是正交的，且每个载荷的向量长度都为 1，即：$p_i^T p_j = 0$，$i \neq j$；$p_i^T p_i = 1$，$i = j$。

由以上向量性质，不难得出：$t_i = X p_i$。这说明了主成分分析的数学意义，即每个得分向量实际上是矩阵 X 在其对应载荷向量 p 方向上的投影。向量 t_i 的长度反映了矩阵 X 在 p_i 方向上的覆盖程度，反映了样本与样本之间的相互关系。它的长度越大，X 在 p_i 方向上的覆盖程度或变化范围越大。

如图 6-5 所示，载荷向量 p_1 代表矩阵 X 变化（方差）最大的方向，p_2 与 p_1 垂直并代表 X 变化的第二大方向，最后一个载荷向量代表 X 变化的最小方向。从概率统计观点可知，一个随机变量的方差越大，该随机变量包含的信息越多；如当一个变量的方差为零时，该变量为一常数，不含任何信息。当矩阵 X 中的变量间存在一定程度的线性相关时，X 的变化将主要体现在最前面几个载荷向量方向上，X 在最后面几个载荷向量上的投影很小，可以认为它们主要是由于测量噪声引起的。

这样可以将矩阵 X 的 PCA 的分解写成：

$$X = t_1 p_1^T + t_2 p_2^T + t_3 p_3^T + \cdots + t_f p_f^T + E$$

式中，E 为误差矩阵，代表 X 在 p_f 到 p_m 载荷向量方向上的变化。

由于误差矩阵 E 主要是由于测量噪声引起的，将 E 忽略掉不会引起数据中大宗信息的明显损失，而且还会起到清除噪声的效果。在实际应用中，主因子数（或称主成分数）f 往往比 m 小得多，从而起到数据压缩与特征变量提取的目的。

可以证明，对 X 进行主成分分析实际上等效于对 X 的协方差矩阵 $X^T X$ 进行特征向量分析。矩阵 $\boldsymbol{X}$ 的载荷向量实际上是矩阵 $\boldsymbol{X}^{\mathrm{T}}\boldsymbol{X}$ 的特征向量。如果将 $\boldsymbol{X}^{\mathrm{T}}\boldsymbol{X}$ 的特征值做如下排列：$\lambda_1 \geqslant \lambda_2 \geqslant \cdots \geqslant \lambda_m$，则这些特征值对应的特征向量 $\boldsymbol{p}_1, \boldsymbol{p}_2, \cdots, \boldsymbol{p}_m$ 即为矩阵 $\boldsymbol{X}$ 的载荷向量。

主成分分析与矩阵的奇异值分解（SVD）也是密切相关、殊途同归的。奇异值分解法可将任意阶实数阵分解为三个矩阵的乘积（图 6-7），即：$\boldsymbol{X}=\boldsymbol{U}\boldsymbol{S}\boldsymbol{V}^{\mathrm{T}}$，其中，$\boldsymbol{S}$ 为对角矩阵，收集了矩阵 $\boldsymbol{X}$ 的奇异值，实际上它是协方差矩阵 $\boldsymbol{X}^{\mathrm{T}}\boldsymbol{X}$ 特征值的平方根；$\boldsymbol{U}$ 和 $\boldsymbol{V}^{\mathrm{T}}$ 分别为标准列正交和标准行正交矩阵，收集了这些特征值对应的列特征矢量和行特征矢量。实际上，矩阵 $\boldsymbol{U}$ 与矩阵 $\boldsymbol{S}$ 的乘积等于主成分分析中的得分矩阵 $\boldsymbol{T}$，矩阵 $\boldsymbol{V}$ 则等于载荷矩阵 $\boldsymbol{P}$。

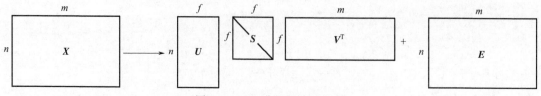

图 6-7　SVD 分解矩阵示意图

对光谱矩阵 $\boldsymbol{X}$ 进行主成分分析可作以下解释，载荷向量 $\boldsymbol{p}$ 可理解为从混合物体系光谱中抽提出来的"纯组分"归一化光谱，对应的得分向量 $\boldsymbol{t}$ 则可理解为该"纯组分"在不同样本中的权重，即浓度。也就是说，将所用这些"纯组分"乘以相应的权重再加和，就能重建样品的原始光谱，这与光谱分析中的朗伯-比尔定律以及加和性原理得到了统一。

6.2.2　主成分数的确定

矩阵 $\boldsymbol{X}$ 的协方差矩阵的前 f 个特征值的和 $\sum_{i=1}^{f}\lambda_i$ 除以它的所有特征值 $\sum_{i=1}^{\min(n,m)}\lambda_i$ 之和，称为前 f 个主成分的累积贡献率，表示前 f 个主成分解释的数据变化占全部数据变化的比例。选取主成分的个数取决于主成分的累计方差贡献率，通常使累计方差贡献率大于 $85\%\sim95\%$ 所需的主成分数能够代表原始变量所能提供的绝大部分信息。可将特征值对各个主成分作图来选取主成分数，如图 6-8 所示，主成分数 f 应选 5。

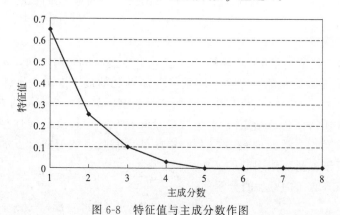

图 6-8　特征值与主成分数作图

也可采用指示函数法（IND）确定 $\boldsymbol{X}$ 阵的主成分数，IND 函数定义为

$$\mathrm{IND}=\sqrt{\frac{\sum\limits_{i=f+1}^{\min(n,m)}\lambda_i}{\max(n,m)\left[\min(n,m)-f\right]^5}}$$

从 $f=1$ 开始，计算不同 f 对应的 IND 函数值，IND 值随着 f 的增大开始逐渐减小，随后会又增大，因而有极小值，IND 函数取得极小值对应的 f 即为主成分数。

对于光谱分析，有时也可通过载荷 P 阵协助确定主成分数，当某一成分数对应的载荷向量明显呈噪声趋势时，说明已处于该光谱阵的主成分数附近。

6.2.3　主成分分析算法

在实际计算中，PCA 的计算常采用 H. Wold 于 1966 年提出的非线性迭代偏最小二乘算法（Nonlinear Iterative Partial Least Squares，NIPALS）。NIPALS 算法比较适合微机计算，因为该法为一种迭代算法，计算步骤简单、速度快，计算中首先给出方差大或特征值大的主成分，而不是一次计算出所有的因子。NIPALS 方法的算式如下：

① 取 X 中某列矢量 x 为 t 的起始值：$t=x$。

② 计算 $p^T = t^T X / t^T t$。

③ 将 p^T 归一化，$p^T = p^T / \| p \|$。

④ 计算 t，$t = Xp / (p^T p)$。

⑤ 比较新的 t 与旧的 t，看是否满足收敛条件。若满足收敛条件，继续步骤⑥，否则跳回步骤②。

⑥ 若已完成计算所需要的主成分，则停止计算；否则计算残差阵 E：

$$E = X - t p^T$$

⑦ 用 E 代替 X，返回步骤①，求下一个主成分。

经过 NIPALS 计算后，X 变换为正交的主成分矩阵 T。可以证明，NIPALS 算法得到的特征矢量 p，就是矩阵 $X^T X$ 的特征向量。由于 NIPALS 算法度快，步骤简单，便于微机上使用，因而近年得到了广泛应用。

对于一未知样本的光谱 x_{un}，通过以上求得的载荷阵 P，便可计算出未知样本光谱的得分向量 t_{un}，即 $t_{un} = x_{un} P$。

6.2.4　主成分分析的应用

计算主成分的目的是将高维数据投影到较低维空间，同时这些新变量能够尽可能多地反映原来变量的信息，且彼此互不相关。

对于主成分分析模型 $X = TP^T + E$，得分矩阵 T 可作特征变量用于定量分析，如作为 MLR 的输入变量，即主成分回归（PCR），还可作为人工神经网络（ANN）或支持向量回归（SVR）的输入变量等[5]；得分矩阵 T 也常用于定性分析，如作为计算样本之间马氏距离的特征变量，以判断界外样本。实际上，可直接将主成分得分向量用二维或三维作图，通过计算机屏幕图形显示来实现不同样本的分类。另外，光谱残差矩阵 E 也可用于定性分析（如 SIMCA 方法和光谱残差界外样本的识别等）。

多变量统计过程控制（Multivariate Statistical Process Control，MSPC）中的 Hotelling T^2 统计量和 Q 统计量分别基于得分矩阵 T 和残差矩阵 E 计算得到[6,7]。

6.2.5　多元分辨交替最小二乘

多元分辨交替最小二乘法（Multivariate Curve Resolution-Alternating Least Squares，MCR-ALS）是一种基于双线性的光谱矩阵分解方法，运用交替方法进行迭代，可获得复杂体系中存在的纯组分浓度分布和光谱分布曲线[8-10]。该方法的基本假设有两条，一是混合物光谱符合线性加合性，二是光谱测量值与浓度值只能是正值。因为这两条假设对一般光谱仪器产生的数据均可成立，所以其适用性较广。

MCR-ALS 模型对光谱矩阵 D 分解的表达式与主成分分析类似，其实质也是在主成分空间对得分矩阵进行进一步的解析，从而将纯光谱估计出来。MCR-ALS 的模型为：

$$D = CS^T + E$$

式中，D 为 n 个不同浓度混合物样本构成的光谱矩阵，维度为 $n \times m$，m 为光谱的波长点数；混合物中含有 k 个独立的化学成分；C 为纯组分浓度阵，维度为 $n \times k$；S 为纯组分光谱光谱阵，维度为 $m \times k$；E 为测量误差矩阵。

如图 6-9 所示，MCR-ALS 的计算步骤如下：

① 确定光谱矩阵的组分数。通常采用主成分分析（SVD 分解）或先验知识来确定体系的组分数。

② 初始化纯组分浓度阵 C 或纯组分光谱光谱阵 S。通常采用交互式自模型混合物分析（Simple-to-use Interactive Self-modeling Mixture Analysis，SIMPLISMA）方法初始纯组分光谱光谱阵 S。SIMPLISMA 方法的具体算法参见本书 5.2 一节。

③ 通过下列两式进行反复迭代计算 C 和 S，直到达到收敛，迭代计算结束：

$$C = D(S^T)^+$$

$$S^T = C^+ D$$

式中，$(S^T)^+$ 和 C^+ 分别是 S^T 和 C 的广义逆矩阵，如果 S^T 和 C 是满秩矩阵，其广义逆矩阵分别为 $S(S^T S)^{-1}$ 和 $(C^T C)^{-1} C$。

在进行 MCR-ALS 计算时，存在排列不确定性、强度不确定性和旋转不确定性，需要通过引入约束条件减少或抑制 MCR-ALS 的不确定性，常用的约束条件包括浓度和光谱非负约束、闭合性约束、单峰约束以及相关约束（Correlation Constrain）等[11-13]。

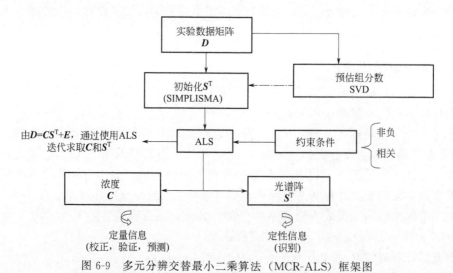

图 6-9　多元分辨交替最小二乘算法（MCR-ALS）框架图

6.2.6　目标波段熵最小化

在介绍目标波段熵最小化（Band Target Entropy Minimization，BTEM）之前，首先简要介绍一下目标转换因子分析（Target Transformation Factor Analysis，TTFA），该方法通过对一组混合物的光谱矩阵进行分解，以判断混合物中是否存在目标物。

TTFA 对混合物光谱矩阵 D 分解的表达式与主成分分析相同，其实质是对载荷向量进行旋转，从而将纯光谱解析出来。TTFA 的模型为：

$$D = CS^T + E$$

其中，D 为 n 个不同浓度混合物样本构成的光谱矩阵，维数为 $n \times m$，m 为光谱的波长点数；混合物中含有 k 个独立的化学成分；C 为纯组分浓度阵，维数为 $n \times k$；S 为纯组分光谱光谱阵，维数为 $m \times k$；E 为测量误差矩阵。

TTFA 算法的主要步骤：

① 首先对 D 进行主成分分析：$D = UV^T + E$，其中 U 和 V 分别是主成分得分向量和载荷向量组成的矩阵，其维数分别是为 $n \times k$ 和 $m \times k$，E 为残差矩阵。

V 中包含了 S 所有的光谱信息，因此载荷向量也称为抽象光谱，因此，S 中任何一个纯光谱 s 向量都可由载荷向量 V 线性表示：$s = Vr$，其中 r 为旋转向量，其维数为 $k \times 1$。

② 若目标物的参考光谱为 s^0，则旋转向量 r 通过最小二乘方法获得：

$$r = (V^T V)^{-1} V^T s^0$$

③ 计算重建后的光谱 s：$s = Vr$。

④ 检验参考光谱 s^0 与重建光谱 s 之间的相似程度，如果两者之间的一致性通过验证，则认为混合物中存在该目标物，否则混合物中不含有该目标物。

目标波段熵最小化（BTEM）对混合物光谱矩阵的分解过程与 TTFA 相同，只是在求取旋转向量 r 时无需使用参考光谱 s^0，而是将光谱的目标波段和信息熵最小化的概念结合设计了目标函数。通过模拟退火算法搜索最优的旋转向量 r，使目标函数最小。最后通过公式 $s = Vr$ 获取目标物的纯组分光谱。目标波段熵最小化算法的具体步骤参见文献[14,15]。

目标波段熵最小化法的中心思想是将原始混合物光谱矩阵进行主成分分析，分解为多个载荷向量，然后从这些特征向量中以视觉观察鉴别出感兴趣的光谱特征，在光谱重建时选择某一个感兴趣的光谱特征来保留。该方法能够强制性地保留已经选中的光谱特征，并且在目标波段的熵最小的基础上实现重建整个相关的目标物的纯组分光谱。与 TTFA 相比，其不需要目标物的先验信息（例如参考光谱），也不依赖统计学检验等方面的优点。目标波段熵最小化法已成功应用于各种固相和液相的反应体系，成功重建拉曼光谱、傅里叶变换红外光谱、核磁共振谱和质谱等复杂谱图[16-18]。

从混合物光谱阵中辨析出纯组分光谱的方法，除了本书介绍的 MCR-ALS、TTFA、SIMPLISMA 和 BTEM 算法外，还有交互主成分分析（Interactive Principle Component Analysis，IPCA）[19]，正交投影-交替最小二乘方法（Orthogonal Projection Approach-Alternating Least Squares，OPA-ALS）[20,21] 和目标偏最小二乘方法（Target Partial Least Square，TPLS）[22] 等。

6.2.7 多级同时成分分析

多级同时成分分析（Multilevel Simultaneous Component Analysis，MSCA）方法是在主成分分析基础上提出的，用于数据中存在不同类型方差的数据分析[23]。一个二级 MSCA 模型可分别解释数据中个体间和个体内的方差，对于一个个体，该模型可以用公式表示[24]：

$$X_{\text{raw},i} = 1_{K_i} m^T + 1_{K_i} t_{b,i}^T P_b^T + T_{w,i} P_w^T + E_{\text{MSCA},i}$$

约束条件为：

$$\begin{cases} \sum_{i=1}^{I} K_i t_{b,i}^T = 0 \\ 1_{k_i}^T T_{w,i} = 0 \end{cases}$$

其中，$\mathbf{1}_{Ki}$ 表示大小为 K_i 的列向量；$\mathbf{m}^{\mathrm{T}}$ 为总体平均值；$\mathbf{t}_{b,i}^{\mathrm{T}}$ 和 $\mathbf{T}_{w,i}$ 分别表示个体间和个体内模型的得分；$\mathbf{P}_b$ 和 $\mathbf{P}_w$ 分别表示两个模型的载荷；$\mathbf{E}_{\mathrm{MSCA},i}$ 表示残差矩阵，$\mathbf{0}$ 表示一个零向量。

通过对得分施加约束条件，保证了模型中三部分能够相互正交，即不同层次的模型能够分别解释数据中不同类型的方差。

由于 MSCA 方法能够在不同层次分析数据，可将其用于温控近红外光谱数据的辨析，同时考察温度和浓度对光谱的影响。若对每一组样本，水和乙醇体积比相同，异丙醇的体积分数分别为 10%、20%、30%、40%、50%、60%、70%、80% 和 90% 的混合溶液（即 $K_i = 9$），每一组样本数据中，包含 7 个温度下测定的光谱，即 7 个个体 $\mathbf{X}_{\mathrm{raw},i}$（$i = 1$，$2, \cdots, 7$）。

MSCA 模型的计算包括以下两个主要步骤[25]：

（1）首先对 $\mathbf{X}_{\mathrm{raw}}$ 进行总体中心化，然后对每个个体的平均值向量组成的矩阵进行 PCA 分析得到第一级模型。由于该模型只解释了个体间（温度间）的方差，被称为温度间模型。模型只考虑了温度效应而去除了浓度效应，因此，温度间模型计算得到的得分被称为温度系数，光谱和温度间的定量关系（QSTR）就可以通过不同温度下的温度系数得到。

（2）对总体中心化后的每一个个体进行局部中心化，通过该步骤消除掉温度效应，然后对所有个体组成的矩阵进行 PCA 分解得到模型。由于该模型仅考虑了个体内或浓度变化产生的光谱的变化，被称为温度内模型。模型只解释了浓度效应而去除了温度效应，因此该模型的得分被称为浓度系数。通过不同浓度下的浓度系数就可以得到光谱和浓度之间的定量关系。

MSCA 方法除了用于建立二级模型（例如温度和浓度），还被用于三级模型的建立，例如可同时考察温度、浓度和 pH 值对光谱的影响[26]。

6.3 非负矩阵因子分解

非负矩阵因子分解（Non-negative Matrix Factorization，NMF）与主成分分析（PCA）都是线性数据分析方法。线性数据分析的基本思想是：通过某种适当的变换或分解，将高维的原始数据向量表示成一组低维向量的线性组合。NMF 要求这些线性组合的系数是非负的，即对任意给定的一个非负矩阵 $\mathbf{V}(n \times m)$，NMF 算法的目标是寻找到一个非负矩阵 $\mathbf{W}(n \times r)$ 和一个非负矩阵 $\mathbf{H}(r \times m)$，使得满足 $\mathbf{V} = \mathbf{WH}$，从而将一个非负的矩阵分解为两个非负矩阵的乘积[27-29]，其中 n 为样本数，m 为波长变量数，r 为体系的主成分数。

若以残差欧氏距离的平方来构建评价函数 F：

$$F = \sum_{i,j} [V_{ij} - (WH)_{ij}]^2$$

则可通过简单的迭代过程，求取矩阵 $\mathbf{W}$ 和 $\mathbf{H}$，其算法的主要步骤：

① 对非负矩阵 $\mathbf{W}$ 和 $\mathbf{H}$ 随机赋初值。

② 由 $\mathbf{H}$ 计算 $\mathbf{W}$：

$$W'_{ia} = W_{ia} \sum_{\mu} \frac{V_{i\mu}}{(WH)_{i\mu} H_{a\mu}}$$

式中，$i = 1, 2, \cdots, n$；$a = 1, 2, \cdots, r$；$\mu = 1, 2, \cdots, m$。

③ 列归一化：

$$W_{ia} = \frac{W'_{ia}}{\sum_j W_{ja}}$$

式中，$i=1,2,\cdots,n$；$a=1,2,\cdots,r$；$j=1,2,\cdots,n$。

W'_{ia} 表示 W_{ia} 的迭代新值

④ 由 W 计算 H：

$$H'_{a\mu} = H_{a\mu} \sum_i W_{ia} \frac{V_{i\mu}}{(WH)_{i\mu}}$$

式中，$i=1,2,\cdots,n$；$a=1,2,\cdots,r$；$\mu=1,2,\cdots,m$。

当迭代达到最大迭代次数，或者原始数据与重构数据之间的残差平方和小于给定阈值时，迭代终止。

由上述计算步骤可以看出，NMF 是基于矩阵中的每个元素进行的，而不是像 PCA 对矩阵中的每一向量进行计算，NMF 的分解结果更能代表数据的局部特征。当变量之间相互交盖、重叠比较严重时，通常 NMF 仍能找到表征数据结构的"基函数"，所以 NMF 可以从复杂混合体系中直接提取出纯化学组分信息。此外，NMF 的"基函数"通过线性加和组合成各个变量，这更符合不同化学组分相应波谱的组合特征。为进一步提高混叠光谱的分离能力，Gan 等提出了基于纯变量初始化的非负矩阵分解方法[30]，殷贤华等提出了基于光谱特征约束非负矩阵分解方法[31]。

6.4 独立成分分析

独立成分分析（Independent Component Analysis，ICA）的目的是通过线性变换从未知源信号的多维混合信号中分离出相互统计独立的源信号[32,33]。对于 $n \times m$ 维的光谱阵 X，n 为样本数，m 为波长点数；假设 ICA 成分数为 k，$k \ll m$，ICA 模型可表示为：

$$X = AS$$

其中，A 为混合矩阵，维数为 $n \times k$，S 为成分矩阵，维数为 $k \times m$。由于 A 和 S 都未知，ICA 就是寻找 S 的最优解，使得：

$$S = WX$$

即寻找合适的分离矩阵 $W(k \times n)$，进而获得独立成分 S。

ICA 的目标函数与优化算法的多样性决定了 ICA 算法的复杂性，在具体应用过程中，形成了很多典型的算法，主要有以下几种：极大似然函数估计、互信息最小化、非高斯最大化、信息最大化、负熵最大化的快速 ICA 算法（FastICA）等。其中 FastICA 算法较为常用[34,35]，其具体步骤如下：

① 对光谱阵 X 进行均值中心化处理。

② 对 X 进行白化处理。对 X 的协方差矩阵进行 SVD 分解，得到特征值对角矩阵 D 和特征值向量矩阵 Q，计算 $U = D^{-1/2}Q^T$，白化后的矩阵 Z 为：$Z = UX$。

③ 设置需要估计的分量的个数 k，设迭代次数 p，随机初始化变换矩阵 W。

④ 计算分离矩阵 W：

$$W_p = E\{Zg(W_p^T Z)\} - E\{g'(W_p^T Z)\}W$$

式中，$E\{\cdot\}$ 为均值运算函数；$g(\cdot)$ 为非线性函数，通常用 tanh 函数；$g'(\cdot)$ 为

函数 $g(\cdot)$ 的一阶导数函数。

⑤ 正交化矩阵 W：

$$W_p = W_p - \sum_{j=1}^{p-1} (W_p^T W_j) W_j$$

⑥ 标准化矩阵 W：

$$W_p = W_p / \parallel W_p \parallel$$

⑦ 判断 W_p 是否收敛，若收敛则分离出一个独立分量，继续下一步；若不收敛，则返回步骤④继续迭代计算。

⑧ 令 $p = p + 1$，如果 $p \leqslant k$，返回步骤④，直至计算出 k 个独立分量。

⑨ 计算成分矩阵 $S = WX$。

对于新光谱 $x(1 \times m)$，经过 ICA 降维后的向量 $a = xS^T(SS^T)^{-1}$，a 的维度为 $1 \times k$。

6.5 多维尺度变换

多维尺度变换（Multidimensional Scaling，MDS），又称为多维标度分析，是在低维空间展示高维多元数据的一种可视化方法。当 n 个样本中各对样本之间的相似性（或距离）给定时，多维尺度变换的基本目标是确定这些样本在低维（欧氏）空间中的表示（称为感知图，Perceptual Mapping），并使其尽可能与原先的相似性（或距离）"大体匹配"，使得由降维所引起的任何变形达到最小，所以该方法也称为"相似度结构分析"（Similarity Structure Analysis）[36]。

若 X 为样本 x_i 构成的 $n \times m$ 维矩阵，n 为样本数，m 为波长变量数，$i = 1, 2, \cdots, n$，多维尺度变算法步骤如下：

① 计算距离 X 矩阵中，两两样本之间的欧氏距离 d_{ij}，$i, j = 1, 2, \cdots, n$，构成距离矩阵 D。

② 由距离矩阵 D 进一步计算中心化内积矩阵 B，$B = (b_{ij})_{n \times n}$，其中，

$$b_{ij} = \frac{1}{2} \left(-d_{ij}^2 + \frac{1}{n} \sum_{j=1}^{n} d_{ij}^2 + \frac{1}{n} \sum_{i=1}^{n} d_{ij}^2 - \frac{1}{n} \sum_{i=1}^{n} \sum_{j=1}^{n} d_{ij}^2 \right)$$

③ 对矩阵 B 进行正交分解：$B = USU^T$，选择 f 个最大的特征根及其对应的特征向量，得到 f 维空间下的拟合构图 Z，$Z = S_f^{1/2} U_f^T$，其中 $S_f = \text{diag}(\lambda_1, \lambda_2, \cdots, \lambda_f)$ 为矩阵 B 前 f 个特征根；$U_f = [u_1, u_2, \cdots, u_f]$ 为相应的特征向量组成的矩阵。Z 为多维尺度变换的最终矩阵，其维数为 $n \times f$。

实质上，多维尺度变换与主成分分析的基本目标是一致的，都是通过空间的变量映射，把高维空间数据转换到低维空间，保持各研究对象数据的原始关系，使得由降维所引起的任何变形最小。区别在于多维尺度变换是以样本为分析对象，而主成分分析是以变量为分析对象。有数学证明指出，经过多维尺度变换后的 Z 的 f 维主坐标正好是 X 矩阵中心化后利用主成分分析得到的前 f 个主成分的值。

陈华舟等利用多维标度法对光谱变量进行降维，结合多元线性回归，建立红外光谱预测血清四种临床生化指标（葡萄糖、低密度脂蛋白胆固醇、甘油三酯、尿素）的定量模型[37]。王康利用多维标度法对沥青的红外光谱进行降维，建立了快速识别不同品牌的判别模型[38]。

6.6 Isomap 方法

等距映射（Isometric Mapping，Isomap）是一种非线性降维技术，属于流形学习方法。多维尺度变换（MDS）是一种线性降维方法，它构造的欧氏距离矩阵不能反映流形样本点之间的非线性关系。但有些数据在空间的分布就像一个扭曲的带状或者球形等，一个常见的例子就是关于地球仪，如果南极到北极，欧氏距离就是点到点的直线距离，但是蚂蚁并不能这样走过去，只有经线方向走才能走出最短距离，这个距离称之为测地距离[39]。

为保持数据点的内在几何性质（两点间的测地距离）不变，Isomap 算法在 MDS 的基础上，使用样本点之间的测地距离代替欧氏距离，测地距离度量的近似值可以使用最短路径算法通过局部的邻域中欧氏距离来重构获得。图 6-10(a) 中的样本分布于一个瑞士卷（Swiss-roll）上，虚线所表示的两点间的欧氏距离（虚线），其不能代表两点间的真实距离。而分布于流形面上的曲线是这两点的测地线，在流形未知的情况下无法求得，可以通过最短路径算法对邻域内的距离进行拼接近似地去重构两点间的测地线距离，如图 6-10(b) 中曲线所示。图 6-10(c) 是使用 Isomap 降维后空间中两点和两条路径（分别对应测地线距离和短程距离拼接）的投影。

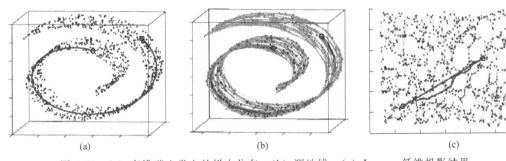

图 6-10　(a) 高维瑞士卷上的样本分布；(b) 测地线；(c) Isomap 低维投影结果

Isomap 算法首先使用最近邻图中的最短路径得到近似的测地线距离，并用该距离代替欧氏距离输入到 MDS 中，进而找到嵌入在高维空间的低维坐标。若 $\boldsymbol{X}$ 为样本 x_i 构成的 $n \times m$ 维矩阵，n 为样本数，m 为波长变量数，$i=1,2,\cdots,n$，设定降维数 d 和邻近数 k，Isomap 算法如下：

① 构建 k-邻域图 G。计算每个样本 $\boldsymbol{x}_i$ 同其余样本 $\boldsymbol{x}_j$ 之间的欧氏距离 d_{ij}^{E}。当 $\boldsymbol{x}_j$ 是距 $\boldsymbol{x}_i$ 最近的 k 个样本中的一个时，则认为 $\boldsymbol{x}_i$ 与 $\boldsymbol{x}_j$ 是相邻的，即图 G 有边 E_{ij}，并设边 E_{ij} 的权为 d_{ij}^{E}。

② 计算最短路径。当图 G 有边 E_{ij} 时，设最短路径 $d_{ij}^{\mathrm{G}}=d_{ij}^{\mathrm{E}}$；否则设 $d_{ij}^{\mathrm{G}}=\infty$。在图 G 上，根据 Dijkstra 算法或 Floyd 算法求最短路径距离矩阵 $\boldsymbol{D}^{\mathrm{G}}$。

③ 计算 d 维嵌入。将 MDS 应用于短路径距离矩阵 $\boldsymbol{D}^{\mathrm{G}}$：

a. 计算矩阵 $\boldsymbol{R}(n \times n)$，$\boldsymbol{R}=(r_{ij})=((d_{ij}^{\mathrm{G}})^2)$；

b. 计算矩阵 $\boldsymbol{H}(n \times n)$，$\boldsymbol{H}=(h_{ij})=(\delta_{ij}-1/n)$，其中 $\delta_{ij}=0$（$i \neq j$），$\delta_{ij}=1$（$i=j$）；

c. 计算矩阵 $\boldsymbol{L}^{\mathrm{G}}=-\boldsymbol{H}\boldsymbol{R}\boldsymbol{H}/2$，并对 $\boldsymbol{L}^{\mathrm{G}}$ 进行 SVD 分解，因为矩阵 $\boldsymbol{L}^{\mathrm{G}}$ 对称，即有 $\boldsymbol{L}^{\mathrm{G}}=\boldsymbol{U}^{\mathrm{T}}\boldsymbol{S}\boldsymbol{U}$；

d. 计算低维空间的投影矩阵 $\boldsymbol{M}(n \times d)$。取矩阵 $\boldsymbol{U}$ 前 d 行和前 n 列组成矩阵 $\boldsymbol{U}_d$，取矩

阵 S 前 d 行和前 d 列组成矩阵 S_d，则 $M = S_d^{1/2} U_d$。

杨辉华等将 Isomap 算法用于近红外光谱降维，然后采用 PLS 建立定量模型，结果表明，当性质数据与近红外光谱存在非线性关系时预测误差可显著减小[40]。于慧伶等采用 Isomap 算法对实木板材节子的近红外光谱进行降维，然后运用小波神经网络实现了缺陷边缘倾角的有效建模[41]。林萍等通过 Durbin-Watson 检验得出近红外光谱中存在非线性结构，通过 Isomap 算法对光谱进行降维后，用最小二乘支持向量机成功建立了识别转基因水稻种子的模型[42]。吕杰等将 Isomap 算法应用于土壤高光谱数据降维，利用随机森林方法对矿区尾矿土壤的铜含量进行建模，获得了比 PCA 降维更好的结果[43]。丁玲等也将 Isomap 算法应用于高光谱数据降维，采用较少的特征维便可大幅度提高相似类别的可分行[44]。李庆波等提出了一种改进的 Isomap 有监督降维方法，利用光谱数据本身的相关性指导邻域图的构建，降低了对噪声和邻域参数的敏感程度[45]。周颂洋提出了一种基于矩阵分块和自动调图的 Isomap 算法，以降低计算的复杂度，提高运算速率[46]。

6.7 局部线性嵌入算法

局部线性嵌入（Locally Linear Embedding，LLE）是一种非线性降维方法，与传统的 PCA 关注样本方差的降维方法相比，LLE 关注于降维时保持样本局部的线性特征，能有效实现数据从高维空间到低维空间的映射[39]。

LLE 算法的基本思想是通过样本空间局部线性关系的联合来揭示全局非线性结构的非线性降维，其算法的具体描述为：设 $X = \{x_1, x_2, \cdots, x_N\}$ 为 N 个输入样本的光谱，其低维映射为 $Y = \{y_1, y_2, \cdots, y_N\}$，$y_i$ 为光谱 x_i 的特征向量。任意 x_i 均可表示为其 k 个邻近样本光谱的线性组合：

$$x_i = \sum_{j=1}^{k} w_{ij} x_{ij}$$

其中，x_{ij} 为距离 x_i 最邻近的第 j 个样本光谱，w_{ij} 为线性重构系数。LLE 通过局部线性关系实现高维空间样本在低维空间的映射，具体的算法如下：

输入：样本集光谱矩阵 $X = \{x_1, x_2, \cdots, x_N\}$，最近邻数 k，降维到的维数 d。

输出：低维样本集矩阵 $Y = \{y_1, y_2, \cdots, y_d\}$。

① 以欧氏距离作为度量，计算与 x_i 最邻近的 k 个样本光谱 $\{x_{i1}, x_{i2}, \cdots, x_{ik}\}$。

② 计算局部方差矩阵 $Z_i = (x_i - x_j)(x_i - x_j)^{\mathrm{T}}$，并求出对应的权值系数向量：

$$w_i = \frac{Z_i^{-1} \mathbf{1}_k}{\mathbf{1}_k^{\mathrm{T}} Z_i^{-1} \mathbf{1}_k}$$

式中，$\mathbf{1}_k$ 为 k 维全 1 向量，$w_i = (w_{i1}, w_{i2}, \cdots, w_{ik})^{\mathrm{T}}$。

③ 由样本集所有样本光谱的权值系数 w_i 组成矩阵 W，计算矩阵 $M = (I - W)(I - W)^{\mathrm{T}}$，其中 I 为单位矩阵。

④ 计算矩阵 M 的第二个特征向量到 $d + 1$ 个最小特征值对应的特征向量，即为输出低维样本集矩阵 $Y = \{y_2, y_3, \cdots, y_{d+1}\}$。

段宇飞等用 LLE 对鸡蛋的可见-近红外光谱进行非线性降维，然后采用支持向量机回归建立预测鸡蛋新鲜度的模型，LLE 降维效果优于 PCA[47]。康贝等将 LLE 与 SVR 相结合建立了紫外可见光谱预测水样 COD 的分析模型，可有效提取光谱中的非线性特征[48]。徐宝鼎等将烟草近红外光谱进行区间划分，然后进行 LLE 降维，再构建相似性度量模型，其准确率为 93.3%，提高了近红外光谱相似性度量的稳健性和准确性[49]。张冬妍等将 LLE 与高斯过程（LLE-GP）相结合，用于近红外光谱对红松子品质的检测，能够准确区分正常和霉变松子[50]。樊风杰等基于中药药性的荧光光谱特征，将局部线性嵌入算法与随机森林算法相结合，构建 LLE-RF 寒温类中药荧光光谱分类模型，具有较好的分类识别效果[51]。

6.8 t-分布式随机邻域嵌入算法

t-分布式随机邻域嵌入算法（t-distributed Stochastic Neighbor Embedding，t-SNE）是流行学习中能用来可视化数据降维的一种方法。该算法不仅能将流型上的附近点映射到低维表示中的附近点，还能保留所有尺度的几何形状，也就是将附近的点映射到附近的点，将远处的点映射到远处的点。t-SNE 算法是一种利用概率进行降维分析的方法，它将高维空间中任意两个数据点间的欧氏距离转换为相似概率，并且用高维空间数据点和对应低维空间模拟的数据点之间的联合概率代替了随机邻域嵌入算法（Stochastic Neighbor Embedding，SNE）中的条件概率，从而解决 SNE 算法中不对称的问题[52]。另外，该算法在低维空间中采用 t 分布，t 分布是一种典型的长尾分布，可以使高维度下中低等距离的数据点在映射后有一个较大的距离，从而有效解决低维空间中数据点拥挤的问题。

对于 $n \times m$ 维的光谱阵 $\boldsymbol{X}$，n 为样本数，m 为波长点数，t-SNE 步骤如下：

（1）计算 m 维空间下的联合概率 p_{ef}

m 维空间的光谱两两之间的相似条件概率 $p_{e|f}$ 和 $p_{f|e}$：

$$p_{e|f} = \frac{\exp(-\|\boldsymbol{x}_f - \boldsymbol{x}_e\|^2 2\sigma_f^2)}{\sum\limits_{f=1}^{n}\sum\limits_{g=1}^{n}\exp(-\|\boldsymbol{x}_f - \boldsymbol{x}_g\|^2 2\sigma_f^2)} \quad (f \neq g)$$

$$p_{f|e} = \frac{\exp(-\|\boldsymbol{x}_e - \boldsymbol{x}_f\|^2 2\sigma_e^2)}{\sum\limits_{e=1}^{n}\sum\limits_{g=1}^{n}\exp(-\|\boldsymbol{x}_e - \boldsymbol{x}_g\|^2 2\sigma_e^2)} \quad (e \neq g)$$

$p_{e|f}$ 表示第 f 个样本分布在样本 e 周围的概率，$p_{e|e}=0$，σ_f 表示以 $\boldsymbol{x}_f$ 为中心点高斯分布的方差。

高维联合概率 p_{ef} 表示为：

$$p_{ef} = \frac{p_{f|e} + p_{e|f}}{2n}$$

（2）计算低维空间下的联合概率 q_{ef}

t-SNE 算法在低维空间采用的是 t 分布，低维空间 $\boldsymbol{Z}(n \times d$，$d$ 为降维后的维度）的联合概率 q_{ef} 表示为：

$$q_{ef} = \frac{(1 + \|\boldsymbol{z}_e - \boldsymbol{z}_f\|^2)^{-1}}{\sum\limits_{g=1}^{n}\sum\limits_{l=1}^{n}(1 + \|\boldsymbol{z}_g - \boldsymbol{z}_l\|^2)^{-1}} \quad (g \neq l)$$

（3）计算 p_{ef} 和 q_{ef} 之间的 KL 散度，将其设为目标函数 C

$$C = \text{KL}(P \| Q) = \sum\limits_{e=1}^{n}\sum\limits_{f=1}^{n} p_{ef} \log_2 \frac{p_{ef}}{q_{ef}}$$

KL 散度用来衡量高维和低维两个空间分布的相似性，SNE 算法的目标就是对所有样本集合的数据点最小化 KL 距离。

（4）用目标函数 C 对输入数据对应的低维表达式求导

$$\frac{\delta C}{\delta Z_e} = 4\sum_{f=1}^{n}(p_{ef}-q_{ef})(z_e-z_f)(1+\parallel z_e-z_f \parallel^2)^{-1}$$

将该低维表达式作为可优化变量进行寻优，得到输入矩阵 X 在低维空间内最佳的模拟点。

（5）定义困惑度（Perplexity）

$$\text{Perp}(p_e) = 2^{H(p_e)}$$

其中，$H(p_e) = -\sum_{f=1}^{n} p_{f|e} \log_2 p_{f|e}$

困惑度可解释为一个点附近的有效近邻点个数，通常在 5～50 之间选择。它是控制拟合的全局性参数，会影响高维空间中高斯分布的复杂度。需要不断调整困惑度的大小，以得到最优的降维结果。

（6）对输入矩阵 x 进行迭代运算

为获得最小的目标函数 C，需要对输入矩阵 X 进行多次迭代运算，通过调整困惑度、学习速率 η 和动量 $\alpha(t)$ 等参数，具体迭代步骤：

① 计算困惑度，设定迭代次数 T、学习速率 η 和动量 $\alpha(t)$；

② 计算在给定困惑度下的 p_{ef}；

③ 用正态分布 $N(0, 10^{-4}I)$ 初始化 $Z^{(0)}$；

④ 从 $t=1$ 到 T，进行迭代运算；

⑤ 计算低维度下的 q_{ef}；

⑥ 计算梯度 $\dfrac{\delta C}{\delta Z}$；

⑦ 更新 $Z^{(t)} = Z^{(t-1)} + \eta\dfrac{\delta C}{\delta Z} + \alpha(t)(Z^{(t-1)} - Z^{(t-2)})$；

⑧ 判断 t 是否等于 T，否则 $t=t+1$，返回⑤。

王彬等采用 t-SNE 提取的短波近红外光谱特征信息建立了鉴别鸡蛋产地随机森林模型，其效果优于主成分分析[53]。李悦等采用 t-SNE 对木材的近红外光谱进行降维，然后通过聚类分析实现了不同木材树种的鉴别[54]。李铁军等利用 t-SNE 将太赫兹时域光谱高维空间数据样本点映射到低维空间，实现样本点特征在低维空间的可视化观察[55]。李鸿博等使用 t-SNE 将松子的近红外光谱数据降至二维，作为 SVM 分类模型的输入，识别松子贮存期的准确度可达 97.5%[56]。

6.9　其他算法

在光谱数据线性降维方法中，除了常用的 PCA、ICA 和 MDS 外，还有投影寻踪（Projection Pursuit，PP）、最小噪声分离变换（Minimum Noise Fraction Rotation，MNF Rotation）等方法[57,58]。在非线性降维方法中，还有基于核函数的核主成分分析（KPCA）和核独立成分分析（KICA）等。

在非线性流形降维方法中，除了 LLE、Isomap、t-SNE 等方法外，还有拉普拉斯特征映射方法（Laplacian Eigenmaps，LE）[59-61]、局部保持投影（Locality Preserving Projections，LPP）[62]、扩散映射方法（Diffusion Maps，DM）[63]、海森局部线性嵌入方法（Hessian Locally Linear Embedding，HLLE）[64]、线性局部切空间排列（Linear Local Tangent Space Alignment，LLTSA）[65] 等[66]。

本章都是介绍基于光谱的降维方法，如果考虑浓度阵或类别参与数据降维，或者称有监督的数据降维方式，可采用偏最小二乘（PLS）、典型相关分析（CCA）、Fishe 线性判别分析（LDA）、有监督的局部保持投影（SLPP）等方法[67,68]。

参考文献

[1] 胡育筑.计算药物分析 [M].北京：科学出版社，2006.

[2] Hughes G. On the Mean Accuracy of Statistical Pattern Recognizers [J]. IEEE Transactions on Information Theory，1968，14（1）：55-63.

[3] Wold S，Esbensen K，Geladi P. Principal Component Analysis [J]. Chemometrics and Intelligent Laboratory Systems，1987，2（1-3）：37-52.

[4] 王桂增，叶昊.主元分析与偏最小二乘法 [M].北京：清华大学出版社，2012.

[5] 朱毅宁，杨平，杨新艳，等.支持向量机结合主成分分析辅助激光诱导击穿光谱技术识别鲜肉品种 [J].分析化学，2017，45（3）：336-341.

[6] 张杰，阳宪惠.多变量统计过程控制 [M].北京：化学工业出版社，2000.

[7] 潘立登.先进控制与在线优化技术及其应用 [M].北京：机械工业出版社，2009.

[8] Windig W，Guilment J. Interactive Self-Modeling Mixture Analysis [J]. Analytical Chemistry，1991，63（14）：1425-1432.

[9] Chen G，Harrington P D B. Real-Time Interactive Self-Modeling Mixture Analysis [J]. Applied Spectroscopy，2001，55（5）：621-629.

[10] Azzouz T，Tauler R. Application of Multivariate Curve Resolution Alternating Least Squares（MCR-ALS）to the Quantitative Analysis of Pharmaceutical and Agricultural Samples [J]. Talanta，2008，74（5）：1201-1210.

[11] Lyndgaard L B，Frans V D B，Juan A De. Quantification of Paracetamol Through Tablet Blister Packages by Raman Spectroscopy and Multivariate Curve Resolution-Alternating Least Squares [J]. Chemometrics and Intelligent Laboratory Systems，2013，125：58-66.

[12] Oliveira R R，Lima K M，Tauler R，et al. Application of Correlation Constrained Multivariate Curve Resolution Alternating Least-Squares Methods for Determination of Compounds of Interest in Biodiesel Blends Using NIR and Uv-Visible Spectroscopic Data [J]. Talanta，2014，125：233-241.

[13] Garrido M，Rius F X，Larrechi M S. Multivariate Curve Resolution-Alternating Least Squares（MCR-ALS）Applied to Spectroscopic Data from Monitoring Chemical Reactions Processes [J]. Analytical and Bioanalytical Chemistry，2008，390（8）：2059-2066.

[14] 高群，陆峰.目标波段熵最小化（BTEM）的原理及其应用 [J].计算机与应用化学，2011，28（10）：127-130.

[15] Tan S T，Zhu H H，Chew W. Self-Modeling Curve Resolution of Multi-Component Vibrational Spectroscopic Data Using Automatic Band-Target Entropy Minimization（AUTOBTEM）[J]. Analytica Chimica Acta，2009，639（1-2）：29-41.

[16] Chew W，Widjaja E，Garland M. Band-Target Entropy Minimization（BTEM）：An Advanced Method for Recovering Unknown Pure Component Spectra. Application to the FTIR Spectra of Unstable Organometallic Mixtures [J]. Organometallics，2002，21（9）：1982-1990.

[17] Widjaja E，Garland Marc. Pure Component Spectral Reconstruction from Mixture Data Using SVD，Global Entropy Minimization，and Simulated Annealing. Numerical Investigations of Admissible Objective Functions Using A Synthetic 7-Species Data Set [J]. Journal of Computational Chemistry，2002，23（9）：911-919.

[18] 余莲莲，邵利民.大气开放光路傅里叶变换红外光谱的定性分析 [J].分析化学，2015，43（2）：226-232.

[19] Bu D S，Brown C W. Self-Modeling Mixture Analysis by Interactive Principal Component Analysis [J]. Applied Spectrosctroscopy，2000，54：1214-1221.

[20] Sanchez F C，Toft J，Massart D L，et al. Orthogonal Projection Approach Applied to Peak Purity Assessment [J].

Analytical Chemistry，1996，68：79-85.

[21] Frenich A G，Zamora D P，Vidal J L M，et al. Resolution （and Quantitation） of Mixtures with Overlapped Spectra by Orthogonal Projection Approach and Alternating Least Squares ［J］. Analytica Chimica Acta，2001，449 （1-2）：143-155.

[22] Feudale R N，Brown S D. An Inverse Model for Target Detection ［J］. Chemometrics and Intelligent Laboratory Systems，2005，77 （1-2）：75-84.

[23] Timmerman M E. Multilevel Component Analysis ［J］. British Journal of Mathematical and Statistical Psychology，2006，59 （2）：S301-320.

[24] Cui X Y，Liu X W，Yu X M，et al. Water can Be a Probe for Sensing Glucose in Aqueous Solutions by Temperature Dependent Near Infrared Spectra ［J］. Analytica Chimica Acta，2017，957：47-54.

[25] 单瑞峰. 近红外光谱建模方法及温度效应研究 ［D］. 天津：南开大学，2014.

[26] Han L，Cui X Y，Cai W S，et al. Three-level Simultaneous Component Analysis for Analyzing the Near-infrared Spectra of Aqueous Solutions under Multiple Perturbations ［J］. Talanta，2020，217：121036.

[27] 刘平，李波，余道洋，等. 基于非负矩阵因子分解的光波导分光光谱分析 ［J］. 华中科技大学学报（自然科学版），2013，41 （8）：6-9.

[28] 高军林，李通化，高洪涛，等. 非负矩阵因子法分析多元混合酸的 pKa ［J］. 计算机与应用化学，2007，24 （5）：604-609.

[29] 王光状. 非负矩阵因子分解算法及其在化学波谱解析中的应用研究 ［D］. 青岛：青岛科技大学，2007.

[30] Gan J Z，Qin B Y，Li Y，et al. Resolution of Overlapping Terahertz Spectra Using Non-negative Matrix Factorization Base on Pure Variables Initialization ［J］. Optik，2019. 176：600-610.

[31] 殷贤华，刘昱，奉慕霖，等. 基于光谱特征约束非负矩阵分解的轮胎橡胶太赫兹混叠光谱分离 ［J］. 光谱学与光谱分析，2020，40 （12）：3736-3742.

[32] Chen J，Wang X Z. A New Approach to Near-Infrared Spectral Data Analysis Using Independent Component Analysis ［J］. Journal of Chemical Information and Computer Sciences，2001，41 （4）：992-1001.

[33] Kassouf A，Ruellan A，Bouveresse D J R，et al. Attenuated Total Reflectance-Mid Infrared Spectroscopy （ATR-MIR） Coupled with Independent Components Analysis （ICA）：A Fast Method to Determine Plasticizers in Polylactide （PLA） ［J］. Talanta，2016，147：569-580.

[34] 于绍慧，张玉钧，赵南京，等. 微分谱结合独立成分分析对三维荧光重叠光谱的解析 ［J］. 光谱学与光谱分析，2013，33 （1）：111-115.

[35] 王晶，金安迪. 基于独立成分分析的高光谱图像降维及分割 ［J］. 测绘与空间地理信息，2018，41 （6）：86-90.

[36] 何晓群. 多元统计分析 ［M］. 4 版. 北京：中国人民大学出版社，2015.

[37] 陈华舟，宋奇庆，石凯，等. 多维标度线性回归技术应用于人体血清临床指标的 FTIR 光谱定量分析 ［J］. 光谱学与光谱分析，2015，35 （4）：914-918.

[38] 王康. 红外光谱法结合多维尺度变换快速识别不同品牌的沥青 ［J］. 理化检验（化学分册），2019，55 （2）：141-146.

[39] 雷明. 机器学习原理、算法与应用 ［M］. 北京：清华大学出版社，2019.

[40] 杨辉华，覃锋，王义明，等. NIR 光谱的 Isomap-PLS 非线性建模方法 ［J］. 光谱学与光谱分析，2009，29 （2）：322-326.

[41] 于慧伶，张森，侯弘毅，等. 近红外光谱分析的实木板材节子形态反演 ［J］. 光谱学与光谱分析，2019，39 （8）：2618-2623.

[42] 林萍，高明清，陈永明. 基于近红外光谱分析技术的转 BT 基因水稻种子及其亲本快速鉴别方法 ［J］. 江苏农业科学，2019，47 （13）：72-75.

[43] 吕杰，郝宁燕，史晓亮. 基于流形学习的土壤高光谱数据特征提取研究 ［J］. 干旱区资源与环境，2015，29 （7）：176-180.

[44] 丁玲，唐娉，李宏益. 基于 Isomap 的高光谱遥感数据的降维与分类 ［J］. 红外与激光工程. 2013，42 （10）：2707-2711.

[45] 李庆波，贾召会. 一种光谱分析中的降维方法 ［J］. 光谱学与光谱分析，2013，33 （3）：780-784.

[46] 周颂洋，谭琨，吴立新. 基于邻域距离 Isomap 算法的高光谱遥感降维算法 ［J］. 遥感技术与应用，2014，29 （4）：695-700.

[47] 段宇飞，王巧华，马美湖，等. 基于 LLE-SVR 的鸡蛋新鲜度可见/近红外光谱无损检测方法 ［J］. 光谱学与光谱分析，2016，36 （4）：981-985.

[48] 康贝，马洁. 基于 LLE-SVR 的水质 COD 紫外光谱检测方法研究 ［J］. 传感器世界，2018，24 （9）：11-15.

［49］ 徐宝鼎，丁香乾，秦玉华，等.基于网格划分局部线性嵌入算法的近红外光谱相似性度量方法 ［J］.激光与光电子学进展，2019，56（3）：251-257.

［50］ 张冬妍，蒋大鹏，周宝龙，等.依据流形学习的局部线性嵌入对红松子品质近红外检测 ［J］.东北林业大学学报，2019，47（6）：45-48.

［51］ 樊凤杰，轩凤来，白洋，等.基于三维荧光光谱特征的中药药性模式识别研究 ［J］.光谱学与光谱分析，2020，40（6）：1763-1768.

［52］ 于慧伶，霍镜宇，张怡卓，等.基于 PCA 与 t-SNE 特征降维的城市植被 SVM 识别方法 ［J］.实验室研究与探索，2019，38（12）：135-140.

［53］ 王彬，王巧华，肖壮，等.基于可见-近红外光谱及随机森林的鸡蛋产地溯源 ［J］.食品工业科技，2017，38（24）：243-247.

［54］ 李悦.基于可见光/近红外光谱的木材树种与密度无损检测研究 ［D］.哈尔滨：东北林业大学，2019.

［55］ 李铁军.基于太赫兹时域光谱的样本特征识别算法研究 ［D］.重庆：重庆大学，2018.

［56］ 李鸿博.曹军.蒋大鹏，等.t-SNE 降维的红松籽新旧品性近红外光谱鉴别 ［J］.光谱学与光谱分析，2020，40（9）：2918-2924.

［57］ 杨仁欣，杨燕，原晶晶.高光谱图像的特征提取与特征选择研究 ［J］.广西师范学院学报（自然科学版），2015，（2）：39-43.

［58］ 何汝艳，蒋金豹，郭海强，等.用投影寻踪降维方法估测冬小麦叶绿素密度 ［J］.麦类作物学报，2014，34（10）：1447-1452.

［59］ 刘鹏，艾施荣，杨普香，等.非线性流形降维方法结合近红外光谱技术快速鉴别不同海拔的茶叶 ［J］.茶叶科学，2019，39（6）：715-722.

［60］ 林萍，陈永明，邹志勇.非线性流行降维与近红外光谱分析技术的大米贮藏期快速判别 ［J］.光谱学与光谱分析，2016，36（10）：3169-3173.

［61］ 李响，吕勇.结合拉普拉斯特征映射的权重朴素贝叶斯高光谱分类算法 ［J］.分析测试学报，2020，38（10）：1293-1298.

［62］ 刘文杰，李卫军，覃鸿，等.基于核局部保持投影的近红外光谱玉米单倍体识别研究 ［J］.光谱学与光谱分析，2019，39（8）：2574-2577.

［63］ 倪家鹏，沈韬，朱艳，等.基于扩散映射的太赫兹光谱识别 ［J］.光谱学与光谱分析，2017，37（8）：2360-2364.

［64］ 金瑞，李小昱，颜伊芸，等.基于高光谱图像和光谱信息融合的马铃薯多指标检测方法 ［J］.农业工程学报，2015，31（16）：258-263.

［65］ 马永杰，郭俊先，郭志明，等.基于近红外透射光谱及多种数据降维方法的红富士苹果产地溯源 ［J］.现代食品科技，2020，36（6）：303-309.

［66］ 郭俊先，马永杰，郭志明，等.流形学习方法及近红外透射光谱的新疆冰糖心红富士水心鉴别 ［J］.光谱学与光谱分析，2020，40（8）：2415-2420.

［67］ He K X，Cheng H，Du W L，et al.Online Updating of NIR Model and its Industrial Application via Adaptive Wavelength Selection and Local Regression Strategy ［J］.Chemometrics and Intelligent Laboratory Systems，2014，134：79-88.

［68］ Lee S，Kim K，Lee H，et al.Improving the Classification Accuracy for IR Spectroscopic Diagnosis of Stomach and Colon Malignancy Using Non-Linear Spectral Feature Extraction Methods ［J］.Analyst，2013，138（14）：4076-4082.

7

线性校正方法

7.1 一元线性回归

一元线性回归是最简单的线性回归，表达式为 $y = b_0 + bx + \varepsilon$，其中 x 是可观测、可控制的变量，常称它为自变量或控制变量（如近红外光谱的吸光度），y 为因变量（如汽油的苯含量、小麦的蛋白质含量等），b_0 和 b 为回归系数，ε 为量测误差。

在回归分析中，主要问题是根据一组 n 个量测值 (x_i, y_i) 找出最优的 b_0 和 b 的估计值，使得 $\hat{y}$ 与 y 达到最接近的程度。$\hat{b}_0$ 和 $\hat{b}$ 一经求出，便可用于预测分析[1]。

b_0 和 b 的估计值常采用最小二乘法求得，记平方和 $Q(b_0, b) = \sum\limits_{i=1}^{n} (y_i - b_0 - bx_i)^2$，令使 $Q(b_0, b)$ 达到最小的 b_0、b 作为其估计，即 $Q(\hat{b}_0, \hat{b}) = \min\limits_{b_0, b} Q(b_0, b)$。

为此，
$$
\begin{cases}
\dfrac{\partial Q}{\partial b_0} = 2 \sum\limits_{i=1}^{n} (y_i - b_0 - bx_i) = 0 \\
\dfrac{\partial Q}{\partial b} = 2 \sum\limits_{i=1}^{n} (y_i - b_0 - bx_i) x_i = 0
\end{cases}
$$

解得
$$
\begin{cases}
\hat{b} = \dfrac{L_{xy}}{L_{xx}} \\
\hat{b}_0 = \overline{y} - \hat{b}\overline{x}
\end{cases}
$$

$\hat{b}_0$ 和 $\hat{b}$ 分别为 b_0、b 的最小二乘估计值，式中：

$$
L_{xx} = \sum_{i=1}^{n} (x_i - \overline{x})^2 = \sum_{i=1}^{n} x_i^2 - \frac{1}{n} \Big(\sum_{i=1}^{n} x_i \Big)^2
$$

$$
L_{xy} = \sum_{i=1}^{n} (x_i - \overline{x})(y_i - \overline{y}) = \sum_{i=1}^{n} x_i y_i - \frac{1}{n} \Big(\sum_{i=1}^{n} x_i \Big) \Big(\sum_{i=1}^{n} y_i \Big)
$$

$\overline{x}$ 和 $\overline{y}$ 分别为 n 个量测数据 x_i 和 y_i 的平均值。

在光谱分析中，一元线性回归常用于评价一组样品的光谱预测结果与参考方法测定结果之间的相关性。

7.2 多元线性回归

实际应用中，很多情况要用到多元回归的方法才能更好地描述变量间的关系，就方法的实质来说，处理多元的方法与处理一元的方法基本相同，只是多元线性回归（MLR）的计算量要大得多，一般都用计算机进行处理[2]。

设因变量 y 与自变量 $x_1, x_2, \cdots, x_m$ 之间有关系式：$y = b_0 + b_1 x_1 + \cdots + b_m x_m + \varepsilon$

对于 n 组量测数据：

$$(y_1; x_{11}, x_{12}, \cdots, x_{1m})$$
$$(y_2; x_{21}, x_{22}, \cdots, x_{2m})$$
$$\cdots\cdots$$
$$(y_n; x_{n1}, x_{n2}, \cdots, x_{nm})$$

其中 x_{ij} 是自变量 x_j 的第 i 个观测值；y_i 是因变量 y 的第 i 个值；m 为自变量的个数（如参与回归的 m 个光谱波长）。

模型的数据结构式：

$$y_1 = b_0 + b_1 x_{11} + b_2 x_{12} + \cdots + b_m x_{1m} + \varepsilon_1$$
$$y_2 = b_0 + b_1 x_{21} + b_2 x_{22} + \cdots + b_m x_{2m} + \varepsilon_2$$
$$\cdots\cdots$$
$$y_n = b_0 + b_1 x_{n1} + b_2 x_{n2} + \cdots + b_m x_{nm} + \varepsilon_n$$

上述方程可写成矩阵形式：$y = Xb + \varepsilon$

其中：

$$y = \begin{bmatrix} y_1 \\ \cdots \\ y_n \end{bmatrix} \quad X = \begin{bmatrix} 1 & x_{11} & \cdots & x_{1m} \\ 1 & x_{21} & \cdots & x_{2m} \\ \cdots & \cdots & \cdots & \cdots \\ 1 & x_{n1} & \cdots & x_{nm} \end{bmatrix} \quad b = \begin{bmatrix} b_0 \\ \cdots \\ b_m \end{bmatrix} \quad \varepsilon = \begin{bmatrix} \varepsilon_1 \\ \cdots \\ \varepsilon_n \end{bmatrix}$$

由最小二乘法求得 y 的估计值为 $\hat{y}$，残差平方和：$S_{res} = \varepsilon^T \varepsilon = (y - Xb)^T (y - Xb) = y^T y - b^T X^T y - y^T Xb + b^T X^T Xb$。

求 S_{res} 的极小值，b 须满足方程：$\dfrac{\partial S_{res}}{\partial b} = \dfrac{\partial}{\partial b} (y - Xb)^T (y - Xb) = 0$，即：

$$-2X^T (y - Xb) = 0$$

整理得到正规方程组：$X^T Xb = X^T y$。

求解上述正规方程组，得到回归系数的估计值为：$\hat{b} = (X^T X)^{-1} X^T y$。

多元线性回归是早期近红外光谱定量分析的一种基本算法，它适用于线性关系特别好的简单体系，不需考虑组分之间相互干扰的影响，计算简单，公式含义也较清晰。但 MLR 存在诸多局限性，一是由于方程维数的要求，参与回归的变量数（波长点数）不能超过校正集的样本数目，波长数量受到限制，这难免会丢失部分有用的光谱信息。二是光谱矩阵 X 往往存在共线性问题，即 X 中至少有一列或一行可用其他几列或几行的线性组合表示出来，致使 $|X^T X|$ 等于零或接近于零，为病态矩阵，无法求其逆矩阵或求取的逆矩阵不稳定。三是由于在回归过程中没有考虑 X 矩阵存在的噪声，往往导致过度拟合情况的发生，从而在一定程度上降低了模型的预测能力。

7.3 浓度残差增广最小二乘回归

浓度残差增广的最小二乘回归（Concentration Residual Augmented Classical Least Squares，CRACLS）是在多元线性回归基础上提出的一种改进算法[3-5]。

若校正集光谱阵为 $X(n \times m)$，n 为样本数，m 为波长点数；浓度阵为 $Y(n \times p)$，p 为组分数，则 CRACLS 算法步骤如下：

① 计算吸收系数矩阵 S：$S = (Y^T Y)^{-1} Y^T X$。

② 计算浓度预测矩阵 $\hat{Y}$：$\hat{Y} = X S^T (S S^T)^{-1}$。

③ 计算浓度残差矩阵 E：$E = \hat{Y} - Y$。

④ 将浓度残差矩阵 E 中的一列对浓度阵 Y 进行扩增，得到新浓度阵 Y_+。

⑤ 用 Y_+ 替代 Y，重复步骤①至④，直至误差 E 满足要求为止。

该方法保持了最小二乘方法的优点，并能在一定程度上解决光谱重叠问题，提高光谱信息的利用率，可得到预测能力更强的模型。类似地，采用以上策略还可对光谱残差进行增广，即光谱残差增广的最小二乘回归方法（Spectral Residual Augmented Classical Least Squares，SRACLS）[6,7]。

7.4 逐步线性回归

逐步线性回归是通过变量选择的方式来解决多重共线性的一种方法。显然，所有可能变量组合的筛选结果是最优的，即列出 m 个波长所有可能的变量组合，用每一种变量组合和与变量 y 建立 MLR 回归方程，然后根据筛选判据选出最优方程。但这种方式计算量极大，在实际工作中无法采用，而常用的是逐步变量选择方法，有逐步后退法、逐步前进法和逐步回归法（Stepwise Regression Analysis，SRA）三种方式[8,9]。

① 逐步后退法（逆向筛选）：从包含全部 m 个变量的回归方程中，根据判据，每次剔除一个对 y 影响不显著的变量，直到无法剔除为止。

② 逐步前进法（正向筛选）：从一个变量开始，每次引入一个对 y 影响显著的变量，直到无法引入为止。

③ 逐步回归法（正向与逆向结合筛选）：从一个变量开始，每次选入一个对 y 影响显著的变量，直到无法选入；然后，再每次剔除一个对 y 影响不显著的变量，直到无法剔除；反复进行上述正向和逆向筛选，直至无法选入也无法剔除时停止。

在使用逐步回归法时，经常遇到的问题是输入变量间具有多重交互作用，输入变量不仅与输出相关，而且彼此相关。在此情况下，模型中的一个输入变量可能会屏蔽其他变量对结果的影响。因此，逐步回归法选取的变量在大多数情况下不是最优的。而且，在实际应用中，从几百个甚至上千个波长变量中，筛选十几个变量，其工作量是巨大的。基于因子分析发展起来的主成分回归和偏最小二乘方法较好地解决了以上问题，成为现代光谱分析中的常用算法。

7.5 岭回归

针对出现的多重共线性问题，Hoerl 在 1962 年提出了一种改进的最小二乘估计的方法，称为岭回归方法（Ridge Regression）。即当 $|X^T X| \approx 0$ 时，给 $X^T X$ 加上一个正常数矩阵 $\lambda I (h > 0$，I 为单位矩阵），则矩阵 $(X^T X + \lambda I)^{-1}$ 接近奇异的可能性就会比 $(X^T X)^{-1}$ 小得多。回归系数的岭回归估计表示为：$b(\lambda) = (X^T X + \lambda I)^{-1} X^T y$。

岭回归实质上在最小二乘回归估计中添加了 L2 范数惩罚项，惩罚的核心目的是限制参数空间的大小以降低模型的复杂度。增加 L2 正则化的目标函数为：

$$\boldsymbol{\beta}_{\mathrm{RR}} = \underset{\mathrm{n}}{\mathrm{argmin}} \Big\{ \sum_{i=1}^{n} \Big(y_i - \sum_{j=1}^{p} \beta_j x_{ij} \Big)^2 + \lambda \sum_{j=1}^{p} \beta_j^2 \Big\} = (\boldsymbol{X}^t \boldsymbol{X} + \lambda \boldsymbol{I})^{-1} \boldsymbol{X}^t y$$

约束条件：
$$\sum_{j=1}^{p} \beta_j^2 \leqslant t, t \geqslant 0$$

其中，$t \geqslant 0$，为约束常数；λ 为正则化参数；$i = 1, 2, \cdots, n$，n 为样本数；$j = 1, 2, \cdots$，p，p 为光谱的波长点数。

在使用正则化的时候，要注意正则化参数 λ 的选择[10]。如果 λ 选取过大，会把所有回归系数均最小化，最后得到的模型几乎就是一条水平直线，出现欠拟合问题；如果 λ 选取过小，那么正则项就几乎不起作用，会导致对过拟合或多重共线性问题解决不当。

7.6 Lasso 回归

最小绝对收缩和选择算法（Least Absolute Shrinkage and Selection Operator，Lasso）是在最小二乘回归估计中引入一范数惩罚项，即加上了一个 L1 正则项，L1 范数一般用于计算两个向量间的绝对误差和，其本质是计算绝对值，因此在稀疏求解方面 L1 范数有着天然的优势，使得一些对模型贡献不大的变量的回归系数压缩为 0，从而去掉无用信息特征，达到稀疏化和特征选择的目的。求解 Lasso 回归系数的公式如下：

$$\hat{\boldsymbol{\beta}}(\mathrm{Lasso}) = \underset{\beta}{\mathrm{argmin}} \Big[\sum_{i=1}^{n} \Big(y_i - \sum_{j=1}^{m} x_{i,j} \beta_j \Big)^2 + \lambda \sum_{j=1}^{m} |\beta_j| \Big]$$
$$\sum_{j=1}^{p} |\beta_j| \leqslant t$$

上式用矩阵形式可改写为：

$$\hat{\boldsymbol{\beta}}^{\mathrm{Lasso}}(\lambda) = \underset{\beta}{\mathrm{argmin}} \Big\{ \boldsymbol{\beta}^{\mathrm{T}} (\boldsymbol{X}^{\mathrm{T}} \boldsymbol{X}) \boldsymbol{\beta} - 2y^{\mathrm{T}} \boldsymbol{X} \boldsymbol{\beta} + \lambda \sum_{j=1}^{m} |\beta_j| \Big\}$$

其中，$t \geqslant 0$，为约束常数；λ 为正则化参数，也称为惩罚系数；$i = 1, 2, \cdots, n$，n 为样本数；$j = 1, 2, \cdots, m$，m 为光谱的波长点数。

随着 λ 的增大，最优解 $\sum_{j=1}^{p} |\beta_j|$ 项就会减小，这时一些自变量的系数会被压缩为 0，从而实现对高维数据的降维，能够较好地解决高维数据在建模中存在的诸多问题。可以看出，Lasso 算法的本质是在回归系数的绝对值之和不大于 λ 的约束条件下，使残差平方和达到最小，来产生某些严格等于 0 的回归系数，最终得到参数的估计值。因为加入了一个惩罚项，所以 Lasso 算法相对于经典最小二乘法来说是一种有偏估的方法，它通过牺牲一部分的偏差让模型的预测能力得到提高，同时也让模型更加地稳定[11]。

吴珽等将 Lasso 算法用于近红外光谱快速预测制浆木材的物性分析上，与 PLS、SVR 和 BP-ANN 相比，Lasso 算法的预测效果较好[12]。朱华等采用 Lasso 算法建立了近红外光谱快速测定桉树抽出物含量的分析模型，表现出了较好的处理共复线性数据的能力，可以建立准确性较好的分析模型[13]。朱红求等采用 Lasso 算法结合 Boosting 方法进行建模，使用 Boosting 方法建立多个欠拟合的 Lasso 回归子模型集，用于紫外-可见光谱定量分析高浓度锌离子和痕量钴离子的浓度，其结果优于蒙特卡洛-无信息变量消除（MC-UVE）-PLS 及竞争自适应重加权采样（CARS）-PLS 方法[14]。Erler 等采用 Lasso 算法建立了手持式 LIBS 分析仪预测土壤中元素含量的模型，其结果与高斯过程回归模型相当[15]。Liu 等将 Lasso

算法与即时学习（Just-in-time，JIT）框架相结合，通过局部模型的方式，较好解决了在线近红外光谱的非线性和多工况等问题[16]。

Lasso 算法也是一种有效的变量筛选方法。李鱼强等分析对比了 Lasso 筛选特征变量及主成分分析（PCA）降维算法所建松茸真伪甄别及食用菌分类近红外光谱模型的预测精度及稳定性，结果表明 Lasso 光谱特征选择的松茸真伪甄别模型和食用菌分类模型预测精度和稳定性均高于 PCA 方法[17]。梅从立等将组合区间偏最小二乘法（siPLS）与 Lasso 算法相结合对近红外光谱特征波长进行选择，用于秸秆饲料蛋白固态发酵过程中 pH 值的监测[18]。该方法首先采用 siPLS 算法，实现对光谱波长最佳联合子区间的优选，然后对优选联合子区间使用 Lasso 算法进行特征波长选择，再建立 PLS 校正模型，其模型预测性能得到提高。Rich 等将 Lasso 算法用于纤维染料分类的紫外可见光谱特征的选取，结果表明 Lasso 算法与逻辑回归相结合的方法优于主成分分析结合线性判别分析（PCA-LDA）方法[19]。Zhang 等基于 Lasso 算法和加权投票策略提出了一种近红外光谱特征变量选取方法，得到了较好的结果[20]。

7.7　最小角回归

最小角回归（Least Angle Regression，LARS）是 Efron 等于 2004 年提出的一种求解线性回归和变量选择的方法，类似于向前逐步回归（Forward Stepwise）的形式。从解的过程上来看它是 Lasso 方法的一种高效解法[21,22]。

最小角回归与经典的逐步向前变量选择算法（Forward Stepwise）有着密切的联系。向前法的思想是变量由少到多，每次增加一个，直至没有变量可以引入为止。但该方法有一个明显缺点，即由于各自变量之间可能存在着相关关系，因此后续变量的选入可能会使前面已选入的自变量变得不重要，而向前法又不考虑从已选变量中剔除不重要的变量，最后得到的"最优"子集可能包含一些对因变量影响不大的自变量。逐段向前法（Forward stagewise）比逐步向前法更加谨慎，该算法每次都要在所选变量的对应系数上增加或减小一个微量，其他系数保持不变。这样的过程可以重复，直到所有残差都为零或者系数等于零。因此这种算法可能需要上千步才能得出最终的模型。最小角回归算法结合了这两种算法的长处，并且计算量不大。

与向前法类似，最小角回归先设回归系数为零，从中选择一个与响应变量相关性最大的，以 x_1 为例，然后沿着 x_1 的方向取最大的步长，直到另一个变量例如 x_2 与当前的残差有同样多的相关性。接下来，该方法不是沿着 x_2 的方向，而是沿着这两个向量的等角线向前运动，直到第三个变量与当前的残差有同样多的相关性。然后，沿着与三个向量等角的方向继续下去，即"最小角方向"，直到第四个变量进入"最相关集合"，依此类推。其等角性使得其相对于逐段向前法在计算迭代的步长时变得容易。

设 n 个样本组成的光谱阵 $\boldsymbol{X}$，其中的每个光谱 x 由 p 个波长变量组成，记为 a_i，$i=1$，$2,\cdots,p$，对应的浓度向量为 y（维数为 n），b 为回归系数向量（维数为 p），浓度回归残差向量为 r（维数为 n），最小角回归的计算过程为：

① 将 $\boldsymbol{X}$ 和 y 进行均值中心化，残差 $r=y-\overline{y}$，$\overline{y}$ 为浓度向量的均值，并将回归系数向量 b 的所有元素设为 0。

② 选出与残差 r 最相关的变量 a_i。

③ 将该变量 a_i 的系数从 0 变为最小二乘系数 $\langle a_i,r\rangle$，其中 $\langle a_i,r\rangle$ 为 a_i 与 r 的内积，直

到新的变量 a_j 的残差相关度大于该变量 a_i 的残差相关度。

④ 将 a_j 和 a_i 相对应的系数 b_i 和 b_j，一起沿加入新变量的最小二乘估计的方向进行更新，直到有新的变量按照上述规则选入。

⑤ 重复②至④的操作，直到所有变量被选入，最后得到的估计为最小二乘法的解。

最小角回归的数学算法参见文献［23，24］。

但松健等比较了最小角回归与 PLS 方法建立近红外光谱预测水果品质模型的优劣，结果表明，前者在模型的实现、计算复杂度以及可解释方面都具有优势[25]。颜胜科等首先在全光谱区利用最小角回归消除变量间的共线性得到初筛波长点，然后用 GA-PLS 方法进一步优选，从而得到最终建模用的特征波长点[26]。利用最小角回归对柑橘叶片的近红外光谱特征波长进行筛选，通过核极限学习机实现了柑橘黄龙病的准确检测[27]。

7.8 弹性网络

岭回归不能使任何一个回归系数为零，只能使其无限趋于零，所以模型较难解释。引入 L1 正则化项后，使得 Lasso 不仅可以像岭回归那样收缩变量，还可以把某些回归系数精确地收缩到零，极大地提高了模型的解释性。但在高共线性的情况下，Lasso 可能会将某个预测特征强制删除，这会损失模型的预测能力[28,29]。

Zou 等在岭回归和 Lasso 回归的基础上，通过采用 L1 范数和 L2 范数两种正则化方法相结合的方式，提出了弹性网络（Elastic Net）：

$$\hat{\boldsymbol{\beta}}(\text{Elastic Net}) = \text{argmin}\left\{\left\|\boldsymbol{Y} - \boldsymbol{X}\boldsymbol{\beta}\right\|^2 + \lambda_1\sum_{j=1}^{p}|\beta_j| + \lambda_2\sum_{j=1}^{p}\beta_j^2\right\}$$

若令 $\alpha = \lambda_1/(\lambda_1 + \lambda_2), \lambda = \lambda_1 + \lambda_2$，

上式可写成：

$$\hat{\boldsymbol{\beta}}(\text{Elastic Net}) = \text{argmin}\left\{\left\|\boldsymbol{Y} - \boldsymbol{X}\boldsymbol{\beta}\right\|^2 + \lambda\left[\alpha\sum_{j=1}^{p}|\beta_j| + (1-\alpha)\sum_{j=1}^{p}\beta_j^2\right]\right\}$$

$$\text{s. t.} (1-\alpha)\left\|\boldsymbol{\beta}\right\|^2 + \alpha\left\|\boldsymbol{\beta}\right\|_1 \leqslant t, t \geqslant 0$$

其中 $t \geqslant 0$，为约束常数；$(1-\alpha)\left\|\boldsymbol{\beta}\right\|^2 + \alpha\left\|\boldsymbol{\beta}\right\|_1$ 为弹性网络的惩罚项，它是 Lasso 惩罚和岭回归惩罚的凸组合。当 $\alpha = 0$ 时，弹性网络变成岭回归，当 $\alpha = 1$ 时，弹性网络变成 Lasso 回归。弹性网络可有效处理当特征向量维数远大于样本量时的情形，并从中自动选取具有组效应的特征向量。然而，Lasso 和岭回归方法并不具有这种组效应性质。

通过一些变换，可将弹性网络的解表达成类似于 Lasso 解的形式：

$$\hat{\boldsymbol{\beta}}^{\text{EN}}(\lambda_1, \lambda_2) = \underset{\beta}{\text{argmin}}\left\{\boldsymbol{\beta}^{\text{T}}\left(\frac{\boldsymbol{X}^{\text{T}}\boldsymbol{X} + \lambda_2\boldsymbol{I}}{1 + \lambda_2}\right)\boldsymbol{\beta} - 2\boldsymbol{y}^{\text{T}}\boldsymbol{X}\boldsymbol{\beta} + \lambda_1\sum_{j=1}^{p}|\beta_j|\right\}$$

与 Lasso 回归对比可以看出，弹性网络只是在 $\boldsymbol{X}^{\text{T}}\boldsymbol{X}$ 的基础上多了 λ_1 倍的单位矩阵和对整体的系数 $1/(1+\lambda_2)$，固定参数 λ_2，多出来的部分可以看作对 $\boldsymbol{X}^{\text{T}}\boldsymbol{X}$ 的线性变换，此时弹性网络解的路径和 Lasso 回归问题一致。因此可以借助于 Lasso 回归的求解过程来求解弹性网络问题。

弹性网络中有 λ_1 和 λ_2 两个参数，通常先给定 λ_2，用最小角回归算法得到 Lasso 求解的

路径，再用交互验证选择最优的 λ_1。然后再改变 λ_2，直至找出最终的最优参数值。

郑年年等将弹性网络用于近红外光谱建模过程中，当自变量数目远远大于样本量时，弹性网络能够对自变量数目进行适当程度的压缩，选出对响应变量有显著影响的重要自变量，可建立解释性能较好的线性模型[30]。赵安新等采用 LASSO 和弹性网络对混合气体红外光谱进行降维和特征变量的选择，在吸收峰交叠相对比较严重的波数段，弹性网络选取的特征波长更具有优势[31]。

7.9 主成分回归

7.9.1 基本原理

用光谱矩阵 $\boldsymbol{X}$ 主成分分析得到的前 f 个得分向量组成矩阵 $\boldsymbol{T} = \begin{bmatrix} \boldsymbol{t}_1 & \boldsymbol{t}_2 & \cdots & \boldsymbol{t}_f \end{bmatrix}$，代替吸光度变量进行 MLR 回归，便得到了主成分回归（PCR）模型：$\boldsymbol{y} = \boldsymbol{Tb} + \boldsymbol{E}$。回归系数 $\boldsymbol{b}$ 的最小二乘解为：$\boldsymbol{B} = (\boldsymbol{T}^{\mathrm{T}}\boldsymbol{T})^{-1}\boldsymbol{T}^{\mathrm{T}}\boldsymbol{Y}$。

对于待测样品的光谱 $\boldsymbol{x}$，首先由主成分分析得到的载荷矩阵，求取其得分向量：$\boldsymbol{t} = \boldsymbol{xP}$。然后，通过主成分回归模型 $\boldsymbol{b}$ 得到最终的结果：$\boldsymbol{y} = \boldsymbol{tb}$。

PCR 有效克服了多元线性回归（MLR）由于输入变量间严重共线性（病态阵）引起的计算结果不稳定的问题。在最大可能利用光谱有用信息的前提下，通过忽略那些次要主成分，还起到了抑制测量噪声对模型的影响，进一步提高了所建模型的预测能力。该方法可适用于较复杂的分析体系，不需知道存在具体的干扰组分就可以较为准确地预测出待测组分的含量。但 PCR 的计算速度比 MLR 慢，对模型的理解也不如 MLR 直观。更为重要的是，不能保证参与回归计算的主成分一定与待测组分相关。

7.9.2 选取最佳主因子数的方法

在主成分回归（包括下节介绍的 PLS 方法）中，确定参与回归的最佳主成分数（也称最佳主因子数）尤为重要。如图 7-1 所示，若选取的主因子太少（特征数太少），将会丢失原始光谱较多的有用信息，拟合不充分，称为欠拟合（Under Fitting）。欠拟合的表现是得到的模型在校正集样本上的预测能力差，没有完全学到数据之间的规律。在回归运算中，除了特征变量较少无法正确建立映射导致的欠拟合以外，回归算法的不合适选用（如非线性数

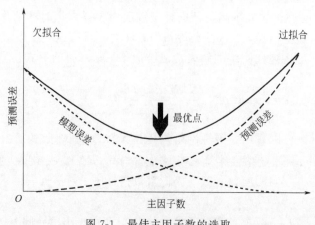

图 7-1 最佳主因子数的选取

据集选用了线性回归算法），或者建模参数选取不合理等也会导致欠拟合的发生。

若选取的主因子太多（特征数太多），会将测量噪声过多地包括进来，会出现过度拟合现象（见图 7-2），所建模型的预测误差会显著增大，称为过拟合（Over Fitting）。因此，合理确定参加建立模型的主因子数是充分利用光谱信息和滤除噪声的有效方法之一。在回归运算中，校正样本数过少或缺乏代表性，或者采用的算法不合适等也会出现过拟合，即所建模型在校正集样本上的表现很好，但在测试集上表现不好，推广泛化能力差。

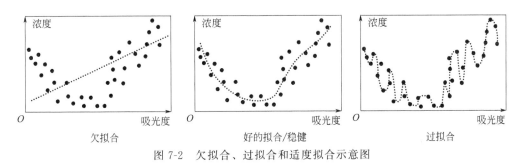

图 7-2　欠拟合、过拟合和适度拟合示意图

（1）"留一法"交互验证方法

有多种选取主因子数的方法，在光谱分析中，绝大多数采用交互验证方法（Cross Validation）来选取，最常用的判据是预测残差平方和（Prediction Residual Error Sum of Squares，PRESS）。其具体做法是：对某一因子数 f，从 n 个校正样品中选取 1 个样品作为预测，称为"留一法"交互验证（Leave-one-out Cross Validation，LOOCV），即用 $n-1$ 个样本建立校正模型，预测留取的这一个样本。经反复建模及预测，直至这 n 个样品均被预测一次且只被预测一次，则得到对应这一因子数的 PRESS 值：$\text{PRESS} = \sum_{i=1}^{n} (y_i - \hat{y}_i)^2$。

交互验证的标准误差（SECV）与 PRESS 值的关系为，$\text{SECV} = \sqrt{\dfrac{\text{PRESS}}{n-1}}$。PRESS 或 SECV 值越小，说明模型的预测能力也应越好。

一般使用 PRESS 值对主成分数目作图（称为 PRESS 图，见图 7-3）的方法确立最佳主成分数。理想的 PRESS 图是随主成分的增加，呈递减趋势，但当 PRESS 值达到最低点后又开始出现微小上升或波动，说明在这点以后，增加的主成分是与被测组分无关的噪声成分。对应于 PRESS 图最低点即为最佳主因子数，如果没有最小值，当 PRESS 值约达到一

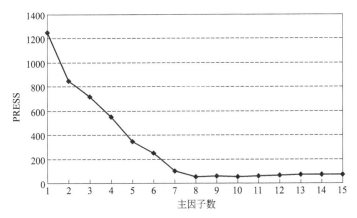

图 7-3　"留一法"交互验证得到的 PRESS 图

固定水平的第一个点，可作为最佳主因子数。但在有些情况下，例如样品集分布较窄、信息相对较弱或存在异常样品等，可能会出现非理想状态的 PRESS 图，较难确定最佳主成分数，这时需要查明引起异常 PRESS 图的原因，再进行主成分数的选取。可将 SECV 与参考方法重复性标准偏差进行比较，若 SECV 明显小于参考方法的重复性标准偏差，则表明模型很可能存在过度拟合现象。

在很多情况下，PRESS 图的拐点并不明显，给选取最佳主因子数带来困难，这时可采用 F 检验方法选取[32,33]。设对应最小 PRESS 值的主因子数为 r^*，计算 $F(r)=\text{PRESS}(r)/\text{PRESS}(r^*)$，$r=1,2,\cdots,r^*$，当 $F(r)<F_{\alpha,n}$，对应的最小 r，即为最佳的主因子数。其中，$F_{\alpha,n}$ 是置信度为 $(1-\alpha)$，自由度为 n 时（n 是校正集样本数）的 F 临界值。较小的 α 值，有可能使选取的 r 过小；较大的 α 值，有可能使选取的 r 偏大。通常，α 的取值为 0.25。

（2）"多折"交互验证方法

"留一法"交互验证过分强调了校正样本，这有可能选取较多的主因子数，出现过拟合现象[34]。对于校正样本数不多的情况，可选用"留多法"交互验证方法。以留 3 法为例，即每次建模从 n 个校正样本中，选取 3 个样本做验证，其余的 $(n-3)$ 个样本建立模型，这样需要进行 C_n^3 次建模才能满足所有可能的 3 个验证样本组合的遍历性。如果校正样本数为 100，可以计算需要交互验证的次数为 161700 次。而且，多留一个样本，交互验证的次数将会呈指数增加。因此，"留多法"交互验证方法在实际工作中并不常用。

当校正样品数量较多时（例如大于 800 个校正样本），"留一法"交互验证计算量较大，这时可采用"多折"交互验证方法（Multifold Cross Validation）。即随机打破校正集样本的排序，并把校正集样本等分成 m 个组，用 $(m-1)$ 个组的校正样品建立模型，预测剩余一个组的样品，重复上述的过程，直至每个组的样品都被预测一次。再通过 PRESS 图选取主成分数。

采用"多折"交互验证方法，虽然每个样本都被遍历预测了一次，但这种方法是有偏的。例如采用"十折"交互验证方法，假设校正样本数为 100，此时每折样本数为 10，交互验证次数只需要进行 10 次。但实际上，从 100 个样本中抽取 10 个样本的选取方式有 C_{100}^{10} 种，而"十折"交互验证方法只选取了其中的 10 次。所以，样品的分组方式和奇异样本等因素都会影响最终的结果。

（3）蒙特卡罗方法

除了上述"留一法"和"多折"交互验证选取主因子数外，还有自举（Bootstrap）方法和蒙特卡罗交互验证（Monte Carlo Cross Validation，MCCV）方法等[35,36]。自举法的基本思路是从整个校正集中有放回地随机抽取样本以组成新的校正集，其样本数量与原校正集相同。这样做若干次，得到若干个自举校正集，用其分别建立模型，再用原校正集做预测分析，求出相应的预测误差的均值作为选取主因子数的参数。

蒙特卡罗方法的思路是随机从校正集样本中选取 m 个样本建立校正模型，用剩余的 $(n-m)$ 个样本作为预测集，用预测集样本来评价模型的预测误差，重复采样若干次，取其预测误差的均值作为选取主因子数的参数。一般认为蒙特卡罗方法采样次数在 n^2（n 为校正集样本数），便可保证采样的代表性和无偏性。与"留一法"交互验证方法相比，蒙特卡罗方法更重视预测（通常 75% 样本用于校正，剩余的 25% 用于预测），有效避免了"留一法"可能存在的因重视校正带来的过拟合问题，即选取更多的主因子数的问题。同时，又避免了"留多"交互验证方法带来的建模次数以指数增长的问题。

为了进一步突出预测对主因子选取的影响，Filzmoser 等提出了重复双重交互验证 (Repeated Double Cross Validation) 策略[37]。如图 7-4 所示，该方法首先通过蒙特卡罗采样将校正样本分为校正集样本 (Calibration Sample) 和测试集样本 (Test Sample)，然后对校正集样本 (Calibration Sample) 再进行蒙特卡罗采样，得到训练集样本 (Training Sample) 和验证集样本 (Validation Sample)，根据训练集样本建立的最优模型对测试集样本进行预测，重复采样若干次，根据获得的测试集样本预测误差均方根的分布选取最优主因子数。

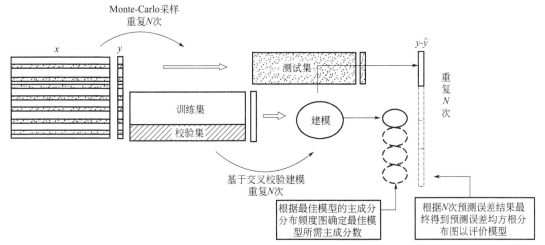

图 7-4 重复双重交互验证策略选取主因子数的示意图

值得说明的是，对于光谱品质高、浓度数据准确性高、样本分布均匀、数量足够多，且没有异常样本的校正集，以上方法所选取的最佳主因子数通常不会有较大差异。

（4）排序差异和方法

为了克服主因子数等参数取值使模型出现过拟合的问题，Gowen 等提出在确定模型参数取值的过程中，不仅要使用表征模型偏差 (Bias) 的指标（如交互验证均方根误差），还要使用表征模型方差 (Variance) 的指标（如回归系数的二范数 $\parallel \boldsymbol{b} \parallel$）[38-40]。

Kalivas 等提出利用排序差异之和 (Sum of Ranking Differences，SRD) 算法结合表征模型偏差与表征模型方差的指标来确定多元校正模型的参数取值[41]。他们将所有可能的参数取值对应的模型以及一些模型的评价指标（偏差或方差），作为 SRD 矩阵的输入，然后根据 SRD 算法选出一个各个模型评价指标共识出的模型，该模型对应的参数取值即为参数的最终取值。

近些年，SRD 算法被用于比较校正模型的优劣、界外样本的识别以及光谱实验方式的评价等[42-45]。

7.10 偏最小二乘回归

在 PCR 中，只对光谱阵 X 进行分解，消除无用的噪声信息。同样，浓度阵 Y 也包含有无用信息，应对其作同样的处理，且在分解光谱阵 X 时应考虑浓度阵 Y 的影响。偏最小二乘法 (Partial Least Squares，PLS) 就是基于上述思想提出的多元因子回归方法[46-48]。

PLS 的首先对光谱阵 $\boldsymbol{X}$ 和浓度阵 $\boldsymbol{Y}$ 进行分解，其模型为：

$$Y = UQ^{\mathrm{T}} + E_{\mathrm{Y}} = \sum_{k=1}^{f} u_k q_k^{\mathrm{T}} + E_{\mathrm{Y}}$$

$$X = TP^{\mathrm{T}} + E_{\mathrm{X}} = \sum_{k=1}^{f} t_k p_k^{\mathrm{T}} + E_{\mathrm{X}}$$

其中，$t_k(n \times 1)$ 为吸光度矩阵 X 的第 k 个主因子的得分；$p_k(1 \times m)$ 为吸光度矩阵的第 k 个主因子的载荷；$u_k(n \times 1)$ 为浓度阵 Y 的第 k 个主因子的得分；$q_k(1 \times p)$ 为浓度阵 Y 的第 k 个主因子的载荷；f 为主因子数。即：T 和 U 分别为 X 和 Y 矩阵的得分矩阵，P 和 Q 分别为 X 和 Y 矩阵的载荷矩阵，E_{X} 和 E_{Y} 分别为 X 和 Y 的 PLS 拟合残差矩阵。

PLS 的第二步是将 T 和 U 作线性回归：

$$U = TB$$
$$B = (T^{\mathrm{T}}T)^{-1}T^{\mathrm{T}}Y$$

在预测时，首先根据 P 求出未知样品光谱阵 $X_{未知}$ 的得分 $T_{未知}$，然后由下式得到浓度预测值：$Y_{未知} = T_{未知}BQ$。

在实际的 PLS 算法中，PLS 把矩阵分解和回归并为一步，即 X 和 Y 矩阵的分解同时进行，并且将 Y 的信息引入到 X 矩阵分解过程中，在计算每一个新主成分前，将 X 的得分 T 与 Y 的得分 U 进行交换，使得到 X 主成分直接与 Y 关联。可见，PLS 在计算主成分时，在考虑所计算的主成分方差尽可能最大的同时，还使主成分与浓度最大程度地相关。方差最大是为了尽量多地提取有用信息，与浓度最大程度地相关则是为了尽量利用光谱变量与浓度之间的线性关系。这就克服了 PCR 只对 X 进行分解的缺点。

PLS 由 Wold 提出的非线性迭代偏最小二乘算法（NIPALS）计算完成，其具体算法如下：对于校正过程，忽略残差阵 E，主因子数取 1 时有：

对 $X = tp^{\mathrm{T}}$，左乘 t^{T} 得：$p^{\mathrm{T}} = t^{\mathrm{T}}X/t^{\mathrm{T}}t$；右乘 p 得：$t = Xp/p^{\mathrm{T}}p$。

对 $Y = uq^{\mathrm{T}}$，左乘 u^{T} 得：$q^{\mathrm{T}} = u^{\mathrm{T}}Y/u^{\mathrm{T}}u$，两边同除得 q^{T} 得：$u = Y/q^{\mathrm{T}}$。

（1）求吸光度阵 X 的权重向量 w

取浓度阵 Y 的某一列作 u 的起始迭代值，以 u 代替 t，计算 w。

方程为：$X = uw^{\mathrm{T}}$，其解为：$w^{\mathrm{T}} = u^{\mathrm{T}}X/u^{\mathrm{T}}u$。

（2）对权重向量 w 归一化

$$w^{\mathrm{T}} = w^{\mathrm{T}}/\|w^{\mathrm{T}}\|$$

（3）求吸光度阵 X 的因子得分 t，由归一化后 w 计算 t

方程为：$X = tw^{\mathrm{T}}$，其解为：$t = Xw/w^{\mathrm{T}}w$。

（4）求浓度阵 Y 的载荷 q 值，以 t 代替 u 计算 q

方程为：$Y = tq^{\mathrm{T}}$，其解为：$q^{\mathrm{T}} = t^{\mathrm{T}}Y/t^{\mathrm{T}}t$。

（5）对载荷 q 归一化

$$q^{\mathrm{T}} = q^{\mathrm{T}}/\|q^{\mathrm{T}}\|$$

（6）求浓度阵 Y 的因子得分 u，由 q^{T} 计算 u

方程为：$Y = uq^{\mathrm{T}}$，其解为：$u = Yq/q^{\mathrm{T}}q$。

（7）再以此 u 代替 t 返回第（1）步计算 w^{T}

由 w^{T} 计算 $t_{新}$，如此反复迭代，若 t 已收敛（$\|t_{新} - t_{旧}\| \leqslant 10^{-6}\|t_{新}\|$），转入步骤（8）运算，否则返回步骤（1）。

（8）由收敛后的 t 求吸光度阵 X 的载荷向量 p

方程为：$X=tp^\mathrm{T}$，其解为：$p^\mathrm{T}=t^\mathrm{T}Y/t^\mathrm{T}t$。

（9）对载荷 p 归一化

$$p^\mathrm{T}=p^\mathrm{T}/\|p^\mathrm{T}\|$$

（10）标准化 X 的因子得分 t

$$t=t\|p\|$$

（11）标准化权重向量 w

$$w=w\|p\|$$

（12）计算 t 与 u 之间的内在关系 b

$$b=u^\mathrm{T}t/t^\mathrm{T}t$$

（13）计算残差阵 E

$$E_\mathrm{X}=X-tp^\mathrm{T}$$
$$E_\mathrm{Y}=Y-btq^\mathrm{T}$$

（14）以 E_X 代替 X，E_Y 代替 Y，返回步骤（1）

以此类推，求出 X、Y 的诸主因子的 w、t、p、u、q、b。用交互检验法确定最佳主因子数 f。

对未知样本 x_un 的预测过程有：

① 令 $h=0$，$y_\mathrm{un}=0$

② 设 $h=h+1$，并计算

$$t_h=x_\mathrm{un}w_h^\mathrm{T}$$
$$y_\mathrm{un}=y_\mathrm{un}+b_ht_hq_h^\mathrm{T}$$
$$x_\mathrm{un}=x_\mathrm{un}-t_hp_h^\mathrm{T}$$

③ 若 $h<f$，转步骤②，否则，停止运算，最终得到的 y_un 即为预测值。

对未知样本 x_un，也可通过下式直接计算出预测值：

$y_\mathrm{un}=b_\mathrm{PLS}x_\mathrm{un}$，其中 $b_\mathrm{PLS}=w^\mathrm{T}(pw^\mathrm{T})^{-1}q$，$b_\mathrm{PLS}$ 为 PLS 算法的回归系数。

PLS 方法又分为 PLS1 和 PLS2，所谓的 PLS1 是每次只校正一个组分，而 PLS2 则可对多组分同时校正回归，PLS1 和 PLS2 采用相同的算法。PLS2 在对所有组分进行校正时，采用同一套得分 T 和载荷矩阵 P，显然这样得到的 T 和 P 对 Y 中的所用浓度向量都不是最优化的。对于复杂体系，会显著降低预测精度。

在 PLS1 中，校正得到的 T 和 P 是对 Y 中各浓度向量进行优化的。当校正集样品中不同组分的浓度变化相差很大时，比如，一个组分的浓度范围为 50%～70%，另一个组分的浓度范围为 0.1%～1.0%，由于 PLS1 是对每一个待测组分优化的，PLS1 预测结果普遍优于 PLS2 以及 PCR 方法。而且，PLS1 可根据不同的待测组分选取最佳的主成分数。在光谱分析中，如果不特别注明，PLS 通常指的是 PLS1 方法。

从以上介绍可以看出，MLR、PCR 和 PLS 是一脉相通、相互连贯的，从中可以清晰看出一条线性多元校正方法逐步发展的历程。PCR 克服了 MLR 不满秩求逆和光谱信息不能充分利用的弱点，采用 PCA 对光谱阵 X 进行分解，通过得分向量进行 MLR 回归，显著提高了模型预测能力。PLS 则对光谱阵 X 和浓度阵 Y 同时进行分解，并在分解时考虑两者相互之间的关系，加强对应计算关系，从而保证获得最佳的校正模型。可以说，偏最小二乘方法是多元线性回归、典型相关分析和主成分分析的完美结合。这也是 PLS 在光谱多元校正分析中得到最为广泛应用的主要原因之一。

参考文献

［1］ Mark H，Workman J. Chemometrics in Spectroscopy ［M］. 2nd ed. Amsterdam：Elsevier，2018.

［2］ Adams M J. Chemometrics in Analytical Spectroscopy ［M］. 2nd ed. Cambridge：RSC，2004.

［3］ Melgaard D K，Haaland D M，Wehlburg C M. Concentration Residual Augmented Classical Least Squares （CRACLS）：A Multivariate Calibration Method with Advantages over Partial Least Squares ［J］. Applied Spectroscopy，2002，56 （5）：615-624.

［4］ H W Darwish，F H Metwally，A E Bayoumi，et al. Artificial Neural Networks and Concentration Residual Augmented Classical Least Squares for the Simultaneous Determination of Diphenhydramine，Benzonatate，Guaifenesin and Phenylephrine in their Quaternary Mixture ［J］. Tropical Journal of Pharmaceutical Research，2014，13 （12）：2083-2090.

［5］ 林双杰，柴琴琴，王武，等. 基于人工蜂群波长优选和残差增广的近红外光谱定量模型研究 ［J］. 福州大学学报 （自然科学版），2018，46 （3）：335-340.

［6］ Saeys W，Beullens K，Lammertyn J，et al. Increasing Robustness Against Changes in the Interferent Structure by Incorporating Prior Information in the Augmented Classical Least-squares Framework ［J］. Analytical Chemistry，2008，80 （13）：4951-4959.

［7］ Hegazy M A，Abdelwahab N S，Ali N W，et al. Comparison ofTwo Augmented Classical Least Squares Algorithms and PLS for Determining Nifuroxazide and its Genotoxic Impurities Using UV Spectroscopy ［J］. Journal of Chemometrics，2019，33：e3190.

［8］ Gemperline P. Practical Guide to Chemometrics ［M］. 2nd ed. Cambridge：CRC，2006.

［9］ Brown S D，Tauler R，Walczak B. Comprehensive Chemometrics ［M］. 2nd ed. Amsterdam：Elsevier，2020.

［10］ 张曼，刘旭华，何雄奎，等. 岭回归在近红外光谱定量分析及最优波长选择中的应用研究 ［J］. 光谱学与光谱分析，2010，30 （5）：1214-1217.

［11］ 郝宽. Lasso 及其改进方法在变量选择中的优劣性研究 ［D］. 哈尔滨：哈尔滨工业大学，2018.

［12］ 吴珽，房桂干，梁龙，等. 四种算法用于近红外测定制浆材材性的对比研究 ［J］. 林产化学与工业，2016，36 （6）：63-70.

［13］ 朱华，吴珽，房桂干，等. 近红外技术的广西速生桉抽出物含量测定与模型优化 ［J］. 光谱学与光谱分析，2020，40 （3）：793-798.

［14］ 朱红求，周涛，李勇刚，等. 基于提升建模的锌离子与钴离子浓度紫外可见吸收光谱检测方法 ［J］. 分析化学，2019，57 （4）：576-582.

［15］ Erler A，Riebe D，Beitz T，et al. Soil Nutrient Detection for Precision Agriculture Using Handheld Laser-Induced Breakdown Spectroscopy （LIBS） and Multivariate Regression Methods （PLSR，Lasso and GPR） ［J］. Sensors，2020，20 （2）：418.

［16］ Liu J，Luan X L，Liu F. Adaptive JIT-Lasso Modeling for Online Application of Near Infrared Spectroscopy ［J］. Chemometrics and Intelligent Laboratory Systems，2018，183：90-95.

［17］ 李鱼强，潘天红，李浩然，等. 近红外光谱 Lasso 特征选择方法及其聚类分析应用研究 ［J］. 光谱学与光谱分析，2019，39 （12）：3809-3815.

［18］ 梅从立，陈瑶，尹梁，等. SiPLS-Lasso 的近红外特征波长选择及其应用 ［J］. 光谱学与光谱分析，2018，38 （2）：436-440.

［19］ Rich D C，Livingston K M，Morgan S L. Evaluating Performance of Lasso Relative to PCA and LDA to Classify Dyes on Fibers ［J］. Forensic Chemistry，2020，18：100213.

［20］ Zhang R Q，Zhang F Y，Chen W C，et al. A Variable Informative Criterion Based on Weighted Voting Strategy Combined with Lasso for Variable Selection in Multivariate Calibration ［J］. Chemometrics and Intelligent Laboratory Systems，2019，184：132-141.

［21］ Hesterberg T，Choi N H，Meier L，et al. Least Angle and L1 Regression：A Review ［J］. Statistics Surveys，2008，2：61-93.

［22］ Hastie T，Taylor J，Tibshirani R，et al. Forward Stagewise Regression and the Monotone Lasso ［J］. Electronic Journal of Statistics，2007，1：1-29.

［23］ Efron B，Hastie T，Johnstone I，et al. Least Angle Regression ［J］. The Annals of Statistics，2004，32 （2）：407-499.

［24］　王大荣，张忠占.线性回归模型中变量选择方法综述［J］.数理统计与管理，2010，20（4）：615-627.

［25］　但松健.基于最小角度回归模型的 NIR 光谱果品质分析方法［J］.山西农业大学学报（自然科学版），2020，40（1）：86-93.

［26］　颜胜科，杨辉华，胡百超，等.基于最小角回归与 GA-PLS 的 NIR 光谱变量选择方法［J］.光谱学与光谱分析，2017，37（6）：1733-1738.

［27］　陈文丽，王其滨，路皓翔，等.最小角回归结合核极限学习机的近红外光谱对柑橘黄龙病的鉴别［J］.分析测试学报，2020，38（10）：1267-1274.

［28］　Zou H，Hastie T. Regularization and Variable Selection Via the Elastic Net［J］. Journal of the Royal Statistical Society Series B，2005，67：301-320.

［29］　张 玉.自变量个数远大于样本数情形下（P≫N）罚函数回归法的改进［J］.江苏第二师范学院学报（自然科学版），2012，28（3）：28-32.

［30］　郑年年，栾小丽，刘飞.近红外光谱 Elastic Net 建模方法与应用［J］.光谱学与光谱分析，2018，38（10）：114-118.

［31］　赵安新，汤晓君，宋娅，等.光谱分析中 Elastic Net 变量选择与降维方法［J］.红外与激光工程，2014，43（6）：1977-1981.

［32］　Haaland D M，Thomas E V. Partial Least-Squares Methods for Spectral Analyses. 1. Relation to Other Quantitative Calibration Methods and the Extraction of Qualitative Information［J］. Analytical Chemistry，1988，60（11）：1193-1202.

［33］　倪永年.化学计量学在分析化学中的应用［M］.北京：科学出版社，2004.

［34］　Martens H A，Dardenne P. Validation and Verification of Regression in Small Data Sets［J］. Chemometrics and Intelligent Laboratory Systems，1998，44：99-121.

［35］　梁逸曾，许青松.复杂体系仪器分析-白、灰、黑分析体系及其多变量解析方法［M］.北京：化学工业出版社，2012.

［36］　Xu Q S，Liang Y Z，Du Y P. Monte Carlo Cross-Validation for Selecting A Model and Estimating the Prediction Error in Multivariate Calibration［J］. Journal of Chemometrics，2004，18（2）：112-120.

［37］　Filzmoser P，Liebmann B，Varmuza K. Repeated Double Cross Validation［J］. Journal of Chemometrics，2009，23：160-171.

［38］　Gowen A A，Downey G，Esquerre C，et al. Preventing Over-fitting in PLS Calibration Models of Near-Infrared（NIR）Spectroscopy Data Using Regression Coefficients［J］. Journal of Chemometrics，2011，25（7）：375-381.

［39］　Kalivas J H，Palmer J. Characterizing Multivariate Calibration Tradeoffs（bias，variance，selectivity，and sensitivity）to Select Model Tuning Parameters［J］. Journal of Chemometrics，2014，28（5）：347-357.

［40］　Faber N M. A Closer Look at the Bias-Variance Trade-off in Multivariate Calibration［J］. Journal of Chemometrics，2015，13（2）：185-192.

［41］　Kalivas J H，Heberger K，Andries E. Sum of Ranking Differences（SRD）to Ensemble Multivariate Calibration Model Merits for Tuning Parameter Selection and Comparing Calibration Methods［J］. Analytica Chimica Acta，2015，869：21-33.

［42］　Heberger K. Sum of Ranking Differences Compares Methods or Models Fairly［J］. Trends in Analytical Chemistry，2010，29（1）：101-109.

［43］　Brownfield B，Kalivas J H. Consensus Outlier Detection Using Sum of Ranking Differences of Common and New Outlier Measures Without Tuning Parameter Selections［J］. Analytical Chemistry. 2017，89：5087-5094.

［44］　聂明鹏.基于排序差异和算法对光谱变量选择与定性分析的研究［D］.温州：温州大学，2019.

［45］　宾俊，范伟，刘仁祥.近红外光谱检测烟叶化学成分的整叶采样方式研究［J］.中国烟草科学，2018，39（3）：89-97.

［46］　许禄，邵学广.化学计量学方法［M］.2 版.北京：科学出版社，2004.

［47］　梁逸曾，俞汝勤.分析化学手册：第十分册：化学计量学［M］.北京：化学工业出版社，2000.

［48］　Geladi P，Kowalski B R. Partial Least-Squares Regression：A Tutorial［J］. Analytica Chimica Acta，1985，185（1）：1-17.

非线性校正方法

MLR、PCR 和 PLS 等方法都是基于线性回归方式的多元校正方法，它们都基于这样一个假设前提，所研究的光谱体系具有线性加和性，即完全或近似服从朗伯-比尔定律。但在实际工作中，光谱变量与浓度或性质之间具有一定的非线性，特别是当样品的含量范围较大时，其非线性可能会更显著。另外，由于体系中各组分的相互作用、仪器的噪声及基线漂移等原因，也会引起非线性问题。尽管基于因子分析的 PCR 和 PLS 方法在一定程度上，可以校正非线性因素，但如果非线性非常严重，这些线性校正方法便不能得到理想的校正模型。必须针对分析体系特有的非线性特征，建立非线性校正模型[1-3]。

遇到非线性问题，通常采用的方法是在线性模型里引进非线性项，以补偿体系中的非线性，如非线性偏最小二乘法（NPLS）等；或将校正集样品分类，再通过线性校正方法建立模型，如局部权重回归（LWR）。还有一类常用的方法是非线性校正方法，如人工神经网络、支持向量回归、相关向量机、核偏最小二乘和高斯过程回归等。

8.1 人工神经网络

8.1.1 引言

人工神经网络（Artificial Neural Networks，ANN）是根据对人类大脑的结构进行模拟而提出的。它把对信息的储存和计算同时储存在神经单元中，所以在一定程度上神经网络可以模拟人大脑神经系统的活动过程，具有自学习、自组织、自适应能力、很强的容错能力、分布储存与并行处理信息的功能及高度非线性表达能力，这是其他传统多元校正方法所不具备的。越来越多的分析化学工作者开始采用 ANN 方法解决分析化学问题，如非线性多元校正、模式识别、结构-活性相关（QSAR）和光谱库检索等。

（1）生物神经网络

人大脑中大约有 $10^{11} \sim 10^{12}$ 个生物神经元，每个神经元与大约 $10^3 \sim 10^5$ 个神经元相连，这些神经元约通过 10^{15} 个连接被连成一个极为庞大而复杂的网络系统。每个神经元具有独立的接受、处理和传递电化学信号的能力，这种传递经由构成大脑传递系统的神经通路所完成。图 8-1 是生物神经元及其相互连接的典型结构。

生物神经元在结构上由细胞体、树突、轴突和突触四部分组成，用来完成神经元间信息的接收、传递和处理。树突接受来自其他神经元的输入，轴突给其他神经元提供输出。神经元之间的电化学信号是通过其表面进行的，这些神经元与神经元的连接称为突触。在突触的接受侧，信号被送入胞体，这些信号在胞体里被组合。其中有的输入信号起刺激作用，有的起抑制作用。当胞体中接受的累加刺激超过一个阈值时，胞体就被激发，此时它沿轴突通过枝蔓向其他神经元发出信号。

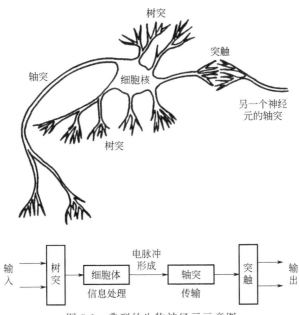

图 8-1　典型的生物神经元示意图

在这个系统中，每一个神经元都通过突触与系统中的很多其他的神经元相联系。研究认为同一个神经元通过轴突发出的信号是相同的，而这个信号可能对接受它的不同神经元有不同的效果，这一效果主要由相应的突触决定。突触的"连接强度"越大，接收的信号越强，反之，突触的"连接强度"越小，接收的信号就越弱。突触神经元对各突触点的输入信号以某种方式进行组合，在一定条件下触发产生输出信号，这一信号通过轴突传递给其他神经元。可见，生物神经系统的基本构造和功能单元是生物神经元（即神经细胞），它具有接受、处理和输出信息的功能。数量巨大的生物神经元通过突触相互连接，形成错综复杂的信息传递网络系统。人工神经网络正是根据从生物神经网络获得的启示而设计的。

（2）人工神经元

人工神经元（Neuron），也称节点，是构成神经网络的最基本单元。人工神经元是生物神经元的一种近似，在功能上是一种逼近，它在一定程度上模拟了生物神经元对输入信号的处理过程，其特性在某种程度上决定了神经网络的总体特性。对于每一个人工神经元来说，它可以接受一组来自系统中其他神经元的输入信号，每个输入对应一个权重，所有的输入的加权之和决定该神经元的激活状态。这里，每个权重就相当于突触的"连接强度"。大量简单神经元的相互连结即构成了神经网络系统，具有强大的信息处理和计算功能。

人工神经元模型可用图 8-2 以描述，主要由以下五部分组成。

① 输入。$x_1, x_2, x_3, \cdots, x_m$ 代表神经元 m 个输入变量。

② 网络权值和阈值。$w_1, w_2, w_3, \cdots, w_m$ 代表网络权值，表示输入变量与神经网络的连接强度，b 为神经元阈值或称偏置值，偏置值的引入可使传递函数能够左右移动，提高解决实际问题的可能性和能力。这两个参数是动态可调的。

③ 求和单元。求和单元完成对输入变量的加权求和，即 $net = \sum\limits_{i=1}^{m} x_i w_i + b$，这是神经元对输入信号处理的第一个过程。

④ 传递函数。f 表示神经元的传递函数或称激励函数、传输函数、作用函数等，它用于对求和单元的计算结果进行函数运算，得到神经元的输出，这是神经元对输入变量处理的第二个过程。表 8-1 给出了几种典型的神经元传递函数。

表 8-1　几种典型神经元传递函数的形式

函数名称	函数表达式	函数曲线
阈值函数	$f(x) = \begin{cases} 1 & x \geqslant 0 \\ 0 & x < 0 \end{cases}$	
线性函数	$f(x) = kx + b$	
对数 Sigmoid 函数	$f(x) = \dfrac{1}{1 + e^{-x}}$	
正切 Sigmoid 函数	$f(x) = \dfrac{e^x - e^{-x}}{e^x + e^{-x}}$	

⑤ 输出。输入变量经神经元加权求和及传递函数变换后，得到最终的输出为：$o = f(wx + b)$。

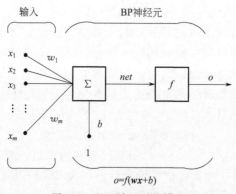

图 8-2　人工神经元的模型

在人工神经网络中，神经元常被称为"处理单元"，有时从网络的观点出发又称为"节点"。

（3）神经网络的主要连接型式

神经网络系统是一个高度互联的复杂的非线性系统。神经元之间的连接方式很多，根据网络的拓扑结构，可将神经网络结构分为两大类：层次型结构和互联型结构。层次型结构的神经网络将神经元按功能和顺序的不同分为输入层、中间层（隐含层）、输出层。输入层各神经元负责接收来自外界的输入信息，并传给中间各隐含层神经元；隐含层是神经网络的内部信息处理层，负责信息变换，根据需要可设计为一层或多层；最后一个隐层将信息传递给输出层神经元经进一步处理后向外界输出信息处理结果。而互连型网络结构中，任意两个节点之间都可能存在连接路径，因此可以根据网络中节点的连接程度将互连型网络细分为三种情况：全互连型、局部互连型和稀疏连接型。

根据连接取向（或信息流向），可将神经网络分为两种类型：前馈型网络和反馈（递归）型网络。单纯前馈网络的结构与层次型网络结构相同，前馈是因网络信息处理的方向是从输入层到各隐层再到输出层逐层进行而得名的。前馈型网络中前一层的输出是下一层的输入，信息的处理具有逐层传递进行的方向性，一般不存在反馈环路。因此这类网络很容易串联起来建立多层前馈网络。前馈网络有多层感知器（MLP）和学习矢量量化（LVQ）网络等。反馈型网络的结构与单层全互连结构网络相同。神经元的输出被反馈至同层或前层神经元，信号能够从正向和反向流通。因此，在反馈型网络中的所有节点都具有信息处理功能，而且每个节点既可以从外界接受输入，同时又可以向外界输出。Hopfield 网络和 Elmman 网络是代表性的递归网络。

（4）神经网络的学习方法

学习方法是体现人工神经网络智能特性的主要标志，正是由于有学习算法，人工神经网络具有了自适应、自组织和自学习的能力。目前神经网络的学习方法有多种，按有无导师来分类，可分为有教师学习（Supervised Learning）、无教师学习（Unsupervised Learning）和再励学习（Reinforcement Learning）等几大类。在有教师的学习方式中，网络的输出和期望的输出（即教师信号）进行比较，然后根据两者之间的差异调整网络的权值，最终使差异变小，此类方法的典型代表是误差反向传输人工神经网络（Back Propagation-Artificial Neural Network，BP-ANN）。在无教师的学习方式中，输入模式进入网络后，网络按照预先设定的规则（如竞争规则）自动调整权值，无须对已知样本进行训练，使网络最终具有模式分类等功能，如 Kohonen 神经网络和 Hopfield 模型。再励学习是介于上述两者之间的一种学习方式。

8.1.2　BP 神经网络及其算法

在诸多神经网络中，目前应用最多的是误差反向传输（Back Propagation，BP）人工神经网络，简称 BP 神经网络。据统计，约有 80% 以上的神经网络应用采用 BP 网络，它是最具代表性和广泛用途的一种网络模型。BP 网络由非线性变换神经单元组成的一种前馈型多层神经网络，其神经元采用的传递函数通常是 Sigmoid 型可微函数，可以实现输入和输出间的任意非线性映射，具有优秀的非线性映射逼近能力和泛化（预测）能力。在光谱分析中，BP 神经网络已被用于建立大样本量的非线性校正模型。

BP 神经网络由三部分组成：输入层、隐含层和输出层。图 8-3 描述了典型的 BP 神经网络的拓扑结构，图中圆圈表示神经元。数据由输入层输入，经标准化处理，并施以权重传输到第二层，即隐含层。隐含层经过权值、阈值和激励函数运算后，传输到输出层。输出层给出神经网络的预测值，并与期望值进行比较，若存在误差，则从输出开始反向传播该误差，进行权值、阈值调整，使网络输出逐渐与期望输出一致。

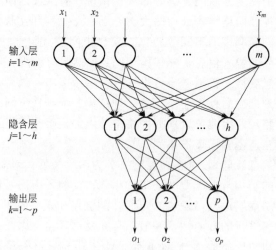

图 8-3　典型的 BP 神经网络拓扑结构

BP 算法由四个过程组成：输入模式由输入层经过中间层向输出层的"模式顺传播"过程；网络的期望输出与实际输出之间的误差信号由输出层经过中间层向输入层逐层修正连接权的"误差逆传播"过程；由"模式顺传播"与"误差逆传播"的反复交替进行的网络"记忆训练"过程；网络趋向于收敛即网络的全局误差趋向极小值的"学习收敛"过程。

标准的 BP 学习算法是梯度下降算法，即网络的权值和阈值是沿着网络误差变化的负梯度方向进行调节的，最终使网络误差达到极小值或最小值（该点误差梯度为零）。

一般来说，在网络训练中，都采用最小二乘函数作为误差函数或称目标函数，即：

$$E = \sum_{r=1}^{n} \sum_{k=1}^{p} (y_{rk} - o_{rk})^2$$

式中，o_k 为节点 k 处的输出值；y_k 为其对应的期望输出值；p 为输出层节点数；n 为训练样本数。

如图 8-4 所示，在 BP 算法中，首先由输出层开始进行权重修正计算，然后再对隐含层的权重进行修正。

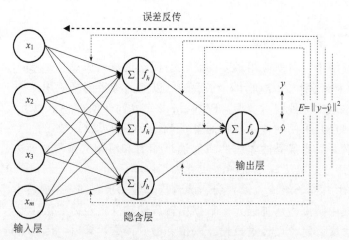

图 8-4　BP 算法示意图

标准 BP 网络的算法如下：

① 由随机数给定（0，1）范围内的初始权重。

② 将样本的矢量输入到输入层。

③ 由下列式(1)～式(3) 计算正向信息的传输。

隐含层的输出：$g_j = \dfrac{1}{1+e^{-net_j}}$ 式（1）

其中，$net_j = \sum\limits_{i=1}^{m} w_{ij}x_i + b_j$，$i=1,2,\cdots,m$，$m$ 为输入层的节点数，$j=1,2,\cdots,h$，h 为隐含层的节点数，w_{ij} 为输入层节点 i 与隐含层节点 j 之间的连接权重。

输出层的输出：$o_k = \dfrac{1}{1+e^{-net_k}}$ 式（2）

其中，$net_k = \sum\limits_{j=1}^{h} v_{jk}g_j + b_k$，$k=1,2,\cdots p$，$p$ 为输出层的节点数，v_{jk} 为隐含层节点 j 与输出层节点 k 之间的连接权重。

误差：$E = \sum\limits_{i=1}^{n}\sum\limits_{j=1}^{p}(y_{ij} - o_{ij})^2$ 式（3）

其中，n 为样本数。

④ 用式(4) 和式(5) 计算输出层和隐含层的误差参数 δ。

输出层的误差参数：$\delta_k = (y_k - o_k)f'(net_k)$ 式（4）

其中，若传递函数采用对数 Sigmoid 函数，$f'(net_k) = f(net_k)[1 - f(net_k)]$，则 $\delta_k = (y_k - o_k) \times o_k \times (1 - o_k)$，$k=1,2,\cdots p$，$p$ 为输出层的节点数。

隐含层的误差参数：$\delta_j = \left(\sum\limits_{k}\delta_k w_{kj}\right)f'(net_j)$ 式（5）

其中，若传递函数采用对数 Sigmoid 函数，$f'(net_j) = f(net_j)[1 - f(net_j)]$，则 $\delta_j = \left(\sum\limits_{k}\delta_k v_{kj}\right) \times g_j \times (1 - g_j)$，$j=1,2,\cdots,h$，$h$ 为隐含层的节点数，$k=1,2,\cdots,p$，p 为输出层的节点数。

⑤ 由式(6) 和式(7) 进行权重的调整。

隐含层节点 j 与输出层节点 k 之间的连接权重：$v_{jk}(l+1) = v_{jk}(l) + \eta\delta_k g_j$ 式（6）

输入层节点 i 与隐含层节点 j 之间的连接权重：$w_{ij}(l+1) = w_{ij}(l) + \eta\delta_j x_i$ 式（7）

式中，η 为学习速率（Learning Rate），即步长，它决定训练（迭代）的速度，$(l+1)$ 为训练中的迭代次数。

⑥ 重复步骤②～步骤⑤，计算下一个训练样本。

⑦ 对于所用的训练样本，当误差达到预先给定值则停止迭代。对训练集中所有样本进行一次权重的训练被称为一次迭代。一般要经过上百次（100～5000 次）的迭代才能使误差达到最小，而且每一次迭代计算最好能随机选取训练样本。

为加快迭代过程且防止迭代过程的振荡，可采用引入动量因子的学习算法，在权重修正值中加上一项"动量"项，即 $\Delta w(l+1) = \eta\delta o + \alpha\Delta w(l)$，其中 $\alpha\Delta w(l)$ 为动量项（或称惯性项），动量因子 α 初始值通常设定为 0.9。

标准的 BP 学习算法是梯度下降算法，即网络的权值和阈值是沿着网络误差变化的负梯度方向进行调节的，最终使网络误差达到极小值或最小值（该点误差梯度为零）。梯度下降学习算法存在固有的收敛速度慢、易陷于局部最小值等缺点。因此，出现了许多改进的快速算法，从改进途径上主要分两大类，一类是采用启发式学习方法，如上面提到的引入动量因子的学习算法，以及变学习速率的学习算法、"弹性"学习算法等；另一类是采用更有效的数值优化算法，如共轭梯度学习算法、Quasi-Newton 算法以及 Levenberg-Marquardt(L-M) 优化算法等。目前，在光谱定量模型建立中，多选用 L-M 优化算法，该学习算法可有效抑制网络陷于局部最小，增加了 BP 算法的可靠性。

8.1.3　BP 神经网络的设计

在采用 BP-ANN 进行建模运算时，需要对以下网络参数进行选择和设置：

① 输入和输出变量　通常采用主成分分析（PCA）或偏最小二乘法（PLS）的得分作为输入变量，这样不仅大大降低训练时间，减小网络规模，而且输入变量是正交的，在几乎不丢失光谱主要信息的前提下，剔除了噪声。这种将 PCA 或 PLS 与 ANN 相结合的定量校正方法称为 PCA-ANN 或 PLS-ANN 法。输入变量也可采用通过模拟退火算法、遗传算法等选取的波长变量，以及傅里叶变换、小波变换得到的系数。由于神经网络中节点值定义为 $0\sim1$，输入变量 x 常按下式进行预处理：

$$x_i^p = 0.8 \times \frac{x_i - x_{\min}}{x_{\max} - x_{\min}} + 0.1$$

式中，x_i 为第 i 个变量，$x_{\min}$ 和 $x_{\max}$ 分别为变量的最小值和最大值。

② 隐含层网络数　通常选取一个隐含层，即三层 BP 网络便可解决大多数问题的非线性定量校正，对于较复杂的问题，隐含层也至多选择两层。在 BP 算法中，误差是通过输出层向输入层传播的，层数越多，反向传播误差在靠近输入层时就越不可靠，用这样不可靠的误差修正权值，其效果是可以想象的。

③ 隐含层节点数　一般说来，较多的隐含层节点可存储较多的信息，但随着隐含层节点数的增加，权数呈平方增加，由此带来训练时间变长，而且对于较多的隐含层节点，通常需要更多的训练样本。否则所得数学模型不稳定，即对于训练集结果似是较好，但对于预测集其结果可能较差，这时常称为"过拟合"（Overfitting），"过拟合"是由于拟合了测试中的噪声所致。较少的隐含层节点则存储信息较少，不能充分反映输入和输出变量之间复杂的

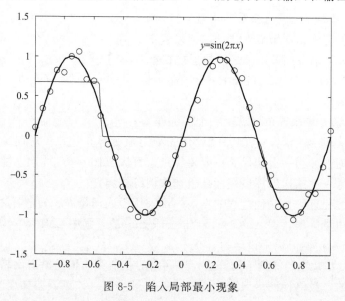

图 8-5　陷入局部最小现象

函数关系，而且在训练过程中很容易陷入局部极小（图 8-5），所建立的模型不能正确地传输非线性信息。隐含层节点数 h 可通过一些经验公式选取初始值，然后再采用逐步增加或减少 1～3 节点数的方法最终确定最优值。

④ 初始权重　神经网络中，初始权重对于学习是否达到局部最小、是否能够收敛以及训练时间的长短关系很大。初始权重不同，输出结果一般也不尽相同。如何选取最优权重，至今尚无规律可循。目前，常用的方法是由实验（如随机数）尝试不同的初始权重。有时初始权重选得不合适，BP 算法将无法获得满意的结果，此时不妨重新初始化权值，让网络重新学习。为防止偶然相关或局部最优，建议在相同的网络结构条件下，至少重复计算 50～200 次，取其平均值。也可以采用遗传算法（GA）或粒子群算法（PSO）对神经网络的初始权值和阈值进行优化。

⑤ 传输函数　对非线性问题，输入层和隐含层较多采用非线性传输函数，输出层则采用线性传输函数如 Purelin 函数，以保持输出的范围。就非线性传输函数而言，若样本输出大于零时，多采用对数 Sigmoid 函数，否则，采用正切 Sigmoid 函数。

⑥ 学习速率　BP 网络的有效性和收敛性在很大程度上取决于学习速率的大小。在学习初始阶段，希望有较大学习速率，以加快学习进程和收敛速度；但训练过程接近最佳权重值时，学习速率必须相当小，否则将产生振荡而不能收敛。可以采用变学习速率的方法，一般选择为 0.001～0.8 之间的值，再根据训练过程中梯度变化和均方误差变化值来动态改变。

⑦ 学习算法　在选择学习算法对 BP 网络进行训练时，需要考虑问题的复杂程度、样本集的大小、网络规模、误差目标和问题类型（函数拟合还是模式识别），表 8-2 对几种典型的快速学习算法进行了比较，选择算法时可作参考。

表 8-2　几种典型的 BP 快速学习算法比较

学习算法	适用问题	收敛性能	占用内存	其他特点
L-M 优化算法	函数拟合	收敛快、收敛误差小	大	性能随网络规模增大而变差
贝叶斯正则化的 L-M 优化算法	函数拟合	收敛较慢	中等	适合于小规模网络的函数拟合，具有较好的泛化能力。
Quasi-Newton 算法	函数拟合	收敛较快	较大	计算量随网络规模的增大呈几何增长
弹性学习算法	模式识别	收敛最快	较小	性能随网络训练误差减小而变差
共轭梯度算法	函数拟合 模式识别	收敛较快、性能稳定	中等	尤其适用于网络规模较大的情况

⑧ 终止条件　一旦训练达到最大训练次数，或者网络误差平方和降到期望误差之下时，都会使网络停止学习。此外，为解决"过训练"（Overtraining）问题，即训练集的误差尽管在迭代过程中尚可继续下降，但预测集的偏差却开始上升，这是由于所建模型去"契合"个别样本所致（见图 8-6）。

通常将训练集分为两部分，一部分为校正集或称训练集，其预测误差反向传输，用于调整权重；另一部分为测试集或称监控集，不参与训练，其预测误差平方和用于控制网络的训练。如图 8-7 所示，在训练初始阶段，测试集的误差通常会随网络训练误差的减小而减小，但当网络开始进入"过训练"时，测试误差就会逐渐增大。当测试误差增大到一定程度时，网络训练会提前停止，这时训练函数会返回到验证误差取最小值的网络对象。测试误差不参与网络训练，但它可用来评价网络训练结果和训练集组成的合理性，如果训练误差与验证误差分别达到最小值的训练步数差别很大，或两者误差曲线的变化趋势差别较大，则说明训练

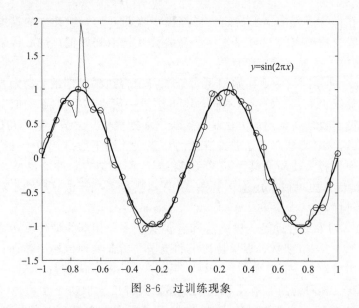

图 8-6　过训练现象

集的样本组成不是很合理，需要重新划分。这种方法简单有效，经常得到很好的效果，而且训练时间大大减少。文献一般称这种方法为"提前停止"或"早停止"（Early-stopping）。

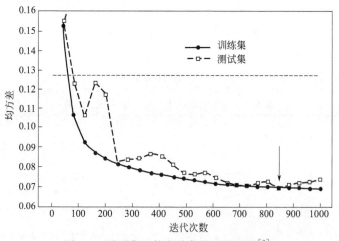

图 8-7　测试集监控训练集的训练过程[3]

8.1.4　其他类型的神经网络

　　径向基函数神经网络（Radial Basis Function Networks，RBF）是由 Moody 和 Darken 提出的一种单隐含层前馈网络，其输入层节点直接将输入信号传递到隐含层，隐含层节点作用函数为某种径向基函数如高斯函数，而输出层节点通常是简单的线性函数。

　　RBF 网络可以根据问题确定相应的网络拓扑结构，具有学习速度快，不存在局部最小问题，迭代训练易达到收敛等特点。RBF 神经网络的神经元模型如图 8-8 所示，$\|\mathrm{dist}\|$ 模块表示求取输入矢量 x 与权值矢量 w 的欧氏距离，RBF 神经元的传递函数通常采用高斯函数：$f(net)=\exp(-net^2)$，其输入值 net 为输入矢量 x 与权值矢量 w 的欧氏距离乘以阈值 b（$\|\mathrm{dist}\| \cdot b$），也可写成 $\dfrac{\|x-w\|}{\sqrt{2}\sigma}$，即 $b=\dfrac{1}{\sqrt{2}\sigma}$，$\sigma$ 为高斯函数的方差。

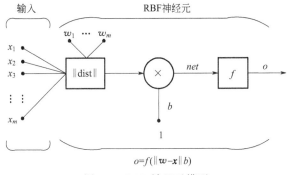

$$o=f(\|\boldsymbol{w}-\boldsymbol{x}\| b)$$

图 8-8　RBF 神经元模型

中心和宽度是 RBF 神经元的两个重要参数，神经元的权值矢量 $\boldsymbol{w}$ 确定了径向基函数的中心，当输入矢量 $\boldsymbol{x}$ 与权值矢量 $\boldsymbol{w}$ 重合时，RBF 神经元的输出达到最大值；当输入矢量 $\boldsymbol{x}$ 与 $\boldsymbol{w}$ 距离越远时，神经元输出就越小，这一特点使得 RBF 网络非常适合于逼近模糊规则。神经元阈值 b 确定了径向基函数的宽度，当 b 越大，则输入矢量 $\boldsymbol{x}$ 在远离 $\boldsymbol{w}$ 时，函数的衰减幅度就越大。

RBF 网络的结构与 BP 网络结构类似，是一种三层前向网络。第一层为输入层，由输入节点组成，输入层不处理信息；第二层为隐含层，其单元数视描述问题的需要而定，隐含层上每一神经元都代表一组径向基函数；第三层为输出层，它对输入模式的作用作出响应。构成 RBF 网络的基本思想是：用径向基函数作为隐单元的"基"构成隐含层空间，这样就将输入矢量直接（而不通过权连接）映射到隐空间，当径向基函数的中心点确定以后，这种映射关系也就确定了。而隐层空间到输出空间的映射是线性的，即网络的输出是隐单元输出的线性加权和。

径向基函数网络的训练学习方法与 BP 网络相类似，从理论而言，RBF 网络和 BP 网络一样可近似任何的连续非线性函数，两者之间的主要差别是它们使用的传递函数不同，BP 网络中隐含层通常使用的是 Sigmoid 函数，该函数在输入空间无限大的范围内为非零值，而 RBF 网络的传递函数是局部的。

在光谱分析中，另一种常用的是 Kohonen 网络，属于自组织神经网络，将在模式识别部分进行介绍。

8.1.5　神经网络参数的优化

传统的 BP 神经网络当中的权值和阈值是随机确定的，并且极易陷入局部最小，对于预测结果的精度有很大影响。遗传算法具有自适应性和全局优化性，易于搜索全局最优解。因此，可使用遗传算法（GA）对神经网络的初始权值和阈值进行优化，经过优化后的 BP 网络，收敛速度快，不易限于局部最优。

遗传算法优化 BP 神经网络的目的是为了得到更好的网络初始权值和阈值，如图 8-9 所示，其基本框架就是用遗传算法中的个体代表网络的初始权值和阈值，个体值初始化的 BP 神经网络的预测误差作为该个体的适应度值，通过选择、交叉、变异操作寻找最优个体，即最优的 BP 神经网络初始权值[4,5]。

除了遗传算法，还可采用粒子群算法（PSO）、蚁群算法等优化 BP 神经网络初始权值，图 8-10 给出了用粒子群算法优化 BP 神经网络的计算流程[6,7]。

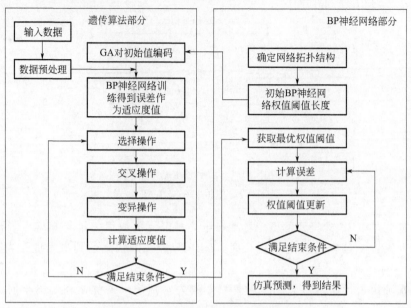

图 8-9　GA 优化 BP 神经网络算法流程

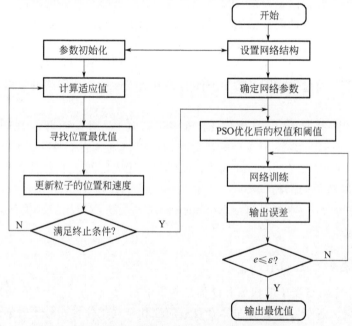

图 8-10　PSO 优化 BP 神经网络算法流程

8.2 支持向量机

8.2.1 引言

支持向量机（Support Vector Machine，SVM）是在 20 世纪 20 年代后 Vapnik 等建立的统计学习理论（Statistical Learning Theory，SLT）的基础上发展起来的一种新的模式识

别方法[8-10]。由于统计学习理论是专门针对小样本建立的统计学习方法，SVM 可有效克服神经网络方法收敛难、解不稳定以及推广性（即泛化能力或预测能力）差的缺点，在涉及到小样本数、非线性和高维数据空间的模式识别问题上表现出了许多传统模式识别算法所不具备的优势。目前，SVM 在模式识别、信号处理、控制、通讯等方面得到了较为广泛的应用。

SVM 的基本思想来源于线性判别的最优分类面，所谓最优分类面就是要求分类面不但能将两类样本无错误地分开，而且要使分类空隙或称分类间隔最大（图 8-11）。通过实现最优分类面，一个直接的优点就是可以提高预测能力，降低分类错误率。

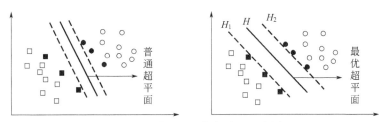

图 8-11　普通和最优超平面示意图

设两类线性可分总训练集为 $(\boldsymbol{x}_i, y_i), i=1,\cdots,n$，训练集共 n 个样本，$\boldsymbol{x}\in\mathrm{R}^d$，$d$ 为特征变量数，$y\in\{+1,-1\}$ 是类别标号。d 维空间中线性判别函数的一般形式为 $g(\boldsymbol{x})=\boldsymbol{w}^{\mathrm{T}}\boldsymbol{x}+b$，分类面方程为 $\boldsymbol{w}^{\mathrm{T}}\boldsymbol{x}+b=0$，将判别函数进行归一化，使两类所有样本都满足 $|g(\boldsymbol{x})|\geqslant1$，此时离分类面最近样本的 $|g(\boldsymbol{x})|=1$，这样分类间隔就等于 $2/\|\boldsymbol{w}\|$，所以，使分类间隔最大等价于使 $\|\boldsymbol{w}\|$ 或 $\|\boldsymbol{w}\|^2$ 最小。而要求分类面对所有样本都能正确分类，则必须满足：

$$y_i(\boldsymbol{w}^{\mathrm{T}}\boldsymbol{x}_i+b)-1\geqslant0, i=1,\cdots,n$$

因此，满足上述条件且使 $\|\boldsymbol{w}\|^2$ 最小的分类面就是最优分类面，过两类样本中离分类面最近的点且平行于最优分类面的 H_1、H_2 上的训练样本，即使上式等号成立的那些样本称为支持向量，因为它们支撑着最优分类面。

通过以上分析，可以得出，求取最优分类面的问题可以表示成约束优化问题，即在约束条件 $y_i(\boldsymbol{w}^{\mathrm{T}}\boldsymbol{x}_i+b)-1\geqslant0$ 下，求 $\|\boldsymbol{w}\|^2/2$ 最小值。为此，可定义如下的 Lagrange 函数：

$$\mathrm{L}(\boldsymbol{w},b,\alpha)=\frac{1}{2}\boldsymbol{w}^{\mathrm{T}}\boldsymbol{w}-\sum_{i=1}^{n}\alpha_i[y_i(\boldsymbol{w}^{\mathrm{T}}\boldsymbol{x}_i+b)-1]$$

式中，$\alpha_i\geqslant0$ 为 Lagrange 系数，问题的目标是对 $\boldsymbol{w}$ 和 b 求 Lagrange 函数的最小值。

把上式分别对 $\boldsymbol{w}$ 和 b 求偏微分并令其为 0，就可将原问题转化为如下这种简单的凸二次规划对偶问题：

在约束条件 $\sum_{i=1}^{n}\alpha_i y_i=0$ 和 $\alpha_i\geqslant0$ 下，求解下列函数的最大值：

$$Q(\alpha)=\sum_{i=1}^{n}\alpha_i-\frac{1}{2}\sum_{i=1}^{n}\sum_{j=1}^{n}\alpha_i\alpha_j y_i y_j(\boldsymbol{x}_i^{\mathrm{T}}\boldsymbol{x}_j)$$

这是一个不等式约束条件下二次函数求极值的问题，存在唯一最优解，且这个优化问题的最优解须满足：

$$\alpha_i[y_i(\boldsymbol{w}^{\mathrm{T}}\boldsymbol{x}_i+b)-1]=0, i=1,\cdots,n$$

若 α_i^* 为求取的最优解，则 $\boldsymbol{w}^*=\sum_{i=1}^{n}\alpha_i^* y_i\boldsymbol{x}_i$，对于多数样本 α_i^* 将为 0，α_i^* 值不为 0

对应的样本即为支持向量，它们通常只是全体训练集样本的很少一部分。

求解上述问题后，得到的最优分类函数是：

$$f(\boldsymbol{x}) = \mathrm{sgn}(\boldsymbol{w}^{*\mathrm{T}}\boldsymbol{x}_i + b^*) = \mathrm{sgn}(\sum_{i=1}^n \alpha_i^* y_i \boldsymbol{x}_i^{\mathrm{T}}\boldsymbol{x} + b^*)$$

式中，sgn()为符号函数，由于非支持向量对应的 α_i^* 均为 0，因此，式中的求和实际上只对支持向量求和；而 b^* 是分类的阈值，可以通过任意一个支持向量用约束条件 $\alpha_i[y_i(\boldsymbol{w}^{\mathrm{T}}\boldsymbol{x}_i + b) - 1] = 0$ 求取，或通过两类中任意一对支持向量取中值求得。

当用一个超平面不能把两类样本完全分开时，有少数样本被错分，这时可引入松弛变量 ξ_i。$\xi_i \geqslant 0$，$i = 1, \cdots, n$，使超平面 $\boldsymbol{w}^{\mathrm{T}}\boldsymbol{x} + b = 0$ 满足 $y_i(\boldsymbol{w}^{\mathrm{T}}\boldsymbol{x}_i + b) \geqslant 1 - \xi_i$。当 $0 < \xi_i < 1$ 时，样本 $\boldsymbol{x}_i$ 仍旧被正确分类；当 $\xi_i \geqslant 1$ 时，样本 $\boldsymbol{x}_i$ 被错分。为此，引入以下目标函数：

$$\varphi(\boldsymbol{w}, \boldsymbol{\xi}) = \frac{1}{2}\boldsymbol{w}^{\mathrm{T}}\boldsymbol{w} + C\sum_{i=1}^n \xi_i$$

式中，C 为一个大于零的常数，称为惩罚因子，起到控制对错分样本惩罚程度的作用，实现在错分样本的比例与算法复杂度之间的折中。

可用上述求解最优分类面同样的方法求解这一优化问题，得到一个二次函数极值问题，同样也得到几乎完全相同的结果，只是 α_i 的约束条件变为 $0 \leqslant \alpha_i \leqslant C$。

若在原始空间中的简单超平面不能得到满意的分类效果，则必须以复杂的超曲面作为分界面。对于这种线性不可分问题，SVM 算法引入了核空间理论，即将低维的输入空间数据通过非线性映射函数 $\varphi(\boldsymbol{x})$ 映射到高维特征空间（Hilbert 空间），然后在这个新空间中求取最优线性分类面。可以证明，如果选用适当的映射函数 $\varphi(\boldsymbol{x})$，输入空间线性不可分问题在特征空间将转化为线性可分问题（见图 8-12）。

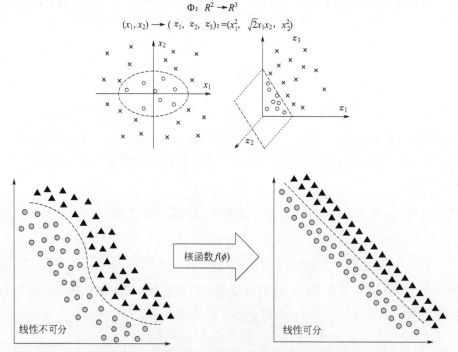

图 8-12　经非线性函数由低维向高维特征空间的映射

在非线性情况下，分类超平面为：$\boldsymbol{w}\varphi(\boldsymbol{x}) + b = 0$。这时的最优化函数为：

$$Q(\alpha) = \sum_{i=1}^{n} \alpha_i - \frac{1}{2} \sum_{i=1}^{n} \sum_{j=1}^{n} \alpha_i \alpha_j y_i y_j \langle \varphi(\boldsymbol{x}_i), \varphi(\boldsymbol{x}_j) \rangle$$

其中，$\langle \varphi(\boldsymbol{x}_i), \varphi(\boldsymbol{x}_j) \rangle$ 表示 $\varphi(\boldsymbol{x}_i)$ 与 $\varphi(\boldsymbol{x}_j)$ 的内积（或点积）。

得到的最优分类函数为：$f(\boldsymbol{x}) = \mathrm{sgn}\left(\sum_{i=1}^{n} \alpha_i^* y_i \langle \varphi(\boldsymbol{x}_i), \varphi(\boldsymbol{x}) \rangle + b^* \right)$。

但是，如果直接在高维空间进行分类或回归，则存在确定非线性映射函数的形式和参数、特征空间维数（维数很高，甚至是无穷维）等问题，而最大的障碍则是在高维特征空间运算时存在的"维数灾难"。采用核函数（Kernel Function）可以有效解决这些问题，核函数 $K(\cdot)$ 定义为 $K(\boldsymbol{x}_i, \boldsymbol{x}_j) = \langle \varphi(\boldsymbol{x}_i), \varphi(\boldsymbol{x}_j) \rangle$，即核函数将高维空间的内积运算，转化为低维输入空间的核函数 $K(\cdot)$ 计算。从而解决了在高维特征空间中计算的"维数灾难"等问题，为在高维特征空间解决复杂的分类或回归问题奠定了理论基础。

用核函数 $K(\boldsymbol{x}_i, \boldsymbol{x}_j)$ 代替 $\langle \varphi(\boldsymbol{x}_i), \varphi(\boldsymbol{x}_j) \rangle$，优化函数变为：

$$Q(\alpha) = \sum_{i=1}^{n} \alpha_i - \frac{1}{2} \sum_{i=1}^{n} \sum_{j=1}^{n} \alpha_i \alpha_j y_i y_j K(\boldsymbol{x}_i, \boldsymbol{x}_j)$$

而相应的判别函数也相应变为：

$$f(\boldsymbol{x}) = \mathrm{sgn}\left(\sum_{i=1}^{n} \alpha_i^* y_i K(\boldsymbol{x}_i, \boldsymbol{x}) + b^* \right)$$

这就是支持向量机，其中，$\boldsymbol{x}_i$ 为支持向量，$\boldsymbol{x}$ 为未知向量。由于最终的判别函数只包含未知向量与支持向量的内积的线性组合，识别时的计算复杂度取决于支持向量的个数。

采用核函数后，不需要知道非线性映射函数 $\varphi(\boldsymbol{x})$ 的具体形式。目前常用的核函数形式主要有以下几种，它们都与已有的算法存在着对应关系。

（1）多项式形式的核函数，即

$$K(\boldsymbol{x}_i, \boldsymbol{x}) = [(\boldsymbol{x}_i^{\mathrm{T}} \boldsymbol{x}) + 1]^q$$

此时，对应的 SVM 是一个 q 阶多项式分类器。

（2）径向基形式的核函数，即

$$K(\boldsymbol{x}_i, \boldsymbol{x}) = \exp(-\| \boldsymbol{x}_i - \boldsymbol{x} \|^2 / 2\sigma^2)$$

此时，对应的 SVM 是一种径向基函数分类器，它与传统径向基 RBF 函数的区别在于，此处每一个基函数的中心对应于一个支持向量，这些支持向量及其输出权重都是由算法自动确定的。

（3）S 形核函数，如

$$K(\boldsymbol{x}_i, \boldsymbol{x}) = \tanh(\beta_0 (\boldsymbol{x}_i^T \boldsymbol{x}) + \beta_1)$$

此外，还有指数型径向核函数、傅里叶级数、样条函数和 B 样条函数等。

如图 8-13 所示，支持向量机的判别函数在形式上类似于一个神经网络，其输出可看成是若干隐含层节点的线性组合，而每一个隐含层节点对应于输入样本与一个支持向量的内积，因此，支持向量机也被叫作支持向量网络。SVM 实现的是一个两层的感知器神经网络，网络的权重和隐层节点数目都是由算法自动确定的。

对于分类学习问题，传统的模式识别方法强调降维，而 SVM 与此相反，对于特征空间中两类样本不能靠超平面分开的非线性问题，SVM 采用映射方法将其映射到更高维的空间，并求得最佳区分两类样本点的超平面方程，作为判别未知样本的判据。由于升维后只通过核函数改变了内积运算，并未使算法复杂性随维数的增加而增加，从而限制了过拟合。即使已

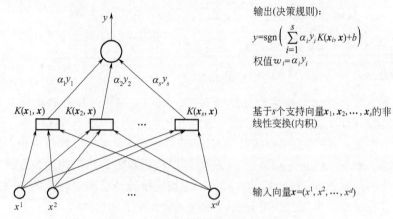

图 8-13　支持向量机决策规则示意图

知样本较少，仍能有效地作统计预报。具体应用 SVM 的步骤为：选择适当的核函数→求解优化方程以获得支持向量及相应的 Lagrange 算子→写出最优分类面判别方程。

　　上面介绍的是二值分类器，基于 SVM 的多值分类器的构造可以通过组合多个二值子分类器来实现，具体的构造有一对一和一对多等方式。支持向量机用于模式识别的实现步骤比较简单，不需要长时间的训练过程，只需根据初始样本求解最优超平面找出支持向量，进而确定判别函数，然后即可泛化推广识别其他未知样本。支持向量机的精度受核函数本身参数影响较大，如何选取这些参数，比如径向基函数的宽度、多项式核函数的阶数等，目前尚无比较成熟的方法，一般要靠多次尝试确定。

8.2.2　支持向量回归

　　SVM 方法最早是针对模式识别问题提出来的，随着 ε 不敏感函数的引入，SVM 已推广用于非线性的回归和函数逼近，并展现了较好的学习性能，尤其是解决小样本的回归问题[11]。下面简单介绍基于 SVM 的支持向量回归校正方法（Support Vector Regression，SVR）。

　　对于线性回归体系，$f(\boldsymbol{x}) = \boldsymbol{w}^{\mathrm{T}}\boldsymbol{x} + b$，其校正集样本 $(\boldsymbol{x}_i, y_i)$，$i = 1, 2, \cdots, n$，n 为校正样本数，并假使所有校正数据都可以在精度 ε 下无误差地用线性函数拟合，ε 为一正常数，即：

$$\begin{cases} y_i - \boldsymbol{w}^{\mathrm{T}}\boldsymbol{x}_i - b \leqslant \varepsilon \\ \boldsymbol{w}^{\mathrm{T}}\boldsymbol{x}_i + b - y_i \leqslant \varepsilon \end{cases}$$

考虑到允许拟合误差的情况，引入松弛因子 ξ_i 和 ξ_i^*，ξ_i，$\xi_i^* \geqslant 0$，则上式变为：

$$\begin{cases} y_i - \boldsymbol{w}^{\mathrm{T}}\boldsymbol{x}_i - b \leqslant \varepsilon + \xi_i \\ \boldsymbol{w}^{\mathrm{T}}\boldsymbol{x}_i + b - y_i \leqslant \varepsilon + \xi_i^* \\ \xi_i, \xi_i^* \geqslant 0 \end{cases}$$

与模式识别的 SVM 问题相似，可将问题转化为在以上约束条件下，求下列函数的最小值：

$$L(\boldsymbol{w}, \xi, \xi^*) = \frac{1}{2}\boldsymbol{w}^{\mathrm{T}}\boldsymbol{w} - C\sum_{i=1}^{n}(\xi_i + \xi_i^*)$$

式中，第 1 项是使回归函数更为平坦，从而提高泛化能力，第 2 项则为减少误差，常数 C 为一个大于零的常数，称为惩罚因子或正则化系数，表示对超出误差 ε 的样本的惩罚程度。采用 Lagrange 优化方法可以得到其对偶问题，即在 $\sum\limits_{i=1}^{n}(\alpha_i+\alpha_i^*)=0$ 和 $0\leqslant\alpha_i$，$\alpha_i^*\leqslant C$ 约束条件下，对 Lagrange 因子 α_i 和 α_i^* 最大化以下目标函数：

$$W(\alpha,\alpha^*)=-\varepsilon\sum_{i=1}^{n}(\alpha_i+\alpha_i^*)+\sum_{i=1}^{n}y_i(\alpha_i^*-\alpha_i)-\frac{1}{2}\sum_{i=1}^{n}\sum_{j=1}^{n}(\alpha_j^*-\alpha_j)(\alpha_i^*-\alpha_i)(\boldsymbol{x}_i^{\mathrm{T}}\boldsymbol{x}_j)$$

得到回归函数为：$f(\boldsymbol{x})=\sum\limits_{i=1}^{n}(\alpha_i^*-\alpha_i)(\boldsymbol{x}_i^{\mathrm{T}}\boldsymbol{x}_j)+b$

式中，只有少部分的 $(\alpha_i^*-\alpha_i)$ 不为零，它们对应的样本称为支持向量。

若将拟合的数学模型表达为多维空间的某一曲线，则根据 ε 不敏感函数所得的结果是包含该曲线和训练点的"ε 管道"。在所有样本中，只有分布在"管壁"上的那部分样本点决定"管道"的位置，这部分训练样本即为支持向量。

如图 8-14 所示，对于非线性问题，支持向量机回归方法的主要思想是将原问题通过非线性变换转化为某个高维空间的线性问题，并在高维空间中进行线性求解。与模式识别的 SVM 方法一样，只要用核函数 $K(\boldsymbol{x}_i,\boldsymbol{x}_j)$ 代替回归函数中的点积 $\boldsymbol{x}_i^{\mathrm{T}}\boldsymbol{x}_j$ 运算，就可以实现非线性回归。这样，非线性求解问题就变成在 $\sum\limits_{i=1}^{n}(\alpha_i+\alpha_i^*)=0$ 和 $0\leqslant\alpha_i$、$\alpha_i^*\leqslant C$ 约束条件下，对 Lagrange 因子 α_i 和 α_i^* 最大化以下目标函数：

$$W(\alpha,\alpha^*)=-\varepsilon\sum_{i=1}^{n}(\alpha_i+\alpha_i^*)+\sum_{i=1}^{n}y_i(\alpha_i^*-\alpha_i)-\frac{1}{2}\sum_{i=1}^{n}\sum_{j=1}^{n}(\alpha_j^*-\alpha_j)(\alpha_i^*-\alpha_i)K(\boldsymbol{x}_i,\boldsymbol{x}_j)$$

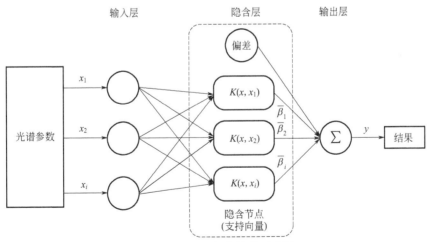

图 8-14　SVR 拓扑结构示意图

采用同样的优化方法，得到非线性回归函数为：$f(\boldsymbol{x})=\sum\limits_{i=1}^{n}(\alpha_i^*-\alpha_i)K(\boldsymbol{x}_i,\boldsymbol{x}_j)+b$

支持向量机回归方法中也多采用多项式、径向基和 S 形等核函数。

采用 ε 不敏感函数，上述优化算法用矩阵表示为：$\min\limits_{p}\dfrac{1}{2}\boldsymbol{p}^{\mathrm{T}}\boldsymbol{Hp}+\boldsymbol{c}^{\mathrm{T}}\boldsymbol{p}$。

其中 $p = \begin{bmatrix} \boldsymbol{\alpha} \\ \boldsymbol{\alpha}^* \end{bmatrix}$, $H = \begin{bmatrix} \boldsymbol{X} & -\boldsymbol{X} \\ -\boldsymbol{X} & \boldsymbol{X} \end{bmatrix}$, $X = \begin{bmatrix} K(\boldsymbol{x}_1,\boldsymbol{x}_1) & \cdots & K(\boldsymbol{x}_1,\boldsymbol{x}_k) \\ \vdots & & \vdots \\ K(\boldsymbol{x}_k,\boldsymbol{x}_1) & \cdots & K(\boldsymbol{x}_k,\boldsymbol{x}_k) \end{bmatrix}$, $c = \begin{bmatrix} \varepsilon+\boldsymbol{Y} \\ \varepsilon-\boldsymbol{Y} \end{bmatrix}$,

$Y = \begin{bmatrix} \boldsymbol{y}_1 \\ \vdots \\ \boldsymbol{y}_k \end{bmatrix}$。

其约束条件为 $p \cdot (1,\cdots,1,-1,\cdots,-1)=0$, $0 \leqslant \alpha_i \leqslant C$, $0 \leqslant \alpha_i^* \leqslant C$, 其中 $i=1,\cdots,n$, n 为校正集样本数。利用 MATLAB 语言可以很容易地实现上述算法。

由此可以看出，SVR 的优点在于它是专门针对有限样本情况的，其目标是得到现有信息下的最优解而不仅仅是样本数趋于无穷大时的最优值；SVR 求解算法可以转化成为一个二次型寻优（二次规划）问题，从理论上说，得到的将是全局最优点；它采用核函数实现了从低维空间的非线性到高维空间的线性的转换，保证算法有较好的推广能力，同时解决了维数灾难问题。但是，由于 H 矩阵的维数为样本数的两倍，因而该方法所能处理的样本数不能过多。

8.2.3　最小二乘支持向量回归

为降低训练时间、减少计算复杂程度以及提高泛化能力，提出了一些改进的支持向量机算法，如最小二乘支持向量机和加权支持向量机等。最小二乘支持向量机（Least Squares Support Vector Machines，LS-SVM）采用最小二乘线性系统作为损失函数，通过解一组线性方程组代替传统 SVM 采用的较复杂的二次规划方法，降低计算复杂性，加快了求解速度。在光谱定性和定量分析中 LS-SVM 方法得到了一定应用[12-14]。

LS-SVM 算法的目标优化函数为：

$$\min J(w,e) = \frac{1}{2} w^{\mathrm{T}} w + \frac{1}{2} \gamma \sum_{i=1}^{n} e_i^2$$

约束条件：$y_i = w^{\mathrm{T}} \varphi(\boldsymbol{x}_i) + b + e_i$

式中，w 为权重向量；γ 为正则化参数；e_i 为误差；$\boldsymbol{x}_i$ 和 y_i 分别为校正集的输入变量和输出变量；$i=1,\cdots,n$，n 为校正集样本数。

可定义如下的 Lagrange 函数：

$$L(w,b,\boldsymbol{\alpha},e) = J(w,e) - \sum_{i=1}^{n} \alpha_i [w^{\mathrm{T}} \varphi(\boldsymbol{x}_i) + b + e_i - y_i]$$

式中，α_i 为 Lagrange 系数。上述优化问题可以转化为求解线性方程：

$$\begin{bmatrix} 0 & \boldsymbol{l}^{\mathrm{T}} \\ \boldsymbol{l} & \boldsymbol{\Omega}+\dfrac{1}{\gamma}\boldsymbol{I} \end{bmatrix} \begin{bmatrix} b \\ \boldsymbol{\alpha} \end{bmatrix} = \begin{bmatrix} 0 \\ \boldsymbol{y} \end{bmatrix}$$

式中，$\boldsymbol{l}=[1,1,\cdots,1]^{\mathrm{T}}$，$\boldsymbol{I}$ 为单位矩阵；$\boldsymbol{\Omega}=<\varphi(\boldsymbol{x}_i),\varphi(\boldsymbol{x}_i)>=K(\boldsymbol{x}_i,\boldsymbol{x}_j)$，$i,j=1,\cdots,n$；$\boldsymbol{\alpha}=[\alpha_1,\alpha_2,\cdots,\alpha_n]^{\mathrm{T}}$；$\boldsymbol{y}=[y_1,y_2,\cdots,y_n]^{\mathrm{T}}$。

令 $A = \boldsymbol{\Omega}+\dfrac{1}{\gamma}\boldsymbol{I}$，解矩阵方程可求得：

$$b = \frac{\boldsymbol{l}^{\mathrm{T}} \boldsymbol{A}^{-1} \boldsymbol{y}}{\boldsymbol{l}^{\mathrm{T}} \boldsymbol{A}^{-1} \boldsymbol{l}}$$

$$\boldsymbol{a} = \boldsymbol{A}^{-1} (\boldsymbol{y} - b\boldsymbol{l})$$

对于未知样本 $\boldsymbol{x}$，LS-SVM 的预测值为：

$$y(\boldsymbol{x}) = \sum_{i=1}^{n} \alpha_i K(\boldsymbol{x}, \boldsymbol{x}_i) + b$$

标准支持向量机求解一个凸二次规划，其解是唯一的且为最优解，不存在一般神经网络的局部极值问题。最小二乘支持向量机求解线性方程，其解满足极值条件，但不能保证是全局最优解，但它的求解速度更快，求解所需的计算资源也较少。

8.2.4　支持向量回归参数的优化

在支持向量机回归方法中，惩罚因子 C 和核函数半径参数 σ 的选择对构造回归函数是至关重要的。惩罚因子 C 代表 SVM 算法对异常点的重视程度，影响模型的预测精度。C 越大训练集误差越小，C 过大容易导致过拟合；C 越小训练集误差越大，C 过小容易欠拟合；C 过大或过小都会导致模型泛化能力减弱。σ 代表数据映射到高维特征空间后的分布，影响模型的训练速度。σ 越大支持向量越少，速度越快；σ 越小支持向量越多，速度越慢。

对于这两个参数的选择，常用的方法是让 C 和 σ 在一定范围内取值，然后采用交互验证方法，基于一定的步长通过网格搜索法（Grid Search）找到最佳的参数[15]。但是，这种方法很费时，尤其是想在更大的范围内寻找最佳点时，因为它需要遍历网格中的所有参数点。

为在更大范围内寻找最佳参数，可采用遗传算法（GA）、粒子群优化算法（PSO）和灰狼优化算法（GWO）等启发式算法来选择惩罚因子 C 和核参数 σ，这些方法的搜索效率往往比网格搜索法更高[16,17]。粒子优化群算法是一种模拟鸟群觅食的群体智能算法，每个粒子表示一个可能解向量，粒子的好坏根据适应度函数值进行判断，并通过向全局和个体最优解学习实现粒子位置和速度的不断更新，最终实现全局寻优的目的[18,19]。图 8-15 给出了 PSO 优化支持向量机回归参数的算法流程。

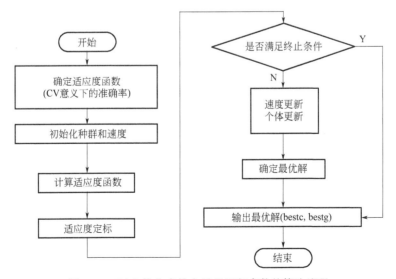

图 8-15　PSO 优化支持向量机回归参数的算法流程

8.3　相关向量机

相关向量机（Relevance Vector Machines，RVM）是一种与支持向量机类似的新的监督学习方法，是基于核函数映射将低维空间非线性问题转化为高维空间的线性问题。它在贝叶斯框架下进行训练，基于主动相关决策理论在先验条件下建立稀疏化模型[20]。在训练样本集的迭代学习过程中，与预测值无关的参数的后验分布逐渐趋于零，非零参数所对应的点能够体现数据的核心特征，被称为相关向量，体现了数据中最核心的特征。与支持向量机相比，相关向量机降低了核函数的运算量，并在稀疏性和泛化能力上优于支持向量机[21,22]。

给定训练集输入向量 $X = \{x_1, x_2, \cdots, x_n\}^T$ 和相应的输出 $y = \{y_1, y_2, \cdots, y_n\}^T$，$n$ 为训练集样本数，学习的目的就是应用这些训练数据和先验知识来设计一个系统，使系统对新的输入 x^* 预测输出 y^*。

假设目标值是一个未知函数和一些噪声的组合：

$$y = f(X; w) + \varepsilon$$

式中，w 为模型权值，$w = \{w_1, w_2, \cdots, w_m\}^T$，$m$ 为波长变量数；ε 是均值为零，方差为 σ^2 的噪声；$f(X; w)$ 为函数族。

$f(X; w)$ 由下式给出：

$$f(X; w) = \sum_{i=1}^{m} w_i \boldsymbol{\Phi}(x) + w_0$$

$\boldsymbol{\Phi}(x)$ 为一组非线性基函数（核函数）：$\boldsymbol{\Phi}(x) = \{\varphi_1(x), \varphi_2(x), \cdots, \varphi_m(x)\}^T$

通常选用每个训练样本为中心的高斯函数作为基函数，可在贝叶斯框架下用极大似然法训练权值 w：

$$p(y \mid w, \sigma^2) = (2\pi\sigma^2)^{-n/2} \exp\left\{ -\frac{\| y - w\boldsymbol{\Phi} \|^2}{2\sigma^2} \right\}$$

为避免出现过拟合，稀疏贝叶斯学习方法对权值 w 赋予先验的条件概率分布：

$$p(w \mid \boldsymbol{\alpha}) = \prod_{i=0}^{n} N(w_i \mid 0, \alpha_i^{-1})$$

式中，超参数 $\boldsymbol{\alpha} = \{\alpha_0, \alpha_1, \alpha_2, \cdots, \alpha_n\}^T$，每一个权值 w_i 都对应唯一的超参数 α_i，参数受到先验分布的影响，对训练集样本进行不断训练，大部分的超参数 α_i 将趋于无穷大，其对应的权值 w_i 会趋于 0，从而确保了相关向量机的稀疏性。

根据贝叶斯规则，可以得到在权值上的后验概率：

$$p(w \mid y, \boldsymbol{\alpha}, \sigma^2) = (2\pi)^{-\frac{n+1}{2}} |\xi|^{-\frac{1}{2}} \exp\left\{ -\frac{1}{2}(w - \boldsymbol{\mu})^T \xi^{-1}(w - \boldsymbol{\mu}) \right\}$$

后验协方差 $\xi = (\boldsymbol{\Phi}^T B \boldsymbol{\Phi} + A)^{-1}$

均值 $\boldsymbol{\mu} = \xi \boldsymbol{\Phi}^T B y$

式中，$A = \mathrm{diag}(\alpha_0, \alpha_1, \alpha_2, \cdots, \alpha_n)$；$B = \sigma^{-2} I_n$。

基于最大期望超参数估计，多次迭代计算后可得：

$$(\alpha_i)^{\mathrm{new}} = \gamma_i / \mu_i^2$$

$$(\sigma^2)^{\mathrm{new}} = \frac{|y - \boldsymbol{\Phi}\boldsymbol{\mu}|^2}{n - \sum_i \gamma_i}$$

式中，μ_i 为第 i 个后验平均权值；$\gamma_i = 1 - \alpha_i \Sigma_{ii}$。

针对权值后验概率分布的预测，其限制条件 $\boldsymbol{\alpha}_{MP}$ 和 σ_{MP}^2 均取最大值，根据正态分布性质，$p(y^* | \boldsymbol{y})$ 服从正态分布：

$$p(y^* | \boldsymbol{y}, \boldsymbol{\alpha}_{MP}, \sigma_{MP}^2) = N(\boldsymbol{\mu}^*, \sigma_*^2)$$

式中，$\sigma_*^2 = \sigma_{MP}^2 + \boldsymbol{\Phi}(x^*)^T \sum \boldsymbol{\Phi}(x^*)$；$y^* = \boldsymbol{\mu}^T \boldsymbol{\Phi}(x^*)$。

应璐娜等采用相关向量机建立了激光诱导击穿光谱预测土壤中元素含量的分析模型，其结果在稳定性和预测精度上优于支持向量机模型和最小二乘支持向量机模型[23]。王菊香等通过随机森林选取特征变量，再利用相关向量机建立了中红外光谱预测柴油机油酸值的模型，结果令人满意[24]。朱哲燕等将中红外光谱结合相关向量机对香菇产地进行识别，其结果与 KNN 和 SVM 相当，识别正确率高于 90%[25]。祝志慧等基于高光谱信息融合和相关向量机建立了检测无精蛋和受精蛋的识别模型，在计算速度和识别准确性上优于支持向量机[26]。Fu 等采用近红外光谱结合相关向量机建立了判别中药材三叶青的模型，识别准确率达到 100%[27]。

8.4 核偏最小二乘法

SVM 在机器学习领域取得了成功，引发人们将传统的各种可用内积表达的线性方法"核化"，从而成为非线性方法。核函数的思想逐渐发展成核方法，为处理许多问题提供了一个统一的框架[28,29]。如图 8-16 所示，核函数方法可以和不同的化学计量学算法结合，衍生出多种不同的基于核函数的方法。如核主成分分析（Kernel Principal Component Analysis，KPCA）、核 Fisher 判别分析（Kernel Fisher Discriminator，KFD）、核主成分回归（Kernel Principal Component Regression，KPCR）、核偏最小二乘法（Kernel Partial Least Squares，KPLS）和核岭回归（Kernel Ridge Regression，KRR）等。核函数和算法这两部分的设计可以单独进行，解决不同的问题可选择不同的核函数和算法。这些方法在多个领域的应用中都表现出了良好的性能，其中，KPLS 方法正被越来越多地采用[30~33]。

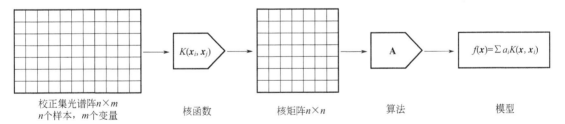

校正集光谱阵$n \times m$ 核函数   核矩阵$n \times n$ 算法   模型
n个样本，m个变量

图 8-16　基于核函数的校正方法实施步骤框架图

对于训练集 $\boldsymbol{X}$ 和 $\boldsymbol{Y}$，给定核函数类型和最大主因子数 f，KPLS 算法如下：
① 由核函数计算 $\boldsymbol{X}$ 矩阵（$n \times m$，n 为训练集的样本数，m 为变量数）的核矩阵 $\boldsymbol{K}(n \times n)$。
② 由下式对核矩阵 $\boldsymbol{K}$ 进行中心化处理：

$$\widetilde{\boldsymbol{K}} = \left(\boldsymbol{I} - \frac{1}{n} l l^T\right) \boldsymbol{K} \left(\boldsymbol{I} - \frac{1}{n} l l^T\right)$$

式中，$\boldsymbol{I}$ 为单位矩阵，l 为 n 维全 1 列向量。
③ 初始化变量 u。
④ $t = \widetilde{\boldsymbol{K}} u$，$t = t / \| t \|$。
⑤ $c = \boldsymbol{Y}^T t$。

⑥ $u=Yc$，$u=u/\parallel u\parallel$。

⑦ 重复③~⑥，直到收敛。

⑧ $\widetilde{K}=(I-tt^{T})\widetilde{K}(I-tt^{T})$，$Y=Y-tt^{T}Y$，返回④直到得到所有 f 个 u 和 t 向量。

⑨ 训练集样本的预测值 $\hat{Y}=\widetilde{K}U(T^{T}\widetilde{K}U)^{-1}T^{T}Y$，其中 $T=[t_1,t_2,\cdots,t_f]$，$U=[u_1,u_2,\cdots,u_f]$。

对于验证集 X_{test}（$p\times m$，p 为验证集的样本数，m 为变量数），由核函数计算其核矩阵 K_{test}，下式对核矩阵 K_{test} 进行中心化处理：

$$\widetilde{K}_{\text{test}}=\left(K_{\text{test}}-\frac{1}{n}ll^{T}K\right)\left(I-\frac{1}{n}ll^{T}\right)$$

验证集样本的预测值 $\hat{Y}=\widetilde{K}_{\text{test}}U(T^{T}\widetilde{K}U)^{-1}T^{T}Y$

与 ANN 和 SVM 方法相比，KPLS 方法的参数选择少，容易实现，计算速度也较快，有望成为一种常用的非线性多元校正方法。

8.5　极限学习机

极限学习机（Extreme Learning Machine，ELM）是一种单隐含层前馈神经网络（Single-hidden Layer Feed Forward Neural Network，SLFNN）。它克服了传统 BP-ANN 训练速度慢、易陷入局部极小点和学习率的选择敏感等缺点[34]。ELM 随机产生输入层与隐含层间的连接权值及隐含层神经元的阈值，并通过 Moore-Penrose 广义逆得到具有极小 2-范数的输出层权重，且在训练过程无需调整，只需对隐含层神经元个数和隐含层神经元的激活函数进行设定即可获得唯一的最优解。因此与传统的 SLFNN 相比，ELM 具有参数易选择、学习速度快、泛化能力强等特点。图 8-17 给出了 ELM 拓扑结构的示意图。

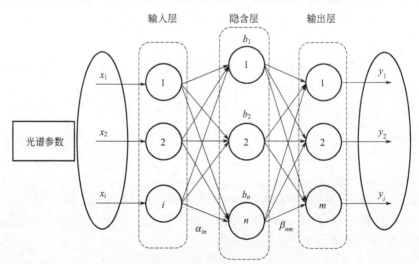

图 8-17　ELM 拓扑结构示意图

对于包含 N 个校正样本的训练集，x_i 为第 i 个样本的光谱向量（$n\times1$），含有 n 个波长变量，y_i 为第 i 个样本的浓度向量（$m\times1$），含有 m 个浓度变量，含有 H 个隐含节点的标准 SLFNN 算法如下：

$$\sum_{i=1}^{H}\boldsymbol{\beta}_i f_i(\boldsymbol{x}_j) = \sum_{i=1}^{H}\boldsymbol{\beta}_i f(\boldsymbol{a}_i \boldsymbol{x}_j + b_i)$$

式中，$j=1,2,\cdots,N$；$\boldsymbol{a}_i=[a_{i1},a_{i2},\cdots,a_{in}]^{\mathrm{T}}$，为 n 维的输入层与隐含层的权重；b_i 为第 i 节点的阈值；$\boldsymbol{\beta}_i=[\beta_{i1},\beta_{i2},\cdots,\beta_{im}]^{\mathrm{T}}$，为 m 维的输出层与隐含层的权重；$f_i(\boldsymbol{x}_j)$ 为激活函数。

上式可表达为：

$$\sum_{i=1}^{H}\boldsymbol{\beta}_i f_i(\boldsymbol{x}_j) = \boldsymbol{H\beta}$$

其中，$\boldsymbol{H}=\begin{bmatrix} f(\boldsymbol{a}_1\boldsymbol{x}_1+b_1)\cdots f(\boldsymbol{a}_H\boldsymbol{x}_1+b_H) \\ \cdots \qquad \cdots \\ f(\boldsymbol{a}_1\boldsymbol{x}_N+b_1)\cdots f(\boldsymbol{a}_H\boldsymbol{x}_N+b_H) \end{bmatrix}$

ELM 的整个训练过程中参数不需要进行完全调整，只需对隐含层和输出层之间的连接权值进行设定，其值可通过以下方程获得：

$$\min_{\boldsymbol{\beta}} \| \boldsymbol{H\beta} - \boldsymbol{Y}^{\mathrm{T}} \|$$

其解为：$\hat{\boldsymbol{\beta}} = \boldsymbol{H}^{+}\boldsymbol{Y}^{\mathrm{T}}$

其中，$\boldsymbol{H}^{+}$ 为隐含层输出矩阵 $\boldsymbol{H}$ 的 Moore-Penrose 广义逆，$\boldsymbol{Y}^{\mathrm{T}}$ 为输出矩阵 $\boldsymbol{Y}$ 的转置。

核极限学习机（Kernel Extreme Learning Machine，KELM）把核函数引入到 ELM 中，将 ELM 中的随机映射用核映射替代，利用核函数将所有输入样本从 N 维空间映射到高维隐层特征空间，使隐含层参数随机给定所导致的泛化能力和稳定性不理想问题得到有效改善。该方法一次性求解，便可得到权值的最小二乘解，速度快，泛化性能也比 ELM 算法更稳定。核函数的类型和参数是核极限学习机性能优劣的主要因素，一旦参数选定，结果就稳定下来，不再混入随机。可采用布谷鸟搜索（CS）算法、粒子群优化算法（PSO）、混沌粒子群算法（CPSO）和遗传算法（GA）等优化算法对核极限学习机的参数进行优化选择[35,36]。

祝志慧等基于紫外-可见透射光谱技术和 ELM 对孵化早期鸡胚蛋的雌雄进行识别，用遗传算法优化 ELM 模型的权值变量和隐含层神经元阈值，识别率准确率在 85% 以上[37]。韩方凯等将近红外光谱结合 ELM 快速识别牛肉中掺假猪肉，得到满意的识别结果[38]。路皓翔等采用深度学习中的压缩自编码网络（CAE）对柑橘叶片近红外光谱数据中深层特征进行提取，然后将提取的深层特征送入 ELM 模型中进行鉴别，所建立的柑橘黄龙病鉴别模型（CAE-ELM）具有良好的鲁棒性和可扩展性[39]。潘立剑等进行了 PCA 结合 ELM 辅助激光诱导击穿光谱（LIBS）在铝合金分类识别方面的研究，结果表明，PCA-ELM 分类模型有着很高的准确率及稳定性，可对废旧铝按各自的成分牌号进行精细分类[40]。周孟然等基于激光诱导荧光光谱（LIF），利用核极限学习机成功对食用油的种类进行识别[41]。Liang 等利用激光诱导击穿光谱结合核极限学习机对丹参的产地进行分类，结果优于最小二乘支持向量机和随机森林。

饶利波等将堆栈自动编码器（SAE）与 ELM 联合，建立了高光谱成像预测苹果硬度的深度神经网络预测模型（SAE-ELM），其预测性能优于传统的 ELM 模型[43]。夏延秋等使用 ELM 对润滑油的红外光谱数据构建模型，可对润滑油添加剂进行有效的种类识别和含量预测[44]。王文霞等通过遗传算法对 ELM 网络的连接权值和阈值进行优化，改善了普通 ELM 连接权值和阈值的随意性所带来的预测结果的不稳定性，建立了近红外光谱预测大枣水分含量的模型[45]。魏菁等采用遗传算法优化的核极限学习机建立了高光谱无损检测冷却羊肉表面细菌总数的模型，其结果优于 ELM 方法[46]。

为进一步提高 ELM 的预测精度及稳定性，Bian 和 Chen 等分别提出了集成 ELM 建模方法[47,48]，用于建立近红外光谱定量分析模型，取得了较好的效果。Shan 等提出了堆叠集成极限学习机方法（Stacked Ensemble ELM，SE-ELM），将近红外光谱分为若干区段，建立多个 ELM 模型，然后再用不同权重将这些模型组合在一起（图 8-18），可进一步提高模型的泛化性能[49]。胡碧霞等将变量投影重要性系数的改进叠加 PLS 算法（VIP-SPLS）与 ELM 算法融合，提出了一种改进的极限学习机（iELM）[50]。该方法用 VIP-SPLS 算法建立隐含层输出矩阵 H 与待测浓度之间的回归模型，替代矩阵 H 广义逆的求取过程，在一定程度上解决了由于近红外光谱变量众多导致隐含层输出矩阵维数高和高度共线性的问题。

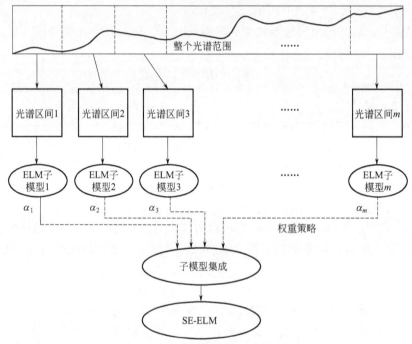

图 8-18　SE-ELM 模型的框架示意图

8.6　高斯过程回归

高斯过程回归（Gaussian ProcessRegression，GPR）是近十年来不断发展起来的一种机器学习方法，受到人们越来越多的关注，它综合了基于核的机器学习与基于贝叶斯理论机器学习的相关理论和方法，同时具备上述两种机器学习方法的优点，具有严格的统计学理论基础，适用于非线性、小样本、高维数等复杂学习问题的处理，具有较强的泛化能力，与神经网络、支持向量机等方法相比，具有易于实现、自适应得到超参数、非参数推断灵活和预测结果具有概率统计意义的优势[51,52]。目前，高斯过程回归得到了国内外广大学者的青睐，被应用于回归和分类等领域，已成为国内外机器学习领域研究的热点[53,54]。

高斯过程回归直接在函数空间中将 $f(x)$ 的取值看作是随机变量，将 $f(x)$ 的先验分布看作是高斯分布，其基本原理如下：

给定一组训练集样本 $\boldsymbol{D}=\{(\boldsymbol{x}_i,y_i)\,|\,i=1,2,\cdots,n\}=(\boldsymbol{X},\boldsymbol{y})$，回归模型可表示为：

$$\boldsymbol{y}=f(\boldsymbol{x})+\varepsilon$$
$$\varepsilon\sim N(0,\sigma^2)$$

式中，$\boldsymbol{X}$ 为输入向量 $\boldsymbol{x}_i$ 构成的 $n\times d$ 维矩阵；$\boldsymbol{y}$ 为输出标量 y_i 构成的 n 维向量；n 为训练集样本个数；d 为光谱变量数；ε 是方差为 σ_n^2 的高斯白噪声。

一个高斯过程完全由它的均值函数 $m(\boldsymbol{x})$ 和协方差函数 $k(\boldsymbol{x},\boldsymbol{x}^{\mathrm{T}})$ 确定，为了计算方便，通常将均值函数 $m(\boldsymbol{x})$ 处理为 0，即：

$$f(\boldsymbol{x})\sim GP(0,k(\boldsymbol{x},\boldsymbol{x}^{\mathrm{T}}))$$

则训练集输出值 $\boldsymbol{y}$ 的先验分布为：

$$\boldsymbol{y}\sim N(0,\boldsymbol{K}+\sigma_n^2\boldsymbol{I})$$

式中，$\boldsymbol{I}$ 为单位矩阵；$\boldsymbol{K}=\boldsymbol{K}(\boldsymbol{X},\boldsymbol{X})=k(\boldsymbol{x}_i,\boldsymbol{x}_j)_{n\times n}$ 为对称的协方差矩阵，表示 $\boldsymbol{x}_i$ 和 $\boldsymbol{x}_j$ 之间的相关性。

对于待测样本的输入向量 $\boldsymbol{x}^*$，其对应的输出值 y^* 与训练集样本输出 $\boldsymbol{y}$ 构成的联合高斯分布为：

$$\begin{bmatrix}\boldsymbol{y}\\y^*\end{bmatrix}\sim N\left(0,\begin{pmatrix}\boldsymbol{K}(\boldsymbol{X},\boldsymbol{X})+\sigma_n^2\boldsymbol{I} & \boldsymbol{K}(\boldsymbol{X},\boldsymbol{x}^*)\\\boldsymbol{K}(\boldsymbol{x}^*,\boldsymbol{X}) & k(\boldsymbol{x}^*,\boldsymbol{x}^*)\end{pmatrix}\right)$$

式中，$\boldsymbol{K}(\boldsymbol{X},\boldsymbol{x}^*)=\boldsymbol{K}(\boldsymbol{x}^*,\boldsymbol{X})^{\mathrm{T}}$，为训练集样本 $\boldsymbol{X}$ 与待测样本 $\boldsymbol{x}^*$ 之间的 $n\times 1$ 维协方差矩阵；$k(\boldsymbol{x}^*,\boldsymbol{x}^*)$ 为待测样本 $\boldsymbol{x}^*$ 的自协方差。

由贝叶斯原理可得到 y^* 的后验分布为：

$$y^*\,|\,\boldsymbol{X},\boldsymbol{y},\boldsymbol{x}^*\sim N(\hat{y}^*,\mathrm{cov}(y^*))$$

其中：

$$\hat{y}^*=\boldsymbol{K}(\boldsymbol{x}^*,\boldsymbol{X})[\boldsymbol{K}(\boldsymbol{X},\boldsymbol{X})+\sigma_n^2\boldsymbol{I}]^{-1}\boldsymbol{y}$$
$$\mathrm{cov}(y^*)=k(\boldsymbol{x}^*,\boldsymbol{x}^*)-\boldsymbol{K}(\boldsymbol{x}^*,\boldsymbol{X})[\boldsymbol{K}(\boldsymbol{X},\boldsymbol{X})+\sigma_n^2\boldsymbol{I}]^{-1}\boldsymbol{K}(\boldsymbol{X},\boldsymbol{x}^*)$$

$\hat{y}^*$ 和 $\mathrm{cov}(y^*)$ 分别代表高斯回归模型对待测样本 $\boldsymbol{x}^*$ 的预测输出值和预测方差。

在高斯过程回归中，协方差函数（也称核函数）类型以及相关参数的选择决定了所构建的高斯过程模型的根本性能。最常用的协方差函数为平方指数协方差函数：

$$k(\boldsymbol{x}_p,\boldsymbol{x}_q)=\sigma_f^2\exp\left(-\frac{1}{2l^2}(\boldsymbol{x}_p-\boldsymbol{x}_q)^2\right)$$

式中，σ_f^2 为先验知识总体度量，l 为控制局部相关性的程度。

超参数 $\boldsymbol{\Theta}=(\sigma_f,l)$ 的取值对模型预测效果有着很大的影响，一般采用负对数似然函数 $L(\boldsymbol{\Theta})$ 作为超参数的优化目标函数。

$$L(\boldsymbol{\Theta})=-\frac{1}{2}\boldsymbol{y}^{\mathrm{T}}(\boldsymbol{K}+\sigma_n^2\boldsymbol{I})^{-1}\boldsymbol{y}-\frac{1}{2}\lg|\boldsymbol{K}+\sigma_n^2\boldsymbol{I}|-\frac{n}{2}\lg 2\pi$$

计算负对数似然函数 $L(\boldsymbol{\Theta})$ 各参数的偏导数，再采用共轭梯度迭代方法求出最优超参数 $\boldsymbol{\Theta}$。获得最优超参数，便可通过 $\hat{y}^*$ 和 $\mathrm{cov}(y^*)$ 的计算公式得出高斯过程回归的结果。

通常 GPR 模型参数由共轭梯度法获取，但共轭梯度的优化效果对初始值依赖较强，且存在迭代次数难以确定和容易陷入局部最优的缺点，因此，可采用 PSO 等优化算法对 GPR 模型进行参数优化。

Martinez-Espana 等采用高斯过程回归方法建立了便携式中红外光谱预测土壤关键物性的定量模型，其结果优于随机森林和偏最小二乘等方法[55]。Ying 等采用微波等离子体炬原子发射光谱法（MPT-AES）结合高斯过程回归方法建立了测定人参中五种化学元素含量的模型，得到了比支持向量机回归更好的结果[56]。Li 等采用近红外光谱结合偏最小二乘、最小二乘支持向量机和高斯过程回归方法建立了预测痰热清注射液中活性有效成分含量的校正模型，结果表明最小二乘支持向量机和高斯过程回归方法给出了较好的预测效果[57]。徐琛等将组合区间（Synergy Interval）波长选择的策略与高斯过程回归结合（SiGP），建立了近红外光谱预测红曲菌固态发酵过程中水分含量和 pH 值的模型，该方法能够有效选择波长区间，提高近红外模型的准确性[58]。

目前高斯过程回归存在着一些不足，局限于高斯噪声分布假设等。一些减少计算量的改进算法和突破高斯噪声分布假设的改进算法被提出，促使高斯过程模型仍在不断地发展。例如，Liu 等提出一种新的噪声水平惩罚的稳健高斯过程回归方法（Noise-Level-Penalizing Robust Gaussian process，NLP-RGP），可以更好地处理带有异常样本的训练集[59]。

参考文献

[1] Lopes M B，Calado C R C，Figueiredo M A T，et al. Does Nonlinear Modeling Play a Role in Plasmid Bioprocess Monitoring Using Fourier Transform Infrared Spectra？[J]. Applied Spectroscopy，2017，71（6）：1148-1156.

[2] Cui C，Fearn T. Hierarchical Mixture of Linear Regressions for Multivariate Spectroscopic Calibration：An Application for NIR Calibration [J]. Chemometrics and Intelligent Laboratory Systems. 2018，（174）：1-14.

[3] Balabin R M，Safieva R Z. Near-Infrared（NIR）Spectroscopy for Biodiesel Analysis：Fractional Composition，Iodine Value，and Cold Filter Plugging Point from One Vibrational Spectrum [J]. Energy and Fuels，2011，25：2373-2382.

[4] 都月，孟晓辰，祝连庆. 遗传算法和神经网络的重叠光谱解析 [J]. 光谱学与光谱分析，2020，40（7）：2066-2072.

[5] 李颖娜，徐志彬，刘双龙. 遗传神经网络：X 射线荧光光谱法测定铁矿石中铅砷 [J]. 冶金分析，2017，37（10）：22-26.

[6] 邹慧敏，李西灿，尚璇，等. 粒子群优化神经网络的土壤有机质高光谱估测 [J]. 测绘科学，2019，44（5）：146-150.

[7] 王小川，史峰，郁磊，等. Matlab 神经网络 43 个案例分析 [M]. 北京：航空航天大学出版社，2013.

[8] 张学工，边肇祺. 模式识别（第 2 版）[M]. 北京：清华大学出版社，2004.

[9] Li H，Liang Y，Xu Q. Support Vector Machines and its Applications in Chemistry [J]. Chemometrics and Intelligent Laboratory Systems，2009，95（2）：188-198.

[10] Brereton R G，Lloyd G R. Support Vector Machines for Classification and Regression [J]. Analyst，2010，135（2）：230-267.

[11] Luca F，Conforti M，Castrignano A，et al. Effect of Calibration Set Size on Prediction at Local Scale of Soil Carbon by Vis-NIR Spectroscopy [J]. Geoderma，2017，288：175-183.

[12] Wu D，He Y，Feng S，et al. Study on Infrared Spectroscopy Technique for Fast Measurement of Protein Content in Milk Powder Based on LS-SVM [J]. Journal of Food Engineering，2008，84（1）：124-131.

[13] Ferrão M F，Godoy S C，Gerbase A E，et al. Non-Destructive Method for Determination of Hydroxyl Value of Soybean Polyol by LS-SVM Using HATR/FT-IR [J]. Analytica Chimica Acta，2007，595（1-2）：114-119.

[14] Chauchard F，Cogdill R，Roussel S，et al. Application of LS-SVM to Non-Linear Phenomena in NIR Spectroscopy：Development of a Robust and Portable Sensor for Acidity Prediction in Grapes [J]. Chemometrics and Intelligent Laboratory Systems，2004，71（2）：141-150.

[15] 陈阳，严霞，张旭，等. 基于支持向量机算法的多环芳烃表面增强拉曼光谱的定量分析 [J]. 中国激光，2019，46（3）：298-305.

[16] 曹路，欧阳效源. 基于遗传算法的支持向量机的参数优化 [J]. 计算机与数字工程，2016，44（4）：575-578.

[17] 王书涛，刘娜，程琪，等. 三维荧光光谱结合 GA-SVM 对多环芳烃的分类鉴别 [J]. 光谱学与光谱分析，2020，40（4）：1149-1155.

[18] 胡晓华，刘伟，刘长虹，等. 基于太赫兹光谱和支持向量机快速鉴别咖啡豆产地 [J]. 农业工程学报，2017，33（9）：302-307（Pso）.

[19] 周华茂，陈添兵，刘木华，等. 基于粒子群算法-支持向量机-激光诱导击穿光谱技术对稻壳中铬元素的定量分析模

型 [J]. 分析化学，2020，48（6）：811-816.

[20] Hernandez N，Talavera I，Dago A，Biscay R J，et al. Relevance Vector Machines for Multivariate Calibration Purposes [J]. Journal of Chemometrics，2008，22（11-12）：686-694.

[21] Caesarendra W，Widodo A，Yang B S. Application of Relevance Vector Machine and Logistic Regression for Machine Degradation Assessment [J]. Mechanical Systems and Signal Processing，2010（24）：1161-1171.

[22] 侯明明，喻其炳，焦昭杰，等. 基于近红外光谱的透平油微量水分检测 [J]. 重庆工商大学学报（自然科学版），2012，29（3）：94-98.

[23] 应璐娜，周卫东. 对比分析多种化学计量学方法在激光诱导击穿光谱土壤元素定量分析中的应用 [J]. 光学学报，2018，38（12）：1214002.

[24] 王菊香，王凯，韩晓. 随机森林-相关向量机算法结合中红外光谱法快速测定在用柴油机油酸值 [J]. 理化检验（化学分册），2019，55（1）：26-30.

[25] 朱哲燕，张初，刘飞，等. 基于中红外光谱分析技术的香菇产地识别研究 [J]. 光谱学与光谱分析，2014，34（3）：664-667.

[26] 祝志慧，刘婷，马美湖. 基于高光谱信息融合和相关向量机的种蛋无损检测 [J]. 农业工程学报，2015，（15）：293-300.

[27] Fu C L，Li Y，Wang W，et al. Use of Fourier Transform Near-Infrared Spectroscopy Combined with A Relevance Vector Machine to Discriminate Tetrastigma Hemsleyanum（Sanyeqing）from Other Related Species [J]. Analytical Methods，2017，9：4023-4027.

[28] 王华忠，俞金寿. 核函数方法及其在软测量建模中的应用研究 [J]. 自动化仪表，2004，10（25）：22-25.

[29] 杨辉华，王行愚，王勇，等. 基于 KPLS 的网络入侵特征抽取及检测方法 [J]. 控制与决策，2005，20（3）：251-256.

[30] Rosipal R. Kernel Partial Least Squares for Nonlinear Regression and Discrimination [J]. Neural Network World，2003，13（3）：291-300.

[31] Rosipal R，Trejo L J. Kernel Partial Least Squares Regression in Reproducing Kernel Hilbert Space [J]. Machine Learning Research，2002，2（2）：97-123.

[32] Kim K，Lee J M，Lee I B. A Novel Multivariate Regression Approach Based on Kernel Partial Least Squares with Orthogonal Signal Correction [J]. Chemometrics and Intelligent Laboratory System，2005，79（1/2）：22-30.

[33] Shinzawa H，Jiang J H，Ritthiruangdej P，et al. Investigations of Bagged Kernel Partial Least Squares（KPLS）and Boosting KPLS with Applications to Near-Infrared（NIR）Spectra [J]. Journal of Chemometrics，2007，20（8-10）：436-444.

[34] Zheng W B，Shu H P，Tang H，et al. Spectra Data Classification with Kernel Extreme Learning Machine [J]. Chemometrics and Intelligent Laboratory Systems，2019，192：103815.

[35] 张森悦，谭文安，王楠. 基于布谷鸟搜索算法参数优化的组合核极限学习机 [J]. 吉林大学学报（理学版），2019，57（5）：1185-1192.

[36] 苗凤娟，孙同日，陶佰睿，等. PSO 与 PCA 融合优化核极限学习机说话人识别算法仿真 [J]. 科学技术与工程，2019，19（21）：195-199.

[37] 祝志慧，洪琪，吴林峰，等. 基于紫外-可见透射光谱技术和极限学习机的早期鸡胚雌雄识别 [J]. 光谱学与光谱分析，2019，39（9）：2780-2787.

[38] 韩方凯，刘璨，黄煜，等. 近红外结合极限学习机快速识别牛肉中掺假猪肉 [J]. 安徽农业科学，2019，47（5）：183-182.

[39] 路皓翔，徐明昌，张卫东，等. 基于压缩自编码融合极限学习机的柑橘黄龙病鉴别方法 [J]. 分析化学，2019，47（5）：652-660.

[40] 潘立剑，陈蔚芳，崔榕芳，等. 主成分分析结合极限学习机辅助激光诱导击穿光谱用于铝合金分类识别 [J]. 冶金分析，2020，40（1）：1-6.

[41] 周孟然，王锦国，宋红萍，等. 核极限学习机和 LIF 技术在食用油识别中的应用 [J]. 激光与光电子学进展，2020，57（20）：203001.

[42] Liang J，Yan C H，Zhang Y，et al. Rapid Discrimination of Salvia Miltiorrhiza According to their Geographical Regions by Laser Induced Breakdown Spectroscopy（LIBS）and Particle Swarm Optimization-Kernel Extreme Learning Machine（PSO-KELM）[J]. Chemometrics and Intelligent Laboratory Systems，2020，197：103930.

[43] 饶利波，庞涛，纪然仕，等. 基于高光谱成像技术结合堆栈自动编码器-极限学习机方法的苹果硬度检测 [J]. 激光与光电子学进展，2019，56（11）：113001.

[44] 夏延秋，徐大祎，冯欣，等. 基于极限学习机和优化算法的润滑油添加剂种类识别与含量预测 [J]. 摩擦学学报，

2020，40（1）：97-106.

［45］ 王文霞，马本学，罗秀芝，等.近红外光谱结合变量优选和 GA-ELM 模型的干制哈密大枣水分含量研究 ［J］.光谱学与光谱分析，2020，40（2）：543-549.

［46］ 魏菁，郭中华，徐静.基于高光谱和极限学习机的冷却羊肉表面细菌总数检测 ［J］.江苏农业科学，2018，46（24）：211-214.

［47］ Bian X H，Zhang C X，Tan X Y，et al. Boosting Extreme Learning Machine for Near-Infrared Spectral Quantitative Analysis of Diesel Fuel and Edible Blend Oil Samples ［J］. Analytical Methods，2017，9（20）：2983-2989.

［48］ Chen H，Tan C，Lin Z. Ensemble of Extreme Learning Machines for Multivariate Calibration of Near-Infrared Spectroscopy ［J］. Spectrochimica Acta Part A：Molecular and Biomolecular Spectroscopy，2020，229：117982.

［49］ Shan P，Zhao Y H，Wang Q Y，et al. Stacked Ensemble Extreme Learning Machine Coupled with Partial Least Squares-Based Weighting Strategy for Nonlinear Multivariate Calibration ［J］. Spectrochimica Acta Part A：Molecular and Biomolecular Spectroscopy，2019，215：97-111.

［50］ 胡碧霞，张红光，卢建刚，等.汽油辛烷值近红外光谱检测的改进极限学习机建模方法 ［J］.南京理工大学学报（自然科学版），2017，41（5）：660-665.

［51］ 冯爱明，方利民，林敏.近红外光谱分析中的高斯过程回归方法 ［J］.光谱学与光谱分析，2011，31（6）：1514-15171.

［52］ Ni W D，Norgaard L，Morup M. Non-Linear Calibration Models for Near Infrared Spectroscopy ［J］. Analytica Chimica Acta，2014，813：1-14.

［53］ Chen T，Morris J，Martin E. Gaussian Process Regression for Multivariate Spectroscopic Calibration ［J］. Chemometrics and Intelligent Laboratory Systems，2007，87（1）：59-71.

［54］ Cui C，Fearn T. Comparison of Partial Least Squares Regression，Least Squares Support Vector Machines，and Gaussian Process Regression for a Near Infrared Calibration ［J］. Journal of Near Infrared Spectroscopy. 2017，25（1）：5-14.

［55］ Ying Y W，Jin W，Yan Y W，et al. Gaussian Process Regression Coupled with MPT-AES for Quantitative Determination of Multiple Elements in Ginseng ［J］. Chemometrics and Intelligent Laboratory Systems，2018，176：82-88.

［56］ Martinez-Espana R，Bueno-Crespo A，Soto J，et al. Developing an Intelligent System for the Prediction of Soil Properties with a Portable Mid-Infrared Instrument ［J］. Biosystems Engineering，2019，177：101-108.

［57］ Li W L，Yan X，Pan J C，et al. Rapid Analysis of the Tanreqing Injection by Near-Infrared Spectroscopy Combined with Least Squares Support Vector Machine and Gaussian Process Modeling Techniques ［J］. Spectrochimica Acta Part A：Molecular and Biomolecular Spectroscopy，2019，218：271-280.

［58］ 徐琛，尹燕燕，刘飞.联合区间高斯过程的近红外光谱波长选择方法及应用 ［J］.光谱学与光谱分析，2016，36（8）：2437-2441.

［59］ Liu C，Yang S X，Li X F，et al. Noise Level Penalizing Robust Gaussian Process Regression for NIR Spectroscopy Quantitative Analysis ［J］. Chemometrics and Intelligent Laboratory Systems，2020，201：104014.

9

校正样本的选择方法

9.1 引言

在校正模型的建立过程中，选取参与校正的样本对建立稳健的模型是十分必要的。如图 9-1 所示，选取样本是选择光谱阵 **X** 的行向量及对应浓度阵 **Y** 的行向量，选择波长变量即选取光谱阵 **X** 的列向量。

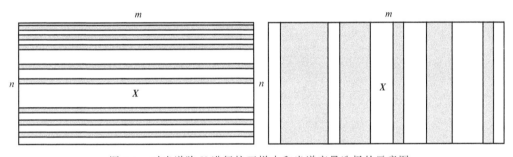

图 9-1　对光谱阵 X 进行校正样本和光谱变量选择的示意图

光谱结合化学计量学建立的方法，所面临的分析对象大多数是复杂的样品体系，如汽油、小麦和烟草等。对于这些不可能通过人工配制获得的校正样品，必须收集实际样本。利用实验室日常分析的样本，通常几个月就会得到上千个样本，但这些样本有可能 80% 以上是重复样本。因此，有必要从中选择代表性强的样本建立校正模型。这样不仅可以提高模型建立速度、减少模型库的储存空间，更为重要的是，当遇到模型界外样品时，通过较少的样品，便可扩大模型的适用范围，便于模型的更新和维护[1,2]。此外，如果收集的样本没有对应的基础浓度数据，若不进行筛选将所有样本都进行分析测试，其费用也将是巨大的。

理想的校正样品集应满足以下几个条件：校正集中的样品应包含未来待测样品中可能存在的所有化学组成，其浓度（或性质）范围应超过未来待测样品中可能遇到的情况（通常要求其标准偏差应大于参考方法再现性的 5 倍），校正集中样品的物化参数应是均匀分布的［见图 9-2(a)］，并且校正集中要具有足够的样品数以能统计确定光谱变量与浓度（或性质）之间的数学关系［通常要求其数量不小于 6（$f+1$），f 为 PLS 的主因子数］。在实际生产过程中，尤其是大型流程工业中，所收集样本的组成浓度大都呈高斯分布［见图 9-2(b)］。若这些样本不加选择直接参与校正模型的建立，预测时极有可能产生"Dunne effect"现象，即回归预测结果趋向中心值（见图 9-3）[3]。此外，校正集中的样品数应足够多，以能统计确定光谱变量与待校正物化参数之间的定量函数关系。

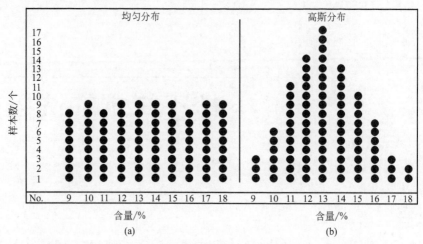

图 9-2　校正集样本浓度的均匀分布（a）和高斯分布（b）示意图

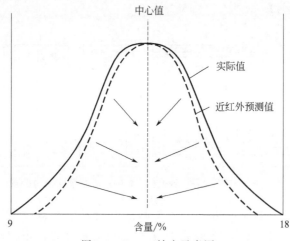

图 9-3　Dunne 效应示意图

采用随机选取样本（Random Selection）的方法很难得到较为理想的样品集，仅根据浓度分布选择校正样本往往也不能得到满意的结果，因为某一浓度相同的两个样本，其光谱也可能存有较大的差异。目前，最常用的方法是基于光谱变量的 Kennard-Stone 选择方法[4-7]。

在选取校正样本前，应首先剔除异常样本（Outliers）。这些异常样本可能含有异常化学组分或组分浓度较为极端，与其他样本存在显著差异。若这些异常样本参与模型的建立，会影响校正模型的准确性和稳健性。

除校正集样本需要优化选择外，测试集和验证集同样需要选择代表性强的样本，实际上对验证集或测试集样本的代表性要求并不比校正集低。可以将校正集样本的选取方法用于测试集和验证集样本的选取。例如，Duplex 方法就是将 Kennard-Stone（K-S）方法交替用于校正集和验证集样本的选取[8]。

如图 9-4 所示，可通过校正集或验证集样本的浓度值分布图，检验所选择的样本是否均匀和有代表性。如图 9-5 所示，也可以通过小提琴图（Violin Plots）来检验校正集或验证集样本的浓度值分布，小提琴图是箱线图与核密度图的结合，可显示数据的集中和离散程度。

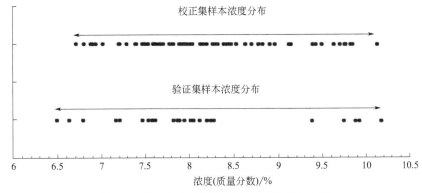

图 9-4　校正集和验证集样本的浓度值分布图

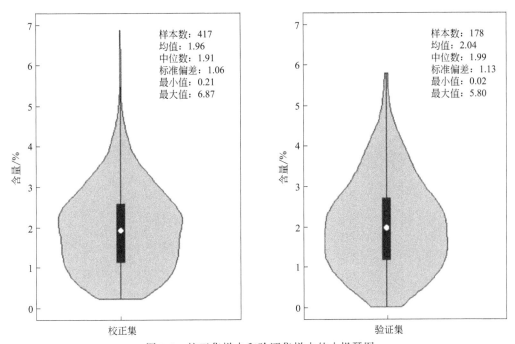

图 9-5　校正集样本和验证集样本的小提琴图

　　另外，可通过偏度（Skewness）和峰度（Kurtosis）评价校正集样本和验证集样本分布的一致性。

　　偏度（Skewness）是统计一组数据分布偏斜方向和程度的度量，即变量的不对称程度的数字特征，偏度越大数据不对称性越强。如图 9-6 所示，偏度定义中包括正态分布（偏度＝0），右偏分布（也称正偏分布，其偏度＞0），左偏分布（也称负偏分布，其偏度＜0）。偏度的计算公式为：

$$I_{偏度} = \frac{1}{n} \sum_{i=1}^{n} (x_i - \overline{x})^3 \left[\frac{1}{n} \sum_{i=1}^{n} (x_i - \overline{x})^2 \right]^{3/2}$$

　　峰度（Kurtosis）又称峰态系数，是描述一组数据分布形态陡缓程度的统计量，峰度反映了峰部的尖度，峰度越大，数据分布曲线越陡峭。它是与正态分布相比较的。如图 9-7 所示，峰度包括正态分布（峰度值＝0），正峭度（峰度值＞0），负峭度（峰度值＜0）。峰度的计算公式为：

$$I_{峰度} = \frac{1}{n}\sum_{i=1}^{n}(x_i-\overline{x})^4 \Big/ \Big[\frac{1}{n}\sum_{i=1}^{n}(x_i-\overline{x})^2\Big]^2 - 3$$

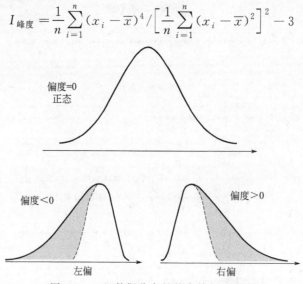

图 9-6 一组数据分布的偏态特征示意图

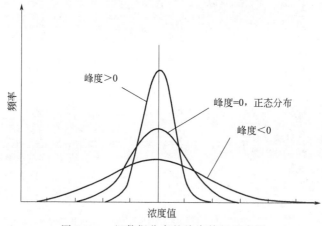

图 9-7 一组数据分布的峰态特征示意图

通过 Levene 检验可对校正集样本和验证集样本的方差齐性（Homogeneity Test of Variance）进行评价，Levene 检验既可用于正态分布的样本，也可用于非正态分布的样本，同时对比较的两组样本量可以不相等。

9.2 Kennard-Stone 方法

Kennard-Stone(K-S) 方法[4] 基于变量之间的欧氏距离，在特征空间中均匀选取样本。可以直接采用光谱作为特征变量，也可以将光谱进行主成分分析（PCA）后，选用主成分得分为特征变量选择样本。

K-S 方法选择校正样本的过程如下：

设共有 z 个样本，要从中选择 n 个校正样本。

① 首先计算所有样本两两之间的欧氏距离 d_{ij}，选择距离最远的两个样本 Z1 和 Z2 进入校正集。

② 计算剩余 ($z-2$) 个样本与所选择的这两个样本 Z1 和 Z2 之间的距离并各取其最小值 $\min(d_{i,Z1},d_{i,Z2})$，然后选取其中最大值 $\max(\min(d_{i,Z1},d_{i,Z2}))$ 对应的一个样本 Z3 进入校正集。

③ 计算剩余 ($z-3$) 个样本与所选择的这三个样本 Z1、Z2 和 Z3 之间的距离并各取其最小值 $\min(d_{i,Z1},d_{i,Z2},d_{i,Z3})$，然后选取其中最大值 $\max(\min(d_{i,Z1},d_{i,Z2},d_{i,Z3}))$ 对应的一个样本 Z4 进入校正集。

④ 重复上述过程，直至选中 n 个校正样本。

图 9-8 为基于近红外光谱的 PCA，采用 K-S 方法从 250 个原油样本中选取 150 个校正样本的结果。

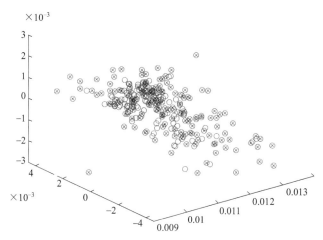

图 9-8 K-S 方法选取校正样本的结果
○—原始样本；⊗—选中的校正样本

K-S 方法通常是基于光谱变量进行距离计算，为获得在浓度空间有代表性的样本，在计算距离时，可用浓度阵代替光谱阵[10]。

Duplex 方法是将 K-S 方法交替用于校正集和验证集样本的选取，以保证校正集和验证样本都具有代表性。

9.3 SPXY 方法

K-S 方法是基于光谱特征选取样本的，没有考虑浓度变量的影响。对于低含量的组分，若光谱特征不显著，采用 K-S 方法可能不会得到的满意的校正集样本。Galvao 等在 K-S 方法的基础上提出了 SPXY（Sample set Partitioning Based on Joint X-Y Distances）方法[11,12]。

SPXY 方法的逐步选择过程与 K-S 方法相同，只是在计算样本之间的距离时，采用了新定义的 $d_{xy}(i,j)$。

$$d_{xy}(i,j) = \frac{d_x(i,j)}{\max_{i,j\in(1,z)}(d_x(i,j))} + \frac{d_y(i,j)}{\max_{i,j\in(1,z)}(d_y(i,j))} \qquad i,j\in[1,z]$$

式中，$d_x(i,j)$ 是以光谱为特征参数计算的样本之间的距离，$d_y(i,j)$ 是以浓度为特征参数计算的样本之间的距离。为使样本在光谱空间和浓度空间具有相同的权重，分别除以它们各自的最大值进行标准化处理。

为了突出光谱空间或浓度空间的作用，可采用加权的方式来选择样本[13]：

$$d_{xy}(i,j) = \alpha \frac{d_x(i,j)}{\max_{i,j \in (1,z)}(d_x(i,j))} + \frac{d_y(i,j)}{\max_{i,j \in (1,z)}(d_y(i,j))}(1-\alpha)$$

其中，α 为加权因子，$0 \leqslant \alpha \leqslant 1$。

9.4 OptiSim 方法

在选择校正样本时，需要同时考虑样本的代表性和多样化，所谓的代表性是所选样本要尽可能反映整个数据集中所有样本的属性，而多样化是指所选的样本之间的差异应尽可能大，彼此容易区分。最优 K 相异性方法（Optimizable K-Dissimilarity Selection，OptiSim）是一种能选择既有代表性又兼顾多样化样本的方法[14-16]。

最优 K 相异性算法涉及三个参数：K 定义每一次迭代中子样品集的大小；R 定义一个有效的候选样本与任何一个已经选定的样本之间所允许的最小相似性；M 为所选的代表性子集样本的总数目。算法描述如下：

① 从样本数据集中随机地选择一个样本，并且在剩下的数据集中创建一个候选样本缓冲池，创建一个空回收站和子样品集。

② 从候选缓冲池中随机地取出一个样本，如果它与任何一个已经选定的样本的相似性大于 R，将其丢弃放入回收站。否则，把它添加进子样品集中。

③ 重复步骤②，直到子样本集包括了 K 个样本或者候选缓冲池耗尽。

④ 如果子样本集中数量不足 K 个样本，而且候选缓冲池耗尽，则从回收站中取出所有的样本，并将其放入候选缓冲池中，返回步骤②。

⑤ 如果子样本集是空的，退出。

⑥ 搜索子样本集并且寻找出"最好"的样本，所谓"最好"是指与其他已经选中的相异性最大的样本。

⑦ 将"最好"的样本从子样本集中取出，并且添加进选择集。

⑧ 从子样本集中取出那些没有被选中的样本，并且把它们放入回收站。

⑨ 判断已经选择的样本是否达到 M 个，如果是，退出；否则返回步骤②，启动一个新的子样品集。

通过 K 值可控制所选样本代表性和多样性之间的平衡，低的 K 值产生更具代表性的选择，较大 K 值能选出更多样化的样本。若 K 等于数据集中样本总数，即在每步中作为候选的所有对象均被考虑，且头两个的选择对象不被放回候选池中，则 OptiSim 就为最大相异性算法的特例。若 $K=1$，则是最小相异性算法的特例。

9.5 其他方法

为了解决 K-S 方法的不足，刘伟等提出了 Rank-KS 方法，该方法首先将样本按照浓度大小进行排序，并将整个浓度区间等分成多个区间，然后在每个区间采用 K-S 方法选取在空间有代表性的样本作为校正样本[17]。按照这一思想，也可将 SPXY 方法改进为 Rank-SPXY 方法。

采用剔除的方式也可对校正样本进行选择，其基本原理是以光谱（或 PCA 的得分变量）

为特征计算每个样本与邻近样本之间的欧氏距离，并根据样本分布的密集程度确定阈值。如图 9-9 所示，对每一个样本，剔除与其距离小于阈值的所有样本，从而删除冗余样本，剩余的用作校正样本。

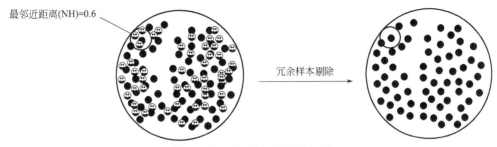

图 9-9　剔除冗余样本的示意图

还有一类方法是对样本进行缩合，以获取有代表性的样本。这类方法以光谱（或 PCA 的得分变量）为特征进行聚类分析（例如 Kohonen 网络法），聚类数即为要选择的校正样本数，从每一类中任选一个或若干个作为校正样本（图 9-10）[18-20]。也可把每一类中所有样本的光谱及浓度数据进行平均，将其作为一个校正样本。这种方法的优点是通过数据的平均处理，可在一定程度上改善基础数据的准确性。

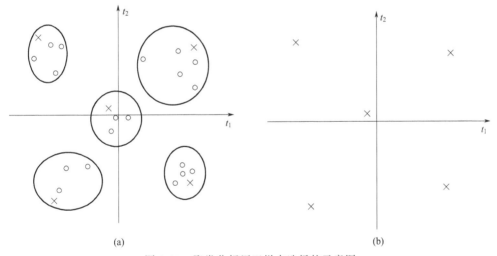

图 9-10　聚类分析用于样本选择的示意图

波长筛选方法如连续投影算法（SPA）也可用于校正样本的选择。如图 9-11 所示，将光谱阵 $\boldsymbol{X}$ 转置后，便可对样本进行选取[21]。

基于样本在不同光谱空间分布的不同，Li 等利用不同导数光谱空间结合共识的策略选取有代表性的校正样本[22]。如图 9-12 所示，该方法首先采用 KS 方法选取零阶导数、一阶导数和二阶导数空间中的交集样本作为基本校正集，然后再从预测误差大的样本中选取扩展校正样本。此外，Rowland-Jones 等采用实验设计（Design of Experiments，DOE）方法，从历史样本库 957 个样本中选择设计空间内有代表性的 20 个样本用于校正集样本[23]。Rius 等则将 D 最优化设计方法（D-Optimal）中的 Fedorov 算法用于代表性样本的选择[24-27]。

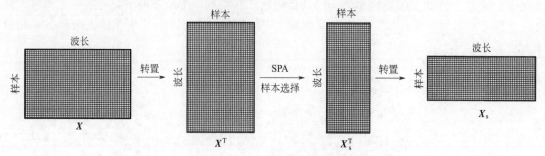

图 9-11　SPA 方法用于样本选择过程的示意图

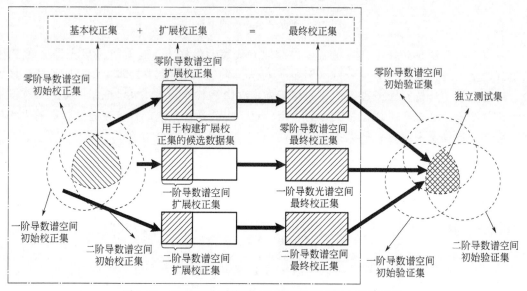

图 9-12　基于不同光谱空间分布选取校正样本的策略图

参考文献

[1] Honigs D E，Hieftje G M，Mark H L，et al. Unique-Sample Selection via Near-Infrared Spectral Subtraction [J]. Analytical Chemistry，1985，57 (12)：2299-2303.

[2] Tominaga Y. Representative Subset Selection Using Genetic Algorithms [J]. Chemometrics and Intelligent Laboratory Systems，1998，43 (1-2)：157-163.

[3] Williams P C，Norris K. Near-Infrared Technology in Agricultural and Food Industries [M]. 2nd ed. Minn esota：American Association of Cereal Chemists，2001.

[4] Kennard R W，Stone L A. Computer Aided Design of Experiments [J]. Technometrics，1969，11：137-148.

[5] Karmen R，Jure Z，Majcen N. Separation of Data on the Training and Test Set for Modelling：A Case Study for Modelling of Five Colour Properties of a White Pigment [J]. Chemometrics and Intelligent Laboratory Systems，2003，65 (2)：221-229.

[6] Wu W，Walczak B，Massart D L，et al. Artificial Neural Networks in Classification of NIR Spectral Data：Design of the Training Set [J]. Chemometrics and Intelligent Laboratory Systems，1996，33 (1)：35-46.

[7] Postma G J，Melssen W J，Buydens L M C，et al. Selecting a Representative Training Set for the Classification of Demolition Waste Using Remote NIR Sensing [J]. Analytica Chimica Acta，1999，392 (1)：67-75.

[8] Snee R D. Validation of Regression Models：Methods and Examples [J]. Technometrics. 1977，19 (4)：415-428.

[9] DottoA C，Dalmolin R S D，Grunwald S，et al. A Systematic Study on the Application of Scatter-Corrective and Spectral-Derivative Preprocessing for Multivariate Rediction of Soil Organic Carbon by Vis-NIR Spectra [J].

Geoderma，2018，314：262-274.

[10] He Z H，Li M C，Ma Z H. Design of a Reference Value-Based Sample-Selection Method and Evaluation of its Prediction Capability [J]. Chemometrics and Intelligent Laboratory Systems，2015，148：72-76.

[11] Galvao R K H，Araujo M C U，Jose G E，et al. A Method for Calibration and Validation Subset Partitioning [J]. Talanta，2005，67（4）：736-740.

[12] 展晓日，朱向荣，史新元，等. Spxy 样本划分法及蒙特卡罗交叉验证结合近红外光谱用于橘叶中橙皮苷的含量测定 [J]. 光谱学与光谱分析，2009，29（4）：964-968.

[13] Tian H，Zhang L N，Li M，et al. Weighted Spxy Method for Calibration Set Selection for Composition Analysis Based on Near-Infrared Spectroscopy [J]. Infrared Physics and Technology，2018，95：88-92.

[14] Clark R D. Optisim：An Extended Dissimilarity Selection Method for Finding Diverse Representative Subsets [J]. Journal of Chemical Information and Computer Sciences，1997，37（6）：1181-1188.

[15] 胡文瑜，孙志挥，张柏礼. 分布式数据挖掘中的最优 K 相异性取样技术 [J]. 东南大学学报（自然科学版），2008，38（3）：385-389.

[16] Siano G G，Goicoechea H C. Representative Subset Selection and Standardization Techniques. A Comparative Study Using NIR and a Simulated Fermentative Process UV Data [J]. Chemometrics and Intelligent Laboratory Systems，2007，88（2）：204-212.

[17] 刘伟，赵众，袁洪福，等. 光谱多元分析校正集和验证集样本分布优选方法研究 [J]. 光谱学与光谱分析，2014，34（4）：947-951.

[18] Naes T. User Friendly Guide to Multivariate Calibration and Classification [M]. Chichester：NIR Publications，2002.

[19] Daszykowski M，Walczak B，Massart D L. Representative Subset Selection [J]. Analytica Chimica Acta，2002，468（1）：91-103.

[20] Tan C，Chen H，Wang C，et al. A Multi-Model Fusion Strategy for Multivariate Calibration Using Near and Mid-Infrared Spectra of Samples from Brewing Industry [J]. Spectrochimica Acta Part A Molecular and Biomolecular Spectroscopy，2013，105：1-7.

[21] Filho HA D，Galvao R K H，Araujo M C U，et al. A Strategy for Selecting Calibration Samples for Multivariate Modeling [J]. Chemometrics and Intelligent Laboratory Systems，2004，72（1）：83-91.

[22] Li Z G，Liu J M，Shan P，et al. Strategy for Constructing Calibration Sets Based on a Derivative Spectra Information Space Consensus [J]. Chemometrics and Intelligent Laboratory Systems，2016，156：7-13.

[23] Rowland-Jones R C，Van Den Berg F，Racher A J，et al. Comparison of Spectroscopy Technologies for Improved Monitoring of Cell Culture Processes in Miniature Bioreactors [J]. Biotechnology Progress，2017，33（2）：337-346.

[24] RiusA，Callao M P，Ferre J，et al. Assessing the Validity of Principal Component Regression Models in Different Analytical Conditions [J]. Analytica Chimica Acta，1997，337（3）：287-296.

[25] Ferre J，Rius F X. Selection of the Best Calibration Sample Subset for Multivariate Regression [J]. Analytical Chemistry，1996，68（9）：1565-1571.

[26] Westad F，Marini F. Validation of Chemometric Models-A Tutorial [J]. Analytica Chimica Acta，2015，893：14-24.

[27] Paloua A，Miroa A，Blanco M，et al. Calibration Sets Selection Strategy for the Construction of Robust PLS Models for Prediction of Biodiesel/Diesel Blends Physico-Chemical Properties Using NIR Spectroscopy [J]. Spectrochimica Acta Part A：Molecular and Biomolecular Spectroscopy，2017，180（5）：119-126.

10

界外样本的检测方法

界外样本（Outliers）的识别在光谱分析中主要用于两个方面，一是模型建立过程中界外样本的识别，另一方面是预测分析时需要判断待测样本是否为模型的界外样本。

10.1　校正过程界外样本的检测

在校正过程中可能会出现两类异常样本：

第一类是含有极端组成的样本，常称为高杠杆点样本，这些样本对回归结果有强烈的影响。通常通过主成分分析（PCA）和马氏距离（MD）相结合（PCA-MD）的方法来检测这类异常样本[1]，剔除马氏距离大于 $3f/n$ 的校正样本，其中 f 为 PCA 所用的主因子数，n 为校正集样本数。

这里的马氏距离定义为：

$$\mathrm{MD}_i = \left[(t_i - \bar{t}) \cdot (\boldsymbol{T}_{\mathrm{cen}}^{\mathrm{T}} \boldsymbol{T}_{\mathrm{cen}})^{-1} \cdot (t_i - \bar{t})^{\mathrm{T}} \right]$$

式中，t_i 为校正集 i 样本光谱的得分；$\bar{t}$ 为 $\boldsymbol{T}$ 的平均得分向量；$\boldsymbol{T}$ 为校正集所有样本的得分矩阵，$\boldsymbol{T}_{\mathrm{cen}}$ 为 $\boldsymbol{T}$ 的均值中心化矩阵，即 $\boldsymbol{T}_{\mathrm{cen}} = \boldsymbol{T} - \bar{t}$；$\mathrm{MD}_i$ 为校正集 i 样本的马氏距离。也可使用 PLS 的得分计算马氏距离。

第二类异常样本是指参考数据与预测值在统计意义上有差异的校正样本。存在这样的界外样本表明该参考数据可能存在较大误差。可通过将相应参考方法规定的再现性要求来剔除异常样本，即剔除交互验证过程的预测值与参考方法测量值之间偏差大于相应参考方法规定的再现性的校正样本。若参考方法没有提供再现性，可采用下述公式剔除异常样本：

$$(y_i - \hat{y}_i) > 2 \times \mathrm{SECV} \times \sqrt{\frac{n - f - 1}{n}}$$

式中，f 为 PLS 或 PCR 选取的最佳主因子数；n 为校正集样本数。

也可通过 t 检验的方法进行识别，定义为：

$$t_i = \frac{e_i}{\mathrm{SEC}\sqrt{1 - \mathrm{MD}_i}}$$

式中，t_i 为校正集 i 样本的 t 检验值，e_i 为校正集第 i 个样本的预测值与参考数据的差值，$\mathrm{MD}_i{}^2$ 为该样本的马氏距离。

将 t 值与自由度为 $n - f - 1$ 的 t 分布临界值进行比较，剔除大于临界值的样本。

有时为了简便，可以剔除偏差超出 $2.5 \sim 3$ 倍 SECV 的浓度异常样本。

10.2　预测过程界外样本的检测

预测过程界外样本的识别主要是用来检验待测样本是否在所建校正模型的覆盖范围内，

以确保对其预测结果的准确性。根据 ASTM E-1655，模型界外样本包括三类：浓度界外样本，即使用马氏距离（MD）检测未知样本的浓度是否超出了校正样本的浓度范围；光谱残差界外样本，即使用光谱残差均方根（RMSSR）检测未知样本是否含有校正集样本不存在的组分；最邻近距离界外样本，即使用最邻近距离检测未知样本是否位于校正集样本分布稀疏的区域[2-4]。当未知样本的光谱残差、马氏距离和最邻近距离中有任何一项超出相应阈值时（图 10-1），则说明该样本为模型界外样本，其预测结果的准确性将受到较大质疑。

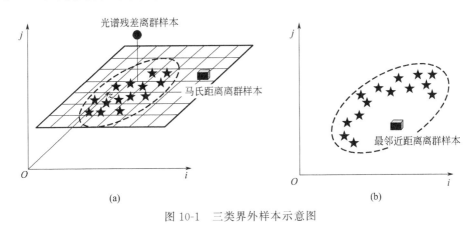

图 10-1　三类界外样本示意图

（1）浓度界外样本的识别

通常采用主成分分析（PCA）和马氏距离（MD）相结合的 PCA-MD 方法来识别浓度界外样本。对未知样本光谱，通过校正集样本求得的光谱载荷，计算其光谱得分，再计算其马氏距离。根据校正过程中确定的马氏距离阈值判断界外样本。例如，对于一个由 A、B 和 C 三种纯物质混合组成的体系，校正集中这三种组分的浓度范围为：A 组分 0～10%、B 组分 5%～25%、C 组分 50%～75%。若一待测样本，其组成为：A 组分 5%、B 组分 40%、C 组分 55%，由于 B 组分的浓度超出了校正样本的浓度范围，则该样本应被识别为马氏距离界外样本。

（2）光谱残差界外样本的识别

当未知样本含有校正集样本不存在的组分时，可采用光谱残差方法进行检测。通过选定的主因子 f 对校正集光谱阵 $\boldsymbol{X}$ 进行重构，得到重构后的光谱阵 $\hat{\boldsymbol{X}}$，则校正集的光谱残差矩阵 $\boldsymbol{R}=\boldsymbol{X}-\hat{\boldsymbol{X}}$，校正集每个样本的光谱残差均方根 RMSSR 可通过下式计算得到：

$$\text{RMSSR}_i=\sqrt{\frac{\boldsymbol{r}_i\boldsymbol{r}_i^{\mathrm{T}}}{f}}$$

式中，$\boldsymbol{r}_i$ 为校正集光谱残差矩阵 $\boldsymbol{R}$ 中第 i 样本的光谱残差，RMSSR_i 为校正集 i 样本的光谱残差均方根，f 为 PLS 校正过程选择的最佳主因子数。光谱残差均方根阈值可通过光谱的重复性确定。

对未知样本光谱 x，首先通过 PLS 校正模型的光谱载荷，计算其光谱得分，并进行重构 $\hat{x}$，得到光谱残差 $r=x-\hat{x}$，再计算其 RMSSR。如果该值大于设定的阈值，则说明该样本是光谱残差界外样本，即该样本可能含有校正集样本不存在的组分。

例如，对于一个由 A、B 和 C 三种纯物质混合组成的体系，校正集中这三种组分的浓度范围为：A 组分 0～10%、B 组分 5%～25%、C 组分 50%～75%。若一待测样本，其组成为：A 组分 9％、B 组分 10％、C 组分 61％、D 组分 61％，则该样本为光谱残差界外样本，因为该样本含有校正集样本不存在的 D 组分。

（3）最邻近距离界外样本的识别

如果校正集样本在变量空间中分布不均匀，对一待测未知样本尽管其马氏距离和 $RMSSR$ 值都小于设定的阈值，但可能会落入一相对样本聚集较少的校正空间。在这种情况下，需要使用最邻近距离检测未知样本是否落入校正空间的空白区。通常采用 PCA-MD 方法计算最邻近距离。具体步骤如下：通过主成分得分 t 计算校正集所有样本间的马氏距离，得到最大的 NND_{max} 值，该值代表校正集样本之间的最大距离。

对于未知样本光谱，通过校正集样本求得的光谱载荷，计算其光谱得分，再计算其与校正集每个样本之间的马氏距离，并求取最小值。如果此最小值大于 NND_{max}，则说明该样本落入校正样本分布较少的空间，这类样本称为最邻近界外样本。

10.3 其他检测方法

实际上，模型的界外样本有多种形式。如图 10-2 所示，可将模型的界外样本分为得分距离离群（样本 1 和样本 4）、光谱残差距离离群（样本 5）和两者都离群（样本 2 和样本 3）[5,6]。有时，采用经典的检测方法无法同时检测这些界外样本，而这些奇异样本在一定程度上会影响模型的准确性和稳健性。

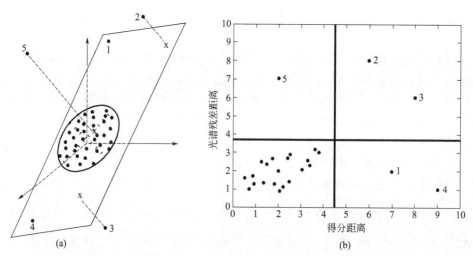

图 10-2 界外样本在三维空间和二维投影中的分布示意图

这时，可采用蒙特卡罗交互验证（Monte Carlo Cross Validation，MCCV）方法来诊断异常样本。即通过蒙特卡罗采样从校正样本中选取一定比例的样本作为训练样本（如 80％），剩下的样本（20％）作为独立测试集样本。过程重复 N 次，即可得到 N 个子训练集和与之对应的 N 个子测试集。用每个子训练集建立模型并对相应的测试集样本进行预测，根据每个样本的预测误差的统计分布特征（例如误差分布的均值和标准偏差）来诊断奇异样本[7-10]。这类方法称为模型集群分析（Model Population Analysis，MPA）[11,12]。

图 10-3 给出了一个采用蒙特卡罗交互验证得到的结果，图 10-3(a) 为误差分布的均值（x 轴）和标准偏差（y 轴）图，图 10-3(b) 为样本预测误差的频率图。从中可以判断出三类样本，正常样本（样本 A），X 方向异常样本（样本 B），Y 方向异常样本（样本 C 和样本

D)。可以看出，对于正常样本其误差均值在 0 附近，且其误差分布的标准偏差很小；对于 X 方向异常样本（样本 B）其误差均值尽管在 0 附近，但其误差分布的标准偏差很大；对于 Y 方向异常样本（样本 C 和样本 D）不仅误差均值偏离 0 点，且其误差分布的标准偏差也很大。

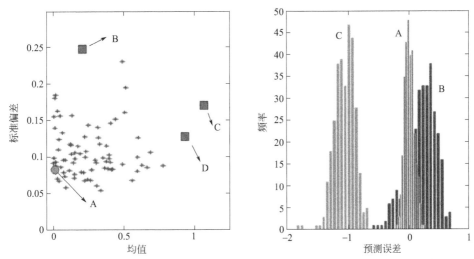

图 10-3　基于蒙特卡罗交互验证预测误差的均值与标准偏差作出的奇异样本诊断图

为了进一步提高界外样本的鉴别效率，Zhang 等基于正常样本建立的交互预测模型和疑似界外样本的独立验证，提出了一种增强的蒙特卡罗界外样本识别方法[13]。

在模型集群分析算法的基础上，Chen 等提出了采样误差分布分析算法（Sampling Error Profile Analysis，SEPA）[14,15]，利用多种统计指标综合分析随机采样误差，如误差分布的中位数和标准偏差、分布偏斜度和分布峰度等，除用于界外样本的筛查外，还用于光谱预处理方法和波长选择方法的评价等。

参考文献

［1］ Mark H. Use of Mahalanobis Distances to Evaluate Sample Preparation Methods for Near-Infrared Reflectance Analysis [J]. Analytical Chemistry，1987，59 (5)：790-795.

［2］ Jouan-Rimbaud D，Bouveresse E，Massart D L，et al. Detection of Prediction Outliers and Inliers in Multivariate Calibration [J]. Analytica Chimica Acta，1999，388：283-301.

［3］ Fernandez P J A，Wahl F，De Noord O E，et al. Methods for Outlier Detection in Prediction [J]. Chemometrics and Intelligent Laboratory Systems，2002，63 (1)：27-39.

［4］ Walczak B. Outlier Detection in Multivariate Calibration [J]. Chemometrics and Intelligent Laboratory Systems，1995，28 (2)：259-272.

［5］ Hubert M，Engelen S. Robust PCA and Classification in Biosciences [J]. Bioinformatics，2004，20：1728-1736.

［6］ Gemperline P. Practical Guide to Chemometrics [M]. 2nd ed. Cambridge：CRC Press，2006.

［7］ Liu Z C，Cai W S，Shao X G. Outlier Detection in Near-Infrared Spectroscopic Analysis by Using Monte Carlo Cross-Validation [J]. Science in China (Series B：Chemistry)，2008，51：751-759.

［8］ Bian X H，Cai W S，Shao X G，et al. Detecting Influential Observations by Cluster Analysis and Monte Carlo Cross-Validation [J]. Analyst，2010，135 (11)：2841-2847.

［9］ Cao D S，Liang Y Z，Xu Q S，et al. A New Strategy of Outlier Detection for QSAR/QSPR [J]. Journal of Computational Chemistry，2010，31 (3)：592-602 .

［10］ 梁逸曾，许青松. 复杂体系仪器分析-白、灰、黑分析体系及其多变量解析方法 [M]. 北京：化学工业出版

社，2012.

[11] Li H D，Liang Y Z，Xu Q S，et al. Model Population Analysis for Variable Selection [J]. Journal of Chemometrics. 2009，24：418-423.

[12] Li H D，Liang Y Z，Xu Q S，et al. Model Population Analysis and Its Applications in Chemical and Biological Modeling [J]. Trends in Analytical Chemistry，2012，38：154-162.

[13] Zhang L X，Li P W，Mao J，et al. An Enhanced Monte-Carlo Outlier Detection Method [J]. Journal of Computational Chemistry，2015，36：1902-1906.

[14] Chen W C，Du Y P，Zhang F Y，et al. Sampling Error Profile Analysis (SEPA) for Model Optimization and Model Evaluation in Multivariate Calibration [J]. Journal of Chemometrics，2018，32 (11)：e2933.

[15] 蒋昭琼，杨昊烨，杜一平. SEPA-PLS法建立石榴籽粒可溶性固形物的近红外光谱分析模型 [J]. 光谱学与光谱分析，2020，40 (S1)：37-38.

定量校正模型的维护更新

11.1 必要性

校正模型的维护更新是光谱结合化学计量学分析技术的主要工作内容之一，不论采用的仪器和软件有多先进、模型库有多大，其所建立的校正模型都不是一劳永逸的。在实际应用过程中，都会遇到模型不能覆盖的样本（图 11-1），因此，模型的更新是必须和必要的，甚至在很多时候，这一工作成为影响这类分析技术是否成功应用的关键性因素。

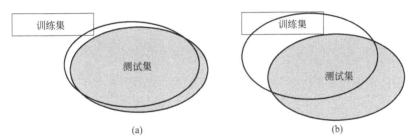

图 11-1　校正集样本覆盖范围与测试集范围示意图
（a）基本覆盖，不需要维护模型；（b）出现不覆盖情况，需要维护模型

Wise 等给出了模型维护的路线图（图 11-2）[1]，其中涉及模型在仪器之间维护和传递的问题参见本书第 17 章。

模型维护更新可分为以下两类：

（1）遇到模型界外样品

这时应弄清模型界外样品产生的原因，是①待测样品的化学组分发生了变化，如图 11-3 所示的两类化学组成的界外样品，一类是化学组成发生了改变（光谱残差界外样本），另一类是化学组成没有改变，但某一种或多种成分的浓度值范围发生了显著改变（主成分得分界外样本）[2]。还是②非样品化学组成因素引起的，如环境引起的光谱仪改变、光源工作异常、样品温度或粒度等发生显著变化等。若是第①种情况，需要及时将这些样品补充到样品集中，对校正模型进行更新，扩充模型的覆盖范围。若属于第②种情况，则需要找出具体原因，加以解决，如排除硬件故障，保证分析条件的一致性。

光谱仪硬件常见的问题包括光源和激光器的老化、电子组件的老化、参比物的老化和污染，以及其他因素引起的波长准确性和信噪比的变化等。

测试样品的变化包括天然产物（如谷物、烟草和草料等）因气候、物种进化、基因改变等发生的变化，工业制品因原材料、生产配方、加工工艺、加工参数等发生的变化，还有样品制样因粉碎、混合（均质）、筛分、干燥、压力和密度、厚度等发生的变化。

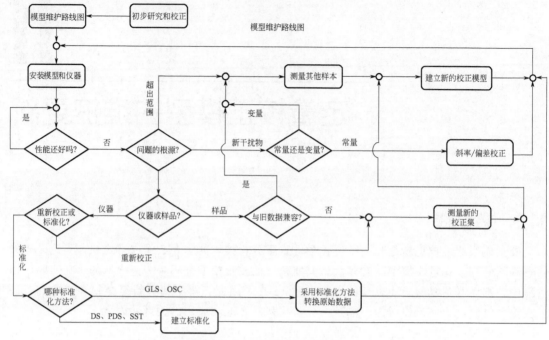

图 11-2 模型维护路线图

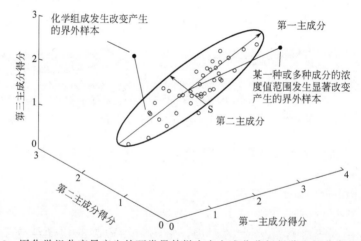

图 11-3 因化学组分变异产生的两类界外样本在主成分分析得分空间分布的示意图

对于样品温度、农产品中水分含量或粒度等因素引起的界外样品，也可通过将这些变动因素引入模型的办法来解决，但这样做会在一定程度上降低模型的精度[3,4]。

（2）对模型定期维护更新

这是建立稳健校正模型的需要，因为仪器或样品的一些微小的变动，在很多时候通过模型适用性判据很难做出判别。所以，非常有必要利用定期验证样本的对比数据，集中（如 2 个月）对模型进行更新，以提高模型的稳健性[5,6]。

可采用质控样品（或实际测试样品）通过质量控制图对模型或仪器状态等影响预测准确性的因素进行监控，质控样品的监测频次需要按照实际情况自行确定，可以一天一次，也可以每次常规分析前进行质控样品的测量。在质量控制图中，当有样品超过行动限，或者连续检测 3 次有 2 次在报警限之外，或者连续 9 次在零线的同一侧，就应该启动模型更新工作程序。图 11-4 为近红外光谱对谷物饲料原料中粗脂肪含量进行分析的质控图，尽管图中没有超出行动限的监控点，但是从第 14 次到 22 次监控点，已有连续 9 次在零线同一侧，且 26 次到 28 次，连续 3 次中有 2 次在报警限之外，说明预测结果存在着系统误差，需要对模型进行更新，或检查测试环境或仪器状态等是否处在正常的状态[7]。

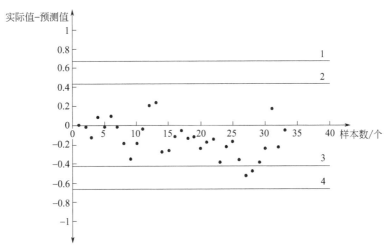

图 11-4 谷物饲料原料中粗脂肪含量测定的质控图

1—行动限上限（Upper Action Limit，UAL，+3SEP）；2—报警限上限（Upper Warning Limit，UWL，+2SEP）；
3—报警限下限（Lower Warning Limit，LWL，−2SEP）；4—行动限下限（Lower Action Limit，LAL，+3SEP）

图 11-5 是另一个模型对某项指标测定的质量控制图，在 35 次监控点之前，存在连续检测 3 次有 2 次在报警限之外的问题，同时有 1 次监控点超过了行动限上限，说明该模型处于非理想状态。经过添加新样本重新进行模型更新后（35 次监控点之后），所有质控点都在可控范围之内，说明更新后的模型性能有了显著的改善。

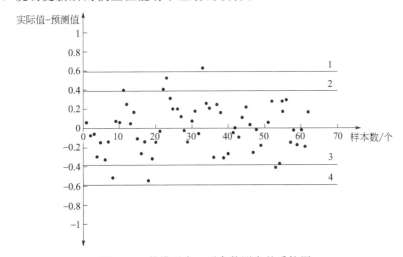

图 11-5 某模型中一项参数测定的质控图

1—行动限上限（Upper Action Limit，UAL，+3SEP）；2—报警限上限（Upper Warning Limit，UWL，+2SEP）；
3—报警限下限（Lower Warning Limit，LWL，−2SEP）；4—行动限下限（Lower Action Limit，LAL，+3SEP）

在进行模型更新时，需要重新进行校正过程的异常点检验，如果只添加一个代表新范围或新类型的样品，那么新样品有可能作为异常点被剔除，因此要求每一类型的新样品添加多个。模型更新后需要重新进行验证，可以使用初始的验证集样品对新模型进行验证，但是必须补充代表新范围或新类型的样品，其比例应不小于新样品在校正集中所占的比例。

模型更新最直接的做法是将新样品（Spiked Samples）加入到旧校正集，形成新的校正集，并采用 PLS 等校正方法重新计算模型[8,9]。添加样本的数量和代表性是应重视的关键因素，其中添加样本的数量与所用的多元定量校正方法有关[10,11]。若旧校正集中样本比较少时，添加几个样本就会对模型产生较大的影响。如图 11-6 所示，因生产工艺发生变化，产生了类Ⅰ样本和类Ⅱ样本。如图 11-7 所示，类Ⅰ样本建立的模型不能对类Ⅱ样本准确预测，通过添加 2 个有代表性样本后，就可使新模型很好地适应类Ⅱ样本[12]。但是如果旧校正集中的样本足够大，当新校正样品较少时，将会对模型参数的影响很小，无法引起模型足够有效的变化。可采用的方法是对新样本进行加权，这种方式往往能给出满意的结果。但是，随着校正集样本数量的增加，因数据规模庞大引起的运算量（交互检验等）问题也会变得越来越突出。这时可采用递归偏最小二乘方法（Recursive Partial Least Square，RPLS）进行模型自适应更新[13,14]。

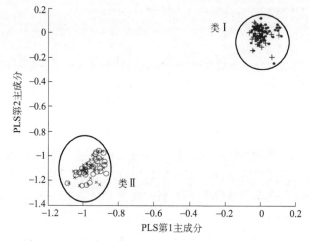

图 11-6　因生产工艺变动产生的类Ⅰ和类Ⅱ两类样本

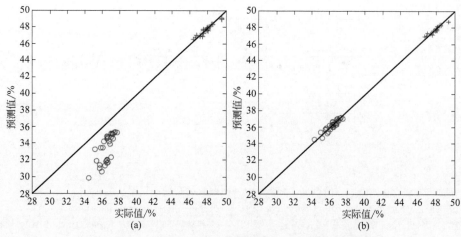

图 11-7　（a）类Ⅰ样本建立的模型不能正确预测类Ⅱ样本；
（b）通过添加类Ⅱ样本更新后的模型很好地预测类Ⅱ样本

11.2 递归指数加权 PLS 方法

递归指数加权 PLS 方法（Recursive Exponentially Weighted PLS，REWPLS）由 Dayal 等提出，当有新校正样本加入时，模型的回归系数就会被递归更新[15,16]。对于已有校正集光谱阵 $X(n\times m)$ 和浓度阵 $Y(n\times p)$，新添加的一个校正样品的光谱为 x，对应的浓度为 y，递归指数加权 PLS 方法步骤为：

① 计算已有光谱阵及其浓度阵的协方差矩阵：

$$R_{xx}^{\text{old}}=X^{\text{T}}X,R_{xy}^{\text{old}}=X^{\text{T}}Y$$

② 计算添加一个新样品后的协方差矩阵：

$$R_{xx}=\lambda R_{xx}^{\text{old}}+x^{\text{T}}x,R_{xy}=\lambda R_{xy}^{\text{old}}+x^{\text{T}}y$$

式中，X、Y、x、y 都是经过均值中心化或标准化处理后的变量；λ 为遗忘因子，$0<\lambda<1$，通常取值为 0.95 左右。

③ 设 $k=1$，最大的主因子数为 A。

④ 计算权重向量 w_k：

$$w_k=R_{xy},w_k=w_k/\|w_k\|$$

⑤ 计算 r_k：

$$r_k=w_k(k=1),r_k=w_k-p_1^{\text{T}}w_kr_1-p_2^{\text{T}}w_kr_2\cdots-p_{k-1}^{\text{T}}w_kr_{k-1}(k>1)$$

⑥ 计算得分向量和载荷向量：

$$t_k^{\text{T}}t_k=r_k^{\text{T}}R_{xx}r_k$$
$$p_k^{\text{T}}=r_k^{\text{T}}R_{xx}/t_k^{\text{T}}t_k$$
$$q_k^{\text{T}}=r_k^{\text{T}}R_{xy}/t_k^{\text{T}}t_k$$

⑦ 更新协方差矩阵 R_{xy}：

$$R_{xy}=R_{xy}-p_kq_k^{\text{T}}(t_k^{\text{T}}t_k)$$

⑧ 如果 $k=A$，进行下一步；否则，$k=k+1$，返回步骤④。

⑨ 计算回归系数 b：

$$b=[r_1\quad r_2\cdots r_A][q_1\quad q_2\cdots q_A]^{\text{T}}$$

对于新校正样品 x 和 y 通过下式进行均值中心化：

设 $\overline{x}^{\text{old}}$、$\overline{y}^{\text{old}}$ 分别为 X、Y 的均值向量，则：

$$\overline{x}=(n-1)/n\times\overline{x}^{\text{old}}+1/n\times x$$
$$\overline{y}=(n-1)/n\times\overline{y}^{\text{old}}+1/n\times y$$

新校正样品 x 和 y 的均值中心化向量 $\widetilde{x}$ 和 $\widetilde{y}$ 为：

$$\widetilde{x}=x-\overline{x}$$
$$\widetilde{y}=y-\overline{y}$$

由于协方差矩阵是 R_{xx} 的维数为 $m\times m$，R_{xy} 的维数为 $m\times p$，因此，校正过程与样本数无关，只与波长变量数有关，且通过遗忘因子 λ 减少历史校正集的影响，所以可以较好地解决新样本个数较少时对模型影响小的问题[17,18]。

11.3 块式递归 PLS 方法

在上述递归指数加权 PLS 方法中，获得一个新校正样本时进行递推计算以获得新的

PLS 模型。但在实际中，往往是积累了一定数量的校正样本，期望将这一批样本数据块与原模型结合形成新的 PLS 模型，这时可采用 Qin 等提出的块式递归 PLS 方法（Block-wise Recursive PLS）[19]。

为了适合于递推算法，Helland 等对 Wold 提出的经典非线性迭代偏最小二乘算法（NIPALS）进行了修改[20]，对 X 的得分矩阵 T 进行归一化，而不是对权重 W 和载荷矩阵 P 进行归一化，由此可以得到对各种递推 PLS 算法都非常重要的性质，即 $T^{\mathrm{T}}T=I$，I 为单位矩阵。该 PLS 具体的算法如下：

① 取浓度阵 Y 的某一列 y_i 作 u 的起始迭代值，一般取方差最大的一列。

② 计算 X 的权重向量 $w=X^{\mathrm{T}}u/(u^{\mathrm{T}}u)$。

③ 计算 X 的得分向量 $t=Xw/\|Xw\|$。

④ 计算 Y 的权值向量 $c=Y^{\mathrm{T}}t/\|t^{\mathrm{T}}t\|$，计算 Y 的得分向量 $u=Yc$。

⑤ 若得出的 t 与上次迭代结果的差满足设定的容许误差，则执行下一步，否则返回步骤②。

⑥ 计算 X 的载荷向量 $p=X^{\mathrm{T}}t$，计算 Y 的载荷向量 $q=Y^{\mathrm{T}}u/\|u^{\mathrm{T}}u\|$。

⑦ 计算内部模型回归系数 $b=u^{\mathrm{T}}t/\|t^{\mathrm{T}}t\|$。

⑧ 计算残差矩阵 $E_{\mathrm{X}}=X-tp^{\mathrm{T}}$，$E_{\mathrm{Y}}=Y-btq^{\mathrm{T}}$。

⑨ 以 E_{X} 代替 X，E_{Y} 代替 Y，返回步骤①，以此类推，求出 X、Y 的诸主因子的 w、t、p、u、q、b。

基于 $T^{\mathrm{T}}T=I$，可以推出以下性质：

$$X^{\mathrm{T}}X=PT^{\mathrm{T}}TP^{\mathrm{T}}=PP^{\mathrm{T}}$$
$$X^{\mathrm{T}}Y=PT^{\mathrm{T}}TBQ^{\mathrm{T}}=PBQ^{\mathrm{T}}$$

若历史校正集矩阵为 X、Y，X_1、Y_2 为新样品校正数据阵，则新的校准数据集可表示为：

$$X_{\mathrm{new}}=\begin{bmatrix}X\\X_1\end{bmatrix},Y_{\mathrm{new}}=\begin{bmatrix}Y\\Y_1\end{bmatrix}$$

通过上述性质可以得到以下结论：

$$X_{\mathrm{new}}^{\mathrm{T}}Y_{\mathrm{new}}=\begin{bmatrix}X\\X_1\end{bmatrix}^{\mathrm{T}}\begin{bmatrix}Y\\Y_1\end{bmatrix}=\begin{bmatrix}P^{\mathrm{T}}\\X_1\end{bmatrix}^{\mathrm{T}}\begin{bmatrix}BQ^{\mathrm{T}}\\Y_1\end{bmatrix}$$

可见，在 $\begin{bmatrix}X\\X_1\end{bmatrix}$ 和 $\begin{bmatrix}Y\\Y_1\end{bmatrix}$ 上进行 PLS 回归，与在 $\begin{bmatrix}P^{\mathrm{T}}\\X_1\end{bmatrix}$ 和 $\begin{bmatrix}BQ^{\mathrm{T}}\\Y_1\end{bmatrix}$ 上进行回归得到的模型参数是相同的。

由此得到块式递归 PLS 方法算法如下：

① 对历史校正数据阵 X、Y 进行均值中心化和标准化处理。

② 采用改进的非线性迭代偏最小二乘算法（NIPALS）计算 PLS 模型（取 k 个主因子数）：

$$\{X,Y\}\xrightarrow{\mathrm{PLS}}P,T,B,Q$$

③ 得到一批新的经过预处理后的新样品校正数据阵 X_1、Y_2，构成新的全校正数据矩阵：

$$X_{\mathrm{new}}=\begin{bmatrix}\lambda P^{\mathrm{T}}\\X_1\end{bmatrix}\qquad Y_{\mathrm{new}}=\begin{bmatrix}\lambda BQ^{\mathrm{T}}\\Y_1\end{bmatrix}$$

λ 为遗忘因子，$0<\lambda\leqslant1$，通常取值为 0.95 左右。

④ 对 $\boldsymbol{X}_{new}$ 和 $\boldsymbol{Y}_{new}$ 进行 PLS 回归，得到新的模型：

$$\{\boldsymbol{X}_{new},\boldsymbol{Y}_{new}\}\xrightarrow{PLS}\boldsymbol{P},\boldsymbol{T},\boldsymbol{B},\boldsymbol{Q}$$

可以看出，块式递归 PLS 只需保留历史 PLS 模型的参数，而不必保留历史的校正集数据阵，通常校正样本数 n 远大于矩阵的秩 k。如果利用 n_1 个新校正样本更新模型，当用块式递归 PLS 更新模型时，其运算规模为 $k+n_1$，而常规 PLS 更新模型时，运算规模为 $n+n_1$。在实际应用过程中，样本数 n 通常远大于主因子数 k，这一改变显著减少运算量和存储空间，而且样本数越多，块式递归 PLS 的优势将更加突出[21]。

为了消弱历史数据对新模型的影响，可用遗忘因子对历史模型参数矩阵进行加权，再同新数据矩阵组合，构成 PLS 回归的输入输出数据矩阵。块式递归 PLS 的最佳主因子可采用交互验证选取。

11.4 即时学习与主动学习

对于在线光谱分析技术，越来越多地采用将即时学习（Just-in-time Learning，JITL）、移动窗以及递推方法相结合的方式对模型进行更新。即时学习是一种基于数据库的局部模型在线更新方法，其基本思想与局部权重回归策略类似，对新样本进行实时建模，以适应最新过程状态，提高建模的预测能力[22-24]。例如，Tulsyan 等借助 JITL 建模思想和高斯过程回归方法，提出了模型自动实时校正策略，实现了模型维护的"智能化"[25]。

近些年，机器学习中的主动学习（Active Learning，AL）思想被用于光谱校正模型的维护[26-30]。主动学习通过一定的算法查询最有用的未标记样本，并交由专家进行标记，然后用查询到的样本训练分类模型来提高模型的精确度。目前在光谱分析中应用较多的是基于主动学习和支持向量机分类的模型更新，称为增量式支持向量数据描述（Incremental Support Vector Data Description，ISVDD）。它利用主动学习算法的不确定采样策略，选择离分类最优超平面最近的一些待测新样本，添加到旧模型的校正集中，尽可能使旧模型的校正样本具备待测新样本的所有信息，从而实现模型的更新，提高模型对新待测样本的预测能力。

参考文献

[1] Wise B M，Roginski R T. A Calibration Model Maintenance Roadmap [J]. IFAC-Papers On Line，2015，48-8：260-265.

[2] Setarehdan S K，Soraghan J J，Littlejohn D，et al. Maintenance of a Calibration Model for Near Infrared Spectrometry by a Combined Principal Component Analysis-Partial Least Squares Approach [J]. Analytica Chimica Acta，2002，452：35-45.

[3] Guthrie J A，Reid D J，Walsh K B. Assessment of Internal Quality Attributes of Mandarin Fruit. 2. NIR Calibration Model Robustness [J]. Australian Journal of Agricultural Research，2005，56 (4)：417-426.

[4] Wortel V A L，Hansen W G，Wiedemann S C C. Optimising Multivariate Calibration by Robustness Criteria [J]. Journal of Near Infrared Spectroscopy，2001，9 (1)：141-151.

[5] Garcia-Mencia M V，Andrade J M，Lopez-Mahia P，et al. An Empirical Approach to Update Multivariate Regression Models Intended for Routine Industrial Use [J]. Fuel，2000，79 (14)：1823-1832.

[6] Dyrby M，Engelsen S B，Nørgaard L，et al. Chemometric Quantitation of the Active Substance (Containing C≡N) in a Pharmaceutical Tablet Using Near-Infrared (NIR) Transmittance and NIR FT-IR Raman Spectra [J]. Applied Spectroscopy，2002，56：579-585.

[7] ISO 12099. Animal Feeding Stuffs，Cereals and Milled Cereal Products. Guidelines for the Application of Near Infrared

Spectrometry [S]. ISO International Standard，2010.

[8] Nawar S，Mouazen A M. Optimal Sample Selection for Measurement of Soil Organic Carbon Using On-Line Vis-NIR Spectroscopy [J]. Computers and Electronics in Agriculture，2018，151：469-477.

[9] Kuang B，Mouazen A M. Effect of Spiking Strategy and Ratio on Calibration of On-Line Visible and Near Infrared Soil Sensor for Measurement in European Farms [J]. Soil and Tillage Research，2013，128：125-136.

[10] Guerrero C，Wetterlind J，Stenberg Bo，et al. Do We Really Need Large Spectral Libraries for Local Scale SOC Assessment with NIR Spectroscopy [J]. Soil and Tillage Research，2016，155：501-509.

[11] Guerrero C，Stenberg B，Wetterlind J，et al. Assessment of Soil Organic Carbon at Local Scale with Spiked NIR Calibrations：Effects of Selection and Extra-Weighting on the Spiking Subset [J]. European Journal of Soil Science，2014，65：248-263.

[12] Capron X，Walczak B，Noord O E D，et al. Selection and Weighting of Samples in Multivariate Regression Model Updating [J]. Chemometrics and Intelligent Laboratory Systems，2005，76 (2)：205-214.

[13] 贾生尧. 基于光谱分析技术的土壤养分检测方法与仪器研究 [D]. 杭州：浙江大学，2015.

[14] 陈令奕，赵忠盖，刘飞. 基于特征波段的黄酒近红外光谱检测模型递归更新方法 [J]. 光谱学与光谱分析，2017，37 (11)：3414-3418.

[15] Dayal B，MacGregor J F. Recursive Exponentially Weighted PLS and its Applications to Adaptive Control and Prediction [J]. Journal of Process Control，1997，7 (3)：169-179.

[16] Dayal B，MacGregor J F. Improved PLS Algorithms [J]. Journal of Chemometrics，1997，11 (1-2)：73-85.

[17] Mu S J，Zeng Y Z，Liu R L，et al. Online Dual Updating with Recursive PLS Model and its Application in Predicting Crystal Size of Purified Terephthalic Acid (PTA) Process [J]. Journal of Process Control，2009，16 (6)：557-566.

[18] Chen M L，Khare S，Huang B，et al. Recursive Wavelength-Selection Strategy to Update Near-Infrared Spectroscopy Model with an Industrial Application [J]. Industrial and Engineering Chemistry Research，2013，52 (23) 7886-7895.

[19] Qin S J. Recursive PLS Algorithms for Adaptive Data Modeling [J]. Computers and Chemical Engineering，1998，22 (4-5)：503-514.

[20] Helland K，Berntsen H，Borgen O，et al. Recursive Algorithm for Partial Least Squares Regression [J]. Chemometrics and Intelligent Laboratory Systems，1991，14 (1-3)：129-137.

[21] 王培良，叶晓丰，杨泽宇. 基于 Block-RPLS 模型自适应更新的质量预测方法 [J]. 控制与决策，2018，33 (3)：455-462.

[22] He K X，Zhong M Y，Du W L. Weighted Incremental Minimax Probability Machine-Based Method for Quality Prediction in Gasoline Blending Process [J]. Chemometrics and Intelligent Laboratory Systems，2020，196：103909.

[23] He K X，Qian F，Cheng H，Du W L. A Novel Adaptive Algorithm with Near-Infrared Spectroscopy and its Application in Online Gasoline Blending Processes [J]. Chemometrics and Intelligent Laboratory Systems，2015，140：117-125.

[24] Ren M L，Song Y L，Chu W. An Improved Locally Weighted PLS Based on Particle Swarm Optimization for Industrial Soft Sensor Modeling [J]. Sensors，2019，19 (19)：4099.

[25] Tulsyan A，Wang T，Schorner G，et al. Automatic Real-Time Calibration，Assessment，and Maintenance of Generic Raman Models for Online Monitoring of Cell Culture Processes [J]. Biotechnology and Bioengineering，2019，117 (2)：406-416.

[26] Hu M H，Zhao Y，Zhai G T. Active Learning Algorithm Can Establish Classifier of Blueberry Damage with Very Small Training Dataset Using Hyperspectral Transmittance Data [J]. Chemometrics and Intelligent Laboratory Systems，2018，172：52-57.

[27] 唐金亚，黄敏，朱启兵. 基于主动学习的玉米种子纯度检测模型更新 [J]. 光谱学与光谱分析，2015，35 (8)：2136-214.

[28] Huang M，Tang J Y，Yang B，et al. Classification of Maize Seeds of Different Years Based on Hyperspectral Imaging and Model Updating [J]. Computers and Electronics in Agriculture，2016，122：139-145.

[29] Xie L，Yang Z，Tao D，et al. The Model Updating Based on Near Infrared Spectroscopy for the Sex Identification of Silkworm Pupae from Different Varieties by a Semi-Supervised Learning with Pre-Labeling Method [J]. Spectroscopy Letters，2019，52 (10)：642-652.

[30] Jin H P，Chen X G，Wang L，et al. Dual Learning-based Online Ensemble Regression Approach for Adaptive Soft Sensor Modeling of Nonlinear Time-varying Processes [J]. Chemometrics and Intelligent Laboratory Systems，2016，151：228-244.

模式识别方法

12.1　引言

分子光谱分析技术在实际应用过程中，经常遇到只需要知道样品的类别或质量等级，并不需要知道样品中含有的组分数和含量的问题，即定性分析问题，这时需要用到化学计量学中的模式识别方法。通过光谱数据可对不同样本按某些共同的特征进行分类识别，从而发现被量测样本之间的内在联系，获得决策性的信息。因此，模式识别是将光谱数据转化为解决实际问题所需要信息的一种重要手段。

模式识别方法依据学习过程（或称训练过程）可分为有监督和无监督两类。有监督的模式识别方法是用一组已知类别的样本作为训练集，让计算机向这些已知样本学习，这种求取分类器的方法也称为"有管理"或"有老师"的学习，其中训练集就是"老师"，并由这个学习过程得到分类模型，从而对未知样本的类别进行预测。无监督的方法是一种事先对样本的类别未知，无需训练过程的分类方法。

建立模式识别（或称定性模型）的步骤一般由四部分组成，如图 12-1 所示，包括数据获取、预处理、特征提取和选择以及分类决策[1,2]。

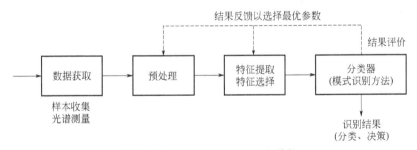

图 12-1　模式识别系统的基本结构

数据获取包括样本的收集和光谱数据的测量，以及采用常规方法对训练样本的类别进行鉴别分析。样本数量越多、代表性越强，得到的结果越可靠。常用的光谱预处理方法包括导数、MSC、SNV、均值化和标准化等。

在以光谱信息为原始特征变量的模式识别中，特征信息的提取是非常关键的一步。特征变量选取的优劣将直接影响以后的分类和识别，特征选取的目的是使得同类样本在特征空间中相距较近，异类样本则相距较远。特征提取和压缩有时是密不可分的，一般两者同时进行，其中最常用的方法是主成分分析法（PCA），一般选取特征值较大的前几个主成分得分作为特征变量参与模式识别。

当然，在实际应用过程中，对于有些特殊的分析体系，并非特征值大的主成分就是优选的特征变量，这时需通过化学知识或遗传算法等优化方法再从主成分中选取变量，称为特征选取。如果这些光谱特征仅仅是特征变量的一部分，特征变量中还包含诸如密度等其他一些物化性质时，则需要对这些特征变量进行数据预处理如标准化或对数变换，以消除数据间量纲的差异，增加变量间的可比性。其他常用的变量压缩和提取方法包括：通过化学知识和优化方法如遗传算法等选取的波长变量或这些变量的数学组合等；根据化学知识选取的特征波长区间或其包罗的面积；对光谱进行小波变换或傅里叶变换等数学处理得到的系数或它们的数学组合等。

在光谱模式识别中，常见的有监督模式识别方法包括最小距离判别法、贝叶斯（Bayes）判别法、K-最近邻法、BP神经网络、簇类的独立软模式（SIMCA）法等。常见的无监督模式识别方法有聚类分析法和无监督神经网络法等。

12.2 无监督的模式识别方法

在对样本进行模式识别的许多实际问题中，人们在事先往往是对数据的内在分类一无所知的，这时需用到无监督的模式识别方法。聚类分析（Clustering Analysis）是无监督方法的代表，其主要思路就是利用同类样本彼此相似，即常说的"物以类聚"，相似的样本在多维空间中彼此的距离小，而不相似的样本彼此间的距离应较大。聚类分析就是使相似的样本"聚"在一起，从而达到分类的目的。

在光谱定性分析中，聚类分析的应用范围较为广泛，如对不同种类的植物样本进行聚类分析以研究它们之间的亲缘关系等。此外，聚类分析也常与多元定量校正方法如PLS或ANN相结合，先用聚类分析将校正样本分为几大类，然后对每一类样本建立模型，以提高模型的预测能力。本节主要介绍用于光谱定性分析常用的系统聚类分析法、K-均值聚类方法、模糊聚类法和自组织（Kohonen）神经网络等。

值得注意的是，聚类分析实际上是一个需要多方参与的过程，它无法脱离本领域专家的参与，聚类算法仅仅是整个聚类流程中的一环而已，仅依靠纯粹的数学聚类算法一般不会得到满意的分类效果。

12.2.1 相似系数和距离

聚类分析的重要组件是样品间的距离、类间的距离、并类的方式和聚类数目。其中首先要解决的问题是什么叫两个样本相似。定义样本间的亲疏程度通常有两种，相似系数和距离。它们将每一个样品看成是 m 维空间（m 个变量）的一个点，在这 m 维空间中定义样本间的亲疏程度。

相似系数多用夹角余弦和相关系数表示：

夹角余弦：$\cos\alpha_{ij} = \dfrac{\sum\limits_{k=1}^{m} x_{ik}x_{jk}}{\sqrt{\sum\limits_{k=1}^{m} x_{ik}^2 \sum\limits_{k=1}^{m} x_{jk}^2}}$，其中 x_{ik} 表示第 i 个样本的第 k 个特征变量，x_{jk}

同理。若两个样本完全相同时，其夹角余弦 $\cos\alpha=1$，完全不同时，$\cos\alpha=0$。

相关系数：$r_{ij} = \dfrac{\sum\limits_{k=1}^{m}(x_{ik}-\overline{x}_i)(x_{jk}-\overline{x}_j)}{\sqrt{\sum\limits_{k=1}^{m}(x_{ik}-\overline{x}_i)^2 \sum\limits_{k=1}^{m}(x_{jk}-\overline{x}_j)^2}}$，其中$\overline{x}_i$、$\overline{x}_j$ 分别为第 i 个和第 j 个

样本所有特征变量的均值。两个样品越接近，它们之间的相似系数越接近于 1（或 -1）。

距离则多用欧氏（Eucidian）距离和马氏（Mahalanobis）距离来表示：

欧氏距离：$D_{ij} = \sqrt{\sum\limits_{k=1}^{m}(x_{ik}-x_{jk})^2}$

马氏距离：$M_{ij} = \sqrt{(\boldsymbol{x}_i-\boldsymbol{x}_j)\boldsymbol{V}^{-1}(\boldsymbol{x}_i-\boldsymbol{x}_j)^{\mathrm{T}}}$，其中 $\boldsymbol{x}_i$、$\boldsymbol{x}_j$ 分别为第 i 个和第 j 个样本
的光谱行向量。$\boldsymbol{V}^{-1}$ 为类 $\boldsymbol{X}$ 协方差矩阵的逆矩阵，即：

$$\boldsymbol{V}^{-1} = \left[\frac{1}{n-1}(\boldsymbol{X}-\overline{\boldsymbol{x}})^{\mathrm{T}}(\boldsymbol{X}-\overline{\boldsymbol{x}})\right]^{-1} = \left(\frac{1}{n-1}\boldsymbol{X}_{\mathrm{cen}}^{\mathrm{T}}\boldsymbol{X}_{\mathrm{cen}}\right)^{-1}$$

样本 $\boldsymbol{x}_i$ 与某一类 $\boldsymbol{X}$ 之间的马氏距离为：

$$M_i = \sqrt{(\boldsymbol{x}_i-\overline{\boldsymbol{x}})\left(\frac{1}{n-1}\boldsymbol{X}_{\mathrm{cen}}^{\mathrm{T}}\boldsymbol{X}_{\mathrm{cen}}\right)^{-1}(\boldsymbol{x}_i-\overline{\boldsymbol{x}})^{\mathrm{T}}}$$，式中，$\overline{\boldsymbol{x}}$ 为类 $\boldsymbol{X}$ 的平均光谱，$\boldsymbol{X}_{\mathrm{cen}}$ 为类
$\boldsymbol{X}$ 均值中心化后的光谱阵。

在实际计算时，通常用 PCA 的得分 $\boldsymbol{T}$ 代替光谱数据 $\boldsymbol{X}$，这时：

$$M_i = \sqrt{(\boldsymbol{t}_i-\overline{\boldsymbol{t}})\left(\frac{1}{n-1}\boldsymbol{T}_{\mathrm{cen}}^{\mathrm{T}}\boldsymbol{T}_{\mathrm{cen}}\right)^{-1}(\boldsymbol{t}_i-\overline{\boldsymbol{t}})^{\mathrm{T}}}$$

也可写为：

$$M_i = \sqrt{(n-1)\sum_{j=1}^{f}\frac{(t_{ij}-\overline{t}_j)^2}{\lambda_j}}$$，

其中 t_{ij} 为样本 $\boldsymbol{x}_i$ 的第 j 个主成分得分；$\overline{t}_j$ 为类 $\boldsymbol{X}$ 的第 j 个主成分得分的平均值；λ_j
为矩阵（$\boldsymbol{X}_{\mathrm{cen}}^{\mathrm{T}}\boldsymbol{X}_{\mathrm{cen}}$）的第 j 个特征值，f 为选用的主因子数。

由上式可见，与欧氏距离相比，马氏距离考虑了同一类中相同特征变量的变化（方差），
以及不同特征变量间的变化（协方差）。因此，如图 12-2 所示，处于同一类的两个样本，其
马氏距离较小，而其欧氏距离可能会较大；相反，对于不同类的两个样本，其马氏距离大，
而其欧氏距离可能会较小。由于马氏距离考虑了样本的分布，在识别模型界外样本等方面发
挥着重要的作用。

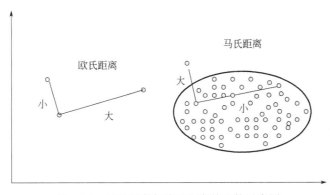

图 12-2　马氏距离与欧氏距离的比较示意图

12.2.2 系统聚类分析

系统聚类分析（Hierarchical Cluster Analysis，HCA），又称谱系聚类法，在聚类分析中应用最为广泛，它采用非迭代分级聚类策略，其基本思想是：先认为每个样本都自成一类，然后规定类与类之间的距离。首先，因为每个样本自成一类，类与类之间的距离是等价的，选择距离最小的一对合并成一个新的类，计算新类与其他类的距离，再将距离最小的两类合并成一类，这样每次减少一类，直至所有的样本都聚为一类为止。根据样本的合并过程，能够得到系统聚类分析的谱系图（图 12-3），它能够详细展现从所有样本自成一类到总体归为一类过程中的所有中间情况，由粗到细地反映了所有样本的亲疏关系，再根据一定的原则如领域专家凭借经验或领域知识选取合适的分类阈值确定最终分类结果。

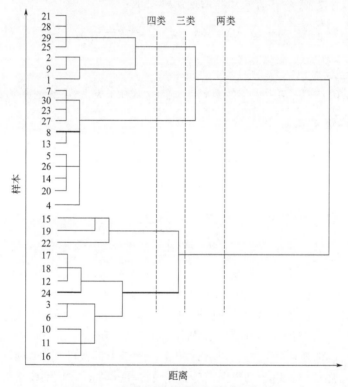

图 12-3 系统聚类分析最终得到的谱系图

在系统聚类法中，类与类之间的距离定义有许多种，因此，也使系统聚类法按类间距离的定义分为多种方法，包括：最短距离法、最长距离法、中间距离法、重心法、类平均法、可变类平均法、可变法和方差平方和法 8 种。

下面简单介绍最常用的 5 种距离方法：

① 最短距离法：类与类之间的距离等于两类间最近两个样本之间的距离。

② 最长距离法：类与类之间的距离等于两类间最远两个样本之间的距离。

③ 中间距离法：在中间距离法种，类与类之间的距离既不采用两类之间最近的距离，也不采用最远的距离，而是取介于两者中间的距离。

④ 重心法：重心法是从物理意义出发，以类的重心代表此类，使用两类重心之间的距离来描述类间相似性。

⑤ 方差平方和法：有文献也成 Ward 方法，它采用不均匀的判断规则，从方差分析的观点出发，认为正确的分类应当使得类内方差尽量小，而类间方差尽量大。

系统聚类分析的步骤如下：

① 聚类分析处理的开始是各样品自成一类（n 个样品一共有 n 类），计算各样品之间的距离，并将距离最近的两个样品并成一类。

② 选择并计算类与类之间的距离，然后将距离最近的两类合并，如果类的个数大于 1，则继续并类，直到所有样品归为一类为止。

③ 最后绘制系统聚类增系图

系统聚类法能够得到完整的聚类谱系图，可以详细地说明从 1 类直到 n 类的所有聚类方案，是实践中应用最广的方法之一。但是，采用不同的类间距离计算方法，其结果不完全一样，有时会得到截然不同的聚类结果。一般来讲，最短距离法适用于长条状或 S 形分布的类，最长距离法、重心法和方差平方和法适用于椭球型分布的类。在初次进行聚类分析处理时，可试探选择几种不同的距离方法，进行对比分析，以确定合适的距离表达形式。

12.2.3 K-均值聚类方法

使用系统聚类法时，一旦某个样本点被划为某一类之后就不再变化，这要求划分时要非常准确，而且系统聚类法需要计算距离矩阵，处理大样本量时存储开销较大。MacQueen 等基于迭代运算在 1967 年提出了动态聚类法，首先给出一个粗糙的初步分类，然后按照某种原则动态修改聚类结果，直到得到合理的分类结果。动态聚类法通常需要事先人为给定类数 k，或者一些阈值。

K-均值聚类方法是一种常用的动态聚类分析法，它根据事先确定的类数 k，把待聚类样本分为 k 类，使聚类域中所有样本到聚类中心的距离平方和最小。

该算法是一个迭代处理过程，具体步骤如下：

① 首先从 n 个聚类样本中 $\{x_1, x_2, \cdots, x_n\}$ 任意选择 k 个样本作为初始聚类中心。

② 计算各个样本与这 k 个聚类中心的距离，并将其划分到距离最近的那个类中。

③ 计算每个类中各点的均值，将其作为新的中心点。

④ 计算各个样本与这些新的中心点的距离，并根据最小距离的原则将它们重新划分到各个类别中。

⑤ 计算误差平方和函数 $J = \sum_{i=1}^{k} \sum_{j=1}^{n} d_{ij} \| x_j - w_i \|^2$

式中，w_i 是第 i 类的聚类中心；k 为聚类数；n 为样本数；d_{ij} 用来标明第 j 样本 x_j 是否属于第 i 类（如果 x_j 属于第 i 类，则 $d_{ij}=1$；如果 x_j 不属于第 i 类，则 $d_{ij}=0$）。

⑥ 重复上述步骤③～⑤，直至 J 不再发生明显变化，或者达到某个预先设置的最大迭代次数。

K-均值聚类算法的思路清楚、算法简洁、收敛速度快，比较适合于大样本量的情况，因此得到了广泛的应用。但是该方法需要领域专家事先确定聚类数 k，若选定得不合适便会影响最终的分类结果，而且该方法对于初始聚类的中心点较为敏感，有时会由于选择不当而过早地收敛于局部最优解。

针对 K-均值聚类算法的弱点，有许多改进的算法，例如美国标准局提出的迭代自组织 ISODATA 算法就是其中的一个代表算法。ISODATA 算法有 6 个参数，可以控制算法当某个类中元素过多并且过于分散时，就会将此类分解为两类；而当某个类中样本过少时，就会执行和另外一类的合并操作。这样的自组织过程会比较灵活地控制类的数目，较 K-均值算法有更好的适应性和灵活性。然而，该算法的参数较多，使得整个算法难以调优。

目前，多采用全局最优化方法（如遗传算法、模拟退火算法、蚁群算法和粒子群算法等）对 K-均值聚类算法进行改进[3-5]，以得到最优的聚类数和聚类中心。

下面简单介绍基于遗传算法的 K-均值聚类方法。这种方法力图通过遗传算法来保证获得全局最优解，而用 K-均值方法提高算法的收敛速度。首先，随机产生遗传算法的第一代并开始进化。在每代进化中，都用 K-均值方法对每个个体进行进一步的优化，并以这些局部最优结果替换掉原来的个体并继续进化，直到达到最大迭代数或者结果符合要求为止。基于不同的编码、进化策略和适应度函数，可以设计出多种遗传 K-均值聚类算法，以下是这类算法的通用步骤：

① 定义适应函数，并设置遗传参数，如聚类数、种群大小、交叉概率、变异概率、最大迭代次数等。

② 随机生成初始群体。

③ 计算群体各个体的适应度。

④ 进行选择、交叉、变异，和 K-均值聚类操作，产生新一代群体。

⑤ 重复③～④步，直到达到最大迭代次数。

⑥ 计算新一代群体的适应度，以最大适应度的最佳个体为最终的 K-均值聚类结果。

12.2.4　模糊 K-均值聚类方法

由于客观事物之间的界限往往不一定很清晰，因此，把模糊数学引入聚类分析的研究中，用以处理具有模糊性事物的聚类问题无疑是十分合适的。事实上，模糊聚类分析是近几年来聚类方法中发展最为迅速的一种方法，其中，模糊 K-均值聚类算法是目前模糊聚类方法中比较流行的一种算法。

经典的 K-均值聚类算法的聚类准则函数为误差平方和函数：

$$J = \sum_{i=1}^{k} \sum_{j=1}^{n} d_{ij} \| \boldsymbol{x}_j - \boldsymbol{w}_i \|^2$$

其中，$\boldsymbol{w}_i$ 是第 i 类的聚类中心；k 为聚类数；n 为样本数；d_{ij} 用来标明第 j 样本 $\boldsymbol{x}_j$ 是否属于第 i 类。

上式中，如果 $\boldsymbol{x}_j$ 属于第 i 类，则 $d_{ji} = 1$；如果 $\boldsymbol{x}_j$ 不属于第 i 类，则 $d_{ji} = 0$。即 d_{ji} 要么为 1，要么为 0。但在实际问题中，并不是这么绝对，$\boldsymbol{x}_j$ 属于各类的隶属程度（μ_{ij}）常常是 0 与 1 之间的一个数。因此，模糊 K-均值聚类算法将 d_{ij} 改为 μ_{ij}，$\mu_{ij} \in [0, 1]$，则其聚类准则函数改为：

$$J = \sum_{i=1}^{k} \sum_{j=1}^{n} (\mu_{ij})^m \| \boldsymbol{x}_j - \boldsymbol{w}_i \|^2$$

式中，μ_{ij} 为样本 $\boldsymbol{x}_j$ 对第 i 类的隶属度，且 $\sum_{i=1}^{k} \mu_{ij} = 1$，即每一个样本属于各类的隶属度之和为 1；$m$ 为加权指数，$m > 1$，是为了加强 $\boldsymbol{x}_j$ 属于各类程度的对比度，m 的取值越大所得分类矩阵的模糊程度越大，一般 m 取 1.1～2.0；$\| \boldsymbol{x}_j - \boldsymbol{w}_i \|$ 为样本 $\boldsymbol{x}_j$ 与聚类中心 $\boldsymbol{w}_i$ 之间的欧氏距离。

由以上可知：目标函数 J 表示样本 $\boldsymbol{x}_j$ 与各个聚类中心 $\boldsymbol{w}_i$ 的带权距离平方和，其权重为样本 $\boldsymbol{x}_j$ 隶属于类 $\boldsymbol{w}_i$ 的隶属度 μ_{ij} 的 m 次方，而最佳聚类是使目标函数 J 最小。因此，要得到最佳的聚类结果，就要求得适当的隶属度 μ_{ij} 和聚类中心 w_i。可以证明，当 $m > 1$，$x_j \neq w_i$ 时，可分别用以下两式迭代计算出隶属度 μ_{ij} 和聚类中心 w_i。

$$\mu_{ij} = \frac{\left(\dfrac{1}{\left\| x_j - w_i \right\|^2}\right)^{\frac{1}{m-1}}}{\displaystyle\sum_{h=1}^{k}\left(\dfrac{1}{\left\| x_j - w_h \right\|^2}\right)^{\frac{1}{m-1}}}$$

$$w_i = \frac{\displaystyle\sum_{j=1}^{n}(\mu_{ji})^m x_j}{\displaystyle\sum_{j=1}^{n}(\mu_{ji})^m}$$

模糊 K-均值聚类方法的具体算法如下[6]：

① 固定分类数 k、加权指数 m 和收敛门限 ε（一般取 0.01）；选取初始隶属度矩阵 $U^{(0)}$，其元素 μ_{ij} 满足：

$$0 \leqslant \mu_{ij} \leqslant 1 \quad \forall i, j$$

$$\sum_{i=1}^{k} \mu_{ij} = 1 \qquad \forall i$$

② 根据聚类中心计算公式和 $U^{(q)}$ 求聚类中心 $w_i^{(q)}$，q 为迭代次数。

③ 由求得的 $w_i^{(q)}$ 和隶属度计算公式，求 $U^{(q+1)}$。

④ 若 $\max\{|U^{(q)} - U^{(q+1)}|\} \leqslant \varepsilon$，则停止迭代，$U^{(q+1)}$ 及相应的 $w_i^{(q)}$ 为所求结果。否则，返回步骤②，继续迭代。

⑤ 在得到的隶属度矩阵 U 中，令每列中最大元素为 1，其余为 0，得到一个普通分类矩阵，即为分类结果。

12.2.5 高斯混合模型

高斯混合模型（Gaussian Mixture Model，GMM）就是多个单高斯模型的和（图 12-4），即通过多个高斯函数的线性组合来表示数据的概率密度函数。它的表达能力十分强，任何分布都可以用 GMM 来表示。高斯混合模型的数学形式如下：

$$p(x) = \sum_{k=1}^{K} w_k g_k(x \mid \mu_k, \xi_k)$$

其中，K 是单高斯模型的个数，g_k 是均值为 μ_k、协方差矩阵为 ξ_k 的单高斯模型，w_k 是 g_k 的权重系数，且满足以下约束：

$$w_k > 0, \sum_{k=1}^{K} w_k = 1$$

高斯混合模型的参数 μ_k、ξ_k、w_k 通常使用最大期望算法（Expectation Maximization Algorith，EM）获得，它是一种迭代方法，同时估计出每个样本所属的类别以及每类的概率分布参数。EM 算法是一种局部寻优算法，对初始参数的设置很敏感，容易陷入局部最优。因此，也可采用智能优化算法（例如粒子群优化算法）求取最优的模型参数。

高斯混合模型除了用于聚类分析外，还可用于回归计算。高斯混合回归（Gaussian

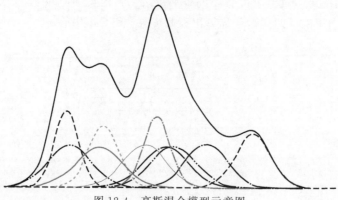

图 12-4　高斯混合模型示意图

Mixture Regression，GMR）通过构建一系列的高斯混合模型（Gaussian Mixture Model，GMM）来预测未来对象的联合密度，然后从每个 GMM 中获得概率密度和回归函数。

　　李新会等通过主成分分析对茶叶的 GC-MS 信号进行特征提取，结合液相色谱测得的茶多酚等 10 个变量，运用高斯混合模型对茶叶样本进行分类，预测集正确率达 90%[7]。孙晓丹等采用基于粒子群优化的高斯混合模型和高斯混合回归结合中红外光谱对橄榄油掺假样品进行定性和定量分析，取得了较好的分析结果[8]。Wang 等采用近红外光谱结合高斯混合回归方法对酵母菌的生长过程进行预测分析，结果优于核偏最小二乘、支持向量机和极限学习机等方法[9]。

12.2.6　自组织神经网络

　　自组织竞争人工神经网络（Self-organizing Neural Network）是一种无教师学习神经网络，它能模拟人类根据过去经验自动适应无法预测的环境变化。通过自身训练，网络可自动对输入样本进行分类。由于没有教师信号，自组织神经网络通常利用竞争原则来进行网络学习。在竞争网络中把输出层又称为竞争层，与输入节点相连的权值及其输入合称为输入层，竞争网络的激活函数为二值型 {0，1} 函数。最典型的自组织神经网络是 Kohonen 教授在 1981 年提出的 Kohonen 自组织特征映射神经网络（Self-Organizing Feature Map，SOM），也称 Kohonen 网络[10]。

　　Kohonen 网络结构如图 12-5 所示，它是一个简单的双层网络。输入层神经元数为 m，竞争层由 q^2 个神经元组成，且构成一个二维平面阵列，该二维阵列竞争层即为输出层。输入层节点与竞争层节点之间实行全互连接，有时竞争层各神经元之间还实行侧抑制连接。

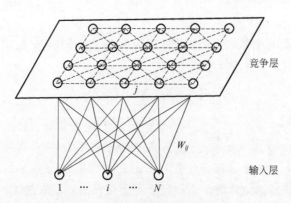

图 12-5　Kohonen 网络结构示意图

Kohonen 网络的学习过程分为两步：竞争学习过程和输出层神经元的侧交互过程。对于每一个输入向量，通过输入向量与权重向量之间的比较，在神经元之间产生竞争，权重向量与输入向量最相近的神经元被认为对输入向量反映最强，是获胜的神经元，并称此神经元为输入向量的象。显然，相同的输入向量在输出层产生相同的象。输出层神经元的侧反馈过程对于每个输入向量，都会导致与之相邻近的神经元按如下规则产生侧反馈：一方面，以获胜的神经元为圆心，对近邻的神经元表现为兴奋性侧反馈；另一方面，以获胜的神经元为圆心，对远邻的神经元表现为抑制性侧反馈。侧反馈的结果是，在每个获胜神经元附近形成一个聚类区。学习的结果使聚类区内各神经元的权重向量保持向输入向量逼近的趋势，从而使具有相近特性的输入向量聚集在一起，这一过程是自组织的。Kohonen 网络正是利用输出层神经元的侧反馈过程而实现聚类。

可见，Kohonen 网络的工作原理是将任意维输入模式在输出层映射成一维或二维离散图形，并保持其拓扑结构不变，如在高维空间靠近的样本在两维空间内仍邻近。这种方法的一个优点是映射的结果很容易实现可视化。此外，网络通过对输入模式的反复学习，可以使权重向量空间与输入模式的概率分布趋于一致，即权重向量空间能反映输入模式的统计特征。

Kohonen 网络的自组织学习过程可以归纳如下：

① 对竞争层所有神经元赋予初始权重矩阵 W，其元素 w_{ij} 代表输入向量 x 第 i 个特征变量与竞争层神经元 j 之间的权重。

② 计算输入样本向量 x 与所有权重向量 w_j 之间的欧氏距离 d_j，并确定对应距离最短的神经元为获胜神经元，并标示为 j^*。

③ 对获胜的神经元按下式进行调整

$$w_{j*}(t+1) = w_{j*}(t) + \eta[x - w_{j*}(t)]$$

式中，$w_{j*}(t)$ 为获胜神经元 j^* 第 t 次迭代次数的权重向量；η 为学习速率。

通常，η 的初始值 η_0 相对选得较大，一般取 $0.2 \sim 0.5$，用于加快连接权的修正速度。随着迭代次数的增加，η 逐渐减小，用细调代替粗调，以免引起网络学习过程中可能出现的振荡现象。η 的典型函数形式为 $\eta(t) = \eta_0(1 - t/T)$，$t$ 为当前迭代次数，T 为总迭代次数。

④ 对以获胜神经元 j^* 为中心，半径为 $r(t)$ 的附近领域中的神经元也进行调整，被调整的区域一般是均匀对称的，最典型的是正方形或圆形区域。

$$w_j(t+1) = w_j(t) + \eta N(t)[x - w_j(t)]$$

式中，$N(t)$ 为一个预先设定的领域函数，也称邻域或近邻域函数。

有多种领域函数可供选择，但总的原则是靠近获胜神经元 j^* 的神经元得到较大程度的调整。通常在学习初始阶段，r 取值较大，即被调整的领域范围较大，一般为竞争层阵列幅度的 $1/3 \sim 1/2$，甚至可以覆盖整个竞争层，随着学习的深入，这一范围逐渐减小，最后只包含神经元 j^*。常用的领域函数为：$N(t) = \mathrm{int}[N_0(t)(1 - t/T)]$，其中，$\mathrm{int}(x)$ 表示取整符号，$N_0(t)$ 为 $N(t)$ 的初始值。

⑤ 令 $t = t+1$，返回步骤②，直至权重向量无显著改变或 $t = T$ 为止。

在实际应用过程中，还有几个参数是非常重要的：一是竞争层的神经元数 q 的确定。输入层节点 m 是由已知输入特征变量决定的，但竞争层的神经元 q 是根据实际问题自己确定的，代表输入样本可能被划分的种类数。q 值若被选择得少，会出现有些输入样本无法被分类的不良结果；若选得太大，竞争后可能有许多节点被空闲，在一定程度上造成了浪费。二是权重向量初始值的确定。一般是将初始权重向量 w_{ij} 赋予 [0，1] 区间的随机值，在实际应用时，这种初始方法会出现学习时间过长，甚至无法收敛的现象。由于连接权重初始状态最理想的分布是其方向与各个输入样本的方向一致，所以，在权重初始化时，应尽可能使其初始状态与输入样本处于一种相互容易接近的状态，常用的方法是将所有权重赋予相同的初值，或令其介于较小的变化范围内如 [0.5−0.05，0.5+0.05]，这样可减少输入样本总最初阶段对权重的挑选余地，增加每一个连接权重的被选中的机会，从而尽可能快地校正连接权重与输入样本之间的方向偏差。

学习训练完成后建立的网络模型就是分类模型。将未知样本的光谱数据输入网络模型，最终竞争获胜的输出层神经元代表的类型就是该样本所属的类别。

12.3　有监督的模式识别方法

有监督模式识别方法的总体基本思路都是用一组已知类别的样本作为训练集，即用已知的样本进行训练，让计算机向这些已知样本"学习"，这种求取分类器的模式识别方法称为"有监督的学习"，这里的训练集便是管理者，并由这个训练集得到未知样本的判别模型。

常见的方法包括：最小距离判别法，Bayes 线性判别法，Fisher 线性判别法，线性学习机 （Linear Learning Machine，LLM），K-最邻近法 （K-nearest Neighbour Method，KNN），势函数判别方法 （Classification with Potential Function），SIMCA 方法 （Soft Independent Modeling of Class Analogy），人工神经网络方法 （ANN） 和支持向量机 （SVM） 算法等。

12.3.1　最小距离判别法

最小距离判别法是最简洁的一种分类器。如果各类的协方差矩阵相近，且各类的先验概率相等，对于未知样本 x_{un} 的判别分析，只需计算 x_{un} 到给定类均值 $\overline{x}_j$ 的欧氏距离平方值：$d_{un,j}^2 = \| x_{un}-\overline{x}_j \|^2$，$j=1,\cdots,k$，$k$ 为类数，然后把 x_{un} 判别到距离最小的那类即可。

若各类的协方差矩阵相差较大 （图 12-6），对于未知样本 x_{un}，则需要计算 x_{un} 到给类均值 $\overline{x}_j$ 的马式距离平方：

$$md_{un,j}^2 = (x_{un}-\overline{x}_j) H_j^{-1} (x_{un}-\overline{x}_j)^T$$

式中，$j=1,\cdots,k$，k 为类数；H_j 为第 j 类的协方差矩阵，$H_j = \dfrac{1}{g_j-1}(X_j-\overline{x}_j)^T(X_j-\overline{x}_j)$，$g_j$ 为第 j 类的样本数。

若各类的先验概率也不同，则需用到 Bayes 判别分析法。这时，未知样本 x_{un} 到第 j 类的判别函数为：

$$d_j(x_{un}) = (x_{un}-\overline{x}_j) H_j^{-1} (x_{un}-\overline{x}_j)^T + \ln|H_j| - 2\ln P(j)$$

式中，$P(j)$ 为第 j 类的先验概率，$P(j) \approx \dfrac{g_j}{n}$；$n$ 为所有类的样本总数；g_j 为第 j 类的样本数；$|H_j|$ 为矩阵 H_j 的行列式。

有些文献也称这种方法为二次判别分析 （Quadratic Discriminant Analysis，QDA）。

12.3.2　典型变量分析

通过相关系数可以衡量两个变量之间 （两个向量） 的相关性，但若研究两组变量 （两个

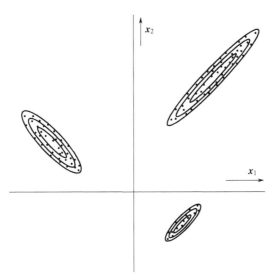

图 12-6　具有不同协方差的多类示意图

矩阵）的相关性，则需要把两组变量的相关性转化为两个变量的相关性来考虑，即考察第一组变量的线性组合与第二组变量的线性组合的相关性。通过选择线性系数使线性化后的变量有最大的相关系数，形成第一对典型变量，依此可以形成第二对、第三对典型变量，并使各对典型变量之间互不相关，这样就将两组变量间的相关转化为几对典型变量间的相关。

　　由于一组变量可以有无数种线性组合（线性组合由相应的系数确定），因此必须找到既有意义又可以确定的线性组合。典型相关分析（Canonical Correlation Analysis）也称典型变量分析（Canonical Variate Analysis，CVA）[11,12]，就是要找到这两组变量线性组合的系数，使得这两个由线性组合生成的变量（与其他线性组合相比）之间的相关系数最大。典型相关分析是研究两组变量之间相关性的一种统计分析方法，也是一种常用的数据降维技术。

　　典型变量分析（CVA）可为多类判别分析提供特征变量，即文献中常提到的 Fisher 线性判别分析法（Linear Discriminant Analysis，LDA）。设训练集光谱阵 $\boldsymbol{X}(n \times m)$ 含有 k 类样本，每类中有 g_i 个样本，即 $n = \sum_{i=1}^{k} g_i$。分别按下式计算类内和类间的协方差矩阵（图 12-7）：

　　类内的协方差矩阵 $\boldsymbol{S}_{\mathrm{W}} = \dfrac{1}{n-k} \sum_{i=1}^{k} \sum_{j=1}^{g_i} (\boldsymbol{x}_{ij} - \overline{\boldsymbol{x}}_i)(\boldsymbol{x}_{ij} - \overline{\boldsymbol{x}}_i)^{\mathrm{T}}$

　　类间的协方差矩阵 $\boldsymbol{S}_{\mathrm{B}} = \dfrac{1}{k-1} \sum_{i=1}^{k} g_i (\overline{\boldsymbol{x}}_i - \overline{\boldsymbol{x}})(\overline{\boldsymbol{x}}_i - \overline{\boldsymbol{x}})^{\mathrm{T}}$

　　式中，$\boldsymbol{x}_{ij}$ 为第 i 类中第 j 个样本的光谱向量；$\overline{\boldsymbol{x}}_i = \dfrac{1}{g_i} \sum_{j=1}^{g_i} x_{ij}$，为第 i 类的平均光谱；$\overline{\boldsymbol{x}} = \dfrac{1}{n} \sum_{i=1}^{k} \overline{\boldsymbol{x}}_i$，为所有 n 个样本的平均光谱。$\boldsymbol{S}_{\mathrm{W}}$ 和 $\boldsymbol{S}_{\mathrm{B}}$ 都是 $m \times m$ 的矩阵。

　　典型变量分析是使目标函数 $\mathrm{J}(w)$ 最大：

$$\mathrm{J}(w) = \frac{w^{\mathrm{T}} \boldsymbol{S}_{\mathrm{B}} w}{w^{\mathrm{T}} \boldsymbol{S}_{\mathrm{W}} w}$$

其解可转换为求矩阵的特征值和特征向量问题：

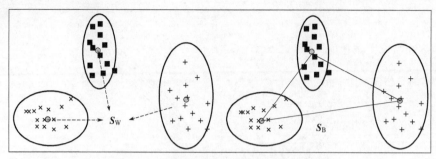

图 12-7　类间协方差和类内协方差示意图

$$S_B w = \lambda S_W w$$

即：$S_W^{-1} S_B w = \lambda w$

实际上，CVA 就是求 $S_W^{-1} S_B$ 的特征值与特征向量，它能把彼此相关的多变量数据，简化为少数几个互不相关的新变量数据，而且简化之后的数据又能够保持原来数据的绝大部分信息。可将前几个贡献率高的典型变量作为特征，求取判别函数。

基于最大特征值 λ_1 得到的特征向量 w_1 可给出第一个线性判别函数（CVA 的第一得分）：$s_{1i} = x_i w_1^T$，基于第二特征值 λ_2 得到的特征向量 w_2 可给出第二个线性判别函数（CVA 的第二得分）：$s_{2i} = x_i w_2^T$，可继续这种计算，直到找出解决识别问题所需的所有判别函数。以不同的判别函数为坐标轴作图，可以观测所有样本在 CVA 变换后的空间分布情况（图 12-8）。

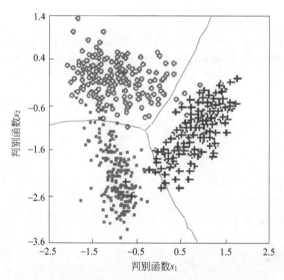

图 12-8　样本在 CVA 变换后的空间分布情况

如图 12-9 所示，在一些情况下，PCA 的主成分方向和 CVA 判别函数的方向基本一致，但在有些场合两者的方向并不相同。这是因为 PCA 是选择变量最大的方差方向进行变换的，而 CVA 则是选择能够最大程度分开所有已知类别的方向进行变换的。

对于未知样本光谱 x_{un} 的判别分析，只需代入判别函数，将其归属为距类中心欧氏距离最小的那一类：

$$\min_J \| (x_{un} - \overline{x}_j) w^T \| \qquad j = 1, \cdots, k$$

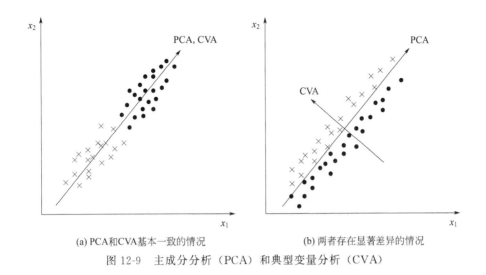

(a) PCA和CVA基本一致的情况　　　(b) 两者存在显著差异的情况

图 12-9　主成分分析（PCA）和典型变量分析（CVA）

12.3.3　K-最近邻法

　　与其他距离判别方法不同，最近邻法不是比较待测样本与各类均值的距离，而是计算它与所有训练样本之间的距离，只要有距离最近者就归入所属类。最近邻法实际上是将训练集的全体样本数据储存在计算机内，对待判别的未知样本，逐一计算该样本与训练集样本之间的距离。为了克服最近邻法错判率较高的缺陷，不是仅选取一个最近邻进行分类，而是选取 k 个近邻样本（图 12-10），然后根据它们的类别，归入比重最大的那一类，因此，称为 K-最近邻法（K-Nearest Neighbor，kNN）。

　　还可采用判别函数方法确定最终的类别，例如对于两类的判别问题，按下式计算判别函数 S：

$$S = \sum_{i=1}^{k}(S_i/D_i)$$

　　式中，S_i 为训练集 k 个样本中第 i 个样本的取值，若属于第 1 类取"＋1"，属于第 2 类则取"－1"；D_i 为未知样本与第 i 个样本之间的距离，D_i 可理解为权重，即距离较小的训练集样本给予较大的权重，而距离较大的训练集样本给予较小的权重。

　　显然，在样本数相同的情况下，D_i 越大，它对总 S 值的贡献越小。在距离相同的情况下，若第 1 类样本越多，则总 S 值

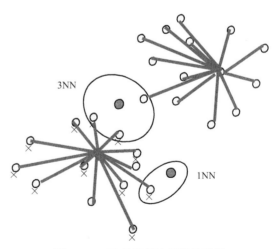

图 12-10　K-最近邻法原理示意图

就越正。因此，若计算出来的 S 值为正，则未知样本属于第 1 类；若为负值，则属于第 2 类。

　　K-最近邻法的优点是它不要求训练集的几类样本是线性可分的，也不需要单独的训练过程，新的已知类别的样本加入到训练集中也很容易，而且能够处理多类问题，因此应用较为方便。该方法的主要问题是 k 值的选取，由于每一类中的样本数量和分布不尽相同，选

用不同的 k 值，未知样本的判别结果可能会不同。k 值的选取尚无一定规律可循，只能由具体情况或由经验来确定，通常不宜选取较小的 k 值。

kNN 方法简单却很有效，如果定义了合适的表征样本之间相似度的计算方法，它可以取得很好的性能。因此，应用 kNN 的关键是构造出光谱特征变量以及确定合适的距离函数。实际上，光谱检索方法是 kNN 的一种推广。

12.3.4 SIMCA 法

SIMCA 方法（Soft Independent Modeling of Class Analogy，簇类的独立软模式方法）又称相似分析法，是瑞典化学家 Wold 于 1976 年提出的，在化学模式识别中得到了广泛应用。SIMCA 分类方法是建立在主成分分析基础上的一种有监督模式的识别方法，该算法的基本思路是对训练集中每一类样本的光谱矩阵分别进行主成分分析（PCA），建立每一类的主成分分析数学模型，然后在此基础上对未知样本进行分类，即分别试探将该未知样本与各类模型进行拟合，以确定其属于哪一类或不属于任何一类。

SIMCA 方法有两个主要步骤，第一步是先建立每一类的主成分分析模型，第二步是将未知样本逐一去拟合各类的主成分模型，从而进行判别归类。

对于 SIMCA 方法中所需的主成分分析可采用 NIPALS 法，主成分分析的原理与算法在前面已作了较为详细的介绍，此处不再赘述。对训练集中的各类，建立各自的主成分分析模型：

$$\boldsymbol{X}_k = \boldsymbol{T}_k \boldsymbol{P}_k^{\mathrm{T}} + \boldsymbol{E}_k$$

式中，$\boldsymbol{X}_k$ 为训练集第 k 类所有样本的光谱阵（$n \times m$），n 为第 k 类所有样本数，m 为波长变量数；$\boldsymbol{T}_k$ 为得分矩阵（$n \times f$），f 为最佳主成分数；$\boldsymbol{P}_k$ 为载荷矩阵（$m \times f$）；$\boldsymbol{E}_k$ 为光谱残差矩阵（$n \times m$）。

每个类模型中的最佳主成分数 f 可通过交互验证进行确定。每一个独立的模型可以选取不同的主成分数。因此，不同类的模型可能表现为图 12-11 所示的线、平面、盒或超盒形状。

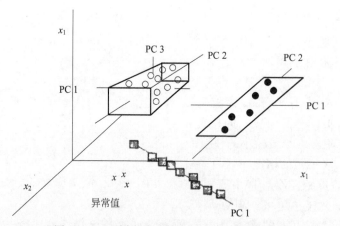

图 12-11　不同主成分数的 SIMCA 模型示意图

如果光谱残差矩阵 $\boldsymbol{E}_k$ 符合正态分布，可按下式计算其残差方差 s^2：

$$s^2 = \sum_{i=1}^{n} \sum_{j=1}^{m} \frac{e_{ij}^2}{(n-f-1)(m-f)}$$

其中，e_{ij} 为样本 i 在波长 j 处的光谱残差。

对于未知样本 x_{new}，首先计算其得分向量 t_{new} 和残差光谱 e_{new}：

$$t_{new} = x_{new} P_k$$

$$e_{new} = x_{new} - t_{new} P_k^T$$

然后，计算其光谱残差方差：

$$s_{new}^2 = \sum_{i=1}^{m} \frac{e_{ij}^2}{m-f}$$

若方差 s_{new}^2 和 k 类总残差方差 s_k^2 有类似的数量级，则此样本可归于 k 类。若 s_{new}^2 显著大于 s_k^2，则该样本不属于 k 类。

也可采用 F 显著检验来进行未知样本的类别分析，F 统计量定义为：

$$F = \frac{s_{new}^2}{s_k^2}$$

将计算得到的 F 统计量与单边临界值 $F_0[\alpha, (m-f), (n-f-1)(m-f)]$ 进行比较，置信水平 α 一般取 0.05 或 0.01。如果 $F < F_0$，则未知样本属于第 k 类，否则，将该样本拟合于其他类，直到确定类属为止。如果样本不属于训练集中的任何一类，则将其归类于一个新类。

由于 SIMCA 方法是基于主成分光谱残差进行未知样本的识别，在实际应用中会存在这一现象，即未知样本尽管符合某一类的主成分分析模型，但该样本有可能远离该类的训练集样本。因此，通常在 SIMCA 方法中增加一个步骤，通过主成分得分对其进行限制：

$$t_{max} = \max(t_k) + 0.5 s_t$$

$$t_{min} = \min(t_k) - 0.5 s_t$$

式中，$\max(t_k)$ 和 $\min(t_k)$ 分别为第 k 类训练集主成分分析所得得分向量中最大和最小的元素值；s_t 为对应主成分得分向量的标准偏差。

如果未知样本的得分向量 t_{new} 不在 $[t_{min}, t_{max}]$ 范围内，则该样本也不应判属于第 k 类。

对于单类（即正常样本和非正常样本）的判别分析（One-class Classification 或 Class-Modelling）[13]，例如中药材的原产地、食品掺假、药物真伪鉴别等，常采用数据驱动 SIMCA 方法（Data-driven Soft Independent Modeling of Class Analogy，DD-SIMCA）[14-16]。如图 12-12 所示，该方法通过概率统计分析可给出正常样本的卡方接受区域（Chi-square Acceptance Area），也能给出极端样本和非正常样本的分布区域[17,18]。

12.3.5　Logistic 回归

Logistic 回归（Logistic Regression，LR）或称逻辑回归，虽然名叫回归，但其实是分类器的一种，它可以很好地处理二分类问题[19]。在二值变量的 Logistic 回归模型中使用 sigmoid 函数，它具有良好数学性质，是凸函数，且任意阶可导，sigmoid 函数公式为：

$$g(z) = \frac{1}{1 + e^{-z}}$$

对于一个二分类问题，其中指定一个类是正类，则另一个是负类，其对应的类别值 y 分别为 1 和 0；光谱输入向量为 x，维数为 $1 \times m$；其增广向量为 $x = [1 \quad x]$，维数为 $1 \times (m+1)$，则 Logistic 回归模型为：

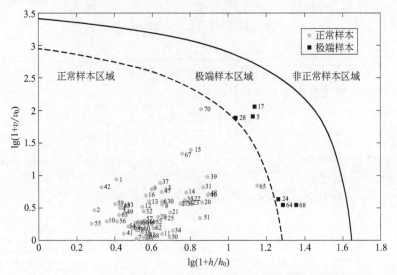

图 12-12 DD-SIMCA 方法得到的卡方接受区域示意图

$$h_{\boldsymbol{\theta}}(x)=P(y=1\mid \boldsymbol{x};\boldsymbol{\theta})=\frac{1}{1+e^{-(\boldsymbol{\theta}^{\mathrm{T}}\boldsymbol{x})}}$$

式中，$P(y=1\mid \boldsymbol{x})$ 表示 $\boldsymbol{x}$ 是正类（$y=1$）的概率；$\boldsymbol{\theta}$ 为模型参数，$\boldsymbol{\theta}$ 的维数为 $1\times(m+1)$。Logistic 回归的任务就是学习上述模型的 $\boldsymbol{\theta}$ 值。$\boldsymbol{\theta}$ 值一旦确定后，对于一个未知样本的 $\boldsymbol{x}$，计算其预测概率值，若 $h_{\boldsymbol{\theta}}(x)>0.5$，则将 $\boldsymbol{x}$ 分类为正类（$y=1$）；若 $h_{\boldsymbol{\theta}}(x)<0.5$，则将 $\boldsymbol{x}$ 分类为负类（$y=0$）。

Logistic 回归的学习算法可采用最大似然法，概率函数可写为：

$$P(y=1\mid \boldsymbol{x};\boldsymbol{\theta})=h_{\boldsymbol{\theta}}(\boldsymbol{x})$$

$$P(y=0\mid \boldsymbol{x};\boldsymbol{\theta})=1-h_{\boldsymbol{\theta}}(\boldsymbol{x})$$

由于 y 仅可取值 0 或 1，可将上式合写成条件概率分布的形式：

$$P(y\mid \boldsymbol{x};\boldsymbol{\theta})=h_{\boldsymbol{\theta}}(\boldsymbol{x})^{y}(1-h_{\boldsymbol{\theta}}(\boldsymbol{x}))^{(1-y)}$$

假设有 n 个独立的训练样本（$\boldsymbol{x}^{(i)}$，$y^{(i)}$），上标 i 表示样本的编号，这 n 个样本的似然函数为：

$$L(\boldsymbol{\theta})=\prod_{i=1}^{n}P(y^{(i)}\mid \boldsymbol{x}^{(i)};\boldsymbol{\theta})$$

$$=\prod_{i=1}^{n}h_{\boldsymbol{\theta}}(\boldsymbol{x}^{(i)})^{y^{(i)}}(1-h_{\boldsymbol{\theta}}(\boldsymbol{x}^{(i)}))^{(1-y^{(i)})}$$

使上式的 $L(\boldsymbol{\theta})$ 取得最大值对应的 $\boldsymbol{\theta}=(\theta_0,\theta_1,\cdots,\theta_{m+1})$ 即为模型参数的解，m 为光谱波长点数。

为方便计算，对 $L(\boldsymbol{\theta})$ 取对数，最大化 $L(\boldsymbol{\theta})$ 等价于最大化如下对数似然函数：

$$l(\boldsymbol{\theta})=\ln L(\boldsymbol{\theta})$$

$$=\sum_{i=1}^{n}(y^{(i)}\ln h_{\boldsymbol{\theta}}(\boldsymbol{x}^{(i)})+(1-y^{(i)})\ln(1-h_{\boldsymbol{\theta}}(\boldsymbol{x}^{(i)})))$$

$\dfrac{dl(\boldsymbol{\theta})}{d\boldsymbol{\theta}}=0$ 的解即为所求的 $\boldsymbol{\theta}$ 值，可用梯度下降法求解，其迭代计算的步骤：

① 对已知 n 个独立的训练样本 $(\pmb{x}^{(i)}, y^{(i)})$，为 $\pmb{\theta}$ 赋初值。

② 计算 $h_{\pmb{\theta}}(\pmb{x}^{(i)}) = \dfrac{1}{1 + e^{-(\pmb{\theta}^T \pmb{x}^{(i)})}}$。

③ 更新 $\pmb{\theta}_j$ 值，$\pmb{\theta}_j = \pmb{\theta}_j + \alpha(y^{(i)} - h_{\pmb{\theta}}(\pmb{x}^{(i)})) x_j^{(i)}$

式中，$j = 0, 1, \cdots, m$；α 为迭代步长。

④ 判断是否达到收敛条件，若否则回到②；若是则终止迭代。收敛条件可为达到一定的迭代次数或 $\pmb{\theta}$ 值更新前后的差值小于指定的 ε。

12.3.6 Softmax 分类器

Softmax 分类器是一种多分类方法，它采用非线性函数计算出输入变量 $\pmb{x}$ 属于每个类别的概率值，通过比较概率值的大小确定类别，对非线性结构的类别型数据有较强的分类能力。Softmax 分类器是逻辑回归的一个多类别推广，逻辑回归用的是 Sigmoid 函数，与类别标签只能取两个的逻辑回归分类不同，Softmax 分类器适用于多分类问题。Softmax 分类器将输入矢量 $\pmb{x}$ 从 N 维空间映射到类别，结果以概率的形式给出，公式如下：

$$p_j = \frac{e^{\pmb{\theta}_j^T X}}{\sum_{k=1}^{K} e^{\pmb{\theta}_k^T X}}$$

式中，$\pmb{\theta}_k = [\theta_{k1} \quad \theta_{k2} \quad \theta_{k3} \quad \cdots \quad \theta_{kN}]^T$ 为权值，是类别 k 所对应的分类器参数。

总模型参数 $\pmb{\theta}$ 由 Softmax 分类器训练获得，用来计算待分类项所有可能的类别概率，进而确定其所属类别。给定一个包括 m 个训练样本的数据集：$\{(\pmb{x}^{(1)}, y^{(1)}), (\pmb{x}^{(2)}, y^{(2)}), \cdots, (\pmb{x}^{(m)}, y^{(m)})\}$，$\pmb{x}$ 代表输入矢量，y 为每个 $\pmb{x}$ 的类别标签。对于给定的测试样本 $\pmb{x}^{(i)}$，用 Softmax 分类器计算其属于每一类别的概率，函数公式如下：

$$h_{\pmb{\theta}}(\pmb{x}^{(i)}) = \begin{bmatrix} p(y^{(i)} = 1) | \pmb{x}^{(i)}; \pmb{\theta} \\ p(y^{(i)} = 2) | \pmb{x}^{(i)}; \pmb{\theta} \\ \vdots \\ p(y^{(i)} = K) | \pmb{x}^{(i)}; \pmb{\theta} \end{bmatrix} = \frac{1}{\sum_{k=1}^{K} e^{\pmb{\theta}_k^T \pmb{x}^{(i)}}} \begin{bmatrix} e^{\pmb{\theta}_1^T \pmb{x}^{(i)}} \\ e^{\pmb{\theta}_2^T \pmb{x}^{(i)}} \\ \vdots \\ e^{\pmb{\theta}_K^T \pmb{x}^{(i)}} \end{bmatrix}$$

式中，$h_{\pmb{\theta}}(\pmb{x}^{(i)})$ 为一个向量，其元素 $p(y^{(i)} = K | \pmb{x}^{(i)}; \pmb{\theta})$ 表示 $\pmb{x}^{(i)}$ 属于类别 k 的概率，向量中各个元素之和等于 1。

对于 $\pmb{x}^{(i)}$，选择最大概率取值对应的 k 作为分类结果。

通过最小化代价函数可以求得参数 $\pmb{\theta}$ 的数值，代价函数定义为：

$$J(\pmb{\theta}) = -\frac{1}{m} \left[\sum_{i=1}^{m} \sum_{j=1}^{K} 1\{y^{(i)} = j\} \lg \frac{e^{\pmb{\theta}_j^T \pmb{x}^{(i)}}}{\sum_{k=1}^{K} e^{\pmb{\theta}_k^T \pmb{x}^{(i)}}} \right]$$

式中，$1\{.\}$ 是一个指示性函数，值为真等于 1，值为假等于 0。

Softmax 分类器可看成为没有隐含层的神经网络，在训练过程中，可采用梯度下降法不断调整参数 $\pmb{\theta}$，使其能够最小化代价函数 $J(\pmb{\theta})$，直至收敛到全局最优解。

如图 12-13 所示，Logistic 和 Softmax 分类器多与深度学习算法（例如自编码网络和卷积神经网络）结合，分别用于两类和多类问题的判别分析。

甘博瑞等采用堆栈压缩自编码提取药品近红外光谱特征，分别采用 Logistic 分类器和

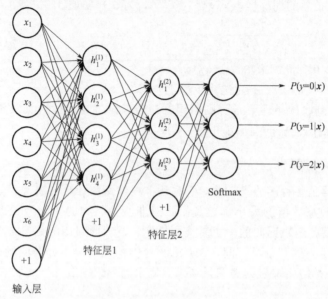

图 12-13　Softmax 分类器多与深度学习算法结合用于多类判别分析示意图

Softmax 分类器对药品进行两类和多类鉴别，其结果优于 BP 网络和 SVM 方法[20]。王磊等针对不同产地枸杞的近红外高光谱图像，首先使用白化（Zero-phase Componcnt Analysis Whitening）预处理去除输入特征的相关性，接着通过 PLSDA 算法提取输入特征与类别之间具有最大相关性的主成分，降低模型复杂度，最后通过 Softmax 分类器从概率角度对输入数据进行分类，可以有效鉴别宁夏枸杞产地[21]。刘焕军等比较了 Logistic 分类器、BP 网络和 K-means 方法对土壤的可见-近红外光谱进行分类的效果，Logistic 分类器的结果最好[22]。

12.3.7　随机森林

随机森林（Random Forest，RF）是一个包含许多决策树和投票策略的融合分类算法，属于集成算法。如图 12-14 所示，随机森林的本质是对原始训练数据集中的样本进行随机抽取形成一个大小相等的新数据集，并反复将新数据集与原始数据集中的样本进行替换，不断形成大小一致的新数据集，这个过程称为自举汇聚（Bootstrap Aggregating）。通过自举重采样过程可以得到多组新的训练数据集，分别对其使用决策树算法进行分类，这样就得到了与新数据集数量相当的新分类器。在生成树的时候，每个节点的变量都仅仅在随机选出的少数几个变量中产生。即变量和样本的使用都进行随机化，通过这种随机方式生成的大量的树被用于分类或回归分析，因此称为随机森林。未被抽到的样本为袋外样本（Out-of-bag 简称 OOB），作为验证集检验每棵树模型得到袋外误分率，用于优化模型参数，评价模型的优劣。

当对未知样本进行分类预测时，随机森林将分别使用训练过程中得到的多组分类器分别进行预测，并选择分类器投票结果中最多的类别作为最后的结果。由于随机森林组合了多棵二叉决策树的结果，决策树数目和每棵决策树用到的特征个数是影响随机森林输出的重要参数。决策树的数目是指随机森林总共是由多少棵决策树组成。通过增加决策树的数量可以提高模型的性能，但将以计算成本作为代价，需要考虑计算效率来确定最合适的决策树数目。特征个数是指每棵决策树使用的特征的最大数量，可以选取 0 至全部特征数之间的任意整数

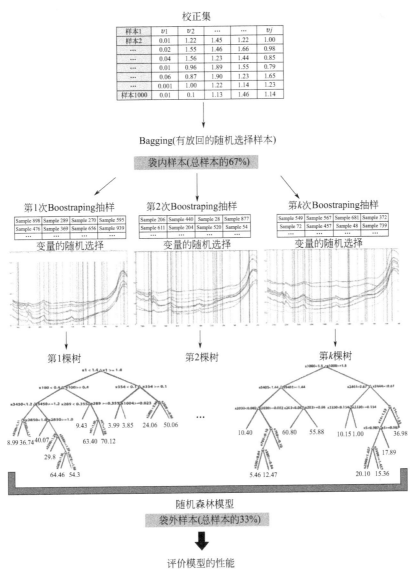

图 12-14　随机森林建模框架示意图

值。一般情况下，每个决策树的特征个数取总特征数的算术平方根时最合适。大量的理论和实证研究都证明随机森林具有很高的预测准确率，对异常值和噪声具有很好的容忍度，且不容易出现过拟合。

随机森林还能够对特征的重要性进行度量，它的基本原理是，如果某个特征变量很重要，那么改变样本的该特征变量，该样本的预测结果就容易出现大偏差，即该特征变量对预测结果很敏感。反之，如果一个特征变量不重要，随便改变它，对预测结果不会有太大的影响。因此，随机森林过程可用于特征变量的选择[23,24]。

通常采用袋外样本预测准确性进行特征重要性度量。袋外样本是指每棵决策树训练时没有被抽样到的训练样本，它们没有参与此决策树的建立，因此，可用来评估决策树的性能。其基本原理是，重新排列特征在袋外数据上的取值（即袋外数据样本间交换在该特征上的取值），利用重排前后的袋外样本预测准确性差来衡量特征重要性。计算某特征的重要性具体步骤是：首先，对于每一棵决策树预测其袋外样本准确性，然后将袋外所有样本该特征上的取值进行重新排列后，再一次对袋外样本进行预测，最后将每棵决策树中该特征值重新排列前后的预测准确性差求平均，即得该特征的重要性。

随机森林是一种自然的非线性建模工具，可以用于分类或回归分析。赖燕华采用小波变换和随机森林建立了不同霉变烟叶的近红外光谱识别模型，对未霉变样品、临近霉变样品和霉变样品的判别均取得了满意的结果[25]。李志豪等采用随机森林对易制毒化学品和易燃易爆化学品的拉曼光谱进行识别，其结果与 AdaBoost 算法相当，优于决策树、支持向量机和人工神经网络算法[26]。王远等利用太赫兹时域光谱（THz-TDS）和随机森林对五种红木进行分类识别，分类准确率达到了 95％以上[27]。Zhou 等将中红外光谱与近红外光谱进行融合，利用随机森林方法对 5 个地区的三七中药材进行识别，识别准确率为 95.6％[28]。Amjad 等利用拉曼光谱和随机森林对四种奶粉进行判别分析，平均准确率约为 94％[29]。

马利芳等采用随机森林构建可见-近红外光谱估测土壤中盐分的模型，其可以有效提取干旱区土壤盐分的主要离子信息[30]。李冠稳等采用随机森林建立了高光谱估算土壤有机质含量的模型，其结果优于 PLS 方法[31]。郑培超等基于激光诱导击穿光谱技术（LIBS），结合随机森林对石斛价格等级进行分类，实现了石斛等级的快速鉴别[32]。李茂刚等将小波变换-随机森林（WT-RF）用于建立近红外光谱预测汽油中甲醇含量的模型，其结果优于 WT-PLS 和 WT-LSSVM[33]。Santana 等采用可见-近红外光谱结合随机森林方法对土壤的品质参数进行了快速预测分析，比 PLS 得到了更好的预测准确性[34]。Teixeira 等采用便携式 X 射线荧光光谱（XRF）结合随机森林方法对土壤的 pH、盐基饱和度、阳离子交换容量和铝饱和度等进行预测分析，得到满意的结果[35]。Zhang 等采用近红外光谱结合随机森林对奶油中的食用染料靛蓝的含量进行预测，结果优于 MLR 和 PLS 方法[36]。

12.3.8 回归方法用于判别分析

人工神经网络方法在定量校正方法和聚类分析中已作了较为详尽的介绍，其也可用于有监督的模式识别，通过已知类别的训练集建立识别模型对未知样本进行分类和预测。与定量校正唯一不同的是输出层的差异，对定量校正，输出层通常为单节点。而对模式识别，一般用多节点输出。如有四类，可分别用 (1，0，0，0)、(0，1，0，0)、(0，0，1，0) 和 (0，0，0，1) 来表示。

同样，也可将偏最小二乘（PLS）用于判别分析，PLS 方法本质上是一种基于特征变量的回归方法，但若将已知类别样本的浓度阵分别设为 0、1（对两类用 PLS1 方法），−1、0、+1（对三类用 PLS1 方法）；或 01、10（对两类用 PLS2 方法），001、010、100（对三类用 PLS2 方法，见图 12-15），则 PLS 方法可用于有监督的判别分析，通常称为伪 PLS 回归（Dummy Partial Least-squares Regression，DPLS）或 PLS 识别分析（PLS-DA）。

图 12-16 给出了 PLS 对两类样本回归得到的结果，若某未知样本的 PLS 预测值介于 −0.5～0.5，则属于第一类，若介于 0.5～1.5，则属于第二类。与定量校正类似，由于 PLS 方法同时对光谱阵和类别阵进行分解，加强了类别信息在光谱分解时的作用，以提取出与样本类别最相关的光谱信息，即最大化提取不同类别光谱之间的差异，因此 PLS 方法通常可以得到比 PCA 方法更优的分类和判别结果。目前将 PLS 用于模式识别受到越来越多的关注和应用，许多研究也证明了其判别结果要优于基于 PCA 的模式识别方法。

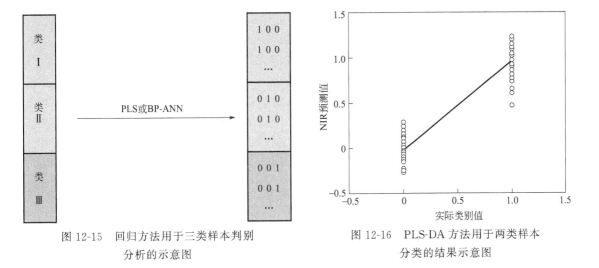

图 12-15　回归方法用于三类样本判别
分析的示意图

图 12-16　PLS-DA 方法用于两类样本
分类的结果示意图

12.4　光谱检索算法及其应用

12.4.1　引言

近些年，随着仪器制造水平的不断提高和化学计量学方法的普及，现代光谱分析技术，尤其是红外、近红外和拉曼光谱，因其具有测试方便、速度快、信息丰富、可现场使用等特点，在许多领域的定性分析中都得到了广泛应用。利用模式识别方法，光谱可以对复杂体系（例如石油、谷物、果品和药物等）的样本进行聚类或识别分析。在化学计量学中，如图 12-17 所示，用于光谱分析的模式识别方法包括三大类[37-39]：①无监督的方法，如主成分分析、系统聚类方法、K-均值聚类方法和自组织神经网络等。②有监督的方法，如 LDA、SIMCA、KNN、PLS-DA 和 SVM 等。上述两类方法都是基于样本的类别进行定性分析的，即每类别中必须包含多个典型的样本，当有新样本添加到数据库时，需要对识别模型重新进行校正。③光谱检索方法，如相关系数、夹角余弦、欧氏距离和光谱信息散度等，这类算法根据待测样本的光谱，从已建的光谱库中检索出与待测样本最相近的一个或多个样本，从而实现定性甚至定量分析。实际上，也可将光谱检索方法视为 KNN 方法，两者的基本思想是完全一致的，只是最终的展示结果不同而已。

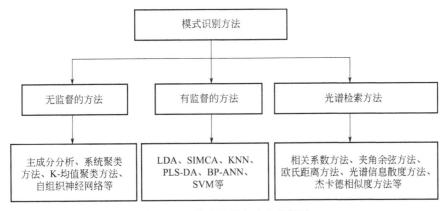

图 12-17　模式识别方法分类框图

先前，光谱检索方法多用于纯化合物的光谱识别，例如 Sadtler 和 Aldrich 红外光谱数据库。近二十年，在多个领域（例如土壤、饲料、物证检材、矿物、药物和油品等）逐步建立了现代复杂混合体系的光谱数据库[40-42]，例如美国食品药品监督管理局（FDA）药物分析实验室（DPA）正基于实验室、便携式和手持式等不同的拉曼和近红外光谱仪器开发药物辅料光谱库，以监测药品生产和供应链中可能发生的污染、掺假和篡改等问题，我国不同领域的相关部门也正在逐步建立和健全相应的光谱数据库。再例如，国际上已建立了土壤的可见-近红外光谱数据库，已在全球一万多个地点取到了两万余个样本，所建数据库可用于遥感和现场对土壤物性的快速分析（图 12-18）[43]。

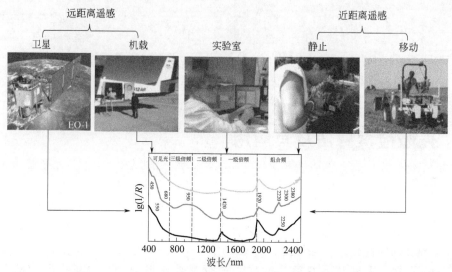

图 12-18 土壤的可见-近红外光谱图可通过多种方式获取（远距离遥感和近距离遥感）

光谱检索方法是充分利用这些光谱数据库的核心技术之一，因此，光谱检索算法受到越来越多关注[44-46]，一些新的检索算法和检索策略不断涌现出来，光谱检索的准确性和可靠性得到了显著的提高。与无监督和有监督的模式识别方法相比，光谱检索方法具有操作简便、信息直观和库维护方便等诸多优点，在实际应用中发挥着重要的作用。

12.4.2 光谱检索基本算法

光谱检索的目标是，对于待测样本的光谱 x，基于一定的算法和规则，从光谱库 R 中找出与 x 最相近的一个或多个样本。如果光谱库中有已知的性质值 Y，则可对待测样本的性质值进行定量预测分析。其中，x 代表待测样本的光谱，其为 $1 \times m$ 向量，m 为波长点数；R 代表光谱库中的所有光谱，其为 $n \times m$ 矩阵，其中 n 为库中样本光谱的个数；r_j 代表光谱库中第 j 个样本的光谱，为 $1 \times m$ 向量，$j = 1, 2, \cdots, n$；Y 代表光谱库中所有样本对应的性质值，其为 $n \times p$ 矩阵，p 为性质数目；y_j 代表光谱库中第 j 个样本的性质值，为 $1 \times p$ 向量。

为了得到满意的检索结果，在检索前往往需要对光谱进行必要的预处理和波段选择，预处理方法包括导数、矢量归一化、标准化和小波变换等，波段选择可根据化学知识或数学方法找出特征性强、信噪比高、受外界影响小的一段或多段光谱区间。常用的光谱预处理和波段选择方法可参考本书第 4 章、第 5 章以及其他相关文献[47]。

（1）基于距离的算法

这种算法的基本原理是两个样本的光谱越相近，则两者之间的距离越短[48]。光谱之间的距离有多种形式，其中最简单的是绝对距离（L_1 范数），待测样本光谱 x 与光谱库中第 i 个样本光谱 r_i 之间的绝对距离可表示为：

$$d(x,r_j)=\sum |x-r_j|$$

最常用的是欧氏距离，也称为最小二乘距离：

$$d(x,r_j)=\sqrt{(x-r_j)(x-r_j)^{\mathrm{T}}}$$

基于 L_1 范数和 L_2 范数的衍生了许多距离计算方法，以及一些加权的距离计算方法。也常常使用归一化的距离（Normalized Euclidean Distance，NED），即在计算光谱距离前，对光谱进行归一化处理，通常 NED 具有更强的鲁棒性。

（2）基于相似性的算法

评价相似性的参数主要有两种：夹角余弦和相关系数。

x 与 r_j 之间的夹角余弦表示为：

$$\cos(x,r_j)=\frac{xr_j^{\mathrm{T}}}{\sqrt{xx^{\mathrm{T}}}\sqrt{r_jr_j^{\mathrm{T}}}}$$

其夹角越小，说明两样本在模式空间中就靠得越近，相似性就越大。若两光谱完全相同，则 $\cos(x,r_j)=1$，两样本在模式空间中为一点；若两光谱完全不同，则 $\cos(x,r_j)=0$。

有时也采用光谱角代替夹角余弦：

$$S(x,r_j)=\arccos(\frac{xr_j^{\mathrm{T}}}{\sqrt{xx^{\mathrm{T}}}\sqrt{r_jr_j^{\mathrm{T}}}})$$

夹角 $S(x,r_j)$ 越接近 0，说明两光谱越相似。

在文献中，$S(x,r_j)$ 也常被称为光谱角（Spectral Angle Metric，SAM），SAM 方法的一个特点是具有乘性因子不变性。由于光谱曲线的幅值及形状分别对应向量在欧几里德空间中的长度和方向，乘性因子仅引起向量长度的变化并不改变向量的方向。因而，SAM 方法对光谱形状差异敏感，但对光谱幅值差异不敏感。

x 与 r_j 之间的相关系数表示为：

$$R(x,r_j)=\frac{(x-\overline{x})(r_j-\overline{r_j})^{\mathrm{T}}}{\sqrt{(x-\overline{x})(x-\overline{x})^{\mathrm{T}}}\sqrt{(r_j-\overline{r_j})(r_j-\overline{r_j})^{\mathrm{T}}}}$$

式中，$\overline{x}$ 和 $\overline{r_j}$ 分别为 x 与 r_j 的平均值。R 越接近于 1 则两光谱越相似，越接近于 0 则两光谱相异性越大。

在光谱检索中，也常用到命中率指数（Hit Quality Index，HQI）：

$$\mathrm{HQI}=1-R(x,r_j)^2$$

（3）基于信息论的算法

光谱信息散度（Spectral Information Divergence，SID）[49,50] 将光谱相似性评价问题转换为两个光谱向量概率之间的冗余度评价问题，利用光谱信息的相对熵对两条光谱的相近性进行评价：

$$\mathrm{SID}(x,r_i)=\mathrm{D}(x\|r_j)+\mathrm{D}(r_j\|x)$$

上式中，$\mathrm{D}(x\|r_j)$ 是 r_j 关于 x 的相对熵，$\mathrm{D}(r_j\|x)$ 是 x 关于 r_j 的相对熵。

$$D(\boldsymbol{x} \parallel \boldsymbol{r}_j) = \sum_{i=1}^{m} q_i \lg\left(\frac{q_i}{p_{j,i}}\right)$$

$$D(\boldsymbol{r}_j \parallel \boldsymbol{x}) = \sum_{i=1}^{m} p_{j,i} \lg\left(\frac{p_{j,i}}{q_i}\right)$$

$\boldsymbol{q}$ 和 $\boldsymbol{p}_j$ 分别为光谱 $\boldsymbol{x}$ 和光谱 $\boldsymbol{r}_j$ 的概率向量，其中，$\boldsymbol{q} = \dfrac{\boldsymbol{x}}{\sum\limits_{i=1}^{m} x_i}$ ，$\boldsymbol{p}_j = \dfrac{\boldsymbol{r}_j}{\sum\limits_{i=1}^{m} r_{j,i}}$ 。

SID 方法通过衡量光谱之间的互信息大小确定两条光谱之间的相似程度。SID 值越小，则光谱之间的相似性越高；反之，则光谱之间的相似性低。

（4）程度相似度算法

程度相似度算法是基于相似系统理论演变简化而来[51,52]，程度相似度 Q 可反映两图谱间的平均相对差异：

$$Q = 1 - \frac{1}{m} \sum_{i=1}^{m} \left(1 - \frac{\min(x_i, r_{j,i})}{\max(x_i, r_{j,i})}\right)$$

该算法逐个比对每个波长点下的光谱强度，因此，对波长位置的相对差异变化较为敏感，Q 越接近于 1 则 $\boldsymbol{x}$ 与 $\boldsymbol{r}_j$ 两光谱越相似，越接近于 0 则两光谱的相异性越大。

（5）杰卡德相似度算法

杰卡德相似度（Jaccard Similarity）是基于特征峰的光谱匹配算法，需要对光谱进行二值化处理[53,54]，计算两图谱特征峰的交集在并集中所占的比例：

$$J = \frac{\boldsymbol{x} \cap \boldsymbol{r}_j}{\boldsymbol{x} \cup \boldsymbol{r}_j} = \frac{p}{p+q+r}$$

式中，p 为 $\boldsymbol{x}$ 与 $\boldsymbol{r}_j$ 二值化处理后对应波长点都为 1 的个数；q 为 $\boldsymbol{x}$ 二值化处理后的波长点为 1、$\boldsymbol{r}_j$ 二值化处理后对应波长点为 0 的个数；r 为 $\boldsymbol{x}$ 二值化处理后波长点为 0、$\boldsymbol{r}_j$ 二值化处理后对应波长点为 1 的个数。

12.4.3　光谱检索算法的改进与应用

孟庆华等在绝对距离（光谱差）的基础上，考虑到消除吸收强度对差异的影响，建立一种计算紫外光谱相似度 S 的方法：$S = 1 - \dfrac{1}{m} \sum\limits_{i=1}^{m} \left| \dfrac{x_i - r_{j,i}}{x_i + r_{j,i}} \right|$，其中，$m$ 为光谱的波长点数，S 值越接近 1，说明两条光谱越相似；越接近 0，说明两条光谱差异越大。与夹角余弦和相关系数法相比，该方法对光谱间差异的灵敏度较高，在一定程度上克服了紫外光谱的宽带吸收劣势，能够快速、灵敏地反映中药质量的异同，从而可以快速监测中药注射液生产过程中组成成分的差异[55]。李茵和唐天彪等通过增加权重的方式，将上述相似度 S 的计算方法进行改进，通过突出关键波长范围内的谱图变化，进一步提高相似度 S 的灵敏度，分别用于紫外光谱对丹参注射液的稳定性的考察和近红外异常光谱的识别[56,57]，具有更强的实用性。Khan 等针对利用纯化合物拉曼光谱库检索混合物光谱的问题，对欧氏距离进行了加权改进，提出了一套新的加权规则[58]，识别结果优于传统的欧氏距离和夹角余弦。

考虑到样品在光谱测试过程的重复性问题，Plugge 等基于绝对距离提出了一致性检验（Conformity Index，CI）方法，其实质是一种加权的绝对距离方法，库光谱 $\boldsymbol{r}_j$ 用一组重复性光谱的平均光谱 $\overline{\boldsymbol{r}_j}$ 来替代，每个波长点的权重为该重复性光谱标准偏差 $\boldsymbol{\sigma}_j$ 的倒数：

$CI = MAX\left(\dfrac{x_i - \overline{r_{j,i}}}{\sigma_{j,i}}\right)$。CI 实际上是指允许的光谱重复性（或再现性）范围，通常为标准偏差的 3～5 倍[59]。Plugge 等将其用于检测三水氨苄西林的物化性质变化，可用于控制生产工艺并保证产品质量的一致性。Ritchie 等对该方法的准确度、精密度、稳健性和一致性等进行了考察，结果表明该法能够满足当前的验证标准，可被现代严格的指导原则所接受[60]。冯艳春等将一致性检验方法用于近红外光谱快速判断药品质量的真伪[61]，得到了较为广泛的应用，建立了上百种药物的一致性检验近红外光谱库[62,63]。

对于重复性测量或一类多个样本的库光谱，Thermo 公司采用主成分分析（PCA）分解的方式计算待测样本光谱与库光谱之间的光谱差 e，由改进的欧氏距离定义相似度匹配值（Similarity Match Value，SMV）：$SMV = \left(1 - \dfrac{\|e\|}{\|x\|}\right) \times 100$。对于复杂混合体系的近红外光谱，如果混合物中的主要组成成分相同，则很难通过传统的光谱检索识别出样本之间的差异，聂黎行等采用 SMV 方法，利用近红外光谱可以快速、方便地识别出同仁乌鸡白凤丸与其他厂家乌鸡白凤丸的差异[64]。陶鹰等以近红外漫反射光谱为特征，利用 SMV 方法检测卷烟制丝质量的稳定性[65]，从而可以对在制烟丝进行快速和大批量检测，为卷烟加工质量控制提供了新的技术手段。卢鸯等采用衰减全反射（ATR）测量方式，基于 1000 余个样本，建立了纺织纤维红外光谱库，利用谱库检索功能实现了纤维种类的快速检测[66]。王岩等针对常见的 18 大类塑料树脂，建立了包含 513 个样本的塑料树脂红外标准谱库，可以快速鉴定塑料的种类[67]。

相关系数和夹角余弦是库搜索最常用的方法[68,69]，例如，陈涛等以 287 份汽车车身油漆样本获得了 940 份油漆红外光谱，利用特征波峰数法和相关系数法建立了汽车车身油漆红外光谱比对数据库，通过事故现场遗留的车辆油漆快速排查及确定肇事逃逸车辆的车型范围[70]。和挺等建立了含有 38 种纯度在 90％以上的毒品太赫兹光谱数据库，有望作为现有毒品检测手段的有力补充[71]。Guedes A 等利用相关系数法建立了显微拉曼光谱识别空中花粉种类的数据库[72]。此外，在高光谱遥感图像库地物识别中，相关系数和夹角余弦也是最常用的两种方法[73]。

相关系数和夹角余弦强调的是谱图之间整体的相似性，为了提高这两种算法对谱图细节差异的表达，人们尝试了多种方式和方法。建立二级检索库（子库）是一种常用的策略，Blanco 等提出通过建立子光谱库的方法提高传统相关系数检索的准确性，用于药物原料近红外光谱的识别[74]。选择特征区间计算相关系数也是一种突出光谱之间差异的有效方法，王学良等利用特征谱段相关系数法对市场上中药胶囊中是否添加枸橼酸西地那非进行快速鉴别分析，筛查结果的总体正确率在 95.0％左右[75,76]。徐永群等将整个光谱范围分成几个区域，分别计算每个区域的相关系数或夹角余弦，这种分段相关系数法（称为阵列相关系数）在一定程度上提高了光谱之间的差异，对中药材的道地性识别结果表明其优于传统的相关系数方法[77]。Park 等也将拉曼光谱区域按照 Hann 窗口方式分为四段，计算每段的夹角余弦值，最终的相似度由这四段的加权夹角余弦值得到[78]。Griffiths 等提出了一种自加权相关系数的光谱匹配算法，能够有效克服红外光谱中存在的干扰信号[79]，在开路（Open-path）中红外光谱监测大气污染物的应用研究中得到了较好的识别结果。

褚小立等在移动窗口的概念的基础上提出了移动窗口相关系数方法[80]，其基本思想是选择一个宽度为 w 的光谱窗口（w 为奇数），从整个光谱的第 $(w-1)/2$ 个波长点开始往后移动，每次移动一个波长取样间隔，直至最后 $(w-1)/2$ 个波长，在每一个窗口子波长区都用传统的相关系数公式计算出其相关系数值，然后把得到的相关系数值与对应窗口的起始位置作图，可得到移动相关系数图。这种移动相关系数法可以分辨出两条光谱间存在的细微差异，提高谱图识别的准确率，并有利于隐含信息的提取。移动窗口相关系数法的阈值参数有两个，一个是所有窗口的相关系数，另一个是所有窗口的相关系数之和。根据不同的应用对象，应设定不同的窗口宽度和阈值。对于待识别的两条样本光谱，只有这两个参数值都大于相应的阈值，才可判定为同一样本。

褚小立和李敬岩等利用移动窗口相关系数分别建立原油近红外光谱识别库和中红外光谱识别库[81,82]，可以准确识别原油的种类。在此基础上，李敬岩等还将移动窗口相关系数用于原油二维红外光谱的识别，提出了移动矩阵窗口相关系数法（图 12-19），可准确鉴别出低比例的混合原油[83]。郭正飞等将移动窗口相关系数方法用于近红外光谱判断中药提取过程的终点，与原有的移动标准偏差等方法相比，该方法在很大程度上可减弱基线漂移带来的影响，具有更好的抗干扰能力[84]。Ramirez-Lopez 等对传统光谱差进行了改进，基于差谱的不同阶微分谱提出了一种面差谱（Surface Difference Spectrum，SDS），并以移动窗口相关系数为权重计算两光谱之间的 SDS 距离，用于全球土壤可见-近红外光谱库的样本检索[85]。

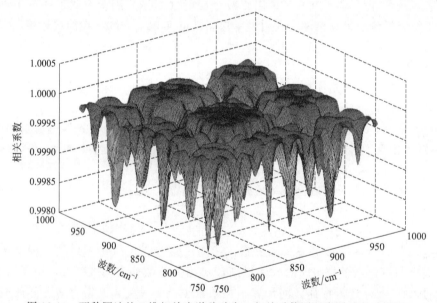

图 12-19　两种原油的二维相关光谱移动窗口相关系数图（彩图见文后插页）

Liu 等将非线性核函数引入光谱角（SAM），称为核光谱角方法 Kernel Spectral Angle Mapper（KSAM），其目的是利用向量的高阶统计特性对光谱之间的相似程度进行评价[86,87]。KSAM 方法一方面保持了光谱向量在原始特征空间中的特性，同时又提取了光谱之间的非线性特征。此外，KSAM 方法可以设定多种核函数，具有较高的可适应性。

F. V. D Meer 等提出了交叉相关光谱匹配方法（Cross Correlogram Spectral Matching，CCSM），该方法引入了光谱之间相对滑动的概念，待测光谱的波长点数分别往左和往右一次移动一个波长点数，计算待测光谱与库光谱重合区域之间的相关系数，得到匹配位置与相关系数的交叉相关特性曲线（图 12-20）[88]。通过计算交叉相关特性曲线的偏度（Skewness），便可评价两条光谱之间的相似程度，偏度越小相似程度越高。该方法对光谱幅值变异不敏感，具有良好的抗噪声性能。

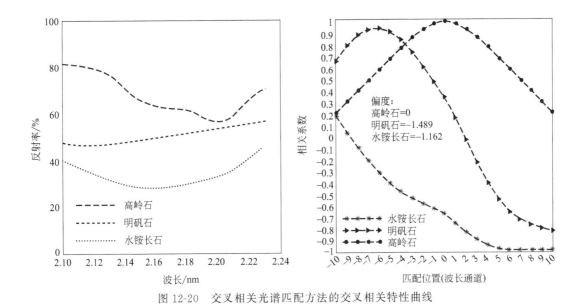

图 12-20　交叉相关光谱匹配方法的交叉相关特性曲线

12.4.4　光谱检索策略与应用

为了得到准确、快速的谱图检索结果，基于上述的基本检索算法和改进算法，针对具体的应用对象，提出了许多新检索策略和改进的算法。

采用一种库检索方法有时可能会得到不稳健的识别结果，集成（或共识）策略（Ensemble or Consensus Strategy）是解决这一问题的有效手段，其基本思想是采用多种检索算法分别建立识别规则，同时对待测样本光谱进行鉴别分析，以最终的命中率或加权值作为识别结果。该检索策略降低了检索结果对某一种算法的依赖性，从而可提高检索结果的稳定性。Himmelsbach 等建立了用于识别棉花中异物的 ATR 中红外光谱库，用于棉花污染物的快速鉴别分析，该光谱库包含 601 个样本的光谱，涉及植物杂质（如叶、茎、壳、皮）、合成物（塑料袋、薄膜和橡胶）；有机物（其他纤维、纱线、纸、羽毛和牛皮等）、以及无机物（沙子和铁锈）等[89]。当将该光谱库用于不同地域棉花、不同采摘期棉花、不同光谱仪或测量附件采集的光谱时，识别准确性明显下降。Loudermilk 等采用共识的策略（Ensemble or Consensus Strategy）对 6 种常见的库光谱检索方法的结果进行集成，取得了非常满意的效果[90]。

孔祥兵等将欧氏聚类、相关系数和光谱信息散度三种算法进行集成，对美国地质调查局的矿物光谱库（USGS Mineralspectral Library）和我国实用型模块成像光谱仪系统（OMIS）获取的机载高光谱遥感影像进行试验表明，其具有更强的光谱判别力和更小的光谱识别不确定性[91]。赵朝方等将光谱信息散度与夹角余弦进行融合，用于机载激光荧光雷达鉴别海面溢油种类（轻质油、中质油、润滑油和其他油），对于重质燃料油和原油则需要二级识别库进行鉴别[92]。冯春等将相似学算法、夹角余弦算法和相关系数算法进行联合，用于紫外-可见光谱识别水体致病菌种类，有效提高识别结果的可靠性与稳定性[93]。

针对混合物的光谱，如何用纯化合物光谱库中的光谱解析出混合物的定性和定量组成信息备受关注，常用的方法有谱峰拟合和非负最小二乘拟合等方法[94]。刘铭晖等采用逻辑回归数学模型融合谱峰匹配系数、非负最小二乘匹配系数以及夹角余弦匹配系数，提出了一种光谱集成匹配方法，具有更低的误判率[95,96]。

将光谱检索与多元校正方法结合的局部建模策略（Local Calibration）近年来得到广泛关注和应用，尤其是大型的土壤、饲料和油品等近红外光谱库的不断扩充，不同来源、不同年份和不同类型样品激增加重了光谱与浓度之间的非线性关系，局部建模策略通过从光谱数据库中选取与待测样本最相似的一组样本构成校正集的方式来解决这一问题[97]。针对如何选取局部样本以及如何得到最终的预测结果，提出了多种局部建模分析策略，如 CARNAC（Comparison Analysis using Restructured Near infrared And Constituent data）方法、LWR（Locally Weighted Regression）方法和 LOCAL 方法等[98]。Dambergs 等基于 3000 多个红葡萄样本的近红外光谱库、Fernandez-Ahumada 基于 20000 多个饲料样本的近红外光谱库、Genot 等基于 1000 多个土壤样本的可见-近红外光谱库，分别采用局部建模策略对关键的物化性质进行预测分析，均得到了比传统建模方法更准确的结果[99-101]。李敬岩等也基于光谱自动检索算法从大型汽油近红外光谱数据库中，针对不同炼厂选择有代表性的样本建立局部模型，提高了模型的预测准确性[102]。这种建模策略不仅适用于非线性体系的校正，还可充分利用光谱数据库的优势，避免传统多元校正方法因样品组成等变动需要频繁更新模型的弊病，尤其适合于大型网络光谱数据库的定性和定量分析工作模式。另外，Lee 等把谱图检索算法用于类的判别分析（如图 12-21 所示），其基本思想类似于 KNN 方法，但通过命中率指数（Hit Quality Index，HQI）结合投票策略对类进行判别[103]。

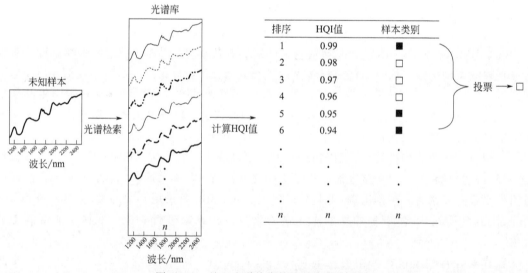

图 12-21　基于光谱检索算法的类判别方法

将光谱进行降维，在低维和更有特征性的空间中进行检索，也是一种常用的光谱检索策略。主成分分析（PCA）、等距映射（Isomap）、局部线性嵌入（LLE）、局部保持投影（LPP）方法和邻域保持投影（NPP）等降维方法多用于有监督和无监督的模式识别中，在光谱检索中分形理论（Fractal Theory）则受到较多关注[104-106]。例如，雷猛等将小波变换结合分形理论的方法用于润滑油的近红外光谱识别中[101]，该方法首先将光谱进行小波变换，再计算小波逼近和细节光谱的分形维数，以分形维数为特征进行谱图检索，取得了较好的结果。徐宝鼎等提出了一种基于网格划分局部线性嵌入算法的近红外光谱相似性度量方法[108]，该方法将高维光谱数据划分为多个网格子空间，采用改进的 LLE 算法依次实现每个子空间从高维空间向低维空间的特征映射，计算生成子空间的相似度矩阵，最后将子空间相似度矩阵归一化处理并求解所累加和生成光谱样本集的相似度矩阵，实现光谱的相似性度量。

将模式识别方法与谱图检索算法联合使用，可以提高光谱的检索速度和准确性。加拿大皇家骑警法医实验室开发的国际法医汽车油漆数据查询（PDQ）系统是一个以汽车原油漆化学与颜色信息为检索信息的数据库，可将犯罪现场或嫌疑车辆的油漆数据跟数据库已知的油漆样本做比较，搜索出信息相似的车辆，很快缩小侦查的范围。该数据库包含了超过20000辆汽车的信息，涉及上千家汽车制造厂，拥有超过80000个油漆层信息，而且每年都有500多个样本对PDQ数据库扩充[109-111]。该数据库包括两个文本信息，一个是车辆的型号、厂家、年份等车型信息；一个是层次的顺序、数量、颜色和化学成分等信息，还包括每层油漆的红外光谱图。基于PDQ红外光谱数据库，Lavine等开展了系统的研究工作[112-114]。例如，他们首先将车漆的红外光谱进行小波变换，然后用遗传算法选取小波系数特征变量，再用主成分分析将车漆进行聚类分析，对于待分析样本，首先快速判断其大类，然后再通过谱图检索算法得到精准的结果。他们还对光谱进行分段的自相关变换和互相关变换处理，以消除不同型号光谱仪器之间光谱细微差异对谱图检索结果的影响。在刑侦等领域，光谱检索方法越来越多地与专家知识和经验相结合，并通过概率论方法，例如似然比（Likelihood Ratio）进行进一步的评价和融合[115,116]。

将谱图检索算法直接用于近红外光谱定量分析也取得了较大进展。例如李敬岩等将移动相关系数与蒙特卡罗方法结合用于近红外光谱定量分析中，直接用谱图检索算法预测汽油的辛烷值和化学组成[117]。如图12-22所示，该方法首先基于移动相关系数方法从校正集中选取一组与待测样本光谱最相近的样本，采用蒙特卡罗方法利用这一组最相近的光谱产生上千个虚拟光谱，然后再采用移动相关系数方法检索到与待测样本光谱完全一致的所有虚拟光谱，根据"样本相同、光谱相同、性质相同"的基本原则，最终采用加权平均的方式给出定量分析结果。遇到光谱数据库界外样本时，与传统多元校正方法逐个更新模型不同，谱图检索定量方法只需将界外样本按照一定规则添加到光谱数据库即可，操作极为方便，不需要专业建模人员。因此，这一将谱图检索方法用于定量分析的策略有望成为一种常用的方法。Bi等也提出类似的思路，将谱图检索算法用于烟草品质的评价、烟叶替代与卷烟配方维护[118,119]。

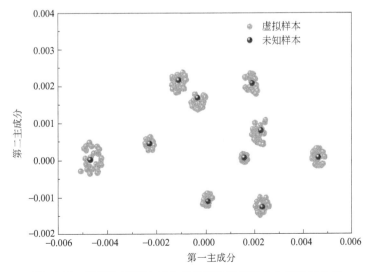

图 12-22　谱图检索算法结合虚拟光谱用于定量分析的示意图

在多元定量校正中称为模型传递（Calibration Transfer）的仪器之间存在差异的问题，在光谱检索技术中依然存在。不仅不同品牌的光谱仪器之间存在着一定的差异，即使同一型号的仪器之间也有微小的差异，模型传递算法的实质是光谱之间的数学变换。随着光谱库应用面的不断扩大，尽管这一问题在光谱检索中得到了越来越多的关注[120-125]，但与多元定量校正相比，研究得尚不系统，也鲜有实际应用的报道案例，有待进一步深入做工作。

最后，值得提出的是，在关注光谱检索算法和策略的同时，更应高度重视建立光谱库的实验技术，即如何获取高品质（信息量大、特征性强、信噪比高、再现性好等）的标准库光谱和待测样本光谱，这涉及到仪器选型、样品预处理、测量方式与附件选型、测量参数的优化、建库流程的标准化等诸多技术细节[38]。高品质的光谱是所有检索方法的基础，因此，某种程度上讲，建立光谱库的实验技术要比检索方法更重要。

参考文献

［1］ Brereton R G. Chemometrics for Pattern Recognition [M]. Roseland：Wiley，2008.

［2］ 李卫军，覃鸿，于丽娜，等. 近红外光谱定性分析原理、技术及应用 [M]. 北京：科学出版社，2021.

［3］ 孙秀娟，刘希玉. 基于初始中心优化的遗传 K-Means 聚类新算法 [J]. 计算机工程与应用，2008，44（23）：166-169.

［4］ 刘靖明，韩丽川，侯立文. 基于粒子群的 K 均值聚类算法 [J]. 系统工程理论与实践，2005，（6）：54-58.

［5］ 杨昕，彭玉青. 结合蚂蚁算法的 K-Means 聚类分析 [J]. 河北工业大学学报，2007，36（3）：48-52.

［6］ 褚小立，袁洪福，陆婉珍. 光谱结合主成分分析和模糊聚类方法的样品聚类与识别 [J]. 分析化学，2000，28（4）：421-427.

［7］ 李新会，罗红元，徐晓琴，等. 基于主成分分析和高斯混合模型的茶叶分类研究 [J]. 郑州大学学报（理学版），2015，47（4）：62-65.

［8］ 孙晓丹，李新会，石伟民，等. 基于粒子群优化算法的高斯混合模型和高斯混合回归用于橄榄油品质分析 [J]. 平顶山学院学报，2015，30（5）：62-65.

［9］ Wang W，Jiang H，Liu G H，et al. Quantitative Analysis of Yeast Growth Process Based on FT-NIR Spectroscopy Integrated with Gaussian Mixture Regression [J]. RSC Advances，2017，7（40）：24988-24994.

［10］ 杨淑莹. 模式识别与智能计算 Matlab 技术实现 [M]. 3 版. 北京：电子工业出版社，2015.

［11］ Nørgaard L，Bro R，Westad F，et al. A Modification of Canonical Variates Analysis to Handle Highly Collinear Multivariate Data [J]. Journal of Chemometrics，2006，20（8-10）：425-435.

［12］ Canals T，Riba J R，Cantero R，et al. Characterization of Paper Finishes by Use of Infrared Spectroscopy in Combination with Canonical Variate Analysis [J]. Talanta，2008，77（2）：751-757.

［13］ Oliveri P. Class-Modelling in Food Analytical Chemistry：Development，Sampling，Optimisation and Validation Issues-A tutorial [J]. Analytica Chimica Acta，2017，982：9-19.

［14］ Rodionova O Y，Oliveri P，Pomerantsev A L. Rigorous and Compliant Approaches to One-class Classification [J]. Chemometrics and Intelligent Laboratory Systems，2016，159：89-96.

［15］ Moussa Y，Ferey L，Sakira A K，et al. Green Analytical Methods of Antimalarial Artemether-Lumefantrine Analysis for Falsification Detection Using a Low-Cost Handled NIR Spectrometer with DD-SIMCA and Drug Quantification by HPLC [J]. Molecules，2020，25（15）：3397.

［16］ Faqeerzada M A，Lohumi S，Joshi R，et al. Non-Targeted Detection of Adulterants in Almond Powder Using Spectroscopic Techniques Combined with Chemometrics [J]. Foods，2020，9（7）：876.

［17］ Chen H，Tan C，Lin Z. Express Detection of Expired Drugs Based on Near-infrared Spectroscopy and Chemometrics：A feasibility Study [J]. Spectrochimica Acta Part A：Molecular and Biomolecular Spectroscopy，2019，220：117153

［18］ Mazivila S J，Pascoa R N M J，Castro R C，et al. Detection of Melamine and Sucrose as Adulterants in Milk Powder Using Near-infrared Spectroscopy with DD-SIMCA as One-class Classifier and MCR-ALS as a Means to Provide Pure Profiles of Milk and of Both Adulterants with Forensic Evidence：A Short Communication [J]. Talanta 2020，216：120937.

［19］ 黄永昌. Scikit-learn 机器学习 [M]. 北京：机械工业出版社，2018.

[20] 甘博瑞，杨辉华，张卫东，等.基于堆栈压缩自编码的近红外光谱药品鉴别方法 [J].光谱学与光谱分析，2019，39（1）：96-102.

[21] 王磊，覃鸿，李静，等.近红外高光谱图像的宁夏枸杞产地鉴别 [J].光谱学与光谱分析，2020，40（4）：1270-1275.

[22] 刘焕军，孟祥添，王翔，等.反射光谱特征的土壤分类模型 [J].光谱学与光谱分析，2019，39（8）：2481-2485.

[23] 柯元楚，史忠奎，李培军，等.基于 Hyperion 高光谱数据和随机森林方法的岩性分类与分析 [J].岩石学报，2018，34（7）：2181-2188.

[24] 孔清清，丁香乾，宫会丽，等.基于随机森林结合博弈论的特征选择算法在近红外光谱分类中的应用研究 [J].分析测试学报，2017，36（10）：1203-1207.

[25] 赖燕华，林云，陶红，等.烟叶霉变的快速识别-基于近红外光谱与随机森林算法 [J].中国烟草学报，2020，26.

[26] 李志豪，沈俊，边瑞华，等.机器学习算法用于公安一线拉曼实际样本采样学习及其准确度比较 [J].光谱学与光谱分析，2019，39（7）：2171-2175.

[27] 王远，折帅，周南，等.基于太赫兹时域光谱技术的红木分类识别 [J].光谱学与光谱分析，2019，39（9）：2719-2724.

[28] Zhou Y H，Zuo Z T，Xu F R，et al. Origin Identification of Panax Notoginseng by Multi-Sensor Information Fusion Strategy of Infrared Spectra Combined with Random Forest [J]. Spectrochimica Acta Part A：Molecular and Biomolecular Spectroscopy，2020，226：117619.

[29] Amjad A，Ullah R，Khan S，et al. Raman Spectroscopy Based Analysis of Milk Using Random Forest Classification [J]. Vibrational Spectroscopy，2018，99：24-129.

[30] 马利芳，熊黑钢，张芳.基于野外 VIS-NIR 光谱的土壤盐分主要离子预测 [J].土壤，2020，52（1）：188-194.

[31] 李冠稳，高小红，肖能文，等.基于 CARS-RF 算法的高光谱估算土壤有机质含量 [J].发光学报，2019，40（8）：1030-1039.

[32] 郑培超，郑爽，王金梅，等.LIBS 中药材石斛等级识别研究 [J].光谱学与光谱分析，2020，40（3）：941-944.

[33] 李茂刚，闫春华，薛佳，等.近红外光谱结合小波变换-随机森林法快速定量分析甲醇汽油中甲醇含量 [J].分析化学，2019，47（12）：1995-2003.

[34] De Santana F B，De Souza A M，Poppi R J. Visible and Near Infrared Spectroscopy Coupled to Random Forest to Quantify Some Soil Quality Parameters [J]. Spectrochimica Acta Part A：Molecular and Biomolecular Spectroscopy，2018，191：454-462.

[35] Teixeira A F D S，Pelegrino M H P，Faria W M，et al. Tropical Soil pH and Sorption Complex Prediction via Portable X-ray Fluorescence Spectrometry [J]. Geoderma，2020，（361）：114132.

[36] Zhang S P，Tan Z L，Liu J，et al. Determination of the Food Dye Indigotine in Cream by Near-Infrared Spectroscopy Technology Combined with Random Forest Model [J]. Spectrochimica Acta Part A：Molecular and Biomolecular Spectroscopy，2020，227：117551.

[37] Blanco M，Romero M A. Near-Infrared Libraries in the Pharmaceutical Industry：A Solution for Identity Confirmation [J]. Analyst，2001，126（12）：2212-2217.

[38] Lavine B，Almirall J，Muehlethaler C，et al. Criteria for Comparing Infrared Spectra-A Review of the Forensic and Analytical Chemistry Literature [J]. Forensic Chemistry，2020，18：100224.

[39] Araujo C F，Nolasco M M，Ribeiro A M P，et al. Identification of Microplastics Using Raman Spectroscopy：Latest Developments and Future Prospects [J]. Water Research，2018，142：426-440.

[40] Terhoeven-Urselmans T，Vagen T G，Spaargaren O，et al. Prediction of Soil Fertility Properties from a Globally Distributed Soil Mid-Infrared Spectral Library [J]. Science Society of America Journal，2010，74（5）：1792-1799.

[41] Veij M D，Vandenabeele P，Beer T D，et al. Reference Database of Raman Spectra of Pharmaceutical Excipients [J]. Journal of Raman Spectroscopy，2008，40（3）：297-307.

[42] Lafuente B，Downs R T，Yang H，et al. The Power of Databases：The RRUFF Project [J]. Highlights in mineralogical crystallography，2015，（1）：1-30.

[43] Viscarra Rossel R A，Behrens T，Ben-Dor E，et al. A Global Spectral Library to Characterize the World's Soil [J]. Earth-Science Reviews，2016，155：198-230.

[44] Zhou W，Ying Y，Xie L. Spectral Database Systems：A Review [J]. Applied Spectroscopy Reviews，2012，47（8）：654-670.

[45] 王黎，郭洪玲，朱军，等.统计学方法在微量物证数据处理中的应用 [J].刑事技术，2020，45（2）：125-130.

[46] 王继芬，高春芳，徐佰祺，等.鞋底材料的中红外光谱可视化快速鉴别 [J].中国塑料，2019，33（8）：101-105.

[47] Leung A K，Chau F M，Gao J B，et al. Application of Wavelet Transform in Infrared Spectrometry：Spectral

Compression and Library Search [J]. Chemometrics and Intelligent Laboratory Systems，1998，43 (1-2)：69-88.

[48] 赵春晖，田明华，李佳伟. 光谱相似性度量方法研究进展 [J]. 哈尔滨工程大学学报，2017，38 (8)：1179-1189.

[49] Chang C I. An Information-Theoretic Approach to Spectral Variability，Similarity，and Discrimination for Hyperspectral Image Analysis [J]. IEEE Transactions on Information Theory，2000，46 (5)：1927-1932.

[50] 鄢悦，张红光，等. 基于光谱信息散度的近红外光谱局部偏最小二乘建模方法 [J]. 计算机与应用化学，2017，34 (5)：18-22.

[51] 刘永锁，曹敏，王义明，等. 相似系统理论定量评价中药材色谱指纹图谱的相似度 [J]. 分析化学，2006，34 (3)：333-337.

[52] 张其林，王先培，赵宇，等. 基于相似系统理论的红外光谱谱图比对方法 [J]. 光谱实验室，2013，30 (6)：2742-2746.

[53] Varmuza K，Karlovits M，Demuth W. Spectral Similarity versus Structural Similarity：Infrared Spectroscopy [J]. Analytica Chimica Acta，2003，490 (1&2)：313-324.

[54] 周万怀，谢丽娟，应义斌. 全光谱匹配算法在苹果分类识别中的应用 [J]. 农业工程学报，2013，(19)：285-292.

[55] 孟庆华，王微波，胡育筑. 紫外光谱相似度及其在中药注射液质量控制中的应用 [J]. 中国中药杂志，2007，32 (3)：206-210.

[56] 唐天彪，杨辉华，梁晓智，等. 带权相似度度量方法及其在光谱异常判定中的应用 [J]. 桂林电子科技大学学报，2012，32 (5)：391-397.

[57] 李茵，吕建伟，陈琳. 用紫外光谱相似度法考察不同浓度丹参注射液的稳定性 [J]. 药学服务与研究，2011，11 (4)：304-306.

[58] Khan S S，Madden M G. New Similarity Metrics for Raman Spectroscopy [J]. Chemometrics and Intelligent Laboratory Systems，2012，114 (1)：99-108.

[59] Plugge W，Vlies C J V D. Near-Infrared Spectroscopy as an Alternative to Assess Compliance of Ampicillin Trihydrate with Compendia Specifications [J]. Journal of Pharmaceutical and Biomedical Analysis，1993，11 (6)：435-442.

[60] Ritchie G E，Mark H，Ciurczak E W. Evaluation of the Conformity Index and the Mahalanobis Distance as a Tool for Process Analysis：A Technical Note [J]. AAPS Pharm Sci Tech，2003，4 (2)：109-118.

[61] Feng Y C，Yang X L，Yang Z H，et al. Monitoring the Quality of Drugs in Circulation Using Rapid NIR Spectral Comparison Methods [J]. Journal of Chinese Pharmaceutical Sciences，2011，20 (3)：290-296.

[62] 张学博，尹利辉. 近红外光谱一致性检验方法用于快速判断药品质量的研究 [J]. 药物分析杂志，2011，31 (3)：603-608.

[63] 周伟，陈雯. 应用近红外漫反射光谱法对红霉素薄膜衣片进行一致性检验 [J]. 中国药师，2009，12 (4)：451-452.

[64] 聂黎行，王钢力，李志猛，等. 近红外光谱法对同仁乌鸡白凤丸的定性和定量分析 [J]. 红外与毫米波学报，2008，27 (3)：205-209.

[65] 陶鹰，党立志，刘娟，等. 近红外光谱法在卷烟制丝质量稳定性控制中的应用 [J]. 光谱实验室，2013，30 (1)：27-32.

[66] 卢莺，姜磊，邬文文，等. 基于衰减全反射法的纺织纤维红外光谱库的建立与应用研究 [J]. 中国纤检，2013，(1)：71-73.

[67] 王岩，纪雷，王英杰，等. 塑料树脂红外标准光谱库的创建与应用 [J]. 工程塑料应用，2005，33 (9)：47-51.

[68] Howari F M. Comparison of Spectral Matching Algorithms for Identifying Natural Salt Crusts [J]. Journal of Applied Spectroscopy，2003，70 (5)：782-787.

[69] Reeves J B，Zapf C M. Spectral Library Searching：Mid-Infrared versus Near-Infrared Spectra for Classification of Powdered Food Ingredient [J]. Applied Spectroscopy，1999，53 (7)：836-844.

[70] 陈涛，龙先军，魏朗，等. 基于傅里叶红外光谱的汽车车身油漆比对 [J]. 光谱学与光谱分析，2013，33 (2)：367-370.

[71] 和挺，沈京玲. 太赫兹光谱技术在毒品检测中的应用研究 [J]. 光谱学与光谱分析，2013，33 (9)：2348-2353.

[72] Guedes A，Ribeiro H，Fernandez-Gonzalez M，et al. Pollen Raman Spectra Database：Application to the Identification of Airborne Pollen [J]. Talanta，2014，119：473-478.

[73] Meer F V D. The Effectiveness of Spectral Similarity Measures for the Analysis of Hyperspectral Imagery [J]. International Journal of Applied Earth Observation and Geoinformation，2006，8 (1)：3-17.

[74] Blanco M，Eustaquio A，González J M，et al. Identification and Quantitation Assays for Intact Tablets of two Related Pharmaceutical Preparations by Reflectance Near-Infrared Spectroscopy：Validation of the Procedure [J]. Journal of Pharmaceutical and Biomedical Analysis，2000，22 (1)：139-148.

[75] 张学博，马金金，曹丽梅. 近红外光谱相关系数法用于快速检测药品的质量 [J]. 光谱实验室，2013，30 (4)：

2010-2015.

［76］ 王学良，冯艳春，胡昌勤.近红外特征谱段相关系数法测定中药胶囊中添加枸橼酸西地那非 ［J］.分析化学，2009，37（12）：1825-1828.

［77］ 徐永群，孙素琴，许锦文.红外指纹图谱库与阵列相关系数法快速鉴别中药材 ［J］.光谱实验室，2002，19（5）：606-610.

［78］ Park J K，Park A，Yang S K，et al. Raman Spectrum Identification Based on the Correlation Score Using the Weighted Segmental Hit Quality Index ［J］. Analyst，2017，142（2）：380-388.

［79］ Griffiths P R，Shao L M. Self-Weighted Correlation Coefficients and Their Application to Measure Spectral Similarity ［J］. Applied Spectroscopy，2009，63（8）：916-919.

［80］ Chu X L，Xu Y P，Tian S B，et al. Rapid Identification and Assay of Crude Oils Based on Moving-Window Correlation Coefficient and Near Infrared Spectral Library ［J］. Chemometrics and Intelligent Laboratory Systems. 2011，107（1）：44-49.

［81］ 褚小立，田松柏，许育鹏，等.近红外光谱用于原油快速评价的研究 ［J］.石油炼制与化工，2012，43（1）：72-77.

［82］ Li J Y，Chu X L，Tian S B，et al. The Identification of Highly Similar Crude Oils by Infrared Spectroscopy Combined with Pattern Recognition Method ［J］. Spectrochimica Acta Part A：Molecular and Biomolecular Spectroscopy，2013，112（8）：457-462.

［83］ 李敬岩，褚小立，田松柏.红外二维相关光谱在原油快速识别中的应用 ［J］，石油学报（石油加工），2013，29（4）：655-660.

［84］ 郭正飞，戴连奎.基于近红外谱形分析的中药提取过程终点判断 ［J］.光谱实验室，2013，30（5）：2418-2423.

［85］ Ramirez-Lopez L，Behrens T，Schmidt K，et al. Distance and Similarity-Search Metrics for Use with Soil Vis-NIR Spectra ［J］. Geoderma，2013，199（1）：43-53.

［86］ Liu X F，Yang C. A Kernel Spectral Angle Mapper Algorithm for Remote Sensing Image Classification ［J］. International Congress on Image and Signal Processing，Hangzhou，2013：814-818.

［87］ Camps-Valls G. Kernel Spectral Angle Mapper ［J］. Electronics Letters，2016，52（14）：1218-1220.

［88］ Van D M F，Bakker W. CCSM：Cross Correlogram Spectral Matching ［J］. International Journal of Remote Sensing，1997，18（5）：1197-1201.

［89］ Himmelsbach D S，Hellgeth J W，McAlister D D. Development and Use of an Attenuated Total Reflectance/Fourier Transform Infrared（ATR/FT-IR）Spectral Database to Identify Foreign Matter in Cotton ［J］. Journal of Agricultural and Food Chemistry. 2006，54（20）：7405-7412.

［90］ Loudermilk J B，Himmelsbach D S，Barton F E，et al. Novel Search Algorithms for a Mid-Infrared Spectral Library of Cotton Contaminants ［J］. Applied Spectroscopy，2008，62（6）：661-670.

［91］ 孔祥兵，舒宁，陶建斌.一种基于多特征融合的新型光谱相似性测度 ［J］.光谱学与光谱分析，2011，31（8）：2166-2170.

［92］ 赵朝方，齐敏珺，马佑军，等.一种基于荧光光谱的溢油种类识别方法：ZL201010216725.6 ［P］.2010.

［93］ 冯春，赵南京，殷高方，等.基于光谱相似性分析的水体致病菌种类识别方法 ［J］.光学学报，2020，40（3）：0330002.

［94］ 张涛，郝凤龙，贾二惠，等.一种危险液体混合物的拉曼光谱定性定量识别方法 ［J］.光谱学与光谱分析，2019，39（11）：3372-3376.

［95］ 刘铭晖，董作人，辛国锋，等.基于 Voigt 函数拟合的拉曼光谱谱峰判别方法 ［J］.中国激光，2017，44（5）：0511003.

［96］ 刘铭晖，董作人，辛国锋，等.基于集成特征的拉曼光谱谱库匹配方法 ［J］.中国激光，2019，46（1）：0111002.

［97］ 魏昌龙，赵玉国，李德成，等.基于相似光谱匹配预测土壤有机质和阳离子交换量 ［J］.农业工程学报，2014，30（1）：81-88.

［98］ 石雪，蔡文生，邵学广.基于小波系数的近红外光谱局部建模方法与应用研究 ［J］.分析化学，2008，36（8）：1093-1096.

［99］ Genot V，Colinet G，Bock L，et al. Near Infrared Reflectance Spectroscopy for Estimating Soil Characteristics Valuable in the Diagnosis of Soil Fertility ［J］. Journal of Near Infrared Spectroscopy，2011，19（2）：117-138.

［100］ Dambergs R，Cozzolino D，Cynkar W，et al. The Determination of Red Grape Quality Parameters Using the LOCAL Algorithm ［J］. Journal of Near Infrared Spectroscopy，2006，14（1）：71-79.

［101］ Fernandez-Ahumada E，Fearn T，Gomez-Cabrera A，et al. Evaluation of Local Approaches to Obtain Accurate Near-Infrared（NIR）Equations for Prediction of Ingredient Composition of Compound Feeds ［J］. Applied Spectroscopy，2013，67（8）：924-929.

[102] 李敬岩，褚小立，陈瀑，等. 光谱自动检索算法在快速建立汽油光谱数据库中的应用 [J]. 石油学报（石油加工），2017，33（1）：131-137.

[103] Lee S，Lee H，Chung H. New Discrimination Method Combining Hit Quality Index Based Spectral Matching and Voting [J]. Analytica Chimica Acta，758，58-65.

[104] 张平，王新柯，李海涛，等. 基于分形理论的太赫兹光谱识别 [J]. 量子电子学报，2007，24（6）：672-677.

[105] Qin Y H，Duan K，Wu L J，et al. Similarity Measure Method Based on Spectra Subspace and Locally Linear Embedding Algorithm [J]. Infrared Physics and Technology，2019，100：57-61.

[106] 宋春静，丁香乾，徐鹏民，等. 基于邻近集计算的光谱相似性测度方法研究 [J]. 光谱学与光谱分析，2017，37（7）：2032-2035.

[107] 雷猛，冯新泸. 基于近红外光谱技术的内燃机油鉴别研究 [J]. 分析测试学报，2009，28（5）：529-534.

[108] 徐宝鼎，丁香乾，秦玉华，等. 基于网格划分局部线性嵌入算法的近红外光谱相似性度量方法 [J]. 激光与光电子学进展，2019，56（3）：251-257.

[109] Lavine B K，Mirjankar N，Ryland S，et al. Wavelets and Genetic Algorithms Applied to Search Prefilters for Spectral Library Matching in Forensics [J]. Talanta，2011，87：46-52.

[110] Lavine B K，Nuguru K，Mirjankar N，et al. Development of Carboxylic Acid Search Prefilters for Spectral Library Matching [J]. Microchemical Journal，2012，103：21-36.

[111] Lavine B K，Fasasi A，Mirjankar N，et al. Search Prefilters For Library Matching of Infrared Spectra in the PDQ Database Using the Autocorrelation Transformation [J]. Microchemical Journal，2014，113：30-35.

[112] Lavine B K，White C，Allen M，et al. Pattern Recognition-Assisted Infrared Library Searching of the Paint Data Query Database to Enhance Lead Information from Automotive Paint Trace Evidence [J]. Applied Spectroscopy，2016，71（3）：480-495.

[113] Lavine B K，White C，Allen M. Forensic Analysis of Automotive Paints Using a Pattern Recognition Assisted Infrared Library Searching System：Ford（2000-2006）[J]. Microchemical Journal，2016，129：173-183.

[114] Lavine B K，White C G，Ding T. Library Search Prefilters for Vehicle Manufacturers to Assist in the Forensic Examination of Automotive Paints [J]. Applied Spectroscopy，2018，72（3）：476-488.

[115] Martyna A，Michalska A，Zadora G. Interpretation of FTIR spectra of polymers and Raman spectra of car paints by means of likelihood ratio approach supported by wavelet transform for reducing data dimensionality [J]. Analytical and Bioanalytical Chemistry，2015，407（12）：3357-3376.

[116] Muehlethaler C，Massonnet G，Hicks T. Evaluation of Infrared Spectra Analyses Using a Llikelihood Ratio Approach：A Practical Example of Spray Paint Examination [J]. Science and Justice，2016，56（2）：61-72.

[117] Li J Y，Chu X L. Rapid Determination of Physical and Chemical Parameters of Reformed Gasoline by Near-Infrared（NIR）Spectroscopy Combined with the Monte Carlo Virtual Spectrum Identification Method [J]. Energy and Fuels，2018，32（12）：12013-12020.

[118] Bi Y M，Li S T，Zhang L L，et al. Quality Evaluation of Flue-Cured Tobacco by Near Infrared Spectroscopy and Spectral Similarity Method [J]. Spectrochimica Acta Part A Molecular and Biomolecular Spectroscopy，2019，215：398-404.

[119] 李石头，廖付，何文苗，等. 基于近红外光谱相似的烟叶替代与卷烟配方维护 [J]. 烟草科技，2020，53（2）：88-93.

[120] Yoon W L，Jee R D，Moffat A C，et al. Construction and Transferability of a Spectral Library for the Identification of Common Solvents by Near-Infrared Transflectance Spectroscopy [J]. 1999，Analyst，124（8）：1197-1203.

[121] Yoon W L，Jee R D，Moffat A C. An Interlaboratory Trial to Study the Transferability of a Spectral Library for the Identification of the Solvents Using Near-Infrared Spectroscopy [J]. Analyst，2000，125（10）：1817-1822.

[122] 马兰芝，管亮，冯新泸，等. 基于普鲁克分析的润滑油红外光谱指纹区相似度评价方法 [J]. 石油学报（石油加工），2013，29（5）：891-898.

[123] Genot V，Colinet G，Dardene P，et al. Transferring a Calibration Model and a Spectral Library to a Soil Analysis Laboratory Network [J]. Geophysical Research Abstracts，2009，（11）：2805.

[124] Lavine B K，Fasasi A，Mirjankar N，et al. Development of Search Prefilters for Infrared Library Searching of Clear Coat Paint Smears [J]. Talanta，2014，119：331-340.

[125] Chen H，Zhang Z M，Miao L，et al. Automatic Standardization Method for Raman Spectrometers with Applications to Pharmaceuticals [J]. Journal of Raman Spectroscopy，2014，46（1）：147-154.

模型的评价

13.1 定量校正模型的评价

13.1.1 评价参数

模型建立和验证过程中会用到一些统计参数，如校正标准偏差（SEC）、预测标准偏差（SEP）、决定系数（R^2）或相关系数（R）等[1,2]。

（1）偏差或残差（d）与极差（e）

$$偏差 \; d_i = y_{i,\text{predicted}} - y_{i,\text{actual}}$$

式中，$y_{i,\text{actual}}$ 为第 i 个样品参考方法的测定值，$y_{i,\text{predicted}}$ 为校正集或验证集第 i 个样品的预测值。

一般要求偏差 d_i 小于参考测量方法规定的再现性。

平均偏差（bias）为所有校正集或验证集所有样本偏差 d_i 的平均值。极差 e 为校正集或验证集所有样本偏差中的最大值，即 $e = \max(d_i)$。

（2）校正标准偏差（Standard Error of Calibration，SEC）

$$SEC = \sqrt{\frac{\sum\limits_{i=1}^{n}(y_{i,\text{actual}} - y_{i,\text{predicted}})^2}{n-1}}$$

式中，$y_{i,\text{actual}}$ 为第 i 个样品参考方法的测定值；$y_{i,\text{predicted}}$ 为用所建模型对校正集中第 i 个样品的预测值；n 为校正集的样品数。

在一些文献中，SEC 也称为 RMSEC(Root Mean Square Error of Calibration)。

（3）交互验证的校正标准偏差（Standard Error of Cross Validation，SECV）

$$SECV = \sqrt{\frac{\sum\limits_{i=1}^{n}(y_{i,\text{actual}} - y_{i,\text{predicted}})^2}{n-1}}$$

式中，$y_{i,\text{actual}}$ 为第 i 个样品参考方法的测定值；$y_{i,\text{predicted}}$ 为校正集交互验证过程中第 i 个样品的预测值；n 为校正集的样品数。

在一些文献中，SECV 也称为 RMSECV(Root Mean Square Error of Cross Validation)。

（4）预测标准偏差（Standard Error of Prediction，SEP）

$$SEP = \sqrt{\frac{\sum\limits_{i=1}^{n}(y_{i,\text{actual}} - y_{i,\text{predicted}})^2}{m-1}}$$

式中，$y_{i,\text{actual}}$ 为第 i 个样品参考方法的测定值；$y_{i,\text{predicted}}$ 为验证集预测过程中第 i 个样品的光谱方法预测值；m 为验证集的样品数。

在一些文献中，SEP 也称为 RMSEP（Root Mean Square Error of Prediction）。SEP 越小，表明所建模型的预测能力越强。通常，SEP 要大于 SEC 和 SECV。

不同文献中的 SEC 和 SEP 计算公式也略有不同。例如，有些文献给出的 SEC 考虑了 PLS 主因子数 f，SEP 则是经过平均偏差（bias）修正的，即：

$$SEC = \sqrt{\frac{\sum\limits_{i=1}^{n}\left(y_{i,\text{actual}} - y_{i,\text{predicted}}\right)^2}{n-f-1}}$$

$$SEP_{-b} = \sqrt{\frac{\sum\limits_{i=1}^{n}\left(y_{i,\text{actual}} - y_{i,\text{predicted}} - \text{bias}\right)^2}{m-1}}$$

$$SEP^2 = SEP_{-b}^2 + \text{bias}^2$$

（5）验证集标准偏差与预测标准偏差的比值（Ratio of Standard Deviation of The Validation Set to Standard Error of Prediction，RPD）

$$RPD = \frac{SD_v}{SEP}$$

式中，SD 为验证集所有样本浓度值的标准偏差。

验证集样本的性质分布越宽越均匀、SEP 越小，RPD 值将越大。

（6）浓度范围与预测标准误差的比值（Ratio of the SEP to the Range，RER）

$$RER = Rn/SEP$$

式中，Rn 为验证集样本的性质分布范围，即浓度的极差。

若验证集样本的浓度呈正态分布，存在 RER＝2×RPD 的关系。

（7）验证集四分位距与预测标准偏差的比值（Ratio of Performance to Interquartile Range，RPIQ）

对于正态分布的一组数据，可用标准偏差表示它的分布情况，即约 67% 概率的样本分布在 $\pm SD$ 范围内。但对于一些样本集，例如土壤中的有机碳含量，其分布近似于对数正态分布，约 93% 概率的样本分布在 $\pm SD$ 范围内。这时可用四分位距（Interquartile Range，IQR）替代标准偏差计算新的评价参数 RPIQ[3]。

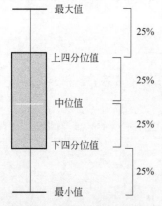

四分位数（Quartile）是统计学中分位数的一种，即把所有数值由小到大排列并分成四等份，处于三个分割点位置的数值就是四分位数（图 13-1）。第一四分位数（Q1），又称"较小四分位数"，等于该样本中所有数值由小到大排列后第 25% 的数字；第二四分位数（Q2），又称"中位数"，等于该样本中所有数值由小到大排列后第 50% 的数字；第三四分位数（Q3），又称"较大四分位数"，等于该样本中所有数值由小到大排列后第 75% 的数字；第三四分位数与第一四分位数的差距称四分位距（Interquartile Range，IQR）。

RPIQ 的计算公式如下：

图 13-1　四分位数分割示意图

$$RPIQ = (Q3 - Q1)/SEP$$

（8）决定系数（R^2）或相关系数（R）

$$R^2 = 1 - \dfrac{\sum\limits_{i=1}^{n}(y_{i,\text{actual}} - y_{i,\text{predicted}})^2}{\sum\limits_{i=1}^{n}(y_{i,\text{actual}} - \overline{y}_{\text{actual}})^2}$$

式中，$y_{i,\text{actual}}$ 为第 i 个样品参考方法的测定值；$\overline{y}_{\text{actual}}$ 为校正集或验证集所有样品参考方法测定值的平均值；$y_{i,\text{predicted}}$ 为校正集或验证集预测过程中第 i 个样品的预测值；n 为校正集或验证集的样品数。

在浓度范围相同的前提下，R 越接近 1，回归或预测结果应越好。

对于 $R^2 < 0.9$，只需要保留一位有效数字表示 R^2，例如，$R^2 = 0.8$；对于 $R^2 < 0.99$，需要保留两位有效数字表示 R^2，例如，$R^2 = 0.96$；对于 $R^2 < 0.999$，需要保留三位有效数字表示 R^2，例如，$R^2 = 0.994$；对于 $R^2 < 0.9999$，需要保留四位有效数字表示 R^2，例如，$R^2 = 0.9998$。

（9）成对 t 检验

假设光谱方法与参考方法间无系统误差，则两种方法测定结果间差值的平均值 $\overline{d}$ 与 0 之间应无显著性差异，即 $\overline{d} = 0$。成对 t 检验统计量为：

$$t = \dfrac{\overline{d}}{S_{\text{d}}/\sqrt{m}}$$

式中，$\overline{d}$ 为光谱法和参考方法两种测定结果间偏差的平均值；S_{d} 为两种分析方法测定结果间偏差的标准偏差；m 为测定样本数。

对一给定的显著性水平 α，若 $|t| < t_{(\alpha, m-1)}$，说明校正模型的预测值与参考方法的平均测定值结果之间无显著性差异。

13.1.2　模型的评价

通常，光谱结合化学计量学的方法中，需要报告的建模参数和结果应包括：校正样本数目、性质分布范围和标准偏差、参考方法及其重复性和再现性要求、光谱预处理方法及其参数、波长选取方法及波长范围、多元定量校正或定性校正方法、剔除的界外样本数、回归和验证及其统计参数（如最佳主因子数、校正标准偏差 SEC、验证标准偏差 SEP 和交互验证标准偏差 SECV 等）。

13.1.2.1　校正集的数量和代表性

对校正样本的要求主要有两个，一是样品应具代表性，其组成应包含以后待测样品所包含的所有化学组分，其变化范围应大于待测样品对应性质的变化范围，通常变化范围要大于参考测量方法再现性的 5 倍，且在整个变化范围内是均匀分布的，例如标准方法测定汽油研究法辛烷值的再现性为 0.7 个单位，则校正样本的变化范围至少为 3.5 个单位；二是数量应足够多，以能有效提取出光谱与待测组分之间的定量数学关系，对于简单的测量体系，至少需要 60 个有代表性的样品，对于复杂的测量体系，至少需要上百个有代表性的样品。

如图 13-2，有时模型建立过程还会用到测试集（Test Set），有文献也称控制集或优化集（Optimization Set），实际上其应属于校正集（或训练集）［Calibration set（Training set）］的一部分，主要用于模型参数的确定和优化，如可以通过测试集选取波长、预处理方法和 PLS 主因子数等，另外，ANN 的"早停止"策略也是基于测试集进行的。

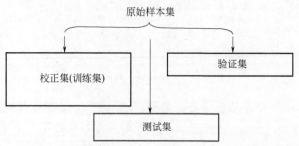

图 13-2　样本集、校正集、验证集和测试集的关系❶

通常将收集得到的原始样本集（Original Sample set）中 20％用作测试集样本，20％用作独立验证集样本（Validation Set），剩余的 60％用于交互验证建立模型，待模型参数优化后，再将 20％测试集样本和 60％校正集样本合并，用于最终模型的建立。应同时考虑校正集、测试集、验证集样本的样本和代表性。

13.1.2.2　模型建立过程的评价

模型建立过程中，需要用到 SEC、SECV 和 R^2 等指标对模型的质量进行评价，以选取最优的建模参数。

SEC 越小，表明模型回归得越好。一般 SEC 与参考测量方法规定的重复性相当。如果 SEC 过小，说明校正过程可能存在过拟合现象，通常 SECV 大于 SEC。

校正结果的决定系数（R^2）也可写成：

$$R^2 = 1 - \frac{\mathrm{SEC}^2}{\mathrm{SD_c^2}}$$

式中，SEC 为校正标准偏差；$\mathrm{SD_c}$ 为校正集浓度值的标准偏差。

可以看出，R^2 的大小与浓度分布范围有关，相同的 SEC，浓度分布范围越宽（$\mathrm{SD_c}$ 越大），R^2 也越大。

可以估算出 R^2 的最大值：

$$R^2_{\max} = 1 - \frac{\mathrm{SEL}^2}{\mathrm{SD_c^2}}$$

式中，SEL 为参考方法的重复性。

若得到的 R^2 超过了该最大值，则说明极有可能存在过拟合现象。

13.1.2.3　模型的验证

在模型建立完成后，需要用验证集（Validation Set）对模型的准确性、重复性、稳健性和传递性等性能进行验证。验证集是由一组完全独立于校正集的样本组成，只有通过验证的模型方可实际应用。

验证集样本应包含待测样品所包含的所有化学组分，验证集样本的浓度或性质范围至少要覆盖校正集样品的浓度或性质范围的 95％，且分布是均匀的。此外，验证集样本的样品数量应足够多以便进行统计检验，通常要求不少于 28 个样本。

准确性：应完全按校正集样品的光谱测量方式测定验证集光谱，参考值的测定也应与校正集样品采用同一种方法。通常用以下参数来评价模型的准确性：

---

❶　目前文献中对这些样品集名称尚不统一，读者应根据其实际用途进行确认。

① 预测标准偏差（SEP），SEP 越小，结果越准确。有文献要求 SEP/SEC≤1.2，即 SEP 不能大于 1.2 倍的 SEC。

按照概率统计，通过 SEP 可以估计出预测值与参考方法实际值之间的偏差。若光谱方法的预测值为 $\hat{y}$，则参考方法实际值落在 $[\hat{y}\pm SEP]$ 范围的概率为 67% 左右，落在 $[\hat{y}\pm2\times SEP]$ 范围为 95% 左右。例如，近红外光谱测定小麦水分的 SEP 为 0.5%，若一样本的预测值为 20.0%，则参考方法的实际值落在 19.0%～21.0% 之间的概率约为 95%。

② 相关系数 R，或决定系数 R^2，在验证集标准偏差（SD_v）相同的前提下，R 越大，准确性越高。R^2 值的大小与待测性质的分布范围（SD_v）关系极大，对于分布范围很宽的性质，R 值有可能接近 1，但其准确性可能较差。

如图 13-3a～图 13-3c 所示，对于相同 RMSEP，不同的浓度范围，决定系数 R^2 相差很大。当验证集浓度范围从 13%～17% 增加到 10%～20% 时，其决定系数 R^2 从 0.625 上升到 0.911[4]。

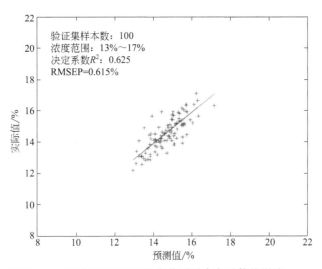

图 13-3a 相同 RMSEP 下浓度范围对决定系数的影响（一）

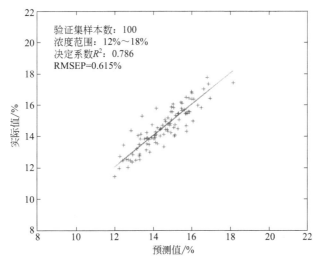

图 13-3b 相同 RMSEP 下浓度范围对决定系数的影响（二）

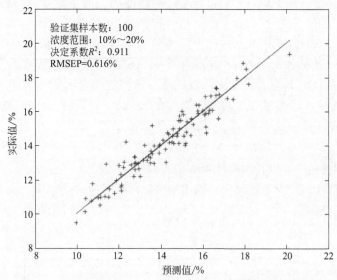

图 13-3c　相同 RMSEP 下浓度范围对决定系数的影响（三）

　　③ 验证集标准偏差与预测标准偏差的比值 RPD，在浓度范围相同的前提下，RPD 越大，准确性越高。通常认为，若 RPD＞5，表明模型的预测结果可以接受；若 RPD＞8，表明模型的预测准确性很高；若 RPD＜2，则表明预测结果是不可接受的。

　　有文献给出预测谷物化学成分含量模型的 RPD 分类（表 13-1），以及预测草料、饲料和土壤物性参数模型的 RPD 分类（表 13-2）[5,6]。

表 13-1　预测谷物化学成分含量模型的 RPD 分类

RPD 值	分类	应用
0.0～2.3	很差	不推荐使用
2.4～3.0	差	很粗的筛选
3.1～4.9	一般	筛选
5.0～6.4	好	质量控制
6.5～8.0	很好	过程控制
＞8.1	优秀	所有应用

表 13-2　预测草料、饲料和土壤物性参数模型的 RPD 分类

RPD 值	分类	应用
0.0～1.9	很差	不推荐使用
2.0～2.4	差	很粗的筛选
2.5～2.9	一般	筛选
3.0～3.4	好	质量控制
3.5～4.0	很好	过程控制
＞4.1	优秀	所有应用

　　实际上，RPD 与决定系数 R^2 是同一评价参数（图 13-4），其关系为：

$$RPD = \frac{1}{\sqrt{1-R^2}}$$

例如，若验证集的 $R^2=0.90$，则其 RPD$=2.29$；若 $R^2=0.98$，则 RPD$=5.0$。所以，浓度范围对 RPD 也有显著影响。

需要注意的是，有些文献计算 RPD 时，用校正集的 SD 代替验证集的 SD，这时上述关系不成立。

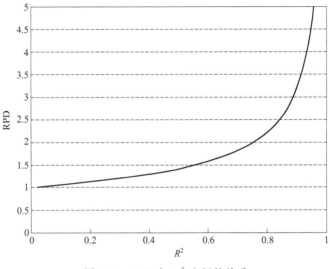

图 13-4　RPD 与 R^2 之间的关系

④ t 检验，用来检验光谱方法与参考方法测定值之间有无显著性差别。如果通过了 t 检验，只能说明光谱方法与参考方法之间不存在系统误差，并不能完全说明其预测结果的准确性。

以上参数，都是基于统计检验的评价结果。另一类准确性方法是基于单个样本的验证方法，即考察光谱方法预测值与参考方法实际值之间的绝对偏差是否小于参考方法要求的再现性。如果有 95％的验证集样本满足这一要求，则通过检验。当参考分析方法的精密度在整个校正集浓度或性质范围内不是均匀分布时，这种准确性验证方法更为适用。

重复性：从验证集中选取 5 个以上样本，用来验证光谱方法的重复性。这些样本的浓度必须覆盖校正集浓度范围的 95％，且是均匀分布的。对每个样本分别进行至少 6 次连续光谱测量，光谱采集时要重新装样，用建立的校正模型计算结果，通过平均值、极差和标准偏差来评价光谱方法的重复性。通常要求光谱方法测量结果的重复性标准偏差不大于 SEP 的 0.33 倍，即近红外光谱方法的重复性标准差大约占 SEP 的三分之一。

稳健性：模型的稳健性是指其抗外界干扰因素的性能，这些影响因素主要包括同类型测样器件（如比色皿、光纤探头和积分球等）的更换、光纤弯曲程度的变化、光源的更换、参比物质（如陶瓷片或硫酸钡粉末等）的更换、装样条件的变化、温度（环境温度和样品温度）变化、以及颗粒物理状态（如谷物的含水量、聚合物粒度的变化以及残余溶剂等）的变化等。可用考察重复性的样本来对模型的稳健性进行评价。例如，在考察比色皿的影响时，可以选用多个同一规格的比色皿（材质和光程），如不同生产厂家的比色皿以及同一厂家相同批次和不同批次的比色皿等，通过平均值、极差和标准偏差来评价其稳健性。通常要求光谱方法测量结果的稳健性标准偏差不大于 SEP 的 0.5 倍。

传递性：分析模型的传递性主要取决于仪器系统间的硬件差异，其实质是考核光谱仪及其关键部件（光学系统如干涉仪）的可更换性。分析模型的传递性直接影响着光谱方法的推广能力，如果同一厂家的光谱仪不具有模型传递性，则用户很难共享丰富的模型资源。可以用考察重复性的样本来对模型的传递性进行评价，如选取多台同一型号的光谱仪，对以上样品分别进行光谱采集，用一台仪器上建立的模型分别对同一样本在不同仪器上测量的光谱进行预测分析，通过平均值、极差和标准偏差来评价传递性。通常，都会存在显著的系统偏差，需要对光谱进行校正，称为模型传递技术（Calibration Transfer），才能得到一致的结果。但也已有极少数仪器厂家，其校正模型不用进行任何修正便可以直接用于同一类型的光谱仪，即模型数据直接拷贝传输（Calibration Transport）。通常要求光谱方法测量结果的传递性标准偏差不大于 SEP 的 0.7 倍，即同一个样本在不同仪器上测量光谱，用同一个模型进行预测（预测前，子机的光谱可进行传递变换），预测结果的标准偏差不大于 SEP 的 0.7 倍。

13.1.3 模型的统计报告

对于光谱定量模型的建立和验证，有文献建议需要报告以下模型的参数[7]：

① 样本的来源；

② 样品的制备和储存方法；

③ 校正集和验证集样本的选取方法；

④ 校正集样本数量，测试集样本数量，验证集样本数量；

⑤ 参考方法及其标准误差（Standard Error of The Test，SET）；

⑥ 参考值的均值和标准偏差；

⑦ 建模方法及其参数（例如 PLS 方法的主成分数等）；

⑧ 数据预处理方法及其参数；

⑨ 光谱波长区间或变量选取方法及结果；

⑩ 交互验证方式（例如留一法等）；

⑪ 界外样本识别方法及结果；

⑫ SECV（或 RMSECV）；

⑬ 回归系数、斜率和截距；

⑭ RPD、相关系数（R）或决定系数（R^2）；

⑮ 光谱方法的标准误差；

⑯ 所使用的软件及版本。

13.2 模式识别模型性能的评价

通常采用以下参数对模型识别（主要是有监督的方法）的性能进行评价，这些参数可同时用于训练集（包括交互验证过程）和验证集样本的判别分析评价。

在对分类结果进行评价时，常用到混淆矩阵（Confusion Matrix），它给出了样本的预测类别与实际类别的对应关系[8]。对于一个 G 类的分类问题，混淆矩阵是一个 $G \times G$ 的矩阵（表 13-3）。混淆矩阵的行表示真实的类别，列表示预测的类别。矩阵中的元素 n_{gk} 表示有 n_{gk} 个真实类别为 g 的样本被预测为类 k，矩阵对角线上的元素代表预测类别正确的样本数。若每个样本的预测类别都是正确的，则混淆矩阵为对角阵。

表 13-3 混淆矩阵

		预测的类别				
		1	2	3	⋯	G
实际的类别	1	n_{11}	n_{12}	n_{13}	⋯	n_{1G}
	2	n_{21}	n_{22}	n_{23}	⋯	n_{2G}
	3	n_{31}	n_{32}	n_{33}	⋯	n_{3G}
	⋯	⋯	⋯	⋯	⋯	⋯
	G	n_{G1}	n_{G2}	n_{G3}	⋯	n_{GG}

基于混淆矩阵，可计算出以下参数：

正确分类率 $\text{NER} = \dfrac{\sum\limits_{g=1}^{G} n_{gg}}{n}$

式中，n 为训练集或验证集中所有的样本数。

误分类率 ER 则为：$\text{ER} = 1 - \text{NER}$。

可将误分类率 ER 与 NOMER 值进行对比。

$$\text{NOMER} = \frac{n - n_M}{n}$$

式中，n_M 为训练集中含样本最多一类的样本数；NOMER 表示不用判别分析直接将样本归属 M 类的错误率。

显然要求 NER < NOMER。

也可将误分类率 ER 与随机分类率（RER）进行对比，随机分类率表示不用判别分析随机将样本归属于某类的错误率。

$$\text{RER} = \frac{\sum\limits_{g=1}^{G} \left(\dfrac{n - n_g}{n} \right) n_g}{n}$$

其中 n_g 为训练集第 g 类中的样本数。

对于每一类的判别结果，可用以下参数评价：

① 准确率或敏感性（Sensitivity），或查全率（Recall）

$$Sn_g = \frac{n_{gg}}{n_g}$$

式中，Sn_g 表示判别模型将 g 类样本正确归属 g 类的能力。

② 命中率（Precision）

$$Pr_g = \frac{n_{gg}}{n'_g}$$

式中，n'_g 表示预测为 g 类的样本数；Pr_g 表示判别模型只将 g 类样本归属 g 类的能力。

③ 特异性或否定率（Specificity）

$$Sp_g = \frac{\sum\limits_{i=1}^{G} (n'_k - n_{gk})}{n - n_g} \quad (k \neq g)$$

式中，n'_k 表示预测为 k 类的样本数；Sp_g 表示判别模型将非 g 类样本归属为非 g 类的能力。

表 13-4 为 30 个样本 3 类判别结果的混淆矩阵，表 13-5 是对判别结果进行评价得到的统计参数值。

表 13-4　30 个样本 3 类判别结果的混淆矩阵

		预测的类别			
		A	B	C	
实际的类别	A	9	1	0	10
	B	2	8	2	12
	C	1	2	5	8
		12	11	7	$n = 30$

表 13-5　对表 13-4 的判别结果进行评价得到的统计参数值

参数	参数值	参数	参数值	参数	参数值
NER	0.73	$Sn(B)$	0.67	$Pr(A)$	0.75
ER	0.27	$Sn(C)$	0.63	$Pr(B)$	0.73
NOMER	0.60	$Sp(A)$	0.85	$Pr(C)$	0.71
RER	0.66	$Sp(B)$	0.83		
$Sn(A)$	0.90	$Sp(C)$	0.91		

Kappa 系数可以用于衡量分类效果，Kappa 系数的计算是基于混淆矩阵的，Kappa 计算结果为 $-1 \sim 1$，但通常 Kappa 落在 $0 \sim 1$ 间，可分为五档来表示不同类别的一致性：$0 \sim 0.2$ 极低的一致性（slight）、$0.2 \sim 0.4$ 一般的一致性（fair）、$0.4 \sim 0.6$ 中等的一致性（moderate）、$0.6 \sim 0.8$ 高度的一致性（substantial）和 $0.8 \sim 1.0$ 几乎完全一致（almost perfect）。

Kappa 系数（k）由下式计算：

$$k = \frac{p_o - p_e}{1 - p_e}$$

p_o 为每一类正确分类的样本数量之和除以总样本数，也就是总体分类准确性。

每一类的真实样本个数分别为 a_1，a_2，$\cdots$，a_C 而预测出来的每一类的样本个数分别为 b_1，b_2，$\cdots$，b_C，总样本个数为 n，则有：

$$p_e = \frac{a_1 \times b_1 + a_2 \times b_2 + \cdots + a_C \times b_C}{n \times n}$$

对于表 13-4 中的混淆矩阵，其 Kappa 系数为：

$$p_o = \frac{9 + 8 + 5}{30} = 0.7333$$

$$p_e = \frac{10 \times 12 + 12 \times 11 + 8 \times 7}{30 \times 30} = 0.3422$$

$$k = \frac{p_o - p_e}{1 - p_e} = \frac{0.7333 - 0.3422}{1 - 0.3422} = 0.5946$$

也可以由下式计算 Kappa 系数（k）：

$$k = \frac{n \sum_{i=1}^{r} (x_{ii}) - \sum_{i=1}^{r} (x_{i+} x_{+i})}{n^2 - \sum_{i=1}^{r} (x_{i+} x_{+i})}$$

式中，n 是总样本数；r 为混淆矩阵的行数或列数；x_{i+}、x_{+i} 分别代表各行与各列之和；x_{ii} 是混淆矩阵的对角线的值即被正确分类的样本数。

对于真、伪两类的识别问题，混淆矩阵可简化为相依表（Contingency Table），如表 13-6 所示。

表 13-6 两类判别分析的混淆矩阵（相依表）

		预测的类别		实际合计
		真(P)	伪(N)	
实际的类别	真(P)	TP	FN	TP+FN
	伪(N)	FP	TN	FP+TN
预测合计		TP+FP	FN+TN	TP+FP+FN+TN

若真样本被识别为真样本记为 TP（真正类，True Positive），真样本被识别为伪样本记为 FP（假正类，False Positive），伪样本被识别为伪样本记为 TN（真负类，True Negative），伪样本被识别为真样本记为 FN（假负类，False Negative），则上述参数可按以下公式计算：

① 正确率（Accuracy）。

$$NER = \frac{TP + TN}{n}$$

② 错误率。

$$ER = \frac{FP + FN}{n}$$

③ 真正（阳）率（True Positive Rate，TPR），也称灵敏度（Sensitivity）。

$$TPR = Sn = \frac{TP}{TP + FN}$$

④ 假负（阴性）率（False Negatice Rate，FNR），也称漏诊率。

$$FNR = 1 - TPR$$

⑤ 真负（阴性）率（True Negative Rate，TNR），也称特异度（Specificity）。

$$TNR = Sp = \frac{TN}{FP + TN}$$

⑥ 负正率或假阳率（False Positive Rate，FPR）。

$$FPR = 1 - TNR$$

精确率（Precision，Pr）表示真正预测为正样本的样本数占所有预测为正样本的样本数的比例。

$$Pr = \frac{TP}{TP + FP}$$

⑦ 分类效率（Efficiency，EFF），也称 G 分数（G Score）。

$$EFF = \sqrt{TPR \times TNR}$$

从上述参数可知，当 TPR=0、FPR=0 时，表明把所有样本都预测为了伪类（负类），TPR=1、FPR=1 时，表明把所有样本都预测为了真类（正类），TPR=1、FPR=0 时，表明所有样本都得到了正确分类。

$F1$ 分数（$F1$ Score）是统计学中用来衡量二分类（或多任务二分类）模型精确度的一

种指标。它同时兼顾了分类模型的正确率（Precision）和灵敏度（Sensitivity）。$F1$ 分数可以看作是模型正确率和灵敏度的一种加权平均，它的最大值是 1，最小值是 0，值越大意味着模型越好。

$$F1 = \frac{2 \times \text{NER} \times \text{TPR}}{\text{NER} + \text{TPR}}$$

如图 13-5 所示，将 FPR(1−Specificity，x 轴）与 TPR(Sensitivity，y 轴）作图可得到 ROC 曲线（Receiver Operating Characteristic，接受者操作特性曲线），通过 ROC 可评价分类模型的好坏，一个好的分类模型应该尽可能靠近图形的左上角，而一个随机猜测的模型则位于其主对角线上，ROC 曲线下方的面积越接近 1 表示分类模型越好。若处于 0.9～1.0，分类模型优秀；若处于 0.8～0.9，分类模型良好；处于 0.7～0.8，分类模型一般；处于 0.6～0.7，分类模型很差；处于 0.5～0.6，分类模型无效。

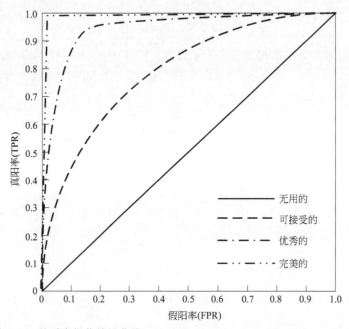

图 13-5　接受者操作特性曲线（Receiver Operating Characteristic，ROC）

可用马修斯相关系数（Matthews Correlation Coefficient，MCC），也称 Phi 系数，评价两类识别结果的优劣：

$$\text{MCC} = \phi = \frac{\text{TP} \times \text{TN} - \text{FP} \times \text{FN}}{\sqrt{(\text{TP} + \text{FN}) \times (\text{TN} + \text{FP}) \times (\text{TP} + \text{FP}) \times (\text{TN} + \text{FN})}}$$

当相关系数 ϕ 等于 1 时说明分类完全正确，当 ϕ 小于 0 时说明分类效果不如随机猜测。

参考文献

[1]　严衍禄，陈斌，朱大洲. 近红外光谱分析的原理、技术与应用 [M]. 北京：中国轻工业出版社，2013.

[2]　冯艳春，张琪，胡昌勤. 药品近红外光谱通用性定量模型评价参数的选择 [J]. 光谱学与光谱分析，2018，36（8）：2447-2454.

[3]　Bellon-Maurel V，Fernandez-Ahumada E，Palagos B，et al. Critical Review of Chemometric Indicators Commonly Used for Assessing the Quality of the Prediction of Soil Attributes by NIR Spectroscopy [J]. Trends in Analytical Chemistry，2010，29（9）：1073-1081.

［4］ Davies A M C，Fearn T. Back to Basics：Calibration Statistics ［J］. Spectroscopy Europe，2006，18 （2）：31-32.

［5］ Williams P，Antoniszyn J，Manley M. Near Infrared Technology：Getting the Best out of Light ［M］. Stellenbosch：SUN Press，2019

［6］ Williams P. Tutorial：The RPD statistic：a tutorial note ［J］. NIR News，2010，21 （1）：22-23.

［7］ Williams P，Dardenne P，Flinn P. Tutorial：Items to be Included in a Report on a Near Infrared Spectroscopy Project ［J］. Journal of Near Infrared Spectroscopy，2017，25 （2）：85 -90.

［8］ Sun D W. Infrared Spectroscopy for Food Quality Analysis and Control ［M］. Salt Lake City：Academic Press，2008.

提高模型预测能力的方法

模型预测能力是指模型的稳健性（Robustness）和准确性（Accuracy），稳健性和准确性在有些情况下是统一的，在有些情况下则是矛盾的。例如，对于液体样本，可以严格控制光谱采集的条件（如温度和压力等），并在此基础上建立定量校正模型。该模型对相同条件下的界内样本的预测准确性会很高，但若光谱采集条件发生一定变动时，模型的预测准确性会明显变差。可以将多个条件下采集的光谱建立混合校正模型（Hybrid Calibration Model），来提高模型的稳健性（或适应性），但这时的模型准确性会有所下降。在实际应用中，往往需要在稳健性和准确性之间寻求平衡[1]。

14.1 提高稳健性的建模策略

提高模型的稳健性主要有两种方式，一是对光谱变量进行处理和筛选，二是建立混合模型。

采用光谱预处理的方式如导数、MSC、OSC 和小波变换等，尽可能消除外界条件对光谱的干扰。通过波长变量选择方法如遗传算法等，可以筛选出对信息强且外界影响因素不敏感的波长，从而建立稳健的校正模型。

另一种方式是通过建立混合校正模型，也称全局校正模型（Global Calibration Model），将意料到的内在变化和外界影响因素包含到校正集中，来实现分析模型的稳健性。例如，将不同温度条件下采集的光谱共同组成温度混合校正集，建立温度全局模型，可实现模型对温度因素的稳健性[2]。该方法简便可行，通过添加样本（Spiked Samples）还可用于建立其他影响因素（如样品类型和测量条件等）的稳健分析模型。例如，可以将实验室合成的宽范围的样本与在线过程的窄分布样本构成校正集（图 14-1）[3-6]，建立适应性和稳健性强的混合校正模型。Mehdizadeh 等采用在线拉曼光谱监测细胞培养过程时，从不同细胞株和培养基的培养过程中收集校正集样本，并增加由空白培养基添加葡萄糖和乳酸配制得到的样本，以增强模型的稳健性[7,8]。在实际应用中，为了得到稳健的校正模型，往往需要多年、收集上百批次的独立运行的样本[9]。

但在实际操作时，应注意非线性问题，比如样品的温度变化范围较宽，或样品的类型差异较大，其对光谱的影响可能会呈现非线性响应，仅靠 PLS 等线性校正方法则很难建立一个满足准确性要求的模型，可通过 ANN 等非线性校正方法来解决[10]。

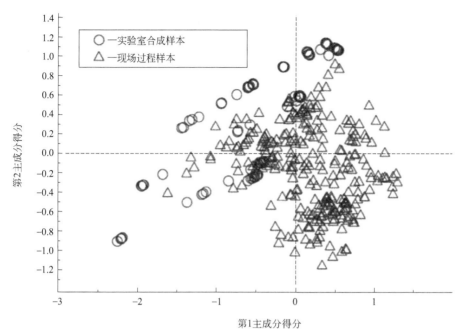

图 14-1　实验室合成样本与现场过程样本的光谱经 PCA 处理后的前 2 个主成分分布图

14.2　基于局部样本的建模策略

基于局部（Local）样本的建模策略早在 1988 年就被提出了，是一种提高模型准确性的方法。但由于仪器硬件平台等原因，一直未受到重视，直到近些年随着仪器制造的不断标准化，这种基于数据库和库搜索的方法才具有真正的实用性。与建立全局校正模型的思路相反，局部建模策略的基本思想是，基于光谱（或其衍生出的特征变量）从数据库（即校正集样本）中选取与未知样本最相似的一组样本，然后由这些样本（即局部样本）经过统计分析或经典的校正方法得到最终的结果（图 14-2）[11]。

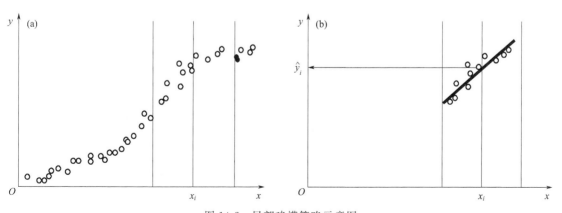

图 14-2　局部建模策略示意图

针对如何选取局部样本以及如何得到最终的预测结果，出现了多种方法，如 CARNAC (Comparison Analysis using Restructured Near infrared And Constituent data) 方法，LWR (Locally Weighted Regression) 方法和 LOCAL 方法等。

CARNAC 方法采用傅里叶变换对光谱进行处理（光谱数据压缩），以傅里叶系数作为搜索局部样本的特征变量。为保证准确测定低含量组分，这种方法需要针对不同的分析指标来选取局部样本，即通过逐步多元线性回归选取特征傅里叶系数，然后根据相似指数 $s[s = 1/(1-R^2)$，R 为未知样本与数据库某样本间的相关系数] 选取局部样本。最终的预测结果由局部样本对应的基础数据通过相似指数加权平均方法给出。Davies 等用小波变换替代了傅里叶变换对 CARNAC 方法进行了改进[12]。

LWR 方法采用主成分分析对数据库样本光谱进行压缩，以主成分得分为特征变量结合欧氏或马氏距离来选取局部样本，基于局部样本利用主成分回归建立校正模型对未知样本进行预测分析[13]。随后又对局部样本的选择和回归方法做了多项改进，如主成分的计算和选取、距离的计算等[14]。

LOCAL 方法采用未知样本光谱和数据库样本光谱之间的相关系数选取局部样本，利用偏最小二乘方法建立局部校正模型（不同主因子加权）对未知样本进行预测分析[15]。该方法已成为 FOSS 公司 WINISI 软件中一种方法，因此已有多篇应用报道[16,17]。在石化领域有一定应用的 TOPNIR 软件也是基于局部样本的方法，主要用于炼油产品的近红外光谱分析，它通过不同化学基团的特征峰的吸光度构建不同性质的邻近指数来选取局部样本，采用加权平均的方法来计算最终结果。

在上述方法的基础上，基于局部样本的建模策略又出现了多种方法，如 Fearn 等提出的以全局回归得到的预测浓度值和 OSC 算法得到的得分为特征变量选取局部样本[18]；Chung 等用光谱的傅里叶矩（Moment）作为特征变量选取局部样本，然后采用差谱方法建立局部偏最小二乘校正模型，以辨识样品光谱间存在的细微差异[19] 等。

He 等将波长筛选与局部建模策略相融合，用于汽油调和在线近红外光谱模型的建立，局部样本通过对光谱进行有监督局部保持投影（SLPP）降维后选取[20]。张红光和鄢悦等分别基于净信号分析和光谱信息散度提出了局部样本选取方法，以克服光谱定量分析中样本间差异性过大和样本待测性质与光谱之间存在非线性等问题[21,22]。

Tulsyan 等基于即时学习（Just-in-Time Learning，JITL）思想，从 3800 个样本中选择与待测样本欧氏距离最小的 100 个样本用于 PLS 建模，与使用全部样本建模相比，模型性能有了显著提高。随后，他们又借助 JITL 建模思想和高斯过程回归方法，提出了模型自动实时校正策略，实现了模型维护的"智能化"[23]。

基于局部样本的建模策略适用于非线性体系的校正，同时可充分利用数据库的优势，避免传统因子分析方法因样品组成等变动需要频繁更新模型的弊病。但针对特定的分析项目，如何选取与未知样本最相似的局部样本，选择多少局部样本，以及如何得到最终的预测结果仍需要值得进一步深入研究。

与建立局部校正模型类似的思路是分类建立定量校正模型，该方式首先将样本进行聚类分析（如图 14-3 所示），把校正集样本分成多个类别，在每个类别上再分别建立定量校正模型[24-26]。对于待测样本，首先基于光谱判断其类别，然后选用对应类别的定量校正模型预测其结果。

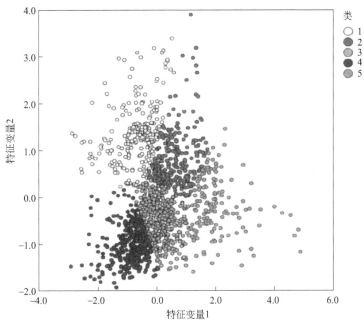

图 14-3　校正集样本聚类分析示意图（彩图见文后插页）

14.3　集成的建模策略

　　传统的多元校正技术（如 PLS 和 ANN）一般采用单一模型，即采用已定的训练集建立一个最优模型用于预测分析。但是，当训练集样本数目有限或者校正方法不稳定时，模型的预测精度与稳定性往往不能令人满意。集成（或共识）策略（Ensemble or Consensus Strategy）的基本思想是采用随机或组合的方式利用同一训练集中的不同子集建立多个模型（成员模型）同时进行预测，将多个预测结果通过简单平均或加权平均作为最终的预测结果。其特点是通过多次使用训练集中不同子集样本的信息，降低了预测结果对某一（或某些）样本的依赖性，从而提高模型的预测稳定性。

　　集成策略最早应用于模式识别分类问题，尤其是一些相对不稳定的算法如 ANN 等，近些年逐渐受到光谱工作者的重视，与多种算法如 PLS、SVM 和 ANN 结合，用来建立光谱的定量校正模型。集成建模中成员模型样本的选择是至关重要的，Bagging（Bootstrap Aggregating）与 Boosting 是两种主要的方法[27,28]。

14.3.1　Bagging 方法

　　在经典的 Bagging 方法中，样本的选取采用自举（Bootstrap）方法，随机抽取的成员训练集样本量与原训练集的样本量相同，只是在抽样方式上采取有放回地抽。这样，原始训练集中某些样本可能在成员训练集中出现多次，而另外一些样本则可能一次也不出现。Bagging 方法通过重新选取训练集增加了模型集成的差异度，以期提高泛化能力。稳定性是 Bagging 能否发挥作用的关键因素，Bagging 能提高不稳定校正算法的预测精度，而对稳定的校正算法效果不明显，有时甚至使预测精度降低。校正算法的稳定性是指如果训练集有较小的变化，校正结果不会发生较大变化。对于最终的预测结果，经典的 Bagging 方法采用简单平均的方式。图 14-4 给出了 Bagging 结合 PLS 方法的建模策略示意框图。

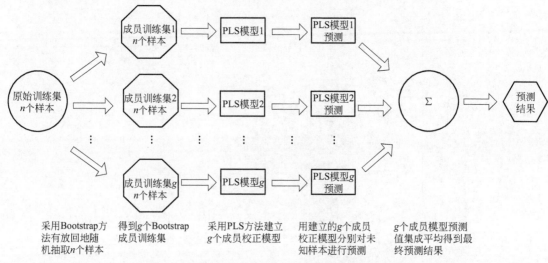

图 14-4　Bagging 结合 PLS 方法建模策略示意框图

Galvao 等对经典的 Bagging 方法进行了改进，如样本选取采用无放回方式（Subbagging）、对成员模型进行评价选取、以及采用带权重的预测方式等，并对近红外光谱测定土壤、烟草和玉米中的组成或性质进行了建模和验证分析，均得到了满意的结果[29-31]。

14.3.2　Boosting 方法

Boosting 最早由 Schapire 于 1990 年提出，1995 年 Freund 和 Schapire 改进了 Boosting 算法，提出了自适应 Boosting(Adaptive Boosting，AdaBoost) 算法，可以非常容易地应用到实际问题中，因此，该算法已成为目前最流行的 Boosting 算法[32]。

Boosting 与 Bagging 的区别在于 Bagging 的成员训练集的选择是随机的，各成员训练集之间相互独立，而 Boosting 的成员训练集的选择不是独立的，各成员训练集的选择与前面各轮的学习结果有关。所以，Bagging 的各个预测函数可以并行生成，而 Boosting 的各个预测函数只能顺序生成且有权重。

AdaBoost 算法应用于分类的基本思想是，逐步构造出一组分类器，每构造一个新的分类器都着重弥补前一个分类器的缺陷，最后集成所有分类器的分类结果，以获得更为理想的分类效果。Zhang 和 Drucker 等分别对 Boosting 算法进行了修改，使其用来解决回归问题[33,34]。下面介绍文献中常用的由 Drucker 提出的 Boosting 回归算法。

Drucker 等提出的 Boosting 回归算法是通过迭代产生一组基本成员模型，迭代过程如图 14-5 所示。给定训练集和学习算法，首先给各训练样本赋予相等的权重，归一化后得到训练集的第 1 个采样概率分布 P_1，采样生成成员训练集 1，用学习算法对成员训练集 1 建立成员回归模型 h_1。然后，根据成员回归模型 h_1 在各个样本上产生的误差来修正样本的权重，对误差大的样本增加权重，从而增大其采样概率，归一化后得到训练集的采样概率分布 P_2，采样生成成员训练集 2，用学习算法对成员训练集 2 训练得到成员回归模型 h_2。之后，根据误差再进一步调整样本权重，如此重复执行，依次得到一组逐渐修正的成员回归模型 h_1、h_2、h_3、…、h_g。

Boosting 回归算法的实现步骤如下。

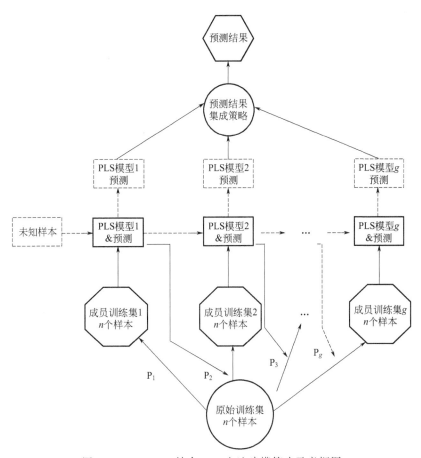

图 14-5　Boosting 结合 PLS 方法建模策略示意框图

对于原始训练集 $\{(\boldsymbol{x}_i,y_i),i=1,\cdots,n\}$（$n$ 为原始训练集的样本数），首先给定基本学习算法（如 PLS、SVR 或 ANN 等）[35]，Boosting 最大迭代次数 g，以及初始化样本权重：

$$\omega_i^{(1)}=1/n,i=1,2,\cdots,n$$

取迭代次数 $t=1$，$\cdots$，g，重复以下步骤①～⑦：

① 计算原始训练集每个样本的采样概率 $p_i^{(t)}=\omega_i^{(t)}/\sum_{j=1}^{n}\omega_j^{(t)}$，根据采样概率通过轮盘赌等方法从原始训练集中取出第 t 轮的 n 个成员训练集样本（允许重复抽样）。

② 由第 t 轮的 n 个成员训练集样本，采用基本学习算法建立成员回归模型 h_t。

③ 用成员回归模型 h_t 对原始训练集每个样本进行预测分析，得到每个样本的预测值 $\hat{y}_i^{(t)},i=1,2,\cdots,n$。

④ 计算原始训练集每个样本的误差：$L_i^{(t)}=\dfrac{|\hat{y}_i^{(t)}-y_i|}{\max|\hat{y}_i^{(t)}-y_i|},i=1,2,\cdots,n$。

⑤ 计算第 t 轮的加权误差和：$\overline{L}_t=\sum_{i=1}^{n}L_i p_i^{(t)}$。

⑥ 计算共同性指标 $\beta_t=\dfrac{\overline{L}_t}{1-\overline{L}_t}$。

⑦ 计算样本的新权重 $\omega_i^{(t+1)} = \omega_i^{(t)} \beta_t^{[1-L_i^{(t)}]}$。

对于一个未知样本，分别用 g 个成员模型计算得到 g 个预测值，再通过组合计算得到最终的结果。

Drucker 等采用加权中值方式计算最终结果，首先 g 个预测值按升序从大到小排列：$y^{(k_1)} \leqslant y^{(k_2)} \leqslant \cdots \leqslant y^{(k_g)}$，$k_g$ 为 $1, 2, \cdots, g$ 的重排列。然后满足下式最小 r 对应的第 k_r 成员模型的预测值即为最终的预测值。

$$\sum_{t=1}^{r} \lg(1/\beta_{kt}) \geqslant \frac{1}{2} \sum_{t=1}^{g} \lg(1/\beta_{kt})$$

武晓莉等为防止 Boosting PLS 迭代过程中的过拟合，提出一种新的迭代停止判据，并用于建立紫外光谱快速预测水质总有机碳（TOC）的模型[36]。Shao 等针对校正集中界外样本对模型稳定性的影响，通过调整取样权重和定义新的损失函数对 Boosting PLS 算法进行了改进，可获得更稳健的预测结果[37]。陈昭等将波长变量结合 Boosting PLS 方法进一步提升了金银花醇沉过程近红外光谱定量模型的预测能力[38]。

14.3.3 叠加 PLS 方法

Boosting 和 Bagging 集成建模策略都是基于校正集样本选取的方法，此外还有基于波长范围选取的集成建模策略。基于波长范围选取的集成建模策略就是从训练集的光谱阵中按照某种规则选取多个不同的波长范围（子特征阵）建立成员模型，不同成员模型所用的子特征阵之间可以相交重叠，也可以完全独立[39]。

堆栈（或叠加）偏最小二乘（Stacked Interval Partial Least Squares，SPLS）方法是通过权重融合不同光谱区间上建立的 PLS 模型[40-42]。如图 14-6 所示，该方法将光谱分割成 k 个区间，对每一个光谱区间建立一个 PLS 模型，建模过程中交互验证获得的标准预测误差

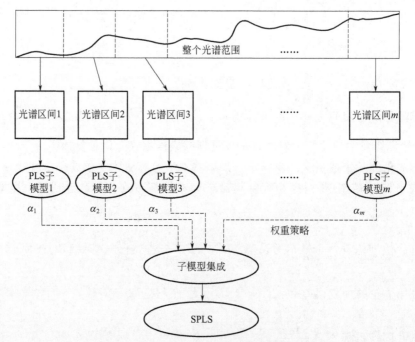

图 14-6 堆栈偏最小二乘集成策略示意图

（SECV）用于计算融合权重 ω，第 i 光谱区间权重 ω_i 的计算公式为：

$$\omega_i = \frac{S_i^2}{\sum\limits_{i=1}^{k} S_i^2}$$

式中，S_i 是第 i 光谱区间所建模型 $SECV_i$ 的倒数；$i=1,2,\cdots,k$；k 为分割的光谱区间数。

对待测样本光谱 $\boldsymbol{x}$，其浓度值 y 由下式计算得到：

$$y = \sum\limits_{i=1}^{k} \boldsymbol{x}_i \omega_i \boldsymbol{b}_{i,\mathrm{PLS}}$$

式中，$\boldsymbol{x}_i$ 为第 i 光谱区间的光谱，$\boldsymbol{b}_{i,\mathrm{PLS}}$ 为第 i 光谱区间的 PLS 回归系数。

利用这种思路，可以将移动窗口的策略替代区间光谱，在一定的窗口宽度的光谱上，通过窗口的移动，建立一系列 PLS 模型，然后再用加权融合得到最终的集成 PLS 模型[43,44]。

在堆栈建模策略的基础上，Bi 等提出了双堆栈偏最小二乘（Dual Stacked Interval Partial Least Squares，DSPLS）方法[45]。如图 14-7 所示，该方法包括内叠加和外叠加两个步骤，在内叠加过程，将光谱分成 n 个区间，分别在第 1 个区间、第 1~2 个区间、第 1~3 个区间……第 1~n 个区间独自建立单区间的 PLS 模型，然后分别堆栈融合成 n 个子模型；在外叠加过程，将这 n 个子模型进行加权融合得到最终的模型。

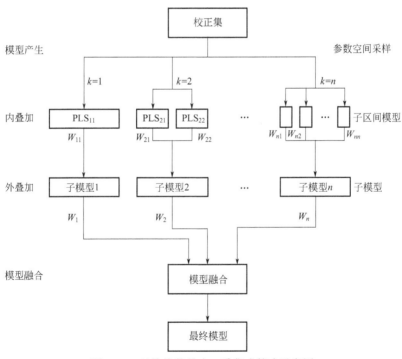

图 14-7 双堆栈偏最小二乘集成策略示意图

堆栈的建模策略可以用于其他的定量校正方法，例如堆栈的极限学习机算法等[46-48]。

在定量多元校正中，除了上述集成建模的策略外，还有基于变量添加噪声的集成建模策略，就是人为地向训练集中的光谱阵 $\boldsymbol{X}$ 或浓度阵 $\boldsymbol{y}$ 添加噪声，构成多个含有噪声的成员训练集，以增强成员模型的稳健性[49-51]。除此之外，还有基于不同数据预处理（图 14-8）和校正算法的集成建模方式[52-55]，以及与浓度分类和波长选择相结合的集成方式[56,57]。

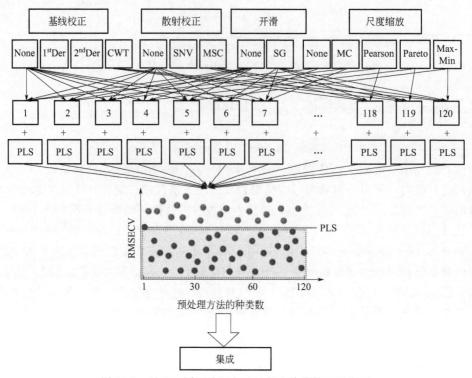

图 14-8　基于不同预处理方法的集成建模策略示意图

14.3.4　堆栈泛化算法

与定量校正类似，在模式识别领域也采用集成建模的策略，即多分类系统（Multiple Classifier System，MCS），通过对基分类器的选择与组合，能够获得比任何一个单一分类器都更好的分类性能。

构建多分类系统主要采用并行结构，使用多个分类器进行并行训练，然后结合某种选择和权值策略进行结果的组合。例如，随机森林就是基于 Bagging 从原始样本集中生成多个不同的子样本集，利用 CART（Classification and Regression Trees）算法训练二叉决策树构建分类器，然后对各个分类器的分类结果采用众数投票的方法得到最终的结果；自适应提升（Adaptive Boosting，Adaboost）是 Boosting 中较有代表性的算法，它是通过改变数据分布来实现的，根据每次训练集之中每个样本的分类是否正确，以及上次的总体分类的准确率，来确定每个样本的权值，将修改过权值的新数据集送给下层分类器进行训练，最后将每次训练得到的分类器融合起来，作为最后的决策分类器。此外，还有梯度提升决策树（Gradient Boosting Decision Tree，GBDT）、极限梯度提升（eXtreme Gradient Boosting，XGBoost）以及轻型梯度提升机算法（Light Gradient Boosting Machine，LightGBM）等 Boosting 算法。Adaboost、GBDT、XGBoost 和 LightGBM 也可用于回归模型的集成[58-62]。

与 Bagging 和 Boosting 不同，堆栈泛化（Stacked Generalization），也称为 Stacking Learning，是一种串行结构的多层集成学习系统。为了更好地描述堆栈泛化的多级处理过程，堆栈泛化引入基分类器（Base-Classifier）和元分类器（Meta-Classifier）概念，其中基分类器使用原始特征进行训练，其输出结果作为二级新的特征；而元分类器将重新训练二级特征并形成最终的判决分类器[62-64]。如图 14-9 所示，堆栈泛化结构框架主要分为 Level-0 和 Level-1 两层。

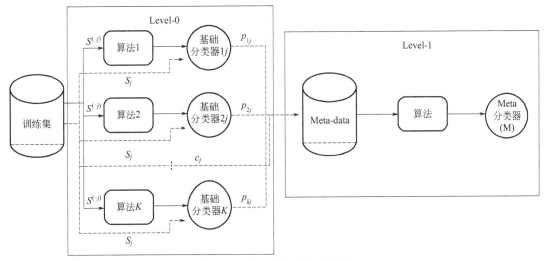

图 14-9　堆栈泛化算法框架图

在 Level-0 层使用每个基础分类器，采用多折交互验证的方式，对训练集样本进行训练和预测，得到每个训练样本所属各类别的后验概率。若训练样本存在 N 个类别，那么每个基础分类器将会产生 N 个由后验概率组成的新的特征维度 p_{kj}，K 个分类器将组成 $K \times N$ 个新维度，这些新增的特征维度将作为 Level-1 中的训练数据，称之为 Meta-data。在 Level-0 阶段，Meta data 是由基分类器对原始训练集的预测判断，相较于原始的光谱特征集，属于强特征，同时也达到了降维的作用。实际上，这一过程可以认为是一种高效率的"降维"操作，即将原始光谱进行特征变换，得到由类后验概率构成的新特征。在 Level-1 阶段，使用新特征对 Meta 分类器进行训练，可以使用任何分类器作为 Meta 分类器，最后获得一个 Meta Classifier 模型，用于样本的最后分类判断[63,65]。

14.4　虚拟样本建模策略

充足的训练样本是提高多元定量模型和定性模型预测准确性和稳健性的重要保障。数量有限且分布松散的样本不能完整充分地刻画全部特征空间，样本之间存在明显的信息间隔，恶化了小样本对总体特征的表征。因此，直接利用小样本数据进行建模所得结论是片面且有偏的。然而，获取充足的训练样本通常需要耗费大量的人力物力，因此如何在少量训练数据下，提高模型的预测能力，就成了一个值得研究的课题。

为了提高小样本问题上的学习能力，近些年提出了半监督学习策略，这些方法的一个共同特点是需要大量的未标记样本作为学习的辅助样本，而这一要求在很多情况也是很难满足的。因此，1992 年 Poggio 和 Vetter 提出了虚拟样本的思想[66]。虚拟样本通常被译为 Virtual Sample，又可译为合成样本（Synthetic Sample）或人工样本（Artificial Sample），是指在未知样本概率分布函数的情况下，利用所研究的领域的先验知识，结合已有的训练样本产生待研究问题的样本空间中的部分合理样本。从而，可将它们添加到原始训练样本集，以扩充训练样本集，提高模型的预测能力（图 14-10）。

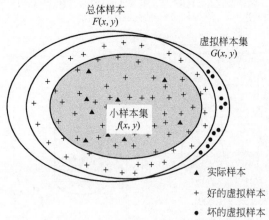

图 14-10　总体、小样本、虚拟样本三者的关系

迄今，虚拟样本的生成（Virtual Sample Generation，VSG）可主要归纳为以下三类[67]：

① 基于研究领域具体的先验知识构造虚拟样本。

② 基于扰动的思想构造虚拟样本。

③ 基于研究领域的分布函数构造虚拟样本。

Li 等提出了整体趋势扩散方法（Mega-trend-diffusion，MTD），定义了信息扩散的整体边界，通过隶属函数计算出其相应的虚拟样本信息的左边界和右边界，从而在该范围内生成虚拟样本信息，在整体边界领域内对样本信息进行更均匀的扩充，从而提高了模型的预测性能[68]。朱宝等针对虚拟样本边界建立和样本筛选的问题进一步优化，提出了多分布整体趋势扩散方法（Multi-distribution Mega-trend-diffusion，MD-MTD），通过对样本分布区域进行多分割的方法，提高了生成虚拟样本的质量[69]。

高克铉等基于 MTD 提出了的改进整体趋势扩散方法（Advanced-MTD，AD-MTD），用于改善扩散区域信息分布的均衡性。在此基础上进一步将 MD-MTD 和 AD-MTD 生成的虚拟样本进行混合趋势扩散的方法（Hybrid-MTD），以改善信息扩散区边界点和原信息区的中心点附近信息扩散分布的均衡性，该方法有效提高了红外光谱预测血液中总胆固醇和甘油三酯含量 PLS 回归模型的预测准确性[70]。巩虹霏等提出一种基于蒙特卡洛方法和粒子群算法的虚拟样本生成新方法，可提高极限学习机网络的预测性能[71]。

易令等针对原油总氢物性回归预测中核磁共振光谱数据不足的问题，通过在原始谱图中加入随机噪声的方式生成虚拟样本，采用卷积神经网络建立了预测原油总氢物性的模型。不但可以解决原始数据训练中的过拟合现象，而且相比于传统的 PLS 方法，更具稳定性和准确性[72]。叶彦斐等按照指定的比例产生虚拟样本，提出一种用于光谱分析的自动密化建模方法[73]。李敬岩等采用蒙特卡洛方法产生虚拟光谱的方法对数据库局部进行密化处理，根据与待测样本吻合的虚拟光谱预测油品的化学组成，其准确性高于 PLS 方法[74]。针对矿区土壤重金属含量高度变异性及样本不均衡导致重金属污染状况分类误差较大的问题，钱佳等采用合成少数类过采样技术（Synthetic Minority Oversampling Technique，SMOTE）生成虚拟样本均衡各污染等级样本，再利用随机森林对 Cd、Pb 进行回归与分类，使土壤重金属 Cd、Pb 污染等级分类精度较原始样本分类精度均有较大提升[75]。

近些年，随着深度学习在数据驱动领域的研究与应用，生成对抗网络（Generative Adversarial Networks，GAN）和迁移学习（Transfer learning，TL）也越来越多地用于虚拟样本的生成[76-78]。

14.5 半监督学习方法

获取样本的标签值通常是困难的、昂贵的、也需要花费大量的时间，半监督学习（Semi-Supervised Learning，SSL）算法企图解决这一问题，它通过使用大量的无标记数据和有标记的数据一起训练来构建更好的分类器或回归模型（图 14-11）[79,80]。半监督学习除了用于分类和回归外，还可用于聚类和降维。半监督学习是机器学习领域中一个新的研究热点，它是介于监督学习和无监督学习之间的一种学习方式，学习样本既包括已标记类别样本也包括未标记类别样本。在已标记类别样本提供的监督信息的引导下，处理未标记样本。半监督学习方式是以假设同类别的未标记数据与已标记数据在特征空间上的某种距离最近为基础。它只需要提供少量的标记样本，而通过全部样本的学习又可以获得相对于无监督学习更好的学习效果。

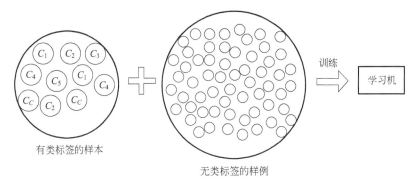

图 14-11　半监督学习示意图

无标记样本在学习器建模中能发挥作用的根本原因在于他们和已标记样本都是独立同分布地采样于相同的数据源。在半监督学习中，利用无标记样本的增益信息时主要基于"平滑假设""聚类假设"和"流形假设"，这些假设的本质都是指"相似的样本拥有相似的输出"。近些年，半监督学习越来越多地与集成学习（共识学习）进行组合来提升分类器的泛化性能[81]。

半监督学习算法包括[59]：

① 生成模型算法（Generate Semi-supervised Models），对同时含有已标记的和未标记的数据集进行聚类，然后通过聚类结果中，每一类中所含有的任何一个已标记数据实例来确定该聚类全体的标签。

② 自训练算法（Self-training），首先训练带有标记的数据，得到一个分类器。然后使用这个分类器对未标识的数据进行分类。根据分类结果，将可信程度较高的未标记数据及其预测标记加入训练集，扩充训练集规模，重新学习以得到新的分类器。

③ 联合（或协同）训练算法（Co-training），此类算法隐含地利用了聚类假设或流形假设，首先将已标记数据划分出不同的两个数据集，然后根据这两个不同的数据集分别训练两个分类器。每个分类器用于无标识数据集的分类，挑选出置信度高的样本，加入到另一个模型的训练集中继续训练（图 14-12）。

④ 半监督支持向量机（Semi-supervised Support Vector Machines，S3VM），由直推式

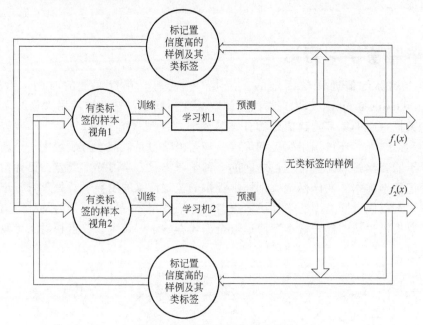

图 14-12 协同训练算法示意图

支持向量机（Transductive Support Vector Machines，TSVM）变化而来。S3VM 算法同时使用带有标记和不带标记的数据来寻找一个拥有最大类间距的分类面。该算法使用了低密度分割的假设，即两个不同类之间边界区域的样本稀疏，也即分类边界位于样本空间的低密度区域。

⑤ 基于图的算法（Graph-Based Algorithms），是基于图正则化框架的半监督学习算法，此类算法直接或间接地利用了流形假设，它们通常先根据训练例及某种相似度度量建立一个图，图的顶点是有标记或未标记的样本，边的权重为样本之间的相似度，然后，定义所需优化的目标函数，并使用决策函数在图上的光滑性作为正则化项来求取最优模型参数。这类算法的核心思想是，两个样本在流形中相近，则它们的预测标签值也相近。

半监督的算法大多都是用于分类问题的，而 COREG 算法（Cotraining Regressors）则以相对较简单的方式实现了半监督的回归[82]。COREG 算法的基本思想是：在训练过程中，回归器 h1 和 h2 根据 K 最近邻在有标签的数据里挑选数据进行训练，然后挑选置信度最大的样本进行标记，并把标记后的数据加入对方的回归器进行学习，用这样的方法来达到协同训练的目的，最后的预测值是更新后回归器 h1 和 h2 预测的平均值。

李林等提出了可以同时利用有化学值和无化学值样品数据的半监督最小二乘支持向量回归机，其预测准确性优于传统的最小二乘支持向量回归[83]。吕程程等提出了一种增量半监督支持向量回归算法，该方法首先建立增量半监督支持向量回归模型[84]，利用最近邻算法选择置信度高的数据进行协同标记，并根据标记的数据是否可能成为潜在支持向量来选择是否更新支持向量回归模型[85]。梁淼等基于半监督自训练算法，提出半监督偏最小二乘（Semi supervised-partial Least Squares，SS-PLS）方法优化近红外光谱预测烟叶感官评价模型，模型性能较原始模型有明显提高[86]。郭东生等提出了一种基于距离度量和半监督学习的苹果可溶性固体含量近红外光谱预测模型更新方法，使模型的预测能力有了显著提高[87]。井诗博等将半监督学习应用到极限学习机，提出一种半监督极限学习机分类模型，用于药品和杂交种子的近红外光谱分类，在处理非平衡数据集的能力上该方法表现出优异的性能[88]。

14.6 多目标回归策略

多目标回归（Multi-Target Regression，MTR）是一种同时预测多个相互关联的连续型目标变量的回归分析方法，与模式识别中多标记分类问题相似，它通过挖掘、利用多个目标变量之间的关联关系，以提高预测的准确性[89]。

在光谱定量分析中，多目标回归策略利用目标（浓度或物性 y）变量之间的相关性提高模型的预测能力，其中最常用的方法是单目标堆栈（Stacked Single-Target，SST），也称多目标回归堆栈（Multi-target Regressor Stack，MTRS）[90]。如图 14-13 所示，该方法分两个步骤，首先采用传统方法建立单目标预测模型，然后用浓度预测值扩充样本输入变量空间（X），再建立每个目标的预测模型。随着多个目标预测值的加入，每个目标变量预测值都和其他目标变量预测值存在依赖关系，这就有可能利用目标变量之间的关联关系提高模型的预测能力。

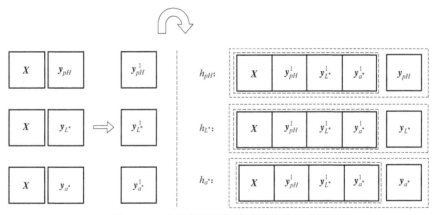

图 14-13　多目标回归堆栈建模策略示意图

组合回归链（Ensemble of Regressor Chains，ERC）方法是另一种多目标回归策略，它除了考虑目标变量之间依赖关系之外，还考虑目标变量之间的顺序。此外，还有最大相关链的多目标支持向量机回归方法（MT SVR with Max-Correlation Chain，SVRCC）和基于目标特定特征的多目标回归方法（Multi-Target Regression via Target Specific Features，MTR-TSF）等[91]。

Santana 等提出了一种多目标增强堆栈方法（Multi-target Regressor Stack，MTRA），用于近红外光谱预测家禽胸肌的多个属性，包括颜色特征、pH 值、化学成分、保水能力、蒸煮损失和嫩度等，提高了模型的预测能力[92]。Junior 等采用多目标回归策略建立了近红外光谱预测面粉容重、降落数值、蛋白含量、吹泡指标和粉质稳定性的模型，其预测准确性约提高了 7%[93]。

参考文献

［1］　Tulsyan A，Schorner G，Khodabandehlou H，et al. AMachine-Learning Approach to Calibrate Generic Raman Models for Real-Time Monitoring of Cell Culture Processes ［J］. Biotechnology and Bioengineering，2019，116（10）：

2575-2586.

［2］ 褚小立，袁洪福，王艳斌，陆婉珍.近红外稳健分析校正模型的建立（Ⅰ）-样品温度的影响［J］.光谱学与光谱分析，2004，24（6）：666-671.

［3］ Hetrick E，Shi Z Q，Barnes L，et al. Development of Near Infrared（NIR）Spectroscopy-Based Process Monitoring Methodology for Pharmaceutical Continuous Manufacturing Using an Offline Calibration Approach ［J］. Analytical Chemistry，2017，89：9175-9183.

［4］ Bakeev K A. Process Analytical Technology：Spectroscopic Tools and Implementation Strategies for the Chemical and Pharmaceutical Industries ［M］. Oxford：Blackwell Publishing，2005.

［5］ Blanco M，Coello J，Iturriaga H，et al. Strategies for Constructing the Calibration Set in the Determination of Active Principles in Pharmaceuticals by Near Infrared Diffuse Reflectance Spectrometry ［J］. Analyst，1997，122：761-765.

［6］ Farrell J A，Higgins K，Kalivas J H. Updating a Near-Infrared Multivariate Calibration Model Formed with Lab-Prepared Pharmaceutical Tablet Types to New Tablet Types in Full Production ［J］. Journal of Pharmaceutical and Biomedical Analysis，2012，61：114-121.

［7］ Mehdizadeh H，Lauri D，Karry K M，et al. Generic Raman-Based Calibration Models Enabling Real-Time Monitoring of Cell Culture Bioreactors ［J］. Biotechnology Progress，2015，31（4）：1004-1013.

［8］ Santos R M，Kessler J M，Salou P，et al. Monitoring mAb Cultivations with In-Situ Raman Spectroscopy：The Influence of Spectral Selectivity on Calibration Models and Industrial Use as Reliable PAT Tool ［J］. Biotechnology progress，2018，34（3）：659-670.

［9］ Zhang S，Xiong H，Zhou L，et al. Development and Validation of in-Line Near-Infrared Spectroscopy Based Analytical Method for Commercial Production of a Botanical Drug Product ［J］. Journal of Pharmaceutical and Biomedical Analysis，2019，174：674-682.

［10］ Shenk J S，Westerhaus M O. Near Infrared Reflectance Analysis with Single and Multiproduct Calibrations ［J］. Crop Scienc. 1993，33：582-584.

［11］ Luo X，Ye Z Z，Xu H R，et al. Robustness Improvement of NIR-Based Determination of Soluble Solids in Apple Fruit by Local Calibration ［J］. Postharvest Biology and Technology，2018，139：82-90.

［12］ Davies A M C，Fearn T. Quantitative Analysis via Near Infrared Databases：Comparison Analysis Using Restructured Near Infrared and Constituent Data-Deux（CARNAC-D）［J］. Journal of Near Infrared Spectroscopy，2006，14（6）：403-411.

［13］ Næs T，Isaksson T，Kowalski B R. Locally Weighted Regression and Scatter Correction for Near-Infrared Reflectance Data ［J］. Analytical Chemistry，1990，62（7）：664-673.

［14］ Centner V，Massart D L. Optimization in Locally Weighted Regression ［J］. Analytical Chemistry，1998，70（19）：4206-4211.

［15］ Shenk J S，Westerhaus M O. Investigation of a LOCAL Calibration Procedure for Near Infrared Instruments ［J］. Journal of Near Infrared Spectroscopy，1997，5（4）：223-232.

［16］ Dambergs R G，Cozzolino D，Cynkar W U，et al. The Determination of Red Grape Quality Parameters Using the LOCAL Algorithm ［J］. Journal of Near Infrared Spectroscopy，2006，14（2）：71-79.

［17］ Perez-Marin D，Garrido-Varo A，Guerrero J E. Implementation of LOCAL Algorithm with Near-Infrared Spectroscopy for Compliance Assurance in Compound Feeding Stuffs ［J］. Applied Spectroscopy，2005，59（1）：69-77.

［18］ Fearn T，Davies A M C. Locally-Biased Regression ［J］. Journal of Near Infrared Spectroscopy，2003，11（6）：467-478.

［19］ Chung H，Cho S，Toyoda Y，et al. Moment Combined Partial Least Squares（MC-PLS）as an Improved Quantitative Calibration Method：Application to the Analyses of Petroleum and Petrochemical Products ［J］. Analyst，2006，131（5）：684-691.

［20］ He K X，Cheng H，Du W L，et al. Online Updating of NIR Model and Its Industrial Application via Adaptive Wavelength Selection and Local Regression Strategy ［J］. Chemometrics and Intelligent Laboratory Systems，2014，134：79-88.

［21］ 张红光，卢建刚.净信号的局部建模算法及其在近红外光谱分析中的应用 ［J］.光谱学与光谱分析，2016，36（2）：384-387.

［22］ 鄢悦，张红光，卢建刚，等.基于光谱信息散度的近红外光谱局部偏最小二乘建模方法 ［J］.计算机与应用化学，2017，34（5）：18-22.

［23］ Tulsyan A，Wang T，Schorner G，et al. Automatic Real-Time Calibration，Assessment，and Maintenance of Generic Raman Models for Online Monitoring of Cell Culture Processes ［J］. Biotechnology and Bioengineering，2019，117（2）：

406-416.

[24] 褚小立，袁洪福，陆婉珍. 紫外-可见光谱-偏最小二乘法测定渣油四组分含量 [J]. 分析化学，2000，28（12）：1457-1461.

[25] 徐云，吴静珠，王一鸣，等. 基于近红外光谱的未知类别样品聚类方法 [J]. 农业工程学报，2011，27（8）：345-349.

[26] Ogen Y，Zaluda J，Francos N，et al. Cluster-Based Spectral Models for a Robust Assessment of Soil Properties [J]. Geoderma，2019，340：175-184.

[27] Fearn T. Bagging [J]. NIR news，2006，17（8）：15.

[28] Fearn T. Boosting [J]. NIR news，2007，18（1）：11-12.

[29] Galvao R K H，Araujo M C U，Martins M D，et al. An Application of Subagging for the Improvement of Prediction Accuracy of Multivariate Calibration Models [J]. Chemometrics and Intelligent Laboratory Systems，2006，81（1）：60-67.

[30] Viscarra Rossel R A. Robust Modelling of Soil Diffuse Reflectance Spectra by Bagging-Partial Least Squares Regression [J]. Journal of Near Infrared Spectroscopy，2007，15（1）：39-47.

[31] 李艳坤，邵学广，蔡文生. 基于多模型共识的偏最小二乘法用于近红外光谱定量分析 [J]. 高等学校化学学报，2007，28（2）：246-249.

[32] 姚志湘，杨锦瑜，张倩，等. Boosting 算法及其在化学数据挖掘中的应用 [J]. 广西工学院学报，2006，17（4）：13-18.

[33] Zhang M H，Xu Q S，Massart D L. Boosting Partial Least Squares [J]. Analytical Chemistry，2005，77（5）：1423-1431.

[34] Drucker H. Improving Regressors Using Boosting Techniques [C] //Proceedings of the 14th International Conference on Machine Learning，1997.

[35] Luo R M，Tan S M，Zhou Y P，et al. Quantitative Analysis of Tea Using Ytterbium-Based Internal Standard Near-Infrared Spectroscopy Coupled with Boosting Least-Squares Support Vector Regression [J]. Journal of Chemometric，2013，27（7-8）：198-206.

[36] 武晓莉，李艳君，吴铁军. 用于紫外光谱水质分析的 Boosting-偏最小二乘法 [J]. 分析化学，2006，34（8）：1091-1095.

[37] Shao X G，Bian X H，Cai W S. An Improved Boosting Partial Least Squares Method for Near-Infrared Spectroscopic Quantitative Analysis [J]. Analytica Chimica Acta，2010，666：32-37.

[38] 陈昭，吴志生，史新元，等. Bagging 偏最小二乘和 Boosting 偏最小二乘算法的金银花醇沉过程近红外光谱定量模型预测能力研究 [J]. 分析化学，2014，42（11）：1679-1686.

[39] Tan C，Li M，Qin X. Random Subspace Regression Ensemble for Near-Infrared Spectroscopic Calibration of Tobacco Samples [J]. Analytical Sciences，2008，24（5）：647-653.

[40] Ni W D，Brown S D，Man R L. Stacked Partial Least Squares Regression Analysis for Spectral Calibration and Prediction [J]. Journal of Chemometrics，2009，23（10）：505-517.

[41] 倪网东，满瑞林. 叠加多元校正分析 [J]. 分析化学，2010，38（3）：367-371.

[42] Ji G L，Huang G Z，Yang Z J，et al. Using Consensus Interval Partial Least Square in Near Infrared Spectra Analysis [J]. Chemometrics and Intelligent Laboratory Systems，2015，144：56-62.

[43] Li Y K，Jing J. A Consensus PLS Method Based on Diverse Wavelength Variables Models for Analysis of Near-Infrared Spectra [J]. Chemometrics and Intelligent Laboratory Systems，2014，130：45-49.

[44] Liu K，Chen X J，Li L M，et al. A Consensus Successive Projections Algorithm-Multiple Linear Regression Method for Analyzing Near Infrared Spectra [J]. Analytica Chimica Acta，2015，858：16-23.

[45] Bi Y M，Xie Q，Peng S L，et al. Dual Stacked Partial Least Squares for Analysis of Near-Infrared Spectra [J]. Analytica chimica acta，2013，792：19-27.

[46] 崔金铎. 基于近红外光谱的堆叠极限学习机算法及其应用研究 [D]. 沈阳：东北大学，2015.

[47] Shan P，Zhao Y H，Wang Q Y，et al. Stacked Ensemble Extreme Learning Machine Coupled with Partial Least Squares-Based Weighting Strategy for Nonlinear Multivariate Calibration [J]. Spectrochimica Acta Part A：Molecular and Biomolecular Spectroscopy，2019，215：97-111.

[48] Chen H，Tan C，Lin Z. Ensemble of Extreme Learning Machines for Multivariate Calibration of Near-Infrared Spectroscopy [J]. Spectrochimica Acta Part A：Molecular and Biomolecular Spectroscopy，2020，229：117982.

[49] Mevik B H，Segtnan V H，Næs T. Ensemble Methods and Partial Least Squares Regression [J]. Journal of Chemometrics，2004，18（11）：498-507.

[50] Saiz-Abajo M J, Mevik B H, Segtnan V H, et al. Ensemble Methods and Data Augmentation by Noise Addition Applied to the Analysis of Spectroscopic Data [J]. Analytica Chimica Acta, 2005, 533 (2): 147-159.

[51] Conlin A K, Martin E B, Morris A J. Data Augmentation: An Alternative Approach to the Analysis of Spectroscopic Data [J]. Chemometrics and Intelligent Laboratory Systems, 1998, 44 (1): 161-173.

[52] 李志刚, 彭思龙, 杨妮, 等. 基于导数光谱融合建模的红外光谱定量分析方法 [J]. 分析化学, 2016, 44 (3): 437-443.

[53] Li Z G, Lv J T, Si G Y, et al. An Improved Ensemble Model for the Quantitative Analysis of Infrared Spectra [J]. Chemometrics And Intelligent Laboratory Systems, 2015, 146: 211-220.

[54] Bian X H, Wang K Y, Tan E X, et al. A Selective Ensemble Preprocessing Strategy for Near-Infrared Spectral Quantitative Analysis of Complex Samples [J]. Chemometrics and Intelligent Laboratory Systems, 2020, 197: 103916.

[55] Xu, L, Zhou Y P, Tang L J, et al. Ensemble Preprocessing of Near-infrared (NIR) Spectra for Multivariate Calibration [J]. Analytica Chimica Acta, 2008, 616 (2): 138-143.

[56] Lascola R, O'Rourke P E, Kyser E A. A Piecewise Local Partial Least Squares (PLS) Method for the Quantitative Analysis of Plutonium Nitrate Solutions [J]. Applied Spectroscopy, 2017, 71 (12): 2579-2594.

[57] 谭超, 覃鑫, 李梦龙. 互信息诱导子空间集成偏最小二乘在近红外光谱定量校正中的应用 [J]. 分析化学, 2009, 37 (12): 1834-1838.

[58] 谢剑斌. 视觉机器学习 20 讲 [M]. 北京: 清华大学出版社, 2015.

[59] 雷明. 机器学习原理、算法与应用 [M]. 北京: 清华大学出版社, 2019.

[60] 于霜, 刘国海, 夏荣盛, 等. 基于 Adaboost 及谱回归判别分析的近红外光谱固态发酵过程状态识别 [J]. 光谱学与光谱分析, 2016, 36 (1): 51-54.

[61] 金秀, 朱先志, 李绍稳, 等. 基于梯度提升树的土壤速效磷高光谱回归预测方法 [J]. 激光与光电子学进展, 2019, 56 (13): 131102.

[62] 徐凯, 崔颖. Stacking Learning 在高光谱图像分类中的应用 [J]. 应用科技, 2018, 45 (6): 42-46.

[63] 陶言祺, 彭漪, 蒋琦, 等. 利用植被光谱数据和 Stacking 算法识别油菜关键生长发育期 [J]. 测绘地理信息, 2019, 44 (5): 20-23.

[64] Shen T, Yu H, Wang Y Z. Discrimination of Gentiana and its Related Species Using IR Spectroscopy Combined with Feature Selection and Stacked Generalization [J]. Molecules, 2020, 25 (6): 1442.

[65] 史如晋, 夏钒曾, 曾万聃, 等. 基于 PCA-Stacking 模型的食源性致病菌拉曼光谱识别 [J]. 激光与光电子学进展, 2019, 56 (4): 20-23.

[66] 于旭, 杨静, 谢志强. 虚拟样本生成技术研究 [J]. 计算机科学, 2011, 38 (3): 16-19.

[67] 汤健, 乔俊飞, 柴天佑, 等. 基于虚拟样本生成技术的多组分机械信号建模 [J]. 自动化学报, 2018, 44 (9): 1569-1589.

[68] Li D C, Wu C S, Tsai T I, et al. Using Mega-trend-diffusion and Artificial Samples in Small Data Set Learning for Early Flexible Manufacturing System Scheduling Knowledge [J]. Computers and Operations Research, 2007, 34 (4): 966-982.

[69] 朱宝. 虚拟样本生成技术及建模应用研究 [D]. 北京: 北京化工大学, 2017.

[70] 高克铉, 李志刚, 徐长明, 等. 混合整体趋势扩散的虚拟样本构建及其血液光谱分析 [J]. 仪器仪表学报, 2019, 40 (8): 94-101.

[71] 巩虹霏. 虚拟样本生成技术研究与工业建模应用 [D]. 北京: 北京化工大学, 2018.

[72] 易令, 吕忠元, 丁进良, 等. 面向原油总氢物性预测的数据扩增预处理方法 [J]. 控制与决策, 2018, 33 (12): 44-51.

[73] 叶彦斐, 张向荣, 梅彬, 等. 基于自动密化技术的建模方法研究 [J]. 科技视界, 2017 (2): 34-34.

[74] 李敬岩, 褚小立. 虚拟光谱识别法快速测定 LTAG 原料与产物烃组成 [J]. 石油学报 (石油加工), 2019, 35 (2): 283-288.

[75] 钱佳, 郭云开, 章琼, 等. 矿区土壤重金属 Pb、Cd 污染状况高光谱分类建模 [J]. 测绘通报, 2019 (9): 82-84.

[76] 杨懿男, 齐林海, 王红, 等. 基于生成对抗网络的小样本数据生成技术研究 [J]. 电力建设, 2019, 40 (5): 71-77.

[77] 支双双, 赵庆会, 金大海, 等. 基于 CNN 和 DLTL 的步态虚拟样本生成方法 [J]. 计算机应用研究, 2020, 37 (1): 291-295.

[78] 崔向伟, 沈韬, 刘英莉, 等. 小样本太赫兹光谱识别 [J]. 激光与光电子学进展, 2021, 58 (1): 8.

[79] 刘建伟, 刘媛, 罗雄麟. 半监督学习方法 [J]. 计算机学报, 2015, 38 (8): 1592-1618.

[80] 陈武锦. 半监督学习研究综述 [J]. 电脑知识与技术, 2011, 7 (16): 3887-3889.

［81］ 蔡毅，朱秀芳，孙章丽，等.半监督集成学习综述［J］.计算机科学，2017，44（6A）：7-14.

［82］ 周志华.机器学习及其应用［M］.北京：清华大学出版社，2007.

［83］ 李林，徐硕，安欣，等.近红外光谱定量分析的新方法：半监督最小二乘支持向量回归机［J］.光谱学与光谱分析，2011，31（10）：2702-2705.

［84］ 张瑞.基于支持向量回归的增量学习算法［J］.山东理工大学学报（自然科学版），2010，24（3）：56-59.

［85］ 吕程程.增量 NIR 半监督 SVR 的集成学习算法研究［D］.沈阳：东北大学，2014.

［86］ 梁淼，蔡嘉月，杨凯，等.半监督偏最小二乘法在烟叶近红外感官评价模型中的应用［J］.分析化学，2014，42（11）：1687-1691.

［87］ 郭东生.农产品品质检测模型更新方法研究［D］.无锡：江南大学，2018.

［88］ 井诗博，杨丽明，李军会，等.半监督极限学习机及其在近红外光谱数据分析中的应用［J］.计算机应用.2016，36（2）：387-391.

［89］ 王进，高选人，张睿，等.结合目标特定特征和目标相关性的多目标回归［J］.电子学报，2020，48（11）：2092-2100.

［90］ Spyromitros-Xioufis E，Tsoumakas G，Groves W，et al. Multi-target Regression via Input Space Expansion：Treating Targets as Inputs［J］.Machine Learning，2016，104（1）：55-98.

［91］ Shukla A K.Spectroscopic Techniques & Artificial Intelligence for Food and Beverage Analysis［M］.Singapore：Springer，2020.

［92］ Santana E J，Geronimo B C，Mastelini S M，et al. Predicting Poultry Meat Characteristics Using an Enhanced Multi-target Regression Method［J］.Biosystems Engineering，2018，171：193-204.

［93］ Junior S B，Mastelini S M，Barbon A P A C，et al. Multi-target Prediction of Wheat Flour Quality Parameters with Near Infrared Spectroscopy［J］.Information Processing in Agriculture，2019，7：342-354.

多光谱融合技术

15.1 融合策略与方法

光谱融合技术是将不同类型的光谱进行优化和整合，实现单光谱优势互补，以获得更全面、更可靠、更丰富的特征数据，再结合化学计量学方法构建回归或识别模型，对样品进行定量和定性分析。如图 15-1 所示，甲卡西酮和麻黄碱在拉曼光谱主成分分析得分图上有较高的重叠（图 15-1a）；在离子迁移谱分析图上主成分分析得分图上有一定的聚类倾向（图 15-1b）；但在拉曼光谱与离子迁移谱融合的主成分分析得分图上，通过两种谱图的融合，就可很好地实现分类判别（图 15-1c）[1]。如图 15-2 和图 15-3 所示，根据不同的数据融合策略，多光谱融合可分为低层融合、中层融合和高层融合[2-5]。

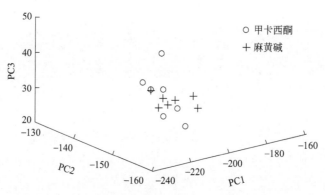

图 15-1a 甲卡西酮和麻黄碱拉曼光谱的 PCA 图

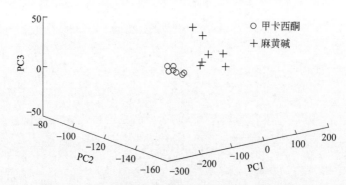

图 15-1b 甲卡西酮和麻黄碱离子迁移谱的 PCA 图

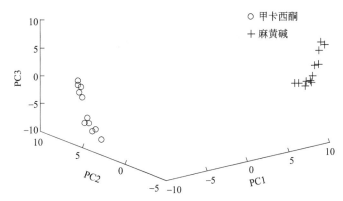

图 15-1c　甲卡西酮和麻黄碱拉曼光谱和离子迁移谱融合的 PCA 图

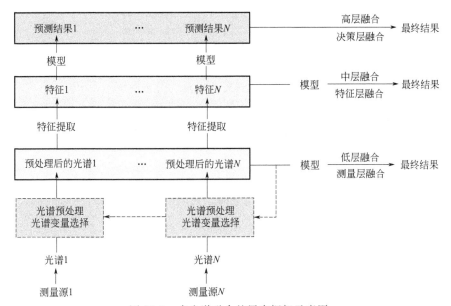

图 15-2　多光谱融合的层次框架示意图

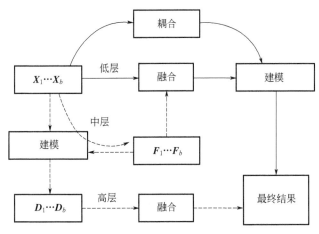

图 15-3　不同融合策略示意图

　　如图 15-4 所示，低层融合即光谱数据层融合，来自不同光谱源的数据按一定顺序排列到一个矩阵中，即光谱矢量的串接（Vectors Concatenation）[3]。该矩阵的行数与样本数相同，列数与不同仪器测量的信号（光谱变量）的列数总和相同，然后利用化学计量学方法建立最终的单个模型，这一方式常称为串联方法，例如串联偏最小二乘（Concatenated PLS）等[6]。在低层融合时，可对光谱区间进行选择，并进行必要的光谱预处理，例如光谱归一化等。

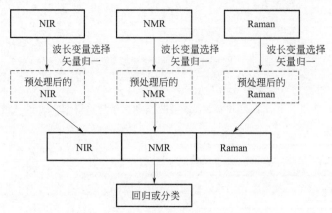

图 15-4　低层光谱数据融合框架示意图

　　如图 15-5 所示，中层融合也称为特征层融合，是将不同来源的光谱数据经过特征提取（如主成分、波长变量的比率、小波系数等），并对选取的特征变量按照一定的顺序进行矢量化，实现数据的融合。除了传统的光谱特征提取方法外，还可用深度学习方法对光谱特征进行提取。如图 15-6 所示，使用两路卷积神经网络分别提取高光谱和激光雷达两种数据的深度特征，然后将提取出的特征进行拼接，再通过回归器或分类器对特征进行训练，得到最终的分类结果。

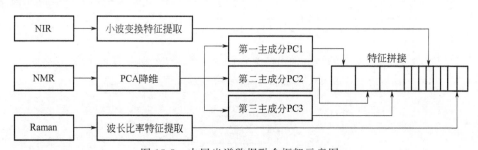

图 15-5　中层光谱数据融合框架示意图

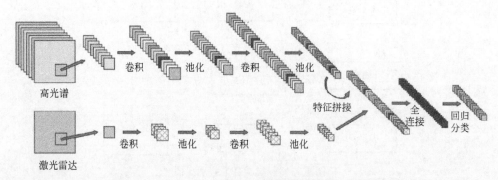

图 15-6　基于卷积神经网络的特征层融合框架示意图

高层融合亦被称作决策级融合，它从每个光谱数据源单独建立分类或回归模型，并将每个单独模型的预测结果进行组合以得到最终的决策结果。实际上，在高层融合中往往还包含光谱数据的低层融合、中层融合。如图 15-7 所示，利用近红外光谱信息、核磁共振谱信息、拉曼光谱信息以及近红外光谱与核磁共振谱的特征融合信息，分别建立 4 个 SVR 模型，对 4 个预测结果可以采用加权或投票机制的方式进行决策融合，得到最终的预测结果。

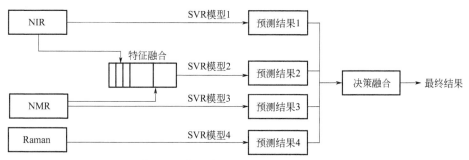

图 15-7　高层决策级融合的框架示意图

对于低层光谱层的融合，除了光谱矢量的串接外，还有光谱矢量的累加融合（Vectors Coaddition）、光谱矢量的外和融合（Vectors Outer Sum）和光谱矢量的外积融合（Vectors Outer Product）等[9,10]。

在进行光谱的累加融合前，需要将融合的多条光谱进行插值运算，得到维数相同的矢量，然后将对应元素相加，得到矢量维数不变的融合光谱。例如，光谱 A 为 $1 \times m$ 的矢量 x，光谱 B 为 $1 \times n$ 的矢量 r，在将光谱 A 与光谱 B 进行累加融合时，首先将光谱 B 的矢量 r 进行插值得到 $1 \times m$ 的矢量 r^d，光谱 A 与光谱 B 的累加融合光谱即为矢量 x 与矢量 r^d 之和，其维数为 $1 \times m$。在进行累加融合时，也可将光谱 A 的矢量 x 插值得到 $1 \times n$ 的矢量 x^d，或者同时将光谱 A 与光谱 B 进行插值得到 $1 \times p$ 的两个矢量，然后再进行矢量求和。

光谱的外积融合实际上是求两个矢量的外积，对于光谱 A 为 $1 \times m$ 的矢量 x，光谱 B 为 $1 \times n$ 的矢量 r，其外积 $x \otimes r = x^T \times r$，为 $m \times n$ 维的矩阵。对于 k 个校正集样本，则可以得到 $k \times m \times n$ 的三维矩阵。如图 15-8 所示，可通过多维的化学计量学方法对光谱外积融合得到的三维矩阵定量或定性分析，也可以将得到的 $m \times n$ 维矩阵展开（Unfold）为 $1 \times mn$ 维的矢量，再通过传统的化学计量学方法进行数据处理。

光谱矢量的外和融合与求两个矢量的外积类似，对于光谱 A 为 $1 \times m$ 的矢量 x，光谱 B 为 $1 \times n$ 的矢量 r，其外和 $x \oplus r$ 为：

$$x = (x_1, x_2, \cdots, x_m), r = (r_1, r_2, \cdots, r_n)$$

$$x \oplus r = \begin{bmatrix} x_1 \\ \vdots \\ x_m \end{bmatrix} \oplus \begin{bmatrix} r_1 & \cdots & r_n \end{bmatrix} = \begin{bmatrix} x_1 + r_1 & \cdots & x_m + r_1 \\ \vdots & \ddots & \vdots \\ x_1 + r_n & \cdots & x_m + r_n \end{bmatrix}$$

与矢量的外积融合类似，光谱矢量的外和融合三维矩阵可通过多维的化学计量学方法进行数据处理，或者展开（Unfold）通过传统的化学计量学方法进行数据处理。

光谱的外积运算和光谱的外和运算通常用于两类光谱的融合计算，对于多类光谱的融合可分别进行两两的运算，或者先进行光谱矢量的串接，再进行外积运算或外和运算。

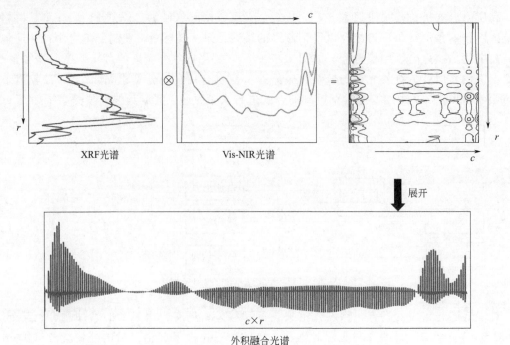

图 15-8　两类光谱进行外积融合的示意图

15.2　多块偏最小二乘方法

对于多光谱融合技术，可采用多块偏最小二乘方法（Multiblock PLS）建立校正模型。例如，对于拉曼光谱矩阵（块 $X1$）与近红外光谱矩阵（块 $X2$），多块偏最小二乘方法的建模策略如图 15-9 所示，首先分别建立每一个块与浓度 y 的偏最小二乘模型，提取相应的 PLS 成分（称为下层模型）；再使用各块获得的 PLS 成分与浓度建立整体的偏最小二乘模型（称为上层模型）[11,12]。在上述这个过程中，由于各块的变量数远小于整体的变量数，并且各个块都具有特定的内涵意义，因此多块偏最小二乘方法得到的结果对信息的综合概括能力更强，具有更强的解释作用和应用价值。多块偏最小二乘方法也称为递阶偏最小二乘回归（Hierarchical Partial Least Square）[13]。

多块偏最小二乘算法的具体步骤：

① 取浓度阵 Y 的某一列作 u 的起始迭代值，计算 w_1 和 w_2：$w_1^T = u^T X_1 / u^T u$，$w_2^T = u^T X_2 / u^T u$。

② 对 w 进行归一化：$w_1 = w_1 / \|w_1\|$，$w_2 = w_2 / \|w_2\|$。

③ 计算 t_1 和 t_2：$t_1 = X_1 w_1 / w_1^T w_1$，$t_2 = X_2 w_2 / w_2^T w_2$。

④ 组成联合矩阵 T_c，$T_c = [t_1 t_2]$。

⑤ 采用标准 PLS 算法，建立 T_c 与浓度 Y 的回归模型，得到向量 w、t、u、q。

⑥ 返回步骤①，直至 u 收敛。

⑦ 计算 p_1 和 p_2：$p_1^T = t_1^T Y / t_1^T t_1$，$p_2^T = t_2^T Y / t_2^T t_2$。

⑧ 计算残差矩阵：$E_1 = X_1 - t_1 p_1^T$，$E_2 = X_2 - t_2 p_2^T$，$F = Y - tp^T$。

⑨ 用 E_1、E_2、F 分别替代 X_1、X_2、Y，返回步骤①，直至计算所有主因子数的 PLS 成分。

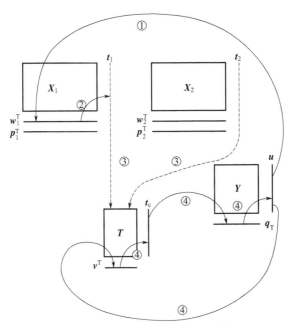

图 15-9　多块偏最小二乘的迭代过程示意图

15.3　序贯正交偏最小二乘方法

多块偏最小二乘方法（Multiblock PLS）采用的是并联的校正模式，序贯正交偏最小二乘（Sequential and Orthogonalized PLS，SO-PLS）是串联式的校正方式。例如，对于拉曼光谱矩阵（块 $X1$）与近红外光谱矩阵（块 $X2$），SO-PLS 的建模策略为，首先建立块 $X1$ 与浓度 y 的偏最小二乘模型，得到相应的 PLS 成分（如得分阵 T_{X1} 和浓度残差阵 y_R 等），将 T_{X1} 与块 $X2$ 进行正交化得到正交后的光谱阵 $X2_{orth}$，然后建立正交阵 $X2_{orth}$ 与浓度残差阵 y_R 的偏最小二乘模型，最终的预测结果由上述两个校正模型联合给出[14,15]。由于 SO-PLS 方法采用了正交化处理，因此可有效提取出了块 $X2$ 中相对于块 $X1$ 的额外互补光谱信息[16]。

SO-PLS 算法的具体步骤：

① 采用标准 PLS 算法，建立 $X1$ 与浓度 y 的回归模型，得到 $X1$ 的得分矩阵 T_{X1}，$X1$ 的权重矩阵 W_{X1}，$X1$ 的载荷矩阵 P_{X1}，y 的载荷矩阵 Q_{X1}，y 的残差阵 y_R 为：

$$y_R = y - T_{X1}Q_{X1}^T$$

② 将 T_{X1} 与块 $X2$ 进行正交化得到正交后的光谱阵 $X2_{orth}$：

$$X2_{orth} = X2 - T_{X1}(T_{X1}^T T_{X1})^{-1} T_{X1}^T X2$$

③ 采用标准 PLS 算法，建立 $X2_{orth}$ 与浓度残差 y_R 的回归模型，得到 $X2_{orth}$ 的得分矩阵 T_{X2orth}，$X2_{orth}$ 的权重矩阵 W_{X2orth}，$X2_{orth}$ 的载荷矩阵 P_{X2orth}，y_R 的载荷矩阵 Q_{X2orth}。

④ 浓度的预测值 y^{pre} 由下式给出：

$$y^{pre} = T_{X1}Q_{X1}^T + T_{X2orth}Q_{X2orth}^T$$

上式也可以表达为：

$$y^{pre} = X1 V_{X1}Q_{X1}^T + X2_{orth}V_{X2orth}Q_{X2orth}^T$$

式中，$V_{X1} = W_{X1}(P_{X1}^T W_{X1})^{-1}$，$V_{X2orth} = W_{X2orth}(P_{X2orth}^T W_{X2orth})^{-1}$。

如图 15-10 所示，多块偏最小二乘和序贯正交偏最小二乘与多点光谱或多光谱融合技术相结合，可用于生产过程的管控，对工艺系统内各单元的关键品质进行预测分析，以深入理解过程系统中各因素间的因果关系，辨识关键质控位点，稳定并提升产品质量。

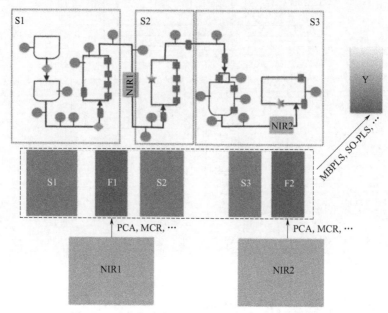

图 15-10　多光谱检测点用于生产工艺管控示意图

除了上述介绍的多块偏最小二乘和序贯正交偏最小二乘方法以外，在多光谱融合技术中还有通用成分特有权重分析方法［Common Components and Specific Weights Analysis，CCSWA，其算法称为 ComDim（Common Dimension），它是一系列算法的统称[17-19]］，以及并行正交偏最小二乘（Parallel and Orthogonalized Partial Least Squares，PO-PLS）等方法[20-23]。

15.4　多光谱融合的应用研究

Dearing 等将中红外光谱、拉曼光谱和核磁共振谱进行低层融合，用 PLS 建立预测原油 API 度的定量模型，其预测准确性（RMSEP）比单独使用一种光谱提高 50％以上[24]。陈达等将离散小波变换（DWT）多尺度特性及竞争性自适应重加权采样-偏最小二乘线性判别算法（CARS-PLSDA）提取拉曼光谱与红外光谱特征，在特征融合层面建立奶粉掺假识别模型，能够有效结合拉曼光谱和红外光谱的协同信息和互补特性，显著提高奶粉掺假检测灵敏度和准确性[25]。Marquez 等利用 FT-Raman 和 NIR 两种光谱，分别采用变量特征融合和高层决策融合两种数据融合策略对榛子仁掺假进行检测。结果表明，单光谱技术的灵敏度和特异性分别在 75％～100％之间，高层决策融合与变量特征融合的灵敏度和特异性分别在 96％～100％和 88％～100％之间，其性能参数优于单光谱技术[26]。Tao 等采用中红外与近红外多光谱融合技术结合序贯正交偏最小二乘方法（SO-PLS）对金银花和青蒿液相萃取过程的多种有效成分进行预测分析，获得了满意的结果[27]。

张婧等针对掺假的芝麻油，首先采用二维相关谱技术得到样品的同步-异步二维近红外相关谱和中红外相关谱，分别对二维相关谱进行多维主成分分析法（Multi-way Principal Component Analysis，MPCA），将得分矩阵进行融合，再通过偏最小二乘判别模型鉴别掺假的芝麻油，判别正确率达到 100%，比单光谱预测模型的正确率高[28]。Shen 等分别采用基于波长变量选择的中层数据融合和基于堆栈泛化（Stacked Generalization）策略的高层决策级的融合方式，利用中红外与近红外多光谱融合技术对龙胆属植物进行识别，结果表明，基于特征选择和堆栈泛化的策略可提高判别的准确率，并能防止过拟合情况的发生[29]。

Ríos-Reina 等用中红外光谱、近红外光谱、激发-发射三维荧光光谱和核磁共振氢谱对葡萄酒受保护的原产地名称（Protected designations of origin，PDO）进行鉴定。如图 15-11 所示，首先对近红外光谱与中红外光谱进行低层融合后，再进行主成分分析，得到 8 个主成分得分变量作为特征变量 I；对激发-发射三维荧光光谱进行 PARAFAC 分解，得到 5 个 PARAFAC 得分变量作为特征变量 II；对核磁共振氢谱进行多元曲线分辨（Multivariate Curve Resolution，MCR），将辨析得到的 62 个谱峰面积作为特征变量 III；然后将上述三类特征变量进行数据融合，用 PLS-DA 建立 PDO 判别模型，获得了比单一光谱更优的鉴别结果[30]。

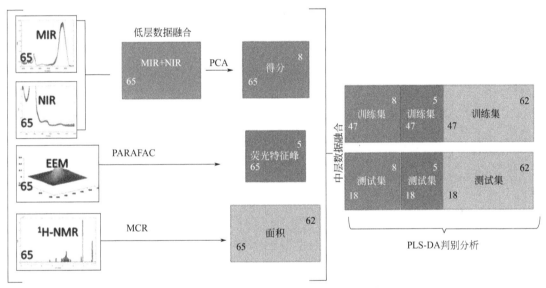

图 15-11　一种用于葡萄酒产地识别的多光谱融合示意图

姚森等利用紫外光谱结合红外光谱对绒柄牛肝菌种类产地进行判别，通过波长变量筛选方法提取特征变量进行数据融合后，用 SVM 所建判别模型的预测正确率达 96.88%[31]。Comino 等将近红外光谱与能量色散 X 射线荧光光谱进行融合，用于橄榄叶片中营养元素的快速分析，通过主成分分析后的特征融合策略得到较好的预测结果，可快速检测到氮、钾等重要元素是否缺乏[32]。刘丰奎等提出了一种基于拉曼光谱技术和激光诱导击穿光谱技术的多光谱特征融合技术，用于二氧化钛、硫酸铝钾等面粉掺杂物的定量分析[33]。他们通过自适应小波变换算法和竞争性自适应重加权采样算法分别对拉曼光谱和激光诱导击穿光谱进行背景噪声去除和变量筛选，然后将特征变量进行数据融合后用 PLS 建立校正模型，提升了面粉掺杂的定量分析精度及可靠性。Gibbons 等也采用拉曼光谱和激光诱导击穿光谱融合技术，利用拉曼光谱的分子结构信息和激光诱导击穿光谱的元素信息，对黏土矿物进行分类鉴别[34]。

王彩霞等将牛肉的高光谱进行必要的预处理后，采用竞争性自适应重加权采样算法（CARS）提取了 22 个特征波长，再与 48 个图像纹理特征进行融合，建立了 PLS-DA 分类模型，预测准确性为 93.55%，高于特征光谱数据模型识别率，说明融合纹理特征后使样本分类信息的表达更加全面[35]。他们还用类似的技术路线，建立了图谱融合预测羊肉中饱和脂肪酸含量的模型，获得了较好的结果[36]。邹小波等将筛选出的近红外和中红外特征光谱区间融合之后建立了小麦产地和烘干程度的 SVM 识别模型，其判别结果比单一光谱技术有所提高[37]。

Casian 等将近红外光谱、拉曼光谱、比色和图像分析四种技术用于药物中活性成分含量的预测，单独一种技术的预测准确性（RMSEP）在 0.654%～2.292% 之间。采用正交偏最小二乘法（Orthogonal Partial Least Squares，OPLS）对四种数据降维提取特征后进行融合，然后采用 ANN 建立定量校正模型，其预测准确性为 0.153%[38]。Assis 等利用近红外光谱和全反射 X 射线荧光光谱预测两种咖啡混合物的成分含量，将选取的 75 个近红外光谱特征变量与全反射 X 射线荧光光谱测定的 14 种元素含量进行数据融合，建立 PLS 定量分析模型，通过该模型可从原子和分子光谱中解释不同种类咖啡的差异[39]。如图 15-12 所示，Gamela 等分别提取激光诱导击穿光谱（LIBS）和波长色散 X 射线荧光光谱（WDXRF）的元素特征吸收变量，采用 MLR 建立了预测大豆种子中钾、镁和磷元素的含量，其预测结果优于基于单波长校正曲线的结果[40]。Oliveira 等将近红外光谱和 LIBS 进行低层融合，用于草料中微量元素和常量元素的快速分析，获得了满意的结果[41]。

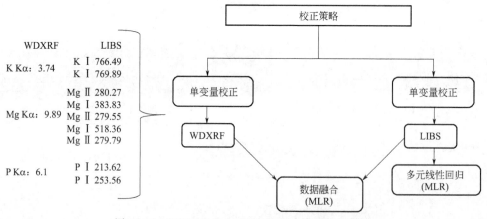

图 15-12　WDXRF 和 LIBS 进行融合建模的示意图

如图 15-13 所示，Moro 等采用中红外光谱、核磁共振氢谱和核磁共振碳谱对原油的 7 种物性进行定量预测分析，当采用 PLS 提取的得分特征进行数据融合，再利用 PLS 建模，获得最好的预测结果[42]。Liu 等将中红外光谱和拉曼光谱进行特征融合，用于预测食用油热氧化过程中的过氧化值和酸值，红外光谱提供的 C═O 官能团信息与拉曼光谱提供的 C═C 官能团信息与所测物性存在高度相关的定量关系，两种光谱融合的预测结果优于单一光谱的结果[43]。Wang 等采用近红外光谱和紫外光谱融合的方式，采用 PLS 建立了预测葛根中葛根素的含量，证明了近红外光谱和紫外光谱融合具有协同效应[44]。如图 15-14 所示，德国 Art Photonics 公司将拉曼光谱、中红外光谱、近红外光谱和分子荧光光谱组合，用于化学反应过程的监测，采用 ComDim 算法和 SO-PLS 算法对多光谱数据进行融合辨析和建模[45]。

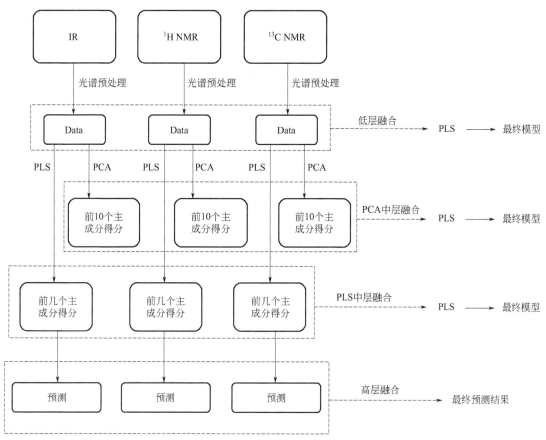

图 15-13 基于中红外光谱、核磁共振氢谱和核磁共振碳谱的多种数据融合策略示意图

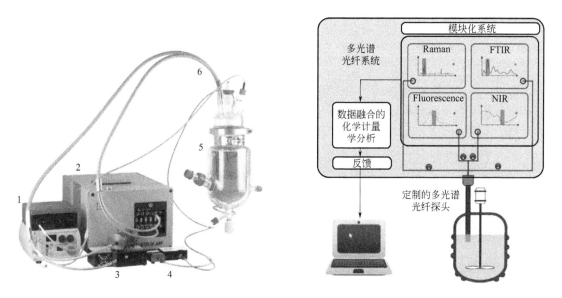

图 15-14 多光谱融合用于化学反应过程的监测
1—拉曼光谱系统；2—傅里叶变换中红外光谱系统；3—近红外光谱反射系统；
4—分子荧光光谱系统；5—化学反应器；6—光纤探头

15.5　展望

光谱融合技术能实现各光谱技术的协同信息和互补特性，使定性或定量的预测结果更准确、可靠。多光谱融合技术的数据处理需要合适的化学计量学方法，精准的算法和建模的完善有助于提高后期数据处理效率，有利于相应软件的开发，为数据处理提供一个更便捷有效的平台。目前多光谱融合技术正在蓬勃发展之中，尤其是多光谱一体机的开发受到越来越多的重视[46,47]。目前已有商品化的或正在研制的多光谱仪器包括：拉曼光谱仪器与中红外光谱仪器的组合，LIBS仪器与拉曼光谱仪器的组合，XRF仪器与拉曼光谱仪器的组合，XRF仪器与LIBS仪器的组合，中红外光谱仪器与近红外光谱仪器的组合，拉曼光谱仪器与太赫兹仪器的组合，深紫外拉曼与分子荧光光谱的组合，还有各种谱学成像仪器的组合等。这样一台微型或小型的仪器便可获取更多、更丰富的物质成分信息[48,49]。

在此基础上，将多光谱仪器硬件与多光谱数据融合算法的结合是未来的发展趋势，通过云平台可将多光谱数据的采集和数据的融合处理进行集成，能进一步节约人力物力，提高分析效率。多光谱融合技术有望在环境、生物医学、制药、地质、食品、农业和物证鉴别等领域得到较为广泛的应用[50]。

参考文献

[1] 蒋林华，沈俊，余治昊，等.基于PCA-SVM融合离子迁移谱与拉曼光谱的毒品鉴别方法 [J].光学仪器，2018，40 (2)：31-37.

[2] Borras E，Ferre J，Boque R，et al. Data Fusion Methodologies for Food and Beverage Authentication and Quality Assessment：A Review [J]. Analytica Chimica Acta，2015（891）：1-14.

[3] Cocchi M. Data Fusion Methodology and Applications [M]. Amsterdam：Elsevier，2019.

[4] 刘翠玲，孙晓荣，吴静珠，等.多光谱食品品质检测技术与信息处理研究 [M].北京：机械工业出版社，2018.

[5] 杨巧玲，邓晓军，孙晓东，等.光谱数据融合技术在食品检测中的应用研究进展 [J].食品工业科技，2020（45）：1-9.

[6] Dupuy N，Galtier O，Ollivier D. Comparison between NIR，MIR，Concatenated NIR and MIR Analysis and Hierarchical PLS Model. Application to virgin olive oil analysis [J]. Analytica Chimica Acta，2010，666 (1-2)：23-31.

[7] 杜星乾，侯艳杰，唐轶.高光谱遥感影像与高程数据融合方法综述 [J].云南民族大学学报（自然科学版），2020，29 (1)：47-58.

[8] Chen Y S，Li C Y，Ghamisi P，et al. Deep Fusion of Remote Sensing Data for Accurate Classification [J]. IEEE Geoscience and Remote Sensing Letters，2017，14 (8)：1253-1257.

[9] Moros J，Laserna J J. Unveiling the Identity of Distant Targets through Advanced Raman-Laser-Induced Breakdown Spectroscopy Data Fusion Strategies [J]. Talanta，2015，134：627-639.

[10] 王清亚，李福生，江晓宇，等.基于XRF和vis-NIR光谱数据融合的土壤镉含量定量分析法 [J].分析测试学报，2020，39 (11)：1327-1333.

[11] Macgregor J F，Jaeckle C，Kiparissides C，et al. Process Monitoring and Diagnosis by Multiblock PLS Methods [J]. AIChE Journal，1994，40 (5)：826-838.

[12] 孙飞，詹书怡，郭宁，等.基于多模块偏最小二乘的中药制药过程系统建模研究 [J].中国中药杂志，2018，16：3270-3278.

[13] 王惠文，吴载斌，孟洁.偏最小二乘回归的线性与非线性方法 [M].北京：国防工业出版社，2006.

[14] Næs T，Tomic O，Mevik B H，et al. Path Modelling by Sequential PLS Regression [J]. Journal of Chemometrics，2011，25：28-40.

[15] Julien L G，Petre M，Carl D. The Sequential Multi-Block PLS Algorithm（SMB-PLS）：Comparison of Performance and Interpretability [J]. Chemometrics and Intelligent Laboratory Systems，2018，180：7283.

[16] Tao L Y，Via B，Wu Y J，et al. NIR and MIR Spectral Data Fusion for Rapid Detection of Lonicera Japonica and Artemisia Annua by Liquid Extraction Process [J]. Vibrational Spectroscopy，2019，102：31-38.

[17] Mazerolles G，Hanafi M，Dufour E，et al. Common Components and Specific Weights Analysis：A Chemometric Method for Dealing with Complexity of Food Products [J]. Chemometrics and Intelligent Laboratory Systems，2006，81 (1)：41-49.

[18] Cordella C B Y，Bertrand D. SAISIR：A New General Chemometric Toolbox [J]. Trends in Analytical Chemistry，2014，54：75-82

[19] Ghaziri A El，Cariou V，Rutledge D N，et al. Analysis of Multiblock Datasets Using Comdim：Overview and Extension to the Analysis of (K+1) Datasets [J]. Journal of Chemometrics，2016，30：420-429.

[20] Mage I，Mevik B H，Naes T. Regression Models with Process Variables and Parallel Blocks of Raw Material Measurements [J]. Journal of Chemometrics，2008，22 (8)：443-456.

[21] Næs T，Tomic O，Afseth N K.，et al. Multi-block Regression Based on Combinations of Orthogonalisation，PLS-regression and Canonical Correlation Analysis [J]. Chemometrics and Intelligent Laboratory Systems，2013，124：32-42.

[22] Mage I，Menichelli E，Næs T. Preference Mapping by PO-PLS：Separating Common and Unique Information in Several Data Blocks [J]. Food Quality and Preference，2012，24 (1)：8-16.

[23] Biancolillo A，Marini F，Ruckebusch C，et al. Chemometric Strategies for Spectroscopy-Based Food Authentication. Applied Sciences，2020，10 (18)：6544.

[24] Dearing T I，Thompson W J，Rechsteiner C E，et al. Characterization of Crude Oil Products Using Data Fusion of Process Raman，Infrared，and Nuclear Magnetic Resonance (NMR) Spectra [J]. Applied Spectroscopy，2011，65 (2)：181-186.

[25] 陈达，骆文欣，黄志轩，等.基于多光谱融合的奶粉掺假诊断方法 [J].纳米技术与精密工程，2017，15 (5)：384-388.

[26] Marquez C，Lopez M I，Ruisanchez I，et al. FT-Raman and NIR Spectroscopy Data Fusion Strategy for Multivariate Qualitative Analysis of Food Fraud [J]. Talanta，2016 (161)：80-86.

[27] Tao L Y，Via B，Wu Y J，et al. NIR and MIR Spectral Data Fusion for Rapid Detection of Lonicera Japonica and Artemisia Annua by Liquid Extraction Process [J]. Vibrational Spectroscopy，2019，102：31-38.

[28] 张婧，单慧勇，杨仁杰，等.基于近-中红外相关谱融合判定掺伪芝麻油 [J].光子学报，2019，48 (6)：56-62.

[29] Shen T，Yu H，Wang Y Z. Discrimination of Gentiana and its Related Species Using IR Spectroscopy Combined with Feature Selection and Stacked Generalization [J]. Molecules，2020，25 (6)：1442.

[30] Rios-Reina R，Callejon R M，Savorani F，et al. Data Fusion Approaches in Spectroscopic Characterization and Classification of PDO Wine Vinegars [J]. Talanta，2019，198：560-572.

[31] 姚森，李涛，刘鸿高，等.多光谱数据融合技术对绒柄牛肝菌产地的鉴别 [J].食品科学，2018，39 (8)：212-217.

[32] Comino F，Ayora-Canada M J，Aranda V，et al. Near-Infrared Spectroscopy and X-Ray Fluorescence Data Fusion for Olive Leaf Analysis and Crop Nutritional Status Determination [J]. Talanta，2018，188：676-684.

[33] 刘丰奎，张翠，黄志轩，等.基于多光谱特征融合技术的面粉掺杂定量分析方法 [J].现代面粉工业，2019，38 (4)：390-395.

[34] Gibbons E，Leveille R，Berlo K. Data Fusion of Laser-Induced Breakdown and Raman Spectroscopies：Enhancing Clay Mineral Identification [J]. Spectrochimica Acta Part B：Atomic Spectroscopy，2020，170：105905.

[35] 王彩霞，王松磊，贺晓光，等.高光谱技术融合图像信息的牛肉品种识别方法研究 [J].光谱学与光谱分析，2020，40 (3)：911-916.

[36] 王彩霞，王松磊，贺晓光，等.高光谱图谱融合技术检测羊肉中饱和脂肪酸含量 [J].光谱学与光谱分析，2020，40 (2)：595-601.

[37] 邹小波，封锦，郑开逸，等.利用近红外及中红外融合技术对小麦产地和烘干程度的同时鉴别 [J].光谱学与光谱分析，2019，39 (5)：1445-1450.

[38] Casian T，Farkas A，Ilyes K，et al. Data Fusion Strategies for Performance Improvement of a Process Analytical Technology Platform Consisting of Four Instruments：An Electrospinning Case Study [J]. International Journal of Pharmaceutics，2019，567：118473.

[39] Assis C，Gama E M，Nascentes C C，et al. A Data Fusion Model Merging Information from Near Infrared Spectroscopy and X-Ray Fluorescence. Searching for Atomic-Molecular Correlations to Predict and Characterize the Composition of Coffee Blends [J]. Food Chemistry，2020，325：126953.

[40] Gamela R R，Costa V C，Sperança M A，et al. Laser-Induced Breakdown Spectroscopy (LIBS) and Wavelength Dispersive X-Ray Fluorescence (WDXRF) Data Fusion to Predict the Concentration of K，Mg and P in Bean Seed Samples [J]. Food Research International，2020，132：109037.

［41］ De Oliveira D M，Fontes L M，Pasquini C. Comparing Laser Induced Breakdown Spectroscopy，Near Infrared Spectroscopy，and Their Integration for Simultaneous Multi-Elemental Determination of Micro-and Macronutrients in Vegetable Samples ［J］. Analytica Chimica Acta，2019，1062：28-36.

［42］ Moro M K，NetoÁ C，Lacerda V，et al. FTIR,^{1}H and ^{13}C NMR Data Fusion to Predict Crude Oils Properties ［J］. Fuel，2020，263：116721.

［43］ Liu H，Chen Y，Shi C，Yang X T，et al. FT-IR and Raman Spectroscopy Data Fusion with Chemometrics for Simultaneous Determination of Chemical Quality Indices of Edible Oils During Thermal Oxidation ［J］. LWT-Food Science and Technology，2020，119：108906.

［44］ Wang Y Q，Yang Y Z，Sun H J，et al. Application of a Data Fusion Strategy Combined with Multivariate Statistical Analysis for Quantification of Puerarin in Radix Puerariae ［J］. Vibrational Spectroscopy，2020，108：103057.

［45］ Mishra P，Roger J M，Rutledge D N，et al. MBA-GUI：A Chemometric Graphical User Interface for Multi-block Data Visualisation，Regression，Classification，Variable Selection and Automated Pre-processing. Chemometrics and Intelligent Laboratory Systems，2020，205：104139.

［46］ Crocombe R A. Portable Spectroscopy ［J］. Applied Spectroscopy，2018，72（12）：1701-1751.

［47］ Hashimoto K，Badarla V R，Kawai A，et al. Complementary Vibrational Spectroscopy ［J］. Nature Communications，2019，10：4411.

［48］ Stuart M B，McGonigle A J S，Willmott J R. Hyperspectral Imaging in Environmental Monitoring：A Review of Recent Developments and Technological Advances in Compact Field Deployable Systems ［J］. Sensors，2019，19（14）：3071.

［49］ Deidda R，Sacre P Y，Clavaud M，et al. Vibrational Spectroscopy in Analysis of Pharmaceuticals：Critical Review of Innovative Portable and Handheld NIR and Raman Spectrophotometers ［J］. Trends in Analytical Chemistry，2019，114（5）：251-259.

［50］ Mishra P，Roger J M，Rutledge D N，et al. Recent Trends in Multi-block Data Analysis in Chemometrics for Multi-source Data Integration ［J］. Trends in Analytical Chemistry，2021，137：116206.

16

多维分辨和校正方法

16.1　引言

在化学计量学领域，通常使用张量代数的方法把仪器所产生的数据分类为零阶、一阶、二阶以及高阶。如图 16-1 所示，每个样本对应的仪器响应可能为零阶（标量）、一阶（向量）、二阶（矩阵）、三阶（三维数组）或高阶张量，当分析一系列这样的样本时，将会产生一维、二维、三维、四维和 N-维数据[1,2]。利用零阶张量数据预测体系中未知样的方法称为单变量校正方法，而所有的使用非标量数据的分析方法称为多元校正方法。二阶以及更高阶的张量数据称为多维数据，处理这些数据的方法称为多维校正方法。

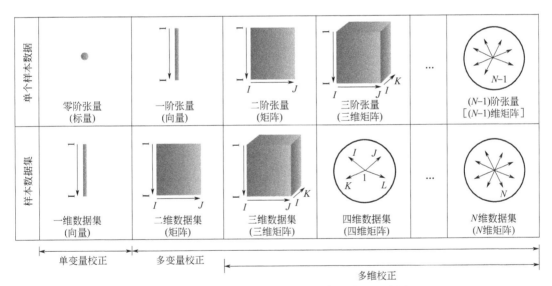

图 16-1　分析数据"阶数"与"维数"表达示意图

随着现代联用分析仪器技术的快速发展，有越来越多的仪器产生二维或更高维数的响应数据，例如激发-发射荧光仪、色谱-质谱和气相色谱-红外光谱联用仪等。当用这些仪器测量一组样本时，得到是一个三维数据阵。随之，多维（Multi-way）化学计量学解析和校正方法应运而生，如 Tucker3 方法、平行因子分析方法（Parallel Factor Analysis，PARAFAC）和交替三线性分解（Alternating Trilinear Decomposition，ALTD）等。这类方法分辨分析能力较强，可以在未知干扰物存在的情况下，同时分辨出多个性质相似分析物的响应信号，并直接对感兴趣的分析物组分进行定量测定[3-6]。

在光谱分析中，同样会遇到多维数据阵。例如，如图 16-2 所示，对一组样本，在不同的测量条件（如 pH 值或温度等）下测定其光谱，便可得到一个三维的数据阵 $\underline{X}(I \times J \times K)$，$I$ 为样本数，J 为波长点数，K 为测量条件数（如 6 个不同 pH 值等）。$\underline{X}$ 的每一个元素可表示为 x_{ijk}，它代表的意义为，第 i 个样本在 k 条件下 j 波长处的吸光度。此外，激发-发射三维荧光光谱（Excitation-Emission Matrix，EEM）和光谱化学成像（红外成像、近红外成像和拉曼成像等）得到的也是多维数据阵。遇到这类问题最简单的处理方式是采用展开（Unfolding）的方法，即把立方阵 $\underline{X}(I \times J \times K)$ 平铺为一个 $I \times JK$ 或 $I \times KJ$ 二维矩阵，然后再采用 PCA 或 PLS 等方法进行分析，但是，这些方法往往会丢失许多三维数据结构方面的信息。

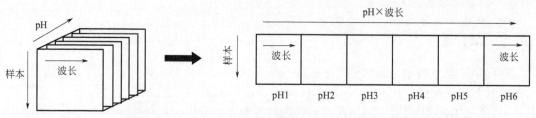

图 16-2　一组样本在 6 个不同 pH 下测量光谱得到的三维数据阵及其展开示意图

　　为了得到有意义的辨析结果，人们对经典的用于二维矩阵分辨和校正的方法进行了改进。例如，采用多元曲线分辨-交替最小二乘方法（MCR-ALS）将三维数据阵铺展为符合双线性结构的二维数据阵后再进行解析，具有一定的克服非线性的能力，但在迭代求解过程中需要加入非负约束、单峰约束等限制条件才能得到有化学意义的解析结果。展开的偏最小二乘/残差双线性（Unfold Partial Least-squares/residual Bilinearization，U-PLS/RBL）将三维数阵铺展为矢量数据，然后用 U-PLS 等方法对校正样建模获取各分析物的模型参数，再将获得的模型参数与残差双线性结合用于最终的定量分析，这类方法对模型参数的依赖程度高。

　　Tucker 方法是一种经典的三维数据解析方法，是心理学家 L. R. Tucker 于 1963 年提出的，是传统 PCA 的一种推广。Tucker3 把三维数据阵 $\underline{X}(I \times J \times K)$ 分解成三个矩阵 $\boldsymbol{A}(I \times L)$、$\boldsymbol{B}(J \times N)$、$\boldsymbol{C}(K \times M)$ 和一个核心阵 $\underline{\boldsymbol{G}}(L \times N \times M)$ 的乘积（图 16-3），L、N、M 为因子数。

$$x_{ijk} = \sum_{f=1}^{L} \sum_{g=1}^{N} \sum_{h=1}^{M} a_{if} b_{jg} c_{kh} g_{fgh} + e_{ijk}$$

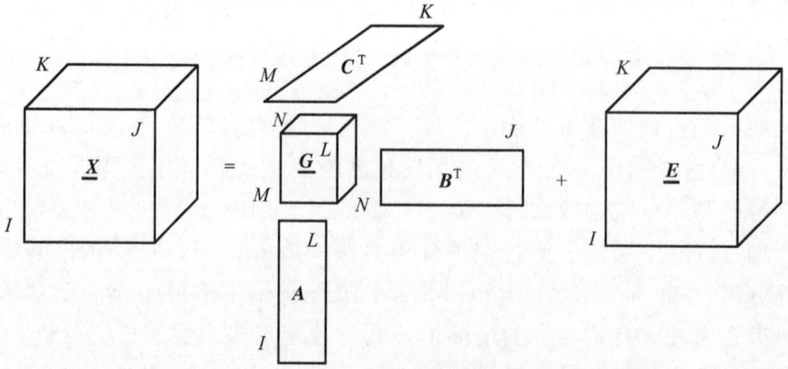

图 16-3　Tucker3 算法分解三维量测数据阵的示意图

分解得到的三个载荷矩阵 $\mathbf{A}(I \times L)$、$\mathbf{B}(J \times N)$ 和 $\mathbf{C}(K \times M)$ 分别代表 $\underline{\mathbf{X}}$ 的行数、列数和层数，其因子数分别为 L、N、M，一般各不相同，但都小于 $\underline{\mathbf{X}}$ 对应的维数，起到数据降维的目的。在分析化学中，该算法没有很实际的应用背景及意义，因此不经常使用。

下面主要介绍三线性分解常用的 PARAFAC 方法、交替三线性分解（ALTD）和多维偏最小二乘法（N-PLS）三种方法。

16.2 PARAFAC 方法

PARAFAC 分解法为三线性模型（Trilinear Model），是 Harshman 于 1970 年提出的，早期应用于心理学方面的研究[7]。PARAFAC 算法是把三维数据阵 $\underline{\mathbf{X}}(I \times J \times K)$ 分解成三个两维矩阵 $\mathbf{A}(I \times N)$、$\mathbf{B}(J \times N)$ 和 $\mathbf{C}(K \times N)$ 的乘积（图 16-4），N 为因子数。对于激发-发射三维荧光光谱（EEM）数据阵而言，I 代表激发波长个数，J 代表发射波长个数，K 代表样本个数；N 代表模型中有信号响应的组分数，包括目标分析物、变化的背景及其他干扰；矩阵 A 为归一化的激发光谱，矩阵 B 为归一化发射光谱，矩阵 $\mathbf{C}$ 为相对浓度矩阵。

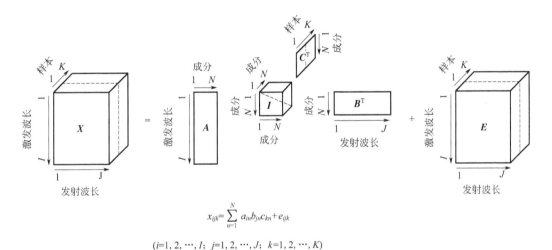

$$x_{ijk} = \sum_{n=1}^{N} a_{in} b_{jn} c_{kn} + e_{ijk}$$

$$(i=1, 2, \cdots, I; \ j=1, 2, \cdots, J; \ k=1, 2, \cdots, K)$$

图 16-4　PARAFAC 算法分解三维量测数据阵的示意图

与 Tucker3 方法相比，尽管 PARAFAC 模型是 Tucker3 模型在 $\underline{\mathbf{G}} = \underline{\mathbf{I}}$ 和 $L = N = M$ 时的特例，但是 Tucker 模型实质是三维数阵的主成分模型，是对三维数阵求特征值、求主成分的结果，其主成分只具有数学意义。而 PARAFAC 模型是三线性模型，三线性成分模型是三维数阵中主要成分的响应加和模型，其最简单的情形符合朗伯-比尔定律的数学表达式，其得到的主要成分具有物理或化学意义。

三线性分解模型在分析化学中很受青睐，其中一个重要原因就是它与分析化学中的比尔定律是一致的，因而三线性分解模型有其相应的化学背景。另一个重要的原因是，在一般的分析条件下产生的三维数据，其三线性分解模型是唯一的，且其分解结果直接对应于体系中化学组分的定性（色谱或光谱）与定量信息（浓度）。这种方法分辨能力较强，具有所谓的"二阶优势"，即能在未知干扰物存在下，同时分辨出多个性质相似分析物的响应信号，并可直接对感兴趣的分析物组分进行定量测定。

PARAFAC 运算采用交替最小二乘（Alternative Least Squares，ALS）算法来实现，其目标是使残差平方和（SSR）最小：

$$SSR = \sum_{i=1}^{I} \sum_{j=1}^{J} \sum_{k=1}^{K} e_{ijk}^2$$

PARAFAC 算法具体的迭代过程如下：

① 给定主因子数 N，初始化 $\boldsymbol{B}$ 和 $\boldsymbol{C}$。

② 求 $\boldsymbol{d}_k$：$\boldsymbol{d}_k = \{(\boldsymbol{B}^{\mathrm{T}}\boldsymbol{B}) * (\boldsymbol{A}^{\mathrm{T}}\boldsymbol{A})\}^{-1}\{(\boldsymbol{A}^{\mathrm{T}}\boldsymbol{X}_{.k}\boldsymbol{B}) * \boldsymbol{I}\}\boldsymbol{l}$。

式中，$\boldsymbol{I}$ 为 $N \times N$ 维的单位矩阵；$\boldsymbol{l}$ 为 N 维的单位向量；$*$ 表示 Hadamard 积，即：若 $\boldsymbol{C}_{M \times N} = \boldsymbol{A}_{M \times N} * \boldsymbol{B}_{M \times N}$，则 $c_{mn} = a_{mn} * b_{mn}$；$\boldsymbol{X}_{Nk}$ 表示三维矩阵 $\boldsymbol{X}$ 第 k 个正面切片矩阵。

③ 求取矩阵 $\boldsymbol{A}$：$\boldsymbol{A} = \left(\sum_{k=1}^{K} \boldsymbol{X}_{.k}\boldsymbol{B}\boldsymbol{D}_k \right) \{(\boldsymbol{C}^{\mathrm{T}}\boldsymbol{C}) * (\boldsymbol{B}^{\mathrm{T}}\boldsymbol{B})\}^{-1}$。

④ 求取矩阵 $\boldsymbol{B}$：$\boldsymbol{B} = \left(\sum_{k=1}^{K} \boldsymbol{X}_{..k}^{\mathrm{T}}\boldsymbol{A}\boldsymbol{D}_k \right) \{(\boldsymbol{C}^{\mathrm{T}}\boldsymbol{C}) * (\boldsymbol{A}^{\mathrm{T}}\boldsymbol{A})\}^{-1}$。

⑤ 重复步骤②～④，直至收敛。

收敛的准则是 $\left| \dfrac{SSR^{(m)} - SSR^{(m-1)}}{SSR^{(m-1)}} \right| \leqslant \varepsilon$，其中，$m$ 为迭代次数，ε 为设定的界限值（通常取值为 1×10^{-6}）。

PARAFAC 分解得到的矩阵 $\boldsymbol{C}$ 可以与浓度向量 $\boldsymbol{y}$ 进行关联，建立定量校正模型：$\boldsymbol{y} = \boldsymbol{C}\boldsymbol{b}$，回归系数 $\boldsymbol{b}$ 可通过最小二乘方法得到。对于未知样品，首先由载荷矩阵 $\boldsymbol{A}$ 和 $\boldsymbol{B}$，得到矩阵 $\boldsymbol{C}$，再由回归系数 $\boldsymbol{b}$ 计算得到最终结果。PARAFAC 方法还用于反应过程光谱的解析及化学反应速率常数的测定等。

PARAFAC 是基于严格意义上的最小二乘原理优化拟合三线性数据，理论上应得到最小且最为稳定的模型误差。但也存在一些不尽人意的地方，例如对组分数的估计太过敏感、容易受随机初始化值的影响、收敛速度缓慢等。

16.3　交替三线性分解方法

交替三线性分解（Alternating Trilinear Decomposition，ATLD）是吴海龙等对 PARAFAC 方法进行改进提出的，该方法采用基于改进的切尾奇异值分解计算 Moore-Penrose 广义逆的迭代策略和提取对角元操作[8]。此外，ATLD 采用切片矩阵的三线性成分模型来计算，降低了计算所需内存，提高了运算的效率，具有收敛快速的优点。

ATLD 的三个目标函数如下：

$$\sigma(\boldsymbol{a}_{(i)}) = \sum_{i=1}^{I} \left\| \boldsymbol{X}_{i..} - \boldsymbol{B}\,\mathrm{diag}(\boldsymbol{a}_{(i)})\boldsymbol{C}^{\mathrm{T}} \right\|_{\mathrm{F}}^2$$

$$\sigma(\boldsymbol{b}_{(j)}) = \sum_{j=1}^{J} \left\| \boldsymbol{X}_{.j.} - \boldsymbol{C}\,\mathrm{diag}(\boldsymbol{b}_{(j)})\boldsymbol{A}^{\mathrm{T}} \right\|_{\mathrm{F}}^2$$

$$\sigma(\boldsymbol{c}_{(k)}) = \sum_{k=1}^{K} \left\| \boldsymbol{X}_{..k} - \boldsymbol{A}\,\mathrm{diag}(\boldsymbol{c}_{(k)})\boldsymbol{B}^{\mathrm{T}} \right\|_{\mathrm{F}}^2$$

式中，$\boldsymbol{X}_{i..}$ 表示三维矩阵 $\boldsymbol{X}$ 第 i 个水平切片矩阵；$\boldsymbol{X}_{.j.}$ 表示三维矩阵 $\boldsymbol{X}$ 第 j 个侧面切片矩阵。

基于最小二乘法原理，通过交替最小化上述目标函数，可以获得以下 $\boldsymbol{A}$、$\boldsymbol{B}$ 和 $\boldsymbol{C}$ 的解。ATLD 算法的具体步骤为：

① 确定体系的组分数。

② 随机初始化矩阵 $\boldsymbol{A}$ 和 $\boldsymbol{B}$。

③ 由下式计算矩阵 $\boldsymbol{C}$：

$$\boldsymbol{C}_{(k)}^{\mathrm{T}} = \mathrm{diagm}(\boldsymbol{A}^+ \boldsymbol{X}_{..k} (\boldsymbol{B}^{\mathrm{T}})^+) \quad (k = 1, 2, \cdots, K)$$

式中，diag(·) 代表构建一个对角矩阵，除对角元外均为 0；diagm(·) 表示提取矩阵对角上的元素将其排成一个列矢量。

④ 由下式计算 $\boldsymbol{A}$，并逐列归一化 $\boldsymbol{A}$：

$$\boldsymbol{a}_{(i)}^{\mathrm{T}} = \mathrm{diagm}(\boldsymbol{B}^+ \boldsymbol{X}_{i..} (\boldsymbol{C}^{\mathrm{T}})^+) \quad (i = 1, 2, \cdots, I)$$

⑤ 由下式计算 $\boldsymbol{B}$，并逐列归一化 $\boldsymbol{B}$：

$$\boldsymbol{b}_{(j)}^{\mathrm{T}} = \mathrm{diagm}(\boldsymbol{C}^+ \boldsymbol{X}_{.j.} (\boldsymbol{A}^{\mathrm{T}})^+) \quad (j = 1, 2, \cdots, J)$$

⑥ 由矩阵 $\boldsymbol{A}$ 和 $\boldsymbol{B}$，再由下式计算 $\boldsymbol{C}$：

$$\boldsymbol{C}_{(k)}^{\mathrm{T}} = \mathrm{diagm}(\boldsymbol{A}^+ \boldsymbol{X}_{..k} (\boldsymbol{B}^{\mathrm{T}})^+) \quad (k = 1, 2, \cdots, K)$$

⑦ 重复步骤④到⑥，直至收敛标准。

收敛的准则是 $\left| \dfrac{SSR^{(m)} - SSR^{(m-1)}}{SSR^{(m-1)}} \right| \leqslant \varepsilon$，$m$ 为迭代次数，ε 为设定的界限值（通常取值为 1×10^{-6}）。为避免因陷入异常而导致的慢收敛，设置最大迭代数为 3000 次。

在每次迭代中，矩阵 $\boldsymbol{A}$ 和 $\boldsymbol{B}$ 按列进行归一化。通过分辨相应矩阵，对矩阵 $\boldsymbol{C}$ 中相应列对应的每个分析物的相对浓度与真实浓度进行线性回归即可获得分析物的浓度。

由于具有对过估计组分数不敏感和收敛速度快等优点，ATLD 算法在光谱学、色谱学、电化学等多个领域得到应用，解决重叠峰和未校正的干扰物问题。但 ATLD 对噪声比较敏感，所以在信噪比较低的分析体系要注意使用。

在 ATLD 方法的基础上又出现了一系列衍生方法[9]，其中，具有代表性的方法是陈增萍等提出的自加权交替三线性分解（Self-Weighted Alternating Trilinear Decomposition，SWATLD），该算法通过引入权重的思想设计了独特的目标函数，在保持 ATLD 优点的同时，还具有更好的稳定性、更强的抵抗噪声和共线性的能力；夏阿林等提出的交替惩罚三线性分解（Alternating Penalty Trilinear Decomposition，APTLD）算法利用了惩罚因子对 PARAFAC 和 SWATLD 法进行组合，使其兼具两种方法的优点且更加灵活。

16.4 多维偏最小二乘法

多维偏最小二乘（N-PLS）是 Bro 等基于三线性分解和经典 PLS 提出的三维矩阵校正算法[10]，随后被应用于激发-发射荧光光谱、色-质联用以及 QSAR 等定量校正模型的建立，获得了令人满意的结果[11-13]。

N-PLS 算法原理是将三维立体阵 $\underline{\boldsymbol{X}}(I \times J \times K)$ 分解为三线性模型：

$$\boldsymbol{X}_{ijk} = \sum_{f=1}^{F} t_{if} w_{jf}^J w_{kf}^K + e_{ijk}$$

式中，t 为得分向量；w^J 和 w^K 为对应的两个载荷向量；F 为主因子数；e_{ijk} 为残差阵。

与传统 PLS 相同，N-PLS 在分解光谱阵的同时，也对浓度阵 y 进行分解，并通过迭代使 $\underline{\boldsymbol{X}}$ 和 y 两个分解过程合二为一。N-PLS 的具体算法如下：

（1）校正部分

$\underline{X}(I \times J \times K)$ 为校正集光谱阵，I 为校正集样品数，J 为波长点数，K 为光谱测量的条件数（如 pH 值或温度等）。$y(I \times 1)$ 为校正集浓度阵。

① 将 $\underline{X}$ 展开为二维矩阵 $X_0(I \times JK)$，并确定主因子数 F，$f=1$，$\cdots$，F。

② 计算 Z 矩阵，$Z_f = X_{f-1}^T y$。

③ 对 Z 矩阵进行奇异值分解，$[w^K, s, w^J] = \mathrm{svd}(Z_f)$。

④ 计算 $w_f = w^K \otimes w^J$。

符号 $\otimes$ 代表矩阵的克罗内克积（Kronecker Product），矩阵 $A(I \times J)$ 与矩阵 $C(M \times N)$ 的克罗内克积表示为：

$$A \otimes C = \begin{bmatrix} a_{11}C & \cdots & a_{1J}C \\ \vdots & \ddots & \vdots \\ a_{I1}C & \cdots & a_{IJ}C \end{bmatrix}$$

⑤ 计算 $t_f = X_{f-1} w_f$。

⑥ 计算 $q_f = y_{f-1}^T t_i$。

⑦ 计算 $u_f = y_{f-1} q_i$。

⑧ 计算 $b_f = (T_f^T T_f)^{-1} T_f^T u_f$，其中 $T_f = [t_1, \cdots, t_f]$。

⑨ 更新 X 和 y，$X_f = X_{f-1} - t_f w_f$，$y_f = y_{f-1} - T_f b_f q_f^T$。

⑩ $f = f+1$，返回③，依次求出 X、y 的 F 个得分和载荷。

（2）预测部分

对一未知样本光谱阵 $\underline{X}^{un}(1 \times J \times K)$，通过以下步骤计算得到预测结果：

① 将 $\underline{X}^{un}$ 展开为二维矩阵 $X^{un}(1 \times JK)$，并调用已保存的 w_f，b_f 和 q_f。

② 计算 $t_f = X_f^{un} w_f$，$X_f = X_{f-1}^{un} - t_f w_f$，$f=1$，$\cdots$，$F$。

③ 计算 $y_{\mathrm{pred}} = \sum_{f=1}^{F} T_f b_f q_f^T$，其中 $T_f = [t_1, \cdots, t_f]$。

褚小立等将小波变换（WT）和多维偏最小二乘（N-PLS）方法相结合，提出了一种用于建立近红外光谱定量校正模型的新方法[14]，其基本思想是：首先对校正集中每个样品的光谱分别进行小波变换，然后根据特定应用对象选取一组特征小波细节系数组成如图 16-5 所示的三维光谱阵 $\underline{X}(I \times J \times K$，其中 I 为校正集样品数，J 为选取的小波细节个数，K 为波长点数），再通过 N-PLS 方法建立校正模型。对于未知样本光谱，则首先通过小波变换组成三维光谱阵，再用已建立的校正模型进行预测分析。例如，为建立近红外光谱温度稳健的校正模型，可以选取温度影响小、信息强的一组小波细节系数组成立体阵，再用 N-PLS 方法建立定量校正模型。结果表明，与普通的 WT-PLS 方法相比，这种方法建立的校正模型具有更强的预测能力和稳健性。

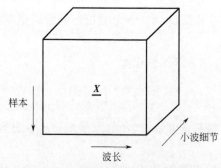

图 16-5　小波变换对 NIR 分解得到的三维光谱阵示意图

对于振动分子光谱，例如中红外光谱和近红外光谱（图 16-6），可以将基频和不同的倍频吸收谱带进行叠阵，构成三维光谱阵，然后再通过多维数据分辨和校正方法进行定量和定性分析[15]。

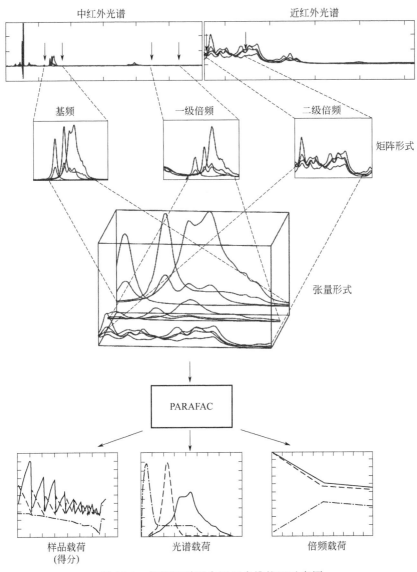

图 16-6　倍频光谱组合用于多维校正示意图

参考文献

[1]　Wu H L，Wang T，Yu R Q. Recent Advances in Chemical Multi-Way Calibration with Second-Order or Higher-Order Advantages：Multilinear Models，Algorithms，Related Issues and Applications [J]. Trends in Analytical Chemistry，2020，(130)：115954.

[2]　吴海龙，李勇，康超，等. 三维荧光化学多维校正方法研究新进展 [J]. 分析化学，2015，43 (11)：1629-1637.

[3]　梁逸曾，吴海龙，沈国励，等. 分析化学计量学的若干新进展 [J]. 中国科学 B 辑：化学，2006，36 (2)：93-100.

[4]　Escandar G M，Olivieri A C，Faber N M，et al. Second-and Third-Order Multivariate Calibration：Data，Algorithms and Applications [J]. Trends in Analytical Chemistry，2007，26 (7)：752-765.

[5]　Smilde A，Bro R，Geladi P. Multi-way Analysis：Applications in the Chemical Sciences [M]. Wiley，2004.

[6]　De La Pena A M，Goicoechea H C，Escandar G M，et al. Fundamentals and Analytical Applications of Multi-way

Calibration [M]. Amsterdam：Elsevier，2015.

[7]　Bro R. PARAFAC. Tutorial and Applications [J]. Chemometrics and Intelligent Laboratory Systems，1997，38（2）：149-171.

[8]　吴海龙，肖蓉，胡勇，等. 化学多维校正方法在药物分析中的应用 [J]. 药物分析杂志，2019，39（4）：565-579.

[9]　梁逸曾，吴海龙，俞汝勤. 分析化学手册：10-化学计量学 [M]. 3 版. 北京：化学工业出版社，2016.

[10]　Moros J，Iñón F A，Garrigues S，et al. Determination of Vinegar Acidity by Attenuated Total Reflectance Infrared Measurements through the Use of Second-Order Absorbance-pH Matrices and Parallel Factor Analysis [J]. Talanta，2008，74（4）：632-641.

[11]　Sena M M，Poppi R J. N-Way PLS Applied to Simultaneous Spectrophotometric Determination of Acetylsalicylic Acid，Paracetamol and Caffeine [J]. Journal of Pharmaceutical and Biomedical Analysis，2004，34（1）：27-34.

[12]　Matero S，Pajander J，Soikkeli A M，et al. Predicting the Drug Concentration in Starch Acetate Matrix Tablets from ATR-FTIR Spectra Using Multi-Way Methods [J]. Analytica Chimica Acta，2007，595（1-2）：190-197.

[13]　Prazen B J，Johnson K J，Weber A，et al. Two-Dimensional Gas Chromatography and Trilinear Partial Least Squares for the Quantitative Analysis of Aromatic and Naphthene Content in Naphtha [J]. Analytical Chemistry，2001，73：5677-5682.

[14]　褚小立，田高友，袁洪福，等. 小波变换结合多维偏最小二乘方法用于近红外光谱定量分析 [J]. 分析化学，2006，34（特刊）：S175-S178.

[15]　Alm E，Bro R，Engelsen S B，et al. Vibrational Overtone Combination Spectroscopy（VOCSY）：a New Way of Using IR and NIR Data [J]. Analytical & Bioanalytical Chemistry，2007，388（1）：179-188.

17

模型传递方法

17.1 引言

在光谱分析应用过程中，常遇到这种情况，在某一光谱仪（称主机，Master Instrument，Primary Instrument，Parent Instrument）上建立的校正模型，用于另一台光谱仪（称从机，Slave Instruments，Host Instruments，Secondary Instruments，Child Instruments）上使用时，因不同仪器所测的光谱存在一定差异，模型不能给出正确的预测结果[1,2]。解决这一问题首先是完善仪器硬件加工的标准化，提高加工工艺水平，降低主机和从机在器件等方面存在的差异，使得同一样品在不同仪器上量测的光谱尽可能一致，即仪器的标准化（Instrument Standardization）。在光谱仪器硬件的标准化方面，已有较多报道，主要是通过锐线发射光源、标准物质等对光谱仪的波长准确性、吸光度准确性、分辨率、光谱响应线型和对称性等仪器参数进行校准[3-9]，以及通过优化光学部件、组装工艺和控制策略等手段制造出性能指标都在容许变动范围内的仪器[10,11]。这被称为仪器校准的第一性原理（First Principles），是现代光谱分析技术最根本的基础[12,13]。

对于同一型号（甚至不同型号）的傅里叶型仪器（例如近红外光谱仪器），基本可以通过仪器校准方法实现光谱的直接转移[14-19]。近几年，随着技术和制造水平的提高，一些便携式仪器也可实现光谱在同一型号之间的转移[20,21]。当然，不同的应用对光谱仪器一致性的要求也不一样[22-24]，不同方法和不同的应用体系建立的校正模型对仪器之间差异的容忍度也不相同[25-28]，有时样品的变动、一次性测量器皿的差异、测量环境的变化等因素甚至会超过仪器硬件的不一致性[29]。由于拉曼光谱谱峰尖锐，所以拉曼光谱仪器通过硬件能够较好解决仪器之间的一致性问题[30-33]。除了光谱类仪器外，其他种类的仪器例如质谱等也会遇到类似的问题，但通过简单的谱峰校正便可解决大多数问题[34,35]。

尽管经过数十年的努力，但是不同光谱仪尤其是不同品牌仪器之间仍可能存在差异，例如光栅型光谱仪与傅里叶变换型光谱仪之间的差异等（见图 17-1），这种差异依然会引起多元校正模型的不适用性，即在一台仪器上建立的模型，用于其他仪器时，产生无法接受的系统性预测偏差[36-38]。需要通过数学方法来解决，文献通常称这种解决方式为模型传递或模型转移（Calibration Transfer）[39-42]，也有文献称为仪器转移或仪器传递（Instrument Transfer）。在现代机器学习中，与之相关的关键词则是迁移学习（Transfer Learning）、域适配（Domain Adaptation）和多任务学习（Multi-Task Learning）等[43]。

模型传递是解决模型在不同仪器上通用性问题的总称，主要包括以下三类解决方案[43-46]：

一是光谱之间的变换，即通过数学方法建立主机和从机所测光谱之间的函数关系，由确

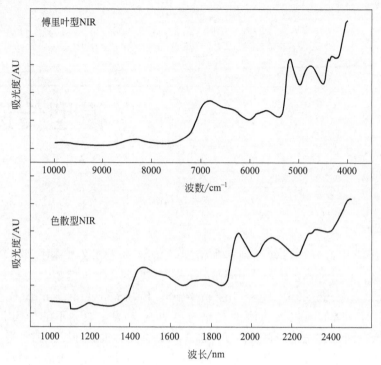

图 17-1 大麦样品在色散型和傅里叶变换型仪器上的近红外光谱图

定的函数关系对光谱进行转换来实现模型的通用性。光谱的转换有两种模式，一是将主机的校正集光谱进行转换，再重新建立适合从机光谱的校正模型，这种方式有文献称为反向标准化（Reverse Standardisation）[47-49]；另一种是将从机的光谱进行转换，直接用主机的模型预测结果。两种方式的算法本质是一样的，在实际应用时各有优缺点，需要根据不同的应用场合加以选择。

二是对主机上建立的模型回归系数进行转换，使其适用于从机光谱[50]；或对主机模型的预测结果进行校正，例如偏差/斜率校正（Slope/Bias Correction，SBC）方法等，消除预测结果的系统偏差[51,52]。

三是通过光谱预处理算法、波长变量筛选算法等建立稳健模型（Robust Calibration），或通过添加不同测试条件下的光谱、从机的光谱等扩充主机的校正集建立全局模型（Global Calibartion）或称为混合模型（Hybrid Calibration）[53,54]，从而实现不同仪器不同测量环境下模型的共享。这类方法在有些情况下，也称为模型更新（Model Updating）或模型维护（Calibration Maintenance），例如随着时间的变换，一台仪器自身的电子器件、检测器、光学部件等都会老化；使用环境（如温度、湿度、振动、灰尘等）也会对仪器硬件造成变化。仪器的这些改变都会使光谱产生变动[55]，此外，样本化学成分和物理状态的变化也会使模型失效，因此需要不断的模型更新来提高模型的适用性。

在实际应用过程中，最常用的是第一类和第三类方法[56]，第二类较少使用，本章主要介绍第一类和第三类方法。

17.2 经典算法

不同仪器（或不同测试条件下）光谱之间转换常用的方法有：光谱差值校正算法

（Spectral Substration Correction，SSC）、Shenk's 算法、直接校正算法（Direct Standardization，DS）和分段直接校正算法（Piecewise Direct Standardization，PDS）等。这些方法需要一组有代表性的标样集（一般在 15～30 个样本左右），称为有标模型传递方法。

17.2.1　SSC 算法

分别计算主机标样光谱阵 $\boldsymbol{X}_{ms}$ 和从机标样光谱阵 $\boldsymbol{X}_{ss}$ 的平均光谱 $\overline{x}_{ms}$ 和 $\overline{x}_{ss}$，然后计算主机和从机平均光谱之间的差值 $\triangle \overline{x} = \overline{x}_{ms} - \overline{x}_{ss}$。

对在从机上测得的未知样品光谱 $\boldsymbol{x}_{s,\mathrm{un}}$，用公式 $\boldsymbol{x}_{s,\mathrm{un}}^{p} = \boldsymbol{x}_{s,\mathrm{un}} + \triangle \overline{x}$ 进行转换，得到与 $\boldsymbol{x}_{m,\mathrm{un}}$ 相一致的光谱 $\boldsymbol{x}_{s,\mathrm{un}}^{p}$，再由主机建立的校正模型计算出最终结果[57]。

17.2.2　Shenk's 算法

Shenk's 算法由两个主要步骤组成，即波长校正和吸光度校正[58-60]。下面以由从机光谱向主机光谱（从机→主机）进行转换为例，介绍这种算法。

（1）波长校正

① 对应于 $\boldsymbol{X}_{ms,i}$，在从机标样光谱阵 $\boldsymbol{X}_{ss}$ 选取窗口为 $(k+j+1)$ 大小的光谱段 $\boldsymbol{X}_{ss,j+k+1}$，分别计算 $\boldsymbol{X}_{ms,i}$ 与 $\boldsymbol{X}_{ss,i-j}$，$\boldsymbol{X}_{ss,i-j+1}$，…，$\boldsymbol{X}_{ss,i+k-1}$，$\boldsymbol{X}_{ss,i+k}$ 的相关系数，若 $\boldsymbol{X}_{ms,l} (i-j \leqslant l \leqslant i+k)$ 与 $\boldsymbol{X}_{ms,i}$ 的相关系数 r_l 最大，说明在从机上所测光谱的 l 波长与主机所测光谱的 i 波长相对应。为获得更精确的结果，选取波长 $l-1$、l、$l+1$ 与对应的相关系数 r_{l-1}、r_l、r_{l+1} 建立一元二次抛物线模型，$r = a_i + b_i i + c_i i^2$，由这条拟合的抛物线得到与主机波长 i 相对应的从机波长 i^*。

② 循环 i，求出所有对应的 i^*。

③ 用求得的 i^* 和 i 建立一元二次抛物线波长校正模型，$i^* = A + Bi + Ci^2$。

（2）吸光度校正

波长校正后，首先用插值的方法计算从机波长 i^* 的吸光度矩阵 $\boldsymbol{X}_{ss,i}^*$，并采用线性公式 $\boldsymbol{X}_{ms,i} = sa_i + sb_i \boldsymbol{X}_{ss,i}^*$，求出回归系数 sa_i 和 sb_i。

对从机所测未知样品光谱 $\boldsymbol{x}_{s,\mathrm{un}}$，首先用波长拟合校正曲线 $i^* = A + Bi + Ci^2$ 对波长进行校正，再用插值方法计算 $\boldsymbol{x}_{s,\mathrm{un}}^*$，最后由 $\boldsymbol{x}_{s,\mathrm{un}}^{p} = sa_i + sb_i \boldsymbol{x}_{s,\mathrm{un}}^*$ 得到与主机一致的光谱转换结果。

17.2.3　DS 算法

DS 算法是用转换矩阵 $\boldsymbol{F}$ 将从机测得的未知样品光谱 $\boldsymbol{x}_{s,\mathrm{un}}$ 转换为 $\boldsymbol{x}_{s,\mathrm{un}}^{p}$。转换矩阵 $\boldsymbol{F}$ 由 $\boldsymbol{X}_{ms} = \boldsymbol{X}_{ss} \boldsymbol{F}$ 通过最小二乘法计算得到：$\boldsymbol{F} = \boldsymbol{X}_{ss}^{+} \boldsymbol{X}_{ms}$[61,62]。式中，$\boldsymbol{X}_{ss}^{+}$ 为 $\boldsymbol{X}_{ss}$ 的广义逆矩阵，$\boldsymbol{F}$ 为 $m \times m$ 维的矩阵（m 为波长变量数）。

对在从机上测得的未知样品光谱 $\boldsymbol{x}_{s,\mathrm{un}}$，用公式 $\boldsymbol{x}_{s,\mathrm{un}}^{p} = \boldsymbol{x}_{s,\mathrm{un}} \boldsymbol{F}$ 进行转换，再由主机建立的校正模型计算出最终结果。

17.2.4　PDS 算法

在 PDS 算法中，如图 17-2 所示，用从机第 i 波长点两侧窗口宽度为 $(j+k+1)$ 的标样光谱阵 $\boldsymbol{X}_{ss,j+k+1}$［从第 $(i-j)$ 波长点至第 $(i+k)$ 波长点］与主机第 i 波长的标样光

谱阵 $\boldsymbol{X}_{ms,i}$，计算该 i 波长点的转换系数 F_i。然后，逐点移动 i 得到所有波长的转换矩阵 $\boldsymbol{F}$[63-65]。

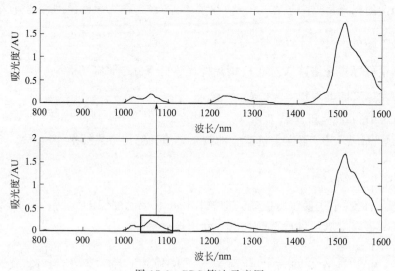

图 17-2　PDS 算法示意图

PDS 算法的具体步骤为[66]：

① 对应于 $\boldsymbol{X}_{ms,i}$，在从机标样光谱阵 $\boldsymbol{X}_{ss}$ 选取窗口为 $(k+j+1)$ 大小的光谱段 $\boldsymbol{X}_{ss,j+k+1}$，组成矩阵 $\boldsymbol{X}_{s,i}=[\boldsymbol{X}_{ss,i-j},\boldsymbol{X}_{ss,i-j+1},\cdots,\boldsymbol{X}_{ss,i+k-1},\boldsymbol{X}_{ss,i+k}]$，通常 $k=j$。

② 将 $\boldsymbol{X}_{ms,i}$ 与 $\boldsymbol{X}_{s,i}$ 进行关联，$\boldsymbol{X}_{ms,i}=\boldsymbol{X}_{s,i}\boldsymbol{F}_i$，转换系数 $\boldsymbol{F}_i$ 可由 PLS 方法求出。

③ 循环 i，求出所有的 $\boldsymbol{F}_i$，$i=1,2,\cdots,m$，m 为波长点数。

④ 对未知样品光谱 $\boldsymbol{x}_{s,\mathrm{un}}$，经固定窗口分段，由转换系数 $\boldsymbol{F}_i$ 循环得到与 $\boldsymbol{x}_{m,\mathrm{un}}$ 相一致的光谱 $\boldsymbol{x}_{s,\mathrm{un}}^{p}$。对于 $\boldsymbol{x}_{s,\mathrm{un}}$ 两端，窗口大小的波长范围 $[1\sim j$ 和 $(m-k)\sim m]$ 不能转换，一般舍去，也可通过外推法获得。

在计算转换矩阵 $\boldsymbol{F}$ 时，除 PLS 方法外，如图 17-3 所示还可采用人工神经网络等方法[67,68]。另外，还可在傅里叶变换域或小波域中对光谱进行转换传递等[69,70]。

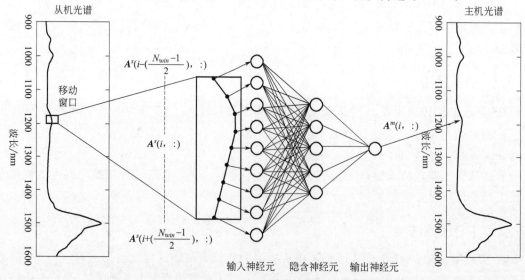

图 17-3　基于人工神经网络的 PDS 算法示意图

17.2.5　普鲁克分析算法

统计学上，普鲁克分析（Procrustes Analysis）用于两个矩阵 $\boldsymbol{X}_1(m \times p_1)$ 和 $\boldsymbol{X}_2(m \times p_2)$ 的比较，其中 m 为样品数，p_1、p_2 为变量个数，并求出矩阵 $\boldsymbol{X}_1$ 和 $\boldsymbol{X}_2$ 间的转换矩阵 $\boldsymbol{F}$。

普鲁克分析用于解决模型传递的具体算法如下[71,72]：

① 分别对矩阵 $\boldsymbol{X}_1$ 和 $\boldsymbol{X}_2$ 进行奇异值分解，$\boldsymbol{X}_1 = \boldsymbol{U}_1 \boldsymbol{S}_1 \boldsymbol{V}_1^{\mathrm{T}}$，$\boldsymbol{X}_2 = \boldsymbol{U}_2 \boldsymbol{S}_2 \boldsymbol{V}_2^{\mathrm{T}}$，$\boldsymbol{X}_1$ 和 $\boldsymbol{X}_2$ 分别代表主机和从机所测的光谱矩阵（经过均值化或标准化预处理），$\boldsymbol{U}$ 代表得分矩阵，$\boldsymbol{V}$ 代表载荷矩阵，$\boldsymbol{U}$ 和 $\boldsymbol{V}$ 矩阵包含了光谱矩阵间的旋转信息，$\boldsymbol{S}$ 矩阵包含了光谱矩阵间的拉伸信息。

② 分别求 $\boldsymbol{Z}_1 = \boldsymbol{U}_{1g} \boldsymbol{S}_{1g}$ 和 $\boldsymbol{Z}_2 = \boldsymbol{U}_{2h} \boldsymbol{S}_{2h}$，$g$ 和 h 分别代表用于求 $\boldsymbol{Z}_1$ 和 $\boldsymbol{Z}_2$ 的主成分数。

③ 求取 $\boldsymbol{Z}_1$ 和 $\boldsymbol{Z}_2$ 间的转换矩阵 $\boldsymbol{F}$，$\boldsymbol{F} = \boldsymbol{Z}_2^+ \boldsymbol{Z}_1$，其中广义逆 $\boldsymbol{Z}_2^+$ 可由 $\boldsymbol{Z}_2^+ = \boldsymbol{S}_{2g}^{-1} \boldsymbol{U}_{2g}^{\mathrm{T}}$ 求出。

④ 对一从机上测定的光谱 $\boldsymbol{x}_{\mathrm{un}}$，可通过转换矩阵 $\boldsymbol{F}$ 和载荷矩阵 $\boldsymbol{V}$，转换成与主机一致的光谱 $\boldsymbol{x}_{\mathrm{un}}^p$。

17.2.6　目标转换因子分析算法

目标转换因子分析（Target Transformation Factor Analysis，TTFA）也是一种基于主成分分析的传递方法，其核心思想是采用目标变换的方法使从机的主成分得分（虚拟组分浓度）等于主机的主成分得分。该算法的主要步骤如下[73]：

① 对主机的标样光谱阵进行主成分分析，得到载荷和得分矩阵：$\boldsymbol{X}_m = \boldsymbol{T}_m \boldsymbol{P}_m^{\mathrm{T}}$。

② 对从机的标样光谱阵进行主成分分析，得到载荷和得分矩阵：$\boldsymbol{X}_s = \boldsymbol{T}_s \boldsymbol{P}_s^{\mathrm{T}}$。

③ 建立主机与从机得分阵数学关系：$\boldsymbol{T}_m = \boldsymbol{T} \boldsymbol{T}_s$。

通过广义逆运算求解变换阵：$\boldsymbol{T} = \boldsymbol{T}_m \boldsymbol{T}_s^{\mathrm{T}} (\boldsymbol{T}_s \boldsymbol{T}_s^{\mathrm{T}})^{-1}$。

④ 主机光谱转换为从机光谱可以表示为：$\boldsymbol{X}_s^{\mathrm{P}} = \boldsymbol{X}_m \boldsymbol{P}_m \boldsymbol{T}^+ \boldsymbol{P}_s^{\mathrm{T}}$。

其中，转换矩阵 $\boldsymbol{F} = \boldsymbol{P}_m \boldsymbol{T}^+ \boldsymbol{P}_s^{\mathrm{T}}$。

17.2.7　最大似然主成分分析算法

最大似然主成分分析（Maximum Likelihood Principal Component Analysis，MLPCA）将模型传递看作是缺失数据问题[74]：

将主机标样的光谱和从机标样的光谱进行组合，$\boldsymbol{x}_{i,\mathrm{comb}} = [\boldsymbol{x}_{i,m}, \boldsymbol{x}_{i,s}]$，$i = 1, 2, \cdots, n$，$n$ 为标样的个数。

除了主机上标样集光谱，对于主机上的校正集其他样本在从机上没有对应的光谱，可表示为：

$$\boldsymbol{x}_{i,\mathrm{comb}}^{\#} = [\boldsymbol{x}_{i,m}, \boldsymbol{x}_{i,s}^{\#}]$$

式中，$i = 1, 2, \cdots, m$，m 为校正集样本的个数减去标样集样本的个数；$\boldsymbol{x}_{i,s}^{\#}$ 表示从机缺失光谱。

$\boldsymbol{x}_{i,\mathrm{comb}}$ 和 $\boldsymbol{x}_{i,\mathrm{comb}}^{\#}$ 用矩阵可表示为：$\boldsymbol{X}_{\mathrm{comb}} = \begin{bmatrix} \boldsymbol{X}^* \\ \boldsymbol{X}^{\#} \end{bmatrix}$，$\boldsymbol{X}^*$ 表示标样集无缺失组合光谱阵，$\boldsymbol{X}^{\#}$ 表示校正集其他样本在从机上有缺失的组合光谱阵。

对 $\boldsymbol{X}_{\text{comb}}$ 进行 MLPCA：

$$\begin{bmatrix} \boldsymbol{X}^* \\ \boldsymbol{X}^\# \end{bmatrix} = \begin{bmatrix} \boldsymbol{U}^* \\ \boldsymbol{U}^\# \end{bmatrix} \boldsymbol{D} \boldsymbol{P}^\mathrm{T}$$

对于主机上采集的光谱 $\boldsymbol{x}_{i,m}$ 可按照下式转换成从机上的光谱：

$$\hat{\boldsymbol{x}}_{i,s} = \boldsymbol{U}^\# (\boldsymbol{U}^{*\mathrm{T}} \boldsymbol{U}^*)^{-1} \boldsymbol{U}^{*\mathrm{T}} \boldsymbol{x}_{i,m}$$

Folch-Fortuny 等在 MLPCA 算法的基础上，采用修剪得分回归方法（Trimmed Scores Regression，TSR）处理缺失数据问题，提出了用于模型传递的 TSR 方法[75]。

17.2.8　SBC 算法

上述方法是基于光谱之间的转换，另一类方法是基于预测结果之间的转换，即建立源机与目标机所得预测结果间函数关系，称为 SBC（Slope/Bias Correction）算法[76-78]。用源机上建立的校正模型分别预测源机和目标机标样光谱阵 $\boldsymbol{X}_{ms}$、$\boldsymbol{X}_{ss}$ 的分析结果 $\boldsymbol{y}_{mp}$、$\boldsymbol{y}_{sp}$，假定 $\boldsymbol{y}_{mp}$ 和 $\boldsymbol{y}_{sp}$ 存在 $\boldsymbol{y}_{mp} = a \times \boldsymbol{y}_{sp} + b$ 关系，可用最小二乘法求出 a 和 b。

对目标机所测未知样品光谱 $\boldsymbol{x}_{s,\text{un}}$，首先用源机建立的校正模型计算 $\boldsymbol{y}_{sp,\text{un}}$，再用公式 $\boldsymbol{y}_{sp,\text{un}}^p = b + a \times \boldsymbol{y}_{p,\text{un}}$ 计算得到校正后的分析结果 $\boldsymbol{y}_{sp,\text{un}}^p$。

通常，不推荐使用 SBC 算法。因为若仪器之间的光谱差异较大，这种方法将很难甚至无法识别模型的界外样本。

17.3　经典算法的改进

在模型传递过程中，标样的选取尤为重要[79]。Capron 等针对模型更新问题，比较了校正样本加权与选择有代表性样本两种方式的效果，结果表明有代表性样本的选择效果更优[80]。Siano 等比较了不同传递标样的选择方法对 PDS 等光谱转换效果的影响，结果表明最优 K 相异性方法（Optimizable K-Dissimilarity Selection，OptiSim）要优于 K-S 方法[81,82]。李华等用马氏距离替代 K-S 算法中的欧氏距离，通过改进的 K-S 算法选取传递标样，在 PDS 算法中，马氏距离选出的样品更具有代表性，因为浓度差异和光谱差异的结合更能代表样品间的差异[83]。周子堃等提出了基于马尔可夫链的传递标样集选取方法，其结果优于 K-S 方法[84]。

Liang 等从优化传递标样集选择方法的角度出发，优化 PDS 算法的传递矩阵，提出了 Rank-KS-PDS 模型传递算法[85]。Rank-KS 在选择传递标样集时，综合考虑了样本光谱空间和样本浓度空间的影响，克服了 K-S 算法在低浓度区域不敏感的缺点，提高了模型传递的精度。Zheng 等基于后向选择（Backward Selection）变量的思想，提出一种传递标样集选择的后向精选迭代方法，通过该方法得到标样集的传递效果优于 K-S 算法选取的标样集[86]。针对天然植物模型传递标样难获得、难储存的问题，倪力军等提出了一种标样制备方法，该类标样在常温常压下性质稳定，与各类天然植物的颜色相似，光谱恒定且重现性好，可长期用于多种天然植物的近红外模型传递过程[87]。

针对 SBC 算法在解决非线性问题上存在的局限型，信晓伟等通过引入高次幂，建立主机和子机预测结果线性函数关系，并利用 Lagrange 插值法和 Newton 插值法求参数，实现了两组数据的非线性拟合[88]。曹玉婷等基于光谱空间夹角，提出了一种选择 PDS 算法参数（标样数、PLS 主因子数、窗口宽度）的方法[89]。Zhang 等利用抽样误差分布分析（Sampling Error Profile Analysis，SEPA）对 PDS 算法的窗口宽度和 PLS 主因子数等参数进行优化，提出了 SEPA-PDS 方法[90]。

Blanco 等通过一组标样集在不同条件下的光谱差结合加权计算出一个变异矩阵，随机添加到校正集光谱上，解决了实验室制备的药物校正样本用于生产过程分析的问题[91,92]。在此基础上，王家俊等对 SSC 算法进行了改进，主机和从机之间的光谱补偿不统一使用标样集光谱阵的平均光谱差，而是针对每一个校正集中的样本，选择最为相近一个标样集样本的主机和从机间的光谱差来补偿，且补偿光谱通过校正集样本和标样集样本间的浓度比进行加权[93]。Li 等在 SSC 算法的基础上，分别对不同类别的校正集光谱补偿不同的校正向量，再通过不断的模型更新，可以消除不同测量环境对近红外光谱鉴别玉米单倍体籽粒的影响[94]。

Wang 等在传统 SBC 算法基础上，提出了一种双域模型的传递策略[95]。该方法用主机模型对主机和从机标样集光谱分别进行预测，利用预测值的比率与从机标样集光谱建立传递模型。对于从机采集的光谱，首先用主机模型计算出初始值，再用传递模型计算出比率，最后通过比率得到最终的预测结果。Li 等通过建立两台近红外光谱仪器间光谱差与预测浓度差之间的 PLS 模型，实现对从机预测浓度的校正[96]。Tan 等对无标有限脉冲响应传递算法（Finite Impulse Response，FIR）进行了改进，消除了 FIR 算法带来的诡峰问题，提高了FIR 方法的传递效果[97,98]。Bouveresse 等将局部权重回归算法用于光谱吸光度之间的校正，对 Shenk's 算法进行了改进[99]。

Wang 等在进行 DS 和 PDS 运算之前，采用了加性背景校正，提高了光谱传递的效果[100]。针对经典 PDS 算法中光谱间的非线性转换、以及出现非连续性甚至异常诡峰的问题[101]，王豪等用径向基神经网络替代 PDS 算法中的 PLS 回归，获得了较好的结果[102]。陈夕松等认为 PDS 算法中诡峰的出现源自 PLS 模型中范数较大的系数，其本质是过拟合问题，他们使用含系数范数惩罚的线性回归方法建立光谱转移模型，转移的光谱更为平滑、鲁棒性更好[103]。

单变量校正是 PDS 方法取窗口宽度为 1 的一个特例，杨辉华等提出了一元线性回归（Simple Linear Regression Direct Standardization，SLRDS）方法，这种单变量校正方法较适用于光谱具有较小的线性差异的情况[104]。Norgaard 等也曾在荧光光谱中使用过这种方法，称为单波长标准化方法（Single Wavelength Standardisation，SWS）[105]。Galvao 等在单变量光谱校正基础上，利用标样集主机与从机传递后的光谱残差计算协方差矩阵，再通过稳健回归方法建立模型，该方法对于波长变量较少的情况具有一定优势[106]。路皓翔等采用最小角回归首先选取特征波长变量，然后再用一元线性直接校正法对光谱进行传递，进一步提高了传递的效果[107]。王文颢等采用语音分析中的动态时间规整算法（Dynamic Time Warping，DTW）对两台仪器上的光谱波长进行校正，然后再用一元回归或多元回归算法对吸光度进行校正，获得满意的结果[108,109]。为防止规整过度，Zou 等提出了变量惩罚的动态时间规整算法（Variable Penalty Dynamic Time Warping，VPdtw），其对近红外光谱的传递效果优于 PDS 算法[110]。

Yan 等对 PDS 算法移动窗口中的波长变量赋予不同的权重，基于岭回归和惩罚项提出了窗口化的 PDS 算法（Windowed PDS，WPDS），PDS 算法可以看作是所有波长变量被赋值为相同权重的 WPDS 算法的一个特例[111]。双窗口 PDS 算法（Double Window PDS，DWPDS）是经典 PDS 算法的推广，即在主机和从机光谱都取一定宽度的窗口，逐窗口建立光谱转换矩阵。Oliveri 等利用双窗口 PDS 算法的思想计算出主机和从机传递标样光谱阵平均光谱之间的传递系数，传递系数的计算采用经典的最小二乘法（图 17-4）[112]。Greensill 等也采用双窗口 PDS 算法对不同阵列型近红外光谱进行传递，但最优的结果是小波变换结合 DS 的算法[113,114]。Ottaway 等通过添加高阶项和导数项对 DS 和 PDS 算法进行了改进，在一定程度上可以解决不同光谱仪器之间的非线性差异问题[115]。

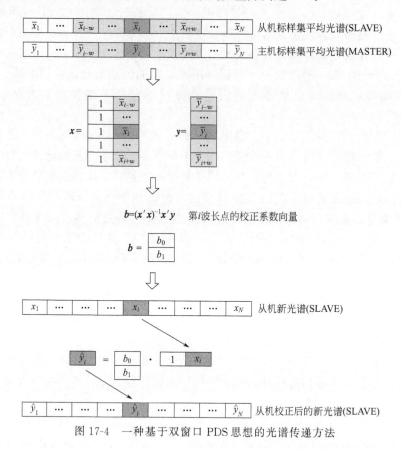

图 17-4　一种基于双窗口 PDS 思想的光谱传递方法

赵龙莲等用支持向量机回归代替 PDS 算法中的 PLS，实现了两台傅里叶变换近红外光谱仪间光谱的传递[116]。Chen 等在 DS 算法的基础上，利用极限学习机自动编码器（Extreme Learning Machine Auto-encoder）建立主机与从机标样光谱阵之间的关系，并通过集成的策略获得稳定的光谱传递结果[117]。Laref 等则将 SVM 用于 DS 算法求取不同电子鼻仪器信号的转换，标样集样本通过 SPXY 方法获取[118]。李雪园等通过提出的变量投影重要性系数改进的叠加偏最小二乘（VIP-SPLS）方法首先对波长进行重新排列并分成一系列互不重叠的光谱间隔，然后再通过 DS 算法进行传递[119]。

Tan 等利用小波变换光谱对信号进行降噪和压缩，再通过小波逆变换重构出不同尺度的光谱信号，然后对不同尺度的光谱信号分别进行传递运算，提出了小波混合直接校正算法（Wavelet Hybrid Direct Standardization，WHDS）[120]。陈达等也提出了类似的模型传递方法[121]。Yoon 等先将光谱进行小波变换得到小波系数，然后再通过 DS 算法进行转换，对于大型光谱阵这种方法可以减少光谱转换和建模的时间，称为小波变换直接校正算法（Wavelet Transform Direct Standardization，WTDS）[122]。Tan 等利用小波包对光谱进行分解，通过小波包系数变换实现不同仪器间光谱的传递，称为小波包变换标准化算法（Wavelet Packet Transform Standardization，WPTS）[123]。

Ni 等通过小波对光谱进行分频后，利用 PDS 算法对每个分频谱进行传递，再用共识建模策略对每个转换后的分频谱逐个建立 PLS 模型，称为叠加双域分段直接校正算法（Stacked Dual-domain Piecewise Direct Standardization，SDDPDS）[124]。Poerio 等将双域小波变换与正交投影结合，提出了正交投影双域传递算法（Dual-Domain Transfer using Orthogonal Projection，DDTOP）[125]。

Lin 等在直接正交信号校正算法（Direct Orthogonal Signal Correction，DOSC）基础上，以虚拟标准平均光谱的回归来消除样本批次间背景差异，提出了正交空间回归（Orthogonal Space Regression，OSR）模型传递方法，可校正多批次制剂光谱间的系统误差，实现了金银花中试水提过程中绿原酸定量模型在批次间的模型传递[126,127]。在此基础上，杨培等提出了有指导的正交投影技术结合 SBC 的模型传递方法，实现了小试水分近红外定量模型向中试的传递[128,129]。王其滨等采用随机森林选取近红外光谱波长，然后用 DOSC 算法对光谱进行预处理，实现了不同仪器之间模型的共享[130]。

对于不同温度点下采集的光谱，可以通过 PDS 算法实现转换。但是，传统的 PDS 算法无法传递得到不同温度点之间任意温度下的光谱[131]。Wulfert 等在 PDS 算法基础上，提出了连续分段直接校正算法（Continuous Piecewise Direct Standardization，CPDS），将两个不同温度之间的转换矩阵 $\boldsymbol{F}_{\Delta T}$ 与温度差 ΔT 进行多项式回归，可以获得两个温度点之间任意温度下的转换矩阵 $\boldsymbol{F}_T$[132,133]。为消除温度对交流伏安分析仪在线测定电镀液成分含量的影响，Jaworski 等提出了连续直接校正算法（Continuous Direct Standardization，CDS），以及将温度作为变量参与校准模型来消除温度对预测结果的影响[134,135]。

17.4　算法新进展

17.4.1　CCA 算法

典型相关分析（Canonical Correlation Analysis，CCA）是研究两组变量之间相关关系的一种多元统计分析方法，它能够揭示两组变量之间的相互线性依赖关系。CCA 算法认为主机和从机两组光谱之间被测物的信息是一致的，应该是相互线性相关的，而噪声和干扰信息是随机无关的。该方法先对主机和从机光谱阵进行典型相关分析，然后用所得到的典型相关变量进行转换。采用典型相关变量进行转换，可以从整体光谱中提取光谱转换信息，且可滤除噪声和干扰信息。CCA 方法的计算过程如下[136]：

（1）对主机和从机的标样光谱阵分别进行典型相关分析

$$\boldsymbol{L}_m = \boldsymbol{X}_m \boldsymbol{W}_m$$
$$\boldsymbol{L}_s = \boldsymbol{X}_s \boldsymbol{W}_s$$

$\boldsymbol{L}_m$ 和 $\boldsymbol{L}_s$ 分别为主机标样光谱阵 $\boldsymbol{X}_m$ 和从机标样光谱阵 $\boldsymbol{X}_s$ 的得分阵，$\boldsymbol{W}_m$ 和 $\boldsymbol{W}_s$ 分别为 $\boldsymbol{X}_m$ 和 $\boldsymbol{X}_s$ 的载荷阵。

（2）计算转换矩阵 $\boldsymbol{F}$

$$\boldsymbol{F}_1 = \boldsymbol{L}_s^+ \boldsymbol{L}_m$$
$$\boldsymbol{F}_2 = \boldsymbol{L}_m^+ \boldsymbol{X}_m$$
$$\boldsymbol{F} = \boldsymbol{W}_s \boldsymbol{F}_1 \boldsymbol{F}_2$$

（3）从机光谱 $\boldsymbol{x}_{\mathrm{un}}$ 转换为主机光谱

可以表示为：$\boldsymbol{x}_{\mathrm{un}}^{\mathrm{P}} = \boldsymbol{x}_{\mathrm{un}} \boldsymbol{F}$

CCA 算法仅考虑提取典型变量的最大相关性，可能会引入与目标无关的冗余信息，从而使模型转移函数变得复杂。Zheng 等在此基础上提出利用偏最小二乘提取与目标值相关且方差最大的因子，再利用 CCA 进行光谱转换，在一定程度上提高了光谱转换的针对性[137]。

Bin 等在 CCA 进行光谱转换前，利用小波变换对原始光谱进行预处理，通过小波系数进行 CCA 光谱转换（WTCCA），取得了更好的传递效果[138]。Fan 等利用主机 PLS 模型的潜变量计算主机标样光谱阵 X_m 的主成分，然后再通过 CCA 进行光谱转换（PC-CCA），验证效果优于 CCA 方法[139]。

类似 CCA 算法，Peng 等基于谱回归分析（Spectral Regression，SR）对 X_m 和 X_s 进行分解，提出了谱回归光谱转移算法[140]。谱回归方法把求解特征函数的问题放在了回归模型中，避免了频繁做稠密矩阵的特征值分解过程，计算效率得到提高。刘军等利用子空间局部保留投影（Locality Preserving Projections，LPP）算法对 X_m 和 X_s 进行分解，得到主、从仪器标样集光谱之间的对应变换关系，能够有效地消除谱图中的非线性因素、噪声等冗余特征的影响[141]。Zhang 等则基于多级同时成分分析（Multi-level Simultaneous Component Analysis，MSCA）对光谱进行分解，提出了两级策略的光谱传递算法[142]。

彭黔荣等利用 PLS 方法对 X_m 和 X_s 进行分解，求取对应主机和从机同时代表最大相关和最大方差的主机和从机特征向量，光谱标准化转换矩阵 $F = PBQ^T$，其中 P 为主机标样光谱阵的载荷阵，Q 为从机标样光谱阵的载荷阵，B 为主机和从机光谱阵得分之间的回归系数[143]。

17.4.2　SST 算法

光谱空间转换方法（Spectral Space Transformation，SST），通过将主机和从机下测得的标准集光谱 X_m、X_s 进行组合，得到组合光谱阵 $X_{comb} = [X_m, X_s]$，对其进行主成分分析，得到组合光谱阵的载荷，利用载荷计算光谱转换矩阵[144]。方法的计算过程如下：

（1）将主机和从机下测得的标准集光谱 X_m、X_s 进行组合，得到组合光谱阵

$$X_{comb} = [X_m, X_s]$$

（2）对组合光谱阵 X_{comb} 进行主成分分析

$$X_{comb} = T[P_m^T, P_s^T] + E$$

式中，P_m^T 和 P_s^T 分别是主机和从机光谱阵的载荷。

（3）计算转换矩阵 F

$$F = I + (P_s^T)^+ (P_m^T - P_s^T)$$

式中，I 为单位矩阵。

（4）从机光谱 x_{un} 转换为主机光谱可以表示为：$x_{un}^p = x_{un}F$

SST 算法结构校对简单，在较低的标准样本数下仍能保持良好的预测结果。类似 SST 算法，Liu 等通过独立成分分析（Independent Component Analysis，ICA）对多台仪器上获得的组合光谱阵进行分解，其转换矩阵的表达方式与 SST 算法一致[145]。

17.4.3　ATLD 算法

交替三线性分解（Alternating Trilinear Decomposition，ATLD）是分解三维数据阵常用的一种算法。对于一组标样在不同仪器上采集光谱可以得到一个三维矩阵 $\underline{X}$，其维数为 $I \times J \times K$，其中 I 为标样个数，J 为光谱点数，K 为仪器个数。通过 ATLD 算法可将 $\underline{X}$ 分

解为三个矩阵 $\boldsymbol{A}(I \times N)$、$\boldsymbol{B}(J \times N)$、$\boldsymbol{C}(K \times N)$，$N$ 为有贡献的因子数，$\boldsymbol{A}$ 代表标样的相对浓度阵，$\boldsymbol{B}$ 代表标样的相对光谱强度阵，$\boldsymbol{C}$ 代表仪器信息阵。该算法的主要步骤如下[146]：

（1）利用 ATLD 算法对 $\underline{\boldsymbol{X}}$ 进行分解

$$x_{ijk} = \sum_{n=1}^{N} a_{in} b_{jn} c_{kn} + e_{ijk}$$

式中，$i = 1, 2, \cdots, I$；$j = 1, 2, \cdots, J$；$k = 1, 2, \cdots, K$。

（2）计算转换矩阵 $\boldsymbol{F}$

$$\boldsymbol{F}_k = \mathrm{diag}(\boldsymbol{c}_k) \boldsymbol{B}^{\mathrm{T}}$$

式中，$\boldsymbol{c}_k$ 为矩阵 $\boldsymbol{C}$ 的第 k 行。

（3）对于从 k1 仪器上采集的光谱 $\boldsymbol{x}_{\mathrm{k1,new}}$，可通过下式转化为 k2 仪器上的光谱 $\boldsymbol{x}_{\mathrm{k2,trans}}$

$$\boldsymbol{x}_{\mathrm{k2,trans}} = \boldsymbol{x}_{\mathrm{k1,new}} \boldsymbol{F}$$

式中，$\boldsymbol{F} = \boldsymbol{I} + \boldsymbol{F}_{\mathrm{k1}}^{+}(\boldsymbol{F}_{\mathrm{k2}} - \boldsymbol{F}_{\mathrm{k1}})$。

ATLD 算法与 SST 算法的光谱转换矩阵公式相同，这两种算法实质上是一致的，只是在因子分析前，SST 算法是将多台仪器上采集的标样光谱阵以展开矩阵（unfolded）的方式进行表达，ATLD 算法是以立体阵（Cubic Matrix）的方式表达。对立体阵分解，除了 ATLD 算法，还可用 PARAFAC 和 Tucker3 等算法。例如，Kompany-Zareh 等利用 Tucker3 算法，将不同仪器间的光谱转换看作为张量阵的缺失数据填补问题，实现了将 FT-Raman 仪器上的模型传递到 CCD-Raman 光谱仪上[147]。关于多维算法可参见本书第 16 章的相关内容。

17.4.4　MTL 算法

利用多任务学习方法（Multi-Task Learning，MTL）计算传递矩阵可以归结成求解一个迹范数正则的凸优化问题，这种正则的优化方法可以将不同仪器光谱之间的线性转换扩展到非线性的光谱转换关系。与其他如神经网络的光谱转换方法相比，该方法通过一个凸优化的问题来求解最终的传递矩阵，因此可以高效快速获得全局最优解，同时需要更少的预设参数。该算法的主要步骤如下[148]：

（1）计算从机标样光谱阵 $\boldsymbol{X}_s$ 的 Gram 矩阵

$$\boldsymbol{K} = \boldsymbol{X}_s \boldsymbol{X}_s^{\mathrm{T}}$$

（2）对 $n \times n$ 阶的 $\boldsymbol{K}$ 矩阵进行特征值分解

$$\boldsymbol{K} = \boldsymbol{U} \boldsymbol{D} \boldsymbol{U}^{\mathrm{T}}$$

式中，$\boldsymbol{D}$ 为包含所有特征值的对角矩阵；$\boldsymbol{U}$ 的每一列为对应的特征向量。

（3）求解一个关于 $n \times p$ 阶（n 为标样个数，p 为波长个数）矩阵 $\boldsymbol{B}$ 的迹范数正则问题

$$\min_{\boldsymbol{B}} \left\| \boldsymbol{X}_m - \boldsymbol{U} \boldsymbol{D}^{\frac{1}{2}} \boldsymbol{B} \right\|_{\mathrm{F}}^{2} + \rho \left\| \boldsymbol{B} \right\|_{\mathrm{tr}}$$

式中，$\| \bullet \|_{\mathrm{F}}$ 表示矩阵的 Frobenius 范数；$\| \bullet \|_{\mathrm{tr}}$ 表示矩阵的迹范数；ρ 为正则项系数。

求解迹范数正则的凸优化问题可采用加速近端梯度（Accelerated Proximal Gradient）方法。

（4）计算转换矩阵 $\boldsymbol{F}$

$$\boldsymbol{F} = \boldsymbol{X}_S^{\mathrm{T}} \boldsymbol{U} \boldsymbol{D}^{-\frac{1}{2}} \boldsymbol{B}$$

（5）从机光谱 $\boldsymbol{x}_{un}$ 转换为主机光谱

可以表示为：$\boldsymbol{x}_{un}^{p} = \boldsymbol{F}^{T} \boldsymbol{x}_{un}$

Boucher 等也基于正则化框架，提出了用于不同仪器间光谱转换的近端正则化方法，称为近端方法（Proximal Methods）[149]。该方法采用交替方向乘子算法（Alternating Direction Method of Multipliers，ADMM）求解凸优化问题。对于从窄波段范围光谱向宽波段范围光谱转换，该方法具有较好的效果。

针对多元定性模型光谱的传递，Hu 等利用最大间距（Maximum Margin Criterion，MMC）准则，提出了最优化框架[150]：

$$\arg\min \left\| \boldsymbol{X}_m - \boldsymbol{X}_s \boldsymbol{F} \right\|_{F}^{2} + \rho \left\| \boldsymbol{F}^{T} (\boldsymbol{S}_w - \boldsymbol{S}_b) \boldsymbol{F} \right\|_{tr}$$

式中，$\boldsymbol{S}_w$ 为类内散布矩阵；$\boldsymbol{S}_b$ 为类间散布矩阵；$\boldsymbol{F}$ 为光谱转换矩阵。

MMC 算法对传递用于定性分析的光谱具有一定优势。

17.4.5 GLS 算法

广义最小二乘算法（Generalized Least Squares，GLS）以主机和从机标样光谱的差异矩阵为参考，建立加权滤波模型，用以消除仪器之间差异对光谱的影响。该算法的主要步骤如下[151-153]：

（1）计算主机和从机标样光谱的经均值中心化的差异矩阵

$$\boldsymbol{X}_d = (\boldsymbol{X}_m - \overline{\boldsymbol{X}}_m) - (\boldsymbol{X}_s - \overline{\boldsymbol{X}}_s)$$

（2）计算 $\boldsymbol{X}_d$ 的协方差矩阵

$$\boldsymbol{C}_d = \frac{\boldsymbol{X}_d^{T} \boldsymbol{X}_d}{n-1} + \alpha \boldsymbol{I}$$

式中，n 为标样数；α 为系数（通常可取 $1 \times e^{-6}$）；$\boldsymbol{I}$ 为单位矩阵。

（3）对协方差矩阵 $\boldsymbol{C}_d$ 进行奇异值分解

$$\boldsymbol{C}_d = \boldsymbol{U} \boldsymbol{S} \boldsymbol{V}^{T}$$

（4）计算加权滤波矩阵 $\boldsymbol{W}$

$$\boldsymbol{W} = \boldsymbol{V} \boldsymbol{S}_{adj}^{+} \boldsymbol{V}^{T}$$

式中，$\boldsymbol{S}_{adj} = \mathrm{sqrt}(\dfrac{\boldsymbol{S} \times m}{\mathrm{trace}(\boldsymbol{S})})$，$m$ 为波长变量数。

（5）对主机校正集光谱阵和从机预测集光谱阵分别进行变换

$$\boldsymbol{X}_{trans} = (\boldsymbol{X} - \overline{\boldsymbol{X}}) \boldsymbol{W}$$

17.4.6 其他算法

Andrew 等基于正交投影原理，分别得到一组标样在多台仪器上的平均光谱，并对该平均光谱阵进行主成分分析，用前几个代表仪器间差异光谱载荷构成投影空间，可对多台仪器上的光谱进行正交投影变换（Transfer by Orthogonal Projection，TOP）[154]。Zhu 等在 TOP 算法基础上，用一组样本重复性光谱的变动矩阵代替平均光谱阵，进行主成分分析获取投影空间，提出了正交差减误差消除算法（Error Removal by Orthogonal Subtraction，EROS）[155]。在 EROS 算法基础上，Zeaiter 等通过核函数计算得到从机虚拟光谱，根据实测和虚拟光谱的差矩阵，进行主成分分析获取投影空间，提出了动态正交投影算法（Dynamic Orthogonal Projection，DOP)[156]。Dabros 等将 DOP 算法用于在线红外光谱校正模型的维护，获得了较好的应用效果[157]。Igne 等比较了上述几种正交投影算法用于近红外光谱模型传递的效果，并给出了评述[158]。Siska 等采用维纳滤波（Wiener Filter）方法对光谱进行处理，用于固定滤光片式近红外光谱仪器的传递，并提出了优选主仪器（Master Instrument）的方法[159]。

Chen 等针对温度对光谱的影响，提出了载荷空间标准化（Loading Space Standardization，LSS）算法，对标样集样本在不同温度下采集的光谱进行主成分分析，然后建立每个温度下光谱载荷与温度的一元二次函数关系，对于在一定温度下测量的光谱便可在载荷空间进行标准化，获得标准温度下对应的光谱[160]。随后，Chen 等又将 LSS 算法与光程估计和校正算法（Optical Path Length Estimation and Correction，OPLEC）结合，提出了扩展载荷空间标准化方法（ELSS），用于温度和成分变化对光谱影响的校正[161]。史新珍等利用 LSS 算法有效消除了温度变化对糖香料生产过程中近红外光谱的影响[162]。

Zhang 等将模型传递看作全局仿射变换(Global Affine Transformation)问题：

$$\hat{x}_{i,n} = a_i x_{i,n} + b_i$$

式中，$x_{i,n}$ 表示第 i 个从机仪器上第 n 个标样样本的光谱；$i=1,\cdots,k$，$n=1,\cdots,N$，（k 表示从机仪器的个数，N 表示标样样本的个数）；$\hat{x}_{i,n}$ 表示第 i 个从机仪器上第 n 个标样样本光谱传递到主机上的光谱；传递系数 a_i 和 b_i 通过稳健加权最小二乘算法（Robust Weighted Least Square Algorithm）求出[163]。

Deshmukh 也采用稳健回归方法实现了对用于造纸厂排放检测的电子鼻系统进行台间信号传递[164]。

Zhao 等基于仿射不变性提出了用于模型传递的 CTAI 算法（Calibration Transfer Based on Affine Invariance）[165]。该方法首先建立主机上的 PLS 模型，利用所建的 PLS 模型得到主机光谱的得分矩阵和预测向量，以及从机光谱的伪得分矩阵和伪预测向量，然后用最小二乘分别得到主机和从机的回归系数，再通过回归系数计算出主机和从机之间的角度和偏差，最后基于仿射变换得到从机光谱的预测结果。

Folch-Fortuny 等利用联合 Y 偏最小二乘回归（Joint-Y Partial Least Squares Regression，JYPLS）提出了一种新的光谱转换方法[166,167]：

$$Y_J = \begin{bmatrix} Y_m \\ Y_s \end{bmatrix} = \begin{bmatrix} T_m \\ T_s \end{bmatrix} Q_J^T + E$$

$$X_m = T_m P_m^T + E$$

$$X_s = T_s P_s^T + E$$

$$T_m = X_m W_m$$

$$T_s = X_s W_s$$

式中，Y_m、Y_s 分别为主机校正集、标样集样本的浓度阵；X_m、X_s 分别为主机校正集、标样集样本的光谱阵；T_m、T_s 分别为 X_m、X_s 的得分阵；P_m、P_s 分别为 X_m、X_s 的载荷阵；W_m、W_s 分别为 X_m、X_s 的加权矩阵；Q_J 为联合 Y 浓度阵的载荷阵。

对于主机校正集中的光谱 $x_{i,m}$ 可由下式转换成从机上的光谱 $\hat{x}_{i,s}$：

$$\hat{x}_{i,s} = (Q_J Q_J^T)^{-1} Q_J x_{i,m}$$

Shan 等则基于主成分分析和核主成分分析提出了联合光谱子空间光谱传递方法（Principal component analysis or kernel principal component analysis based joint spectral subspace method，JPCA 或 JKPCA），该方法将主机和从机的标样集光谱阵组合进行主成分分析或核主成分分析，在低维特征空间通过最小二乘求取转换矩阵[168]。

Khaydukova 等基于吉洪诺夫正则化（Tikhonov Regularization，TR）提出了正则化系数标准化方法（Standardization with Regularization Coefficients，SRC）。该方法通过下式求取转换矩阵[169]：

$$F = (X_s^T X_s + a)^{-1} (X_s^T X_m)$$

式中，a 为正则化系数，通常取 1～30000。

对于从机的光谱 $x_{i,s}$ 可由下式转换成从机上的光谱 $\hat{x}_{i,m}$：

$$\hat{x}_{i,m} = x_{i,s} F$$

Zhao 等利用主机的 PLS 模型分别对主机和从机标样集光谱进行投影，然后在 PLS 投影空间建立两者之间的转换关系。对于从机上采集的待测样本的光谱，先用主机的 PLS 模型进行投影，然后利用投影空间的转换关系得到主机上的投影向量，再由主机的 PLS 模型出最终的预测结果[170]。Zhang 等利用主机所建 PLS 模型的 X 权重矩阵对主机标样光谱进行投影得到矩阵 L，然后再用 PLS 求取 L 与从机标样光谱阵之间的转换矩阵 F，提出了基于 PLS 权重矩阵的传递方法（Calibration Transfer based on the Weight Matrix，CT-WM）[171]。Chen 等将主机模型预测从机标样集光谱的浓度值与实际浓度值的偏差，与从机标样集光谱阵（可经过投影变换）进行 PCR 或 PLS 回归，建立偏差预测模型，进行系统预测误差校正（Systematic Prediction Error Correction，SPEC）[172]。

Mou 等以子空间学习的稳健 Cauchy 估计器（Cauchy Estimator）函数最小化为目标，提出了一种稳健的光谱转换方法[173]。该方法通过迭代方式计算出主机和从机光谱的共享基矩阵及其对应的表达系数，然后根据表达系数建立转换矩阵，可降低界外样本和光谱噪声对光谱传递效果的影响。Seichte 等基于拉格朗日乘子法和分层模型提出了一种贝叶斯模型传递方法，通过马尔可夫链蒙特卡洛方法估计误差界，用于氧传感器的模型传递[174]。随后，他们又将类似方法用于消除氧气对中红外光谱测定二氧化碳含量的影响[175]。Skotare 等在潜结构多块正交投影算法（Multiple Block Orthogonal Projections to Latent Structures，OnPLS）的基础上，提出了用于多台仪器光谱转换的共同和独特多块分析算法（Joint and Unique Multiblock Analysis，JUMBA），可以同时对多台仪器的光谱阵进行处理[176]。

Andries 将迁移学习（Transfer Learning）中域适配（Domain Adaptation）的惩罚性矩阵分解算法，例如迁移成分分析（Transfer Component Analysis，TCA）和散射成分分析（Scatter Component Analysis，SCA）等用于光谱阵的转换和模型维护，取得了初步满意的结果[177]。刘翠玲等采用迁移学习中的迁移成分分析（TCA），实现了不同仪器上食用油近红外光谱的传递[178]。Tao 等采用迁移成分分析，对不同地区间的土壤砷污染可见-近红外光谱诊断模型进行了转移[179]。郑文瑞等对皖南和皖北土壤近红外光谱进行 TCA 变换后，能将皖南土壤速效磷预测模型成功应用于皖北土壤[180]。TCA 针对域适配中源域和目标域处于不同的数据分布问题，将两个领域的数据一起映射到一个高维的再生核希尔伯特空间。在此空间中，最小化源和目标的数据距离，同时最大程度地保留它们各自的内部属性。石广宇等利用适应成分分析（Adaptive Component Analysis，ACA），对两种木材近红外光谱进行转换，建立了以色木数据为源域、柞木数据为目标域的柞木缺陷分类深度迁移模型[181]。Shan 等则基于主成分分析和核主成分分析提出了用于模型传递的联合谱子空间方法[182]。

Nikzad-Langerodi 等基于域适配原理，提出了域不变量偏最小二乘方法（Domain-invariant Partial Least Squares，di-PLS），可用于无监督、半监督和有监督的光谱模型维护和模型传递[183,184]。Huang 等也提出了域适配的偏最小二乘方法[185]。Yan 等基于迁移学习和多任务学习提出了传递样本的偶合任务学习方法（Transfer Sample Based Coupled Task Learning，TCTL），用于电子鼻仪器之间的传递和随时间漂移的补偿[186]。Hu 等基于机器学习中的主动学习（Active Learning）算法，提出了通过校正样本的迭代筛选解决不同种类蓝莓的高光谱成像多元定量校正模型转移问题[187]。

Li 等针对不同分辨率的拉曼光谱仪，提出了一种双数字投影狭缝（Double Digital Projection Slit）的算法，解决光谱一致性的问题[188]。该方法采用梯度下降法（Gradient Descent）获取转换矩阵的最优解，获得了较好的传递效果。刘贞文等使用深度自编码（Deep Autoencoder，DAE）的方法，建立了不同近红外仪器光谱之间的非线性映射，设计了一种基于条件概率和参数最大似然法的误差函数惩罚项，并结合梯度反向传播算法优化深度自编码的网络参数[189]。

除了对校正光谱阵进行转换外，为实现主机校正模型的传递，也出现了一些新方法。Liu 等提出了一种线性模型修正算法（Linear Model Correction，LMC），可实现 PLS 模型回归系数的转移[190]。随后，Zhang 等对该方法进行了改进，可获取全局优化的回归系数[191]。Kauppinen 等通过将 PLS 回归系数进行转换实现了药物冻干过程水分含量在线近红外模型的传递[192]。针对传递后模型的评价问题，Eskildsen 等提出采用模型的预测结果而非基础参考数据进行模型传递效果的评价[193]。

17.5　全局模型、稳健模型和模型更新

全局模型、稳健模型和模型更新（或模型维护）这三个关键词在光谱多元校正分析中常常混用，三者之间有共性的内容。全局模型（Global Calibartion），也称为扩充混合模型（Augmented Hybrid Calibration）或混合模型（Hybrid Calibration），也有文献称为加入法（Spiking Method），通常是指通过添加不同测试条件下的光谱、不同仪器上测量的光谱等扩充主机的校正集来建立模型，从而实现不同仪器、不同测量环境或不同样本类型下的模型共享，所以从某种意义上讲，全局模型也是稳健模型（Robust Calibration）。稳健模型常常是指通过光谱预处理算法、波长变量筛选算法等方式建立对外界影响因素不敏感的模型[194,195]，因此，可以说建立全局模型是实现稳健模型的一种手段，也可以将两者结合起来建立稳健的全局模型。模型更新（Model Updating）或模型维护（Calibration Maintenance）的内容更为广义，传统概念中当遇到模型界外样本（样本的化学成分或物理状态等发生变化）或仪器随时间老化等发生时，需要的是模型更新或模型维护。广义上讲，建立全局模型或稳健模型的过程实际都属于模型更新或模型维护的范畴[196,197]。因此，全局模型、稳健模型和模型更新（或模型维护）也常常用于解决模型传递问题[198]。

Koehler 等利用自行设计的 FIR 矩阵对中红外干涉数据进行滤波，结合模型更新，通过分段线性判别分析（Piecewise Linear Discriminant Analysis，PLDA）可对两台中红外遥感光谱仪获得的数据进行准确分类[199,200]。宋海燕等将 FIR 算法用于消除同一台仪器在不同时间不同采集环境条件下光谱的变动，建立了较为稳健的近红外光谱预测土壤有机质含量的模型[201,202]。Woody 等采用正交信号校正算法（Orthogonal Signal Correction，OSC）对一台在线近红外光谱仪四个测量通道的光谱进行预处理，建立了稳健的分析模型[203,204]。Barboza 等将 OSC 算法与模型更新结合用于消除温度对饮料近红外光谱的影响，其结果优于PDS 算法[205]。Geladi 等利用 OSC 算法对湖泊沉积物的近红外光谱进行处理，建立多台仪

器通用的预测湖水 pH 值的模型[206]。王宇恒等通过光谱误差分析，证明采用一阶导数与 SNV 相结合可以明显改善以积分球漫反射作为光谱测量方式的傅里叶型近红外光谱仪之间的模型传递效果[207]。

Milanez 等利用连续投影算法（Successive Projections Algorithm，SPA）选取特征波长变量，建立的近红外光谱和紫外可见光谱判别模型可用于不同的仪器，其识别准确率与 DS 和 PDS 方法相当[208]。Fan 等利用 SPA 算法和竞争性自适应重加权采样算法（Competitive Adaptive Reweighted Sampling，CARS）算法选取特波长，再结合 SBC 算法，建立的近红外光谱预测苹果可溶性固体含量模型适用于连续多年采摘的苹果样本[209]。Zheng 等提出了双竞争性自适应重加权采样算法（Double CARS）进行变量选择，用于近红外光谱通用模型的建立[210]。Ni 等基于标准偏差概念提出了一种光谱仪之间稳定、一致波长变量的筛选方法，可以建立稳健的校正模型，实现模型在多台仪器上的共享[211-213]。洪士军等采用尺度不变特征变换（Scale Invariant Features Transform，SIFT）算法筛选近红外光谱的稳定特征波长，建立烟叶总植物碱的近红外光谱模型，可实现模型的无标样传递[214]。Xu 等基于主机和从机光谱之间的相关系数提出了一种波长变量筛选方法（CAWS），用于稳健校正模型的建立，获得了较好的结果[215]。张晓羽等提出了一种稳定竞争自适应重加权采样的光谱变量筛选方法，可以选择重要的、受不同仪器或测量条件影响不敏感的波长变量，提高模型的普适性[216]。

Zhang 等基于多模型共识策略通过 PLS 回归系数选取波长变量筛选和加权，并通过类似逐步多元线性回归选取变量的方式选取校正集样本，提出了解决模型更新和模型传递问题的导向模型再优化方法（Guided Model Reoptimization，GMR）[217,218]。

建立主机和从机全局模型时，需要在从机上采集一定数量有代表性样本的光谱，还需要对应的浓度值，才能得到较好的效果[219]。Kalivas 等针对这一问题，基于从机样本加权方式和吉洪诺夫正则化（Tikhonov Regularization，TR）框架，提出多种模型更新和模型传递策略[220,221]。

常用的加权方式建模可表示为：

$$\binom{\boldsymbol{y}}{\lambda \boldsymbol{y}_{\mathrm{L}}} = \binom{\boldsymbol{X}}{\lambda \boldsymbol{L}} \boldsymbol{b}$$

式中，$\boldsymbol{y}$ 为主机校正集浓度向量；$\boldsymbol{X}$ 为主机校正集光谱阵；$\boldsymbol{y}_{\mathrm{L}}$ 为从机校正样本的浓度向量；$\boldsymbol{L}$ 为从机校正样本的光谱阵；λ 为加权值；$\boldsymbol{b}$ 为回归系数。

在吉洪诺夫正则化（即 L2 正则化）下，最优化框架为：

$$\min\left(\left\|\boldsymbol{X}\boldsymbol{b}-\boldsymbol{y}\right\|_2^2 + \lambda^2 \left\|\boldsymbol{L}\boldsymbol{b}-\boldsymbol{y}_{\mathrm{L}}\right\|_2^2\right)$$

该方程的解为：

$$\hat{\boldsymbol{b}} = (\boldsymbol{X}^{\mathrm{T}}\boldsymbol{X} + \lambda^2 \boldsymbol{L}^{\mathrm{T}}\boldsymbol{L})^{-1}(\boldsymbol{X}^{\mathrm{T}}\boldsymbol{y} + \lambda^2 \boldsymbol{L}^{\mathrm{T}}\boldsymbol{y}_{\mathrm{L}})$$

如果 $\boldsymbol{L}$ 代表的是一组标样集分别在主机和从机所测光谱的差谱阵，或者不同测试条件下的一组光谱基线背景阵，或者一组空白样品的光谱阵等，其对应的 $\boldsymbol{y}_{\mathrm{L}}$ 为零浓度向量，则最优化框架可简化为：

$$\min\left(\left\|\boldsymbol{X}\boldsymbol{b}-\boldsymbol{y}\right\|_2^2 + \lambda^2 \left\|\boldsymbol{L}\boldsymbol{b}\right\|_2^2\right)$$

其解为：

$$\hat{\boldsymbol{b}} = (\boldsymbol{X}^{\mathrm{T}}\boldsymbol{X} + \lambda^2 \boldsymbol{L}^{\mathrm{T}}\boldsymbol{L})^{-1}\boldsymbol{X}^{\mathrm{T}}\boldsymbol{y}$$

为获得更稳定的回归系数，基于岭回归的思想，对加权方式建模进行改进：

$$\begin{pmatrix} \boldsymbol{y} \\ \boldsymbol{0} \\ \lambda \boldsymbol{y}_{\mathrm{L}} \end{pmatrix} = \begin{pmatrix} \boldsymbol{X} \\ \tau \boldsymbol{I} \\ \lambda \boldsymbol{L} \end{pmatrix} \boldsymbol{b}$$

式中，τ 为惩罚系数；$\boldsymbol{I}$ 为单位矩阵。

最优化框架则为：

$$\min \left(\left\| \boldsymbol{X}\boldsymbol{b} - \boldsymbol{y} \right\|_2^2 + \tau \left\| \boldsymbol{b} \right\|_2^2 + \left\| \boldsymbol{L}\boldsymbol{b} - \boldsymbol{y}_{\mathrm{L}} \right\|_2^2 \right)$$

该方程的解为：

$$\hat{\boldsymbol{b}} = (\boldsymbol{X}^{\mathrm{T}}\boldsymbol{X} + \tau^2 \boldsymbol{I} + \lambda^2 \boldsymbol{L}^{\mathrm{T}}\boldsymbol{L})^{-1} (\boldsymbol{X}^{\mathrm{T}}\boldsymbol{y} + \lambda^2 \boldsymbol{L}^{\mathrm{T}}\boldsymbol{y}_{\mathrm{L}})$$

针对吉洪诺夫正则化模型更新和模型转移策略，Kunz 等讨论了标样设计选取的影响[222,223]。Shahbazikhah 等提出了采用共识的建模策略优化选取正则化参数[224]。Tencate 等则基于融合策略提出了模型更新参数选取的方法[225]。Farrell 等吉洪诺夫正则化策略用于不同条件下药物近红外光谱分析模型的更新，获得满意的结果[226]。胡芸等也基于吉洪诺夫正则化约束和校正模型参数，实现模型在不同近红外光谱仪器上的共享和使用[227]。

除了样本扩增外，模型更新也可采取样本和特征同时进行扩增，可表示为[228]：

$$\begin{pmatrix} \boldsymbol{y} \\ \boldsymbol{0} \\ \lambda \boldsymbol{y}_{\mathrm{L}} \end{pmatrix} = \begin{pmatrix} \boldsymbol{X} & \boldsymbol{0} \\ \boldsymbol{0} & \boldsymbol{X} \\ \lambda \boldsymbol{L} & \lambda \boldsymbol{L} \end{pmatrix} \begin{pmatrix} \boldsymbol{b}_m \\ \boldsymbol{b}_s \end{pmatrix}$$

Wehlburg 等提出了预测扩充经典最小二乘/偏最小二乘（Prediction-Augmented Classical Least-Squares/Partial Least-Squares，PACLS/PLS）混合算法用于模型维护和模型转移，该混合算法首先用仪器之间的光谱差异、温度对光谱的影响等因素对校正集进行扩充，建立 CLS 模型，然后用 CLS 模型的光谱残差和浓度残差建立 PLS 模型[229,230]。Guenard 等比较了 PACLS/PLS 混合算法和经 PDS 算法传递后所建模型对界外样本的识别能力，证明 PACLS/PLS 混合算法较优[231]。Shi 等采用 PACLS 方法将药物粉末的近红外光谱传递为压锭药片的光谱[232]。

Rudnitskaya 等针对电位传感器阵列仪器，比较了 DS 算法、吉洪诺夫正则化方法和 Joint-Y PLS 方法对模型传递和模型更新的效果，证明吉洪诺夫正则化方法和 Joint-Y PLS 方法得到较好的结果[233]。Kunz 等在 LASSO 算法（Least Absolute Shrinkage and Selection Operator，LASSO）的基础上提出了稳健融合的 LASSO 算法（Robust Fused LASSO，RFL），用于校正模型的维护和传递[234]。Guo 等利用遗传算法对多台拉曼光谱的波长变量进行校正，并通过吉洪诺夫正则化对模型进行更新，获得满意的结果[235]。Zhang 等提出了一种基于岭回归的模型更新方法，将预测优化目标和模型系数的二范数约束结合起来，实现了模型系数的更新，解决了由于仪器漂移或样本变化引起的模型预测能力和可靠性变差的问题[236]。

Sulub 等依据朗伯-比尔定律的加和性，提出了光谱模拟计算方法，通过纯物质的吸收信号和仪器的背景信号可生成混合物的光谱，这样无论对于主机仪器还是从机仪器，只需测量混合物中的纯物质光谱便可快速建立校正集。对于已知成分的测量体系，该策略是一种可以尝试的建模方法[237]。Haaland 等采用向校正集光谱添加温度影响背景信号的方式获得合成光谱，来解决模型对温度适应性的问题，温度影响的背景信号通过温度光谱扩展的最小二乘获得[238]。Sulub 等通过 PDS 实现了多台近红外光谱仪器（包括光栅扫描和傅里叶变换类型的仪器）测定药品有效成分含量的光谱转移，并通过制备安慰剂的方式对从机模型进行更新，效果显著，12min 可分析 30 片药品，用 HPLC 方法则需要 5h[239]。Saiz-Abajo 等通过向校正集光谱中添加不同类型的噪声和干扰，并通过集成的建模策略来建立稳健的校正模型[240]。Pierna 等介绍了采用试验设计通过将不同仪器、样品不同状态（含水量和粒度等）的光谱变动添加到 10 个校正样本的光谱中，产生成百上千个虚拟的建模光谱，获得了稳健性较好的预测模型[241]。

Cooper 等基于主机和从机上的几种纯化合物光谱，以主机若干个校正样本的光谱为目标，通过数学混合计算得到相同数量的虚拟光谱（Virtual Spectra），构成虚拟光谱阵，由主机模型对主机和从机的虚拟光谱阵进行预测，根据主机和从机的预测值建立 SBC 校正曲线[242]。他们还利用 13 种纯化合物的光谱，采用上述方法对喷气燃料的近红外光谱进行转换，可以准确预测芳烃、氢含量、密度、黏度等性质和组成[243]。Rauscher 等也采用这种方法对非色散红外光谱仪监测油液质量状况的光谱进行传递[244]。Abdelkader 用 15 种纯化合物的光谱，并分段计算虚拟光谱，提高了该方法的传递效果[245]。Silva 等则在此基础上，利用虚拟光谱阵通过 DS 算法建立光谱转换系数，实现了油品光谱从台式近红外光谱仪向手持式仪器的转移[246]。

Ni 等将叠加 PLS 方法与模型更新相结合，建立稳健的校正模型，用于多台近红外光谱仪器的共享[247]。Honorato 等通过连续投影算法（SPA）选取波长变量建立多台仪器共用的稳健 MLR 模型，其结果略优于 PDS-PLS 方法[248]。Igne 等利用多种波长变量和样本选择方法，通过建立局部校正模型的方法，实现了两个品牌四台近红外光谱仪器的模型共享[249]。Liu 等将多台仪器上采集的光谱构建成立体阵，采用图像识别中的 Tchebichef 离散正交矩提取特征，通过逐步回归方法可建立多台仪器上的通用模型[250]。

Kramer 等将移动窗口的 MSC（Moving Window MSC）算法用于两台近红外光谱仪器上喷气燃料光谱的预处理，通过移动窗口大小的优选得到了较好的结果[251]。Liu 等则主要通过 MSC 算法对线扫描的近红外成像系统进行标准化[252]。Sahni 等比较了 MSC、OSC、FIR、PDS 和建立全局模型对校正光纤探头光程变化的影响，PDS 和全局模型被证明是较好的解决方法[253]。Guo 等将扩展乘性信号校正（Extended Multiplicative Signal Correction，EMSC）用于细菌拉曼光谱在多台仪器上的预处理，再通过 PLS-DA 算法建立鉴别不同细菌种类的判别模型[254]。Preys 等将正交信号校正（Orthogonal Signal Correction，OSC）与外部参数正交化（External Parameter Orthogonalisation，EPO）结合建立稳健校正模型，解决了 OSC 没有考虑外部干扰影响及 EPO 在外部因素对目标值影响过高时预测性能降低的问题[255]。

Wijewardane 等通过 EPO、DS 和建立全局模型的方法解决了利用风干粉碎土壤的近红外光谱模型预测不同湿度土壤中的有机碳和无机碳含量[256,257]。Ackerson 等也通过 EPO 和 DS 算法解决了类似的问题[258]。Amat-Tosello 等利用 EPO 算法同时实现了汽油短波近红外光谱在四台仪器上的共享[259]。Hans 等利用 EPO 算法减少温度和湿度对近红外光谱预测生物质热值的影响，建立了温度和湿度不敏感的分析模型[260]。Thamasopinkul 等采用建立温度混合模型的策略消除了温度对近红外光谱预测龙眼蜂蜜还原糖和水分含量的影响[261]。Thygesen 等建立了近红外光谱预测木材中水分含量的温度混合模型，其效果优于 PDS 算法[262]。

Luoma 等采用添加偏最小二乘（Additive Partial Least Squares）建模策略用于模型维护，根据不同的测量条件，通过建立残差 PLS 模型以添加方式解决模型不适用问题[263]。

Elizalde 等也采用类似的策略解决在线拉曼光谱仪变动引起的模型不适用问题[264]。Nouri 等将实验室的土壤近红外光谱与机载成像高光谱建立混合模型，以及将标样光谱的差异谱与零浓度对模型进行更新，该模型可用于机载成像高光谱的预测分析[265]。

在利用支持向量机回归（SVR）方法建立多台仪器全局模型时，针对 SVR 方法常常存在的基于局部核函数建立局部模型，致使新仪器下的光谱添加到校正集可能不起作用的问题，Yu 等基于深度学习中的迁移学习（Transfer Learning）思想，采用正则化多任务学习方法（Regularized Multi-Task Learning，RMTL）估计新仪器环境下的 SVR 模型与原有模型之间的联系，对支持向量机回归进行改进，提出了 RMTL 方法[266]。该方法可选用 SVR 模型最重要的支持向量作为模型更新的样本。

贺英等利用核主成分分析（KPCA）方法对主机原始高维光谱降维处理，然后通过样本相似匹配寻找与从机仪器样本低维投影距离靠近的主机样本信息，去除无关样本的影响，最后通过结合迁移 Boosting 技术和多预测器组合的方法，构建了具有一定稳健性的集成迁移模型[267]。在此基础上，陈媛媛等用随机森林集成思想和局部结构映射对上述建模策略进行了改进，获得更好的模型稳健性和泛化能力[268]。

17.6 应用研究进展

17.6.1 SBC 方法

Brito 等采用 SBC 算法对紫外光谱测定废水总悬浮固体（TSS）和化学需氧量（COD）的模型预测值进行校正，效果优于 SSC 算法和 SLRDS 算法[269]。Brouckaert 等也采用 SBC 算法将实验室建立的拉曼光谱测定液体洗涤剂两种成分含量的模型预测值进行校正，用于工业级在线分析，获得满意的结果[270]。杨凯等则采用 SBC 算法对两台多通道阵列检测器型在线近红外光谱仪预测原烟中烟碱含量的结果进行校正[271]。Dambergs 等利用 SBC 算法对紫外光谱快速分析红酒中单宁含量的预测值在多台仪器上进行校正，得到较为一致的预测结果[272]。

Myles 等针对近红外光谱对不同种类咖啡豆的 PCA 分类模型，采用 SBC 算法将两台仪器上的 PCA 得分进行转换，得到了较好的传递效果[273]。雷德卿等将 SBC 算法用于近红外光谱对头孢拉定胶囊和胶囊内容物预测值之间的转换，其效果优于 PDS 算法，与模型更新（Model Updating）方法基本相当[274]。王靖等对高光谱预测不同产地羊肉蛋白质的模型进行了类似的研究，结果也是 SBC 算法的效果较好[275]。刘贤等利用 SBC 算法和光谱局部中心化方法分别对青贮饲料的近红外光谱预测结果和光谱在不同类型光谱仪器之间的转换，结果表明 SBC 算法略优于光谱局部中心化方法[276]。李天瑞等采用 SBC 算法对两台近红外光谱仪器上预测的食用油酸值和过氧化值进行了校正[277]。

17.6.2 SSC 方法

Pierna 等采用光谱差值校正算法（SSC），利用 25 个传递标样对色散型台式近红外光谱仪上 9000 多个饲料样本的光谱传递到 MEMS 手持式光谱仪上，建立了测定饲料脂肪、纤维、蛋白和淀粉的 PLS 模型[278]。Zamora-Rojas 等采用 SSC 算法将台式近红外光谱仪上的猪肉光谱集传递到手持式仪器上，以实现猪肉加工生产线旁的常规品质分析[279]。Daikos 等采用类似于 SSC 算法的扣基底背景的方式，将一种基底材料上涂层的近红外成像谱传递到另外一种基底材料上，实现了 PLS 模型的共享[280]。Smith 等采用 SSC 算法实现了不同近红外光谱仪器预测整片扑热息痛药片中有效成分含量的光谱传递[281,282]。该文也尝试采用 6 个标准物质通过 SLRDS 算法建立光谱响应校正模型，效果略劣于 SSC 算法。

Hayes 等通过对阵列检测器式短波近红外光谱仪的波长进行校准后，再通过 SSC 算法结合模型更新，在预测苹果可溶性固形物含量上，其结果与 PDS 相当，但实现过程却简便易行[283]。徐惠荣等针对水果品质多通道分级检测模型不具通用性的问题，采用平均光谱差值校正的 DS 算法（MSSC-DS）对两光谱仪间皇冠梨糖度的在线检测光谱进行传递，模型的预测准确性可达到生产实际的要求（小于 0.5°Brix）[284]。Roggo 等将 SSC 算法用于甜菜近红外反射光谱的传递，无论采用实际样本还是通用样本作为传递标样都能得到较好的结果[285]。Saranwong 等将 SSC 算法用于在线水果筛选机的近红外光谱传递，对 MLR 和 PLS 校正模型都有很大的改善，标样集平均光谱差值的补偿优于线性拟合或多项式拟合的结果[286]。

Soldado 等将 SSC 算法与正交投影传递方法（Transfer by Orthogonal Projection, TOP）相结合，把台式近红外光谱仪上的青贮饲料光谱转移到便携式仪器上，所建模型可以准确预测干物质、中性洗涤纤维和粗蛋白的含量[287]。孙海霞等先通过回归系数筛选特征变量，然后再通过 SSC 算法对吸光度进行补偿，建立了不同仪器间通用的鲜枣品质近红外分析模型[288]。谢丽娟等对转基因番茄近红外光谱鉴别模型进行转移，发现模型更新法对不同批次相同成熟度的转基因番茄样本预测效果较好，而 SSC 方法对亲本样本预测效果更好，在预测同一批次不同成熟度的样本时，SSC 方法优于模型更新方法[289]。

17.6.3　Shenk's 方法

Qin 等比较了 PDS、DWPDS 和 Shenk's 等算法对烟叶和烟粉末近红外光谱之间的转递效果，Shenk's 算法优于其他方法，建立烟叶和烟粉末近红外光谱的混合模型也是一种可行的方式[290]。Garcia-Olmo 等基于 Shenk's 算法考察了四种标样成分对脂肪酸液体近红外光谱的传递效果，结果表明与待测样本组成越相近的标样其传递效果越好[291]。高云等将 Shenk's 算法用于转换两台同型号傅里叶变换近红外光谱仪上采集的油菜籽光谱，获得满意的传递效果[292]。De La Roza-Delgado 等利用 Shenk's 算法对台式和便携式近红外光谱仪上的牛奶光谱进行传递，建立了可现场对牛奶组成进行快速检测的模型[293]。Masahiro 等利用类似 Shenk's 算法分别对近红外光谱的波长和吸光度进行校正，解决在线仪器维修前后光谱的变动问题，实现了熔融聚丙烯中乙烯基含量预测模型的校正维护[294]。Perezmarin 等采用 Shenk's 算法对不同扫描型仪器上的饲料近红外光谱进行了成功传递[295]。

17.6.4　DS 方法

Milanez 等采用 DS 算法对判别掺假乙醇汽油的近红外光谱在两台仪器上进行传递，对于 PLS-DA 判别分析可以获得 100% 的识别成功率[296]。Sil 等采用 DS 算法将药物的傅里叶变换近红外光谱传递到多台手持式光谱仪上，建立了预测不同晶形含量的分析模型[297]。陈嘉威等比较了 SBC、DS 和 TTFA 算法对 5 台滤光片型近红外仪器传递效果，结果表明，标样数量在足够多的情况下，DS 算法得到的结果较好[298]。Brito 等采用 DS 算法将面粉的近红外光谱从台式仪器传递到手持式仪器上，然后在手持式仪器上重新建立 PLS 模型，获得了较好的结果[299]。李庆波等采用 DS 算法对两台 AOTF 上采集的葡萄糖水溶液近红外光谱进行转换[300]。李跑等采用 DS 算法将两台傅里叶变换近红外光谱仪上的烟草光谱进行了传递，可实现不同型号仪器间的模型共享[301]。吉纳玉等采用 UVE-SPA 波长筛选方法结合 DS 算法可以实现苹果的近红外光谱在相同型号及不同型号水果便携仪上的传递[302]。胡润文等采用 DS 算法实现了近红外光谱预测脐橙总糖的模型传递[303]。

陈奕云等利用 DS 算法对不同湿度下土壤的近红外高光谱进行传递，实现了基于风干土光谱建立的模型可用于不同水分含量的土壤样本[304]。王世芳等利用 DS 算法对不同湿度下的土壤近红外光谱进行转换，消除水分对土壤有机质含量预测造成的干扰[305]。Ji 等采用 DS 算法对含水未处理土壤的近红外光谱进行传递，通过经干燥粉碎样品建立的定量校准模型进行了准确预测[306]。Silva 等采用 DS 算法对三台中红外光谱仪所测的汽油光谱进行转换，基于全局建模策略通过 PLS-DA 或 SIMCA 方法可对不同产地的汽油进行判别[307]。张丽萍等利用 DS 算法对种子的近红外光谱进行传递，利用 PLS 结合正交线性鉴别分析方法建立识别模型，正确鉴别率能达到 95％左右[308]。王菊香等将波长选择与 DS 算法结合用于航煤近红外光谱在两台仪器上的传递，在一定程度上解决了 DS 算法过拟合的问题[309]。刘翠玲等利用 DS 算法将两台近红外光谱以上的食用油光谱进行了传递，建立了预测酸值和过氧化值的分析模型[310]。胡丽萍将 DS 算法与主成分分析相结合，用于两台不同分辨率仪器上的中草药口服液近红外光谱的传递，获得了满意的传递结果[311]。Lopez-Moreno 等通过 DS 算法将室温下等 LIBS 光谱传递为高温下等谱图，建立了在高温环境下预测金属含量的模型[312]。

Khaydukova 等将 DS 算法用于电子舌传感器中伏安信号与电位信号的转换，使基于电位数据建立的回归模型可用于伏安信号的预测[313]。翁海勇等采用 DS 算法对不同型号高光谱成像仪之间柑橘光谱进行传递，柑橘溃疡病的极限学习机判别模型对从机光谱的准确率达 86.2％[314]。Fonollosa 等采用 DS、PDS 等算法对金属氧化物气体传感器阵列的信号在多台传感器上进行了转移，获得满意的结果[315,316]。Panchuk 采用 DS 算法对不同类型光谱进行转换，例如能量色散 X 射线荧光光谱与紫外可见光谱之间的转换，不同近红外光谱波长范围之间的转换等[317]。Vaughan 等采用 DS 结合 PLS 算法对两台液相色谱-质谱谱图进行转换，初步解决了代谢组学数据融合的问题[318]。Morais 等将 DS 算法实现了数字成像在两台设备上的转换，用于血清中肌酐含量的预测分析[319]。Khoshkam 等将 DS 算法嵌入扩展矩阵的多元分辨分析中，用于反应动力学的研究，获得了较好的结果[320,321]。Surkova 等利用 DS 算法成功把紫外-可见光谱仪上的光谱传递到由四个发光二极管构成到光学多传感器系统上，并实现了光学多传感器系统之间的传递[322]。

17.6.5 PDS 方法

Barreiro 等采用 PDS 算法实现了将台式近红外光谱仪上的光谱传递到便携式光谱仪上，建立了可野外检测橄榄育种过程的分析模型[323]。Alamar 等采用 PDS 算法将 447 个乔纳金苹果的傅里叶变换近红外光谱传递到阵列光谱仪上，在光谱转移前用分段三次 Hermite 插值对傅里叶变换光谱进行波长标准化，然后建立了可溶性固体含量的分析模型[324]。Sulub 等采用 PDS 算法和小波混合直接校正算法（WHDS）在 5 台近红外光谱仪上实现了光谱转换，用于药片有效成分含量均匀度的快速分析[325]。Luo 等将波长选择与 PDS 算法结合用于牛血液近红外光谱的转换，可在多台仪器上实现牛贫血病的快速诊断[326,327]。岑海燕等利用 PDS 对柑橘溃疡病高光谱进行传递，然后建立最小二乘支持向量机判别模型，模型的预测集识别率由传递前的 26％提高到了 97％[328]。

Pereira 等采用双窗口 PDS 算法（DWPDS）将药物粉末的近红外光谱传递为药片的光

谱，这为快速获得药物光谱校正集样本提供了一种可行的方式[329]。Sohn 等也采用 DWPDS 算法对分析亚麻中纤维素含量的近红外光谱在不同仪器间进行转移，获得了较好效果[330]。Galvan 等采用 DWPDS 算法对汽油的低场核磁共振氢谱在不同仪器间实现了传递，其中低场核磁仪器的分辨率各不相同[331]。

杨宇等采用 DS 和 PDS 算法将桂花酒中山梨酸钾的表面增强拉曼预测模型有效传递给杨梅酒，实现同一被测物预测模型在不同物种间的传递[332]。类似的将不同样品种类之间的模型传递实例还有冷鲜猪肉、鸡蛋等品质分析的应用[333-335]。Boiret 等采用 PDS 算法对包衣药片的透射近红外光谱在两台同一型号的傅里叶变换光谱仪之间传递，传递前后有效成分含量的预测标准偏差分别为 4.0% 和 2.4%[336]。黄承伟等把 SNV 与 PDS 算法结合用于汽油拉曼光谱的转移，可有效降低两台拉曼光谱仪器的光谱差异[337]。Sales 等利用 PDS 算法对两种测试条件下的电位传感器信号进行传递，基于 K-S 算法选取传递标样，获得了满意的结果[338]。Marchesini 等通过 PDS 算法将未干整株玉米秸的台式仪器上近红外光谱传递到两台便携式仪器上[339]。

Ge 等采用 PDS 算法对土壤在多台不同型号近红外光谱仪器上测得的漫反射光谱进行转换，建立了预测土壤中有机碳含量的模型[340]。Rodrigues 等采用 PDS 算法对原油的中红外光谱在两台仪器上进行传递，然后采用隐变量正交投影方法（Orthogonal Projections to Latent Structures，OPLS）建立原油密度的预测模型，得到较好的结果[341]。Li 等采用 PDS 算法对多台手持式近红外光谱仪上测得的丙二醇-水溶液的光谱进行转换，实现了乙二醇掺假的快速识别[342]。Gryniewicz-Ruzicka 等则采用 PDS 算法对多台拉曼光谱仪测定甘油中丙二醇含量的光谱进行传递[343]。

Thygesen 等采用 DS 和 PDS 等算法对激发-发射三维荧光光谱进行传递，再利用二阶校正法（PARAFAC）的优势，获得满意的结果[344]。Sanllorente 也采用类似的方法将 LED 光源的便携式荧光光谱仪与氙灯光源的荧光光谱仪之间的三维荧光光谱进行了传递[345]。Sun 等利用 PDS 算法对两台仪器上的三维荧光光谱进行传递，然后再利用自加权交替归一残差拟合算法（SWANRF）建立三线性分解多维定量模型，结果表明 PDS 方法可以保持二阶张量校正方法的"二阶优势"[346]。

Wang 等采用 PDS 实现了不同树种、不同时期采摘树叶近红外光谱的传递，基于叶绿素含量通过线性插值解决了标样光谱的问题[347]。Watari 等也曾用类似的方法将熔融状态下无规聚丙烯和嵌段聚丙烯的近红外光谱进行转换，使一种类型聚丙烯中乙烯含量的模型可以预测另一类聚丙烯[348]。李小昱和刘娇等将 DS 算法、PDS 算法结合线性插值等方法对不同品种间的猪肉 pH 值和含水率高光谱的模型进行传递，取得了较好的结果[349,350]。李永琪等讨论了经 PDS 传递后近红外光谱建立 PLS 模型时，PLS 潜变量个数对模型传递性能的影响，结果表明，潜变量个数过高容易造成过拟合，影响模型的稳健性，使得模型传递的误差变大[351]。

Sun 等采用 PDS 算法对血浆醇沉过程的近红外光谱在两台不同类型的仪器之间转换，建立了预测总蛋白、白蛋白和球蛋白含量的分析模型[352]。Xiao 等把线性插值与 PDS 算法结合，将单粒葡萄的傅里叶变换近红外光谱转换为便携光栅分光型的光谱，建立了预测可溶性固形物含量的模型[353]。Fernandez 比较了 DS、PDS、OSC、GLSW 等方法对不同温度下气体传感器阵列的信号进行传递，PDS 算法的结果较优[354]。Hoffmann 等采用 PDS 算法将傅里叶变换的近红外光谱传递到线性渐变滤光片手持式仪器上，定量和定性模型均得到较好结果[355]。Di Anibal 等采用 PDS 算法对用于判别在香料中是否添加违法品的紫外光谱进行传递，结合 PLS-DA 方法可获得满意的判别结果[356]。郑一航等利用 PDS 方法将光栅型仪器上的鱼粉近红外光谱传递到傅里叶型仪器上，对预测粗蛋白质、粗脂肪、蛋氨酸、赖氨酸等成分含量无显著性差异[357]。

Pu 等采用 PDS 算法成功地将手持式近红外光谱仪上的香蕉光谱转移到高光谱成像仪器上，建立了预测可溶性固体含量的模型[358]。张文君等采用 PDS 算法将室内和室外采集的圆黄梨近红外光谱进行转换，使室内光谱建立的 PLS 模型能准确预测室外采集的光谱，消除了光照的影响[359]。龚辰辰等采用 PDS 算法将阿莫西林胶囊的近红外光谱与其内容物的近红外光谱进行传递，使阿莫西林胶囊定量模型能对内容物粉末光谱进行准确预测分析，并提出了判断光谱是否传递成功的指标[360]。Gislason 等采用 PDS 算法实现了过程核磁共振谱在不同仪器上的转移，并比较了 DS 结合 SSC 算法的效果[361]。Monakhova 等通过 PDS 算法对三台高分辨核磁共振仪器得到的向日葵卵磷脂和大豆卵磷脂混合物的谱图进行传递，结果比 DS 算法和建立混合模型更好[362]。

Chen 等采用 PDS 算法将 10mm 光程的比色皿紫外-可见光谱传递到 2mm 光程的光纤探头上，在使用 PDS 算法转换之前，对光谱进行了傅里叶变换处理[363]。Lin 等采用 PDS 算法将扫描型近红外光谱仪器上（比色皿）的光谱传递到傅里叶变换型（光纤探头）的仪器上[364]。Shi 等采用 PDS 算法较好解决了鱼粉和豆粕混合物的近红外光谱在两台不同分光类型仪器上的转移[365]。Tortajada-Genaro 等将 PDS 算法用于化学发光信号在两台仪器上的转换，通过 PLS 方法建立了快速测定水中 Cr(III)、Cr(VI) 和总 Cr 含量的模型[366]。Griffiths 等利用 PDS 算法结合变量选择方法，解决了 ICP-AES 仪器随时间漂移导致多元校正模型失效的问题[367]。刘善梅等采用 PDS 算法对猪肉品种敏感的近红外波段进行校正，显著提高零号土猪肉含水率模型对恩施山黑猪含水率的预测能力[368]。

Wang 等利用 PDS 方法对两种不同牌号近红外光谱仪上测定的茯苓样品的近红外光谱进行传递，建立了预测茯苓中碱溶性多糖的模型[369]。Morais 等采用 DS 和 PDS 方法对复杂生物组织的中红外光谱化学数据库进行标准化，并建立了一套完整的光谱标准化流程[370]。Grelet 等采用 PDS 算法对欧洲乳品中红外光谱网络中的仪器进行标准化，可将不同品牌光谱仪器上的光谱转换成主机上的光谱，实现定量校正模型的共享[371,372]。这一问题也引起我国相关部门的重视[373]。Ji 等采用 PDS 算法消除水分和环境对野外土壤近红外光谱的影响，传递后的光谱可通过实验室建立的模型进行准确预测[374]。Pierna 等设计制作了用于近红外光谱显微成像仪器传递的标准标样池，在标样池内的不同部位装有不同动物的肉骨粉，通过 PDS 算法实现了多台成像仪器光谱的传递[375]。

17.6.6　CCA 方法

韩君等比较了 PDS 和 CCA 算法对缬沙坦胶囊辅料近红外光谱在两台光谱仪上的传递效果，结果表明 CCA 略优于 PDS 算法[376]。Zheng 等采用 CCA 算法转换了不同时间和不同品牌牛奶之间的近红外光谱，通过样品富集-近红外光谱测量方法可以预测牛奶中富马酸二甲酯的含量[377]。刘耀瑶等采用 DS 算法和 CCA 算法实现了木材木质素含量的近红外光谱分析模型在不同型号便携式光谱仪间的传递[378,379]。Yang 等比较了 CCA、SST、CTWM、ICA和 PDS 等算法对烟草近红外光谱在台式机、便携式和手持式仪器上的传递效果，结果表明CCA 算法优于其他方法[380]。罗峻等采用 CCA 算法对预测纺织品中涤纶含量的近红外光谱进行转移，结果优于 PDS 方法[381,382]。李雪莹和范萍萍等将 CCA 或 PDS 算法结合线性插值方法用于土壤近红外光谱的转移，可以使用一个土壤养分含量模型，对不同地区间土壤养分含量进行准确预测[383,384]。

17.6.7　全局模型的建立

Eliaerts 等采用 S/B 算法、PDS 算法和建立混合全局模型的方法对台式和便携式红外光谱仪上的可卡因分类和定量 SVM 模型进行传递，结果表明建立混合模型的方法获得的结果较优[385]。杨增玲等采用实验室近红外光谱和在线光谱混合建模的方式，将实验室建立的模型转移到饲料生产企业进行在线应用，含水率和粗蛋白质量分数的预测值与实际测量值之间具有很好的吻合性，能够满足在线分析的要求[386]。Chen 等采用基于主成分分析和加权极限学习机的 TrAdaBoost 算法建立全局模型的方法实现模型在多台仪器上的共享[387]。Ni 等采用建立多台仪器的全局混合模型，实现了烟草模型在不同近红外光谱仪器上的共享[388]。

Pereira 等针对不同仪器上的汽油近红外光谱，比较了 DS、PDS、OSC 和模型更新等方法的传递效果，结果表明 DS 结合模型更新策略可以得到较优的结果[389]。Fernandez-Ahumada 等利用 Shenk's 算法和 PDS 算法对实验室光栅扫描型近红外光谱仪上测得的饲料光谱传递到在线阵列式仪器上，再通过模型更新可较好实现模型的传递[390]。Debus 等采用建立混合模型的方式，解决了中红外光谱评价环境含碳颗粒物多元校正模型在多台同一型号仪器间的共用问题[391]。

Krapf 等利用 PDS 算法将能源作物厌氧消化过程中样本的实验室近红外光谱传递到在线分析仪器上，再通过模型更新较好解决了在线分析模型建立的问题[392]。苏虹等采用 Shenk's 算法将烟片和烟末两种物理状态下的近红外光谱进行转换，然后建立了混合校正模型[393]。李鑫等也采用 Shenk's、PDS 和 CCA 算法与混合建模技术相结合的方式建立了基于均质烟粉模型的混合模型，成功应用于非均匀烟丝样本和烟片样本中烟碱含量的预测[394]。文东东等采用建立混合模型的方法，将黄牛近红外模型用于黄陂黄牛和恩施水牛两个品种新鲜度 TVB-N 含量的定量分析，其效果优于 SSC 方法[395]。

王倩等对 4 台同型号的近红外光谱仪通过 Shenk's 算法结合全局模型，建立了豆粕粗蛋白和水分含量的稳健模型，用于饲料企业的品控分析[396]。Clavaud 等将两台同一型号近红外光谱仪上多种类型冻干药品的 3000 余个光谱与其水分含量构建了一个全局校正集，通过 PLS、SVR、贝叶斯岭回归、KNN 等方法建立了全局模型，结果表明，SVR 的预测能力较优[397]。Ozdemir 等采用混合全局模型结合遗传回归建立了四台紫外-可见光谱仪的模型，其中一台为阵列光谱仪，其余三台为双光束扫描型仪器[398]。

Kupyna 等采用全局模型解决了声学多元定量校正模型在不同测试条件（温度和流速等）下应用的问题[399]。Igne 等比较了多种传递方法对同型号和不同型号近红外光谱仪器之间的效果，结果证明建立稳健全局模型是较好的策略[400]。Fontaine 等在 Shenk's 算法的基础上，通过模型更新策略，可对近红外网络中几十台仪器上的饲料原料中氨基酸含量的模型实现准确预测分析[401]。Steinbach 等将两台仪器上测得的药物透射拉曼光谱建立混合校正模型，所建模型能够准确适用于两台仪器上得到的光谱[402]。

17.6.8　其他方法

Xu 等利用光谱空间转换（SST）算法实现了不同品种稻米单籽粒、米粉近红外光谱之间的传递[403]。李阳阳等采用 SST 算法实现了复烤片烟常规化学成分的模型在不同品牌傅里叶变换近红外仪器上的使用与共享[404]。吴进枝等通过 SST 算法将烟叶粉末化学组分的离线 NIR 预测模型传递为该组分的在线预测模型，实现了烟丝烟碱和总糖质量的在线监测[405]。刘翠玲等采用 SST 算法对近红外光谱预测食用油酸值与过氧化值的模型进行传递，其效果优于 SBC、DS 和 PDS 等算法[406]。徐琢频采用 SST 算法将单粒水稻样品的近红外光谱转化为去除了颖壳干扰的单粒糙米以及米粉的光谱，在很大程度上校正了稻米不同物理状态的光谱差异[407]。Rehman 等将 SST 算法用于植物表型近红外高光谱成像系统的传递[408]，Zhou 等则将 SST 算法用于不同太赫兹仪器上的光谱的传递[409]。杨浩等采用一元线性回归直接标准化（SLRDS）算法成功将两台便携式近红外光谱仪上的苹果光谱进行转换，效果优于 SBC 算法和 Shenk's 算法[410]。

Salguero-Chaparro 等采用正交投影变换（TOP）算法将光栅扫描型近红外光谱仪上的橄榄光谱传递到阵列便携型光谱仪上，建立了预测脂肪、游离酸和水分含量的分析模型[411]。Liu 等比较了 SBC、OSC、DS、PDS 和局部中心化等算法对青贮饲料近红外光谱在相同类型和不同类型近红外光谱仪上的传递效果，结果表明在光谱传递前采用 OSC 处理可得到较优的效果[412]。他们研究了不同温度和不同测量附件对稻草近红外光谱的影响，采用局部中心化方法可以在一定程度上消除温度和测量附件对光谱的影响[413]。Bergman 等比较了 SBC、PDS 和局部中心化（Local Centring）等方法不同分光类型近红外光谱仪器所测药物光谱的传递效果，结果表明局部中心化方法所需标样数较少，也较容易实现[414]。

胡兰萍等比较了 PA 算法和 PDS 算法对遥感 FTIR 光谱的传递效果，结果表明 PA 算法较优[415]。张琳等比较了 OSC、MSC、FIR 和 PDS 算法对 4 组份气体混合物的两台傅里叶变换红外光谱进行传递，OSC 算法的结果较优[416]。Li 等将小波多尺度 PDS 算法（Wavelet Multiscale Piecewise Direct Standardization，WMPDS）与 SBC 算法结合实现了不同类型土壤近红外光谱转移及其预测总氮和总碳含量结果的校正[417]。Greensill 等比较了 DS、PDS、DWPDS、OSC、FIR 和 WT 等方法对小型阵列检测器型近红外光谱仪之间的柑橘光谱进行传递的效果，结果表明 WT 方法和模型更新得到较优的结果[418,419]。

Martins 等将 SPA 波长变量算法和多模型共识策略结合，通过 MLR 建立校正模型，其效果优于 PDS-PLS 方法[420]。Yoon 等首先将汽油的近红外光谱进行一阶微分和 OSC 处理，然后再通过 PDS 算法对两台仪器上的光谱进行转换，建立了预测汽油中苯含量的分析模型[421]。Yahaya 等通过波长变量筛选结合 MLR 方法建立了可见光谱快速预测芒果酸度的分析模型，通过波长变量的选择可以实现 MLR 方程在多台仪器上应用[422]。

参考文献

[1] Shenk J S，Westerhaus M O，Templeton W C. Calibration Transfer between Near Infrared Reflectance Spectrophotometers [J]. Crop Sci，1985，25：159-161.

[2] Vogt F，Booksh K. Influence of Wavelength-Shifted Calibration Spectra on Multivariate Calibration Models. Applied Spectroscopy，2004，58（5）：624-635.

[3] Mann C K，Vickers T J. Instrument-to-Instrument Transfer of Raman Spectra [J]. Applied Spectroscopy，1999，53（7）：856-861.

[4] Blanco M，Coello J，Iturriaga H，et al. Wavelength Calibration Transfer between Diode Array UV-Visible Spectrophotometers [J]. Applied Spectroscopy，1995，49（5）：593-597.

[5] Fearn T，Eddison C，Withey R，et al. A Method for Wavelength Standardisation in Filter Instruments [J]. Journal of Near Infrared Spectroscopy，1996，4（1）：111-118.

[6] Busch K W，Soyemi O，Rabbe D，et al. Wavelength Calibration of a Dispersive Near-Infrared Spectrometer Using Trichloromethane as a Calibration Standard [J]. Applied Spectroscopy，2000，54（9）：1321-1326.

[7] Martinsen P，Jordan B，McGlone A，et al. Accurate and Precise Wavelength Calibration for Wide Bandwidth Array Spectrometers [J]. Applied Spectroscopy，2008，62（9）：1008-1012.

［8］ Martinsen P，McGlone V A，Jordan R B，et al. Temporal Sensitivity of the Wavelength Calibration of a Photodiode Array Spectrometer ［J］. Applied Spectroscopy，2010，64 (12)：1325-1329.

［9］ Ray K G，McCreery R L. Simplified Calibration of Instrument Response Function for Raman Spectrometers Based on Luminescent Intensity Standards ［J］. Applied Spectroscopy，1997，51 (1)：108-116.

［10］ Yang H，Isaksson T，Jackson R S，et al. Effect of Resolution on the Wavenumber Determination of a Putative Standard to Be Used for Near Infrared Diffuse Reflection Spectra Measured on Fourier Transform Near Infrared Spectrometers ［J］. Journal of Near Infrared Spectroscopy，2003，11 (4)：241-255.

［11］ Isaksson T，Yang H，Kemeny G J，et al. Accurate Wavelenuth Measurements of a Putative Standard for Near-Infrared Diffuse Reflection Spectrometry ［J］. Applied Spectroscopy，2003，57 (2)：176-185.

［12］ Soyemi O，Rabbe D，Busch M A，et al. Design of a Modular，Dispersive Spectrometer for Fundamental Studies in Near-Infrared Spectroscopy ［J］. Spectroscopy，2001，16 (4)：24-33.

［13］ Workman J J. First Principles of Instrument Calibration ［J］. NIR News，2016，27 (3) 12-15.

［14］ Ridder T D，Steeg B J V，Price G L. Robust Calibration Transfer in Noninvasive Ethanol Measurements，Part I：Mathematical Basis for Spectral Distortions in Fourier Transform Near-Infrared Spectroscopy (FT-NIR) ［J］. Applied Spectroscopy，2014，68 (8)：852-864.

［15］ Ridder T D，Ver Steeg B J，Laaksonen B D，et al. Robust Calibration Transfer in Noninvasive Ethanol Measurements，Part II：Modification of Instrument Measurements by Incorporation of Expert Knowledge (Mimik) ［J］. Applied Spectroscopy，2014，68 (8)：865-878.

［16］ Xu J L，Dorrepaal R M，Martinez-Gonzalez J，et al. Near-infrared Multivariate Model Transfer for Quantification of Different Hydrogen Bonding Species in Aqueous Systems ［J］. Journal of Chemometrics，2020，34：e3274

［17］ Terrell M. Two Case Studies of the Transfer of Near Infrared Methods for the Analysis of Pharmaceutical Solid Dosage Forms ［J］. NIR news，2015，26 (5)：8-9.

［18］ Wang Q，DeJesus S，Conzen J P，et al. Calibration Transfer in near Infrared Analysis of Liquids and Solids ［J］. Journal of Near Infrared Spectroscopy，1998，6 (A)：A201-A205.

［19］ Cinier R，Guilment J. High Precision Measurements：From the Laboratory to the Plant ［J］. Journal of Near Infrared Spectroscopy，1998，6 (1)：291-297.

［20］ Sun L，Hsiung C，Smith V. Investigation of Direct Model Transferability Using Miniature Near-Infrared Spectrometers ［J］. Molecules，2019，24 (10)：1997.

［21］ G Hacisalihoglu，J L Gustin，J Louisma，et al. Enhanced Single Seed Trait Predictions in Soybean (Glycine max) and Robust Calibration Model Transfer with Near-Infrared Reflectance Spectroscopy ［J］. Journal of Agricultural and Food Chemistry，2016，64：1079-1086.

［22］ Aldridge P K，Evans C L，Ward H W，et al. Near-IR Detection of Polymorphism and Process-Related Substances ［J］. Analytical Chemistry，1996，68：997-1002.

［23］ Barnes S E，Thurston T，Coleman J A，et al. NIR Diffuse Reflectance for On-scale Monitoring of the Polymorphic Form Transformation of Pazopanib Hydrochloride (GW786034)：Model Development and Method Transfer ［J］. Analytical Methods，2010，2：1890-1899.

［24］ Isabelle M，Dorney J，Lewis A，et al. Multi-Centre Raman Spectral Mapping of Oesophageal Cancer Tissues：a Study to Assess System Transferability ［J］. Faraday Discussions，2016，187：87-103.

［25］ Pissarda A，Marques E J N，Dardenne P，et al. Evaluation of a Handheld Ultra-compact NIR Spectrometer for Rapid and Non-destructive Determination of Apple Fruit Quality ［J］. Postharvest Biology and Technology，2021，172：111375.

［26］ Rodgers J E，Ghosh S，Cardwell W D. Measuring Nylon Carpet Yarn Heat History by Remote NIR Spectroscopy. Part II：Applying Remote Fiber Optic NIR Techniques to the Manufacturing Environment ［J］. Textile Research Journal，2001，71 (2)：135-144.

［27］ Sun L，Hsiung C，Pederson C G，et al. Pharmaceutical Raw Material Identification Using Miniature Near-Infrared (MicroNIR) Spectroscopy and Supervised Pattern Recognition Using Support Vector Machine ［J］. Applied Spectroscopy，2016，70 (5)：816-825.

［28］ Via B K.，So C L，Shupe T F，et al. Prediction of Wood Mechanical and Chemical Properties in the Presence and Absence of Blue Stain Using Two near Infrared Instruments ［J］. Journal of Near Infrared Spectroscopy，2005，13 (4)：201-212.

［29］ Bakeev K A，Kurtyka B. Sources of Measurement Variability and Their Effect on the Transfer of Near Infrared Spectral Libraries ［J］. Journal of Near Infrared Spectroscopy，2005，13 (6)：339-348.

[30] Hutsebaut D, Vandenabeele P, Moens L. Evaluation of An Accurate Calibration and Spectral Standardization Procedure for Raman Spectroscopy [J]. Analyst, 2005, 130 (8): 1204-1214.

[31] Choquette S J, Etz E S, Hurst W S, et al. Relative Intensity Correction of Raman Spectrometers: NIST SRMS 2241 through 2243 for 785nm, 532nm, and 488nm/514.5nm Excitation [J]. Applied Spectroscopy, 2007, 61 (2), 117-129.

[32] Rodriguez J D, Westenberger B J, Buhse L F, et al. Standardization of Raman Spectra for Transfer of Spectral Libraries across Different Instruments [J]. Analyst, 2011, 136 (20): 4232-4240.

[33] Chen H, Zhang Z M, Miao L, et al. Automatic Standardization Method for Raman Spectrometers with Applications to Pharmaceuticals [J]. Journal of Raman Spectroscopy, 2015, 46 (1): 147-154.

[34] Coleman M D, Brewer P J, Smith I M, et al. Calibration Transfer Strategy to Compensate for Instrumental Drift in Portable Quadrupole Mass Spectrometers [J]. Analytica Chimica Acta, 2007, 601 (2): 189-195.

[35] Pavón J L P, Sánchez M D N, Pinto C G, et al. Calibration Transfer for Solving the Signal Instability in Quantitative Headspace-Mass Spectrometry [J]. Analytical Chemistry, 2003, 75 (22): 6361-6367.

[36] Bergman E L, Brage H, Leion H, et al. Transfer of NIR Calibrations between Sites and Different Instruments [J]. NIR News, 2003, 14 (4): 6-7.

[37] Drennen J. Calibration Transfer: A Critical Component of Analytical Method Validation [J]. NIR News, 2003, 14 (5): 14-15.

[38] Sohn M, Himmelsbach D S, Barton F E, et al. Transfer of Calibrations for Barley Quality from Dispersive Instrument to Fourier Transform Near-Infrared Instrument [J]. Applied Spectroscopy, 2009, 63 (10): 1190-1196.

[39] De Noord O E. Multivariate Calibration Standardization [J]. Chemometrics and Intelligent Laboratory Systems, 1994, 25 (2): 85-97.

[40] 褚小立, 袁洪福, 陆婉珍. 光谱多元校正中的模型传递 [J]. 光谱学与光谱分析, 2001, 21 (6): 881-885.

[41] Fearn T. Standardization and Calibration Transfer for Near Infrared Instruments: A Review [J]. Journal of Near Infrared Spectroscopy, 2001, 9 (4): 229-244.

[42] 张进, 蔡文生, 邵学广. 近红外光谱模型转移新算法 [J]. 化学进展, 2017, 29 (8): 101-109.

[43] Malli B, Birlutiu A, Natschlager T. Standard-Free Calibration Transfer-An Evaluation of Different Techniques [J]. Chemometrics and Intelligent Laboratory Systems, 2017, 161 (1): 49-60.

[44] Feudale R N, Woody N A, Tan H, et al. Transfer of Multivariate Calibration Models: A Review [J]. Chemometrics and Intelligent Laboratory Systems, 2002, 64 (2): 181-192.

[45] 张学博, 冯艳春, 胡昌勤. 近红外多元校正模型传递的进展 [J]. 药物分析杂志, 2009, 29 (8): 1390-1399.

[46] 史云颖, 李敬岩, 褚小立. 多元校正模型传递方法的进展与应用 [J]. 分析化学, 2019, 47 (4): 479-487.

[47] Lima F S G, Borge L E P. Evaluation of Standardisation Methods of Near Infrared Calibration Models [J]. Journal of Near Infrared Spectroscopy, 2002, 10 (4): 269-278.

[48] Leion H, Folestad S, Josefson M, et al. Evaluation of Basic Algorithms for Transferring Quantitative Multivariate Calibrations Between Scanning Grating and FT NIR Spectrometers [J]. Journal of Pharmaceutical and Biomedical Analysis, 2005, 37 (1): 47-55.

[49] Rukundo I R, Danao M G C, Weller C L, et al. Use of a Handheld Near Infrared Spectrometer and Partial Least Squares Regression to Quantify Metanil Yellow Adulteration in Turmeric Powder [J]. Journal of Near Infrared Spectroscopy, 2020, 28 (2): 81-92.

[50] Forina M, Drava G, Armanino C, et al. Transfer of Calibration Function in Near-Infrared Spectroscopy [J]. Chemometrics and Intelligent Laboratory Systems, 1995, 27: 189-203.

[51] Dardenne P. Calibration Transfer in near Infrared Spectroscopy [J]. NIR News, 2002, 13 (4): 3-7.

[52] Hopkins D W. Shoot-out 2002: Transfer of Calibration for Content of Active in a Pharmaceutical Tablet [J]. NIR News, 2003, 14 (5): 10-13.

[53] Ozdemir D, Mosley M, Williams R. Hybrid Calibration Models: An Alternative to Calibration Transfer [J]. Applied Spectroscopy, 1998, 52 (4): 599-603.

[54] Dardenne P, Welle R. New Approach for Calibration Transfer from a Local Database to a Global Database [J]. Journal of Near Infrared Spectroscopy, 1998, 6 (1): 55-60.

[55] Kramer K E, Small G W. Blank Augmentation Protocol for Improving the Robustness of Multivariate Calibrations [J]. Applied Spectroscopy, 2007, 61 (5): 497-506.

[56] (a) Swierenga H, Haanstra W G, Weijer A P D, et al. Comparison of Two Different Approaches toward Model Transferability in NIR Spectroscopy [J]. Applied Spectroscopy, 1998, 52 (1): 7-16.

(b) Workman J J. A Review of Calibration Transfer Practices and Instrument Differences in Spectroscopy [J]. Applied Spectroscopy, 2018, 72 (3): 340-365.

[57] Smith M R, Jee R D, Moffat A C, et al. A Procedure for Calibration Transfer Between Near-Infrared Instruments-A Worked Example Using a Transmittance Single Tablet Assay for Piroxicam in Intact Tablets [J]. Analyst, 2004, 129 (9): 806-816.

[58] Bouveresse E, Massart D, Dardenne P. Calibration Transfer across Near-Infrared Spectrometric Instruments Using Shenk's Algorithm: Effects of Different Standardisation Samples [J]. Analytica Chimica Acta, 1994, 297 (3): 405-416.

[59] Shenk J S, Westerhaus M O. New Standardization and Calibration Procedures for NIRS Analytical Systems [J]. Crop Science, 1991, 31: 1694-1696.

[60] Hoffmann U, Zanier-Szydlowski N. Portability of Near Infrared Spectroscopic Calibrations for Petrochemical Parameters [J]. Journal of Near Infrared Spectroscopy, 1999, 7 (1): 33-45.

[61] Wang Y D, Veltkamp D J, Kowalski B R. Multivariate Instrument Standardization [J]. Analytical Chemistry, 1991 63 (23): 2750-2756.

[62] Dreassi E. Ceramelli G, Perruccio P L, et al. Transfer of Calibration in Near-Infrared Reflectance Spectrometry [J]. Analyst, 1998, 123: 1259-1264.

[63] Wang Y D, Kowalski B R. Calibration Transfer and Measurement Stability of Near-Infrared Spectrometers [J]. Applied Spectroscopy, 1992, 46 (5): 764-771.

[64] Wang Y D, Kowalski B R. Temperature-compensating Calibration Transfer for Near-infrared Filter Instruments [J]. Analytical Biochemistry, 1993, 65: 1301-1303.

[65] Bouveresse E, Hartmann C, Massart D L, et al. Standardization of Near-Infrared Spectrometric Instruments [J]. Analytical Chemistry, Analytical Chemistry, 1996, 68: 982-990.

[66] Wang Y D, Lysaght M J, Kowalski B R. Improvement of Multivariate Calibration through Instrument Standardization [J]. Analytical Chemistry, 1992, 64 (5): 562-565.

[67] Despagne F, Walczak B, Massart D L. Transfer of Calibrations of Near-Infrared Spectra Using Neural Networks [J]. Applied Spectroscopy, 1998, 52 (5): 732-745.

[68] Duponche L, Ruckebusch C, Huvenne J P, et al. Standardisation of Near-IR Spectrometers Using Artificial Neural Networks [J]. Journal of Molecular Structure, 1999, 480-481: 551-556

[69] Greensill C V, Wolfs P J, Spiegelman C H, et al. Calibration Transfer between PDA-Based NIR Spectrometers in the NIR Assessment of Melon Soluble Solids Content [J]. Applied Spectroscopy, 2001, 55 (5): 647-653.

[70] Igne B, Hurburgh C R. Using the Frequency Components of near Infrared Spectra: Optimising Calibration and Standardisation Processes [J]. Journal of Near Infrared Spectroscopy, 2010, 18 (1): 39-47.

[71] Anderson C E, Kalivas J H. Fundamentals of Calibration Transfer through Procrustes Analysis [J]. Applied Spectroscopy, 1999, 53 (10): 1268-1276.

[72] 褚小立, 袁洪福, 陆婉珍. 普鲁克分析用于近红外光谱仪的分析模型传递 [J]. 分析化学, 2002, 30 (1): 114-119.

[73] 王艳斌, 袁洪福, 陆婉珍. 一种基于目标因子分析的模型传递方法 [J]. 光谱学与光谱分析, 2005, 25 (3): 398-401.

[74] Andrews D T, Wentzell P D. Applications of Maximum Likelihood Principal Component Analysis: Incomplete Data Sets and Calibration Transfer [J]. Analytica Chimica Acta, 1997, 350 (3): 341-352.

[75] Folch-Fortuny A, Vitale R, De Noord O E, et al. Calibration Transfer between NIR Spectrometers: New Proposals and a Comparative Study [J]. Journal of Chemometrics, 2017, 31 (3): e2874-e2884.

[76] Bouveresse E, Massart D L. Standardisation of Near-Infrared Spectrometric Instruments: A Review [J]. Vibrational Spectroscopy, 1996, 11 (1): 3-15.

[77] Sales F, Callao M P, Rius F X. Multivariate Standardization Techniques on Ion-Selective Sensor Arrays [J]. Analyst, 1999, 124: 1045-1051.

[78] Tillmann P, Reinhardt T C, Paul C. Networking of near Infrared Spectroscopy Instruments for Rapeseed Analysis: A Comparison of Different Procedures [J]. Journal of Near Infrared Spectroscopy, 2000, 8 (2): 101-107.

[79] Hong T L, Tsai S J, Tsou S C S. Development of a Sample Set for Soya Bean Calibration of near Infrared Reflectance Spectroscopy [J]. Journal of Near Infrared Spectroscopy, 1994, 2 (4): 223-227.

[80] Capron X, Walczak B, De Noord O E, et al. Selection and Weighting of Samples in Multivariate Regression Model Updating [J]. Chemometrics and Intelligent Laboratory Systems, 2005, 76 (2): 205-214.

[81] Siano G G, Goicoechea H C. Representative Subset Selection and Standardization Techniques. A Comparative Study

Using NIR and a Simulated Fermentative Process UV Data [J]. Chemometrics and Intelligent Laboratory Systems, 2007, 88 (2) 204-212.

[82] Clark R D. Optisim: An Extended Dissimilarity Selection Method for Finding Diverse Representative Subsets [J]. J Chem Inf Comput Sci, 1997, 37 (6) 1181-1188.

[83] 李华, 王菊香, 邢志娜, 等. 改进的K/S算法对近红外光谱模型传递影响的研究 [J]. 光谱学与光谱分析, 2011, 31 (2): 362-365.

[84] 周子塈, 李晨曦, 王哲, 等. 近红外光谱的头孢类药品成分分析与模型传递方法 [J]. 光谱学与光谱分析, 2020, 40 (11): 3562-3566.

[85] Liang C, Yuan H F, Zhao Z, et al. A New Multivariate Calibration Model Transfer Method of Near-Infrared Spectral Analysis [J]. Chemometrics and Intelligent Laboratory Systems, 2016, 153 (1): 51-57.

[86] Zheng K Y, Feng T, Zhang W, et al. Refining Transfer Set in Calibration Transfer of Near Infrared Spectra by Backward Refinement of Samples [J]. Anal Methods, 2020, (12): 1495-1503.

[87] 倪力军, 董笑笑, 张立国, 等. 天然植物近红外模型传递的标准样品制备方法及其应用: ZL CN201711264567. X [P]. 2018-07-17.

[88] 信晓伟, 宫会丽, 丁香乾, 等. 改进S/B算法的近红外光谱模型转移 [J]. 光谱学与光谱分析, 2017, 37 (12): 3709-3713.

[89] 曹玉婷, 袁洪福, 赵众. 一种新的多元校正模型分子光谱传递方法 [J]. 光谱学与光谱分析, 2018, 38 (3): 973-981.

[90] Zhang F Y, Chen W, Zhang R Q, et al. Sampling Error Profile Analysis for Calibration Transfer in Multivariate Calibration [J]. Chemometrics and Intelligent Laboratory Systems, 2017, 171 (1): 234-240.

[91] Blanco M, Peguero A. Analysis of Pharmaceuticals by NIR Spectroscopy without a Reference Method [J]. Tr AC: Trends Anal Chem, 2010, 29 (10): 1127-1136.

[92] Blanco M, Cueva M R, Peguero A. NIR Analysis of Pharmaceutical Samples without Reference Data: Improving the Calibration [J]. Talanta, 2011, 85 (4): 2218-2225.

[93] 王家俊, 者为, 刘言, 等. 基于拓展光谱的近红外光谱模型转移方法 [J]. 中国烟草学报, 2014, 20 (6): 1-6.

[94] Li J, Yu X N, Ge W Z, et al. Qualitative Analysis of Maize Haploid Kernels Based on Calibration Transfer by Near-Infrared Spectroscopy [J]. Analytical Letters, 2019, 52 (2): 249-267.

[95] Wang J J, Li Z F, Wang Y, et al. A Dual Model Strategy to Transfer Multivariate Calibration Models for Near-Infrared Spectral Analysis [J]. Spectroscopy Letters, 2016, 49 (5): 348-354.

[96] Li X Y, Cai W S, Shao X G. Correcting Multivariate Calibration Model for Near Infrared Spectral Analysis Without Using Standard Samples [J]. Journal of Near Infrared Spectroscopy, 2011, 23 (5): 285-291.

[97] Tan H, Sum S T, Brown S D. Improvement of a Standard-Free Method for Near-Infrared Calibration Transfer [J]. Applied Spectroscopy, 2002, 56 (8): 1098-1106.

[98] Sum S T, Brown S D. Standardization of Fiber-Optic Probes for Near-Infrared Multivariate Calibrations [J]. Applied Spectroscopy, 1998, 52 (6): 869-877.

[99] Bouveresse E, Massart D L, Dardenne P. Modified Algorithm for Standardization of Near-Infrared Spectrometric Instruments [J]. Analytical Chemistry, 1995, 67: 1381-1389.

[100] Wang Z Y, Dean T, Kowalski B R. Additive Background Correction in Multivariate Instrument Standardization [J]. Analytical Chemistry, 1995, 67: 2379-2385.

[101] Gemperline P J, Cho J H, Aldridge P K, et al. Appearance of Discontinuities in Spectra Transformed by the Piecewise Direct Instrument Standardization Procedure [J]. Analytical Chemistry, 1996, 68: 2913-2915.

[102] 王豪, 林振兴, 邬蓓蕾, 等. 基于径向基神经网络的光谱分析模型转移技术: ZL 201610396494. 9 [P]. 2016-11-02.

[103] 陈夕松, 焦一平, 苏曼, 等. 一种近红外光谱模型转移中诡峰的解决方法: ZL 201811189178. X [P]. 2019-03-08.

[104] 杨辉华, 张晓凤, 樊永显, 等. 基于一元线性回归的近红外光谱模型传递研究 [J]. 分析化学, 2014, 42 (9): 1229-1234.

[105] Norgaard L. Direct Standardisation in Multi Wavelength Fluorescence Spectroscopy [J]. Chemometrics and Intelligent Laboratory Systems, 1995, 29 (2): 283-293.

[106] Galvao R K H, Soares S F C, Martins M N, et al. Calibration Transfer Employing Univariate Correction and Robust Regression [J]. Analytica Chimica Acta, 2015, 864 (1): 1-8.

[107] 路皓翔, 吴鹏飞, 杨辉华, 等. 基于最小角回归结合一元线性直接校正法的近红外光谱模型传递方法 [J]. 分析测试学报, 2019, 38 (1): 39-45.

[108] 王文颢，刘振丙，雒志超. 基于动态时间规整的模型传递方法 [J]. 桂林电子科技大学学报，2019，39（1）：82-86.

[109] 王其滨，杨辉华，潘细朋，等. 基于小波变换动态时间规整的近红外光谱模型传递方法 [J]. 分析测试学报，2019，38（12）：1423-1429.

[110] Zou C M, Zhu H M, Shen J R, et al. Scalable Calibration Transfer without Standards via Dynamic Time Warping for Near-Infrared Spectroscopy [J]. Analytical Methods, 2019, 35（11）：4481-4493.

[111] Yan K, Zhang D. Improving the Transfer Ability of Prediction Models for Electronic Noses [J]. Sensors and Actuators B: Chemical, 2015, 220（1）：115-124.

[112] Oliveri P, Casolino M C, Casale M, et al. A Spectral Transfer Procedure for Application of a Single Class-Model to Spectra Recorded by Different Near-Infrared Spectrometers for Authentication of Olives in Brine [J]. Analytica Chimica Acta, 2013, 761（1）：46-52.

[113] Greensill C V, Wolfs P J, Spiegelman C H, et al. Calibration Transfer between PDA-Based NIR Spectrometers in the NIR Assessment of Melon Soluble Solids Content [J]. Applied Spectroscopy, 2001, 55（5）：647-653.

[114] Greensill C V, Walsh K B. Calibration Transfer Between Miniature Photodiode Array-Based Spectrometers in the Near Infrared Assessment of Mandarin Soluble Solids Content [J]. Journal of Near Infrared Spectroscopy, 2002, 10：27-35.

[115] Ottaway J, Kalivas J H. Feasibility Study for Transforming Spectral and Instrumental Artifacts for Multivariate Calibration Maintenance [J]. Applied Spectroscopy, 2015, 69（3）：407-416.

[116] 赵龙莲，李军会，张文娟，等. 基于 SVR 的傅里叶变换型近红外光谱仪间数学模型传递的研究 [J]. 光谱学与光谱分析，2008，28（10）：2299-2303.

[117] Chen W R, Bin J, Lu H M, et al. Calibration Transfer via an Extreme Learning Machine Auto-Encoder [J]. The Analyst, 2016, 141（6）：1973-1980.

[118] Laref R, Losson E, Sava A, et al. Support vector machine regression for calibration transfer between electronic noses dedicated to air pollution monitoring [J]. Sensors, 2018, 18（11）：3716.

[119] 李雪园，张红光，卢建刚，等. 近红外光谱定量分析的模型转移新方法 [J]. 计算机与应用化学，2018，35（1）：27-36.

[120] Tan H W, Brown S D. Wavelet Hybrid Direct Standardization of Near-Infrared Multivariate Calibrations [J]. Journal of Chemometrics, 2001, 15（8）：647-663.

[121] Yoon J, Lee B, Han C. Calibration Transfer of Near-Infrared Spectra Based on Compression of Wavelet Coefficients [J]. Chemometrics and Intelligent Laboratory Systems, 2002, 64（1）：1-14.

[122] 陈达，卢帆，李奇峰. 多尺度建模在近红外光谱模型传递中的应用 [J]. 纳米技术与精密工程，2017，15（2）：121-126.

[123] Tan C, Li M L. Calibration Transfer Between Two Near-Infrared Spectrometers Based on a Wavelet Packet Transform [J]. Analytical Sciences, 2007, 23（2）：201-206.

[124] Ni W D, Brown S D, Man R L. Data Fusion in Multivariate Calibration Transfer [J]. Analytica Chimica Acta, 2010, 661（2）：133-142.

[125] Poerio D V, Brown S D. Dual-Domain Calibration Transfer Using Orthogonal Projection [J]. Applied Spectroscopy, 2017, 72（3）：378-391.

[126] Lin Z Z, Xu B, Li Y, et al. Application of Orthogonal Space Regression to Calibration Transfer without Standards [J]. Journal of Chemometrics, 2013, 27（11）：406-413.

[127] 王安冬，吴志生，贾一飞，等. 基于正交信号回归法对中试在线近红外定量模型的模型传递研究 [J]. 光谱学与光谱分析，2018，38（4）：1082-1088.

[128] 杨培，陈瑾，吴春颖，等. 有指导的正交投影技术结合斜率/截距校正法实现小试水分近红外定量模型向中试传递 [J]. 分析测试学报，2019，38（9）：1044-1050.

[129] Wang A D, Yang P, Chen J, et al. A New Calibration Model Transferring Strategy Maintaining the Predictive Abilities of NIR Multivariate Calibration Model Applied in Different Batches Process of Extraction [J]. Infrared Physics and Technology, 2019, 103：103046.

[130] 王其滨，杨辉华，潘细朋，等. 随机森林结合直接正交信号校正的模型传递方法 [J]. 激光与红外，2020，50（9）：1081-1087.

[131] Lin J. Near-IR Calibration Transfer Between Different Temperatures [J]. Applied Spectroscopy, 1998, 52：1591-1596.

[132] Wulfert F, Kok W T, Noord O E D, et al. Correction of Temperature-Induced Spectral Variation by Continuous Piecewise Direct Standardization [J]. Analytical Chemistry, 2000, 72（7）：1639-1644.

［133］ Barring H K，Boelens H F M，De Noord O E，et al. Optimizing Meta-Parameters in Continuous Piecewise Direct Standardization ［J］. Applied Spectroscopy，2001，55（4）：458-466.

［134］ Jaworski A，Wikiel H，Wikiel K. Temperature Compensation by Calibration Transfer for an AC Voltammetric Analyzer of Electroplating Baths ［J］. Electroanalysis，2017，29（1）：67-76.

［135］ Jaworski A，Wikiel H，Wikiel K. Temperature Compensation by Embedded Temperature Variation Method for an AC Voltammeric Analyzer of Electroplating Baths ［J］. Electroanalysis，2018，30（1）：1-12.

［136］ Wei F，Liang Y Z，Yuan D L，et al. Calibration Model Transfer for Near-Infrared Spectra Based on Canonical Correlation Analysis ［J］. Analytica Chimica Acta，2008，623（1）：22-29.

［137］ Zheng K Y，Zhang X，Iqbal J，et al. Calibration Transfer of Near-Infrared Spectra for Extraction of Informative Components from Spectra with Canonical Correlation Analysis ［J］. Journal of Chemometrics，2014，28（10）：773-784.

［138］ Bin J，Li X，Fan W，et al. Calibration Transfer of Near-Infrared Spectroscopy by Canonical Correlation Analysis Coupled with Wavelet Transform ［J］. Analyst，2017，142（12）：2229-2238.

［139］ Fan X Q，Lu H M，Zhang Z M. Direct Calibration Transfer to Principal Components via Canonical Correlation Analysis ［J］. Chemometrics and Intelligent Laboratory Systems，2018，181（1）：21-28.

［140］ Peng J G，Peng S L，Jiang A，et al. Near-Infrared Calibration Transfer Based on Spectral Regression ［J］. Spectrochimica Acta Part A：Molecular and Biomolecular Spectroscopy，2011，78（4）：1315-1320.

［141］ 刘军，王海燕，姜久英. 基于局部保持投影的红外光谱仪校准方法：ZL 201210519678.1［P］. 2013-04-03.

［142］ Zhang J，Guo C，Cui X Y，et al. A Two-Level Strategy for Standardization of Near Infrared Spectra by Multi-Level Simultaneous Component Analysis ［J］. Analytica Chimica Acta，2019，1050（1）：25-31.

［143］ 彭黔荣，张进，刘娜，等. 一种近红外分析模型的转移方法：ZL 201510997221.5［P］. 2016-06-01.

［144］ Du W，Chen Z P，Zhong L J，et al. Maintaining the Predictive Abilities of Multivariate Calibration Models by Spectral Space Transformation ［J］. Analytica Chimica Acta，2011，690（1）：64-70.

［145］ Liu Y，Xu H，Xia Z Z，et al. Multi-Spectrometer Calibration Transfer Based on Independent Component Analysis ［J］. Analyst，2018，143（5）：1274-1280.

［146］ Liu Y，Cai W S，Shao X G. Standardization of Near Infrared Spectra Measured on Multi-Instrument ［J］. Analytica Chimica Acta，2014，836（1）：18-23.

［147］ Kompany-Zareh M，Berg F V D. Multi-Way Based Calibration Transfer between Two Raman Spectrometers ［J］. Analyst，2010，135（6）：1382-1388.

［148］ Yu B F，Ji H B，Kang Yu. Standardization of Near Infrared Spectra Based on Multi-Task Learning ［J］. Spectroscopy Letters，2016，49（1）：23-29.

［149］ Boucher T，Dyar M D，Mahadevan S. Proximal Methods for Calibration Transfer ［J］. Journal of Chemometrics，2017，31（4）：e2877-e2885.

［150］ Hu Y，Peng S L，Bi Y M，et al. Calibration Transfer Based on Maximum Margin Criterion for Qualitative Analysis Using Fourier Transform Infrared Spectroscopy ［J］. Analyst，2012，137（24）：5913-5918.

［151］ Cogdill R P，Anderson C A，Drennen J K. Process Analytical Technology Case Study，Part Ⅲ：Calibration Monitoring and Transfer ［J］. AAPS Pharm Sci Tech，2002，6（2）：E284-E297.

［152］ Martens H，Hoy M，Wise B M，et al. Pre-Whitening of Data by Covariance-Weighted Pre-Processing ［J］. Journal of Chemometrics，2003，17（3）：153-165.

［153］ 付庆波，索辉，贺馨平，等. 温度影响下短波近红外酒精度检测的传递校正［J］. 光谱学与光谱分析，2012，32（8）：66-70.

［154］ Andrew A，Fearn T. Transfer by Orthogonal Projection：Making Near-Infrared Calibrations Robust to between-Instrument Variation ［J］. Chemometrics and Intelligent Laboratory Systems，2004，72（1）：51-56.

［155］ Zhu Y，Fearn T，Samuel D，et al. Error Removal by Orthogonal Subtraction (EROS)：A Customised Pre-Treatment for Spectroscopic Data ［J］. Journal of Chemometrics，2008，22（1）：130-134.

［156］ Zeaiter M，Roger J M，Bellon-Maurel V. Dynamic Orthogonal Projection. A New Method to Maintain the On-Line Robustness of Multivariate Calibrations. Application to NIR-based Monitoring of Wine Fermentations ［J］. Chemometrics and Intelligent Laboratory Systems，2006，80（2）：225-236.

［157］ Dabros M，Amrhein M，Gujral P，et al. On-line Recalibration of Spectral Measurements Using Metabolite Injections and Dynamic Orthogonal Projection ［J］. Applied Spectroscopy，2007，61（5）：507-513.

［158］ Igne B，Roger J M，Roussel S，et al. Improving the Transfer of Near Infrared Prediction Models by Orthogonal Methods ［J］. Chemometrics and Intelligent Laboratory Systems，2009，99（1）：57-65.

[159] Siska J J, Hurburgh C R. The Standardisation of Near Infrared Instruments Using Master Selection and Wiener Filter Methods [J]. Journal of Near Infrared Spectroscopy, 2001, 9: 107-116.

[160] Chen Z P, Morris J, E Martin. Correction of Temperature-Induced Spectral Variations by Loading Space Standardization [J]. Analytical Chemistry, 2005, 77 (5): 1376-1384.

[161] Chen Z P, Morris J. Improvingthe Linearity of Spectroscopic Data Subjected to Fluctuations in External Variables by the Extended Loading Space Standardization [J]. The Analyst, 2008, 133 (7): 914-922.

[162] 史新珍, 王志国, 杜文, 等. 近红外光谱结合新型模型传递方法用于糖料的在线质量监控 [J]. 分析化学, 2014, 42 (11): 1673-1678.

[163] Zhang L, Tian F, Kadri C, et al. On-Line Sensor Calibration Transfer among Electronic Nose Instruments for Monitoring Volatile Organic Chemicals in Indoor Air Quality [J]. Sens Actuators B: Chem, 2011, 160 (1): 899-909.

[164] Deshmukh S, Kamde K, Jana A, et al. Calibration Transfer between Electronic Nose Systems for Rapid in Situ Measurement of Pulp and Paper Industry Emissions [J]. Analytica Chimica Acta, 2014, 841 (1): 58-67.

[165] Zhao Y H, Zhao Z H, Shan P, et al. Calibration Transfer Based on Affine Invariance for NIR without Transfer Standards [J]. Molecules, 2019, 24 (9): 1802.

[166] Munoz S G, Macgregor J F, Kourti T. Product Transfer between Sites Using Joint-Y PLS [J]. Chemometrics and Intelligent Laboratory Systems, 2005, 79 (1-2): 101-114.

[167] Folch-Fortuny A, Vitale R, De Noord O E, et al. Calibration Transfer between NIR Spectrometers: New Proposals and a Comparative Study [J]. Journal of Chemometrics, 2017, 31 (3): e2874-e2884.

[168] Shan P, Zhao Y H, Wang Q Y, et al. Principal Component Analysis or Kernel Principal Component Analysis Based Joint Spectral Subspace Method for Calibration Transfer [J]. Spectrochimica Acta Part A: Molecular and Biomolecular Spectroscopy, 2020, 227: 117653.

[169] Khaydukova M, Panchuk V, Kirsanov D, et al. Multivariate Calibration Transfer between Two Potentiometric Multisensor Systems [J]. Electroanalysis, 2017, 29 (9): 2161-2166.

[170] Zhao Y H, Yu J L, Shan P, et al. PLS Subspace-Based Calibration Transfer for Near-Infrared Spectroscopy Quantitative Analysis [J]. Molecules, 2019, 249 (7): 1289-1306.

[171] Zhang F Y, Zhang R Q, Ge J, et al. Calibration Transfer Based on the Weight Matrix (CTWM) of PLS for Near Infrared (NIR) Spectral Analysis [J]. Analytical Methods, 2018, 10 (18): 2169-2179.

[172] Chen Z P, Li L M, Yu R Q, et al. Systematic Prediction Error Correction: A Novel Strategy for Maintaining the Predictive Abilities of Multivariate Calibration Models [J]. 2011, Analyst, 136 (1): 98-106.

[173] Mou Y, Zhou L, Yu S, et al. Robust Calibration Model Transfer [J]. Chemometrics and Intelligent Laboratory Systems, 2016, 156 (1): 62-71.

[174] Seichter F, Vogt J, Radermacher P, et al. Nonlinear Calibration Transfer Based on Hierarchical Bayesian Models and Lagrange Multipliers: Error Bounds of Estimates via Monte Carlo E Markov Chain Sampling [J]. Analytica Chimica Acta, 2017, 951 (1): 32-45.

[175] Seichter F, Vogt J, Radermacher P, et al. Response-Surface Fits and Calibration Transfer for the Correction of the Oxygen Effect in the Quantification of Carbon Dioxide via FTIR Spectroscopy [J]. Analytica Chimica Acta, 2017, 972 (1): 16-27.

[176] Skotare T, Nilsson D, Xiong S, et al. Joint and Unique Multiblock Analysis for Integration and Calibration Transfer of NIR Instruments [J]. Analytical Chemistry, 2019, 91 (5): 3516-3524.

[177] Andries E. Penalized Eigendecompositions: Motivations from Domain Adaptation for Calibration Transfer [J]. Journal of Chemometrics. 2017, 31 (4): e2818-e2831.

[178] 刘翠玲, 周子彦, 李天瑞, 等. 迁移学习在食用油光谱模型转移中的应用 [J]. 食品科学技术学报, 2019, 37 (4): 95-102.

[179] Tao C, Wang Y, Cui W, et al. A Transferable Spectroscopic Diagnosis Model for Predicting Arsenic Contamination in Soil [J]. Science of the Total Environment, 2019, 669: 964-972.

[180] 郑文瑞, 李绍稳, 韩亚鲁, 等. 土壤速效磷近红外迁移学习预测方法研究 [J]. 分析测试学报, 2020, 38 (10): 1274-1281.

[181] 石广宇, 曹军, 张怡卓. 基于迁移学习的木材缺陷近红外识别方法研究 [J]. 电机与控制学报, 2020, 24 (10): 159-166.

[182] Shan P, Zhao Y H, Wang Q Y, et al. Principal Component Analysis or Kernel Principal Component Analysis Based Joint Spectral Subspace Method for Calibration Transfer [J]. Spectrochimica Acta Part A: Molecular and

Biomolecular Spectroscopy，2020，7：117653.

［183］ Nikzad-Langerodi R，Zellinger W，Lughofer E，et al. Domain-Invariant Partial-Least-Squares Regression ［J］. Analytical Chemistry，2018，90（11）：6693-6701.

［184］ Mishra P，Nikzad-Langerodi R. Partial Least Square Regression versus Domain Invariant Partial Least Square Regression with Application to Near-infrared Spectroscopy of Fresh Fruit ［J］. Infrared Physics and Technology，2020，111：103547.

［185］ Huang G G，Chen X J，Li L M，et al. Domain Adaptive Partial Least Squares Regression ［J］. Chemometrics and Intelligent Laboratory Systems，2020，201：103986.

［186］ Yan K，Zhang D. Calibration Transfer and Drift Compensation of E-Noses via Coupled Task Learning ［J］. Sensors and Actuators B Chemical，2016，225（1）：288-297.

［187］ Hu M，Li Q L. An Efficient Model Transfer Approach to Suppress Biological Variation in Elastic Modulus and Firmness Regression Models Using Hyperspectral Data ［J］. Infrared Physics and Technology，2019，99（1）：140-151.

［188］ Li Q F，Sun X Q，Ma X Y，et al. A Calibration Transfer Methodology for Standardization of Raman Instruments with Different Spectral Resolutions Using Double Digital Projection Slit ［J］. Chemometrics and Intelligent Laboratory Systems，2019，191（1）：143-147.

［189］ 刘贞文，徐玲杰，陈孝敬. 深度自编码器的近红外光谱转移研究 ［J］. 光谱学与光谱分析，2020，40（7）：2313-2318.

［190］ Liu Y，Cai W S，Shao X G. Linear Model Correction：A Method for Transferring a Near-Infrared Multivariate Calibration Model without Standard Samples ［J］. Spectrochimica Acta Part A：Molecular and Biomolecular Spectroscopy，2016，169（1）：197-201.

［191］ Zhang J，Cui X Y，Cai W S，et al. Modified Linear Model Correction：A Calibration Transfer Method without Standard Samples ［J］. NIR news，2018，29（8）：24-27.

［192］ Kauppinen A，Toiviainen M，Lehtonen M，et al. Validation of a Multipoint Near-Infrared Spectroscopy Method for In-Line Moisture Content Analysis during Freeze-Drying ［J］. Journal of Pharmaceutical and Biomedical Analysis，2014，95（1）：229-237.

［193］ Eskildsen C，Hansen P，Skov T，et al. Evaluation of Multivariate Calibration Models Transferred between Spectroscopic Instruments：Applied to Near Infrared Measurements of Flour Samples ［J］. Journal of Near Infrared Spectroscopy，2016，24（2）：151-156.

［194］ Fearn T. Calibration Transfer without Standards ［J］. NIR News，1997，8（5）：7-8.

［195］ Adhihetty I S，McGuire J A，Wangmaneerat B，et al. Achieving Transferable Multivariate Spectral Calibration Models：Demonstration with Infrared Spectra of Thin-Film Dielectrics on Silicon ［J］. Analytical Chemistry，1991，63：2329-2338.

［196］ Zeaiter M，Roger J M，Bellon-Maurel V，et al. Robustness of Models Developed by Multivariate Calibration. Part I：The Assessment of Robustness ［J］. Trends in Analytical Chemistry，2004，23（2）：157-170.

［197］ Zeaiter M，Roger J M，Bellon-Maurel V. Robustnessof Models Developed by Multivariate Calibration：Part II：The Influence of Pre-Processing Methods ［J］. Trends in Analytical Chemistry，2005，24（5）：437-445.

［198］ Hong Y S，Chen Y，Zhang Y，et al. Transferability of Vis-NIR Models for Soil Organic Carbon Estimation between two Study Areas by Using Spiking ［J］. Soil Science Society of America Journal，2018，82（5）：1231-1242.

［199］ Koehler F W，Small G W，Combs R J，et al. Calibration Transfer Algorithm for Automated Qualitative Analysis by Passive Fourier Transform Infrared Spectrometry ［J］. Analytical Chemistry，2000，72（7）：1690-1698.

［200］ Koehler F W，Small G W，Combs R J，et al. Calibration Transfer in the Automated Detection of Acetone by Passive Fourier Transform Infrared Spectrometry ［J］. Applied Spectroscopy，2000，54（5）：706-714.

［201］ Small G W，Harms A C，Kroutil R T，et al. Design of Optimized Finite Impulse Response Digital Filters for Use with Passive Fourier Transform Infrared Interferograms ［J］. Analytical Chemistry，1990，62（17）：1768-1777.

［202］ 宋海燕，秦刚. 土壤有机质近红外预测 FIR 模型传递算法研究 ［J］. 光谱学与光谱分析，2015，35（12）：3360-3363.

［203］ Woody A N，Feudale N R，Myles A J，et al. Transfer of Multivariate Calibrations between four Near-Infrared Spectrometers Using Orthogonal Signal Correction ［J］. Analytical Chemistry，2004，76（9）：2595-2600.

［204］ Sjoblom J，Svensson O，Josefson M，et al. An Evaluation of Orthogonal Signal Correction Applied to Calibration Transfer of Near Infrared Spectra ［J］. Chemometrics and Intelligent Laboratory Systems，1998，44（1）：229-244.

［205］ Barboza F D，Poppi R J. Determination of Alcohol Content in Beverages Using Short-Wave Near-Infrared Spectroscopy and

Temperature Correction by Transfer Calibration Procedures [J]. Analytical and Bioanalytical Chemistry, 2003, 377 (4): 695-701.

[206] Geladi P, Barring H, Dabakk E, et al. Calibration Transfer for Predicting Lake-Water pH from Near Infrared Spectra of Lake Sediments [J]. Journal of Near Infrared Spectroscopy, 1999, 7 (4): 251-264.

[207] 王宇恒, 胡文雁, 宋鹏飞, 等. 不同傅里叶近红外仪器间（积分球漫反射测量）的模型传递及误差分析. 光谱学与光谱分析 [J], 2019, 39 (3): 308-312.

[208] Milanez K D T M, Nobrega T C A, Nascimento D S, et al. Selection of Robust Variables for Transfer of Classification Models Employing the Successive Projections Algorithm. Analytica Chimica Acta, 2017, 984 (1): 76-85.

[209] Fan S X, Li J B, Xia Y, et al. Long-Term Evaluation of Soluble Solids Content of Apples with Biological Variability by Using Near-Infrared Spectroscopy and Calibration Transfer Method [J]. Postharvest Biology and Technology, 2019, 151 (1): 79-87.

[210] Zheng K Y, Feng T, Zhang W, et al. Variable Selection by Double Competitive Adaptive Reweighted Sampling for Calibration Transfer of Near Infrared Spectra [J]. Chemometrics and Intelligent Laboratory Systems, 2019, 191: 109-117.

[211] Ni L J, Han M Y, Luan S R, et al. Screening Wavelengths with Consistent and Stable Signals to Realize Calibration Model Transfer of Near Infrared Spectra [J]. Spectrochimica Acta Part A: Molecular and Biomolecular Spectroscopy, 2019, 206 (1): 350-358.

[212] 倪力军, 肖丽霞, 张立国, 等. 基于光谱比值分析的无标样近红外模型传递方法 [J]. 分析测试学报, 2018, 37 (5): 539-546.

[213] Zhang L G, Li Y Q, Huang W, et al. The Method of Calibration Model Transfer by Optimizing Wavelength Combinations Based on Consistent and Stable Spectral Signals [J]. Spectrochimica Acta Part A: Molecular and Biomolecular Spectroscopy, 2020, 227 (1): 117647.

[214] 洪士军, 黄雯, 张立国, 等. 基于尺度不变特征变换筛选稳定特征波长的近红外光谱模型传递方法 [J]. 分析测试学报, 2020, 38 (10): 1260-1266.

[215] Xu Z P, Fan S, Cheng W M, et al. A Correlation-Analysis-Based Wavelength Selection Method for Calibration Transfer [J]. Spectrochimica Acta Part A: Molecular and Biomolecular Spectroscopy, 2020, 230: 118053.

[216] 张晓羽, 李庆波, 张广军. 基于稳定竞争自适应重加权采样的光谱分析无模型传递方法 [J]. 光谱学与光谱分析, 2014, 34 (5): 1429-1433.

[217] Zhang L, Small G W, Arnold M A. Calibration Standardization Algorithm for Partial Least-Squares Regression: Application to the Determination of Physiological Levels of Glucose by Near-Infrared Spectroscopy [J]. Analytical Chemistry, 2002, 74 (16): 4097-4108.

[218] Zhang L, Small G W, Arnold M A. Multivariate Calibration Standardization across Instruments for the Determination of Glucose by Fourier Transform Near-Infrared Spectrometry [J]. Analytical Chemistry, 2003, 75 (21): 5905-5915.

[219] Stork C L, Kowalski B R. Weighting Schemes for Updating Regression Models-a Theoretical Approach [J]. Chemometrics and Intelligent Laboratory Systems, 1999, 48 (2): 151-166.

[220] Kalivas J H, Siano G S, Andries E, et al. Calibration Maintenance and Transfer Using Tikhonov Regularization Approaches [J]. Applied Spectroscopy, 2009, 63 (7): 800-809.

[221] Stout F, Kalivas J H. Tikhonov Regularization in Standardized and General Form for Multivariate Calibration with Application towards Removing Unwanted Spectral Artifacts [J]. Journal of Chemometrics, 2006, 20 (1-2): 22-33.

[222] Kunz M R, Kalivas J H, Andries E. Model Updating for Spectral Calibration Maintenance and Transfer Using 1-Norm Variants of Tikhonov Regularization [J]. Analytical Chemistry, 2010, 82 (9): 3642-3649.

[223] Kunz M R, Ottaway J, Kalivas J H, et al. Impact of Standardization Sample Design on Tikhonov Regularization Variants for Spectroscopic Calibration Maintenance and Transfer [J]. Journal of Chemometrics, 2010, 24 (3-4): 218-229.

[224] Shahbazikhah P, Kalivas J H. A Consensus Modeling Approach to Update a Spectroscopic Calibration [J]. Chemometrics and Intelligent Laboratory Systems, 2013, 120 (1): 142-153.

[225] Tencate A J, Kalivas J H, White A J. Fusion Strategies for Selecting Multiple Tuning Parameters for Multivariate Calibration and Other Penalty Based Processes: A Model Updating Application for Pharmaceutical Analysis [J]. Analytica Chimica Acta, 2016, 921 (1): 28-37.

[226] Farrell J A, Higgins K, Kalivas J H. Updating a Near-Infrared Multivariate Calibration Model Formed with Lab-

Prepared Pharmaceutical Tablet Types to New Tablet Types in Full Production [J]. Journal of Pharmaceutical and Biomedical Analysis, 2012, 61 (1): 114-121.

[227] 胡芸，李博岩，张进，等. 基于参数校正的近红外光谱模型转移新方法 [J]. 光谱学与光谱分析，2020，40 (6)：1804-1808.

[228] Andries E, Kalivas J H, Gurung A, et al. Sample and Feature Augmentation Strategies for Calibration Updating [J]. Journal of Chemometrics, 2018, 33 (1): e3038.

[229] Wehlburg C M, Haaland D M, Melgaard D K, et al. New Hybrid Algorithm for Maintaining Multivariate Quantitative Calibrations of a Near-Infrared Spectrometer [J]. Applied Spectroscopy, 2002, 56 (5): 605-614.

[230] Wehlburg C M, Haaland D M, Melgaard D K. New Hybrid for Transferring Multivariate Quantitative Calibrations of Intra-Vendor Near-Infrared Spectrometers [J]. Applied Spectroscopy, 2002, 56 (7): 877-886.

[231] Guenard R D, Wehlburg C M, Pell R J, et al. Importance of Prediction Outlier Diagnostics in Determining a Successful Inter-Vendor Multivariate Calibration Model Transfer [J]. Applied Spectroscopy, 2007, 61 (7): 747-754.

[232] Shi Z Q, Igne B, Bondi R W, et al. Calibration Transfer from Pharmaceutical Powder Mixtures to Compacts Using the Prediction Augmented Classical Least Squares (PACLS) Method [J]. Applied Spectroscopy, 2012, 66 (9): 1075-1081.

[233] Rudnitskaya A, Costa A M S, Delgadillo I. Calibration Update Strategies for an Array of Potentiometric Chemical Sensors [J]. Sensors and Actuators B Chemical, 2017, 238 (1): 1181-1189.

[234] Kunz M R, She Y Y. Multivariate Calibration Maintenance and Transfer through Robust Fused LASSO [J]. Journal of Chemometrics, 2013, 27 (9): 233-242.

[235] Guo S X, Heinke R, Stöckel S, et al. Towards an Improvement of Model Transferability for Raman Spectroscopy in Biological Applications [J]. Vibrational Spectroscopy, 2017, 91 (1): 111-118.

[236] Zhang F Y, Zhang R Q, Wang W M, et al. Ridge Regression Combined with Model Complexity Analysis for Near Infrared (NIR) Spectroscopic Model Updating [J]. Chemometrics and Intelligent Laboratory Systems, 2019, 195: 103896.

[237] Sulub Y, Small G W. Spectral Simulation Methodology for Calibration Transfer of Near-Infrared Spectra [J]. Applied Spectroscopy, 2007, 61 (4): 406-413.

[238] Haaland D M. Synthetic Multivariate Models to Accommodate Unmodeled Interfering Spectral Components during Quantitative Spectral Analyses [J]. Applied Spectroscopy, 2000, 54 (2): 246-254.

[239] Sulub Y, LoBrutto R, Vivilecchia R, et al. Near-Infrared Multivariate Calibration Updating Using Placebo: A Content Uniformity Determination of Pharmaceutical Tablets [J]. Vibrational Spectroscopy, 2008, 46 (2): 128-134.

[240] Saiz-Abajo M J, Mevik B H, Segtnan V H, et al. Ensemble Methods and Data Augmentation by Noise Addition Applied to the Analysis of Spectroscopic Data [J]. Analytica Chimica Acta., 2005, 533 (2): 147-159.

[241] Pierna J A F, Chauchard F, Preys S, et al. How to Build a Robust Model against Perturbation Factors with Only a Few Reference Values: A Chemometric Challenge at 'ChimiomÉTrie 2007' [J]. Chemometrics and Intelligent Laboratory Systems, 2011, 106 (2): 152-159.

[242] Cooper J B, Larkin C M, Abdelkader M F. Calibration Transfer of Near-IR Partial Least Squares Property Models of Fuels Using Virtual Standards [J]. Journal of Chemometrics, 2011, 25 (9): 496-505.

[243] Cooper J B, Larkin C M, Abdelkader M F. Virtual Standard Slope and Bias Calibration Transfer of Partial Least Squares Jet Fuel Property Models to Multiple Near Infrared Spectroscopy Instruments [J]. Journal of Near Infrared Spectroscopy, 2011, 19 (2): 139-150.

[244] Rauscher M S, Krump M, Schardt M, et al. Multivariate Calibration Methods for a Non-Dispersive Infrared Sensor for Engine Oil Condition Monitoring [J]. Technisches Messen, 2018, 85 (6): 395-409.

[245] Abdelkader M F, Cooper J B, Larkin C M. Calibration Transfer of Partial Least Squares Jet Fuel Property Models Using a Segmented Virtual Standards Slope-Bias Correction Method [J]. Chemometrics and Intelligent Laboratory Systems, 2012, 110 (1): 64-73.

[246] Da Silva N C, Cavalcanti C J, Honorato F A, et al. Standardization from a Benchtop to a Handheld NIR Spectrometer Using Mathematically Mixed NIR Spectra to Determine Fuel Quality Parameters [J]. Analytica Chimica Acta, 2017, 954 (1): 32-42.

[247] Ni W D, Brown S D, Man R L. Stacked PLS for Calibration Transfer without Standards [J]. Journal of Chemometrics, 2011, 25 (3): 130-137.

[248] Honorato F A，Galvao R K H，Pimentel M F，et al. Robust Modeling for Multivariate Calibration Transfer by the Successive Projections Algorithm [J]. Chemometrics and Intelligent Laboratory Systems，2005，76 (1)：65-72.

[249] Igne B，Hurburgh Jr C R. Local Chemometrics for Samples and Variables：Optimizing Calibration and Standardization Processes [J]. Journal of Chemometrics，2010，24 (2)：75-86.

[250] Liu J J，Li B Q，Zhai H L，et al. The Common Quantitative Model for the Determination of Multiple Near Infrared Spectrometers [J]. Chemometrics and Intelligent Laboratory Systems，2018，182 (1)：117-123.

[251] Kramer K E，Morris R E，Rose-Pehrsson S L. Comparison of two Multiplicative Signal Correction Strategies for Calibration Transfer without Standards [J]. Chemometrics and Intelligent Laboratory Systems，2008，92 (1)：33-43.

[252] Liu Z，Yu H L，MacGregor J F. Standardization of Line-Scan NIR Imaging Systems [J]. Journal of Chemometrics，2007，21 (3-4)：88-95.

[253] Sahni N S，Isaksson T，Næs T. Comparison of Methods for Transfer of Calibration Models in Near-Infared Spectroscopy：A Case Study Based on Correcting Path Length Differences Using Fiber-Optic Transmittance Probes in In-Line Near-Infrared Spectroscopy [J]. Applied Spectroscopy，2005，59 (4)：487-495.

[254] Guo S X，Achim K，Boris Z，et al. Extended Multiplicative Signal Correction Based Model Transfer for Raman Spectroscopy in Biological Applications [J]. Analytical Chemistry，2018，90 (16)：9787-9795.

[255] Preys S，Roger J M，Boulet J C. Robust Calibration Using Orthogonal Projection and Experimental Design. Application to the Correction of the Light Scattering Effect on Turbid NIR Spectra [J]. Chemometrics and Intelligent Laboratory Systems，2008，91 (1)：28-33.

[256] Wijewardane N K，Ge Y，Morgan C L S. Prediction of Soil Organic and Inorganic Carbon at Different Moisture Contents with Air-Dry Ground VNIR：A Comparative Study of Different Approaches [J]. European Journal of Soil Science，2016，67 (5)：605-615.

[257] Wijewardane N K，Ge Y，Morgan C L S. Moisture Insensitive Prediction of Soil Properties from VNIR Reflectance Spectra Based on External Parameter Orthogonalization [J]. Geoderma，2016，267 (1)：92-101.

[258] Ackerson J P，Morgan C L S，Ge Y. Penetrometer-Mounted VisNIR Spectroscopy：Application of EPO-PLS to in Situ VisNIR Spectra [J]. Geoderma，2017，286 (1)：131-138.

[259] Amat-Tosello S，Dupuy N，Kister J. Contribution of External Parameter Orthogonalisation for Calibration Transfer in Short Waves-Near Infrared Spectroscopy Application to Gasoline Quality [J]. Analytica Chimica Acta，2009，642 (1-2)：6-11.

[260] Hans G，Allison B. Temperature and Moisture Insensitive Prediction of Biomass Calorific Value from Near Infrared Spectra Using External Parameter Orthogonalization [J]. Journal of Near Infrared Spectroscopy，2019，27 (4)：1-11.

[261] Thamasopinkul C，Ritthiruangdej P，Kasemsumran S，et al. Temperature Compensation for Determination of Moisture and Reducing Sugar of Longan Honey by Near Infrared Spectroscopy [J]. Journal of Near Infrared Spectroscopy，2017，25 (1)：36-44.

[262] Thygesen L，Lundqvist S P. NIR Measurement of Moisture Content in Wood under Unstable Temperature Conditions. Part 2. Handling Temperature Fluctuations [J]. Journal of Near Infrared Spectroscopy，2000，8 (1)：191-199.

[263] Luoma P，Natschläger T，Malli B，et al. Additive Partial Least Squares for Efficient Modelling of Independent Variance Sources Demonstrated on Practical Case Studies [J]. Analytica Chimica Acta，2018，1007：10-15.

[264] Elizalde O，Asua J M，Leiza J R. Monitoring of Emulsion Polymerization Reactors by Raman Spectroscopy：Calibration Model Maintenance [J]. Applied Spectroscopy，2005，59 (10)：1280-1285.

[265] Nouri M，Gomez C，Gorretta N，et al. Clay Content Mapping from Airborne Hyperspectral VIS-NIR Data by Transferring a Laboratory Regression Model [J]. Geoderma，2017，298 (1)：54-66.

[266] Yu B F，Ji H B. Near-Infrared Calibration Transfer via Support Vector Machine and Transfer Learning [J]. Analytical Methods，2015，7 (6)：2714-2725.

[267] 贺英. 基于半监督和迁移学习的近红外光谱建模方法研究 [D]. 青岛：中国海洋大学，2012.

[268] 陈媛媛，李墅娜，张瑞，等. 基于随机森林迁移学习的红外光谱模型传递方法：ZL 201710037798.0 [P]. 2017-06-09.

[269] Brito R S，Pinheiro H M，Ferreira F，et al. Calibration Transfer Between a Bench Scanning and a Submersible Diode Array Spectrophotometer for in Situ Wastewater Quality Monitoring in Sewer Systems [J]. Applied Spectroscopy，2016，70 (3)：443-454.

[270] Brouckaert D，Uyttersprot J S，Broeckx W，et al. Calibration Transfer of a Raman Spectroscopic Quantification

Method for the Assessment of Liquid Detergent Compositions from at-Line Laboratory to in-Line Industrial Scale [J]. Talanta, 2018, 179: 386-392.

[271] 杨凯, 刘鹏, 王维妙, 等. 原烟在线近红外光谱模型转移研究 [J]. 中国烟草学报, 2012, 18 (6): 27-31.

[272] Dambergs R G, Mercurio M D, Kassara S, et al. Rapid Measurement of Methyl Cellulose Precipitable Tannins Using Ultraviolet Spectroscopy with Chemometrics: Application to Red Wine and Inter-Laboratory Calibration Transfer [J]. Applied Spectroscopy, 2012, 66 (6): 656-664.

[273] Myles A J, Zimmerman T A, Brown S D. Transfer of Multivariate Classification Models between Laboratory and Process Near-Infrared Spectrometers for the Discrimination of Green Arabica and Robusta Coffee Beans. Applied Spectroscopy, 2006, 60 (10): 1198-1203.

[274] 雷德卿, 胡昌勤, 冯艳春, 等. 扩展近红外通用性定量模型应用范围的可行性研究 [J]. 药学学报, 2010, 45 (11): 1421-1426.

[275] 王靖, 郭中华, 何凤杰, 等. 不同产地羊肉蛋白质高光谱检测模型的维护方法 [J]. 食品工业, 2018, 39 (6): 118-121.

[276] 刘贤, 董苏晓, 韩鲁佳, 等. 青贮饲料近红外光谱分析模型转移研究 [J]. 农业机械学报, 2009, 40 (5): 153-157.

[277] 李天瑞, 刘翠玲, 位丽娜, 等. 斜率截距校正算法在食用油酸值和过氧化值上的近红外光谱模型转移的研究 [J]. 中国粮油学报, 2018, 33 (1): 118-124.

[278] Pierna J A F, Vermeulen P, Lecler B, et al. Calibration Transfer from Dispersive Instruments to Handheld Spectrometers [J]. Applied Spectroscopy, 2010, 64 (6): 644-648.

[279] Zamora-Rojas E, Perez-Marin D, Pedro-Sanz E D, et al. Handheld NIRS analysis for Routine Meat Quality Control: Database Transfer from at-line Instruments [J]. Chemometrics and Intelligent Laboratory Systems, 2012, 114 (1): 30-35.

[280] Daikos O, Heymann K, Scherzer T. Development of a PLS Approach for the Determination of the Conversion in UV-Cured White-Pigmented Coatings by NIR Chemical Imaging and Its Transfer to Other Substrates [J]. Progress in Organic Coatings, 2019, (132): 116-124.

[281] Smith M R, Jee R D, Moffat A C. The Transfer Between Instruments of a Reflectance Near-Infrared Assay for Paracetamol in Intact Tablets [J]. Analyst, 2002, 127 (12): 1682-1692.

[282] Smith M R. Calibration Transfer in Pharmaceutical near Infrared Spectroscopy [J]. NIR News, 2004, 15 (6): 13-15.

[283] Hayes C J, Walsh K B, Greensill C V. Improving Calibration Transfer between Shortwave near Infrared Silicon Photodiode Array Instruments [J]. Journal of Near Infrared Spectroscopy, 2016, 24 (1): 59-68.

[284] 徐惠荣, 李青青. 皇冠梨糖度可见/近红外光谱在线检测模型传递研究 [J]. 农业机械学报, 2017, (9): 317-322.

[285] Roggo Y, Duponchel L, Noe B, et al. Sucrose Content Determination of Sugar Beets by Near Infrared Reflectance Spectroscopy. Comparison of Calibration Methods and Calibration Transfer [J]. Journal of Near Infrared Spectroscopy, 2002, 10 (1): 137-150.

[286] Saranwong S, Kawano S. A Simple Method of Instrument Standardisation for a Near Infrared Sorting Machine: The Utilisation of Average Spectra as Input Vectors [J]. Journal of Near Infrared Spectroscopy, 2004, 12 (1): 359-365.

[287] Soldado A, Fearn T, Martinez-Fernandez A, et al. The Transfer of NIR Calibrations for Undried Grass Silage from the Laboratory to on-Site Instruments: Comparison of two Approaches [J]. Talanta, 2013, 105 (1): 8-14.

[288] 孙海霞, 张淑娟, 薛建新, 等. 变量优选补正算法的鲜枣可溶性固形物检测模型传递方法研究 [J]. 光谱学与光谱分析, 2019, 39 (4): 1041-1046.

[289] 谢丽娟, 应义斌. 转基因番茄鉴别模型维护方法 [J]. 江苏大学学报: 自然科学版, 2012, 33 (5): 538-542.

[290] Qin Y H, Gong H L. NIR Models for Predicting Total Sugar in Tobacco for Samples with Different Physical States [J]. Infrared Physics and Technology, 2016, 77: 239-243.

[291] Garcia-Olmo J, Garrido-Varo A, De Pedro E. The Transfer of Fatty Acid Calibration Equations Using Four Sets of Unsealed Liquid Standardization Samples [J]. Journal of Near Infrared Spectroscopy, 2001, 9 (1): 49-62.

[292] 高云, 商建芹, 王小天. 油菜籽品质指标近红外数学模型的仪器间转移优化 [J]. 江苏农业科学, 2012, 40 (3): 292-295.

[293] De La Roza-Delgado B, Garrido-Varo A, Soldado A, et al. Matching Portable NIRS Instruments for in Situ Monitoring Indicators of Milk Composition [J]. Food Control, 2017, 76 (1): 74-81.

[294] Masahiro W, Yukihiro O. Practical Calibration Correction Method for the Maintenance of an On-Line Near-Infrared

Monitoring System for Molten Polymers [J]. Applied Spectroscopy, 2005, 59 (4): 487-495.

[295] Pérezmarín D, Garridovaro A, Guerreroginel J. Remote Near Infrared Instrument Cloning and Transfer of Calibrations to Predict Ingredient Percentages in Intact Compound Feedstuffs [J]. Journal of Near Infrared Spectroscopy, 2006, (3): 81-91.

[296] Milanez K D T M, Silva A C, Paz J E M, et al. Standardization of NIR Data to Identify Adulteration in Ethanol Fuel [J]. Microchemical Journal, 2016, 124 (1): 121-126.

[297] Da Silva V H, Da Silva J J, Pereira C F. Portable Near-Infrared Instruments: Application for Quality Control of Polymorphs in Pharmaceutical Raw Materials and Calibration Transfer [J]. Journal of pharmaceutical and biomedical analysis, 2017, 134 (1): 287-294.

[298] 陈嘉威, 周昌乐, 张晔晖, 等. 滤光片型近红外仪器模型传递的研究 [J]. 光谱学与光谱分析, 2008, 28 (10): 2459-2462.

[299] Brito A L B, Santos A V P, Milanez K T M, et al. Calibration Transfer of Flour NIR Spectra between Benchtop and Portable Instruments [J]. Analytical Methods, 2017, 9 (21): 3184-3190.

[300] 李庆波, 张广军, 徐可欣, 等. DS 算法在近红外光谱多元校正模型传递中的应用 [J]. 光谱学与光谱分析, 2007, 27 (5): 873-876.

[301] 李跑, 马雁军, 马莉, 等. 不同仪器测定烟草近红外光谱的标准化研究 [J]. 江苏农业科学, 2018, 46 (21): 205-208.

[302] 吉纳玉, 韩东海. 苹果近红外预测模型的传递研究. 食品安全质量检测学报 [J], 2014, 5 (3): 712-717.

[303] 胡润文, 夏俊芳. 脐橙总糖近红外光谱模型传递研究 [J]. 食品科学, 2012, 33 (3): 28-32.

[304] 陈奕云, 漆锟, 刘耀林, 等. 顾及土壤湿度的土壤有机质高光谱预测模型传递研究 [J]. 光谱学与光谱分析, 2015, 35 (6): 1705-1708.

[305] 王世芳, 韩平, 宋海燕, 等. S/B 和 DS 算法校正土壤水分对土壤有机质近红外光谱预测的影响 [J]. 光谱学与光谱分析, 2019, 39 (6): 1986-1992.

[306] Ji W J, li S, Chen S C, et al. Prediction of Soil Attributes Using the Chinese Soil Spectral Library and Standardized Spectra Recorded at Field Conditions [J]. Soil and Tillage Research, 2016, 155: 492-500.

[307] Silva N C, Pimentel M F, Honorato R S, et al. Classification of Brazilian and Foreign Gasolines Adulterated with Alcohol Using Infrared Spectroscopy [J]. Forensic Science International, 2015, 253 (1): 33-42.

[308] 张丽萍, 李卫军, 董肖莉, 等. 一种基于近红外提高鉴别结果的定性分析方法: ZL 201410599230.4 [P]. 2015-05-25.

[309] 王菊香, 李华, 邢志娜, 等. 波长筛选结合直接校正法用于近红外光谱模型传递研究 [J]. 分析测试学报, 2011, 30 (1): 43-47.

[310] 刘翠玲, 李天瑞, 位丽娜, 等. 直接标准化算法在食用油酸值和过氧化值上的近红外光谱模型转移的研究 [J]. 光谱学与光谱分析, 2017, 37 (10): 3042-3050.

[311] 胡丽萍, 黄生权, 田淑华, 等. 近红外光谱技术在中草药口服液在线质量监控中的模型建立和模型转移 [J]. 化工进展, 2020, 39 (8): 3263-3272.

[312] Lopez-Moreno C, Palanco S, Laserna J J. Calibration Transfer Method for the Quantitative Analysis of High-temperature Materials with Stand-off Laser-induced Breakdown Spectroscopy [J]. Journal of Analytical Atomic Spectrometry, 2005, 20: 1275-1279.

[313] Khaydukova M, Medina-Plaza C, Rodriguez-Mendez M L, et al. Multivariate Calibration Transfer between two Different Types of Multisensor Systems [J]. Sensors and Actuators B: Chemical, 2017, 246 (1): 994-1000.

[314] 翁海勇, 岑海燕, 何勇. 直接校正算法的高光谱模型传递 [J]. 光谱学与光谱分析, 2018, 38 (1): 235-239.

[315] Fonollosa J, Fernández L, Gutiérrez-Gálvez A, et al. Calibration Transfer and Drift Counteraction in Chemical Sensor Arrays Using Direct Standardization [J]. Sens. Actuator B, 2016, 236 (1): 1044-1053.

[316] Fonollosa J, Neftci E, Huerta R, et al. Evaluation of Calibration Transfer Strategies between Metal Oxide Gas Sensor Arrays [J]. Procedia Engineering, 2015, 120 (1): 261-264.

[317] Panchuk V, Kirsanov D, Oleneva E, et al. Calibration Transfer between Different Analytical Methods [J]. Talanta, 2017, 170 (8): 457-463.

[318] Vaughan A A, Dunn W B, Allwood J W, et al. Liquid Chromatography-Mass Spectrometry Calibration Transfer and Metabolomics Data Fusion [J]. Analytical Chemistry, 2012, 84 (22): 9848-9857.

[319] De Morais C D L M, De Lima K M G. Determination and Analytical Validation of Creatinine Content in Serum Using Image Analysis by Multivariate Transfer Calibration Procedures [J]. Analytical Methods, 2015, 7: 6904-6910.

［320］ Khoshkam M，Van Den Berg F，Kompany-Zareh M. Achieving Bilinearity in Non-Bilinear Augmented First Order Kinetic Data Applying Calibration Transfer ［J］. Chemometrics and Intelligent Laboratory Systems，2012，115 (1)：1-8.

［321］ Khoshkam M，Kompany-Zareh M. Calibration Transfer in Model Based Analysis of Second Order Consecutive Reactions ［J］. Chemometrics and Intelligent Laboratory Systems，2013，120 (1)：15-24.

［322］ Surkova A，Bogomolov A，Legin A，et al. Calibration Transfer for LED-Based Optical Multisensor Systems ［J］. ACS Sensors，2020，5：2587-2595.

［323］ Barreiro P，Herrero D，Hernández N，et al. Calibration Transfer between Portable and Laboratory NIR Spectrophotometers ［J］. Acta Horticulturae，2008，802：373-378.

［324］ Alamar M C，Bobelyn E，Lammertyn J，et al. Calibration Transfer between NIR Diode Array and FT-NIR Spectrophotometers for Measuring the Soluble Solids Contents of Apple ［J］. Postharvest Biology and Technology，2007，45 (1)：38-45.

［325］ Sulub Y，Lobrutto R，Vivilecchia R，et al. Content Uniformity Determination of Pharmaceutical Tablets Using five Near-Infrared Reflectance Spectrometers：A Process Analytical Technology (PAT) Approach Using Robust Multivariate Calibration Transfer Algorithms ［J］. Analytica Chimica Acta，2008，611 (2)：143-150.

［326］ Luo X，Ikehata A，Sashida K，et al. Transfer of Calibration Model between Near-Infrared Spectrometers for Hematocrit Measurement of Grazing Cattle ［J］. NIR News，2017，28 (7)：16-21.

［327］ Luo X，Ikehata A，Sashida K，et al. Calibration Transfer across Near Infrared Spectrometers for Measuring Hematocrit in the Blood of Grazing Cattle ［J］. Journal of Near Infrared Spectroscopy，2017，25 (1)：15-25.

［328］ 岑海燕，翁海勇，何勇. 一种柑橘溃疡病高光谱模型传递的方法：ZL 201610260903.2 ［P］. 2016-09-21.

［329］ Pereira L S A，Carneiro M F，Botelho B G，et al. Calibration Transfer from Powder Mixtures to Intact Tablets：A New Use in Pharmaceutical Analysis for a Known Tool ［J］. Talanta，2016，147 (1)：351-357.

［330］ Sohn M，Barton F E，Himmelsbach D S. Transfer of Near-Infrared Calibration Model for Determining Fiber Content in Flax：Effects of Transfer Samples and Standardization Procedure ［J］. Applied Spectroscopy，2007，61 (4)：414-418.

［331］ Galvan D，Bona E，Borsato D，et al. Calibration Transfer of Partial Least Squares Regression Models between Desktop Nuclear Magnetic Resonance Spectrometers ［J］. Analytical chemistry，2020，92：12809-12816.

［332］ 杨宇，彭彦昆，李永玉，等. 桂花酒中山梨酸钾拉曼表面增强预测模型在其他果酒中的传递 ［J］. 光谱学与光谱分析，2018，38 (3)：824-829.

［333］ 刘娇，李小昱，郭小许，等. 不同品种间的猪肉含水率高光谱模型传递方法研究 ［J］. 农业工程学报，2014，30 (17)：276-284.

［334］ 刘娇，李小昱，金瑞，等. 不同品种冷鲜猪肉 pH 值高光谱检测模型的传递方法研究 ［J］. 光谱学与光谱分析，2015，35 (7)：1973-1979.

［335］ Dong X G，Dong J，Li Y L，et al. Maintaining the Predictive Abilities of Egg Freshness Models on New Variety Based on VIS-NIR Spectroscopy Technique ［J］. Computers and Electronics in Agriculture，2019，156：669-676.

［336］ Boiret M，Meunier L，Ginot Y M. Tablet Potency of Tianeptine in Coated Tablets by Near Infrared Spectroscopy：Model Optimisation，Calibration Transfer and Confidence Intervals ［J］. J Pharm Biomed Anal，2011，54 (1)：510-516.

［337］ 黄承伟，戴连奎，董学锋. 结合 SNV 的分段直接标准化方法在拉曼光谱模型传递中的应用 ［J］. 光谱学与光谱分析，2011，31 (5)：1279-1282.

［338］ Sales F，Callao M P，Rius F X. Multivariate Standardization for Correcting the Ionic Strength Variation on Potentiometric Sensor Arrays ［J］. Analyst，2000，125 (5)：883-888.

［339］ Marchesini G，Serva L，Garbin E，et al. Near-Infrared Calibration Transfer for Undried Whole Maize Plant between Laboratory and On-Site Spectrometers ［J］. Italian Journal of Animal Science，2017，17 (1)：66-72.

［340］ Ge Y F，Morgan C L S，Grunwald S，et al. Comparison of Soil Reflectance Spectra and Calibration Models Obtained Using Multiple Spectrometers ［J］. Geoderma，2011，161 (3-4)：202-211.

［341］ Rodrigues R R T，Rocha J T C，Oliveira L M S L，et al. Evaluation of Calibration Transfer Methods Using the Atr-Ftir Technique to Predict Density of Crude Oil ［J］. Chemometrics and Intelligent Laboratory Systems，2017，166 (1)：7-13.

［342］ Li X，Arzhantsev S，Kauffman J F，et al. Detection of Diethylene Glycol Adulteration in Propylene Glycol-Method Validation through a Multi-Instrument Collaborative Study ［J］. Journal of Pharmaceutical and Biomedical Analysis，2011，54 (5)：1001-1006.

［343］ Gryniewicz-Ruzicka C M，Arzhantsev S，Pelster L N，et al. Multivariate Calibration and Instrument Standardization for the Rapid Detection of Diethylene Glycol in Glycerin by Raman Spectroscopy [J]. Applied Spectroscopy, 2011, 65 (3) 334-341.

[344] Thygesen J, Van Den Berg F W J. Calibration Transfer for Excitation-Emission Fluorescence Measurements [J]. Analytica chimica acta, 2011, 705 (1-2): 81-87.

[345] Sanllorente S, Rubio L, Ortiz M C, et al. Signal Transfer with Excitation-Emission Matrices between a Portable Fluorimeter Based on Light-Emitting Diodes and a Master Fluorimeter [J]. Sensors and Actuators B: Chemical, 2019, 285: 240-247.

[346] Sun X D, Wu H L, Chen Y, et al. Chemometrics-Assisted Calibration Transfer Strategy for Determination of three Agrochemicals in Environmental Samples: Solving Signal Variation and Maintaining Second-Order Advantage [J]. Chemometrics and Intelligent Laboratory Systems, 2019, 194: 103869.

[347] Wang M, Zheng K Y, Yang G J, et al. A Robust Near-Infrared Calibration Model for the Determination of Chlorophyll Concentration in tree Leaves with a Calibration Transfer Method [J]. Analytical Letters, 2015, 48 (11): 1707-1719.

[348] Watari M, Ozaki Y. Prediction of Ethylene Content in Melt-State Random and Block Polypropylene by Near-Infrared Spectroscopy and Chemometrics: Comparison of a New Calibration Transfer Method with a Slope/Bias Correction Method [J]. Applied Spectroscopy, 2004, 58 (10): 1210-1218.

[349] 李小昱, 钟雄斌, 刘善梅, 等. 不同品种猪肉 pH 值高光谱检测的模型传递修正算法 [J]. 农业机械学报, 2014, 45 (9) 216-222.

[350] 刘娇, 李小昱, 郭小许, 等. 不同品种间的猪肉含水率高光谱模型传递方法研究 [J]. 农业工程学报, 2014, 30 (17): 276-284.

[351] 李永琪, 洪士军, 黄雯, 等. 偏最小二乘近红外光谱模型中潜变量个数对模型传递性能的影响 [J]. 分析测试学报, 2020, 38 (10): 1231-1238.

[352] Sun Z Y, Wang J Y, Nie L, et al. Calibration Transfer of Near Infrared Spectrometers for the Assessment of Plasma Ethanol Precipitation Process [J]. Chemometrics and Intelligent Laboratory Systems, 2018, 181 (1): 64-71.

[353] Xiao H, Sun K, Sun Y, et al. Comparison of Benchtop Fourier-Transform (FT) and Portable Grating Scanning Spectrometers for Determination of Total Soluble Solid Contents in Single Grape Berry (Vitis vinifera L.) and Calibration Transfer [J]. Sensors, 2017, 17 (11): 2693.

[354] Fernandez L, Guney S, Gutierrez-Galvez A, et al. Calibration Transfer in Temperature Modulated Gas Sensor Arrays [J]. Sensors and Actuators B: Chemical, 2016, 231 (1): 276-284.

[355] Hoffmann U, Pfeifer F, Hsuing C, et al. Spectra Transfer between a Fourier Transform Near-Infrared Laboratory and a Miniaturized Handheld Near-Infrared Spectrometer [J]. Applied Spectroscopy, 2016, 70 (5): 852-860.

[356] Di Anibal C V, Ruisánchez I, Fernández M, et al. Standardization of UV-Visible Data in a Food Adulteration Classification Problem [J]. Food Chemistry, 2012, 134 (4): 2326-2331.

[357] 郑一航, 宋涛, 张顺, 等. 鱼粉近红外光谱模型传递应用研究 [J]. 分析测试学报, 2020, 38 (11): 1378-1384.

[358] Pu Y Y, Sun D W, Riccioli C, et al. Calibration Transfer from Micro NIR Spectrometer to Hyperspectral Imaging: A Case Study on Predicting Soluble Solids Content of Bananito Fruit (Musa Acuminata) [J]. Food Analytical Methods, 2017, 11 (4): 1021-1033.

[359] 张文君, 唐红. 基于 PDS 算法的不同光照下模型传递研究 [J]. 湖北农业科学, 2017, 56 (5): 969-972.

[360] 裘辰辰, 冯艳春, 胡昌勤. PDS 算法进行近红外定量模型更新的效果评估 [J]. 分析化学, 2014, 42 (9): 1307-1313.

[361] Gislason J, Chan H, Sardashti M. Calibration Transfer of Chemometric Models Based on Process Nuclear Magnetic Resonance Spectroscopy [J]. Applied Spectroscopy, 2001, 55 (11): 1553-1560.

[362] Monakhova Y B, Diehl B W K. Transfer of Multivariate Regression Models between High-Resolution NMR Instruments: Application to Authenticity Control of Sunflower Lecithin [J]. Magnetic Resonance in Chemistry, 2016, 54 (9): 712-717.

[363] Chen C S, Brown C W, Lo S C. Calibration Transfer from Sample Cell to Fiber-Optic Probe [J]. Applied Spectroscopy, 1997, 51: 744-748.

[364] Lin J, Lo S C, Brown C W. Calibration Transfer from a Scanning Near-IR Spectrophotometer to a FT-Near-IR Spectrophotometer [J]. Analytica Chimica Acta, 1997, 349 (1-3): 263-269.

[365] Shi G T, Han L J, Yan Z L, et al. Near Infrared Calibration Transfer for Quantitative Analysis of Fish Meal Mixed with Soybean Meal [J]. Journal of Near Infrared Spectroscopy, 2013, 18 (3): 509-522.

[366] Tortajada-Genaro L A, Campins-Falcó P, Bosch-Reig F. Calibration Transfer in Chemiluminescence Analysis: Application

to Chromium Determination by Luminol-Hydrogen Peroxide Reaction [J]. Analytica Chimica Acta, 2001, 446 (1): 383-390.

[367] Griffiths M L, Svozil D, Worsfold P, et al. The Application of Piecewise Direct Standardisation with Variable Selection to the Correction of Drift in Inductively Coupled Atomic Emission Spectrometry [J]. Journal of Analytical Atomic Spectrometry, 2006, 21 (10): 1045-1052.

[368] 刘善梅, 李小昱, 钟雄斌. 考虑品种差异的冷鲜猪肉含水率高光谱信号补正算法 [J]. 农业工程学报, 2014, 30 (4): 280-286.

[369] Wang W H, Huck C W, Yang B. NIR Model Transfer of Alkali-Soluble Polysaccharides in Poria Cocos with Piecewise Direct Standardization [J]. NIR News, 2019, 30 (5-6): 6-14.

[370] Morais C L M, Paraskevaidi M, Cui L, et al. Standardization of Complex Biologically Derived Spectrochemical Datasets [J]. Nature Protocols, 2019, 14 (5): 1546-1577.

[371] Grelet C, Fernández Pierna J A, Dardenne P, et al. Standardization of Milk Mid-Infrared Spectra from a European Dairy Network [J]. Journal of Dairy Science, 2015, 98 (4): 2150-2160.

[372] Grelet C, Fernández Pierna J A, Dardenne P, et al. Standardization of Milk Mid-Infrared Spectrometers for the Transfer and Use of Multiple Models [J]. Journal of Dairy Science, 2017, 100 (10): 7910-7921.

[373] 刘锐, 梁秋曼, 南良康, 等. 用于牛奶分析的中红外光谱标准化及其在模型传递中的作用 [J]. 中国奶牛, 2019, (4): 1-5.

[374] Ji W, Viscarra Rossel R A, Shi Z. Improved Estimates of Organic Carbon Using Proximally Sensed Vis-NIR Spectra Corrected by Piecewise Direct Standardization [J]. European Journal of Soil Science, 2015, 66 (4): 670-678.

[375] Pierna J A F, Sanfeliu A B, Slowikowski B, et al. Standardization of NIR Microscopy Spectra Obtained from Inter-Laboratory Studies by Using a Standardization Cell [J]. Biotechnology Agronomy Society and Environment, 2013, 17 (4): 547-555.

[376] 韩君, 郝远, 方洪壮. 缬沙坦胶囊辅料含量近红外光谱模型传递研究 [J]. 云南民族大学学报（自然科学版）, 2017, 26 (5): 365-368.

[377] Zheng K Y, Xiang C L, Cao P, et al. Correcting NIR Spectra of Dimethyl Fumarate in Milk Measured for Different Brands and in Different Dates [J]. European Food Research and Technology, 2013, 237 (5): 787-794.

[378] 刘耀瑶, 熊智新, 王勇, 等. 不同型号便携式光谱仪间木质素近红外光谱分析模型传递研究 [J]. 林业工程学报, 2019, 4 (4): 93-98.

[379] 刘耀瑶, 杨浩, 熊智新, 等. 制浆材木质素含量近红外分析模型传递研究 [J]. 中国造纸学报, 2019, 34 (3): 43-49.

[380] Yang J X, Lou X P, Yang H, et al. Improved Calibration Transfer between Near-Infrared (NIR) Spectrometers Using Canonical Correlation Analysis [J]. Analytical Letters, 2019, 52 (14): 2188-2202.

[381] 罗峻, 聂凤明, 杨欣卉, 等. 纺织品近红外模型转移方法: ZL 201610087678.7 [P]. 2016-02-16.

[382] 罗峻, 聂凤明, 吴淑焕, 等. 纺织品快速无损检测校正模型的转移与共享研究 [J]. 中国纤检, 2016, 10 (1): 79-81.

[383] 李雪莹, 范萍萍, 吴宁, 等. 一种基于多算法推荐的不同地区间土壤养分模型转移方法: ZL 201710236306.0 [P]. 2017-07-07.

[384] 范萍萍, 李雪莹, 吕美蓉, 等. 不同土壤间的全氮光谱模型传递研究 [J]. 光谱学与光谱分析. 2018, 38 (10): 3210-3214.

[385] Eliaerts J, Meert N, Dardenne P, et al. Evaluation of a Calibration Transfer between a Benchtop and Portable Mid-Infrared Spectrometer for Cocaine Classification and Quantification [J]. Talanta, 2020, 209: 120481.

[386] 杨增玲, 杨钦楷, 沈广辉, 等. 豆粕品质近红外定量分析实验室模型在线应用 [J]. 农业机械学报, 2019, 50 (8): 358-365.

[387] Chen Y Y, Wang Z B. Cross Components Calibration Transfer of NIR Spectroscopy Model through PCA and Weighted ELM-Based Tradaboost Algorithm [J]. Chemometrics and Intelligent Laboratory Systems, 2019, 192: 103824.

[388] Ni L J, Xiao L X, Yao H M, et al. Construction of Global and Robust Near-Infrared Calibration Models Based on Hybrid Calibration Sets Using Partial Least Squares (PLS) Regression [J]. Analytical Letters, 2019, 52 (7): 1177-1194.

[389] Pereira C F, Pimentel M F, Galvao R K H, et al. A Comparative Study of Calibration Transfer Methods for Determination of Gasoline Quality Parameters in three Different Near Infrared Spectrometers [J]. Analytica Chimica Acta, 2008, 611 (1): 41-47.

[390] Fernandez-Ahumada E，Garrido-Varo A，Guerrero J E，et al. Taking NIR Calibrations of Feed Compounds from the Laboratory to the Process：Calibration Transfer between Predispersive and Postdispersive Instruments [J]. Journal of Agricultural and Food Chemistry，2008，56（21）：10135-10141.

[391] Debus B，Takahama S，Weakley A T，et al. Long-Term Strategy for Assessing Carbonaceous Particulate Matter Concentrations from Multiple Fourier Transform Infrared（FT-IR）Instruments：Influence of Spectral Dissimilarities on Multivariate Calibration Performance [J]. Applied Spectroscopy，2019，73（3）：271-283.

[392] Krapf L C，Nast D，Gronauer A，et al. Transfer of a Near Infrared Spectroscopy Laboratory Application to an Online Process Analyser for in Situ Monitoring of Anaerobic Digestion [J]. Bioresource Technology，2013，129（1）：39-50.

[393] 苏虹. 不同物理状态的烟叶样品建模和模型转移的研究与分析 [D]. 青岛：中国海洋大学，2014.

[394] 李鑫，宾俊，范伟，等. 近红外光谱混合模型定量分析不同物理状态样品的研究 [J]. 分析化学，45（7）：958-964.

[395] 文东东，李小昱，赵政，等. 不同品种牛肉新鲜度光谱检测模型的维护方法 [J]. 食品安全质量检测学报，2012，3（6）：621-626.

[396] 王倩，黄家明. 豆粕品质近红外光谱分析模型传递方法研究 [J]. 中国畜牧杂志，2014，50（13）：83-86.

[397] Clavaud M，Roggo Y，Degardin K，et al. Global Regression Model for Moisture Content Determination Using Near-Infrared Spectroscopy [J]. European Journal of Pharmaceutics and Biopharmaceutics，2017，119（1）：343-352.

[398] Ozdemir D，Williams R. Multi-instrument Calibration with Genetic Regression in UV-Visible Spectroscopy [J]. Applied Spectroscopy，1999，53（2）：210-217.

[399] Kupyna A，Rukke E O，Schüller R B，et al. The Effect of Flow Rate in Acoustic Chemometrics on Liquid Flow：Transfer of Calibration Models [J]. Chemometrics and Intelligent Laboratory Systems，2010，100（2）：110-117.

[400] Igne B，Hurburgh C R. Standardisation of Near Infrared Spectrometers：Evaluation of Some Common Techniques for Intra- and Inter-Brand Calibration Transfer [J]. Journal of Near Infrared Spectroscopy，2008，16（6）：539-550.

[401] Fontaine J，Hörr J，Schirmer B. Amino Acid Contents in Raw Materials Can Be Precisely Analyzed in a Global Network of Near-Infrared Spectrometers：Collaborative Trials Prove the Positive Effects of Instrument standardization and Repeatability Files [J]. Journal of Agricultural and Food Chemistry，2004，52（4）：701-708.

[402] Steinbach D，Anderson C A，McGeorge G，et al. Calibration Transfer of a Quantitative Transmission Raman PLS Model：Direct Transfer vs. Global Modeling [J]. Journal of Pharmaceutical Innovation. 2017，12（4）：347-356.

[403] Xu Z P，Fan S，Liu J，et al. A Calibration Transfer Optimized Single Kernel Near-Infrared Spectroscopic Method [J]. Spectrochimica Acta Part A：Molecular and Biomolecular Spectroscopy，2019，220：117098.

[404] 李阳阳，彭黔荣，刘娜，等. 复烤片烟常规化学成分的傅里叶变换近红外光谱法的模型转移 [J]. 理化检验（化学分册），2019，55（5）：497-503.

[405] 吴进芝，李军，杜文，等. 制丝线烟丝质量在线监测近红外模型的建立与应用 [J]. 烟草科技，2017，50（10）：69-73.

[406] 刘翠玲，刘浩言，孙晓荣，等. 食用油酸值与过氧化值近红外光谱模型转移研究 [J]. 农业机械学报，2020，51（9）：344-349.

[407] 徐琢频. 作物单籽粒近红外快速无损检测的模型转移方法研究 [D]. 北京：中国科学技术大学，2020.

[408] Rehman T U，Zhang L B，Ma D D，et al. Calibration Transfer across Multiple Hyperspectral Imaging-based Plant Phenotyping Systems：I -Spectral Space Adjustment [J]. Computers and Electronics in Agriculture，2020，176：105685.

[409] Zhou S L，Zhu S P，Wei X. Improving the Transfer Ability of Calibration Model for Terahertz Spectroscopy [J]. Spectroscopy Letters，2020，53（6）：448-457.

[410] 杨浩，熊智新，陈通. 苹果可溶性固形物含量的近红外模型传递研究 [J]. 分析试验室，2018，37（2）：163-167.

[411] Salguero-Chaparro L，Palagos B，Pena-Rodríguez F，et al. Calibration Transfer of Intact Olive NIR Spectra Between a Pre-Dispersive Instrument and a Portable Spectrometer [J]. Comput Electron Agric，2013，96：202-208.

[412] Liu X，Han L J，Yang Z L. Transfer of Near Infrared Spectrometric Models for Silage Crude Protein Detection between Different Instruments [J]. Journal of Dairy Science，2011，94（11）：5599-5610.

[413] Liu X，Huang C J，Han L J. Calibration Transfer of Near-Infrared Spectrometric Model for Calorific Value Prediction of Straw Using Different Scanning Temperatures and Accessories [J]. Energy and Fuels，2015，29（10）：6450-6455.

[414] Bergman E L，Brage H，Josefson M，et al. Transfer of NIR Calibrations for Pharmaceutical Formulations between

Different Instruments [J]. Journal of Pharmaceutical and Biomedical Analysis. 2006，41（1）：89-98.

［415］　胡兰萍，葛存旺，江国庆，等. PA 和 PDS 算法在遥感 FTIR 光谱模型传递中的应用 [J]. 南京理工大学学报（自然科学版），2008，32（6）：788-792.

［416］　张琳，张黎明，李燕，等. 正交信号校正用于傅里叶变换红外光谱的模型传递 [J]. 分析化学，2005，33（12）：1709-1712.

［417］　Li X Y，Liu Y，Lv M R，et al. Calibration Transfer of Soil Total Carbon and Total Nitrogen between Two Different Types of Soils Based on Visible-Near-Infrared Reflectance Spectroscopy [J]. Journal of Spectroscopy，2018，1-10.

［418］　Greensill C V，Walsh K B. Calibration Transfer between Miniature Photodiode Array-Based Spectrometers in the Near Infrared Assessment of Mandarin Soluble Solids Content [J]. Journal of Near Infrared Spectroscopy，2002，10（1）：27-35.

［419］　Walczak B，Bouveresse E，Massart D L. Standardization of Near-Infrared Spectra in the Wavelet Domain [J]. Chemometrics and Intelligent Laboratory Systems，1997，36（1）：41-51.

［420］　Martins M N，Galvão R K H，Pimentel M H. Multivariate Calibration Transfer Employing Variable Selection and Subagging [J]. Journal of the Brazilian Chemical Society，2010，21（1）：127-134.

［421］　Yoon J，Chung H，Han C. Calibration Transfer Algorithm for NIR Spectroscopy as an Online Analyzer [J]. IFAC Proceedings Volumes，2001，34（27）：303-308.

［422］　Yahaya O K M，MatJafri M Z，Aziz A A，et al. Visible Spectroscopy Calibration Transfer Model in Determining pH of Sala Mangoes [J]. Journal of Instrumentation，2015，10（5）：T05002.

18

深度学习算法

深度学习（Deep Learning，DL）是一种特定类型的机器学习，通过数据学习特征，具有强大的能力和灵活性。深度学习的核心是特征学习，从原始输入数据开始将每层特征逐层转换为更高层更抽象的表示，在分类和预测时提取数据中的有用信息，具有潜在的自动学习特征的能力。"深度"一词通常指神经网络中的隐藏层数，层数越多，网络越深。传统的神经网络只包含 2 层或 3 层，而深度网络可能包含多达数十甚至上百个隐藏层。

对于传统的神经网络，简单地增加网络中的隐层数量对于训练整个网络具有一定的难度。反向传播（Back Propagation，BP）算法在人工神经网络中发挥了极其关键的作用，BP算法根据输出的误差，利用梯度下降算法对权值进行反向调整。但是，BP 算法在反向传播时，梯度随着隐层数的增加越来越扩散，进而导致接近输入层的权值比较小，真正起到决策作用的仅仅是接近输出层的权值，导致模型的过拟合。这就是通常所说的"梯度弥散问题（Gradient Diffusion）"。通常有两种思路可以缓解该问题：①改进训练机制；②改进网络结构。从以上两种思路出发，相对典型的两种深度学习模型分别是自编码器（Auto Encoder，AE）与卷积神经网络（Convolutional Neural Networks，CNN）。自编码器采用了逐层预训练的方式，以缓解梯度弥散和局部极小的问题；而卷积神经网络则从结构上引入了"权值共享"和"局部连接"等理念，以有效缩小参数空间，降低模型的训练难度。

区别于传统的浅层网络学习，深度学习的不同在于：①强调了模型结构的深度，通常有很多层的隐层节点；②明确突出了特征学习的重要性：通过逐层特征变换，将样本在原空间的特征表示变换到一个新特征空间，从而使分类或预测更加容易。深度学习的实质是通过构建具有很多隐层的机器学习模型和海量的训练数据，以学习更有用的特征，从而最终提升分类或预测的准确性。深度学习是一个框架，包含多个重要算法，例如自动编码器（Auto Encoder，AE）、卷积神经网络（Convolutional Neural Networks，CNN）、受限波尔兹曼机（Restricted Boltzmann Machine，RBM）、深度信念网络（Deep Belief Network，DBN）等[1]。本章主要介绍自动编码器和卷积神经网络以及它们在光谱分类和回归中的应用。

18.1　栈式自动编码器

自编码器（Auto Encoder，AE）是数据压缩的一种算法，自编码器由编码器和解码器两部分组成，编码器对输入信号进行编码得到编码后的信号，解码器反向将编码后的信号进行解码获取输出信号（图 18-1）。自编码器属于自监督学习算法，通过期望输出等于输入实现对输入数据的复现。对于自编码器，所关心的是编码后的表示，也就是从输入层到编码层的映射，它承载了原始信息中的主要驱动量和隐含关系。

当自编码器的压缩和解压缩通过神经网络实现时，称为自编码网络。自编码网络是一种

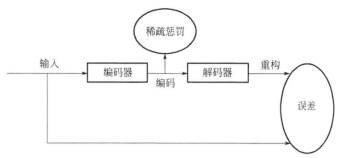

图 18-1　栈式自动编码器结构示意图

无监督学习算法，能简单方便地编码出更丰富和更高阶的网络结构。如图 18-2 所示，在自编码网络中，隐层的输入是对输入层的编码，实际上是对上一层的输出进行了非线性变换，即"非线性映射"，隐层的输出实际上是对输入进行映射后学习到的特征表示，反映的是输入中隐含的相关性关系。在自编码神经网络中，自编码器利用编码与解码操作来实现原始信息的重构。自编码器信息重构的过程，看似毫无意义，实则可通过隐藏神经元环节的稀疏性限制，获得一组基向量，并可通过该组基向量反映输入向量的本征结构。

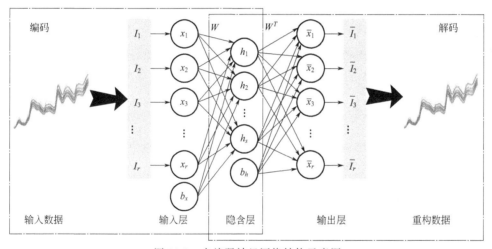

图 18-2　自编码神经网络结构示意图

自编码隐藏层可以比输入层的神经元个数还多，为实现输入变量的有效压缩，在神经网络的损失函数构造上，加入 L1 正则化约束项进行稀疏约束，就演化成了稀疏自编码器（Sparse Auto Encoder）。它是在传统自编码器的基础上通过增加一些稀疏性约束得到的（包括正则项和稀疏惩罚项权重系数两个参数），这个稀疏性是针对自编码器的隐层神经元而言，通过对隐层神经元的大部分输出进行抑制（即约束隐含层中的节点中大部分都要为 0，只有少数不为 0）使网络达到稀疏的效果。

除了稀疏自编码器外，还有去噪自编码器（Denoising Auto encoder），它的主要改进是在训练样本光谱中加入随机噪声，重构的目标是不带噪声的光谱。即用自编码器学习得到的模型重构出来的数据可以除去噪声，说明自编码器能从有噪声的数据学习特征。

栈式自动编码器（Stacked Auto Encoder，SAE）是由多个自动编码器逐层堆叠成的一种无监督学习网络，是深度学习网络的一种。在数据特征的表达上相比浅层神经网络更为强大，同时具有传统神经网络的各种优点。栈式自编码神经网络的编程方式是按照从前到后的顺序依次执行每一层的自编码器，前一层自编码器的输出作为后一层自编码器的输出。同理，栈式自编码器的解码过程就是反向按顺序执行每一项自动编码器。栈式自动编码器的训练方式为无监督贪婪训练，每次只训练一个隐层，此层自编码器优化后再开始训练下一层，直至训练完最后一个隐层。最后，对参数每一层的权重和偏差进行微调。微调是指对模型中的参数采用误差反向传播进行整体修正，适用于具有任意多层的栈式自编码网络。

栈式稀疏自编码网络（Stacked Sparse Auto Encoder，SSAE）则是由多个稀疏自编码网络堆叠而成。随着稀疏自编码器层数的增加，学习得到原始数据的特征表达更抽象。

自编码神经网络是属于非监督学习领域中的一种，它可以自动从无标注的数据中学习相应的特征，是一种以重构输入信号为目标的神经网络，它可以重构出比原始数据更好的数据特征来描述原始数据所代表的类别，学习特征的能力较强，在深度学习中经常用自编码神经网络训练生成的数据特征来代替原始数据，以便在后续的回归运算和识别分类中有更好的效果。

张卫东等将栈式自编码器与极限学习机相结合，用于近红外光谱鉴别不同厂商生产的头孢克肟片药品，具有较高分类准确率和稳定性[2]。路皓翔等把堆栈降噪自编码（Stacked Denoising Auto-encoders，SDAE）与随机森林（RF）进行融合，用于柑橘黄龙病近红外光谱检测。该方法首先采用 SDAE 实现柑橘近红外光谱的深层特征提取，然后利用 RF 的投票集成策略实现分类鉴别，在模型训练时间、准确性以及稳定性方面均表现优异[3]。Liu 等将 5 层的自编码网络（DAE）用于烟草近红外光谱的特征提取，把 2760 维的光谱降为 3 维，其对烟草的分类效果明显优于 PCA 方法（图 18-3）[4]。杭盈盈等将堆栈自编码与 Softmax 分类器相结合，建立了可见-近红外光谱无损鉴别萝卜种子品种等方法[5]。

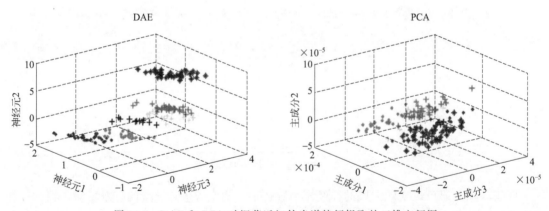

图 18-3　DAE 和 PCA 对烟草近红外光谱特征提取的三维空间图

王玮等利用堆栈降噪自编码对乙醇固态发酵过程的近红外光谱进行更深层次的特征提取，以 PLS 算法作为深度框架的顶端回归器，建立了预测发酵基质中酒精和葡萄糖含量的模型，提升了模型的预测准确性[6]。Yu 等将栈式自编码器（SAE）与全连接神经网络（Fully-connected Neural Network，FNN）相结合，利用可见-短波近红外光谱成像预测库尔勒香梨的硬度和可溶性固形物含量[7]。如图 18-4 所示，首先对 SAE 网络进行预训练，其输出作为 FNN 的初始输入值，然后通过反向传播对整个 SAE-FNN 的权重进行微调，得到最终的预测模型。Yu 等还用类似的方法预测油菜叶中的氮含量以及南美白对虾中的挥发性盐基氮（TVB-N）含量[8,9]。冉思等利用稀疏自编码（SAE）对土壤的可见-近红外光谱数据进行特征提取，与 BP 神经网络结合构建了预测土壤有机质（SOM）的模型，结果表明

SAE 的特征提取效果优于连续投影算法（SPA）和 PCA[10]。倪超等利用可变加权堆叠自动编码器对马尾松苗木根部的近红外光谱特征进行提取，然后结合支持向量机回归建立了近红外光谱预测马尾松苗木根部含水量的模型，其预测结果比 PLS 和 SVR 方法更为准确[11]。

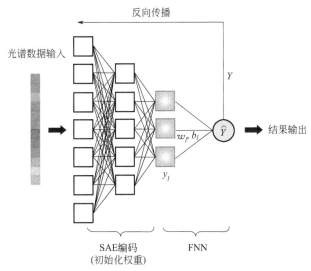

图 18-4　SAE-FNN 网络拓扑结构示意图

18.2　卷积神经网络

18.2.1　卷积神经网络的基本构成

卷积神经网络（Convolutional Neural Network，CNN）属于多层前馈神经网络，是主流的深度学习算法之一，它是由输入层、隐藏层和输出层等多层神经元规律连接组成。如图 18-5 所示，隐藏层通常由交替的卷积层（Convolutional Layers）、激活函数、池化层（Pooling Layers）加上全连接层（Fully Connected Layers）构成。根据实际需要，还可添加批量标准化层（Batch Normalization）和随机丢弃（Dropout）对模型进行优化。为防止模型对训练集过拟合，可再向模型添加正则项，常规的正则化操作有 L1 范数和 L2 范数等。

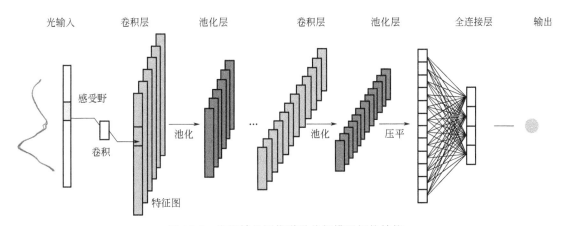

图 18-5　卷积神经网络谱学分析模型拓扑结构

卷积层可以逐层提取输入信息中的多种局部特征，池化层将相邻的多个特征点合并，精简数据量、提高运算效率和鲁棒性，全连接层可完成非线性回归或分类任务。深度学习中的激活函数则是用来给模型加入非线性因素，提高模型对更高级特征的表达能力。

（1）卷积层

卷积层是 CNN 的核心算法模块，通常位于输入层之后，池化运算层之前，是卷积神经网络最重要的组成部分。卷积层由一组参数可训练的滤波器组成，这些滤波器通常感知区域较小，也被称作卷积核。网络前向传播过程中，每个卷积核都会在输入数据上按一定方向滑动，并且对所覆盖区域执行卷积运算。卷积核内的值（权重）最初被随机设定，卷积运算的本质为卷积核内数值与局部感受野的数值加权求和，经过多次运算，卷积核内参数不断优化更新，最终趋于收敛。卷积层主要用于提取特征和挖掘有用信息，卷积的操作可以提取相邻像素之间的局部关系，同时对图像上的平移、旋转和尺度等变换具有一定的鲁棒性。

图 18-6 是一个简单的卷积运算示例，I 表示原始图像，K 是一个 3×3 的卷积核，$*$ 表示卷积运算，卷积核滑动步长为 1，可得卷积运算所得特征图。每个卷积核在原始数据上的卷积运算结果会形成有特定含义的特征图，对应着原始数据中的某一类特征。卷积层数越多，就可提取到更偏向于整体的、更具有表征能力的特征数据。图 18-7 给出了一维光谱数据卷积运算的过程示例。

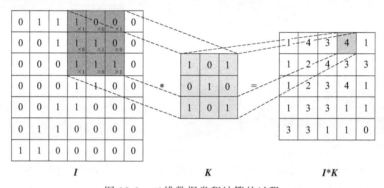

图 18-6　二维数据卷积计算的过程

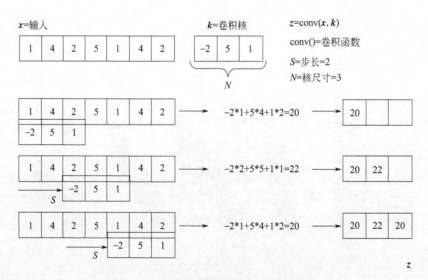

图 18-7　一维光谱数据卷积计算的过程

卷积核尺寸（Kernel Size）越大，卷积核提取的特征越少，因为当卷积核窗口宽度越宽时，卷积核在整个光谱区间上移动的次数将会越少；反过来，如果卷积核尺寸越小，那么卷积核提取的特征就会越多。卷积核移动的步长（Stride）越大，那么卷积核提取的特征将会越少。反之，如果减少卷积核的移动步长，那么卷积核提取的特征将会增多。通常，在同一个卷积层中，将会包含多个不同的卷积核。每个卷积核将从某个特定的角度提取它感兴趣的特征。

（2）池化层

池化层通常位于卷积层之后，其功能是对卷积层运算生成的特征图采样，因此也可称为下采样层。池化层的运算没有减少特征图的个数，而是减小了每个特征图的维度，缩减了数据量，可提升运算速度，增强神经网络模型鲁棒性。常见的池化采样方法有最大值池化（Max-pooling）和均值池化（Average-pooling）。在采样窗口内，最大值池化提取所有数值中的最大值作为特征值，均值池化通过计算所有数值的平均值作为特征值。采样窗口区域大小和移动步长均可根据实际问题调整。图 18-8 是一个池化运算过程示例，采样窗口大小为 2×2，滑动窗口步长为 2。池化层主要对卷积之后的结果进行压缩和精简，通过降低特征表达维度，扩大感知野并简化网络计算的复杂度。

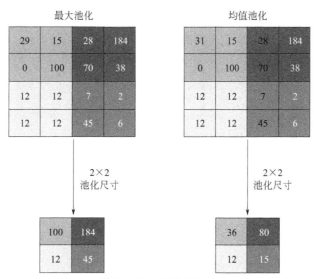

图 18-8 最大池化和均值池化过程示意图

（3）激活层

神经网络中激活函数的主要作用是提供网络的非线性建模能力。假设神经网络中卷积层和全连接层之前没有激活层，那么该网络仅能表达输入与输出之间的线性映射，即使通过增加网络的深度依然还是线性映射，难以表达出输入与输出之间的非线性关系。因此，常在深度学习网络中加入激活层，使网络具备分层的非线性映射学习能力。

（4）压平层

压平层（Flatten 层）用来将输入数据"压平"，即把多维的输入一维化，常用在从卷积层（Convolution）到全连接层（Dense）的过渡。例如，将 M 个具有 N 个波长点的光谱矩阵 X，经过 K 个大小为 S 的卷积核进行卷积后，得到的输出 Z 的维度为 $M×(N-S+1)×K$，卷积层之后的数据 Z 无法直接连接全连接层，需要压平后连接全连接层，经压平后的数据为二维数据，维度是 $M×[(N-S+1)×K]$。压平的作用相当于把通过不同卷积核提取出来的特征扩展在一起，用于下一层的计算。图 18-9 是将三维数据压平为一维数据的示意图。

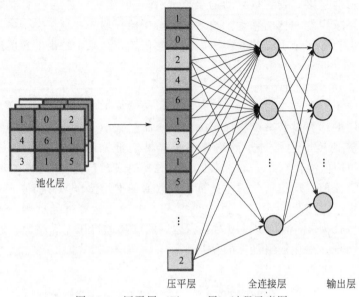

图 18-9　压平层（Flatten 层）过程示意图

（5）全连接层

经过卷积层和池化层的运算，神经网络在输入数据中提取到了起初无法直接获得的局部和全局特征。全连接层，又称为稠密层（Dense Layer），是一层或多层神经元组成，例如BP 网络或 Softmax 网络等，其中神经元通常与邻层所有神经元互相连接，它的作用是接收卷积和池化层的输出结果，对局部特征和全局特征分类或回归，起到"分类器"或"回归器"的作用。

只要网络结构设计合理，用于训练的数据充足和有效，就能得到利理想的网络模型。训练好的网络可以学习训练数据中的特征，对特征自动进行抽象和筛选，从而得到理想的特征提取模型，相比于人工提取特征，卷积神经网络排除了人的主观因素，使特征提取更加准确和合理。

传统人工神经网络通常为全连接神经网络，即相邻的神经网络层之间所有神经元全部互相连接。全连接神经网络多个层级之间的连接关系繁多而冗杂，这决定了它需要训练很大量的参数，训练时极易产生梯度弥散和维度灾难。而 CNN 使用局部连接和权值共享来缓解这一问题，局部连接和权值共享是卷积神经网络最主要的两个特征，使卷积神经网络可以处理更复杂的问题，且相对传统全链接神经网络，训练学习效率更高。

（1）局部连接

局部连接是卷积神经网络的一个典型结构特点，当网络层级增多时，局部连接可大大减少网络层级间的连接数，降低网络结构复杂度。它指当卷积神经网络学习较庞大的目标数据时，遵从由局部到整体的认知过程，首先建立局部小范围连接，再从训练过程中逐步增强对数据整体的认识。图 18-10（a）为卷积神经网络的连接结构，卷积层的神经元只和前一层感兴趣区域的部分数据建立连接，而并非与全部输入数据相连。这种局部连接使隐含层的神经元只对自己的局部连接区域做卷积运算，而不计算其他区域。通过局部连接，卷积核可充分提取数据的局部特征，每个局部区域的特征被表征为输出特征图中的一个元素。

使用多个卷积核便可提取到多种局部特征（即多核卷积），输出多张特征图（Feature Map）。这些局部特征图又会被网络更高层级的神经元感知，用于提取全局特征。例如，对于 18 个不同的 10×10 维度的卷积核，可获得 18 个特征图，可视为原始图像的不同通道，该卷积层则包含了 $10\times10\times18=1800$ 个参数。

（2）权值共享

权值共享是卷积神经网络区别于传统神经网络的另一大特点，它有效降低了神经网络模型中需要训练的参数量，提升了模型学习效率。如图 18-10(b) 所示，权值共享的主要表现为卷积层中卷积核的参数值被同时训练，使用相同参数的卷积核作用于输入数据，相当于在输入数据中提取某种特定局部特征的过程。生成的每个特征图，代表一种特定的特征提取方法在输入数据上的提取结果。同一个采样层的两个神经元具有一样的参数，同一特征图特征提取过程中使用的权值参数是相同的。可以看作是同一个卷积核在输入层的特征面上平移，将该卷积核在某区域提取特征的方法，同样应用在其他区域。

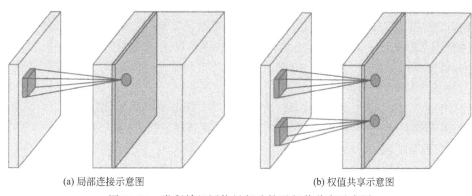

(a) 局部连接示意图　　　　　　　　　　(b) 权值共享示意图

图 18-10　卷积神经网络局部连接及权值共享示意图

权值共享原理使神经网络模型参数数量和复杂度大大降低，隐藏层在提取每一个特征图时只需训练一个卷积核和一组参数，网络训练难度明显减小，训练速度得到提升。每个不同的卷积核都会与全部范围的输入数据卷积，而非仅作用于局部，可使神经网络鲁棒性更强。

18.2.2　优化算法

权值更新是神经网络中最为重要的一个过程，目前最常使用的更新算法是随机梯度下降法，除了随机梯度下降法外还有动量法、Adagrad、RMSProp、Adadelta、Adam 等优化方法，分别解决优化过程中存在的各种问题，以加速网络模型训练，提高模型的表现力。

（1）随机梯度下降（Stochastic Gradient Descent，SGD）

这种优化算法的优点在于可以分散训练的数据量，减少计算机的负载，提高计算效率。特别是当训练数据出现重复时，SGD 在训练中也不会因为分块训练模式而降低效率。学习率一般通过经验和误差来选取，过大的学习率则会造成目标曲线的剧烈震荡，造成神经网络无法正常的更新参数，使得训练模型不能够正常收敛。而过小的学习率则容易使系统局限于局部最小值无法跳出。而这个最小值往往使得系统的损失值较大，并不能完成对神经网络的优化。小批量梯度下降法（Mini-batch Gradient Desent，Mini-batch SGD）则每次随机选择一部分样本（Mini-batch）进行梯度计算并更新参数，在保证计算速度快的同时还可快速收敛。

（2）动量（Momentum）

引入动量方法一方面是为了解决"峡谷"和"鞍点"问题；一方面也可以用于加速 SGD 的收敛，特别是针对高曲率、小幅但是方向一致的梯度。引入动量到 SGD 中可以一定程度地解决其随机更新的不稳定性，减少振荡，因为它在更新时在一定程度上保留之前梯度的方向，同时利用当前分块来微调更新方向。

（3）自适应梯度（Adagrad）

该算法的思想是独立地适应模型的每个参数，即具有较大偏导的参数相应有一个较大的学习率，而具有小偏导的参数则对应一个较小的学习率。具体来说，每个参数的学习率会缩放各参数反比于其历史梯度平方值总和的平方根。其缺点在于学习率是单调递减的，训练后期学习率过小会导致训练困难，甚至提前结束，另外还需要设置一个全局的初始学习率。

（4）均方根传递（RMSProp）

RMSProp(Root Mean Square Prop) 主要是为了解决 AdaGrad 方法中学习率过度衰减的问题，即学习率在达到局部最小值之前就变得太小而难以继续训练。RMSProp 使用指数衰减平均，使其能够在找到某个"凸"结构后快速收敛。此外，RMSProp 还加入了一个超参数用于控制衰减速率。RMSProp 已被证明是一种有效且实用的深度神经网络优化算法，RMSProp 依然需要设置一个全局学习率。

（5）自适应矩估计（Adam）

Adam(Adaptive Moment Estimation) 算法是将 Momentum 算法和 RMSProp 算法结合起来使用的一种算法，它可以动态地调控学习率，使其朝着稳定的方向变化，在优化网络参数的过程中能够根据输入数据高效地寻找到全局最优解。

在实际的训练和应用中，没有一种优化算法可以完美地解决所有问题，因而，根据实际的应用需求，在了解算法原理的基础上选择合适的优化算法和参数是非常重要的。

18.2.3 损失函数

损失函数是神经网络模型对数据拟合程度的反映，拟合得越差，损失函数的值就越大；同时损失函数在比较大时，它对应的梯度也应比较大，这样变量就可以更新得更快。因此，对损失函数有两个方面的要求，首先要能反映出求解问题的真实误差，其次就是损失函数要有合理的梯度，有利于求解梯度，进而对权重和参数进行更新。

损失函数是设计神经网络中很重要的一个关键因素，面对特定的问题，需要选取或设计不同的损失函数。常用的损失函数包括：

（1）均方差损失函数（Mean Square Error，MSE）

均方差是比较常用的损失函数，用以评价测试数据与目标数据的差异，即预测数据与原始数据对应点误差的平方和的均值。MSE 在线性回归中表现较好，可以有效地计算反向的梯度传播。当激活函数为 Sigmoid 函数时，容易造成梯度的损失，从而导致层数较浅的权值没有被更新，即存在梯度消失的问题。因此在逻辑回归中选择 MSE 需要考虑梯度的损失情况。

（2）交叉熵损失函数（Cross-Entropy）

交叉熵是信息熵论中的概念，它原本用来估算平均编码长度。在深度学习中，可以看作通过概率分布 $q(x)$（训练后模型的预测标记分布）表示概率分布 $p(x)$（真实标记的分布）的困难程度。交叉熵刻画的是两个概率分布的距离（或相似性），也就是说交叉熵值越小（相对熵的值越小），两个概率分布越接近。交叉熵作为损失函数的一个好处是，使用

sigmoid 函数在梯度下降时能避免均方误差损失函数学习速率降低的问题，因为学习速率可以被输出的误差所控制。

（3）对数似然损失函数（Log-likelihood Cost）

对数似然损失函数的本质就是，一组参数在一堆数据下的似然值等于每一条数据在这组参数下的条件概率之积，而损失函数一般是每条数据的损失之和，为了把积变为和，就取了对数，再加个负号是为了让最大似然值和最小损失对应起来。对数似然损失函数一般用于多分类问题，在输出层加 softmax 激活，然后求对数似然损失。

18.2.4　激活函数

激活函数（Activation Function）运行时激活神经网络中某一部分神经元，将激活信息向后传入下一层的神经网络。神经网络之所以能解决非线性问题，本质上就是激活函数加入了非线性因素，弥补了线性模型的表达力，把"激活的神经元的特征"通过函数保留并映射到下一层。常用的激活函数包括：

（1）sigmoid 函数

sigmoid 函数的图形是 S 型的，是最常用的激活函数，其函数形式为：

$$f(x) = \text{sigmoid}(x) = \frac{1}{1 + e^{-x}}$$

sigmoid 函数的图像如图 18-11 所示，它是严格的递增函数，在 x 取 0 值附近表现出线性，远离 0 值区域表现出非线性，因此该函数能较好地平衡线性与非线性特性，并且函数是可微分的。从图中可以看出梯度的趋势，当输入非常大或者非常小的时候，神经元的梯度就接近于 0，这就使得在反向传播算法中反向传播接近于 0 的梯度，导致最终权重基本没什么更新。

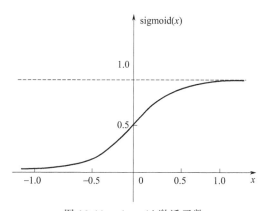

图 18-11　sigmoid 激活函数

（2）tanh 函数

tanh 是双曲正切函数，tanh 函数和 sigmod 函数的曲线是比较相近的，不同的是输出区间。如图 18-12 所示，tanh 的输出区间是在（−1，1）之间，而且整个函数是以 0 为中心的。其函数形式为：

$$f(x) = \tanh(x) = \frac{\sinh x}{\cosh x} = \frac{e^x - e^{-x}}{e^x + e^{-x}}$$

tanh 函数是一个奇函数，其函数图像为过原点的严格单调递增曲线。它允许激活函数取负值，有时能产生更好的实际效果，但是它仍然存在梯度饱和的问题。

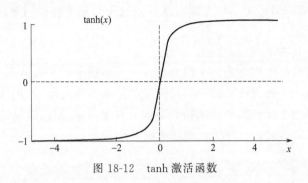

图 18-12　tanh 激活函数

（3）ReLU（Rectified Linear Unit，修正线性单元）函数

ReLU 激活函数，即修正线性单元，也称为整流线性单元，它是目前卷积神经网络使用最多的默认激活函数，其形式为：

$$f(x) = \max(0, x)$$

其函数图像及其导数图像如图 18-13 所示。

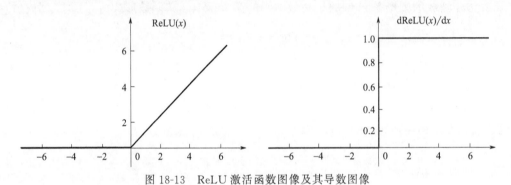

图 18-13　ReLU 激活函数图像及其导数图像

ReLU 函数的输出是非线性的。在 $x=0$ 处，函数不可微，但通常对梯度下降算法几乎没有影响，因为数值计算几乎不会达到梯度为 0 的点，且网络训练时通常会对左导数和右导数有定义。在 $x>0$ 区域，函数是一阶导数处处为 1 的线性函数，ReLU 处于激活状态，因而保留了线性模型良好的特性，易于使用基于梯度下降的优化方法，这个区域梯度值一致，并且不会太大也不会太小，有利于避免神经网络由于深度增加而出现的梯度消失或梯度爆炸问题，而且其收敛速度远快于 sigmoid 和 tanh 激活函数。ReLu 函数形式相对简单，在梯度计算过程中的内存消耗较少，并且 ReLu 函数将一部分神经元的输出变成 0，使得网络变得稀疏了，在一定程度上减缓了过拟合问题。

ReLU 的一个缺陷是 $x<0$ 时，函数处于非激活状态，此时梯度为 0，也就是说它不能通过基于梯度的方法学习到那些使它们激活为 0 的样本。为了保证能在 x 的各处都能接收到梯度，出现了多种扩展 ReLU 函数形式，例如 leaky ReLU 激活函数，它在输入小于 0 时不设置 0，而用乘上一个很小的常数值来代替，其函数表达式为 $f(x) = \max(ax, x)$，a 是很小的常数，比如 0.01。再例如 Parametric ReLU 激活函数，其近似 leaky ReLU 函数，只是 a 不是预设定一个常数，要通过数据学习得到。此外，还有 Randomized ReLU 激活函数等。

损失函数往往也是结合激活函数来选择的，因为反向传播算法进行链式求导的过程中，不可避免要遇到激活函数，激活函数是正向传播中最重要的设计之一，它增加了模型的复杂性，提供了更多的非线性操作。

在实际的训练过程中，MSE 损失函数一般与 sigmoid 函数结合适用于线性回归问题，对于真实结果的差别越大，则区别就会越大，回归精度越高。MSE 在分类问题中则容易出现梯度消失的情况，而交叉熵函数可以解决分类模型中的梯度消失的问题。交叉熵函数只关心分类的结果是否正确，而 MSE 函数则注重每个类别的大小，这在实际的分类问题中是没有必要的。因此交叉熵函数更适合逻辑回归问题。

此外，当输入数据特征相差明显时，用 tanh 函数的效果会很好，且在循环过程中会不断扩大特征效果并显示出来。当特征相差不明显时，sigmoid 函数的效果比较好。同时，用 sigmoid 和 tanh 作为激活函数时，需要对输入进行规范化，否则激活后的值全部都进入平坦区，隐层的输出会全部趋同，丧失原有的特征表达。而 ReLU 会好很多，有时可以不需要输入规范化来避免上述情况。因此，现在大部分的卷积神经网络都采用 ReLU 作为激活函数。

18.2.5　防止过拟合的方法

在深度神经网络中，当模型的参数和训练样本数量差距过大时，常出现过拟合（Overfit）的问题，这也是网络训练主要的难点之一。过拟合是指在训练数据上能够获得很好的拟合结果，但对于训练数据外的数据集却不能很好地预测结果。为防止卷积神经网络模型产生过拟合，可采用以下几种方法：

（1）正则化（Norm Redularization）*方法*

正则化是一种降低模型复杂度的方式，它是通过在损失函数中添加一个惩罚项来实现正则化。最常见的技术是 L1 和 L2 正则化：

L2 正则化一种最常见的正则化方法，在多元线性回归中也称为岭回归或吉洪诺夫正则化（Tikhonov）。它直接在损失函数里加上惩罚项。也就是对神经网络中每个权值 w 计算 L2 范数，然后加到损失函数里，表示为 $0.5 * \lambda * w^2$。λ 是正则化强度，其值越大正则化越强，越能防止过拟合，但取值过大就会出现欠拟合现象，一般利用验证集确定超参数。

L1 正则化是另一种常见的正则化方法，在多元线性回归中也称为 Lasso 正则化。就是对神经网络里每个权值 w 计算 L1 范数，然后加到损失函数里，表示为 $\lambda * |w|$。L1 正则化方法会让权值变得稀疏，即绝大多数权值接近于 0，这就相当于只让部分输入数据参与到网络计算中，对具有噪声或者冗余的这部分输入具有鲁棒性。这种性质可以用来做特征选择。

（2）集成（Ensemble）*方法*

一些集成学习的策略可以防止过拟合现象的发生，常用的集成学习策略包括袋装（Bagging）、提升（Boosting）、随机森林等，通过组合多个模型起到减少泛化误差的作用。在深度学习中同样可以使用此方法，但这会增加计算和存储的成本。

（3）随机丢弃（Dropout）*方法*

如图 18-14 所示，Dropout 方法在每次网络训练过程中随机将部分神经元的权重设置为 0，即让一些神经元失效，就等同于训练不同的神经网络，这样可以使得模型的多样性增强，获得了类似多个模型集成（Ensemble）的效果，从而避免过拟合。另外，Dropout 导致了稀疏性，网络结构复杂度降低，使得局部数据簇差异性更加明显，这也是其能够防止过拟合的原因。

Dropout 一般出现在全连接层，常用于优化训练网络。在网络训练期间，每次迭代都以概率 p 随机抑制隐藏层中的部分神经元，剩余的神经元连接下一层神经元，反向传播后更

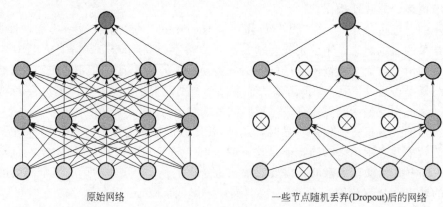

原始网络   一些节点随机丢弃(Dropout)后的网络

图 18-14　Dropout 方法示意图

新未被抑制的神经元参数。下一次的迭代恢复被抑制神经元的参数，其他的神经元保持上次迭代后更新的参数，然后继续随机抑制部分神经元。不断重复上述过程可生成不同的神经网络，最后采用综合取平均的策略组合这些不同的神经网络，作为最终输出的模型。超参数 p 称为丢弃率，通常设置为 50%。

（4）**批量标准化（Batch Normalization，BN）方法**

传统的深层神经网络，随着层数的加深，模型会变得很难训练和拟合，这是因为深层神经网络不同层之间会进行非线性变换，多层的这种非线性变换带来的结果就会使得模型的训练数据的分布发生偏移或者变动，这个现象叫作内部神经元分布的改变（Internal Covariate Shift）。之所以会训练收敛很慢，是因为数据的整体分布逐渐往非线性函数取值区间的上下限两端靠近，而在这个区间的梯度很小，可以说接近 0。

批量标准化的本质思想就是将逐渐向非线性函数映射后向梯度消失区间的输入分布强行拉回到近似均值为 0 方差为 1 的正态分布，使得非线性变换函数的输入值落入对输入比较敏感的区域，学习速率可以增大很多倍，避免发生梯度消失、拟合困难的问题，可以在一定程度上推迟过拟合情况的发生。BN 强行改变输入数据的分布，避免了输入数据分布往非线性激活函数往梯度消失区域扩散的同时，抵消了非线性激活函数的非线性表达能力的。因此，BN 在将输入数据分布拉回近似均值为 0、方差为 1 的正态分布后，增加了放缩（Scale）和偏移（Shift）两个参数，对数据进行放缩以及加偏移，目的是为了同时保持网络的非线性学习能力。

（5）**数据增强（Data Augmentation）方法**

产生过拟合的原因大多为训练样本的缺乏和训练参数的增加。如果训练样本缺乏多样性，那再多的训练参数也毫无意义，因为这会造成过拟合。让模型泛化的能力更好的一个办法就是使用更多的训练数据进行训练，大量数据带来的特征多样性有助于充分利用所有的训练参数。对于图像数据，数据增强常用的方式包括翻转变换、随机修剪、色彩抖动、平移变换、尺度变换、对比度变换、噪声扰动、旋转变换和反射变换等。数据增强也可通过生成式对抗网络（Generative Adversarial Networks，GAN）获得。

（6）**提前终止（Early Stopping）方法**

提前终止适用于模型的表达能力很强的时候。这种情况下，一般训练误差会随着训练次数的增多逐渐下降，而测试误差则会先下降而后再次上升。为了避免训练集过拟合，一个很好的解决方案是提前停止，当测试误差在验证集上的性能开始下降时就中断训练（图 18-15）。

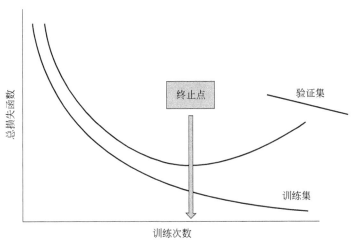

图 18-15　提前终止训练示意图

18.2.6　经典的卷积神经网络架构

卷积神经网络的首次成功应用是由 Cun 等在 1998 年开发的 LeNet-5 架构，用于邮政编码手写数字的识别。深度卷积网络的大发展起步于 2012 年的 AlexNet 网络，由 Krizhevsky 等在 ImageNet 图像分类任务大赛（ImageNet Large Scale Visual Recognition Challenge, ILSVRC）比赛中提出。AlexNet 与 LeNet-5 拥有相似的架构，但是它的网络更深，使用了多个卷积层堆叠而实现。2014 年 ILSVRC 比赛出现了 GoogLeNe 和 VGGNet 两个优秀的架构。GoogLeNet 创新性地提出了 Inception 结构，解决了梯度消散的问题。VGGNet 的主要贡献在于表明了网络的深度是性能良好的关键原因。2015 年，He 等开发的 ResNet 通过残差结构解决了网络退化的问题，极大地提升了网络的深度。下面主要介绍几种经典的卷积神经网络模型，包括 LeNet-5、AlexNet、VGGNet、GoogLeNet 和 ResNet 等[12]。

（1）LeNet-5 网络

LeNet-5 是奠定了现代卷积神经网络的基石之作，其网络结构如图 18-16 所示，包括 3 个卷积层，1 个全连接层和 1 个高斯连接层。

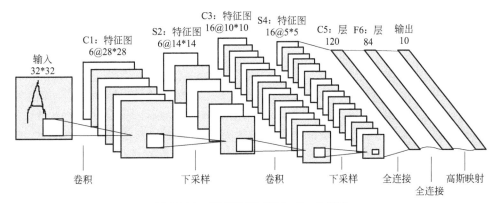

图 18-16　卷积神经网络 LeNet-5 模型

第一层：输入层，输入的是批尺寸（Batchsize）×32×32 的黑白分辨率图像；第二层：C1，卷积层，有 6 个特征图，卷积核大小为 5×5，深度为 6，没有使用全 0 填充且步长为

1，共有 $28×28×6$ 个神经元（$32-5+1=28$），参数数量为 156（$5×5×6+6=156$，6 为偏置项参数），每一个单元与输入层的 25 个单元连接；第三层：S2，池化下采样层，有 6 个特征图，每个特征图大小为 $14×14$，池化核大小为 $2×2$，长和宽步长都为 2；第四层：C3，卷积层，卷积核大小为 $5×5$，有 16 个特征图，每个特征图大小为 $10×10$（$14-5+1=10$），与第三层有着固定的连接；第五层：S4，池化下采样层，有 16 个特征图，每个特征图大小为 $5×5$（$10/2$），池化核大小为 $2×2$，长和宽步长都为 2；第六层：C5，卷积层，有 batchsize$×120$ 个特征图；第七层：F6，全连接层，有 batchsize$×84$ 个特征图；第八层：输出层，有 batchsize$×10$ 个特征图。

（2）AlexNet 网络

如图 18-17 所示，AlexNet 拥有 5 个卷积层，其中 3 个卷积层后面连接了最大池化层，最后还有 3 个全连接层。AlexNet 确立了深度学习（深度卷积网络）在计算机视觉的统治地位，同时也推动了深度学习在语音识别、自然语言处理、强化学习等领域的拓展。

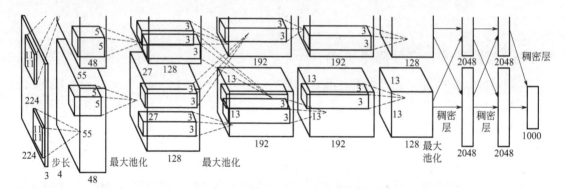

图 18-17　卷积神经网络 AlexNet 模型

AlexNet 使用 ReLU 作为 CNN 的激活函数，并验证其效果在较深的网络超过了 sigmoid，解决了 sigmoid 在网络较深时的梯度弥散问题。训练时使用 Dropout 随机忽略一部分神经元，以避免模型过拟合。AlexNet 全部使用重叠的最大池化，此前 CNN 中普遍使用均值池化，避免均值池化的模糊化效果。AlexNet 中的步长尺寸比池化核的尺寸小，这样池化层的输出之间会有重叠和覆盖，提升了特征的丰富性。

AlexNet 使用数据增强方式随机地从 $256×256$ 的原始图像中截取 $224×224$ 大小的区域（以及水平翻转的镜像），相当于增加了 2048 倍的数据量，显著减轻过拟合，提升泛化能力。此外，AlexNet 利用 GPU 强大的并行计算能力，处理神经网络训练时大量的矩阵运算。

（3）VGGNet 网络

VGGNet 把网络分成了 5 段，每段都把多个 $3×3$ 的卷积网络串联在一起，每段卷积后面接一个 $2×2$ 最大池化层，最后面是 3 个全连接层和一个 softmax 层。VGGNet 使用多个较小卷积核（$3×3$）的卷积层代替一个卷积核较大（例如 $5×5$）的卷积层，一方面可以减少参数，另一方面相当于进行了更多的非线性映射，可以增加网络的拟合/表达能力。

VGGNet 有 VGG-11、VGG-16 和 VGG-19 等不同的架构，构筑了 16～19 层深的卷积神经网络，全部使用了 $3×3$ 的小型卷积核和 $2×2$ 的最大池化核，通过不断加深网络结构来提升性能，达到更大的感受野（如 $5×5$）类似效果，以提取更多的复杂特征。

（4）GoogLeNet 网络

GoogLeNet（也称 Inception）是一种全新的深度学习结构，之前的 AlexNet、VGGNet

等结构都是通过增大网络的深度（层数）来获得更好的训练效果，但层数的增加会带来很多负作用，比如参数太多，若训练数据集有限，容易过拟合；网络越大计算复杂度越大，难以应用；网络越深，梯度越往后穿越容易消失，难以优化模型。Inception 的提出则从另一种角度来提升训练结果：能更高效地利用计算资源，在相同的计算量下能提取到更多的特征，从而提升训练结果。

如图 18-18 所示，Inception 基本结构有 4 个分支：第一个分支对输入进行 1×1 的卷积，1×1 的卷积是一个非常优秀的结构，它能实现跨通道的交互和信息整合，提高网络的表达能力，同时可以对输出通道升维和降维。第二个分支先使用了 1×1 卷积，然后连接 3×3 卷积，相当于进行了两次特征变换。第三个分支类似，先是 1×1 的卷积，然后连接 5×5 卷积。最后一个分支则是 3×3 最大池化后直接使用 1×1 卷积。Inception 的 4 个分支在最后通过一个聚合操作合并（在输出通道数这个维度上聚合）。

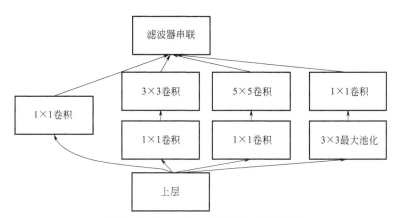

图 18-18　Inception 的基本结构示意图

Inception 结构使用 1×1 的卷积来进行升降维，降低了计算复杂度，得到了更为紧凑的网络结构，虽然 GoogLeNet 总共有 22 层，但是参数数量却只是 8 层 AlexNet 的十二分之一。Inception 结构在多个尺寸上同时进行卷积再聚合，在多个尺度上同时进行卷积，能提取到不同尺度的特征，利用稀疏矩阵分解成密集矩阵计算的原理来加快收敛速度。

GoogLeNet 拥有更深的网络结构和更少的参数和计算量，主要归功于在卷积网络中大量使用了 1×1 卷积，以及用 AveragePool 取代了传统网络架构中的全连接层，这需要精心设计 Inception 架构才能取得优异的结果。

（5）ResNet 网络

对于传统的深度学习网络，如果简单地增加深度，会导致梯度弥散或梯度爆炸。对于该问题的解决方法是正则化初始化和中间的正则化层（Batch Normalization），这样可以训练几十层的网络。虽然通过上述方法能够训练了，但是又会出现另一个问题，就是退化问题，即随着网络层数增加，训练集上的准确率却饱和甚至下降了。深度残差网络（Deep Residual Network，ResNet）通过残差学习解决了深度网络的退化问题。

对于一个堆积层结构（几层堆积而成）当输入为 x 时其学习到的特征记为 $H(x)$，现在希望其可以学习残差 $F(x)=H(x)-x$，这样其实原始的学习特征是 $F(x)+x$。之所以这样是因为残差学习相比原始特征直接学习更容易。当残差为 0 时，此时堆积层仅仅做了恒等映射（Identity Mapping），至少网络性能不会下降，实际上残差不会为 0，这也会使得堆积层在输入特征基础上学习到新的特征，从而拥有更好的性能。这样可以解决由于网络很深出现梯度消失的问题，从而可以把网络做得很深。

残差学习的结构如图 18-19 所示。这有点类似于电路中的"短路"，所以是一种短路连接（Shortcut Connection）。在 ResNet 中，通过 Shortcut 将输入和输出进行一个对应位置上的元素（Element-wise）相加，这个简单的加法并不会给网络增加额外的参数和计算量，同时却可以大大增加模型的训练速度、提高训练效果，并且当模型的层数加深时，这个简单的结构能够很好地解决梯度消失问题。

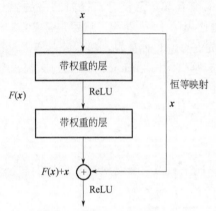

图 18-19　残差学习的结构示意图

（6）DenseNet 网络

在深度学习网络中，随着网络深度的加深，梯度消失问题会愈加明显。DenseNet 网络脱离了加深网络层数（ResNet）和加宽网络结构（Inception）来提升网络性能的思维。它从特征的角度考虑，通过特征重用和旁路（Bypass）设置，既大幅度减少了网络的参数量，又在一定程度上缓解梯度消失问题的产生。其基本思路就是在保证网络中层与层之间最大程度的信息传输的前提下，直接将所有层连接起来。

DenseNet 由 Dense 块组成，采用的是 Batch Normalization（BN）＋ ReLU ＋ 3 × 3 Conv 的结构（图 18-20）。在这些块中，各个层紧密地连接在一起，每层都从先前层的输出特征映射中获取输入。DenseNet 架构最大限度地利用了残差机制，使得每一层都紧密地连接到它的后续层。模型的紧凑性使得学习到的特征是非冗余的，因为它们都是通过集体知识（collective knowledge）共享的。另外由于连接较短，梯度更容易反向流动。残差的这种极高的重用性产生了深度监督，因为每一层都从前一层接收到更多的监督，因此损失函数将做出相应的反应。

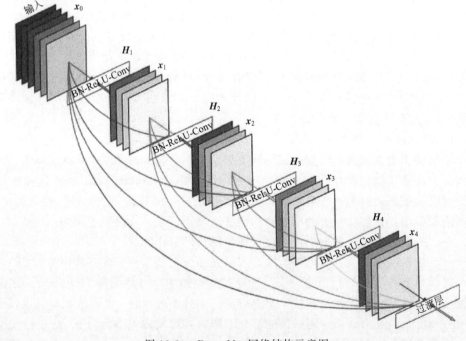

图 18-20　DenseNet 网络结构示意图

DenseNet 核心思想在于建立了不同层之间的连接关系，充分利用了特征，进一步减轻了梯度消失问题，随着网络的加深，训练效果也逐渐变好。另外，利用瓶颈层（Bottleneck Layer）、翻译层（Translation Layer）以及较小的增长率（Growth Rate）使得网络变窄，参数减少，有效抑制了过拟合，同时也减少了计算量。

18.2.7 流行的深度学习软件框架

深度学习的软件框架为实现深度学习架构提供了必要的基础，这些软件框架通过将深度学习算法模块化封装，能够实现训练、测试、调优模型的快速搭建，为技术应用的预测与落地的决策提供有力支持。在开展深度学习的项目时，有许多的框架可供选择，当前流行的深度学习框架主要包括 TensorFlow、PytorchKeras、Caffe、Caffe2、MXNet、CNTK、Deeplearning4J 等。这些框架各有优缺点，选择一个合适的深度学习软件框架对于完成目标至关重要。

（1）TensorFlow

TensorFlow 是 Google 于 2015 年开源的一个机器学习库，是目前最受欢迎的深度学习框架之一，它支持分布式训练、可扩展的生产部署选项以及 Android 等各种设备。Tensorflow 拥有多层级结构，可部署于各类服务器、PC 终端和网页，并支持 GPU 和 TPU 高性能数值计算，被广泛应用于谷歌内部的产品开发和各领域的科学研究。TensorFlow 整体而言比较成熟、稳定且偏重于工业领域，适用于中大型项目的开发。

（2）PyTorch

2017 年 Facebook 推出了 PyTorch 平台，因其动态计算图和高效的内存广受欢迎，适合快速原型设计或小规模项目，因此成为大量学术研究人员的首选框架。它拥有建模过程简单透明、具有许多预训练模型、可轻松组合模块化部件、支持分布式训练等优势。

（3）Keras

Google 的 Francoi Chollet 开发了 Keras，作为 Theano 顶部的包装器，用于快速原型设计。Theano 曾是最受欢迎的深度学习库之一，现已停运。后来，Keras 扩展了多个框架作为后端，如 TensorFlow、MXNet、CNTK。它支持各种神经网络层，如卷积层、循环层或稠密层，可应用于翻译，图像识别，语音识别等领域。Keras 是目前发展最快的深度学习库之一，其特点是原型设计简便、界面简单直观、支持多 GPU 训练、适合新手快速入门。

（4）Caffe 和 Caffe2

Caffe 是伯克利大学的 Yangqing Jia 开发的用于监督计算机视觉问题的 Python 深度学习库，适用于 CNN、图像处理、微调预训练的网络，可以在编写很少甚至不编写代码的情况下对网络进行微调。在 Caffe 的基础上，2017 年推出的 Caffe2 是一个轻量级的模块化框架，专为生产环境中的移动和大规模部署而设计。Caffe2 更具可扩展性和轻量化。2018 年，Caffe2 项目已经与 PyTorch 合并。

（5）MXNet

MXNet 是由 Apache Software Foundation 创建的深度学习框架，由微软、英特尔和亚马逊等公司支持。MXNet 支持多种语言如 Python、C++、Julia、R 和 JavaScript 等。对于大型工业项目而言，MXNet 是一个很好的软件框架，它非常快速、灵活、高效，可以在任何设备上运行，为多种编程语言提供了丰富的支持。

（6）CNTK

CNTK 是由 Microsoft 开发的开源深度学习框架，用于处理大数据集并支持 Python、

C++、C#和Java。它适用于从语音、文本到视觉几乎所有类型的任务。其特点是具有良好的性能和可扩展性，拥有较多高度优化的组件，在资源使用方面也非常有效。

（7）DeepLearning4J

DeepLearning4J是一个商业级的开源框架，为Java和Java虚拟机编写的开源深度学习库，是广泛支持各种深度学习算法的运算框架。该深度学习框架在图像识别，自然语言处理和文本挖掘方面具有较大的潜力。其特点是灵活、高效，可在不牺牲速度的情况下处理大量数据。

（8）MatConvNet

MatConvNet是由剑桥大学推出的实现卷积神经网络的MATLAB工具箱，由于其纯Matlab的开发环境，可能是当前最易上手的软件框架。MatConvNet为研究人员提供一个友好和高效使用的环境，包含许多CNN计算块，如卷积、归一化和池化等，其中大部分使用C++或CUDA编写，这意味着它允许使用者写新的块来提高计算效率。

此外，MathWorks推出了2018b版本的MATLAB和Simulink，该版本包含重要的深度学习增强功能，以及各个产品系列中的新功能和Bug修复。新的Deep Learning Toolbox取代了Neural Network Toolbox，为工程师和科学家提供了用于设计和实现深度神经网络的框架。图像处理、计算机视觉、信号处理和系统工程师可以使用MATLAB更轻松地设计复杂的网络架构，并能改进其深度学习模型的性能。使用2018b中的ONNX转换器，可以从支持的框架（如PyTorch、MXNet和TensorFlow）导入和导出模型。凭借这种互操作性，在MATLAB中训练的模型能够用于其他框架。同样，可以将在其他框架中训练的模型导入MATLAB，以执行调试、验证和嵌入式部署等任务。

对卷积神经网络的具体实现，目前通常使用Matlab、Python、C++、Java以及Go语言等平台，为了方便算法的使用，一般采用Tensorflow、Theano、Caffe以及Pytorch等框架搭建分类或回归模型。这些开源的开发语言和学习框架为研究者提供了非常便利的条件。例如TensorFlow编程接口都是基于图形界面，可在Python平台方便地运行，算法结构简单清晰，再加上Python可以调用GPU进行并行运算，结合Nvidia公司提供的深度学习的高性能库单元——cuDNN等大大提高了深度学习训练速度和模型性能。此外，还有一种是基于常用的机器学习算法的Scikit-Learn。

18.2.8　卷积神经网络的设计

在卷积神经网络的设计过程中，需要选择较多的参数，如图18-21所示，主要参数包括[13,14]：

① 网络的层结构（卷积层的个数、全连接层的个数等）。

② 卷积层的卷积核大小、卷积核个数、移动步数（Stride）。

③ 激活函数的类型。

④ 池化方法的种类。

⑤ 有无批量标准化（Batch Normalization）。

⑥ 随即丢弃（Dropout）的概率。

⑦ 批量处理（Mini-Batch Size）的大小。

⑧ 损失函数的类型及其参数（正则化系数等）。

⑨ 优化算法的类型及其参数（学习率、动量等）。

⑩ 迭代次数。

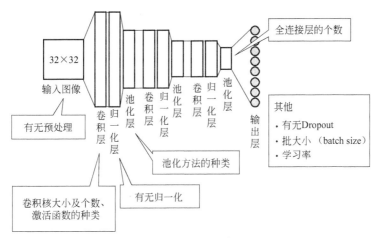

图 18-21　CNN 训练参数的示意图

在 CNN 结构中，深度越深、特征面数目越多，则网络能够表示的特征空间也就越大、网络学习能力也越强，然而也会使网络的计算更复杂，极易出现过拟合的现象。因此，在实际应用中应适当选取网络深度、特征面数目、卷积核的大小及卷积时滑动的步长，以使在训练能够获得一个好的模型的同时还能减少训练时间。

在光谱分析领域，卷积核尺寸和卷积核的移动步长这两个参数取值之间的大小关系，是有着明确的物理意义的。如图 18-22 所示，当卷积核移动步长小于卷积核尺寸时，即卷积核在移动的过程中会出现重叠（Overlapping）现象，意味着可以提取更多的特征；当卷积核移动步长等于卷积核尺寸时，这种情况与区间偏最小二乘法（iPLS）中的均匀区间划分类似；而当卷积核移动步长大于卷积核尺寸时，即卷积核会跳过一些光谱子区间，不提取其中的特征。

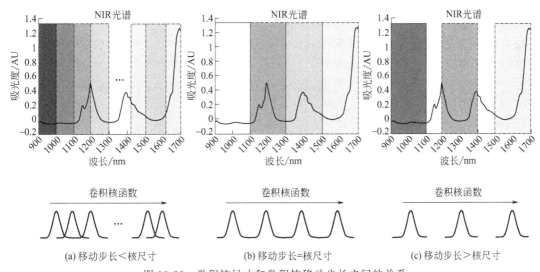

图 18-22　卷积核尺寸和卷积核移动步长之间的关系

卷积核大小、卷积核个数、移动步数这三个参数之间不是完全独立的，存在着相互耦合的关系，Chen 等总结出了在近红外光谱分析领域中卷积神经网络模型参数的一般性设计原则[15]：

① 卷积核大小不宜太小。当卷积核的尺寸较小（10、25）时，卷积核会在一些不是吸收峰附近的子区间上提取出特征，利用这些特征建模，模型的泛化性能通常较差；反过来，当卷积核的尺寸较大（50、100）时，基本上卷积核提取出的每个特征中都会包含吸收峰附近的光谱信息，利用这些特征建模，模型的泛化性能通常会好一些。

② 卷积核个数不需要太多。当卷积核的尺寸较小时，单个卷积核提取的特征个数就相对比较多，在这种情况下，继续增大卷积核个数，所有卷积核提取的特征总个数将会翻倍增加，会出现"特征数远大于样本数"的这种情况，即会发生"过拟合"现象，从而导致模型的预测性能逐渐降低。反之，当卷积核的尺寸较大时，模型的预测性能呈上升趋势，当卷积核个数达到一定值后，继续增大卷积核个数，模型的预测性能将不会继续上升，反而会微弱下降。因此，卷积核个数的取值不是越多越好，当卷积核的尺寸这个参数取值合适的时候，卷积核个数不需要太大，不大于 5 就已足够。

③ 卷积核移动步长小于卷积核窗口宽度。卷积核移动步长较小时，可以提取更多的特征，有助于提升模型的泛化性能。

对于参数的选择，最理想的状态就是从这些参数组合中选择最优的组合进行训练，但是由于组合数过于庞大，所以设置参数时，只能根据以往的研究和经验，通过试错（Trail and Error），不断摸索更优化的组合。在调整参数时，首先确定重要参数，然后再对其他参数进行微调。例如，当输入变量的背景复杂时，可增加卷积核的数量，使网络能提取更多的特征；当输入样本数较大时，则需要适当增加卷积层和池化层，形成深层卷积神经网络。另外，通常在卷积层与激活层之间增加批量标准化（Batch Normalization），在全连接层引入了 Dropout 算法，可在一定程度上增加 CNN 模型的鲁棒性与收敛性。

18.2.9 卷积神经网络的训练

与传统神经网络类似，卷积神经网络的训练过程分为两个阶段。第一个阶段是数据由低层次向高层次传播的阶段，输入的数据经过多层卷积层的卷积和池化处理，提出特征向量，将特征向量传入全连接层中，得出分类或回归的结果，即前向传播阶段。另外一个阶段是，当前向传播得出的结果与预期不相符时，将误差从高层次向底层次进行传播训练的阶段，计算出每一层的误差，然后进行权值更新，即反向传播阶段卷积神经网络中的反向传播算法，同浅层神经网络一样，其本质是一个链式求导的过程。在实际应用中，通常使用基于 mini-Batch 的训练方式，即每次输入固定数量的训练样本作为一个 mini-Batch，每次迭代计算首先求取 mini-Batch 中每个样本的偏导，然后计算偏导的平均值作为梯度对网络权值进行更新[16]。

训练过程如图 18-23 所示，主要包括以下几个步骤：

① 网络进行权值的初始化，常见的做法为随机初始化。

② 输入数据经过卷积层、下采样层、全连接层的向前传播得到输出值。

③ 求出网络的输出值与目标值之间的误差，即损失函数，训练的目的是最小化损失函数。

④ 当误差大于期望值时，利用导数将误差传回网络中，依次求得全连接层、下采样层和卷积层的误差。当误差等于或小于期望值时，结束训练。

⑤ 根据求得误差基于权重更新的方法进行权值更新，然后再进入到第 2 步进行迭代，直至到收敛。

卷积神经网络的训练过程分为两个阶段：

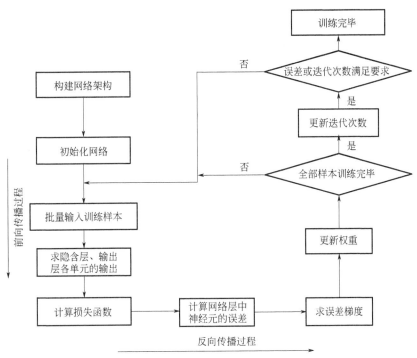

图 18-23 卷积神经网络的训练流程图

（1）前向传播

将前一层的输入传播到下一层，逐层递进，最后输出结果的过程称为前向传播。前向传播需要初始化权重和偏置，由于初始化为零会导致每次迭代输出相同无法进行学习，因此一般将参数初始化为 0～1 中的随机数。网络通用的输出公式为：

$$a^i = f^i(w^i \times a^{i-1} + b^i)$$

式中，a^{i-1} 表示输入；b 表示偏置；w 表示权重；f 为激活函数。

输出的 a^i 作为输入传到下一层中，最终输出 y。为了合理地训练深度神经网络，需要使用损失函数量化输出 y 和真实值的差距，以找到最佳的参数，减小损失函数，这需要通过反向传播来实现。

（2）反向传播与梯度下降法

反向传播指的是将输出误差通过网络反向逐层传递到输入层，使用梯度下降方法更新权重和偏置，迭代多次以最小化损失函数的过程。损失函数量化了网络实际值和预测值的误差，假设训练样本集有 m 个样本，则单个样本的损失函数计算公式如下式：

$$J(w, b; x, y) = \frac{1}{2} \left\| h_{w,b}(x) - y \right\|^2$$

式中，x 表示输入；y 表示实际值；b 表示偏置；W 表示权重；$h_{w,b}(x)$ 表示预测值。

m 个样本的损失函数为：

$$J(w, b) = \frac{1}{m} \sum_{i=1}^{m} J(w, b; x^i, y^i) + \frac{\lambda}{2} \sum_{l=1}^{n_{l-1}} \sum_{i=1}^{s_l} \sum_{j=1}^{s_{l+1}} (W_{ij}^l)^2$$

$$= \frac{1}{m} \sum_{i=1}^{m} \frac{1}{2} \left\| h_{w,b}(x^i) - y^i \right\|^2 + \frac{\lambda}{2} \sum_{l=1}^{n_{l-1}} \sum_{i=1}^{s_l} \sum_{j=1}^{s_{l+1}} (W_{ij}^l)^2$$

式中，第一项表示均方差；第二项表示正则化；n_l 表示网络层数；s_l 表示神经元个数；

W_{ij}^{l} 表示第 l 层的第 i 个神经元与第 $l+1$ 层第 j 个神经元的连接参数；λ 为权重衰减参数（正则化参数）。

梯度的计算由后向前，先计算最后一层的梯度，然后计算前一层的梯度，计算使用到来自前一层梯度的部分计算结果，信息向后流动。参数 w 和 b 的更新公式如下：

$$W_{ij}^{(l)} = W_{ij}^{(l)} - \alpha \frac{\partial}{\partial W_{ij}^{(l)}} J(w, b)$$

$$b_{i}^{(l)} = b_{i}^{(l)} - \alpha \frac{\partial}{\partial b_{i}^{(l)}} J(w, b)$$

式中，α 表示学习速率；$b_i^{(l)}$ 表示第 $l+1$ 层第 i 个神经元的偏置。

18.2.10　卷积神经网络的优缺点

尽管相对于传统多元校正方法和模式识别方法，卷积神经网络具有对光谱预处理方法和波长变量选择方法要求不高，具备很强的学习能力，可同时对多成分同时训练建模，处理非线性、大样本数据时模型性能表现较优等特点，但卷积神经网络也同时存在以下不足：

① 卷积神经网络严重依赖大量的训练样本，数据量越大、质量越优，它的表现就越好。如果缺乏足够的训练样本，容易导致训练过程不能收敛，产生过拟合现象。

② 卷积神经网络的模型设计非常复杂，具有大量的超参数，人为参数调优过程困难且缓慢，时间成本较高。

③ 卷积神经网络工作过程的解释性差，缺乏清晰的理论对作用机理进行解释，算法分析相对困难。

④ 卷积神经网络对硬件计算能力提出了更高的需求，普通的计算硬件设备难以满足巨大计算量的速度，耗费代价高。

18.2.11　卷积神经网络的应用研究

Acquarelli 等针对分子光谱分类问题，设计了一种卷积神经网络框架，该网络由 1 层卷积层和 1 层全连接层构成，没有池化层[17]。卷积层的激活函数采用 ReLU 函数，输出层使用 softmax 激活函数。其损失函数为双正则化的交叉熵函数，如下式：

$$OBJ(w) = \underbrace{-\frac{1}{N} \sum_{n=1}^{N} \left[y_n \lg \hat{y}_n + (1 - y_n) \lg (1 - \hat{y}_n) \right]}_{\text{交叉熵误差损失}} + \underbrace{\lambda_1 \cdot \overbrace{\left\| w \right\|^2}^{\text{标准L2范数}} + \lambda_2 \cdot \overbrace{\left\| w - \text{Shift}(w) \right\|^2}^{\text{近似L2范数}}}_{\text{正则化项}}$$

式中，y_n 为第 n 个样本的目标类别值；$\hat{y}_n$ 为第 n 个样本的卷积神经网络输出类别值；w 为权重；λ_1 和 λ_2 为正则化参数；$\text{Shift}(w)$ 是将 w 的元素向左移动一个位置的操作。

该损失函数除了标准 L2 范数外，还使用了"近似 L2 范数"，这有助于网络保持相邻输入变量（即振动光谱数据的波数）之间的相关性，以惩罚相邻权重之间的巨大差异。对于振动光谱数据，不期望这些变化，因为光谱在某个波数上的值依赖于相邻的波数值。

该研究基于十个不同振动光谱数据库（包括中红外、近红外和拉曼光谱），比较了该卷积神经网络与 PLS-DA、Logistic 回归和 KNN 方法的分类效果。结果表明，在分类前无论是否采用光谱预处理方法，该卷积数据网络的结果都是最好的。相比于其他模式识别方法，该方法没有池化层，通过反推演算，可以提取出有效光谱信息的特征波长范围，更好地解释卷积核的训练学习过程。

Le 等将深度学习中的栈式稀疏自编码网络（Stacked Sparse Auto Encoder，SSAE）用于谷物近红外光谱的特征提取，然后再采用仿射变换的极限学习机（AT-ELM）建立定量模型，其预测结果优于 PLS 和 ELM 方法[18]。Cui 等基于 6987 个训练集样本和 618 个验证集样本，对卷积神经网络结合近红外光谱预测面粉灰分含量进行了研究[19]。考察了不同激活函数、学习速率、随机丢弃率、正则化参数等对网络训练结果的影响，并与 PLS 结果进行了比较。如图 18-24 所示，卷积神经网络得到的回归系数的品质（主要是噪声水平）明显优于 PLS 的结果，而且卷积神经网络不需要光谱预处理方法，在一定程度上减少了建模的工作量。Malek 等提出了采用 PSO 算法训练卷积神经网络，并将支持向量机回归和高斯过程回归作为卷积神经网络的最后一层建立定量模型，对三个分子光谱数据集的验证结果表明，其预测性能有显著提高[20]。

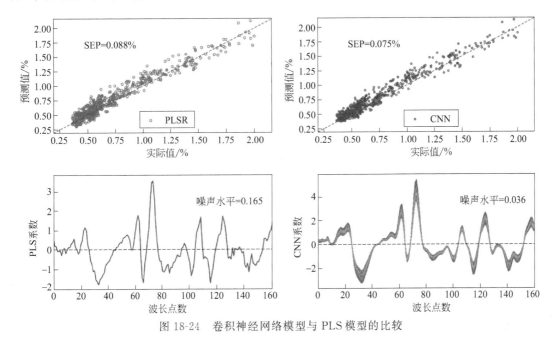

图 18-24　卷积神经网络模型与 PLS 模型的比较

Ni 等提出了一种可变加权卷积神经网络（VWCNN），在输入层前增加了类似自动编码网络的重要因子模块（Important Factor Block），使网络更关注于重要的波长变量，从而提高卷积神经网络的泛化能力[21]。如图 18-25 所示，采用 VWCNN 建立的近红外光谱预测马尾松幼苗叶片中氮含量模型的预测能力明显优于传统的 PLS 和 SVR 方法，也优于经典的 CNN 模型。Padarian 等利用上万个土壤可见-近红外光谱样本建立了同时预测土壤 6 个物化性质的卷积神经网络，其输入是通过对原始光谱进行短时傅里叶变换得到的频谱图（Spectrogram），将 4200 个波长点的光谱一维向量转换成 51×83 的二维矩阵，卷积神经网络的预测结果优于 PLS 和 Cubist 回归树模型[22]。该研究的结果还表明，与小数据集相比，利用卷积神经网络处理大数据集样本更具优势。在此基础上，Ng 等则将土壤的可见-近红外光谱与中红外光谱融合，采用外积分析（Outer-product Analysis，OPA）得到的二维谱图作为卷积神经网络的输入变量，取得了满意的定量分析结果，并能解析出与待测物化性质关联的特征光谱区间[23]。

Bjerrum 等通过向训练集样本的近红外光谱增加随机波动变量（平移、斜率和乘性变换）的方式对训练样本数据进行扩增（Data Augmentation），结合扩展乘性散射校正

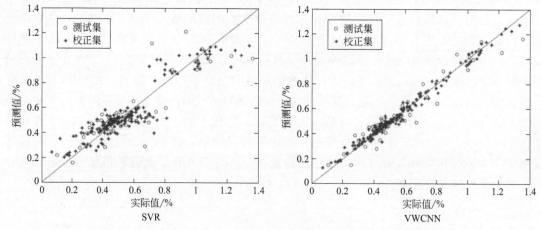

图 18-25　SVR 和 VWCNN 模型预测马尾松幼苗叶片中氮含量的比较

（EMSC）方法，可有效提升卷积神经网络预测药片中有效成分含量模型的性能[24]。而且，如图 18-26 所示，与 PLS 相比，卷积神经网络模型的外推预测能力更强，对不同仪器之间的光谱也有较好的预测一致性。Jernelv 等基于 5 个振动光谱的数据集，样本数从几十个到近千个，包括回归和分类两种模式，比较了卷积神经网络与传统常用的定量和模式识别方法的优劣[25]。结果表明，不论对回归还是分类，光谱预处理方法和光谱特征选择方法对传统定量和定性方法的影响，要比对卷积神经网络模型的影响大得多，但合适的光谱预处理方法和光谱特征选择方法可以提高卷积神经网络模型的性能。

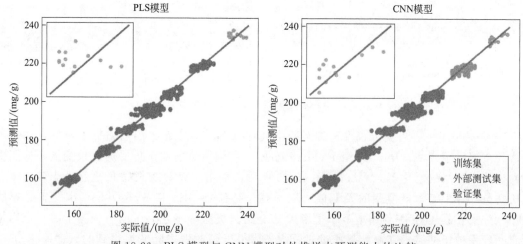

图 18-26　PLS 模型与 CNN 模型对外推样本预测能力的比较

刘翠玲等采用具有 22 层深度网络的 GoogLeNet 模型，利用高光谱成像技术对不同品种的花生进行快速无损分类，其分类结果明显优于 PLS-DA 方法[26]。杜剑等基于卷积神经网络与夏威夷果可见-近红外光谱特征，建立了夏威夷果品质鉴定模型，对夏威夷果样本中的好籽、哈籽及霉籽的鉴别准确率达到 100%[27]。Lu 等提出了一个用于拉曼光谱诊断乙型肝炎病毒的卷积神经网络拓扑结构（图 18-27），该网络含有一个多尺度卷积层，采用不同的卷积核从多尺度提取光谱特征，然后再进行特征融合[28]。在卷积层和全连接层中间还增加了独立循环神经网络层（Independent Recurrent Neural Network，IndRNN），以避免梯度消失和梯度爆炸等问题。Erzina 等则将卷积神经网络用于表面增强拉曼光谱，实现了对癌症的精准检测[29]。Ho 等利用卷积神经网络 DenseNet 架构对常见的 30 种常见病原菌的拉曼光谱进行鉴别，即使在光谱噪声很大的情况下，也能获得准确的预测结果[30]。

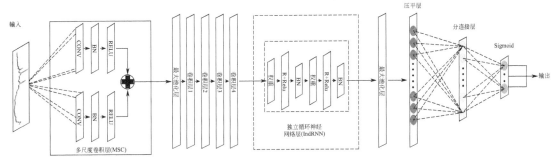

图 18-27　一个用于拉曼光谱诊断乙型肝炎病毒的卷积神经网络拓扑结构

　　鲁梦瑶等将经典的卷积神经网络架构 LeNet-5 进行了改进，建立了基于近红外光谱的烟叶产区判别模型，判别准确率为 95%[31]。李灵巧等将卷积神经网络用于多品种、多厂商的药品近红外光谱分类，其分类性能优于 SVM 和 ELM 算法[32]。赵勇等通过随机平移、添加噪声和随机加权三种光谱数据增强方法，对三类雌性激素粉末拉曼光谱库进行扩增，采用卷积神经网络建立分类模型，其受光谱测量噪声影响小，鲁棒性强，适用于分析更复杂现场测量的高噪声拉曼光谱[33]。孟诗语等采用核主成分分析方法（KPCA）对古筝面板木材近红外光谱进行压缩，然后用卷积神经网络建立分类模型，古筝面板木材的等级识别准确率为95.5%[34]。董小栋等采用卷积神经网络对腊肉的高光谱图像进行特征提取，以交叉熵作为优化目标，利用乘性散射校正（MSC）和主成分分析方法对光谱特征进行预处理和特征提取，然后将两种特征进行融合后利用支持向量机进行分类，分类的准确率可达 99.2%[35]。Tuan 等采用卷积神经网络结合极限学习机建立煤炭分类模型，并用改进粒子群算法进一步优化 CNN-ELM，结果表明该模型能够很好地识别煤炭种类，识别准确率达到 96%以上[36]。

　　宗倩倩等利用卷积神经网络建立了近红外光谱预测总糖、总烟碱和氯离子的卷积神经网络模型，获得了满意的结果[37]。王璨等通过主成分分析对土壤的近红外光谱进行数据压缩，然后通过外积运算变换为二维矩阵，作为卷积神经网络的输入变量，建立了预测土壤含水率的模型，其预测能力优于 PLS、BP 和 SVR[38]。Tsakiridis 等将土壤的可见-近红外光谱进行不同的预处理，每个土壤样本得到 6 个不同的光谱，构成 6 通道光谱阵作为卷积神经网络的输入（图 18-28），建立可同时预测多种物化性质的定量模型，并通过最邻近样本对训练的网络进行微调，以实现预测值的自适应误差修正，其结果优于现存的方法[39]。史杨等使用 LUCAS 土壤数据库中的 17272 个矿质土壤样本的近红外光谱及其有机碳数据，采用包含 6~7 个卷积层的深度卷积神经网络模型提取出了比主成分分析方法更好的非线性特征，预测有机碳含量的均方根误差可以达到 9.69g/kg，比其他常用的建模方法更准确[40]。该模型使用 Python 语言调用 Keras 工具包实现。Zhang 等基于 GoogLeNet 网络的 Inception 架构设计了一种用于一维光谱定量分析的卷积神经网络，可直接对原始光谱进行端对端的建模，其预测准确性优于其他架构的卷积神经网络[41]。

　　Liu 等提出一种使用卷积神经网络对多类别拉曼光谱数据分类的方法（图 18-29），其输出的类别达到上千种，实际上是一种光谱检索器，该方法在 RRUFF 矿物拉曼光谱数据库上

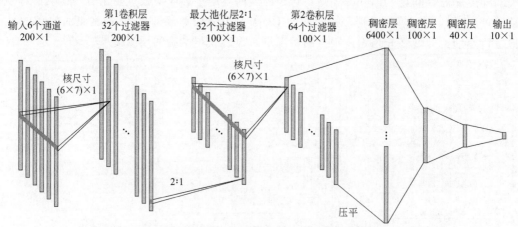

输入6个通道
200×1

第1卷积层
32个过滤器
200×1

核尺寸
(6×7)×1

最大池化层2:1
32个过滤器
100×1

核尺寸
(6×7)×1

第2卷积层
64个过滤器
100×1

稠密层
6400×1

稠密层
100×1

稠密层
40×1

输出
10×1

2:1

压平

图 18-28　一种用于多通道输入和多参数输出的卷积神经网络结构示意图

取得了优异的分类效果。该文还比较了基线校正方法对传统模式识别方法和卷积神经网络方法的影响，证实了卷积神经网络方法可实现端对端的直接判别分析，不需要进行光谱的预处理[42]。Fan 等将卷积神经网络用于拉曼光谱识别混合物中的纯化合物，对于三组分混合物体系，卷积神经网络的识别结果优于 L1 正则化的 logistic 回归、KNN、随机森林和 BP-ANN 等方法[43]。

输入 ⟹ 卷积层 ⟹ 卷积层 ⟹ 卷积层 ⟹ 连接层 ⟹ 稠密层 ⟹ 稠密层(类别) ⟹ 输出

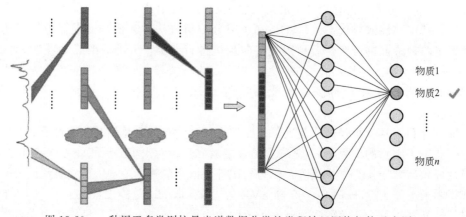

物质1

物质2 ✔

物质n

图 18-29　一种用于多类别拉曼光谱数据分类的卷积神经网络架构示意图

　　Nie 等设计了用于近红外高光谱成像鉴别 6 种杂交秋葵种子和 6 种杂交丝瓜种子的卷积神经网络，如图 18-30 所示，该网络由 2 个卷积层和 5 个全连接层构成，每个全连接层都采用批量标准化和随即丢弃方法[44]。结果表明，相对于 PLS-DA 和 SVM 方法，鉴别的种类越多，该卷积神经网的优势越明显。Zhang 等通过对烟草近红外光谱进行均等分和折叠的方式，把一维光谱构造成二维光谱阵（图 18-31），然后采用卷积神经网络建立了识别烟草产地的预测模型，识别准确率达到 93%[45]。Weng 等也采用类似的二维光谱阵生成方法，用于表面增强拉曼光谱的卷积神经网络的定量和定性模型的建立[46]。

　　如图 18-32 所示，谈爱玲等结合原始光谱包含全部特征信息和导数光谱去除干扰的优点，提出了将样本的近红外原始光谱、一阶导数和二阶导数光谱归一化后首尾串行相连，组

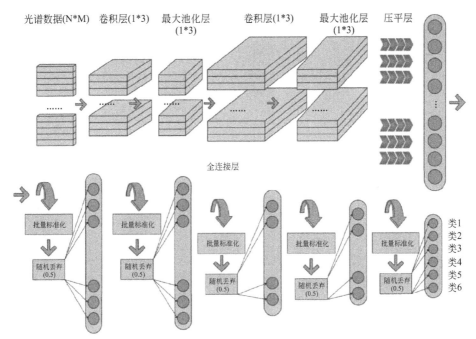

图 18-30　一种用于高光谱成像分类的卷积神经网络架构示意图

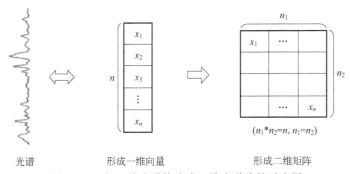

图 18-31　把一维光谱构造成二维光谱阵的示意图

成新的融合光谱，并结合一维卷积神经网络学习算法，建立了预测玉米组分含量的模型，获得了满意的结果[47]。师芸等提出一种基于流形光谱特征和卷积神经网络的高光谱影像分类算法，首先使用 t 分布随机邻域嵌入（t-SEN）算法对高光谱影像进行降维，然后使用卷积神经网络提取空间深层特征，最后把提取到的深层空间-光谱特征从隐层特征空间映射到样本标记空间并进行分类，有效解决了传统降维方法容易忽视局部特征的缺点[48]。张乐豪等使用 Inception 卷积神经网络对 LIBS 光谱进行化学成分定量分析建模，该方法无需原始光谱的预处理操作，同时也不需要对原始光谱进行降维，最大程度地保留了原始光谱信息，并能明显消除基体效应对定量结果的影响[49]。来文豪等将卷积神经网络与激光诱导荧光技术结合，建立了能快速准确辨识白酒品牌与度数的方法[50]。

Yang 等将卷积神经网络与循环神经网络（Recurrent Neural Networks，RNN）结合，建立了可见-近红外光谱预测土壤物化性质的分析模型，该模型抗光谱噪声稳健性强，而且对不同类型的土壤有较好的传递性[51]。方明明等将卷积神经网络用于苹果脆片品质近红外光谱分析，建立了预测苹果脆片水分、总糖、总酸的模型，其稳定性和泛化能力优于 PLS、

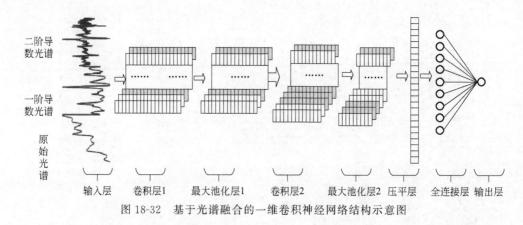

图 18-32　基于光谱融合的一维卷积神经网络结构示意图

BP、LS-SVM 等方法[52]。翁士状等融合大米光谱与形态特征变量，利用卷积神经网络建立了鉴别名优大米种类的模型，其识别准确率在 95％左右[53]。Assadzadeh 等采用卷积神经网络建立了同时预测小麦、大麦、豌豆、扁豆等谷物蛋白质和水分含量的全局近红外光谱模型，可提高建模效率，减少模型的维护量[54]。Yang 等将卷积神经网络和近红外光谱用于 5 种针叶树种的分类鉴别，准确率达 100％[55]。Hu 等采用近红外分数导数光谱，采用卷积神经网络对橡胶树叶的氮含量水平进行建模[56]。

　　Chen 等将遗传算法用于卷积神经网络参数的优化启发式选取，如图 18-33 所示，在原始光谱吸收峰附近区域，选用相对更多的卷积核个数、更小的卷积核窗口宽度和移动步长将更有利于提取蕴藏在原始光谱中的关键信息；而在原始光谱非吸收峰区域，选用更少的卷积核个数、更大的卷积核窗口宽度和移动步长，可以有效地减少模型参数，提升模型的泛化性能[57]。如图 18-34 所示，Chen 等还将集成学习方法的建模策略用于卷积神经网络，与单一的卷积神经网络模型相比，集成模型的泛化性能得到提升，同时增强了模型的稳健性，其缺点是建模的计算量和复杂度将成倍增加[58,59]。

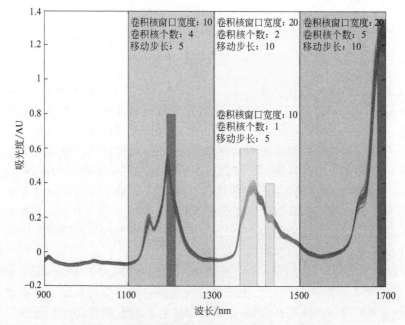

图 18-33　基于遗传算法的特征映射图启发式选择结果

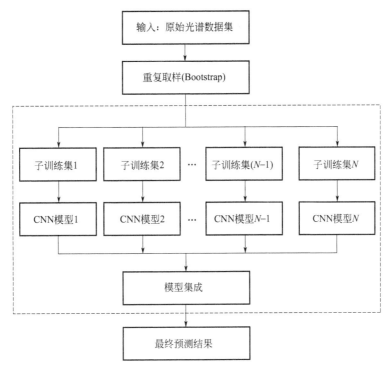

图 18-34 卷积神经网络集成模型构建流程

18.3 深度信念网络

深度信念网络（Deep Belief Network，DBN）也是深度学习算法的一个主要框架，它既可以用于非监督学习，类似于一个自编码机；也可以用于监督学习，作为回归器或分类器来使用。

从非监督学习来讲，其目的是尽可能地保留原始特征的特点，同时降低特征的维度。从监督学习来讲，其目的在于使得分类错误率或回归误差尽可能地小。不论是监督学习还是非监督学习，DBN 的本质都是特征学习（Feature Learning）的过程，即如何得到更好的特征表达。

DBN 的组成元件是受限玻尔兹曼机（Restricted Boltzmann Machines，RBM），如图 18-35 所示，RBM 只有两层神经元，一层叫作可视层（Visible Layer），由可视元（Visible Units）组成，用于输入训练数据；另一层叫作隐含层（Hidden Layer），相应地，由隐含元（Hidden Units）组成，用作特征检测器（Feature Detectors）。实际上，RBM 的本质是无监督学习方法，可以用于降维、学习提取特征、自编码器以及深度信念网络等。RBM 的具体算法参见相关文献。

从结构上看，深度信念网络是由多层无监督的受限玻尔兹曼机和一层有监督的反向传播（Back Propagation，BP）网络或 Softmax 分类器等组成。如图 18-36 所示，v 为可视层的节点值，h 为隐含层的节点值，W 表示可视层和隐含层之间的权值。原始的数据作为最底层 RBM 的输入数据，自底向上传递，特征向量从具体逐渐转化为抽象，在顶层的神经网络形成更易于分类的组合特征向量 DBN 是由多层 RBM 组成的神经网络。

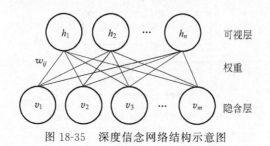

图 18-35 深度信念网络结构示意图

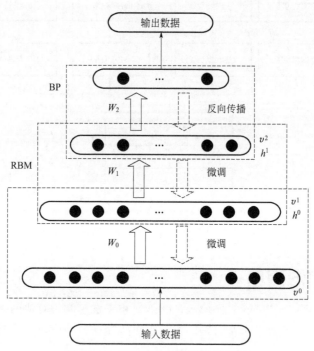

图 18-36 深度信念网络结构示意图

DBN 模型的训练过程主要分为两个阶段：

（1）预训练阶段

首先初始化 DBN 网络的参数，然后采用逐层训练网络的方法，单独无监督地训练每一层 RBM 网络；并且将上一层 RBM 的训练结果作为下一层 RBM 的输入，逐层训练 RBM 网络，保留每一层的权重和偏置值，确保特征向量映射到不同的特征空间时，都尽可能多地保留特征信息。

（2）微调阶段

首先进行前向传播，将预训练好的参数赋值给各层神经网络，按照设定好的网络结构进行训练，输出训练值。然后进行反向传播，将 BP 算法输出的实际结果与期望标签相比较，得到误差值，将误差逐层从输出端反向传播至输入端，不断调整优化参数，使误差最小。

由此可见，RBM 网络模型的训练过程可以看作是对一个深层 BP 网络权值参数的初始化，使 DBN 克服了 BP 网络因随机初始化权值参数而容易陷入局部最优和训练时间长的缺点。

伏为峰等将深度信念网络作为特征提取器，随机森林作为分类器，解决了近红外光谱药品鉴别中,光谱数据特征维数较高,而传统的浅层特征提取方法学习能力不足的问题[60]。张瑞等针对近红外光谱数据小样本、高维、非线性的问题,提出一种基于 Dropout 的 DBN 定量模型构建方法[61]。吴晓萍等采用深度信念网络,提出了一种基于可见-近红外光谱古陶瓷断代方法,实现了不同朝代古陶瓷分类断代,避免了 BP 神经网络因随机初始化权值参数而陷入局部最优[62]。黄鸿利用 DBN 对 SO_2 气体紫外吸收光谱数据进行特征提取,然后采用极限学习机建立定量模型,解决了吸收光谱重叠、特征信息提取困难、提取精度不足等问题[63]。张萌等将 PLS 运用到近红外光谱 DBN 的训练过程中,对 DBN 进行改进,提高了模型的预测效果[64]。

18.4　迁移学习

传统机器学习方法只有在一个共同的假设下才能进行:训练和测试数据来自相同的特征空间和相同的分布。当分布发生变化时,统计模型需要使用新收集的训练数据重新开始训练模型,在许多现实应用场景中,重建模型费时费力。如果模型和模型之间能够通过某种转换后重复利用,或者数据集和数据集之间能够进行知识迁移,重复建模就能够被避免(图 18-37)。在人工智能领域,迁移学习是研究模型或数据重复利用的能力,让模型将已经学过的知识应用到新领域的方法。迁移学习试图找寻数据与数据间的共同点、模型参数与不同任务之间的关系,利用旧知识处理新问题。一般会在以下情形中使用迁移学习:①新任务中缺乏大型可用的数据集;②存在一个经大量数据集训练过的模型。若目标任务仅有极少数的样本量,从头开始训练一个新模型极易出现过拟合,使用预训练的权重训练新模型可以加速收敛并有助于提高网络泛化能力。

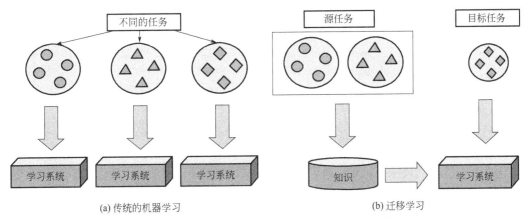

图 18-37　迁移学习与传统机器学习之间差异的示意图

在深度卷积网络的有监督训练中,需要有大量的有标签(或基础数据)样本进行充分训练,网络才能取得优秀的分类或回归效果。但在实际任务中,获取大量有标签(或基础数据)样本的成本很高,而有标签(或基础数据)样本不足将会导致过拟合现象发生,最终降低模型在测试数据集中的分类效果。为了尽可能少地使用有标签(或基础数据)样本,同时避免过拟合现象,提出基于深度迁移学习方法的训练策略,以提高深层网络在小样本情况下的分类或回归效果(图 18-38)。将问题转变为利用一个拥有充足标签(或基础数据)的相关数据集对网络进行预训练,再通过现有小样本数据集对网络中深层卷积层参数进行微调(Fine-tune),使网络针对性地学习目标样本的深层特征,同时结合两个数据集的共有浅层特征，从而达到较好的分类或回归效果。

图 18-38　迁移学习应用场景示意图

在深度学习领域，迁移学习是一种将预训练的模型重新训练后应用在其他任务中的学习方式，即在大规模数据集中预训练的网络模型，可以在其他任务中作为特征提取器使用。通常这些预训练的模型在开发时已经消耗了巨大的时间资源和计算资源。在迁移学习中，如图 18-39 所示，相关数据集被称为源数据集（Source Domain），需要进行分类任务的现有数据集被称为目标数据集（Target Domain）[65-68]。

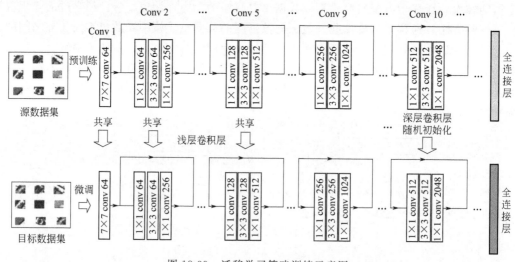

图 18-39　迁移学习策略训练示意图

对于深层卷积网络模型，由于网络浅层卷积核主要捕获边缘和轮廓等浅层特征，而这些特征是通用的，同样存在于源数据集和目标数据集样本中，由此可用大量的源数据集样本对网络进行预训练，使网络参数得到充分训练，之后将浅层卷积核进行固定，使其不再进行优化。而网络顶层卷积层提取的深层特征对于目标数据集是特定的，为保证网络模型在目标数据集中的分类或回归精度，网络深层卷积核参数则在目标数据集中进行微调。将较深层的网络参数及最后的输出层参数进行随机初始化，通过目标数据集中少量有标签数据对这些参数继续进行训练。整个过程可看作网络将在源数据集中学习到的先验知识迁移到目标数据集中，一定程度地避免了过拟合现象，同时也保证了对目标数据特有特征的学习。

如图 18-40 所示，廉小亲等将基于 ImageNet 数据集的卷积神经网络 Inception-V3 模型进行迁移学习，在迁移预训练好的 CNN 模型到小目标集时，保留原有卷积层结构并搭建新的 Softmax 分类器对数据进行分类，让该模型对图像分类的优势发挥在水果图像识别上，使水果图像的分类识别更加快速准确[69]。由于传统方法在提取特征过程中需要有丰富的人为经验，这就造成了传统方法特征提取存在着很大的不确定性，而且传统方法还存在着复杂的调参过程，很大程度上增加了训练时间，而利用迁移学习的 Inception-V3 模型可以在较好的分类模型内对深层卷积核参数进行微调，提高了 CNN 在少量有标签样本情况下的分类效果，较传统水果分类算法水果识别准确率明显提升。

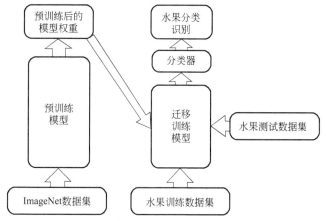

图 18-40　基于迁移学习的水果图像分类架构图

王立伟等将在 ImageNet 数据集中预训练后的深层残差网络泛化到高光谱分类任务中，把其作为特征提取器，挖掘高光谱图像样本邻域空间的深层特征，实验证明该特征具有更强的判别性，并能与原光谱特征产生很好的互补性[70]。该结果表明，在普通图像数据集上充分训练的深度卷积网络有助于高光谱分类任务。通过目标数据集微调网络高层卷积核参数，使模型在使用少量有标签样本的情况下取得了更好的分类效果。

Liu 等基于实验室得到的高品质的大规模土壤可见-近红外光谱及其对应的参考数据，利用卷积神经网络建立了预测土壤中黏土含量的模型。在此基础上，通过少量的现场高光谱样本结合迁移学习策略，将预训练的卷积神经网络进行迁移，用于现场高光谱的预测分析，获得了满意的结果[71]。Padarian 等将基于两万余个全局土壤建立的近红外光谱卷积神经网络模型，通过迁移学习策略建立了局部模型，用于局部区域土壤样本的预测分析，由于充分利用了大数据的预训练结果，得到了比采用局部样本单独建立模型更好的结果[72]。

Kraub 等将基于 ImageNet 数据库预训练的 AlexNet 网络，通过迁移学习策略用于共聚焦显微拉曼光谱对癌症细胞的识别，显著节省了网络的训练时间，并且提高了识别的准确率[73]。孙禧亭等以二维相关光谱构造化学图像，通过迁移学习方法将 GoogLeNet 图像识别模型进行迁移，用于山羊绒织物与山羊绒/羊毛混纺织物，以及纯棉与丝光棉织物的近红外光谱分类和识别，实现了对织物的高精度识别[74]。

参考文献

［1］　雷明.机器学习原理、算法与应用［M］.北京：清华大学出版社，2019.

［2］　张卫东，路皓翔，甘博瑞，等.基于栈式自编码融合极限学习机的药品鉴别［J］.计算机工程与设计，2019，40（2）：545-560.

［3］　路皓翔，魏曼曼，杨辉华，等.降噪自编码结合的黄龙病检测［J］.激光与红外，2019，49（9）：460-466.

［4］　Liu T，Li Z R，Yu C X，et al. NIRS Feature Extraction Based on Deep Auto-Encoder Neural Network［J］. Infrared Physics and Technology，2017，87：124-128.

［5］　杭盈盈，李亚婷，孙妙君.基于高光谱图像技术结合深度学习算法的萝卜种子品种鉴别［J］.农业工程，2020，10

(5)：29-33.

[6] 王玮. 基于 NIRS 技术的乙醇固态发酵过程检测方法研究及其应用 [D]. 镇江：江苏大学，2018.

[7] Yu X J, Lu H D, Wu D. Development of Deep Learning Method for Predicting Firmness and Soluble Solid Content of Postharvest Korla Fragrant Pear Using Vis/NIR Hyperspectral Reflectance Imaging [J]. Postharvest Biology and Technology，2018，141：39-49.

[8] Yu X J, Lu H D, Liu Q Y. Deep-Learning-Based Regression Model and Hyperspectral Imaging for Rapid Detection of Nitrogen Concentration in Oilseed Rape (Brassica Napus L.) Leaf [J]. Chemometrics and Intelligent Laboratory Systems，2018，172：188-193.

[9] Yu X J, Wang J P, Wen S T, et al. A Deep Learning Based Feature Extraction Method on Hyperspectral Images for Nondestructive Prediction of TVB-N Content in Pacific White Shrimp (Litopenaeus Vannamei) [J]. Biosystems Engineering，2019，178：244-255.

[10] 冉思，丁建丽，葛翔宇，等. 基于稀疏网络的可见光/近红外反射光谱土壤有机质含量估算 [J]. 激光与光电子学进展，2020，57 (21)：212802.

[11] 倪超，张云，高捍东. 基于 NIRS 的马尾松苗木根部含水量预测模型 [J]. 南京林业大学学报（自然科学版），2019，43 (6)：91-96.

[12] 田启川，王满丽. 深度学习算法研究进展 [J]. 计算机工程与应用，2019，55 (22)：25-33.

[13] 张弥译. 山下隆义. 图解深度学习 [M]. 北京：人民邮电出版社，2018.

[14] Yang J, Xu J F, Zhang X L, et al. Deep Learning for Vibrational Spectral Analysis：Recent Progress and a Practical Guide [J]. Analytica Chimica Acta，2019，1081：6-17.

[15] Chen Y Y, Wang Z B. End-to-End Quantitative Analysis Modeling of Near-Infrared Spectroscopy Based on Convolutional Neural Network [J]. Journal of Chemometrics，2019，33：e3122.

[16] 杨瑞龙译. 涌井良幸，涌井贞美. 深度学习的数学 [M]. 北京：人民邮电出版社，2019.

[17] Acquarelli J, Van Laarhoven T, Gerretzen J, et al. Convolutional Neural Networks for Vibrational Spectroscopic Data Analysis [J]. Analytica Chimica Acta，2017，954：22-31.

[18] Le B T. Application of Deep Learning and Near Infrared Spectroscopy in Cereal Analysis [J]. Vibrational Spectroscopy，2020，106：103009.

[19] Cui C H, Fearn T. Modern Practical Convolutional Neural Networks for Multivariate Regression：Applications to NIR Calibration [J]. Chemometrics and Intelligent Laboratory Systems，2018，182：9-20.

[20] Malek S, Melgani F, Bazi Y. One-Dimensional Convolutional Neural Networks for Spectroscopic Signal Regression [J]. Journal of Chemometrics，2018，32：e2977.

[21] Ni C, Wang D, Tao Y. Variable Weighted Convolutional Neural Network for the Nitrogen Content Quantization of Masson Pine Seedling Leaves with Near Infrared Spectroscopy [J]. Spectrochimica Acta Part A：Molecular and Biomolecular Spectroscopy，2019，209：32-39.

[22] Padarian J, Minasny B, McBratney A B. Using Deep Learning to Predict Soil Properties from Regional Spectral Data [J]. Geoderma Regional，2019，16：e00198.

[23] Ng W, Minasny B, Montazerolghaem M, et al. Convolutional Neural Network for Simultaneous Prediction of Several Soil Properties Using Visible/Near-Infrared, Mid-Infrared, and Their Combined Spectra [J]. Geoderma，2019，352：251-267.

[24] Bjerrum E J, Glahder M, Skov T. Data Augmentation of Spectral Data for Convolutional Neural Network (CNN) Based Deep Chemometrics [J]. arXiv，2017，171001927.

[25] Jernelv I L, Hjelme D R, Aksnes A, et al. Convolutional Neural Networks for Classification and Regression Analysis of One-Dimensional Spectral Data [J]. arXiv，2020，2005.07530.

[26] 刘翠玲，林珑，于重重，等. 基于深度学习的花生高光谱图像分类方法研究 [J]. 计算机仿真，2020 (3)：189-192.

[27] 杜剑，胡炳樑，刘永征，等. 基于卷积神经网络与光谱特征的夏威夷果品质鉴定研究 [J]. 光谱学与光谱分析，2018，38 (5)：1514-1519.

[28] Lu H C, Tian S W, Yu L, et al. Diagnosis of Hepatitis B Based on Raman Spectroscopy Combined with a Multiscale Convolutional Neural Network [J]. Vibrational Spectroscopy，2020，107：103038.

[29] Erzina M, Trelin A, Guselnikova O, et al. Precise Cancer Detection via the Combination of Functionalized SERS Surfaces and Convolutional Neural Network with Independent Inputs [J]. Sensors and Actuators B：Chemical，2020，308：127660.

[30] Ho C S, Jean N, Hogan C A, et al. Rapid Identification of Pathogenic Bacteria Using Raman Spectroscopy and Deep Learning [J]. Nature Communications，2019，10：4927.

[31] 鲁梦瑶，杨凯，宋鹏飞，等. 基于卷积神经网络的烟叶近红外光谱分类建模方法研究 [J]. 光谱学与光谱分析，

2018，38（12）：78-82.

[32] 李灵巧，潘细朋，冯艳春，等.深度卷积网络的多品种多厂商药品近红外光谱分类 [J].光谱学与光谱分析，2019，39（11）：3606-3613.

[33] 赵勇，荣康，谈爱玲.基于一维卷积神经网络的雌激素粉末拉曼光谱定性分类 [J].光谱学与光谱分析，2019，39（12）：3755-3760.

[34] 孟诗语，黄英来，赵鹏，等.卷积神经网络用于近红外光谱古筝面板木材分级 [J].光谱学与光谱分析，2020，40（1）：284-289.

[35] 董小栋，郭培源，徐盼，等.融合高光谱和图像深度特征的腊肉分类与检索算法研究 [J].食品工业科技，2018，39（23）：261-266.

[36] L B Tuan，肖冬，毛亚纯，等.可见、近红外光谱和深度学习 CNN-ELM 算法的煤炭分类 [J].光谱学与光谱分析，2018，38（7）：2107-2112.

[37] 宗倩倩，丁香乾，韩凤，等.基于回归 CNN 的烟叶近红外光谱模型研究 [J].计算机与数字工程，2019，47（2）：275-280.

[38] 王璨，武新慧，李恋卿，等.卷积神经网络用于近红外光谱预测土壤含水率 [J].光谱学与光谱分析，2018，39（1）：36-41.

[39] Tsakiridis N L，Keramaris K D，Theocharis J B，et al. Simultaneous Prediction of Soil Properties from VNIR-Swir Spectra Using a Localized Multi-Channel 1-D Convolutional Neural Network [J]. Geoderma，367：114208.

[40] 史杨，王儒敬，汪玉冰.基于卷积神经网络和近红外光谱的土壤有机碳预测模型 [J].计算机应用与软件，2018，35（10）：147-152.

[41] Zhang X L，Lin T，Xu J F，et al. Deepspectra：An End-to-End Deep Learning Approach for Quantitative Spectral Analysis [J]. Analytica chimica acta，2019，1058：48-57.

[42] Liu J C，Osadchy M，Ashton L，et al. Deep Convolutional Neural Networks for Raman Spectrum Recognition：A Unified Solution [J]. Analyst，2017，142：4067-4074.

[43] Fan X Q，Ming W，Zeng H T，et al. Deep Learning-Based Component Identification for the Raman Spectra of Mixtures [J]. Analyst，2019，144：1789-1798.

[44] Nie P C，Zhang J N，Feng X P，et al. Classification of Hybrid Seeds Using Near-Infrared Hyperspectral Imaging Technology Combined with Deep Learning [J]. Sensors and Actuators：B. Chemical，2019，296：126630.

[45] Zhang L，Ding X Q，Hou R C. Classification Modeling Method for Near-Infrared Spectroscopy of Tobacco Based on Multimodal Convolution Neural Networks [J]. Journal of Analytical Methods in Chemistry，2020，2020（22）：1-13.

[46] Weng S Z，Yuan H C，Zhang X Y，et al. Deep Learning Networks for the Recognition and Quantitation of Surface-Enhanced Raman Spectroscopy [J]. Analyst，2020，145（14）：4827-4835.

[47] 谈爱玲，王晓斯，楚振原，等.基于近红外光谱融合与深度学习的玉米成分定量建模方法 [J].食品与发酵工业，2020，46（23）：213-219.

[48] 师芸，马东晖，吕杰，等.基于流形光谱降维和深度学习的高光谱影像分类 [J].农业工程学报，2020，36（6）：151-160.

[49] 张乐豪，张立，武中臣，等. 基于 Inception 网络的好奇号火星车地面标样 LIBS 光谱定量建模 [J].光子学报，2020，49（6）：0630002.

[50] 来文豪，周孟然，王亚，等.深度学习与激光诱导荧光在假酒识别中的应用 [J].激光与光电子学进展，2018，55（4）：388-394.

[51] Yang J C，Wang X L，Wang R H，et al. Combination of Convolutional Neural Networks and Recurrent Neural Networks for Predicting Soil Properties Using Vis-NIR Spectroscopy [J]. Geoderma，2020，380：114616.

[52] 方明明，刘静.基于回归卷积神经网络的近红外光谱苹果脆片品质评价方法研究 [J].食品科技，2020，45（7）：303-308.

[53] 翁士状，唐佩佩，张雪艳，等.高光谱成像的图谱特征与卷积神经网络的名优大米无损鉴别 [J].光谱学与光谱分析，2020，40（9）：2826-2833.

[54] Assadzadeh S，Walker C K，McDonald LS，et al. Multi-task Deep Learning of Near Infrared Spectra for Improved Grain Quality Trait Predictions [J]. Journal of Near Infrared Spectroscop，2020，28（5-6）：275-286.

[55] Yang S Y，Kwon O，Park Y，et al. Application of Neural Networks for Classifying Softwood Species Using Near Infrared Spectroscopy [J]. Journal of Near Infrared Spectroscopy，2020，28（5-6）：298-307.

[56] Hu W F，Tang R N，Li C，et al. Fractional Order Modeling and Recognition of Nitrogen Content Level of Rubber Tree Foliage [J]. Journal of Near Infrared Spectroscopy，2021，29（1）：42-52.

［57］ Chen Y Y，Wang Z B. Feature Selection Based Convolutional Neural Network Pruning and its Application in Calibration Modeling for NIR Spectroscopy ［J］. Chemometrics and Intelligent Laboratory Systems，2019，191：103-108.

［58］ Chen Y Y，Wang Z B. Quantitative Analysis Modeling of Infrared Spectroscopy Based on Ensemble Convolutional Neural Networks ［J］. Chemometrics and Intelligent Laboratory Systems，2018，181：1-10.

［59］ Yi L，Lu J，Ding J L，et al. Soft Sensor Modeling for Fraction Yield of Crude Oil Based on Ensemble Deep Learning ［J］. Chemometrics and Intelligent Laboratory Systems，2020，204：104087.

［60］ 伏为峰，杨辉华，刘振丙，等. 基于深度信念网络与随机森林的药品鉴别方法 ［J］. 计算机仿真，2018，35（4）：325-330.

［61］ 张瑞，丁香乾，高政绪，等. 基于 Dropout 深度信念网络的烟叶近红外光谱模型研究 ［J］. 计算机与数字工程，2019，47（2）：383-387.

［62］ 吴晓萍，管业鹏，李伟东，等. 可见-近红外光谱的古陶瓷断代分类识别 ［J］. 光谱学与光谱分析，2019，39（3）：756-764.

［63］ 黄鸿，兰洪勇，黄云彪. 基于深度信念网络和极限学习机的 SO_2 浓度检测 ［J］. 大气与环境光学学报，2020，15（3）：207-216.

［64］ 张萌，赵忠盖. 深度信念网络的近红外光谱分析建模方法 ［J］. 光谱学与光谱分析，2020，40（8）：2512-2517.

［65］ 刘小波，尹旭，刘海波，等. 深度迁移学习在高光谱遥感图像分类中的研究现状与展望 ［J］. 青岛科技大学学报（自然科学版），2019，40（3）：1-11.

［66］ 岳学军，凌康杰，王林惠，等. 基于高光谱和深度迁移学习的柑橘叶片钾含量反演 ［J］. 农业机械学报，2019，50（3）：193-202.

［67］ Mozaffari M H，Tay L L. A Review of 1D Convolutional Neural Networks toward Unknown Substance Identification in Portable Raman Spectrometer ［J］. arXiv，2020，2006.10575.

［68］ 谭琨，王雪，杜培军. 结合深度学习和半监督学习的遥感影像分类进展 ［J］. 中国图像图形学报，2019，24（11）：1823-1841.

［69］ 廉小亲，成开元，安飒，等. 基于深度学习和迁移学习的水果图像分类 ［J］. 测控技术，2019，38（6）：15-18.

［70］ 王立伟，李吉明，周国民，等. 深度迁移学习在高光谱图像分类中的运用 ［J］. 计算机工程与应用，2019，55（5）：187-192.

［71］ Liu L，Ji M，Buchroithner M. Transfer Learning for Soil Spectroscopy Based on Convolutional Neural Networks and Its Application in Soil Clay Content Mapping Using Hyperspectral Imagery ［J］. Sensors，2018，18：3169.

［72］ Padarian J，Minasny B，Mcbratney A B. Transfer Learning to Localise a Continental Soil Vis-NIR Calibration Model ［J］. Geoderma，2019，340：279-288.

［73］ Kraub S D，Roy R，Yosef H K，et al. Hierarchical Deep Convolutional Neural Networks Combine Spectral and Spatial Information for Highly Accurate Raman-Microscopy-Based Cytopathology ［J］. Journal of Biophotonics，2018，11（10）：e201800022.

［74］ 孙禧亭，袁洪福，宋春风. "动态"近红外光谱结合深度学习图像识别和迁移学习的模式识别方法研究 ［J］. 分析测试学报，2020，38（10）：1247-1253.

19

化学计量学软件和工具包

19.1 引言

应用于光谱分析中的化学计量学方法种类较多，对于光谱分析工作者，掌握这些方法的基本原理相对较为容易，但将这些算法变成应用程序则需要精通数学、统计学和高级编程技巧，存在一定难度。化学计量学软件和工具包的开发和使用，为光谱结合化学计量学这类分析技术的普及起了非常关键的作用，掌握这些软件能够解决实际应用中的大部分问题。光谱仪硬件与软件（主要包括光谱采集软件和化学计量学软件）构成了现代光谱分析方法的技术平台。本书上述章节对现代光谱分析技术涉及到的化学计量学常用算法及其最新进展做了详细介绍，下面主要介绍化学计量学软件的基本结构、功能和商品化软件和工具包。

19.2 软件的基本构架和功能

用于光谱分析的化学计量学软件主要是建立校正模型及对未知样品进行预测。如图 19-1 所示，在结构上，这类软件通常由样品集编辑、校正和未知样品预测三个部分构成。样品集编辑是将光谱数据和参考数据（浓度值或类别值）叠成矩阵，形成样品集文件。该样品集文件可以用于模型的建立（称为校正集）或模型验证（称为验证集）。校正即建立定量或定性校正模型，常用的化学计量学算法如谱图预处理算法、多元定量校正和定性算法都集中在这个模块中。未知样品预测则是采用已建模型计算未知样品的浓度值，或预测其类别。

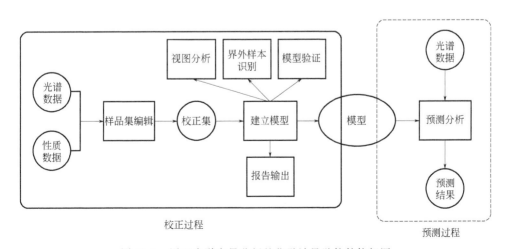

图 19-1　用于光谱定量分析的化学计量学软件构架图

（1）样品集编辑

校正集编辑的主要功能是将一组样本的光谱与参考数据对应叠成矩阵，组成数据库。因此，样品集编辑应能识别调用常见的光谱文件格式，并可通过多种方式输入参考数据。校正集编辑通常还具有挑选样本的功能，以组成有代表性的校正集和验证集。此外，在该界面可显示样本的光谱图和空间分布图，以判断极其异常值分析等。校正集编辑是一个开放的界面，应能方便地添加和删除样本。

（2）建立校正模型

建立校正模型功能是化学计量学软件的核心功能，分为建立定性模型和建立定量模型两类。这两类都包括谱图预处理、光谱变量选择和校正方法选择三个步骤，模型建立以后还可以通过视图对模型进行初步的评价和筛选。建立定量校正模型的软件基本功能分别如图 19-2 和图 19-3 所示。

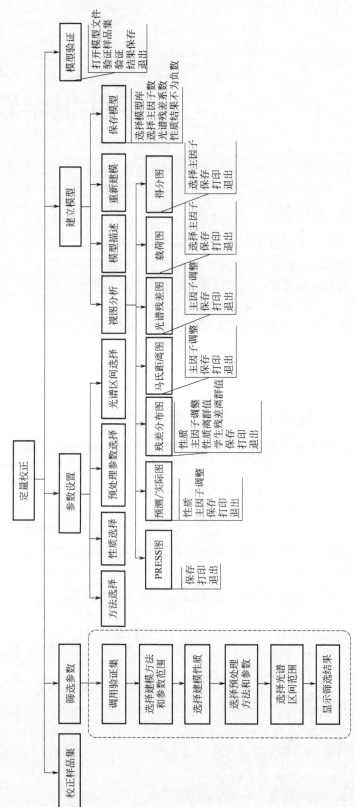

图 19-2　建立定量校正模型的软件基本功能示意图

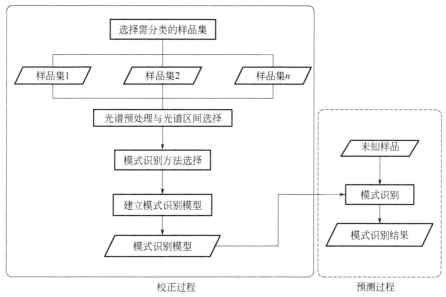

图 19-3　用于光谱定性分析的化学计量学软件功能示意图

常用的谱图预处理算法包括基线校正（一阶和二阶导数、扣减）、平滑、MSC、SNV、标准化、均值化等；常用的定量校正算法通常包括 MLR、PCR、PLS、SVR、ANN 等；定性校正算法则主要有聚类分析、KNN 和 SIMCA 方法等。选择光谱区间方式一般采用可视化交互方式，由用户直接在光谱上通过鼠标选择和修改，也可由相关系数等参数自动选择。

建模完成后的视图分析对判断模型是否成功以及剔除界外点十分重要，一般包括：PRESS 图、预测-实际图、光谱残差和性质残差分布图、得分和载荷图等，同时给出模型的评价参数如 SEC、SECV 和 R^2 等。根据 ASTM E1655 要求，应剔除校正集中的三类异常点即马氏距离异常点，性质残差异常点和光谱残差异常点，软件需提供相应的视图分析功能。

模型外部验证是检验模型建立是否成功的主要方法之一，方便的模型验证功能也有助于提高化学计量学软件的性能。模型验证可给出多个统计参数（如 RMSEP、RPD、t 检验等）及实际值与预测值的对比结果，以便对模型的优劣做出评价。

有些软件具有建模参数自动筛选的功能，可以给出较优的参数组合，如光谱预处理方法和参数、PLS 主因子数和光谱区间等。该功能的结果仅供参考使用，最终的模型参数仍需用户根据必要的化学知识确定。

（3）预测分析

预测分析的主要功能是调用已建模型对未知样本进行预测分析。计算时，首先用保存的预处理参数，对未知样品的光谱数据进行预处理，然后调用模型文件中的校正方法和参数进行计算。如果是定量分析模型，一般还需要判断未知样品是否在模型覆盖范围之内，如马氏距离、光谱残差和最邻近距离等。预测结果通常直接显示或以报告的形式输出到相应的文件中。

有些软件带有自动选取模型的功能，根据未知样本和模型的适应程度，选取最合适的模型进行预测。

19.3 常用软件与工具箱

目前，几乎所有国内外大型光谱仪器厂商尤其是近红外光谱供应商大都开发了专用的化学计量学光谱分析软件，如国外光谱仪器厂商 FOSS 公司的 WinISI 软件、Thermo 公司的 TQ Analyst 软件、Bruker 的 OPUS 软件、Metrohm 公司的 Vision 软件、Buchi 公司的 NIRCal 软件等，以及国产近红外光谱仪器厂商杭州聚光公司的 RIMP 软件和无锡迅杰光远的 IAS 软件等。

此外，国内外还出现了一些通用的化学计量学计算软件，国外公司有挪威 Camo 公司的 Unscrambler 软件、美国 Eigenvector Research 公司的 Solo 软件以及基于 Matlab 平台开发的 PLS_Toolbox 软件、美国 InfoMetrix 公司的 Pirouette 软件、德国 Sartorius 公司的 SIM-CA© MVDA 软件等。也有一些大学针对光谱分析开发的化学计量学软件，如澳大利亚悉尼大学的 ParLeS 软件等[1]。国内也开发了多套商品化的化学计量学软件，如北京科迈恩公司的 ChemPattern 软件[2]、大连达硕公司的 ChemDataSolution 软件[3]、中国农业大学的 Caunir 软件[4]、中石化石油化工科学研究院的 RIPP 软件[5] 等。上述商品化化学计量学软件采用的核心算法和功能大同小异，但每套软件都有各自的特点，以满足不同用户群的需求[6-11]。

商品化化学计量学软件能够解决日常分析工作中遇到的大部分问题，为现代光谱分析技术的推广应用发挥着重要的作用。但是，商品化的软件更新升级速度相对滞后，对于新算法或经典算法的改进则需要用户自行开发程序。Matlab 语言以及 R 语言和 Python 语言的普及显著降低了对程序编制的要求，为化学计量学算法的程序实现提供了极大便利，从而出现了许多商品化或开源的化学计量学软件和工具包，如基于 Matlab 语言开发的 PLS_Toolbox 软件、基于 R 语言开发的 mdatools 工具包[12]、基于 Python 语言开发的 scikit-learn 工具包等[13]。

Matlab 是美国 MathWorks 公司出品的商业数学软件，Matlab 是矩阵（Matrix）和实验室（Laboratory）两个英文单词的组合，意为矩阵工厂（矩阵实验室），该软件主要面对科学计算、可视化以及交互式程序设计的高科技计算环境。化学计量学方法主要是矩阵的运算，因此，自 Matlab1.0 版本于 1984 年发布，Matlab 就与化学计量学尤其是光谱分析有着不解之缘。Matlab 软件自身带有许多工具箱，都可直接或稍加修改用于光谱分析，例如统计和机器学习工具箱（Statistics and Machine Learning Toolbox）、小波变换工具箱（Wavelet Toolbox）、神经网络工具箱（Neural Network Toolbox）、深度学习工具箱（Deep Learning Toolbox）、全局优化工具箱（Global Optimization Toolbox）、优化工具箱（Optimization Toolbox）等。

除此之外，国内外化学计量学研究人员针对某些算法的进展，编写了一些 Matlab 工具箱开源代码（表 20-1）[14-23]，这些工具箱的出现对推动化学计量学新算法的应用研究起到了重要的作用[31,32]。

目前，一些商品化的化学计量学软件采用 C♯.NET 或 VB.NET 与科学计算语言（Matlab、Python、R 等）混合编程的方法，集模块化、组件化和插件化的系统设计方式进行开发。在降低软件开发难度的同时，充分利用 Matlab、Python 等高性能计算的优势，可有效提升软件的算力和算法等性能。

表 20-1 一些可用于化学计量学的 Matlab 工具箱

名称	来源	说明
SAISIR	http://www.chimiometrie.fr/saisirdownload.html	较为完善的化学计量学工具箱[14]
Pre-Screen	https://www.cpact.com/	数据预处理和多变量过程控制工具箱[16]
TOMCAT	http://www.chemometria.us.edu.pl/RobustToolbox/	稳健的多元校正算法工具箱[17]
SPAToolbox	http://www.ele.ita.br/~kawakami/spa	连续投影算法选取特征变量工具箱[18]
Multiblock_Toolbox	https://github.com/puneetmishra2/Multi-block	多块数据分析工具箱[19]
PO/SO-PLS	https://nofimamodeling.org/software-downloads-list/	用于多块分析的序贯正交 PLS 和平行正交 PLS 工具箱[20-22]
VSN	https://www.chem.uniroma1.it/romechemometrics/research/algorithms/	加权的正态变量变换方法(VSN)工具箱
PLS-Genetic Algorithm Toolbox	http://models.life.ku.dk/algorithms	遗传算法 PLS 方法工具箱
N-way Toolbox	http://models.life.ku.dk/algorithms	多维数据处理方法工具箱
iToolbox	http://models.life.ku.dk/algorithms	基于 PLS 的特征变量选择工具箱
MCR-ALS Toolbox	https://mcrals.wordpress.com/download/mcr-als-toolbox/	多元曲线分辨-交替最小二乘工具箱[23-25]
FastICA	http://research.ics.aalto.fi/ica/fastica/	独立成分分析(ICA)方法工具箱
ELM	https://personal.ntu.edu.sg/egbhuang/elm_kernel.html	极限学习机(ELM)方法工具箱
libPLS	http://www.libpls.net/	变量选择(CARS、MWPLS、IRIV 等算法)工具箱[26]
Gaussian Processes	http://gaussianprocess.org/gpml/code/matlab/doc/index.html	高斯过程回归工具箱
Matlab Toolbox for Dimensionality Reduction	http://homepage.tudelft.nl/19j49/Matlab_Toolbox_for_Dimensionality_Reduction.html	数据降维方法工具箱
LibSVM	https://www.csie.ntu.edu.tw/~cjlin/libsvm/	支持向量机工具箱
Data-Driven SIMCA Tool	https://github.com/yzontov/dd-simca	数据驱动 SIMCA 工具箱[27]
IRootLab toolbox	http://trevisanj.github.io/irootlab/	振动生物光谱数据分析工具箱[28]
LS-SVM	https://www.esat.kuleuven.be/sista/lssvmlab/	最小二乘支持向量机工具箱
Classification toolbox	https://michem.unimib.it/download/matlab-toolboxes/	有监督模式识别工具箱
FRUITNIR	https://github.com/puneetmishra2/FRUITNIR	迁移成分分析工具箱[29]
MEDA-Toolbox	https://github.com/josecamachop/MEDA-Toolbox	大数据化学计量学工具箱[30]
Cluster toolbox	https://github.com/Biospec/cluster-toolbox-v2.0	潜结构正交投影(OPLS)、多级同时成分分析(MSCA)工具箱
MVC3	http://www.iquir-conicet.gov.ar/descargas/mvc3.rar	多维数据处理方法工具箱
Tensorlab	http://www.tensorlab.net/	多维数据处理工具箱

参考文献

[1] Rossel R A V. ParLeS: Software for Chemometric Analysis of Spectroscopic Data [J]. Chemometrics and Intelligent Laboratory Systems，2008，90 (1): 72-83.

[2] 李钦，侯新文，田润涛，等.用于复杂体系及仪器大数据分析的化学计量学软件 ChemPattern 的研制与应用 [J].计算机与应用化学，2014，31 (3): 268-274.

［3］ 曾仲大，陈爱明，梁逸曾，等.智慧型复杂科学仪器数据处理软件系统 ChemDataSolution 的开发与应用［J］.计算机与应用化学，2017，34（1）：35-39.

［4］ 李军会，陈斌，马翔，等.专用近红外光谱分析软件系统的研制［J］.现代科学仪器，2008（4）：35-38.

［5］ 褚小立，王艳斌，许育鹏，等.RIPP 化学计量学光谱分析软件 3.0 的开发［J］.现代科学仪器，2009（4）：6-10.

［6］ 黄华，祝诗平，刘碧贞.近红外光谱云计算分析系统构架与实现［J］.农业机械学报，2014，45（8）：294-298.

［7］ 方利民，林敏.ICA 的近红外光谱分析软件的研制［J］.中国计量学院学报，2010，21（1）：42-45.

［8］ 宋国安，丛培盛，潘卫刚，等.化学计量学建模软件的开发及应用［J］.计算机与应用化学，2006（3）：260-262.

［9］ 祝诗平，王一鸣，张小超.农产品近红外光谱品质检测软件系统的设计与实现［J］.农业工程学报，2003（4）：175-179.

［10］ 李庆波，阎侯赖，张倩暄，等.近红外光谱采集与处理软件系统的设计及实现［J］.实验技术与管理，2010，27（5）：105-110.

［11］ 申永祥，杨辉华，何倩，等.基于并行 PLS 算法的化学计量学软件研究［J］.微计算机信息，2010，26（9）：208-210.

［12］ Kucheryavskiy S. Mdatools——R package for chemometrics［J］. Chemometrics and Intelligent Laboratory Systems，2020，198：103937.

［13］ Torniainen J，Afara I O，Prakash M，et al. Open-source Python Module for Automated Preprocessing of Near Infrared Spectroscopic Data［J］. Analytica Chimica Acta，2020，1108：1-9.

［14］ Cordella C，Bertrand D. SAISIR：A New General Chemometric Toolbox［J］. Trends in analytical chemistry，2014，54：75-82.

［15］ Yi G，Herdsman C，Morris J. A MATLAB Toolbox for Data Pre-processing and Multivariate Statistical Process Control［J］. Chemometrics and Intelligent Laboratory Systems，2019，194：103863.

［16］ Daszykowski M，Serneels S，Kaczmarek K，et al. TOMCAT：a MATLAB Toolbox for Multivariate Calibration Techniques［J］. Chemometrics and Intelligent Laboratory Systems，2007，85：269-277.

［17］ Paiva H M，Soares S F，Galvao R K，et al. A Graphical User Interface for Variable Selection Employing the Successive Projections Algorithm［J］. Chemometrics and Intelligent Laboratory Systems，2012，116：260-266.

［18］ Mishra P，RogerJ M，RutledgeD N，et al. MBA-GUI：A Chemometric Graphical User Interface for Multi-block Data Visualisation，Regression，Classification，Variable Selection and Automated Pre-processing［J］. Chemometrics and Intelligent Laboratory Systems，2020，205：104139.

［19］ Næs T，Mage I，Segtnan V. Incorporating Interactions in Multi-block Sequential and Orthogonalised Partial Least Squares Regression［J］. Journal of Chemometrics，2011，25（11）：601-609.

［20］ Mage I，Menichelli E，Næs T. Preference Mapping by PO-PLS：Separating Common and Unique Information in Several Data Blocks［J］. Food Quality and Preference，2012，24（1）：8-16.

［21］ Biancolillo A，Mage I，Næs T. Combining SO-PLS and Linear Discriminant Analysis for Multi-block Classification［J］，Chemometrics and Intelligent Laboratory Systems，2015，141：58-67.

［22］ Jaumot J，Gargallo R，Juan A，et al. A Graphical User-friendly Interface for MCR-ALS：a New Tool for Multivariate Curve Resolution in MATLAB［J］. Chemometrics and Intelligent Laboratory Systems，2005，76：101-110.

［23］ Jaumot J，Juan A D，Tauler R. MCR-ALS GUI 2.0：New Features and Applications［J］. Chemometrics and Intelligent Laboratory Systems，2015，140：1-12.

［24］ Juan A D，Tauler R. Multivariate Curve Resolution：50 Years Addressing the Mixture Analysis Problem-A Review［J］. Analytica Chimica Acta，2020，1145：59-78.

［25］ Li H D，Xu Q S，Liang Y Z. libPLS：An Integrated Library for Partial Least Squares Regression and Linear Discriminant Analysis［J］. Chemometrics and Intelligent Laboratory Systems，2018，176：34-43.

［26］ Zontov Y V，Rodionova O Y，Kucheryavskiy S V，et al. DD-SIMCA——A MATLAB GUI Tool for Data Driven SIMCA Approach［J］. Chemometrics and Intelligent Laboratory Systems，2017，167：23-28.

［27］ Trevisan J，Angelov P P，Scott A D，et al. IRootLab：a Free and Open-source MATLAB Toolbox for Vibrational Biospectroscopy Data Analysis［J］. Bioinformatics，2013，29（8）：1095-1097.

［28］ Mishra P，Roger J M，Marini F，et al. FRUITNIR-GUI：A Graphical User Interface for Correcting External Influences in Multi-batch Near Infrared Experiments Related to Fruit Quality Prediction［J］. Postharvest Biology and Technology，2020，174：111414.

［29］ Tortorella S，Servili M，Toschi T G，et al. Subspace Discriminant Index to Expedite Exploration of Multi-class Omics Data ［J］. Chemometrics and Intelligent Laboratory Systems，2020，206：104160.

［30］ Morais C L M，Lima K M G，Singh M，et al. Tutorial：Multivariate Classification for Vibrational Spectroscopy in Biological Samples ［J］. Nature Protocols，2020，15：2143-2162.

［31］ Yang Q X，Zhang L X，Wang L X，et al. MultiDA：Chemometric Software for Multivariate Data Analysis Based on Matlab ［J］. Chemometrics and Intelligent Laboratory Systems，2012，116：1-8.

20

若干问题的探讨

20.1　不同光谱分析技术的比较

从化学信息来讲，不同的光谱含有相同或相似的分子官能团信息。例如，尽管近红外、中红外、拉曼和太赫兹谱的产生机理不同，但它们都是因分子振动与电磁辐射发生作用产生的，主要反映的是分子中化学键振动能级间跃迁的信息[1,2]，被称为"振动光谱的四姐妹"。目前，这四种光谱结合化学计量学的分析方法在很多领域都得到了实际应用，四种分析技术各具特点，若不考虑投资成本等问题，仅从技术本身来讲，在不少场合它们之间是可以相互替代的，但在有些场合某一技术则是唯一的选择[3]。

下面对它们的技术特点做简要的归纳：

① 相比于红外和拉曼光谱，近红外光谱的指纹性较差，灵敏度也较低，它对分子结构的选择性弱，很难找到独立的官能团特征吸收峰，因此，在实验室，近红外光谱很少用于分子的结构鉴定。但不同物质的近红外光谱也存有较大的差异，存在较强的指纹性，利用这些差异结合化学计量学方法可对物质进行快速鉴别分析，例如制药厂进厂原料的快速筛查等[4]。由于近红外光谱仪器的优势较强，诸如信噪比高（光源能量强、检测器灵敏度高等）、成本低（普通的光学材料）、皮实耐用、环境适应性强、测样方式简单灵活等，近红外光谱在现场鉴别分析方面的应用也非常广泛。

对于复杂物质（如油品和农产品）的实验室快速分析和现场在线分析，尤其是在大型流程工业如石化、制药、食品等领域，近红外光谱目前的地位和认可程度是其他两种技术难以取代的，这体现了近红外光谱技术的较强实用性。

但是，近红外光谱不适合微量物质的分析。再者，由于近红外光谱严重依赖于校正模型，且光谱特征不明显，近红外光谱在反应动力学等研究领域的优势不突出。功能性近红外光谱在脑科学中的前沿研究是一个例外。

② 目前，在三种振动光谱中，中红外光谱的普及率最高，中红外谱图库最齐全，其指纹性也相对较强，因此，在实验室的结构鉴定中，尤其是在极性官能团（如羰基等）的定性方面，一直发挥着重要的作用。结合化学计量学方法和 ATR 测量方式，近些年，中红外光谱在对复杂样品的快速定性和定量分析方面也有了较大进展，如食品的真伪鉴别、生物柴油的混兑比例测定、在用润滑油质量的监测分析等[5]。

但是，在过程在线分析方面，因光学材料所限，中红外光的远距离传输受到限制（通常小于 10m），目前多用于实验室反应过程的研究，较少用于实际工业生产中。但相对于近红外光谱，中红外光谱在气体检测方面具有一定的优势[6]。

③ 相对于中红外光谱，拉曼光谱的一个显著优势在于其不怕水，因为拉曼光谱是在紫外、可见和近红外光谱区测量分子基频振动的信息。在三种振动光谱中，拉曼光谱的实验手段是最强的，如共振拉曼、表面增强拉曼、共聚焦拉曼和拉曼成像等，根据不同的应用对象，可选择合适的实验方法[7]，这使得拉曼光谱具有中红外光谱或近红外光谱不可替代的能力，如微量甚至痕量物质的定量和定性分析等。

拉曼光谱具有强的指纹性和宽的波数测量范围（50～4000cm^{-1}），在很多领域其应用非常广泛，尤其在无机材料和生物样品等测试方面更具优势，在科学研究领域应用广泛。因拉曼光谱的指纹性显著，在有些应用场合往往不需要复杂的化学计量学方法，便可获取丰富的定性或定量信息。

但遗憾的是，拉曼散射的信号非常弱，并且是绝对测量得到的，易受仪器变动和外界环境的影响，光谱的信噪比和重复性相对较差，这对于结合化学计量学的分析方法来讲，尤其对复杂混合物（如油品和药品）的定量分析，是不利因素。另外，由于荧光的干扰，一些样品（如重油）无法得到满意的拉曼光谱，这也限制了拉曼光谱的应用。

太赫兹谱（或远红外光谱），位于红外和微波之间，处于宏观经典理论向微观量子理论、电子学向光子学过渡的特殊区域。分子之间弱的相互作用（如氢键）、大分子的骨架振动（构型弯曲）、偶极子的旋转和振动跃迁以及晶体中晶格的低频振动吸收等在太赫兹谱中有丰富的信息，这对探测和理解物质结构、性质及分子间的相互作用有着重要的科学意义和实际应用价值[8]。

已有较多文献比较了近红外、中红外、拉曼和太赫兹谱结合化学计量学方法用于复杂样品体系的测量结果。例如，食用油和蜂蜜的掺假或产地鉴别、食品和饲料的成分测定、生物柴油的混兑比例、油品和高聚物物化参数的定量分析、反应过程的监测、药品的定量分析和真伪鉴别以及临床疾病的诊断等[9-16]。根据所研究的对象不同、研究的目的不同以及采用的化学计量学方法不同，所得到的结果也不尽相同。但是，通过上述文献，可总结出选择光谱分析技术的一些基本原则：

① 光谱信息量的考虑应是第一位的，选择的光谱技术应包含待测物质足够丰富的化学和/或物理信息，这是最关键的一个环节，是所有量测的前提和基础。

② 实验方法的简便性、时效性和有效性，即测样方便、测样前的准备和测样后的处理工作尽可能少、测量速度快、光谱的重复性好、信噪比高、易于规范化操作等。

③ 方法的易于维护性和推广性，即综合考虑仪器的特性（光谱仪器性能指标、稳定性和一致性等）和成本、工作曲线或校正模型的难易以及行业人员对该技术的认知程度等。

上述这些基本原则同样适用于 LIBS 等原子光谱以及光谱成像分析技术的选择[17,18]。例如，图 20-1 是一个三组分药片的拉曼光谱成像和近红外光谱成像图，可以看出拉曼光谱成像提供了更为丰富的化学成分的空间分布信息，但是目前拉曼光谱成像的测量速度还很慢（约 3.5h），在制药工业中的广泛应用尚存在难度，近红外光谱成像的速度则相对较快（约 13min），其信息量也能满足很多实际应用的需求，因此在选择时应综合光谱信息量、测试速度和便捷性等多种因素进行选择[19]。

为了获取样品更全面、更丰富的信息，近些年，光谱融合技术越来越受到重视，其中包括分子振动光谱之间的融合，也包括分子光谱与原子光谱之间的融合，还有光谱与成像技术之间的融合[20,21]。关于光谱融合方法及其算法的介绍请参见本书第 15 章。

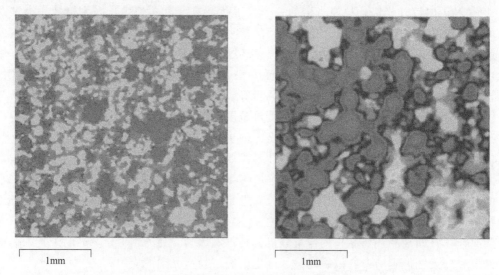

图 20-1　三组分药片的拉曼光谱成像图（左）和近红外光谱成像图（右）（彩图见文后插页）
蓝色：微晶纤维素（Microcrystalline Cellulose）；绿色：糖精（Saccharin）；
红色：依来曲普坦氢溴酸盐（Eletriptan HBr）

20.2　化学计量学方法的选择

化学计量学方法在光谱定量和定性分析中发挥着越来越重要的作用，因此，针对待解决的问题选择合适的化学计量学方法是非常关键的环节[22,23]。例如，图 20-2 为常用的多元校正和模式识别方法的构架，在实际选用时，应根据具体问题，先决定是选用模式识别方法还是多元校正方法，然后再决定是选用有监督的模式识别方法还是无监督的模型识别方法，是线性校正方法（如 PLS）还是非线性校正方法（如 ANN）等。

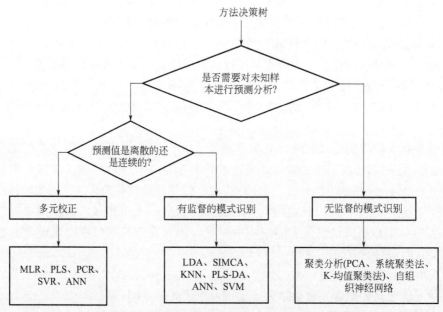

图 20-2　模式识别和多元校正方法选择决策树

光谱分析技术是实用性很强的一项的技术，从实用性角度出发，并非越复杂的算法越好。用最简洁的方式获得满意的结果是选择化学计量学方法所遵循的一个主要原则，这一定是在熟悉化学计量学算法以及充分了解待解决的技术问题的基础上进行的。采用光谱标准偏差概念判断粉末混合均匀度就是一个典型的实例，该应用没有用到复杂的化学计量学方法，充分利用了混合过程中光谱变动与标准偏差的关系，达到了判断混合均匀程度的目的。采用这种简洁的运算方式，对光谱仪器硬件的要求也显著降低了，因为没有校正模型，对仪器长期稳定性的要求就不苛刻了，后期也没有烦琐的模型维护问题。

20.2.1 多元校正方法的选择

在光谱的多元定量校正中，PLS 通常可以解决大多数问题，这是算法自身的特点所决定的，因为它是在多元线性回归和主成分回归的基础上发展起来的，克服了变量间多重共线性的问题，并使潜变量（主成分）与浓度的相关性最强。但是，PLS 只能用于线性或弱非线性的分析体系，若遇到严重的非线性体系，则需要用到非线性校正方法如 ANN 或 SVR 等[24-26]。

例如，褚小立等在采用 NIR 测定甲基叔丁基醚（MTBE）进料的醇烯比时，由于醇烯比是进入反应器混合物料（甲醇和混合碳四馏分）中的甲醇摩尔数与异丁烯摩尔数的比值，与纯组分的浓度不同，该比值与 NIR 光谱之间存在严重的非线性关系。在这种情况下，PLS 方法将不能得到准确的校正和预测结果 [图 20-3(a)]。若要直接建立测定醇烯比的校正模型，必须采用非线性校正方法如 SVR[图 20-3(b)][27]。当然，也采用 PLS 方法分别建立测定甲醇摩尔数和异丁烯摩尔数的校正模型，然后通过它们的 PLS 预测值计算得到醇烯比。

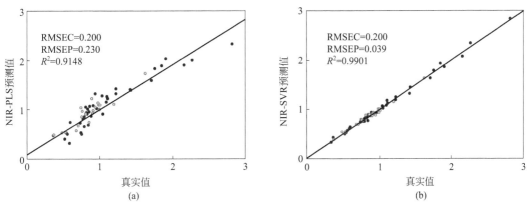

图 20-3　分别采用 PLS(a) 和 SVR(b) 方法对 NIR 测定醇烯比的校正和验证结果
（●—校正样本；●—验证样本）

线性回归方法除了 PLS 方法外，还有 Lasso 方法和弹性网络等方法；非线性校正方法除了 SVR、BP-ANN，还有极限学习机、高斯过程回归和卷积神经网络等方法[28,29]，详细的介绍分别参见本书第 7、8 和 18 章。解决非线性校正问题，还可采用基于局部（Local）建模的策略[30]，为了提高定量校正模型预测结果的稳健性，可采用集成（或共识）的策略（Ensemble or Consensus Strategy）[31]，这些方法可参见本书第 14 章中的相关内容。

20.2.2 模式识别方法的选择

在分子光谱模式识别中，传统上，应用最多的是主成分分析（PCA）。在解决大多数问题上，以主成分得分为特征进行聚类或识别分析，可以得到满意的结果。但是，PCA 在分解光谱阵时，是沿着方差最大化方向进行的，因此，所得到的主成分得分并非一定与类别最相关。尤其是与类别相关的特征信息在光谱中不显著时，PCA 往往不能得到满意的结果。这时，可采用有监督的算法，如典型变量分析（CVA）或 PLS-DA 等。例如，袁洪福等对 454 个渣油（105 个常压渣油、98 个减压渣油和 269 个加氢渣油）的红外光谱进行分类，由于加氢渣油与常压渣油、减压渣油在组成上有较大差别，而常压渣油和减压渣油在组成上的差异相对较小，所以，以 PCA 得分为特征变量很容易将加氢渣油与常压渣油、减压渣油分开，却不能将常压渣油与减压渣油分开（图 20-4）。但采用 PLS-DA 方法，将常压渣油赋值为 -1，减压渣油赋值为 0，加氢渣油赋值为 1，很容易将这三种渣油分类和识别（图 20-5）[32]。

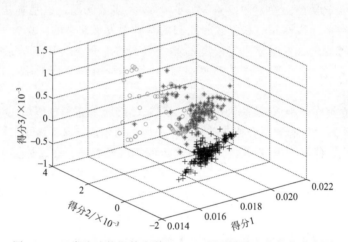

图 20-4　三类渣油的红外光谱经 PCA 得到的前三个得分分布图
○—常压渣油；＊—减压渣油；＋—加氢渣油

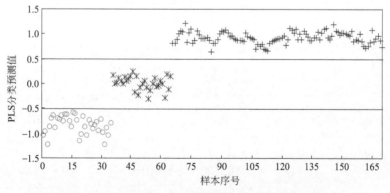

图 20-5　PLS-DA 对三类渣油红外光谱的识别结果
○—常压渣油；✕—减压渣油；＋—加氢渣油

在模式识别中，实际上还有一类识别方法，即相似度分析，用于判断两两样本之间的相似程度，传统的光谱库检索方法就属于这一类。相似度分析多采用相关系数或距离作为评价指标，常用于纯化合物的红外和拉曼谱图库检索，但很难对某一类复杂混合体系的样本（如原油种类）进行谱库检索。因为一类样本中的主体化学成分极其相似，光谱之间的相关系数大都在 0.98 以上，甚至有些接近 1，但样本之间的组成和性质却存在着一定的差异，通过传统的相关系数等方法无法精确区分这些光谱非常相近的样本。

为了提高相似度分析的准确性，人们尝试选用了多种方法。Blanco 等提出通过建立子光谱库的方法提高传统相关系数识别的准确性，用于药物原料近红外光谱的识别[33]。Loudermilk 等采用共识的策略对多种识别方法的结果进行整合，用于棉花污染物红外光谱库的检索[34]。徐永群等将分段相关系数法（阵列相关系数）用于红外光谱中药材的鉴别分析，将整个光谱范围分成几个区域，分别计算每个区域的相关系数，在一定程度上提高了光谱之间的差异[35]。

为快速识别原油的种类，褚小立等将移动窗口概念与相关系数法相结合提出了一种新的相似度计算方法——移动窗口相关系数法。对于要进行相似性计算的两条光谱，在每一个移动窗口子波长区计算出其相关系数值，然后把得到的相关系数值与对应窗口的起始位置作图，可得到移动相关系数图[36]。如图 20-6 所示，移动相关系数法得到的是一个矢量，从移动相关系数图中可以方便地看出两条光谱之间的相似程度，若两条光谱完全相同，则在整个光谱范围内的移动相关系数值都为 1；若两条光谱只是在某一区间存在差异，则该区间的移动窗口相关系数值将明显下降。这种方法可分辨出光谱间存在的微小差异，便于光谱解析和信息的提取。Asemani 等通过红外光谱吸光度比值提取特征，将这种方法用于沥青的快速识别，获得了满意的结果[37]。

近些年，随机森林和卷积神经网络等方法越来越多地用于复杂样本光谱的模式识别[38,39]，相关内容参见本书第 12 章和第 18 章。

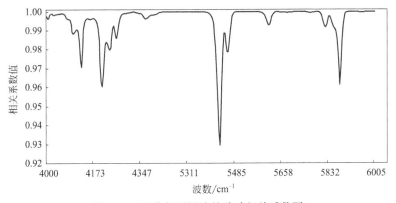

图 20-6　两种相近原油的移动相关系数图

20.2.3　光谱预处理方法和光谱变量的选择

光谱预处理方法和光谱范围的选择也是非常重要的。最常用的光谱预处理方法有一阶导数、二阶导数、MSC 和 SNV 等，液体透射测量方式多采用导数等预处理方法，固体漫反射测量方式则多采用 MSC 等预处理方法。对于拉曼光谱，往往还需要基线校正方法消除荧光对光谱的影响。有不少文献对不同的预处理方法进行了比较，不同的测量体系，最优的预处理方法也不尽相同[40]。在比对不同预处理方法时，尤其是一些较复杂的预处理方法时，应考虑这一方法对预测能力是实质性的提高，还是仅仅在误差范围内的"提高"（即所谓数字上的游戏）。若是后者，建议仍选用经典常规的预处理方法。如果同时选择了多种预处理方法，还需要注意它们对光谱进行处理时的先后顺序。

最常用的波长选择方法是相关系数法，它能够直观给出信息最丰富的光谱区间。其它方法如遗传算法等，往往能得到更好的校正和预测结果，但其参数的选择较为复杂，计算量也较大，在建立商品化校正模型时需谨慎选用。近些年，以竞争性自适应重加权算法（CARS）为代表的基于模型集群分析的变量选择方法受到最为广泛的关注和使用[41]。在选择光谱区间时，还应注意化学知识尤其是谱学知识的运用，一些化学计量学软件具有自动波长筛选功能，但往往需要根据谱学知识对其筛选结果进行调整，这是因为与待测组分或性质最相关的特征波段在自动筛选过程中可能没有被选中。

另外，对于一些训练集，将光谱变量组合后进行数学运算，例如某些波长变量的比值或差值后的比值等，代替原有光谱变量建立校正模型，可以提高模型的预测能力。

在光谱预处理和波长区间选择时，也应注意两者之间的先后顺序。对于导数、均值中心化等方法，是先进行预处理还是先进行选择波长区间，对最终的校正和预测结果没有影响。但对于 MSC、SNV 等方法，则有一定的影响，需要先选取波长区间后再进行预处理操作。

将光谱预处理和波长选取方法融入到多元校正步骤中，是一个重要发展方向。例如，Roger 等提出的基于正交运算的序贯预处理方法（SPORT）[42]，Mishra 等提出的基于正交运算的并行预处理方法（PORTO）[43]。这些内容详见本书的第 4 章和第 5 章。

20.3　模型预测能力影响因素浅析

光谱结合化学计量学这类分析方法是一种间接的测量技术，建立稳健可靠、准确性高的校正模型是这类分析方法成功应用的关键。建立模型过程时涉及到的各个环节都会影响分析结果的重复性和准确性，主要影响因素包括：校正样本的代表性、基础数据的准确性、光谱采集方式和条件、化学计量学方法以及光谱仪器的性能等。化学计量学方法的选择在上节已做过讨论，下面主要讨论校正样本、基础数据、光谱采集方式与条件以及仪器性能的影响。

20.3.1　校正样本的影响

校正样本对分析模型的影响涉及到校正样本的代表性、数量、范围和分布，校正样本的均匀性（如农产品样品的粒度、芽粒率、瘪粒率、水含量、颜色和杂质等）以及校正样本的预处理（如粉碎、切片和萃取等）等诸多方面。下面主要介绍在实际应用过程中，经常遇到的校正样本分布不均匀的问题（图 20-7）。

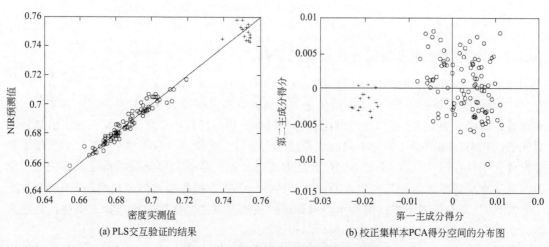

(a) PLS交互验证的结果　　　　　　　　　　(b) 校正集样本PCA得分空间的分布图

图 20-7　校正集样本分布不均匀例图

○—主体校正样本；+—另类少量样本

　　如图 20-8 所示[44]，在建立近红外光谱测定石脑油密度的过程中，收集到的校正样本的密度主体分布在 $0.66\sim0.72g/cm^3$，但却包含有一类密度较大的样本（$0.75g/cm^3$ 左右）。从 PCA 得分空间也可以看出，这些另类少量样本也与主体分布的样本存有明显差异。若让这些样本参与建模，尽管预测趋势依然存在，但所建模型的 SECV 显著变差，SECV 由 $0.028g/cm^3$ 增加到 $0.038g/cm^3$。在实际工作时，是否让这部分样本参与建模，需要根据实际情况做出决定。因为这类样本不同于异常（界外）样本，如图 20-9 所示，异常样本的建立校正模型前是必须要剔除的，否则会严重影响模型的预测能力，尤其是校正样本数量较少时，其影响尤为显著。

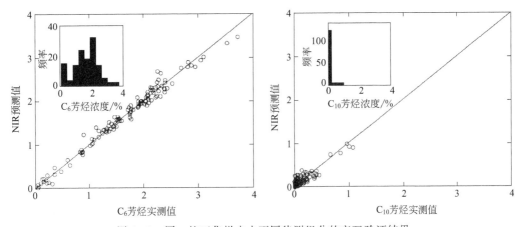

图 20-8　同一校正集样本中不同待测组分的交互验证结果

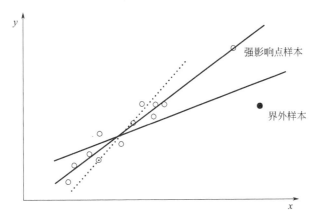

图 20-9　界外样本对模型影响的示意图

　　还需注意的是，一组校正样本可能对于一些待测成分的浓度分布是均匀的，但对于另外一些待测成分则是不均匀的。如图 20-8 所示，一个由 132 个石脑油样本组成的校正集，其 C_6 芳烃分布基本上是均匀的。但对于 C_{10} 芳烃，其分布则是极其不均匀，大部分校正样本的 C_{10} 芳烃含量在 0.4％以下，只有 5 个样本在 1.0％左右。如果用该校正集建立测定 C_{10} 芳烃的校正模型显然是不合适的，需要另外收集样本。

　　对于均匀性较差的样本（如农产品），若在测量前进行必要的处理（如粉碎等），可提高模型的预测准确性。例如，对于近红外光谱漫反射测量而言，粉碎成末的样品通常要优于完整颗粒的预测结果。比如面粉的蛋白质、淀粉等含量的预测结果要好于小麦籽粒的预测结果，烟末的尼古丁、总糖等含量的预测结果好于烟丝的预测结果，但这是以牺牲测试的方便性和快捷性为代价的。在具体应用时，是否选用样品前处理，需要根据实际情况决定。涉及到样本的影响因素还有样品温度、含水量和残留溶剂、样品厚度、装样松紧度、光学性质、多晶型以及样品的实际贮存时间等[45-48]。

　　如何选取校正样本、识别异常样本以及如何判断校正样本的均匀性，在本书第 9 章和第 10 章已做了较为详细的论述，在此不做赘述。

　　校正集中有代表性样本数量对模型的品质有重要影响，建模所需样本数量与应用对象、所使用的定量校正算法等因素密切相关[49-54]。通常，校正样本数越多，其包含样本自身和外界的可变信息越多，光谱与待测物性之间的非线性关系可能越明显，这时可选用神经网络等非线性校正方法；与之对应的是，对于神经网络等非线性方法，建模时有代表性样本的数量越多，其所建模型的稳健性也相对越好。校正样本的数量还涉及到建模策略和模型维护等问题，这部分内容可参见本书第 11 章和第 14 章。

20.3.2　基础数据的影响

　　基础数据的准确性对校正模型的预测能力有较大的影响，为了考察基础数据的影响，褚小立等进行过近红外光谱模拟试验。用苯、甲苯、二甲苯和异辛烷配制了 50 个四组分混合物样本，以苯含量作为分析对象，苯浓度基础数据由配制过程中称重得到，苯含量的分布范围为 1.0%～6.5%。通过 K-S 方法选取 30 个样本组成校正集，验证集则由剩余的 20 个样本组成。采用偏最小二乘方法（PLS）建立定量校正模型，光谱经一阶导数处理，选用的光谱区间为 750～1050nm。图 20-10 给出了校正（交互验证）以及验证过程中苯含量的实际-预测相关图，交互验证的 SECV 为 0.06%，验证集的 SEP 为 0.09%[55]。

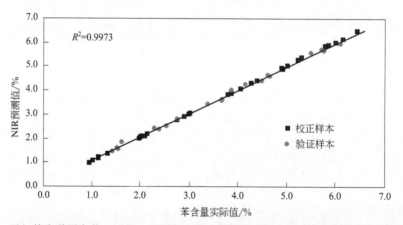

图 20-10　近红外光谱测定苯、甲苯、二甲苯和异辛烷四组分混合物中苯含量的实际-预测相关图

　　为了考察基础数据准确性对模型及其预测能力的影响，人为给校正集样本的苯含量增加误差，重新建立校正模型，并对 20 个验证集样本的苯含量进行预测。按照以下三种方式增加基础数据的误差：①对校正集样本原始基础数据 y_i 添加绝对误差 Δy，即 $y_i \pm \Delta y$，其中 Δy 取正值，对偶数序号的样本采用加号，奇数序号的样本采用减号，校正集样本序号是随机排列的。②对校正集样本原始基础数据 y_i 添加相对误差 $y_i \times r\%$，即 $y_i \pm y_i \times r\%$，其中偶数序号的样本采用加号，奇数序号的样本采用减号。③对校正集样本原始基础数据 y_i 添加正态分布的随机误差 Δy_i，即 $y_i \pm \Delta y_i$，其中随机误差 Δy_i 自动生成，以标准偏差为误差

的指标。

　　按照基础数据误差添加方式①对校正集样本苯含量依次加上或减去 0.1％～1.0％（质量分数）的绝对误差，考察基础数据准确性变差对模型及其预测结果的影响。图 20-11 给出了SECV 和 SEP 随绝对误差 Δy 的变化曲线，图 20-12 为绝对误差为 ±0.7％（质量分数）时，校正集交互验证过程的结果以及验证集的预测结果。可以看出，随着基础数据准确性变差，SECV 和 SEP 都相应变大，但 SEP 的增长幅度远小于 SECV，说明尽管基础数据在一定范围内存在较大的绝对误差，但用其所建立的 NIR 校正模型仍能得到较准确的预测结果。如图 20-13 和图 20-14 所示，向校正样本的基础数据中添加其他两种类型的误差，也得到了类似的结果。

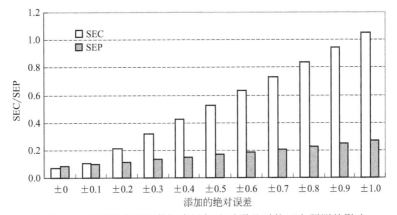

图 20-11　校正样本基础数据中添加绝对误差对校正和预测的影响

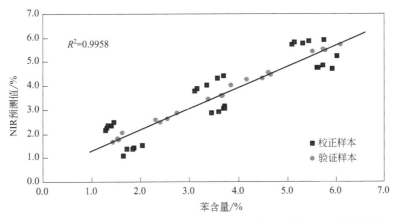

图 20-12　校正样本基础数据中添加 0.7％的绝对误差对校正和预测的影响

　　对于复杂混合物如油品的测试，也可得到了相同的结果。Chung 等人分别用两套不同精度的润滑油倾点基础数据采用 PLS 建立了近红外光谱分析模型[56]，其中一种参考方法测定倾点的准确性（1℃的读数间隔）明显优于另一种方法（3℃的读数间隔），结果如表 20-1所示，相同的参数条件下，采用高准确性的倾点数据建立模型时得到的 SECV 优于低准确性数据的 SECV。图 20-15 为 PLS 回归得到的前两个主因子得分图，可以看出尽管两套基础数据的准确性不同，但其得分几乎完全吻合，这说明 SECV 的差异主要是由基础数据的优劣引起的。

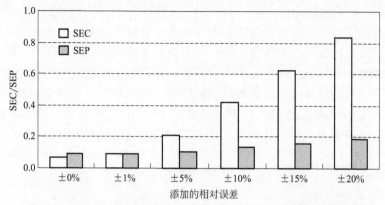

图 20-13　校正样本基础数据中添加相对误差对校正和预测的影响

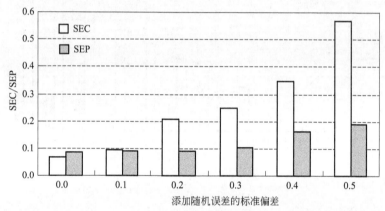

图 20-14　校正样本基础数据中添加随机误差对校正和预测的影响

表 20-1　两套不同精度的基础数据分别进行 PLS 回归得到的结果

光谱范围	低准确性基础数据		高准确性基础数据	
	PLS 主因子数	SECV/℃	PLS 主因子数	SECV/℃
1100～1580nm	3	1.70	3	1.17
1100～1580nm 和 1870～2140nm	3	1.66	3	1.14

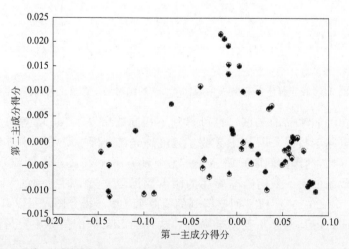

图 20-15　两套不同精度的基础数据分别进行 PLS 回归得到的前两个主因子得分图

通过上述模拟试验、实际案例，以及相关参考文献[57-61]，可以得到如下结论：

① 基础数据的准确性对校正模型及其预测结果都有一定的影响，基础数据越准确，所建立模型的精度越高，其对未知样本的预测结果也越准确。为得到可靠的基础数据，应采用准确性和重复性高的参考方法，有时还需多次测量取平均值，且尽可能采用同一台仪器、用熟练的操作人员来测量校正样本的基础数据。如果必要，需要对获取基础数据的常规方法的准确性和重复性进行评估。用于基础数据测量的样品必须和光谱采集所用的样品一致，且尽可能在取样后及时测定基础数据和光谱，以免样品组成变化影响校正模型的准确性。此外，也应考虑基础数据的单位，例如体积浓度单位与光谱吸光度之间的线性关系要优于质量浓度单位[62,63]。

② 尽管校正模型是由基础数据和对应的光谱回归得到的，但光谱方法有可能得到更接近真值的预测结果。尤其对于精度相对较差的测试方法提供的基础数据，通过大量样本的统计分析处理，将有可能得到更精确的预测结果。但这并不意味着光谱方法的准确度和重复性一定优于参考方法。

③ 实际建立校正模型时，可以将交互验证过程中偏差相对较大的样本保留在校正集中（偏差一般不应超过基础测试方法再现性要求的 1.5～2.0 倍），这样可在基本不影响模型预测准确性的前提下，增加模型的稳健性和适用性。

20.3.3　光谱测量方式的影响

光谱的测量方式是决定光谱的质量（信噪比、重复性和信息量等）的重要因素之一，而光谱质量将显著影响校正模型的预测能力，因此，选择合适的光谱测量方式至关重要。合适的测量方式应满足以下条件：①光谱的重复性和再现性好；②测试方便、快速；③光谱的信噪比高；④光谱包含的样品物化信息完整。

每一种光谱分析技术都有多种测量方式，如中红外光谱常用的测量方式有透射、ATR 和漫反射；近红外光谱常用的方式有漫反射、透射、漫透射；拉曼光谱的测量方式更多，有背散射、SERS、SORS 和透射等。光谱的测量方式与测量附件的选择是紧密相关的，对同一种样品类型（如透明液体、黏稠体、固体颗粒和粉末等）可采用多种测量方式和测量附件进行光谱分析测量。在实际应用前的可行性研究过程中，应比对所有可行测量方式及其可能测量附件的优缺点，以选择合适便捷的光谱测量方式。

例如，近红外光谱无损测定水果品质时，可选用多种测量方式，常见的有漫透射（Transmission）、漫反射（Reflectance）和内作用反射（Interactance）三种光谱测量方式（图 20-16），有文献比较了这三种方式测定水果可溶性固体含量、密度和肉色的优缺点[64]。结果表明，内作用反射测量方式得到了相对准确的结果。内作用反射方式实际上是漫反射方式的一种变形，由于入射光照射区域与光收集区域存在一定距离，这种方式收集的不是水果表层的漫反射光，而是渗入到水果内部又透出来的光，所以携带了更多的水果内部成分的物化信息，却又避免了漫透射测量方式带来的水果内核对光谱的影响。目前，有些商品化的便携式近红外水果测定仪采用的环形光纤光源实质上就是利用这种内作用反射式测量方式。

再例如，在拉曼光谱测定药片中活性成分含量时，为得到重复性好并能反映主体信息的光谱，可采用大照射光斑、旋转样本以及透射等测量方式。相比于传统的背散射测量方式，透射拉曼测量方式往往可以得到更为准确的测量结果，在相同的光谱范围（700～1700cm^{-1}）和模型建立条件下，透射拉曼测量方式的预测能力优于传统的背散射测量方式[65,66]。

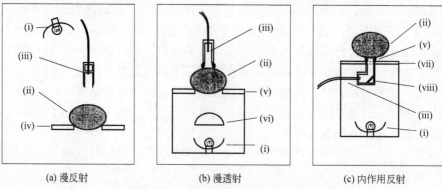

(a) 漫反射 (b) 漫透射 (c) 内作用反射

图 20-16　三种测定水果近红外光谱的方式
(i)—光源；(ii)—水果；(iii)—光纤探头；(iv)—黑色泡沫支架；
(v)—光密封圈；(vi)—聚光镜；(vii)—玻璃盖；(viii)—平面镜

同样，近红外光谱在测定药片或胶囊中活性成分含量时，透射式测量方式也往往优于漫反射测量方式，这是由于透射测量方式通常要比反射光谱包含更多样品主体的化学组成的信息，所以，透射方式更利于对组成或与组成密切相关的性质进行分析[67-69]。中红外光谱也有透射、ATR、漫反射和光声等测量方式，图 20-17 为不同测量方式得到的水的红外光谱。在实际应用过程中，需综合测试方便性和光谱信息量予以选择[70-73]。

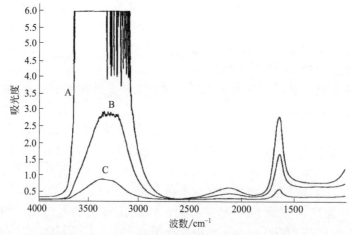

图 20-17　不同测量方式下的水中红外光谱图
A—25μm 的透射池；B—45°ZnSe 水平 ATR（12 次反射）；C—45°Ge 水平 ATR（12 次反射）

如图 20-18 所示，对于液体透射测量方式，光程的选择要在光谱范围、吸光度线性和光谱信噪比等因素之间寻求最优点[74-77]。对于固态物质的漫反射测量方式，背景参比物质的选择也非常重要。

20.3.4　光谱采集条件的影响

光谱采集条件包括光谱范围、分辨率、光谱累积测量次数以及装样的均匀性和一致性等。下面以近红外光谱分析为例介绍不同光谱采集条件对校正模型的影响。

（1）光谱范围的影响

近红外光谱的波长范围通常分两段：700～1100nm 的短波区和 1100～2500nm 的长波

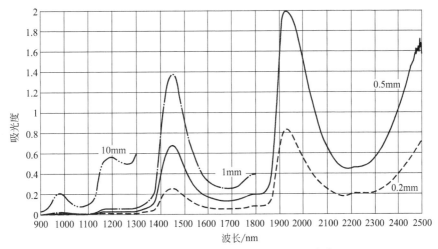

图 20-18 不同光程下水的近红外光谱图[78]

区。其中 1100～2500nm 又可分为三段：1100～1540nm（9090～6500cm^{-1}）、1540～2000nm（6500～5000cm^{-1}）以及 2000～2500nm（5000～4000cm^{-1}）。如图 20-19 所示，不同波长的近红外光及其光谱特性有着较大的差异。

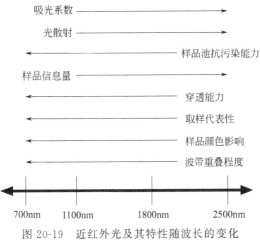

图 20-19 近红外光及其特性随波长的变化

短波近红外光谱区域主要为三级和四级倍频和组合频的吸收，长波区域主要为一级和二级倍频和组合频的吸收。短波区域的光透射性强，吸光系数小，常使用长光程如 30～50mm，取样代表性及样品池抗污染能力相对较强。长波近红外光谱区域较短波区域信息丰富，尤其是 2000～2500nm 组合频区的谱带重叠没有短波区严重，但所需光程较短，通常为 0.5mm。

Cho 等人通过配制的三组分（正己烷、正庚烷和甲苯）体系，以正庚烷为溶剂，以正己烷和甲苯为分析对象，考察了不同光谱范围对近红外光谱校正模型的影响[79]。共配制了 30 个样本，其中正己烷和甲苯的浓度（质量分数）范围为 0.05%～3.0%。为得到吸光度强度相仿的三段光谱，选择了不同的光程，9090～6500cm^{-1} 区间的光程为 10mm，6500～5000cm^{-1} 区间的光程为 2mm，5000～4000cm^{-1} 区间的光程为 0.5mm。不同光谱区间的 PLS 交互验证得到的 SECV，可以得出，5000～4000cm^{-1} 区间的结果最好，而且甲苯的结果明显优于正己烷。这表明不同光谱范围内的信息量是有差异的，相对于其它两个波段，5000～4000cm^{-1}组合频区的信息量更多些，谱带的重叠性也相对较小。由于正己烷和正庚烷的谱图极为相似，所以，相对于甲苯，正己烷的结果相对较差。这也可从 PLS 的主因子得分图上得到解释，如图 20-20 所示，甲苯在 5000～4000cm^{-1} 区间的得分变动最大，说明其信息量最多，对应的 SECV 最小；而正己烷在 9090～6500cm^{-1} 区间的得分变动最小，说明其信息量最少，对应的 SECV 最大。

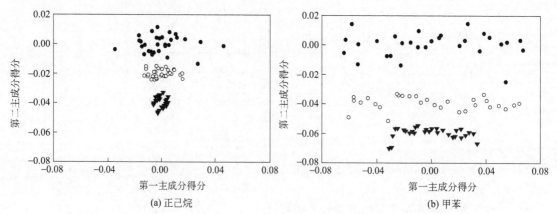

图 20-20　在三个光谱区间分别对正己烷和甲苯进行 PLS 回归得到的前两个主因子得分图

●—5000～4000cm^{-1}；○—6500～5000cm^{-1}；▼—9090～6500cm^{-1}

上述实验是基于透射测量方式得到的，在实际应用时，经常会遇到不同光谱范围和不同测量方式之间的交叉选择问题。例如，对于颗粒状样品，是长波区的漫反射还是短中波区的漫透射所建的校正模型更优，这需要针对不同的测量体系通过可行性实验确定。

另外，光谱范围的选择还受到诸多条件（如光谱仪类型、附件类型和测量方式等）的限制。例如，采用光纤测量附件时，由于光纤材料的自吸收，若光纤距离过长，会使 2200nm 以上的光谱区间无法使用。再例如，采用漫透射方式测定药片近红外光谱时，由于长波区近红外光的穿透能力变弱，只有 800～1600nm 之间的光谱区域可用。

（2）分辨率的影响

光谱分辨率是指仪器区分两个相邻吸收峰能力的量度，通常由光谱带宽来表征，即单色器射出的单色光谱带最大强度一半处的宽度。光谱的分辨率主要取决于光谱仪器的分光系统。光栅分光型仪器的分辨率与狭缝的设计有关，狭缝越窄，分辨率越高，但光通量会下降，从而使光谱的信噪比下降。阵列检测器的分辨率，还与检测器的像素有关。傅里叶型光谱仪的分辨率由动镜移动距离决定，分辨率越高，动镜的移动距离越远，扫描速度越慢，单位时间内的信噪比也会降低。此外，高分辨率的光谱文件也会影响数学运算时的速度。因此，在光谱结合化学计量学方法的实际应用中，一般不追求高分辨率，通常不会超过 4cm^{-1}。

对于近红外光谱区域更是如此，因其吸收谱带多为宽峰且重叠严重，进行定量或定性分析时通常不要求高的仪器分辨率，16cm^{-1} 或 10nm（在 2500nm 处）的分辨率就可满足绝大多数分析对象的应用要求。例如，近红外光谱测定汽油的辛烷值，一般 40nm 的分辨率便可满足常规分析精度的要求。但对于结构特征十分相近的复杂样品，若想得到准确的分析结果，则需对仪器的分辨率提出一定的要求[80-83]。

为考察分辨率对近红外光谱校正模型的影响，Chung 等人设计了一个试验，他们利用 25 种纯的碳氢化合物，配制了 55 个混合物样品，用来模拟石脑油的组成[84]。在不同分辨率下（4cm^{-1}、8cm^{-1}、16cm^{-1}、32cm^{-1}）测定了这55个样本的近红外光谱图，光谱范围为4000～4500cm^{-1}，光程为0.5mm。采用PLS方法建立校正模型，表20-2给出了族组成（链烷烃、正构烷烃、异构烷烃、环烷烃和芳烃）以及部分化合物的SECV，可以看出，4cm^{-1}、8cm^{-1}、16cm^{-1}分辨率对族组成的影响较小，32cm^{-1}分辨率时则有较大影响，所需的主因子数增多，SECV变差。对于纯化合物，由于正构烷烃的近红外光谱差异性较小，所以分辨率对正庚烷和正己烷的SECV影响较大，当分辨率为32cm^{-1}时已无法得到满意的结果；但对于苯和甲苯，由于它们的特征性相对较强，所以在相同的分辨率下，它们所用的主因子数少，且SECV值小，分辨率对苯和甲苯的影响也小于对正庚烷和正己烷的影响。

表 20-2　分辨率对族组成和部分化合物 SECV 的影响

组成	SECV(4cm^{-1})	SECV(8cm^{-1})	SECV(16cm^{-1})	SECV(32cm^{-1})
总烷烃	0.54(12)	0.51(12)	0.52(13)	1.25(12)
总正构烷烃	0.44(15)	0.37(15)	0.43(16)	0.76(22)
总异构烷烃	0.36(15)	0.37(15)	0.40(15)	0.96(21)
总环烷烃	0.78(14)	0.81(14)	0.89(14)	
总芳烃	0.81(12)	0.81(12)	0.84(12)	1.60(10)
正己烷	0.29(16)	0.29(17)	0.30(17)	1.64(17)
正庚烷	0.29(20)	0.28(21)	0.42(22)	
2,2-二甲基丁烷	0.24(17)	0.23(16)	0.23(17)	0.78(22)
环己烷	0.16(16)	0.17(17)	0.17(19)	0.37(24)
苯	0.17(6)	0.17(6)	0.17(9)	0.23(20)
甲苯	0.21(16)	0.21(17)	0.26(16)	0.32(19)

注：表内括号中的数字为PLS的主因子数。

（3）光谱扫描次数的影响

增加样品的光谱扫描次数，即通过多次测量取平均的方式，是一种提高光谱信噪比的常用办法。

光谱的信噪比会影响模型的预测能力，Cho等人基于一组人工配制的样品，考察了光谱扫描次数对近红外光谱校正模型的影响[85]。他们将正己烷、正庚烷、环己烷和甲苯按不同浓度混合，以正庚烷为溶剂配制了几十个样品，正己烷、环己烷和甲苯的浓度（体积分数）范围为0.05%～2.0%。光谱采集范围为4000～4500cm^{-1}，分辨率为4cm^{-1}，光程为0.5mm，采用PLS方法建立校正模型。表20-3给出了不同测量次数下，所测光谱的RMS平均噪声、平均标准偏差以及对正己烷、环己烷和甲苯SECV的影响。可以看出，随着扫描次数的增加，光谱噪声下降，正己烷、环己烷和甲苯的SECV也有不同程度的降低，其中正己烷的影响最为显著，这是因为正己烷与溶剂正庚烷的光谱差异较小，要得到满意的预测结果，需要光谱具有较高的信噪比。

表 20-3　测量次数随光谱噪声以及 SECV 的影响

测量次数	光谱的 RMS 平均噪声/×10^{-5}	光谱的平均标准偏差/×10^{-5}	SECV(体积分数)/%		
			正己烷	环己烷	甲苯
4	8.29	0.35	0.280(3)	0.045(3)	0.031(4)
8	5.88	0.35	0.135(3)	0.037(3)	0.039(4)
16	4.12	0.14	0.083(3)	0.025(3)	0.021(5)
32	2.98	0.10	0.073(3)	0.023(3)	0.017(4)
64	2.14	0.12	0.053(4)	0.020(3)	0.015(4)

注：表内括号中的数字为PLS的主因子数。

在实际应用时，并不是扫描次数越多越好，扫描次数增加会延长光谱的测量时间，另外，当扫描次数增加到一定数值时，噪声的衰减程度将不再明显。因此，光谱采集过程中，扫描次数的设定应从光谱测量时间和光谱信噪比之间折中选择。

20.3.5 仪器性能的影响

光谱仪器性能包括仪器的有效波长范围、分辨率、信噪比、基线稳定性、波长的准确性和重复性、吸光度的准确性和重复性、温度适用范围和抗电压波动性能等诸多方面。上面已介绍了光谱范围、信噪比以及分辨率对校正模型的影响，下面简要讨论仪器的长期稳定性和一致性的影响。

光谱仪的稳定性和一致性是光谱结合化学计量学方法广泛推广的制约因素之一。光谱仪的稳定性是指波长和吸光度的长期重复性，光谱仪的一致性是指波长和吸光度的准确性。这类分析方法的校正模型基于大量的实际样本，其基础数据的测定要花费可观的人力、物力和财力，因此，所建的模型必须能够长期使用，并能在多台仪器上使用。这就要求一台仪器要具有长期的稳定性，不同仪器间要具有一致性。

对于不同的光谱仪器，不同的测量对象和分析指标，所要求的仪器指标也是不同的，没有统一或固定的标准，需要在可行性研究中，通过试验来确定。

在仪器长期稳定性的基础上，可以通过化学计量学中的模型传递方法，在一定程度上解决因仪器之间存在差异而引起的模型不能通用的问题。这部分内容可以参考本书第 17 章。

20.4 展望

光谱结合化学计量学的这项分析技术已得到了较为广泛的实际应用，尤其是在现场快速和工业在线等方面发挥着越来越重要的作用。随着化学计量学学科逐渐走入大学生的课堂，这项分析技术必将会越来越普及，成为化学分析和过程分析工作者的一种常用手段。但对于一种新兴的分析技术，若要发挥其应有的作用，尚有相当的工作需要继续开展，概括起来主要包括以下几个方面。

（1）光谱仪硬件

硬件水平是制约着这项分析技术快速发展的关键因素。不论是实验室型、便携式、还是在线光谱仪的整体性能都需进一步提高，尤其是在仪器的长期稳定性和一致性方面，需要制定更高水平的技术指标，以实现分析模型库的长期有效性及通用性。在测量附件上，需根据具体的应用对象，研发出更高效、适应性和针对性更强的专用附件。在此基础上实现光谱仪及其配套的小型化和微型化依旧是一个永恒不变的目标。

光谱仪器和成像仪器的微型化无论从成本、性能还是应用场景上都将会带来重要的变革。由于数据存储和计算速度等原因，上述这些光谱仪和光谱成像仪的应用场景将来会得益于 5G 通信、深度学习和云平台等技术的发展，成为物联网构建中的关键组成元素和重要节点。

近些年，多谱学仪器的组合和融合是另一个显著的研究热点。例如，拉曼光谱仪器与中红外光谱仪器的组合，激光诱导击穿光谱（LIBS）仪器与拉曼光谱仪器的组合，中红外光谱仪器与近红外光谱仪器的组合，还有各种谱学成像仪器的组合等，这样一台小型或微型的仪器便可获取更多、更丰富的物质成分信息[86,87]。

（2）实验技术

实验技术（光谱采集方式和样品处理等）是决定分析结果重复性和准确性的重要一个环节。针对不同的应用对象，需对实验技术做深入细致的研究，以获取高质量的光谱。实验技术与测量附件是密不可分的，两者相辅相成。新实验技术的出现，会促进测量附件的改进和发展。测量附件的商品化，会提升实验技术的整体水平，同时也会促进光谱仪器的发展。拉曼光谱中的 SORS 和透射式实验技术就是一个实例，类似实验技术的研发仍将是以后的重要发展方向之一。

（3）化学计量学方法与软件

化学计量学方法与软件是这项分析技术的重要组成部分。尽管目前存在的方法已能解决大部分的问题，但这一方向的研究热潮始终未减。其中虽有部分研究仅为论文发表，但"实际应用驱动"仍是其发展的强大推动力。例如，多元校正方法建立定量分析模型的步骤较为烦琐，并需要较为专业的人员进行维护，在很大程度上限制了其应用范围。因此，开发新型的算法，以从根本上解决建模及其维护的工作量问题，应是一个重点的研究方向。

近些年，以卷积神经网络（CNN）为代表的深度学习算法开始用于光谱定量和定性模型的建立[88]。与传统机器学习方法相比，卷积神经网络可以通过多个卷积层和池化层逐步提取蕴藏在光谱数据中的微观特征和宏观特征，在一定程度上降低建模前对光谱的预处理和变量选取工作，减少建模的工作量。深度学习算法在光谱分析中的应用研究刚刚开始，还有诸如网络规模、参数的优化选择、过拟合、模型的可解释性等问题仍值得进一步研究。深度学习中的迁移学习（Transfer Learning）、域适配（Domain Adaptation）和多任务学习（Multi-task Learning）等策略有望为模型传递提供新思路，在一定程度上解决定量和定性模型在不同仪器上的通用性问题。

针对某些特定的应用需求，基于光谱拟合计算等策略的免多元校正模型方法也正在得到关注和应用，这类方法避免了传统复杂的建模和维护过程，在油品和药品等领域有一定优势[89-91]。

值得一提的是，尽管不断出现新的有效的化学计量学算法，但与仪器配套的计算软件的功能往往升级不及时，这一问题有望通过云计算平台的推广应用得以解决。

（4）光谱模型库的维护与数据挖掘

光谱模型库是在软硬件平台上基于大量有代表性样本的光谱及其基础数据建立起来的，是极其宝贵的资源。一方面，需要通过不同的渠道，例如构建官方及商业化的网络模型维护与共享平台，让已建立的模型数据库不断扩充完善，使其在实际应用中发挥应有作用。另一方面，则需要充分利用这些数据资源，尤其是石化、烟草和谷物光谱模型库等，进一步从中挖掘出更多更有用的信息。此外，从实验室和工业装置上获取的大量过程分析光谱中，挖掘出影响产品质量的工艺和反应机理等信息也是一项非常有意义的研究工作。

云计算平台的兴起为光谱大数据的处理和应用提高了条件，通过云计算平台可以管理和存储原料生产、在线产品和实验室研究等不同来源的近红外光谱数据。同时，使用大数据分析方法对搜集到的光谱大数据进行分析与挖掘，然后将分析结果以可视化的方式进行输出，可以实时有效地为生产过程和产品质量的控制提供数据，为原料的管理与存储、产品的销售以及上级有关部门的监控与执法提供可靠依据。

模型维护与模型传递密不可分，尤其是随着消费端便携式和袖珍式光谱仪器的不断普及，如何将实验室主机上的模型传递到消费端的仪器上，以及如何利用消费端仪器上大量无标准参考数据（或无标签）的光谱数据对模型进行维护，新型模型维护和模型传递方法将变得越来越重要，尤其是无标样的模型传递方法将发挥极其重要的作用[92]。近些年，一些半监督（不需要同时在主机和从机上得到一组标样的光谱，只需要在从机上获得一组样品的光谱及其参考数据）的模型传递方法得到验证和应用，例如动态正交投影算法（Dynamic Orthogonal Projection，DOP）和半监督无参数校正增强方法（Semi-supervised Parameter-free Framework for Calibration Enhancement，SS-PFCE）[93,94]，甚至出现了一些性能良好的无监督（只需要在从机上获得一组样品的光谱）的模型传递方法，例如域不变偏最小二乘（Domain Invariant Partial Least Squares，di-PLS）、迁移成分分析（Transfer Component Analysis，TCA）和无监督无参数校正增强方法（Non-supervised Parameter-free Framework for Calibration Enhancement，NS-PFCE）等[94,95]。

（5）光谱成像技术

光谱成像技术（近红外光谱成像、红外光谱成像、拉曼光谱成像、太赫兹成像和 LIBS 成像等）是光谱结合化学计量学这项分析技术的一个重要分支。由于光谱成像技术固有的优越性，与之配套的硬、软件技术（包括算法）以及实际应用技术都将是以后的研究热点，将成为传统光谱技术的重要补充手段。近些年，光谱成像仪器的小型化和便携式也得到了快速发展，其在环境、地质、食品、生物医学、医药、考古与文物、公安与法学、反恐技术等领域有着广泛的应用潜力。

（6）实际应用的拓展和深入

目前，尽管这类分析技术在每个领域的应用几乎都有所研究和实施，但其应用广度、深度和发挥的作用仍在迅速地发展。针对不同的实际应用需求，需要对整套平台技术进行改进，以获得最佳的应用效果。同时，随着这类分析技术的广泛深入应用，也会对生产工艺和生产管理带来深远的积极影响，在优化生产过程和保证成品质量等方面都将发挥重要的作用。

目前，流程工业正处于从传统生产模式向精确数字化、智能化现代生产模式转变的时期。信息深度"自感知"、智慧优化"自决策"和精准控制"自执行"是智能工厂的 3 个关键特征，其中信息深度"自感知"是智能炼厂的基础。原料、中间物料、产品的分子组成和物性分析数据是信息感知的重要组成部分，以光谱为核心之一的现代过程分析技术为化学信息感知提供了非常有效的手段。光谱技术，尤其是在线光谱技术在食品、制药和化工等领域的应用才刚刚开始，这是顺应精细化管理和智能化加工的大趋势，将会给流程工业带来变革。

参考文献

[1] Diem M. Modern Vibrational Spectroscopy and Micro-Spectroscopy Theory, Instrumentation and Biomedical Applications [M]. New Jersey: John Wiley & Sons, 2015.

[2] Bunaciu A A, Aboul-Enein H Y, Hoang V D. Vibrational Spectroscopy Applications in Biomedical, Pharmaceutical and Food Sciences [M]. Amsterdam: Elsevier, 2020.

[3] Andrews J, Dallin P. Choosing your approach [J]. Spectroscopy Europe, 2003, 15 (3): 27-29.

[4] Caporaso N, Whitworth M B, Fisk I D. Near-Infrared Spectroscopy and Hyperspectral Imaging for Non-destructive Quality Assessment of Cereal Grains [J]. Applied Spectroscopy Reviews, 2018, 53 (8): 667-687.

[5] Kaavya R, Pandiselvam R, Mohammed M, et al. Application of Infrared Spectroscopy Techniques for the Assessment of Quality and Safety in Spices: a Review [J]. Applied Spectroscopy Reviews, 2020, 55 (7): 593-611.

[6] Vodopyanov K L. Laser-based Mid-infrared Sources and Applications [M]. New Jersey: John Wiley & Sons, 2020.

[7] Lohumi S, Kim M S, Qin J, et al. Raman Imaging from Microscopy to Macroscopy: Quality and Safety Control of

Biological Materials [J]. Trends in Analytical Chemistry, 2017, 93: 183-198.

[8] 吴静珠, 刘翠玲. 太赫兹技术及其在农产品检测中的应用 [M]. 北京: 化学工业出版社, 2020.

[9] Baranska M, Schutze W, Schulz H. Determination of Lycopene and β-Carotene Content in Tomato Fruits and Related Products Comparison of FT-Raman, ATR-IR, and NIR Spectroscopy [J]. Analytical Chemistry, 2006, 78 (24): 8456-8461.

[10] McGill C A, Nordon A, Littlejohn D. Comparison of In-Line NIR, Raman and UV-Visible Spectrometries, and At-Line NMR Spectrometry for the Monitoring of an Esterification Reaction [J]. Analyst, 2002, 127 (2): 287-292.

[11] Kim M, Noh J, Chung H. Comparison of Near-infrared and Raman Spectroscopy for the Determination of the Density of Polyethylene Pellets [J]. Analytica Chimica Acta, 2009, 632 (1): 122-127.

[12] Salomonsen T, Jensen H M, Stenbak D, et al. Chemometric Prediction of Alginate Monomer Composition: A Comparative Spectroscopic Study Using IR, Raman, NIR and NMR [J]. Carbohydrate Polymers, 2008, 72 (4): 730-739.

[13] Sacre P Y, Deconinck E, Beer T D, et al. Comparison and Combination of Spectroscopic Techniques for the Detection of Counterfeit Medicines [J]. Journal of Pharmaceutical and Biomedical Analysis, 2010, 53 (3): 445-453.

[14] Yu X L, Sun D W, He Y. Emerging Techniques for Determining the Quality and Safety of Tea Products: A review [J]. Comprehensive Reviews in Food Science and Food Safety, 2020, 19 (5): 2613-2638.

[15] Fakayode S O, Baker G A, Bwambok D K, et al. Molecular (Raman, NIR, and FTIR) Spectroscopy and Multivariate Analysis in Consumable Products Analysis [J]. Applied Spectroscopy Reviews, 2020, 55 (8): 647-723.

[16] Nowak M R, Zdunek R, Plinski E, et al. Recognition of Pharmacological Bi-Heterocyclic Compounds by Using Terahertz Time Domain Spectroscopy and Chemometrics [J]. Sensors, 2019, 19: 3349.

[17] Chen T T, Zhang T L, Li H. Applications of Laser-induced Breakdown Spectroscopy (LIBS) Combined with Machine Learning in Geochemical and Environmental Resources Exploration [J]. Trends in Analytical Chemistry, 2020, 133: 116113.

[18] Wang Q, Xie L, Ying Y. Overview of Imaging Methods Based on Terahertz Time-domain Spectroscopy [J]. Applied Spectroscopy Reviews, 2021, 56: 1-16.

[19] Carruthers H L, Clark D, Clarke F, et al. Comparison of Raman and Near-infrared Chemical Mapping for the Analysis of Pharmaceutical Tablets [J]. Applied Spectroscopy, 2020, 75 (4): 000370282095244.

[20] Zhang H, Liu Z, Zhang J, et al. Identification of Edible Gelatin Origins by Data Fusion of NIRS, Fluorescence Spectroscopy, and LIBS [J]. Food Analytical Methods, 2021, 14 (3): 1-12.

[21] Ballabio D, Robotti E, Grisoni F, et al. Chemical Profiling and Multivariate Data Fusion Methods for the Identification of the Botanical Origin of Honey [J]. Food Chemistry, 2018, 266: 79-89.

[22] Ramirez C A M, Greenop M, Ashton L, et al. Applications of Machine Learning in Spectroscopy [J]. Applied Spectroscopy Reviews, 2021, 56: 733-763.

[23] Biancolillo A, Marini F. Chemometric Methods for Spectroscopy-based Pharmaceutical Analysis [J]. Frontiers in Chemistry, 2018, 6: 576.

[24] Kuang B, Tekin Y, Mouazen A M. Comparison between Artificial Neural Network and Partial Least Squares for On-line Visible and Near Infrared Spectroscopy Measurement of Soil Organic Carbon, pH and Clay Content [J]. Soil & Tillage Research, 2015, 146: 243-252.

[25] Buchmann N B, Josefsson H, Cowe I A. Performance of European Artificial Neural Network (ANN) Calibrations for Moisture and Protein in Cereals Using the Danish Near-infrared Transmission (NIT) Network [J]. Cereal Chemistry, 2001, 78 (5): 572-577.

[26] Clavaud M, Roggo Y, Degardin K, et al. Global Regression Model for Moisture Content Determination Using Near-infrared spectroscopy [J]. European journal of pharmaceutics and biopharmaceutics, 2017, 119: 343-352.

[27] 褚小立, 袁洪福, 骆献辉, 等. 支持向量回归用于近红外光谱测定 MTBE 装置进料的醇烯比 [J]. 光谱学与光谱分析, 2008, 28 (6): 1227-1231.

[28] Le B. Application of Deep Learning and Near Infrared Spectroscopy in Cereal Analysis [J]. Vibrational Spectroscopy, 2020, 106: 103009-103007.

[29] Nawar S, Mouazen A M. Comparison between Random Forests, Artificial Neural Networks and Gradient Boosted Machines Methods of On-line Vis-NIR Spectroscopy Measurements of Soil Total Nitrogen and Total Carbon [J]. Sensors, 2017, 17: 2428.

[30] Wan X H, Li G, Zhang M Q, et al. A Review on the Strategies for Reducing the Non-linearity Caused by Scattering on Spectrochemical Quantitative Analysis of Complex Solutions [J]. Applied Spectroscopy Reviews, 2020, 55 (5):

351-377.

[31] Cernuda C, Lughofer E, Klein H, et al. Improved Quantification of Important Beer Quality Parameters Based on Nonlinear Calibration Methods Applied to FT-MIR Spectra [J]. Analytical & Bioanalytical Chemistry, 2017, 409 (3): 841-857.

[32] Yuan H F, Chu X L, Li H R, et al. Determination of Multi-properties of Residual Oils Using Mid-infrared Attenuated Total Reflection Spectroscopy [J]. Fuel, 2006, 80 (12-13): 1720-1728.

[33] Blanco M, Romero M A. Near-infrared Libraries in the Pharmaceutical Industry: a Solution for Identity Confirmation [J]. Analyst, 2001, 126 (12): 2212-2217.

[34] Loudermilk J B, Himmelsbach D S, Barton F E, et al. Novel Search Algorithms for a Mid-Infrared Spectral Library of Cotton Contaminants [J]. Applied Spectroscopy, 2008, 62 (6): 661-670.

[35] 徐永群, 诸建, 秦竹, 等. 中药材红外光谱阵列相关系数比对程序的设计与检验 [J]. 计算机与应用化学, 2002, 19 (3): 223-226.

[36] Chu X L, Xu Y P, Tian S B, et al. Rapid Identification and Assay of Crude Oils Based on Moving-window Correlation Coefficient and Near Infrared Spectral Library [J]. Chemometrics and Intelligent Laboratory Systems, 2011, 107 (1): 44-49.

[37] Asemani M, Rabbani A R, Sarafdokht H. Evaluation of Oil Fingerprints Similarity by a Novel Technique Based on FTIR spectroscopy of Asphaltenes: Modified Moving Window Correlation Coefficient Technique [J]. Marine and Petroleum Geology, 2020, 120: 104542.

[38] Liang J, Li M G, Du Y, et al. Data Fusion of Laser Induced Breakdown Spectroscopy (LIBS) and Infrared Spectroscopy (IR) Coupled with Random Forest (RF) for the Classification and Discrimination of Compound Salvia Miltiorrhiza [J]. Chemometrics and Intelligent Laboratory Systems, 2020, 207: 104179.

[39] Lee W, Lenferink A T M, Otto C, et al. Classifying Raman Spectra of Extracellular Vesicles Based on Convolutional Neural Networks for Prostate Cancer Detection [J]. Journal of Raman Spectroscopy, 2020, 51: 293-300.

[40] Moghimi A, Aghkhani M H, Sazgarnia A, et al. Vis/NIR Spectroscopy and Chemometrics for the Prediction of Soluble Solids Content and Acidity (pH) of Kiwi Fruit [J]. Biosystems Engineering, 2010, 106 (3): 295-302.

[41] Yun Y H, Li H D, Deng B C, et al. An Overview of Variable Selection Methods in Multivariate Analysis of Near-Infrared Spectra [J]. Trends in Analytical Chemistry, 2019, 113: 102-115.

[42] Roger J M, Biancolillo A, Marini F. Sequential Preprocessing through Orthogonalization (SPORT) and its Application to Near Infrared Spectroscopy [J]. Chemometrics and Intelligent Laboratory Systems, 2020, 199: 103975.

[43] Mishra P, Nordon A, Roger J M. Improved Prediction of Tablet Properties with Near-infrared Spectroscopy by a Fusion of Scatter Correction Techniques [J]. Journal of Pharmaceutical and Biomedical Analysis, 2021, 192: 113684.

[44] Macho S, Larrechi M S. Near-infrared Spectroscopy and Multivariate Calibration for the Quantitative Determination of Certain Properties in the Petrochemical Industry [J]. Trends in Analytical Chemistry, 2002, 21 (12): 799-806.

[45] 段焰青, 杨涛, 孔祥勇, 等. 样品粒度和光谱分辨率对烟草烟碱 NIR 预测模型的影响 [J]. 云南大学学报 (自然科学版), 2006, 28 (4): 340-344.

[46] 李军会, 秦西云, 张文娟, 等. 样品装样、测试条件等因素对近红外检测结果的影响与分析误差源比较研究 [J]. 光谱学与光谱分析, 2007, 27 (9): 1751-1753.

[47] Roudier P, Hedley C B, Lobsey C R, et al. Evaluation of Two Methods to Eliminate the Effect of Water from Soil Vis-NIR Spectra for Predictions of Organic Carbon [J]. Geoderma, 2017, 296: 98-107.

[48] Nawar S, Munnaf M A, Mouazen A M. Machine Learning Based On-Line Prediction of Soil Organic Carbon after Removal of Soil Moisture Effect [J]. Remote Sensing, 2020, 12 (8): 1308.

[49] Debaene G, Niedzwiecki J, Pecio A, et al. Effect of the Number of Calibration Samples on the Prediction of Several Soil Properties at the Farm-scale [J]. Geoderma, 2014, 214-215: 114-125.

[50] Rossel R A V, Behrens T, Ben-Dor E, et al. A Global Spectral Library to Characterize the World's Soil [J]. Earth Science Reviews, 2016, 155: 198-230.

[51] Kuang B, Mouazen A M. Influence of the Number of Samples on Prediction Error of Visible and Near Infrared Spectroscopy of Selected Soil Properties at the Farm Scale [J]. European Journal of Soil Science, 2011, 63 (3): 421-429.

[52] Guerrero C, Wetterlind J, Stenberg B, et al. Do We Really Need Large Spectral Libraries for Local Scale SOC Assessment with NIR Spectroscopy? [J]. Soil and Tillage Research, 2015, 155: 501-509.

[53] Luca F, Conforti M, Castrignano A, et al. Effect of Calibration Set Size on Prediction at Local Scale of Soil Carbon by Vis-NIR Spectroscopy [J]. Geoderma, 2017, 288: 175-183.

[54] Goge F，Gomez C，Jolivet C，et al. Which Strategy is Best to Predict Soil Properties of a Local Site from a National Vis-NIR Database? [J]. Geoderma，2014，213：1-9.

[55] 褚小立，袁洪福，陆婉珍. 基础数据准确性对近红外光谱分析结果的影响 [J]. 光谱学与光谱分析，2005，25（6）：886-889.

[56] Chung H，Ku M S. Near-infrared Spectroscopy for On-line Monitoring of Lube Base Oil Processes [J]. Applied Spectroscopy，2003，57（5）：545-550.

[57] Sorensen L K. True Accuracy of Near Infrared Spectroscopy and its Dependence on Precision of Reference Data [J]. Journal of Near Infrared Spectroscopy，2002，10：15-25.

[58] Cayuela J A. Assessing Olive Oil Peroxide Value by NIRS，and on Reference Methods [J]. NIR News，2017，28（3）：12-16.

[59] Bazar G，Kovacs Z. Checking the Laboratory Reference Values with NIR Calibrations [J]. NIR news，2017，28（3）：17-20.

[60] Coates D B. "Is Near Infrared Spectroscopy only as Good as the Laboratory Reference Values?" An Empirical Approach [J]. Spectroscopy Europe，2002，14（4）：24-26.

[61] Isengard H D，Merkh G，Schreib K，et al. The Influence of the Reference Method on the Results of the Secondary Method via Calibration [J]. Food Chemistry，2010，122（2）：429-435.

[62] Mark H，Workman J Jr. Units of Measure in Spectroscopy，Part Ⅲ：Summary of Our Findings [J]. Spectroscopy，2015，30：24-33.

[63] Mark H. Effect of Measurement Units on NIR Calibrations [J]. NIR news，2017，28（3）：7-11.

[64] Schaare P N，Fraser D G. Comparison of Reflectance，Interactance and Transmission Modes of Visible-near Infrared Spectroscopy for Measuring Internal Properties of Kiwifruit（Actinidia chinensis） [J]. Postharvest Biology and Technology. 2000，20（2）：175-184.

[65] Johansson J，Sparen A，Svensson O，et al. Quantitative Transmission Raman Spectroscopy of Pharmaceutical Tablets and Capsules [J]. Applied Spectroscopy，2007，61（11）：1211-1218.

[66] Aina A，Hargreaves M D，Matousek P，et al. Transmission Raman Spectroscopy as a Tool For Quantifying Polymorphic Content of Pharmaceutical Formulations [J]. Analyst，2010，135（9）：2328-2333.

[67] Schneider R C，Kovar K A. Analysis of Ecstasy Tablets：Comparison of Reflectance and Transmittance Near Infrared Spectroscopy [J]. Forensic Science International，2003，134（2-3）：187-195.

[68] Ito M，Suzuki T，Yada S，et al. Development of a Method for the Determination of Caffeine Anhydrate in Various Designed Intact Tablets by Near-infrared Spectroscopy：a Comparison between Reflectance and Transmittance Technique [J]. Journal of Pharmaceutical and Biomedical Analysis，2008，47（4-5）：819-827.

[69] Dowell F E，Pearson T C，Maghirang E B，et al. Reflectance and Transmittance Spectroscopy Applied to Detecting Fumonisin in Single Corn Kernels Infected with Fusarium verticillioides [J]. Cereal Chemistry，2002，79（2）：222-226.

[70] Gishen M，Dambergs R G，Cozzolino D. Grape and Wine Analysis-Enhancing the Power of Spectroscopy with Chemometrics. A Review of Some Applications in the Australian Wine Industry [J]. Australian Journal of Grape and Wine Research，2005，11（3）：296-305.

[71] Yang J，Tsai F P. Comparison of SPME/Transmission IR and SPME/ATR-IR Spectroscopic Methods in Detection of Chloroanilines in Aqueous Solutions [J]. Applied Spectroscopy，2001，55（7）：919-926.

[72] J Moros，S Garrigues，de la Guardia M. Comparison of Two Partial Least Squares Infrared Spectrometric Methods for the Quality Control of Pediculosis Lotions [J]. Analytica Chimica Acta，2007，582（1）：174-180.

[73] Koulis C V，Reffner J A，Bibby A M. Comparison of Transmission and Internal Reflection Infrared Spectra of Cocaine [J]. Journal of Forensic Sciences，2001，46（4）：822-829.

[74] Jensen P S，Bak J. Near-Infrared Transmission Spectroscopy of Aqueous Solutions：Influence of Optical Pathlength on Signal-to-Noise Ratio [J]. Applied Spectroscopy，2002，56（12）：1600-1606.

[75] Francisco J，Martin G. Optical Path Length and Wavelength Selection Using Vis/NIR Spectroscopy for Olive Oil's Free Acidity Determination [J]. International Journal of Food Science & Technology，2015，50：1461-1467.

[76] Manley M，Eberle K. Comparison of Fourier Transform Near Infrared Spectroscopy Partial Least Square Regression Models for South African Extra Virgin Olive Oil Using Spectra Collected on Two Spectrophotometers at Different Resolutions and Path Lengths [J]. Journal of Near Infrared Spectroscopy，2006，14（1）：111-126.

[77] 王胜鹏，龚自明，何远军，等. 背景和光程对茶多酚含量近红外预测模型的影响 [J]. 华中农业大学学报，2015，34（2）：120-124.

[78] Ozaki Y，Huck C，Tsuchikawa S，et al. Near-Infrared Spectroscopy：Theory，Spectral Analysis，Instrumentation，and Applications [M]. Singapore：Springer，2020.

[79] Cho S，Kwon K，Chung H. Varied Performance of PLS Calibration Using Different Overtone and Combination Bands in a Near-infrared Region [J]. Chemometrics and Intelligent Laboratory Systems，2006，82 (1-2)：104-108.

[80] 杨丹，刘新，刘洪刚，等. 近红外光谱分辨率对绿茶氮含量模型的影响 [J]. 光谱学与光谱分析，2013，33 (7)：1786-1790.

[81] 张瑜，谈黎虹，何勇. 不同分辨率近红外光谱对汽车差速器油品牌鉴别的研究 [J]. 光谱学与光谱分析，2015，35 (7)：1889-1893.

[82] 刘晓晔，汤晓艳，孙宝忠，等. 两种近红外光谱分辨率预测牛肉营养成分的比较研究 [J]. 食品工业科技，2013，34 (3)：302-305.

[83] 董桂梅，杨仁杰，吴海云，等. 实验参数对基于近红外光谱的土壤含水率定量模型的影响 [J]. 光谱学与光谱分析，2020，40 (S1)：91-92.

[84] Chung H，Choi S Y，Choo J，et al. Investigation of Partial Least Squares (PLS) Calibration Performance Based on Different Resolutions of Near Infrared Spectra [J]. Bulletin of the Korean Chemical Society，2004，25 (5)：647-651.

[85] Cho S，Chung H. Investigation of Chemometric Calibration Performance Based on Different Chemical Matrix and Signal-to-noise Ratio [J]. Analytical Sciences，2003. 19 (9)：1327-1329.

[86] Watari M，Nagamoto A，Genkawa T，et al. Use of Near-Infrared-Mid-Infrared Dual-Wavelength Spectrometry to Obtain Two-Dimensional Difference Spectra of Sesame Oil as Inactive Drug Ingredient [J]. Applied Spectroscopy，2020 (1)：000370282096919.

[87] Muller-Maatsch J，Alewijn M，Wijtten M，et al. Detecting Fraudulent Additions in Skimmed Milk Powder Using a Portable，Hyphenated，Optical Multi-sensor Approach in Combination with One-class Classification [J]. Food Control，2021，121：107744.

[88] Zhang X L，Yang J，Lin T，et al. Food and agro-product quality evaluation based on spectroscopy and deep learning：A review [J]. Trends in Food Science & Technology，2021，112：431-441.

[89] Shi Z Q，Hermiller J，Munoz S G. Estimation of Mass-based Composition in Powder Mixtures using Extended Iterative Optimization Technology (EIOT) [J]. AIChE Journal，2019，65 (1)：87-98.

[90] Li J，Chu X . Rapid Determination of Physical and Chemical Parameters of Reformed Gasoline by NIR Combined with Monte Carlo Virtual Spectrum Identification Method [J]. Energy & Fuels，2018，32 (12)：12013-12020.

[91] Sun X，Yuan H，Song C，et al. Rapid and Simultaneous Determination of Physical and Chemical Properties of Asphalt by ATR-FTIR Spectroscopy Combined with a Novel Calibration-free Method [J]. Construction and Building Materials，2020，230：116950.

[92] Mishra P. Nikzad-Langerodi R. Marini F. et al. Are Standard Sample Measurements Still Needed to Transfer Multivariate Calibration Models Between Near-infrared Spectrometers? The answer Is Not Always [J]. Trends in Analytical Chemistry. 2021. 143：116331.

[93] Mishra P. Roger J M. Rutledge D N. et al. Two Standard-Free Approaches to Correct for External Influences on Near-infrared Spectra to Make Models Widely Applicable [J]. Postharvest Biology and Technology. 2020. 170：111326.

[94] Zhang J. Li B Y. Hu Y. et al. A Parameter-Free Framework for Calibration Enhancement of Near-Infrared Spectroscopy Based on Correlation Constraint [J]. Analytica Chimica Acta. 2020. 1142：169-178.

[95] Mishra P. Nikzad-Langerodi R. A Brief Note on Application of Domain-invariant PLS for Adapting Near-infrared Spectroscopy Calibrations Between Different Physical Forms of Samples [J]. Talanta. 2021. 232：122461.

缩略语表

缩写	英文全称	中文名称
AACC	American Association of Cereal Chemists	美国谷物化学家协会
ACA	Adaptive Component Analysis	适应成分分析
ACO	Ant Colony Optimization	蚁群优化
AdaBoost	Adaptive Boosting	自适应提升算法
Adagrad	Adaptive Gradient Algorithm	自适应梯度算法
Adam	Adaptive Moment Estimation	自适应矩估计
AdaptMinmax	Adaptive Minmax Polynomial Fit	自适应极小极大基线拟合
ADMM	Alternating Direction Method of Multipliers	交替方向乘子算法
AD-MTD	Advanced-mega-trend-diffusion	改进整体趋势扩散
AE	Auto Encoder	自编码器
AI-ELM	Affine Transformation Extreme Learning Machine	仿射变换极限学习机
airPLS	Adaptive Iteratively Reweighted Penalized Least Squares	自适应迭代重加权惩罚最小二乘
AL	Active Learning	主动学习
ALS	Alternative Least Squares	交替最小二乘
ALTD	Alternating Trilinear Decomposition	交替三线性分解
ANN	Artificial Neural Network	人工神经网络
AOAC	Association of Official Analytical Chemists	美国官方分析化学家协会
AOCS	American Oil Chemists' Society	美国油类化学家学会
AOTF	Acoustic-Optic Tunable Filter	声光可调滤光器
APC	Advanced Process Control	先进过程控制
APTLD	Alternating Penalty Trilinear Decomposition	交替惩罚三线性分解
ArPLS	Asymmetrically Reweighted Penalized Least Squares Smoothing	非对称重加权惩罚最小二乘
AsLS	Asymmetric Least Squares	非对称加权惩罚最小二乘
ASTM	American Society of Testing Materials	美国材料实验协会
ATLD	Alternating Trilinear Decomposition	交替三线性分解
ATR	Attenuated Total Reflectance	衰减全反射
AWVCPA	Automatic Weighting Variable Combination Population Analysis	自加权变量组合集群分析
BA	Bat Algorithm	蝙蝠算法
BiPLS	Backward Interval Partial Learst Squares	向后删除搜索最优区间组合偏最小二乘
BN	Batch Normalization	批量标准化
BOSS	Bootstrapping Soft Shrinkage	自举柔性收缩
BP	Back Propagation	反向传播
BP-ANN	Back Propagation-Artificial Neural Network	误差反向传输人工神经网络
BRACK	Background and Raman Adapting Calibration Kit	背景和拉曼自适应校准套件
BTEM	Band Target Entropy Minimization	目标波段熵最小化
CAE	Contractive Autoencoder	压缩自编码网络

缩写	英文全称	中文名称
CARNAC	Comparison Analysis Using Restructured Near Infrared and Constituent data	利用重构近红外和成分数据的比较分析
CARS	Coherent Anti-Stokes Raman Spectroscopy	相干反斯托克斯拉曼光谱
CARS	Competitive Adaptive Reweighted Sampling	竞争性自适应重加权采样
CARS-PLSDA	Partial Least Squares Discriminant Analysis Combined With Competitive Adaptive Reweighted Sampling Algorithm	竞争性自适应重加权采样-偏最小二乘线性判别算法
CART	Classification and Regression Trees	分类回归树
CAWS	Correlation Analysis based Wavelength Selection	基于主机和从机光谱之间的相关系数的波长筛选方法
CCA	Canonical Correlation Analysis	典型相关分析
CCD	Charge Coupled Devices	电荷耦合器件
CCD-Raman	Raman with Charge Coupled Device	电荷耦合器件拉曼光谱
CCSM	Cross Correlogram Spectral Matching	交叉相关光谱匹配法
CCSWA	Common Components and Specific Weights Analysis	通用成分特有权重分析
CDS	Continuous Direct Standardization	连续直接校正算法
CEMS	Continuous Emission Monitoring System	连续排放监测系统
CGC	Canadian Grain Commission	加拿大谷物委员会
cGMP	Current Good Manufacture Practices	现行药品生产管理规范
CI	Chemical Imaging	化学成像
CI	Conformity Index	一致性检验
CLS	Classical Least-Squares	经典最小二乘
CNN	Convolutional Neural Networks	卷积神经网络
CNN-ELM	Convolutional Neural Network-Extreme Learning Machine	卷积神经网络-极限学习机
CNTK	Computational Network Toolkit	计算网络工具包
COD	Chemical Oxygen Demand	化学需氧量
Concatenated-PLS	Concatenated Partial Learst Squares	串联偏最小二乘
COREG	Co-training Regressors	协同训练回归
CPAC	Center for Process Analytical Chemistry	过程分析化学中心
CPAC	Center for Process Analysis and Control	过程分析与控制中心
CPDS	Continuous Piecewise Direct Standardization	连续分段直接校正算法
CPMP&CVMP	Committee for Proprietary Medicinal Products & Veterinary Medicinal Products	欧盟专利药品委员会 & 兽药委员会
CPSO	Chaotic Particle Swarm Optimization	混沌粒子群算法
CRACLS	Concentration Residual Augmented Classical Least Squares	浓度残差增广经典最小二乘
CS	Cuckoo Search	布谷鸟搜索
CSMWPLS	Changeable Size Moving Window Partial Least Squares	可变窗宽移动窗口偏最小二乘
CSO	Cat Swarm Optimization	猫群算法
CTAI	Calibration Transfer Based on Affine Invariance	基于仿射不变性的模型传递算法
CTWM	Calibration Transfer Based on the Weight Matrix	基于 PLS 权重矩阵的传递方法
CUDA	Compute Unified Device Architecture	统一计算设备架构
CVA	Canonical Variate Analysis	典型变量分析
DAE	Deep Autoencoder	深度自编码

缩写	英文全称	中文名称
DAE	Denoising Auto-encoders	降噪自编码
DBN	Deep Belief Network	深度信念网络
DCS	Distributed Control System	集散控制系统
DD-SIMCA	Data-driven Soft Independent Modeling of Class Analogy	数据驱动的簇类独立软模式方法
DDTOP	Dual-Domain Transfer Using Orthogonal Projection	正交投影双域传递算法
DGF	Deutsche Gesellschaft für Fettwissenschaft	德国油脂科学学会
di-PLS	Domain-invariant Partial Least Squares	域不变量偏最小二乘方法
DL	Deep Learning	深度学习
DM	Diffusion Maps	扩散映射
DO	Direct Orthogonalization	直接正交
DOE	Design of Experiments	实验设计
DOM	Dissolved Organic Matter	水体溶解有机物
DOP	Dynamic Orthogonal Projection	动态正交投影算法
DOSC	Direct Orthogonal Signal Correction	直接正交信号校正
Double CARS	Double Adaptive Reweighted Sampling	双竞争性自适应重加权采样算法
DPA	Division of Pharmaceutical Analysis	药物分析实验室
DPLS	Dummy Partial Least-squares Regression	伪偏最小二乘
DS	Direct Standardization	直接校正算法
DSPLS	Dual Stacked Interval Partial Least Squares	双堆栈偏最小二乘
DTW	Dynamic Time Warping	动态时间规整算法
DWPDS	Double Window Piecewise Direct Standardization	双窗口分段直接校正算法
DWT	Discrete Wavelet Transformation	离散小波变换
EC-PLS	Equidistant Combination Partial Least Squares	等间隔组合偏最小二乘
EDF	Exponentially Decreasing Function	指数衰减函数
EEM	Excitation-Emission Matrix	激发-发射三维荧光光谱
EFA	Evolving Factor Analysis	渐进因子分析
EFF	Efficiency	分类效率
EISC	Extended Inverse Signal Correction	扩展逆信号校正
ELM	Extreme Learning Machine	极限学习机
ELSS	Extended Loading Space Standardization	扩展载荷空间标准化方法
EM	Expectation Maximization algorithm	最大期望算法
EMA	European Medicines Agency	欧洲药品管理局
EMSC	Extended Mutiplicative Scatter Correction	扩展乘性散射校正
EMSC	Extended Multiplicative Signal Correction	扩展乘性信号校正
EP	European Pharmacopoeia	欧洲药典
EPO	External Parameter Orthogonalization	外部参数正交化
ER	Error Rate	误分类率
ERC	Ensemble of Regressor Chains	组合回归链
EROS	Error Removal by Orthogonal Subtraction	正交差减误差消除算法
FastICA	Fast Independent Component Analysis	快速独立成分分析
FDA	Food and Drug Administration	美国食品药品监督管理局
FID	Free Induction Decay	自由感应衰减信号

缩写	英文全称	中文名称
FiPLS	Forward Interval Partial Learst Squares	向前增加最优区间组合偏最小二乘
FIR	Finite Impulse Response	有限冲激响应
FN	False Positive	假正类
FNN	Fully-connected Neural Network	全连接神经网络
FNR	False Negative Rate	假负(阴性)率
FOSGD	Fractional Order Savitzky-Golay Derivation	分数阶 Savitzky-Golay 导数
FOSS	Fisher Optimal Signal Subspace	Fisher 最优子空间收缩
FP	False Negative	假负类
FPA	Focal Plane Array	红外焦平面阵列
FPR	False Positive Rate	负正率或假阳率
FT	Fourier Transform	傅里叶变换
FTIR	Fourier Transform Infrared Spectroscopy	傅里叶变换红外光谱(仪)
FT-Raman	Fourier Transform Raman	傅里叶变换拉曼光谱
GA	Genetic Algorithm	遗传算法
GA-iPLS	Genetic Algorithm Interval Partial Least Squares	遗传区间偏最小二乘
GAN	Generative Adversarial Networks	生成式对抗网络
GA-RF	Genetic Algorithm-Random Forest	遗传算法优化的随机森林
GA-SVM	Genetic Algorithm-Support Vector Machines	遗传算法优化的支持向量机
GBDT	Gradient Boosting Decision Tree	梯度提升决策树
GC-MS	Gas Chromatography-mass Spectrometry	气相色谱-质谱联用仪
GLS	Generalized Least Squares	广义最小二乘算法
GLSW	Generalized Least Squares Weighting	广义最小二乘加权
GMM	Gaussian Mixture Model	高斯混合模型
GMR	Gaussian Mixture Regression	高斯混合回归
GMR	Guided Model Reoptimization	导向模型再优化方法
GPR	Gaussian Process Regression	高斯过程回归
GPS	Global Positioning System	全球定位系统
GPU	Graphics Processing Unit	图形处理器
GRAM	Generalized Rank Vanishing Factor Analysis Method	广义秩消因子分析
GSA	Gravitational Search Algorithm	引力搜索算法
GWO	Grey Wolf Optimizer	灰狼优化器
HCA	Hierarchical Cluster Analysis	系统聚类分析
HELP	Heuristic Evolving Latent Projections	直观推导式演进特征投影
HLA	Hybrid Linear Analysis	多元校正方法-混合线性分析
HLLE	Hessian Locally Linear Embedding	海森局部线性嵌入
HMLR	Hierarchical Mixture of Linear Regressions	层次混合线性回归
HPLC	High Performance Liquid Chromatography	高效液相色谱法
HQI	Hit Quality Index	命中率指数
Hybrid-MTD	Hybrid-Mega-trend-diffusion	混合趋势扩散
ICA	Independent Component Analysis	独立成分分析
ICC	International Association for Cereal Science and Technology	国际谷物协会标准
ICS	International Chemometrics Society	国际化学计量学学会
iELM	Improved Extreme Learning Machine	改进的极限学习机

缩写	英文全称	中文名称
IIR	Independent Interference Reduction	独立干扰消除
ILSVRC	ImageNet Large Scale Visual Recognition Challenge	ImageNet 图像分类任务大赛
IND	Indicator Function	指示函数法
IndRNN	Independent Recurrent Neural Network	独立循环神经网络层
IPCA	Interactive Principle Component Analysis	交互主成分分析
iPLS	Interval Partial Learst Squares	间隔偏最小二乘
IPSA	Iterative Polynomial Smoothing Algorithm	迭代多项式平滑算法
IQR	Interquartile Range	四分位距
IRIV	Iteratively Retaining Informative Variables	迭代保留信息变量算法
ISC	Inverse Signal Correction	逆信号校正
ISO	International Organization for Standardization	国际标准化组织
ISODATA	Iterative Selforganizing Data Analysis	迭代自组织数据分析算法
ISOMAP	Isometric Mapping	等距映射
ISVDD	Incremental Support Vector Data Description	增量式支持向量数据描述
IVS	Interactive Variable Selection	交互变量选择
IVSO	Iteratively Variable Subset Optimization	迭代变量子集优化
JIS	Japanese Industrial Standards	日本工业标准
JIT	Just-in-time	即时学习
JITL	Just-in-time Learning	即时学习
Joint-Y PLS	Joint-Y Partial Least Squares	联合 Y 偏最小二乘
JPCA/JKPCA	Principal Component Analysis or Kernel Principal Component Analysis Based Joint Spectral Subspace Method	联合光谱子空间光谱传递方法
JUMBA	Joint and Unique Multiblock Analysis	共同和独特多块分析算法
JYPLS	Joint-Y Partial Least Squares Regression	联合 Y 偏最小二乘回归
KELM	Kernel Extreme Learning Machine	核极限学习机
KFD	Kernel Fisher Discriminator	核 Fisher 判别分析
KICA	Kernel Independent Component Analysis	核独立成分
KNN	K-nearest Neighbour Method	K-最邻近法
KPCA	Kernel Principal Components Analysis	核函数的核主成分分析
KPCR	Kernel Principal Component Regression	核主成分回归
KPLS	Kernel Partial Least Squares	核偏最小二乘法
KRR	Kernel Ridge Regression	核岭回归
K-S	Kennard-Stone	K-S 选取样本算法
KSAM	Kernel Spectral Angle Mapper	核光谱角方法
LAL	Lower Action Limit	行动限下限
LARS	Least Angle Regression	最小角回归
Lasso	Least Absolute Shrinkage and Selection Operator	最小绝对收缩和选择算法
LCTF	Liquid Crystal Tunable Filter	液晶可调谐滤光器
LC-UV	Liquid Chromatography with Ultraviolet Detector	液相色谱-紫外联用仪
LDA	Linear Discriminant Analysis	线性判别分析
LE	Laplacian Eigenmaps	拉普拉斯特征映射
LED	Light-emitting Diode	发光二极管
LIBS	Laser-induced Breakdown Spectroscopy	激光诱导击穿光谱
LIF	Laser Induced Fluorescence	激光诱导荧光

缩写	英文全称	中文名称
LightGBM	Light Gradient Boosting Machine	轻型梯度提升机
LIPS	Laser Induced Plasma Spectroscopy	激光诱导等离子体光谱
LLE	Local Linear Embeding	局部线性嵌入法
LLE-GP	Local Linear Embeding-Gaussian Process	局部线性嵌入-高斯过程
LLE-RF	Local Linear Embeding-Random Forest	局部线性嵌入-随机森林
LLM	Linear Learning Machine	线性学习机
LLTSA	Linear Local Tangent Space Alignment	线性局部切空间排列
L-M	Levenberg-Marquardt	列文伯格-马夸尔特法
LMC	Linear Model Correction	线性模型修正算法
LMSC	Loopy Mutiplicative Scatter Correction	多次乘性散射校正
LOOCV	Leave-one-out Cross Validation	"留一法"交互验证
LPP	Locality Preserving Projections	局部保持投影
LR	Logistic Regression	逻辑回归
LSRPLS	Locally Symmetric Reweighted Penalized Least Squares	局部对称重加权惩罚最小二乘
LSS	Loading Space Standardization	载荷空间标准化
LS-SVM	Least Squares Support Vector Machines	最小二乘支持向量机
LVQ	Learning Vector Quantization	学习矢量量化
LWL	Lower Warning Limit	报警限下限
LWR	Locally Weighted Regression	局部加权回归
MC	Monte-Carlo	蒙特卡罗
MCC	Matthews Correlation Coefficient	马修斯相关系数
MCCV	Monte Carlo Cross Validation	蒙特卡罗交互验证
MCR	Multivariate Curve Resolution	多元曲线分辨
MCR-ALS	Multivariate Curve Resolution-Alternating Least Squares	多元曲线分辨-交替最小二乘
MC-UVE	Monte-Carlo-Elimination of Uninformative Variables	蒙特卡罗-无信息变量消除
MD	Mahalanobis Distance	马氏距离
MD-MTD	Multi-istribution Mega-trend-diffusion	多分布整体趋势扩散
MDS	Multidimensional Scaling	多维尺度变换
MEMSERS	Multiplicative Effects Model for Surface-Enhanced Raman Scattering	适用于表面增强拉曼光谱定量分析的乘子效应模型
Mini-batch SGD	Mini-batch Gradient Desent	小批量梯度下降法
MIR	Mid-infrared	中红外光谱
MISO	Multiple Raw Spectral Inputs and Single Corrected Output	多原始光谱输入单校正光谱输出
MLP	Multilayer Perceptron	多层感知器
MLPCA	Maximum Likelihood Principal Component Analysis	最大似然主成分分析
MLR	Multiple Linear Regression	多元线性回归
MMC	Maximum Margin Criterion	最大间距准则
MNF Rotation	Minimum Noise Fraction Rotation	最小噪声分离变换
ModPoly	Modified Polyfit	多项式拟合
MPA	Model Population Analysis	模型集群分析
MPCA	Multi-way Principal Component Analysis	多维主成分分析
MPT-AES	Microwave Plasma Torch Atomic Emission Spectroscopy	微波等离子体炬原子发射光谱法

缩写	英文全称	中文名称
MRSD	Multiresolution Signal Decomposition	多分辨信号分解
MSC	Multiple Classifier System	多分类系统
MSC	Multiplicative Scatter Correction	乘性散射校正
MSCA	Multilevel Simultaneous Component Analysis	多级同时成分分析
MSE	Mean Square Error	均方差损失函数
MSPC	Multivariate Statistical Process Control	多变量统计过程控制
MSSC-DS	Direct Standardization Based on Mean Spectra Subtraction Correction	平均光谱差值校正的 DS 算法
MTBE	Methyl Tert-butyl Ether	甲基叔丁基醚
MTD	Mega-trend-diffusion	整体趋势扩散
MTL	Multi-Task Learning	多任务学习方法
MTR	Multi-Target Regression	多目标回归
MTRA	Multi-target Regressor Stack	多目标增强堆栈
MTRS	Multi-target Regressor Stack	多目标回归堆栈
MTR-TSF	Multi-Target Regression via Target Specific Features	基于目标特定特征的多目标回归
Multiblock PLS	Multiblock Concatenated Partial Learst Squares	多块偏最小二乘
Multi-PLS	Multiway Partial Least Squares	多维偏最小二乘
MWPLS	Moving Window Partial Least Squares	移动窗口偏最小二乘
NAS	Net Analyte Signal	净分析信号
NED	Normalized Euclidean Distance	归一化欧式距离
NER	Named Entity Recognition	命名实体识别方法
NIPALS	Nonlinear Iterative Partial Least Squares	非线性迭代偏最小二乘
NIR	Near Infrared	近红外光谱
NLP-RGP	Noise-level-penalizing Robust Gaussian Process	噪声水平惩罚的稳健高斯过程回归
NMF	Non-negative Matrix Factorization	非负矩阵因子分解
NMR	Nuclear Magnetic Resonance	核磁共振
NND	Nearest Neighbor Distance	最近邻居距离
NPLS	Nonlinear Partial Least Squares	非线性偏最小二乘法
N-PLS	N-way Partial Least Square	多维偏最小二乘法
NPP	Neighborhood Preserving Projections	邻域保持投影
NSF	National Science Foundation	美国国家科学基金会
NS-PFCE	Non-supervised Parameter-free Framework for Calibration Enhancement	无监督无参数校正增强方法
OMIS	Operational Modular Imaging Spectrometer	模块化成像光谱仪
ONNX	Open Neural Network Exchange	开放神经网络交换
OnPLS	Multiple Block Prthogonal Projections to Latent Structures	潜结构多块正交投影算法
OOB	Out-of-bag	袋外样本
OPA	Outer-product Analysis	外积分析
OPA-ALS	Orthogonal Projection Approach-Alternating Least Squares	正交投影-交替最小二乘方法
OPLEC	Optical Path Length Estimation and Correction	光程估计和校正算法
OPLS	Orthogonal Partial Least Squares	正交偏最小二乘法
OPLS	Orthogonal Projection to Latent Structures	潜变量正交投影
OPS	Ordered Predictors Selection	有序预测器选择方法

缩写	英文全称	中文名称
OptiSim	Optimizable K-Dissimilarity Selection	最优 K 相异性方法
OSC	Orthogonal Signal Correction	正交信号校正算法
OSC-PLS	Orthogonal Signal Correction Partial Least Squares	正交信号校正偏最小二乘
OSR	Orthogonal Space Regression	正交空间回归
PACLS/PLS	Prediction-Augmented Classical Least-Squares/Partial Least-Squares	预测扩充经典最小二乘/偏最小二乘
PARAFAC	Parallel Factor Analysis	平行因子分析
PASG	Pharmaceutical Analytical Sciences Group	英国药物分析学组
PAT	Process Analytical Technology	过程分析技术
PC	Principal Component	主成分或主因子
PCA	Principal Component Analysis	主成分分析
PCA-ANN	Principal Component Analysis-Artificial Neural Network	主成分人工神经网络
PCA-LDA	Principle Component Analysis-Linear Discriminant Analysis	主成分分析线性判别分析
PCA-MD	Principal Components Analysis-Mahalanobis Distance	基于主成分分析的马氏距离
PC-CCA	Principal Component Canonical Correlation Analysis	主成分典型相关分析
PCR	Principle Component Regression	主成分回归
PDA	Photodiode Array	固定光路阵列检测器
PDO	Protected Designations of Origin	原产地名称
PDQ	Product Data Quality	产品数据质量
PDS	Piecewise Direct Standardization	分段直接校正算法
PDS-PLS	Piecewise Direct Standardization-partial Least Squares	分段直接标准化偏最小二乘
PLDA	Piecewise Linear Discriminant Analysis	分段线性判别分析
PLS-ANN	Partial Least Squares-Artificial Neural Network	偏最小二乘人工神经网络
PLS-DA	Partial Least Squares Discrimination Analysis	偏最小二乘判别分析法
PLS-LDA	Partial Least Squares -Linear Discriminant Analysis	偏最小二乘线性判别分析
PLSR	Partial Least Squares Regression	偏最小二乘回归
PMSC	Piecewise Mutiplicative Scatter Correction	分段乘性散射校正
PO/SO-PLS	Parallel/Sequential and Orthogonalized Partial Least Squares	并行/序贯正交偏最小二乘
PO-PLS	Parallel and Orthogonalized Partial Least Squares	并行正交偏最小二乘
PORTO	Parallel Preprocessing through Orthogonalization	基于正交运算的并行预处理方法
POSC	Piecewise Orthogonal Signal Correction	分段正交信号校正
PP	Projection Pursuit	投影寻踪
PQN	Probabilistic Quotient Normalisation	概率商正态变换
PRESS	Prediction Residual Error Sum of Squares	预测残差平方和
PRFA	Projection Rotation Factor Analysis	投影旋转因子分析
PS	Power Spectrum	功率谱
PSO	Particle Swarm Optimization	粒子群优化
QDA	Quadratic Discriminant Analysis	二次判别分析
QSAR	Quantitative Structure-activity Relationship	定量构效关系
QSTR	Quantitative Structure-Toxicity Relationships	定量构毒关系
RACI	Royal Australian Chemical Institute	澳大利亚皇家化学会
Rank-KS-PDS	Rank-Kennard-Stone-Piecewise Direct Standardization	Rank-KS-分段直接校正算法
RBF	Radial Basis Function Networks	径向基函数神经网络
RBM	Restricted Boltzmann Machine	受限波尔兹曼机

缩写	英文全称	中文名称
RCCR	Relative Concentration Changing Rate	相对浓度变化率
ReLU	Rectified Linear Unit	修正线性单元
RER	Ratio of the SEP to the range	浓度范围与预测标准误差的比值
RER	Random Classification Rate	随机分类率
ResNet	Deep Residual Network	深度残差网络
REWPLS	Recursive Exponentially Weighted Partial Least Square	递归指数加权偏最小二乘
RF	Random Forest	随机森林算法
RF	Random Frog	随机青蛙算法
RFL	Robust Fused LASSO (Least Absolute Shrinkage and Selection Operator)	稳健融合的最小绝对收缩和选择算子
RIVM	Rijksinstituut voor Volksgezondheid en Milieu	荷兰公共卫生与环境国家研究院
RMS	Root Mean Square	均方根/有效值
RMSEC	Root Mean Square Error of Calibration	校正均方根误差
RMSECV	Root Mean Square Error of Cross Validation	交叉验证的均方根误差
RMSEP	Root Mean Square Error of Prediction	预测均方根误差
RMSProp	Root Mean Square Prop	均方根传递
RMSSR	Root Mean Square of Spectral Residual	光谱残差均方根
RMTL	Regularized Multi-Task Learning	正则化多任务学习方法
RNN	Recurrent Neural Networks	循环神经网络
RNV	Robust Normal Variate	稳健的正态变量变换
ROC	Receiver Operating Characteristic	接受者操作特性曲线
RPD	Ratio of Standard Deviation of the Validation Set to Standard Error of Prediction	验证集标准偏差与预测标准偏差的比值
RPIQ	Ratio of Performance to Interquartile Range	验证集四分位距与预测标准偏差的比值
rPLS	Recursive weighted Partial Least Squares	递归加权偏最小二乘
RPLS	Recursive Partial Least Square	递归偏最小二乘
RPLS	Regularization Partial Least Squares	正则化偏最小二乘
RRPC-PLS	Repetition Rate Priority Combination Partial Least Squares	重复率优先组合偏最小二乘
RRS	Resonance Raman Spectroscopy	共振拉曼光谱
RTO	Real Time Optimization	实时优化
RVM	Relevance Vector Machines	相关向量机
SAA	Simulated Annealing Algorithm	模拟退火算法
SAE	Stacked Auto Encoder	栈式自动编码器
SAE-ELM	Stacked Autoencoder Extreme Learning Machine	堆叠式自动编码器极限学习机
SAE-FNN	Stacked Auto Encoder Fully-connected Neural Network	堆叠自动编码器全连接神经网络
SAM	Spectral Angle Metric	光谱角
SBC	Slope/Bias Correction	斜率/偏差校正
SCA	Scatter Component Analysis	散射成分分析
SD	Standard Deviation	标准偏差
SDAE	Stacked Denoising Auto-encoders	堆栈降噪自编码

缩写	英文全称	中文名称
SDDPDS	Stacked Dual-domain Piecewise Direct Standardization	叠加双域分段直接校正算法
SDS	Surface Difference Spectrum	面差谱
SDv	Standard Deviation in Validation Sets	验证集标准偏差
SEC	Standard Error of Calibration	校正标准偏差
SECV	Standard Error of Cross Validation	交互验证的校正标准偏差
SE-ELM	Stacked Ensemble Extreme Learning Machine	堆叠集成极限学习机
SEP	Standard Error of Prediction	预测标准偏差
SEPA	Sampling Error Profile Analysis	抽样误差分布分析
SERDS	Shifted Excitation Raman Difference Spectroscopy	移频激发拉曼光谱
SERRS	Surface-enhanced Resonant Raman Scattering	表面增强共振拉曼散射效应
SERS	Surface Enhanced Raman Scattering	表面增强拉曼散射
SET	Standard Error of the Test	标准误差
S-G	Savitzky-Golay	S-G 平滑
SGD	Stochastic Gradient Descent	随机梯度下降
SID	Spectral Information Divergence	光谱信息散度
SIFT	Scale Invariant Features Transform	尺度不变特征变换
SiGP	Synergy Interval-Gaussian Process	协同区间高斯过程
SIMCA	Soft Independent Modelling of Class Analogy	簇内的独立软模式
SIMPLISMA	Simple-to-use Interactive Self-modeling Mixture Analysis	交互式自模型混合物分析
SiPLS	Synergy Interval Partial Learst Squares	协同间隔偏最小二乘
SIS	Spectral Interference Subtraction	光谱干扰差减
SISO	Single Raw Spectrum Input and Single Corrected Output	单原始光谱输入单校正光谱输出
SLFNN	Single-hidden Layer Feed forward Neural Network	单隐含层前馈神经网络
SLPP	Supervised Locality Preserving Projection	有监督的局部保持投影
SLRDS	Simple Linear Regression Direct Standardization	简单线性回归直接标准化
SLT	Statistical Learning Theory	统计学习理论
SMCR	Self-modeling Curve Resolution	自模式曲线分辨
SMOTE	Synthetic Minority Oversampling Technique	合成少数类过采样技术
SMV	Similarity Match Value	相似度匹配值
SMWPLS	Searching Combination Moving Window Partial Least Squares	搜索组合移动窗口偏最小二乘
SNV	Standard Normal Variate Transformation	标准正态变量变换
SOM	Self-Organizing Feature Map	自组织特征图谱
SOM	Soil Organic Matter	土壤有机质
SO-PLS	Sequential and Orthogonalized Partial Least Squares	序贯正交偏最小二乘
SORS	Spatially Offset Raman Spectroscopy	空间偏移拉曼光谱
SPA	Successive Projections Algorithm	连续投影算法
SPEC	Systematic Prediction Error Correction	系统预测误差校正
SPLS	Sparse Partial Least Squares Regression	稀疏偏最小二乘回归
SPLS	Stacked Interval Partial Least Squares	堆栈偏最小二乘
SPORT	Sequential Preprocessing through Orthogonalization	基于正交运算的序贯预处理方法
SPXY	Sample Set Partitioning Based on Joint X-Y Distances	联合 X-Y 距离的样本集划分
SR	Selectivity Ratio	选择性比

缩写	英文全称	中文名称
SR	Spectral Regression	谱回归分析
SRA	Stepwise Regression Analysis	逐步回归分析
SRACLS	Spectral Residual Augmented Classical Least Squares	光谱残差增广经典最小二乘
SRC	Standardization with Regularization Coefficients	正则化系数标准化方法
SRD	Sum of Ranking Differences	排序差异之和
SRS	Stimulated Raman Scattering	受激拉曼光谱
SSAE	Stacked Sparse Auto Encoder	栈式稀疏自编码网络
SSC	Spectral Substration Correction	光谱差值校正算法
SSL	Semi-Supervised Learning	半监督学习
SS-PFCE	Semi-supervised Parameter-free Framework for Calibration Enhancement	半监督无参数校正增强方法
SS-PLS	Semi Supervised-partial Least Squares	半监督偏最小二乘
SST	Spectral Space Transformation	光谱空间转换方法
SST	Stacked Single-Target	单目标堆栈
SVD	Singular Value Decomposition	奇异值分解
SVM	Support Vector Machines	支持向量机
SVR	Support Vector Regression	支持向量机回归
SVRCC	Support Vector Regression with Max-Correlation Chain	具有最大相关链的支持向量回归
SWATLD	Self-Weighted Alternating Trilinear Decomposition	自加权交替三线性分解
SWS	Single Wavelength Standardisation	单波长标准化方法
S3VM	Semi-supervised Support Vector Machines	半监督支持向量机
TCA	Transfer Component Analysis	迁移成分分析
TCTL	Transfer Sample Based Coupled Task Learning	基于传递样本的偶合任务学习方法
TD	Time Domain	时域
THz-TDS	Terahertz Time-domain Spectroscopy	THz 时域光谱
TL	Transfer Learning	迁移学习
TN	True Negative	真负类
TNR	True Negative Rate	真负(阴性)率
TOC	Total Organic Carbon	总有机碳
TOP	Transfer by Orthogonal Projection	正交投影变换
TP	True Positive	真正类
TPLS	Target Partial Least Square	目标偏最小二乘方法
TPR	True Positive Rate	真正(阳)率
TPU	Tensor Processing Unit	张量处理器
TR	Tikhonov Regularization	吉洪诺夫正则化
TS	Tabu Search	禁忌搜索
t-SNE	t-distributed Stochastic Neighbor Embedding	t-分布式随机邻域嵌入算法
TSR	Trimmed Scores Regression	修剪得分回归方法
TSS	Total Suspended Solids	总悬浮固体
TSVM	Transductive Support Vector Machines	直推式支持向量机
TTFA	Target Transformation Factor Analysis	目标转换因子分析
TVB-N	Total Volatile Basic Nitrogen	挥发性盐基氮
UAL	Upper Action Limit	行动限上限

缩写	英文全称	中文名称
U-PLS/RBL	Unfold Partial Least-squares/residual Bilinearization	展开的偏最小二乘/残差双线性
USDA-FGIS	United States Department of Agriculture，Federal Grain Inspection Service	美国农业部联邦谷物检验服务中心
USGS	United States Geological Survey	美国地质调查局
USP	United States Pharmacopoeia	美国药典
UVE	Elimination of Uninformative Variables	无信息变量消除
UVE-PLS	Elimination of Uninformative Variables-partial Learst Squares	无信息变量消除-偏最小二乘
UVE-SPA	Uninformative Variables Elimination Combined with Successive Projections Algorithm	无信息变量消除与连续投影算法相结合
UV-Vis	Ultraviolet and Visible	紫外-可见光谱
UWL	Upper Warning Limit	报警限上限
VCPA	Variable Combination Population Analysis	变量组合集群分析
VDPS	Variable Dynamic Point Sampling	动态可调点采样技术
VGGNet	Visual Geometry Group	视觉几何组
VIF	Variance Inflation Factor	方差膨胀因子
VIP	Variable Importance in Projection	变量投影重要性
VIP-SPLS	Variable Importance in Projection-partial Least Squares	基于变量投影重要性系数的改进叠加偏最小二乘
VIP-SPLS	Stacked Partial Least Square Regression Based on the Variable Importance in the Projection	基于变量投影重要性系数的改进叠加偏最小二乘
VISSA	Variable Iterative Space Shrinkage Approach	变量空间迭代收缩
VPDTW	Variable Penalty DynamicTime Warping	变量惩罚的动态时间规整算法
VSG	Virtual Sample Generation	虚拟样本的生成
VSN	Variable Sorting for Normalization	加权的正态变量变换
VWCNN	Variable Weighted Convolutional Neural Network	可变加权卷积神经网络
WAMACS	Water Matrix Coordinate	水基质坐标
WDXRF	Wavelength Dispersive X-ray Fluorescence Spectroscopy	波长色散 X 射线荧光光谱
WFA	Window Factor Analysis	窗口因子分析
WHDS	Wavelet Hybrid Direct Standardization	波混合直接校正算法
WMPDS	Wavelet Multiscale Piecewise Direct Standardization	小波多尺度分段直接标准化算法
WOA	Whale Optimization Algorithm	鲸鱼优化算法
WPDS	Windowed Piecewise Direct Standardization	窗口化的分段直接校正算法
WPTS	Wavelet Packet Transform Standardization	小波包变换标准化算法
WT	Wavelet Transform	小波变换
WTCCA	Wavelet Transform Canonical Correlation Analysis	小波变换典型相关分析
WTDS	Wavelet Transform Direct Standardization	小波变换直接校正算法
WT-LSSVM	Wavelet Transform-Least Square Support Vector Machine	小波变换-最小二乘支持向量机
WT-PLS	Wavelet Transform-partial Least Squares	小波变换偏最小二乘
WT-RF	Wavelet transform-Random Forest	小波变换-随机森林
XGBoost	Extreme Gradient Boosting	极限梯度提升
XRF	X-Ray Fluorescence Spectrometer	X 射线荧光光谱仪
2DCOS	Two Dimensional Correlation Spectroscopy	二维相关光谱

后 记

本书是作者利用业余时间完成的，是作者近十年读书笔记、学习心得和工作实践的系统性整理。本书从光谱分析技术的视角分门别类地归纳了化学计量学方法及其最新进展，其中的一些述评融合了作者自己科研工作的一些感悟和理解。

读完这本书，大家一定有这样的疑惑，这么多种的光谱分析技术，这么多类的化学计量学方法，我们该如何选择。技术上讲，这是一个最优化的问题，因为有多种影响因素，客观的、主观的，可控的、不可控的，所以很难给出一个让所有人满意的结果。"没有免费午餐定理"（No Free Lunch Theorem）就指出，没有一种算法能在所有数据集上表现最优。当然对方法的选择也有基本的遵循原则：奥卡姆剃刀定律（Occam's Razor），即在相近性能的前提下，选择简单的算法。这与数学家推崇的"好的公式应当是简洁明了的"是一致的，而且模型越简单越容易解释，越不容易出现过拟合。

在《化学计量学方法与分子光谱分析技术》一书中，曾专门写了光谱技术的对比选择和化学计量学方法的选择两节内容，尽管字数不多，但读者的反馈意见却是非常积极和丰富的。不少读者告诉我，他们的研究正是受其中某一句话的启发，才找到研究方向的突破口。本书对原有内容进行了补充改写。同时，本书各章节在介绍不同光谱技术和化学计量学方法时，都尽可能对其特点进行讲述，并对很多算法的改进和策略的延伸做了重点评述，期望这些内容能成为点睛之笔，更期望它能对大家选取方法有所帮助，对寻找研究方向有所启发。

细心的读者会发现本书各章节内容安排的逻辑性。例如本书在多个章节十余次提到不同类型的 PLS 算法，例如线性回归方法中的经典 PLS 算法，波长变量选择方法中的移动窗口 PLS 算法，在非线性校正方法中的核 PLS 算法，集成建模方法中的叠加 PLS 算法，模型维护方法中的递推 PLS 算法，光谱融合方法中的多块 PLS 算法，多维校正方法中的多维 PLS 算法，以及模式识别方法中的 PLS-DA 算法等。尽管核心都是 PLS 算法，但策略不同，其解决的问题也各不相同。再例如，本书未设光谱多元曲线分辨一节，但相关的算法在不同章节做了介绍，包括 MCR-ALS 算法（6.2.5 节）、TTFA 算法（6.2.6 节）、BTEM 算法（6.2.6 节）和 SIMPLISMA 算法（5.2 节）。

本书较少设四级标题，但书中对应的内容却都有相应的层次。例如在 7.9.2 节最佳主因子数选取一节包含了"留一法"交互验证、"多折"交互验证、蒙特卡罗、排序差异和等方法；在 18.2.5 节防止过拟合一节中包含了正则化、集成、随机丢弃、批量标准化、数据增强和提前终止等方法。另外，本书在重点介绍流行的算法外，还会给出同类相关算法的信息。例如在基线校正方法中主要了介绍了 airPLS 算法，但同时也给出了 ModPoly、IPSA、AdaptMinmax、AsLS、ArPLS 和 LSRPLS 等算法的参考文献。在波长变量选择方法中主要了介绍了 IRIV 算法，但同时也给出了 IVSO、VCPA、FOSS、BOSS、VISSA 和 AWVCPA 等算法的信息。

本书不同章节的用墨也各不相同，例如第 2 章现代光谱分析技术中，拉曼光谱的内容最多，主要是因为拉曼光谱的实验技术手段丰富，近些年的技术更替速度也较快，与化学计量学的结合越来越紧密，用途也越来越宽阔，其不愧是光谱家族中诺贝尔奖级的成员。近红外光谱一节中则穷尽了所有的标准方法，以示与化学计量学相结合的方法正越来越多地获得官方的认可，这是现代光谱分析技术发展过程中的重要阶段。第 1 章绪论中则详细介绍了 Norris 对近红外光谱技术的贡献，这是现代光谱分析技术的开端。第 17 章模型传递方法中，几乎对所有可以查到全文的文献都进行了引用和评述，这是用于光谱分析的化学计量学方法中最具特色的内容。

本书引用的参考文献有千余篇，是作者从上万篇的学术论文和上百本专业书籍中筛选出来的，是优中选优的结果。如果本书存在没有介绍清楚的知识点，大家可以根据参考文献找到原文进行研读。我一直认为，一本专业书籍的主要贡献之一就是把本领域涉及到的每个专题的参考文献进行分门别类的梳理，找到最原始创新的文献、发展过程中关键节点的文献以及最新研究进展的文献等，只用参考文献列表就能把一项技术的发展脉络清晰地展示出来。这对我们掌握这项技术也是非常有益的，期望本书整理出来的这些参考文献也不会让读者失望。

在撰写本书的过程中，得到了很多人的帮助。在文献阅读过程中，当遇到不懂的专业背景知识，向该领域的"大咖"们请教时，总能得到热情又细致的答复。书中多幅图表是我的几位研究生绘制的，他们还对参考文献的格式进行了系统修改。还有多位近红外光谱微信群和 QQ 群的伙伴们无私提供了多篇重要的论文和书籍。写作是断断续续进行的，期间得到了不少师长、朋友、同事和家人的支持和关怀，尤其是在举步维艰的至暗时刻，一句鼓励的话语能让我坚持很久的时间。在此，向给予帮助的所有人致以衷心的感谢。

此时，我最想感谢的还是恩师陆婉珍院士，是她引领我进入这一领域，并带领我走了很长时间的路。星光不问赶路人，道路是脚步多。每当找不到存在的意义，每当迷失在黑夜里，是先生这颗最亮的星，照亮我前行。

相遇总有原因，不是恩赐就是教训。写作过程本身就是一个恩赐，是自身学术能力提升的过程，是知识点再梳理、再丰富的过程，是逻辑链条再思考、再形成的过程，是科研方向再聚焦、再定位的过程，我从中受益颇多。期望这本书与您的相遇也是一种恩赐，非常期待同行们的反馈，不论是正面的借鉴还是反面的教训，只要有所帮助，一切都是值得的。开卷有益，好学不倦，相信读者阅读本书时的收获感和满足感，定会留下美好难忘的记忆。

我的邮箱：cxlyuli@sina.com，欢迎读者朋友们交流指正。

褚小立

2021 年 5 月 18 日

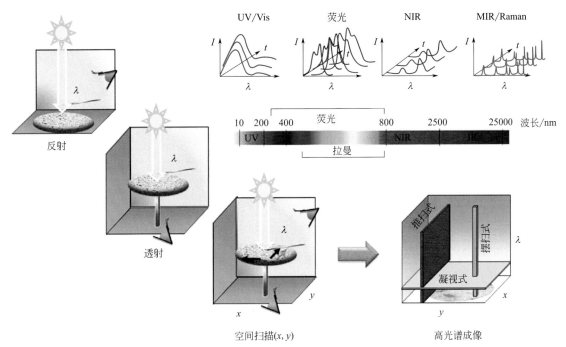

图 2-11 不同光谱范围和不同测量方式的光谱成像技术示意图

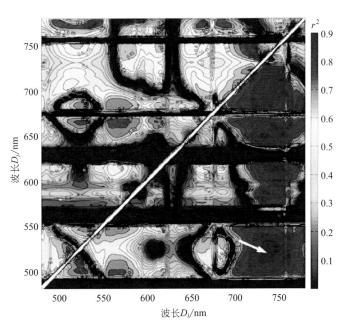

图 5-3 波长间的差或比值与浓度值的相关系数二维图
（箭头所指的 $D740nm$ 与 $D522nm$ 为所选变量）

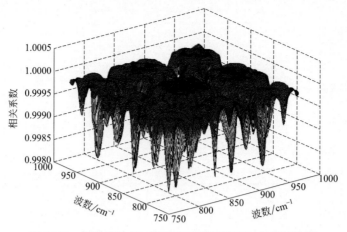

图 12-19　两种原油的二维相关光谱移动窗口相关系数图

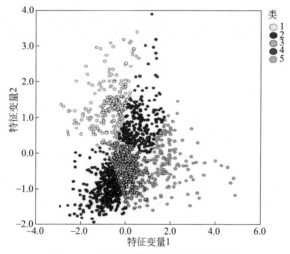

图 14-3　校正集样本聚类分析示意图

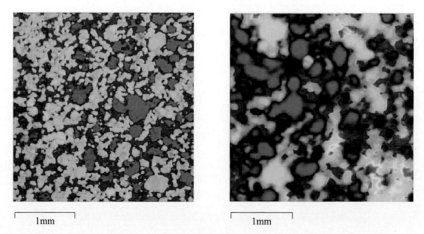

图 20-1　三组分药片的拉曼光谱成像图（左）和近红外光谱成像图（右）
蓝色：微晶纤维素（Microcrystalline Cellulose）；绿色：糖精（Saccharin）；
红色：依来曲普坦氢溴酸盐（Eletriptan HBr）